2025

합격의 공식 시대에듀

나무의사 합격을 위한 현명한 선택!

시대에듀 나무의사

2025 격

최고의 의!

대한민국 나무의사 합격 필수 코스!

철저한 분석과 핵심요약 강의

이영복 교수

이해력을 높이며 과목별 정답을 찾는 노하우와

출제 포인트를 짚어주는 강의!

왜 최고인지 지금 확인하세요!

합격의 공식 시대에듀

www.sdedu.co.kr

2025 시대에듀 나무의사 필기 기출문제해설 한권으로 끝내기

Always **with you**

사람의 인연은 길에서 우연하게 만나거나 함께 살아가는 것만을 의미하지는 않습니다.
책을 펴내는 출판사와 그 책을 읽는 독자의 만남도 소중한 인연입니다.
시대에듀는 항상 독자의 마음을 헤아리기 위해 노력하고 있습니다. 늘 독자와 함께하겠습니다.

PREFACE

머리말

산림청은 나무의 질병 예방부터 치료까지 더 체계적으로 관리하기 위해 나무의사 국가자격제도를 도입하였습니다.

2018년 6월 28일부터 '나무의사 자격제도'를 시행하고 있으며 자격시험은 1차(선택형 필기)와 2차(서술형 필기 및 실기)로 나누어지고, 1차 시험에 합격해야 2차 시험에 응시할 수 있는 기회가 주어집니다.

나무의사와 함께 산림 및 조경 산업이 커지고 있어 관심을 갖고 준비하는 분들은 많지만, 양성과정의 수료 후 시험에 직면했을 때 이를 대비한 체계적인 참고서가 없는 실정이어서 시험을 준비하는 데 수험생들이 불편함과 어려움을 겪고 있을 것이라고 예상합니다.

이에 저희 집필자들은 나무의사 양성과정의 강의 경험과 나무의사 자격시험 출제 영역, 의도와 방향에 대한 진단을 토대로 1차 시험 과목인 수목병리학, 수목해충학, 수목생리학, 산림토양학, 수목관리학(수목관리/비생물적피해/농약학) 등 5과목의 핵심적인 내용을 간추리고 이를 문제화하여 실전에 대비할 수 있게 교재를 출간하게 되었습니다.

나무의사 국가자격제도가 시행 초반이라 시험이 정형화되지 않았지만, 여러 방면으로 정보를 수집해 도서를 집필했습니다. 본 도서로 학습을 하면서 부족함 또는 보충을 원하는 부분이 있다면 언제든 조언을 해주시길 바랍니다. 여러분의 아낌없는 충고를 기다리겠습니다. 그리고 부단히 오류와 미비점을 보완해 나가면서 나무의사를 준비하는 수험자의 동반서가 되도록 노력하겠습니다.

끝으로 이 책이 출간되기까지 후의를 베풀어 주신 시대에듀와 항상 힘이 되어주신 신구대식물원 전정일 원장님께 감사드립니다.

집필자 일동

나무의사 시험안내 INFORMATION

2024년도 시험일정

시행회수	구 분	시험일자
10회	1차	2024.02.24
	2차	2024.07.13

※ 자세한 사항은 시행처인 한국임업진흥원의 확정공고를 필히 확인하시기 바랍니다.

시험과목

시험구분	시험과목	시험방법	배 점	문항수
제1차 시험	수목병리학	객관식 5지택일형	100점	25
	수목해충학		100점	25
	수목생리학		100점	25
	산림토양학		100점	25
	수목관리학		100점	25
제2차 시험	**서술형 필기시험** 수목피해 진단 및 처방	논술형 및 단답형	100점	–
	실기시험 수목 및 병충해의 분류, 약제처리와 외과수술		100점	–

※ 시험과 관련하여 법률 · 규정 등을 적용하여 정답을 구하는 문제는 시험시행일 기준으로 시행 중인 법률 · 기준 등을 적용하여 그 정답을 구하여야 함

합격자 결정

제1차 시험	각 과목 100점을 만점으로 하여 각 과목 40점 이상, 전과목 평균 60점 이상인 사람을 합격자로 결정
제2차 시험	제1차 시험에 합격한 사람을 대상으로 논술형과 실기시험 각 100점을 만점으로 하여 각 40점 이상, 전과목 평균 60점 이상인 사람을 합격자로 결정

응시자격

「산림보호법」 제21조의4 관련

「산림보호법」 제21조의7에 따른 나무의사 양성기관에서 교육을 이수한 후 시험에 응시

「산림보호법 시행령」 제21조의6, 별표1 관련

❶ 「고등교육법」 제2조 각 호의 교육에서 수목진료 관련학과의 석사 또는 박사학위를 취득한 사람
❷ 「고등교육법」 제2조 각 호의 학교에서 수목진료 관련학과의 학사학위를 취득한 사람 또는 이와 같은 수준의 학력이 있다고 인정되는 사람으로서 해당 학력을 취득한 후 수목진료 관련 직무분야에서 1년 이상 실무에 종사한 사람
❸ 「초 · 중등교육법 시행령」 제91조에 따른 산림 및 농업분야 특성화고등학교를 졸업한 후 수목진료 관련 직무분야에서 3년 이상 실무에 종사한 사람
❹ 다음 각 목의 어느 하나에 해당하는 자격을 취득한 사람

> ㉠ 「국가기술자격법」에 따른 산림기술사, 조경기술사, 산림기사 · 산업기사, 조경기사 · 산업기사, 식물보호기사 · 산업기사 자격
> ㉡ 「자격기본법」에 따라 국가공인을 받은 수목보호 관련 민간자격으로서 자격기본법 제17조 제2항에 따라 등록한 기술자격
> ㉢ 「문화재수리 등에 관한 법률」에 따른 문화재수리기술자(식물보호분야) 자격

❺ 「국가기술자격법」에 따른 산림기능사 또는 조경기능사 자격을 취득한 후 수목진료 관련 직무분야에서 3년 이상 실무에 종사한 사람
❻ 수목치료기술자 자격증을 취득한 후 수목진료 관련 직무분야에서 3년 이상 실무에 종사한 사람
❼ 수목진료 관련 직무분야에서 5년 이상 실무에 종사한 사람

결격사유(산림보호법 제21조의5)

다음 각 호의 어느 하나에 해당하는 사람은 나무의사가 될 수 없음

❶ 미성년자
❷ 피성년후견인 또는 피한정후견인
❸ 「산림보호법」, 「농약관리법」 또는 「소나무재선충병 방제특별법」을 위반하여 징역의 실형을 선고받고 그 집행이 종료되거나 집행이 면제되는 날부터 2년이 경과되지 아니한 사람

이 책의 구성과 특징 STRUCTURES

1 공부한 지식을 빠르게 복습할 수 있는 핵심요약

제1과목 수목병리학

■ 수목병균의 비교

구 분	곰팡이	세 균	파이토플라스마	바이러스
핵 막	있 음	없 음	없 음	없 음
세포벽	있음(키틴) *난균 : 글리칸과 셀룰로스	있음(펩티도글리칸)	없 음	없 음
세포막	있 음	있 음	있 음	없 음
미토콘드리아	있 음	없 음	없 음	없 음
리보솜	있 음	있 음	있 음	없 음
기타 특징	유성 및 무성생식	플라스미드 보유	체관부에 존재	병원체는 외가닥 RNA
검정방법	광학현미경	균총, 광학현미경	DAPI 형광현미경	DN법, ELISA기법, PCR기법
생물분류	진핵생물	원핵		
생물크기	사상균형태	1~		
생물형태	균사, 자실체, 버섯	공, 나선, 막		
번식방법	포자번식(유성, 무성)	이분		
감염형태	국부감염	국부		
주요감염	직접, 개구부, 상처	개구		
증식장소	세포간극 및 세포	세포		

■ 곰팡이병

(1) 자낭균아문

① 곰팡이 중에서 가장 큰 분류군으로 3,200여

② 잘 발달된 균사로 격벽이 있으며, 균사의 세

③ 유성생식으로 자낭포자를 형성하고 무성생식

④ 자낭균은 균사조직으로 균핵과 자좌 등을 형

⑤ 자낭각, 자낭반, 자낭구, 자낭자좌 같은 특별

⑥ 균사의 격벽에는 물질이동통로인 단순격벽공

⑦ 자낭에는 8개의 포자 형성

⑧ 자낭균의 분류

구 분	특 징
반자낭균강	• 자낭과를 형성하지 않아 병반 • 자낭은 단일벽
부정자낭균강	• 자낭과는 자낭구로 머릿구멍(• 단일 벽의 자낭이 불규칙적으
각균강	• 자낭과는 자낭각으로 위쪽에 • 단일 벽의 자낭이 자낭과 내의
반균강	• 자낭과는 자낭반으로 내벽은 • 자실층에는 자낭이 나출되어
소방자낭균강	자낭과로 자낭자좌를 가지며 지

(2) 담자균류

① 전 세계적으로 31,000여 종이 알려져 있음

② 담자기라는 포자 생성기관에 유성포자인 담자포자를 만들며, 보통 4개의 포자가 형성됨

③ 수목의 주요 병균인 녹병균과 목재부후균이 이에 속하며 균근균이 많음

④ 격벽은 자낭균보다 복잡한 구조를 가진 유연공격벽으로 되어 있음

⑤ 녹병균 및 깜부기병균 그리고 대부분의 버섯이 여기에 속함

⑥ 담자균의 균사세포와 균사세포 사이 격막 한쪽에 꺾쇠모양(Clamp)으로 연결되어 있음

* 녹병균은 꺾쇠결합이 없고 격벽은 단순격벽공(Simple pore)

(3) 불완전균류

① 총생균강(Hyphomycetes) : 분생포자가 다발로 뭉쳐진 분생포자경에서 생성

Alternaria, Cercospora, Corynespora, Fusarium, Botrytis, Verticillium

② 유각균강(Coelomycetes) : 분생포자가 기주와 균사조직으로 된 껍질 안에 형성

㉠ 분생포자반 : *Septoria, Phomopsis, Phoma, Ascochyta* 등

㉡ 분생포자각 : *Marssonina, Entomosporium, Colletotrichum, Pestalotiopsis* 등

③ 무포자균강(Agonomycetes) : 포자를 형성하지 않는 종류

Rhizoctonia, Sclerotium

(4) 난균류

① 균사는 잘 발달되어 있으며, 격벽이 없는 다핵균사임

② 유성포자를 난포자, 무성포자를 유주포자라고 함

③ 2개의 편모를 가지며 하나는 민꼬리형, 하나는 털꼬리형을 가짐

④ 편모 운동을 하는 유주자를 형성하므로 조류와 유연관계가 있음(색조류에 포함)

⑤ 세포벽의 성분은 β-glucan과 섬유소(Cellulose)임(균류의 세포벽 성분은 키틴질)

⑥ 700종이 알려져 있으며 대부분 부생성이지만 식물병원균도 포함됨

⑦ 난균의 중요한 식물병으로 감자역병, 포도의 노균병, 모잘록병 등 발생

⑧ 뿌리썩음병(*Aphanomyces, Pythium*), 역병(*Phytophthora*), 노균병(*Bremia, Bremiella* 등)

(5) 접합균류

① 균사에 격벽이 없는 다핵균사임(균사가 노화되거나 생식기관이 형성됨에 따라 격벽이 형성되는 경우도 있음)

② 접합균류는 900여종이 알려져 있으며 대부분 부생생활을 함

③ 유성포자를 접합포자, 무성포자를 포자낭포자라고 함

④ 유성생식에서 모양과 크기가 비슷한 배우자낭이 합쳐져 접합포자를 형성

⑤ *Endogone*속, *Choanephora, Rhizopus, Mucor*속 등이 있음

▸ 언제 어디서든 빠르고 간편하게 공부한 내용을 복습할 수 있도록 핵심요약을 수록했습니다. 시험에 자주 나오는 이론으로 구성된 핵심요약으로 빠르게 핵심만 공부하세요.

2 합격을 위한 6개년 총 9회 기출문제 및 기출복원문제

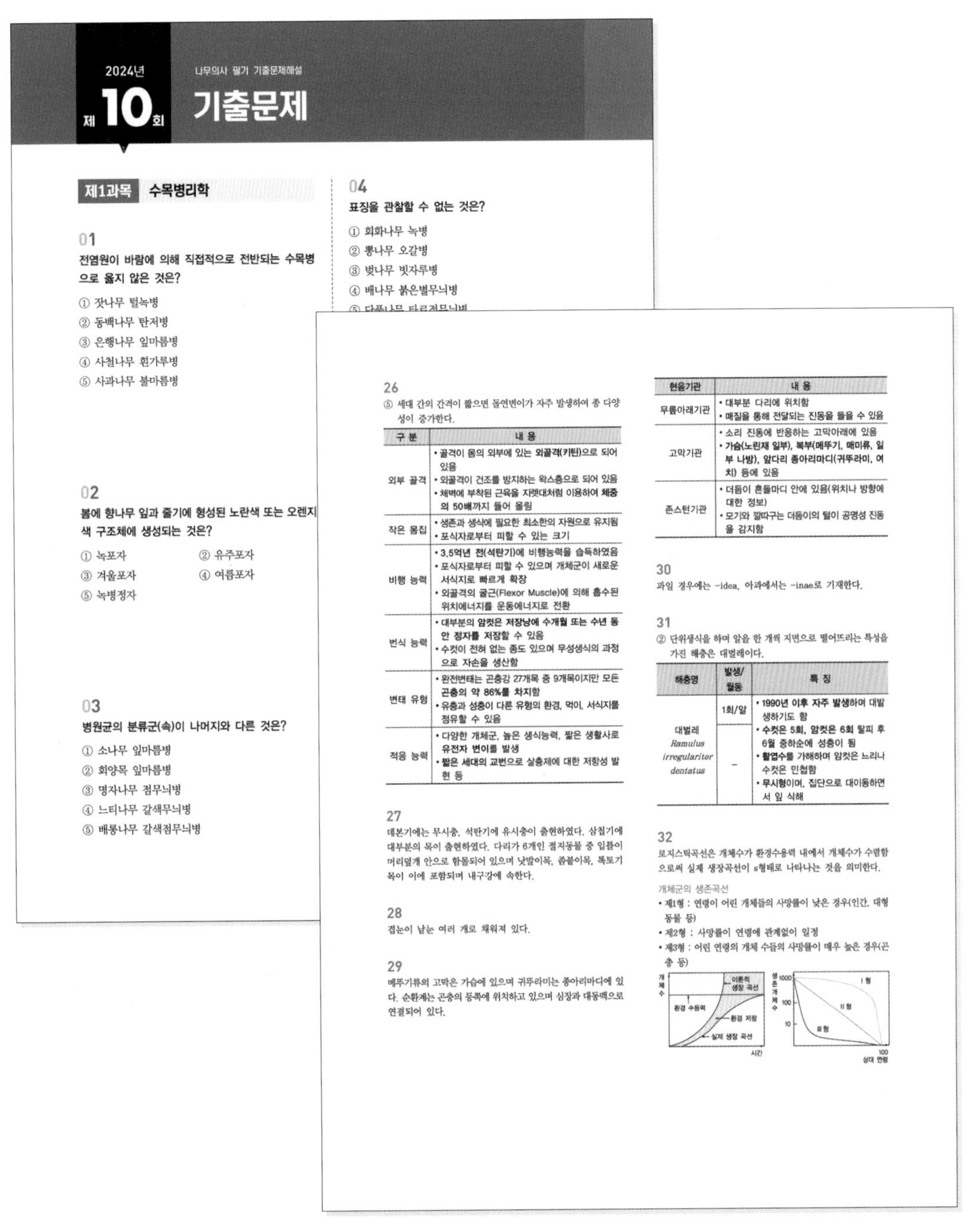

2024년 제10회 기출문제

나무의사 필기 기출문제해설

제1과목 수목병리학

01
전염원이 바람에 의해 직접적으로 전반되는 수목병으로 옳지 않은 것은?
① 잣나무 털녹병
② 동백나무 탄저병
③ 은행나무 잎마름병
④ 사철나무 흰가루병
⑤ 사과나무 불마름병

02
봄에 향나무 잎과 줄기에 형성된 노란색 또는 오렌지색 구조체에 생성되는 것은?
① 녹포자 ② 유주포자
③ 겨울포자 ④ 여름포자
⑤ 녹병정자

03
병원균의 분류군(속)이 나머지와 다른 것은?
① 소나무 잎마름병
② 회양목 잎마름병
③ 명자나무 점무늬병
④ 느티나무 갈색무늬병
⑤ 배롱나무 갈색점무늬병

04
표징을 관찰할 수 없는 것은?
① 회화나무 녹병
② 뽕나무 오갈병
③ 벚나무 빗자루병
④ 배나무 붉은별무늬병

26
⑤ 세대 간의 간격이 짧으면 돌연변이가 자주 발생하여 종 다양성이 증가한다.

구 분	내 용
외부 골격	• 골격이 몸의 외부에 있는 외골격(키틴)으로 되어 있음 • 외골격이 건조를 방지하는 왁스층으로 되어 있음 • 체벽에 부착된 근육을 지렛대처럼 이용하여 체중의 50배까지 들어 올림
작은 몸집	• 생존과 생식에 필요한 최소한의 자원으로 유지됨 • 포식자로부터 피할 수 있는 크기
비행 능력	• 3.5억년 전(석탄기)에 비행능력을 습득하였음 • 포식자로부터 피할 수 있으며 개체군이 새로운 서식지로 빠르게 확장 • 외골격의 굴근(Flexor Muscle)에 의해 흡수된 위치에너지를 운동에너지로 전환
번식 능력	• 대부분의 암컷은 저장낭에 수개월 또는 수년 동안 정자를 저장할 수 있음 • 수컷이 전혀 없는 종도 있으며 무성생식의 과정으로 자손을 생산함
변태 유형	• 완전변태는 곤충강 27개목 중 9개목이지만 모든 곤충의 약 86%를 차지함 • 유충과 성충이 다른 유형의 환경, 먹이, 서식지를 점유할 수 있음
적응 능력	• 다양한 개체군, 높은 생식능력, 짧은 생활사로 유전자 변이를 발생 • 짧은 세대의 교번으로 살충제에 대한 저항성 발현 등

27
데본기에는 무시충, 석탄기에 유시충이 출현하였다. 삼첩기에 대부분의 목이 출현하였다. 다리가 6개인 절지동물 중 입틀이 머리덮개 안으로 함몰되어 있으며 낫발이목, 좀붙이목, 톡토기목이 이에 포함되며 내구강에 속한다.

28
겹눈이 낱눈 여러 개로 채워져 있다.

29
메뚜기류의 고막은 가슴에 있으며 귀뚜라미는 종아리마디에 있다. 순환계는 곤충의 등쪽에 위치하고 있으며 심장과 대동맥으로 연결되어 있다.

현음기관	내 용
무릎아래기관	• 대부분 다리에 위치함 • 매질을 통해 전달되는 진동을 들을 수 있음
고막기관	• 소리 진동에 반응하는 고막아래에 있음 • 가슴(노린재 일부), 복부(메뚜기, 매미류, 일부 나방), 앞다리 종아리마디(귀뚜라미, 여치) 등에 있음
존스턴기관	• 더듬이 흔들마디 안에 있음(위치나 방향에 대한 정보) • 모기와 깔따구는 더듬이의 털이 공명성 진동을 감지함

30
과일 경우에는 -idea, 아과에서는 -inae로 기재한다.

31
② 단위생식을 하며 알을 한 개씩 지면으로 떨어뜨리는 특성을 가진 해충은 대벌레이다.

해충명	발생/월동	특 징
대벌레 *Ramulus irregulariter dentatus*	1회/알	• 1990년 이후 자주 발생하며 대발생하기도 함
	-	• 수컷은 5회, 암컷은 6회 탈피 후 6월 중하순에 성충이 됨 • 활엽수를 가해하며 암컷은 느리나 수컷은 민첩함 • 무시형이며, 집단으로 대이동하면서 잎 식해

32
로지스틱곡선은 개체수가 환경수용력 내에서 개체수가 수렴함으로써 실제 생장곡선이 s형태로 나타나는 것을 의미한다.

개체군의 생존곡선
• 제1형 : 연령이 어린 개체들의 사망률이 낮은 경우(인간, 대형 동물 등)
• 제2형 : 사망률이 연령에 관계없이 일정
• 제3형 : 어린 연령의 개체 수들의 사망률이 매우 높은 경우(곤충 등)

▸ 과년도 기출문제부터 최신 기출문제까지 공부할 수 있도록 나무의사 필기 기출문제를 수록했습니다. 나무의사 전문 저자진의 정확하고 상세한 해설로 어렵거나 모르는 부분을 완벽하게 짚고 넘어가 보세요.

이 책의 차례 CONTENTS

나무의사

핵심요약

아이들이 답이 있는 질문을 하기 시작하면 그들이 성장하고 있음을 알 수 있다.

– 존 J. 플롬프 –

제1과목 수목병리학

■ 수목병균의 비교

구 분	곰팡이	세 균	파이토플라스마	바이러스
핵 막	있 음	없 음	없 음	없 음
세포벽	있음(키틴) *난균 : 글리칸과 셀룰로스	있음(펩티도글리칸)	없 음	없 음
세포막	있 음	있 음	있 음	없 음
미토콘드리아	있 음	없 음	없 음	없 음
리보솜	있 음	있 음	있 음	없 음
기타 특징	유성 및 무성생식	플라스미드 보유	체관부에 존재	병원체는 외가닥 RNA
검정방법	광학현미경	균총, 광학현미경	DAPI 형광현미경	DN법, ELISA기법, PCR기법
생물분류	진핵생물	원핵생물	원핵생물	세포 없음
생물크기	사상균형태	1~3μm	0.3~1.0μm	150~2,000nm
생물형태	균사, 자실체, 버섯	공, 나선, 막대, 곤봉모양	다형성	핵산과 (외피)단백질
번식방법	포자번식(유성, 무성)	이분법 번식	이분법 번식	복제 번식
감염형태	국부감염	국부감염	전신감염	전신감염
주요감염	직접, 개구부, 상처	개구부, 상처	매개충, 접목	매개충, 즙액, 접목, 꽃가루, 종자, 경란전염
증식장소	세포간극 및 세포	세포간극	세포 내(체관)	세포 내

■ 곰팡이병

(1) 자낭균아문

① 곰팡이 중에서 가장 큰 분류군으로 3,200여 속에 32,000여 종이 있음

② 잘 발달된 균사로 격벽이 있으며, 균사의 세포벽은 키틴으로 되어 있음

③ 유성생식으로 자낭포자를 형성하고 무성생식으로 분생포자를 형성함

④ 자낭균은 균사조직으로 균핵과 자좌 등을 형성

⑤ 자낭각, 자낭반, 자낭구, 자낭자좌 같은 특별한 모양을 가지는 자낭과 형성

⑥ 균사의 격벽에는 물질이동통로인 단순격벽공이 있음

⑦ 자낭에는 8개의 포자 형성

⑧ 자낭균의 분류

구 분	특 징	종 류
반자낭균강	• 자낭과를 형성하지 않아 병반 위에 나출 • 자낭은 단일벽	*Saccharomyces*속 등 효모류, *Taphrina*속 등 사상균
부정자낭균강	• 자낭과는 자낭구로 머릿구멍(Ostiole)이 없음 • 단일 벽의 자낭이 불규칙적으로 산재	*Penicillium, Aspergillus*속 유성세대
각균강	• 자낭과는 자낭각으로 위쪽에 머릿구멍이 있거나 없음 • 단일 벽의 자낭이 자낭과 내의 자실층에 배열	흰가루병, 탄저병균, 일부 그을음병균, 맥각병균 등
반균강	• 자낭과는 자낭반으로 내벽은 자실층으로 되어 있음 • 자실층에는 자낭이 나출되어 있음	*Rhytisma, Lophodermium, Scletotinia* 속 등
소방자낭균강	자낭과로 자낭자좌를 가지며 자낭은 2중 벽	*Elsinoe, Venturia, Mycosphaerella, Guignardia*속, 각종 그을음병

(2) 담자균류

① 전 세계적으로 31,000여 종이 알려져 있음
② 담자기라는 포자 생성기관에 유성포자인 담자포자를 만들며, 보통 4개의 포자가 형성됨
③ 수목의 주요 병균인 녹병균과 목재부후균이 이에 속하며 균근균이 많음
④ 격벽은 자낭균보다 복잡한 구조를 가진 유연공격벽으로 되어 있음
⑤ 녹병균 및 깜부기병균 그리고 대부분의 버섯이 여기에 속함
⑥ 담자균의 균사세포와 균사세포 사이 격막 한쪽에 꺽쇠모양(Clamp)으로 연결되어 있음
* 녹병균은 꺽쇠결합이 없고 격벽은 단순격벽공(Simple pore)

(3) 불완전균류

① **총생균강(Hyphomycetes)** : 분생포자가 다발로 뭉쳐진 분생포자경에서 생성
Alternaria, Cercospora, Corynespora, Fusarium, Botrytis, Verticillium
② **유각균강(Coelomycetes)** : 분생포자가 기주와 균사조직으로 된 껍질 안에 형성
㉠ 분생포자반 : *Septoria, Phomopsis, Phoma, Ascochyta* 등
㉡ 분생포자각 : *Marssonina, Entomosporium, Colletotrichum, Pestalotiopsis* 등
③ **무포자균강(Agonomycetes)** : 포자를 형성하지 않는 종류
Rhizoctonia, Sclerotium

(4) 난균류

① 균사는 잘 발달되어 있으며, 격벽이 없는 다핵균사임
② 유성포자를 난포자, 무성포자를 유주포자라고 함
③ 2개의 편모를 가지며 하나는 민꼬리형, 하나는 털꼬리형을 가짐
④ 편모 운동을 하는 유주자를 형성하므로 조류와 유연관계가 있음(색조류에 포함)
⑤ 세포벽의 성분은 ß-glucan과 섬유소(Cellulose)임(균류의 세포벽 성분은 키틴질)
⑥ 700종이 알려져 있으며 대부분 부생성이지만 식물병원균도 포함됨
⑦ 난균의 중요한 식물병으로 감자역병, 포도의 노균병, 모잘록병 등 발생
⑧ 뿌리썩음병(*Aphanomyces, Pythium*), 역병(*Phytophthora*), 노균병(*Bremia, Bremiella* 등)

(5) 접합균류

① 균사에 격벽이 없는 다핵균사임(균사가 노화되거나 생식기관이 형성됨에 따라 격벽이 형성되는 경우도 있음)
② 접합균류는 900여종이 알려져 있으며 대부분 부생생활을 함
③ 유성포자를 접합포자, 무성포자를 포자낭포자라고 함
④ 유성생식에서 모양과 크기가 비슷한 배우자낭이 합쳐져 접합포자를 형성
⑤ *Endogone*속, *Choanephora, Rhizopus, Mucor*속 등이 있음

■ 녹 병

(1) 녹병의 특징

① 녹병은 담자균류에 속하며 전 세계 150속 6,000여 종이 알려져 있음

② 대부분 이종기생균으로 기주교대를 하며, 경제적인 측면에서 중요하면 기주(Host), 그렇지 않으면 중간기주(Alternate Host)라고 함(예 향나무 녹병, 잣나무 털녹병, 소나무 혹병 등)

③ 일부 녹병균은 기주교대를 하지 않고 한 종의 기주에서 생활사를 마치는데 이를 동종기생균이라고 함(예 회화나무 녹병, 후박나무 녹병 등)

④ 녹병균은 순활물기생체 또는 절대기생체로 분리배양이 되지 않으나, 최근에 몇 종은 펩톤이나 효모추출물 등이 첨가된 인공배지에서 배양이 가능

(2) 녹병의 생활사

① 녹병정자

㉠ 표면에 돌기가 없는 극히 작은 단세포

㉡ 녹병정자는 담자포자에서 형성되므로 핵상은 n이고 기주식물의 표피 또는 각피 아래에 형성

㉢ 녹병정자는 곤충을 유인할 수 있는 독특한 향이 있어 주로 곤충 및 빗물에 의해 전파

② 녹포자

㉠ 녹포자기 내에서 연쇄상으로 형성되는 구형 내지 난형의 단세포

㉡ 녹포자는 담자포자와 같이 기주교대성 포자로 다른 기주에 침입

③ 여름포자

㉠ 녹포자와 같이 다양한 무늬돌기가 존재하는 구형 내지 난형의 단세포

㉡ 여름포자의 형성을 반복하여 식물에 대한 피해를 증가시키는 역할

㉢ 포플러 잎녹병균는 여름포자상태로 월동하여 중간기주를 거지지 않고 직접 포플러를 감염

④ 겨울포자

㉠ 세포벽이 두꺼운 월동포자로서 갈색 내지 검은 갈색의 단세포 또는 다세포

㉡ 감수분열을 하여 격벽이 있는 4개의 담자기를 만듦

⑤ 담자포자

㉠ 소생자라고도 하며 작고 무색의 단핵포자

㉡ 다른 기주에 침입하여 기주교대를 함

세 대	핵 상	생활환	특 징
녹병정자	n	원형질융합을 하여 녹포자 형성	유성생식
녹포자	n+n	녹포자의 발아로 n+n균사 형성	기주교대
여름포자	n+n	여름포자 발아로 n+n균사 형성	반복감염
겨울포자	n+n → 2n	핵융합으로 2n이 되고 발아할 때 감수분열을 하여 담자포자 형성	겨울월동
담자포자	n	담자포자의 발아로 n균사 형성	기주교대

(3) 녹병의 주기형

① 장주기형(Macrocyclic) : 5형 포자를 모두 생성

② 중세대형(Demicyclic) : 여름포자세대 없음

③ 단주기형(Microcyclic) : 겨울포자(담자포자)

※ 추운 지역에 분포, 짧은 생육기간 생존, 중간기주 불필요

■ 주요 녹병

<table>
<tr><th>병명 / 병원균</th><th>중간기주</th><th>특 징</th></tr>
<tr><td>잣나무 털녹병
(Cronartium ribicola)</td><td>송이풀, 까치밥나무</td><td>• 오엽송 중 잣나무와 스트로브잣나무는 감수성임
• 섬잣나무와 눈잣나무는 저항성임
• 1936년 강원도 회양군, 경기도 가평군에서 처음 발견
• 주로 5~20년생의 잣나무에 많이 발생
• 가지 수피가 노란색 또는 갈색으로 변하면서 방추형으로 부풀고 수피가 거칠어지면서 수지가 흘러내림</td></tr>
<tr><td>소나무 줄기녹병
(Cronartium flaccidum)</td><td>백작약, 참작약, 모란</td><td>• 유럽 전역에서 구주소나무 등 2엽송류에 큰 피해
• 1978년 강원도 태백시에서 처음 발견
• 병든 부위는 방추형으로 부풀고 수피가 거칠어 짐
• 잣나무 털녹병의 생활사와 비슷함</td></tr>
<tr><td>소나무류 잎녹병
(Coleosporium류)</td><td>참취, 개미취, 과꽃 등</td><td>병든나무 잎은 일찍 떨어지지만 급속히 말라죽지 않음
<table>
<tr><th>기 주</th><th>병원균</th><th>중간기주</th></tr>
<tr><td>소나무, 잣나무</td><td>C. asterum</td><td>참취, 개미취, 과꽃, 개쑥부쟁이</td></tr>
<tr><td>잣나무</td><td>C. eupatorii</td><td>골등골나물, 등골나물</td></tr>
<tr><td>소나무</td><td>C. campanulae</td><td>금강초롱꽃, 넓은잔대</td></tr>
<tr><td>소나무</td><td>C. phellodendri</td><td>넓은잎황벽나무, 황벽나무</td></tr>
<tr><td>곰 솔</td><td>C. plectranthi</td><td>산초나무</td></tr>
</table></td></tr>
<tr><td>소나무 혹병
(Cronarium quercuum)</td><td>졸참, 상수리,
떡갈나무 등 참나무</td><td>• 구주소나무는 이 병에 심하나 우리나라는 피해가 적음
• 우리나라에서는 직접적인 고사원인이 되지 않음
• 발병 정도는 전염기인 9~10월의 강우량 차이
• 10개월의 잠복기간을 거쳐 이듬해 여름부터 혹 형성</td></tr>
<tr><td>전나무 잎녹병
(Uredinopsis komagatakensis)</td><td>뱀고사리</td><td>• 1986년 강원도 횡성에서 처음 발견되었음
• 주로 계곡에서 발생하며 병든 잎이 일찍 떨어짐
• 발생 시 전나무임지 부근에서 뱀고사리를 제거</td></tr>
<tr><td>향나무 녹병
(Gymnosporangium spp.)</td><td>배나무, 사과나무, 명자꽃, 산당화, 산사나무, 야광나무, 모과나무 등 장미과</td><td>• 병원균은 향나무, 노간주나무의 잎, 가지, 줄기에 침입
• 전 세계 70여 종 중 7종이 우리나라에서 보고
• 서유구『행포지』에 배나무 붉은별무늬병에 대한 언급</td></tr>
<tr><td>버드나무 잎녹병
(Melampsora spp.)</td><td>일본잎갈나무
(국내 미기록)</td><td>• 호랑버들, 키버들, 육지꽃버들 등이 기주로 보고됨
• 중간기주인 일본잎갈나무에 침입하거나 버드나무류에 곧바로 전염한다고 알려짐</td></tr>
<tr><td>포플러 잎녹병
(Melampsora spp.)</td><td>일본잎갈나무, 현호색</td><td>• 정상 잎보다 1~2개월 일찍 낙엽이 되어 생장 감소
• 전 세계적으로 약 14종 중 우리나라는 2종이 분포
• 대부분의 피해는 Melampsora larici-populina에 의함</td></tr>
<tr><td>오리나무 잎녹병
(Melampsoridium ssp.)</td><td>일본잎갈나무
(국내 미기록)</td><td>• 기주는 오리나무와 두메오리나무임
• 우리나라에서는 2종의 병원균이 알려져 있음
<table>
<tr><th>기 주</th><th>병원균</th></tr>
<tr><td>오리나무</td><td>Melampsoridium hiratsukanum</td></tr>
<tr><td>두메오리나무</td><td>Melampsoridium alni</td></tr>
</table></td></tr>
</table>

회화나무 녹병 (*Uromyes truncicola*)	동종기생균	• 회화나무 잎, 가지, 줄기에 발생함 • 방추형의 혹이 생겨 말라 죽거나 강풍에 의해 부러짐 • 혹은 매년 비대해지며 동종기생균임

■ 잎에 발생하는 주요 수목병

① 불완전균류 발생이 높으며, 난균과 접합균류는 거의 없음

② 발병형태에 따라 점무늬병, 떡병, 흰가루병, 그을음병 등이 있음

구 분	속 명	특 징	병 해
총생균강 (불완전균)	*Cercospora*	• 잎의 병원체이며 어린줄기도 침입함 • 병반 위에는 많은 분생포자경과 분생포자가 밀생 • 긴막대형으로 집단적으로 나타날 경우는 융단같이 보임	소나무 잎마름병 삼나무 붉은마름병 포플러 갈색무늬병 벚나무 갈색무늬구멍병 명자꽃 점무늬병 무궁화 점무늬병 배롱나무 갈색무늬병 때죽나무 점무늬병 쥐똥나무 둥근무늬병 모과나무 점무늬병 두릅나무 뒷면모무늬병
	Corynespora	• 잎의 병원체이며 어린 줄기도 침입함 • 분생포자경이 길고 분생포자도 큼 • 짧은 털이 밀생한 것처럼 보임	무궁화 점무늬병
	Hyphomycetes	–	소나무류 갈색무늬잎마름병 소나무류 디플로디아순마름병
유각균강 (불완전균)	*Marssonina*	• 잎에 점무늬병을 일으킴 • 습할 때에는 다량의 분생포자가 흰색의 분생포자덩이로 분생포자반에 쌓여 흰색 내지 담갈색을 나타냄	포플러류 점무늬잎떨림병 참나무 갈색둥근무늬병 장미 검은무늬병
	Entomosporium	• 점무늬를 발생시킴 • 분생포자의 모양이 곤충과 흡사함	홍가시나무 점무늬병 채진목 점무늬병
	Pestalotiopsis	• 분생포자는 대부분 중앙의 3세포는 착색되어 있고 양쪽의 세포는 무색이며 부속사를 가짐 • 대부분 잎마름증상으로 나타남	은행나무 잎마름병 삼나무 잎마름병 철쭉류 잎마름병
	Colletotrichum	• 각종 식물의 탄저병을 발생시킴 • 잎, 어린줄기, 과실의 병원균임 • 병징은 움푹 들어가고 흑갈색 병반 형성	개암나무 탄저병 호두나무 탄저병 사철나무 탄저병 동백나무 탄저병 오동나무 탄저병 버즘나무 탄저병
	Septoria	• 주로 잎에 작은 점무늬 형성 • 잎자루나 줄기는 거의 침해하지 않음 • 분생포자각은 병반의 조직에 묻혀 있음	자작나무 갈색무늬병 오리나무 갈색무늬병 느티나무 흰별무늬병 밤나무 갈색점무늬병 가죽나무 갈색무늬병 가래나무 점무늬병 말채나무 점무늬병

기 타	*Lophodermium* (자낭균)	• 전 세계의 소나무류에 널리 발생 • 15년 이하의 잣나무에 발생 • 3~5월에 묵은 잎의 1/3 이상이 낙엽 • 병든 낙엽에서 6~7월 자낭반이 형성	소나무류 잎떨림병
	Elsinoe (자낭균)	각종 수목과 초본류에 더뎅이병을 발생	두릅나무 더뎅이병
	Guignardia (자낭균)	• 주로 8~9월에 병세가 가장 심함 • 봄부터 장마철까지 지속적으로 나타남	칠엽수 얼룩무늬병
	Tubakia (불완전균)	• 병원균은 *Tubakia japonica* • 신갈나무 등 참나무류에 가장 흔히 발생 • 조기낙엽과 생육감퇴의 주원인	참나무 갈색무늬병

■ 흰가루병균의 비교

① 흰가루병은 자낭균 각균강에 속하며 절대기생체임

② 흰가루는 분생포자경과 분생포자임

흰가루병균	발병 수목	부속사	자낭수
Uncinula	배롱나무, 포플러나무, 물푸레나무류, 옻나무, 붉나무	갈고리형	다 수
Erysiphe	사철나무, 목련, 쥐똥나무류, 인동, 꽃댕강나무, 양버즘나무, 단풍나무류, 배롱나무, 꽃개오동, 참나무류	굽은 일자형	여러 개
Sphaerotheca	장미, 해당화	굽은 일자형	1개
Phyllactinia	물푸레나무, 산수유, 진달래, 포플러, 오리나무류, 철쭉, 가죽나무류, 오동나무류	직선형	다 수
Podosphaera	장미, 조팝나무류, 벚나무류	덩굴형	1개
Microsphaera	사철나무, 가래나무, 호두나무, 오리나무류, 개암나무, 밤나무, 참나무류, 매자나무류, 아까시나무, 수수꽃다리, 인동덩굴	덩굴형	다 수

■ 가지와 줄기에 발생하는 주요 수목병

① 궤양병, 목질청변, 목질부후로 구분됨

② 궤양병은 자낭균에 의해 가장 많이 발생하며, 큰줄기에는 담자균도 병을 발생시킴

병명 / 병원균	국내발생	특 징
밤나무 줄기마름병 (*Cryphonectria parasitica*)	1925년 최초 보고	• 동양의 풍토병이었으나 1900년대 북아메리카로 유입 • 동양은 저항성이나 미국과 유럽의 밤나무림 황폐화 • 줄기의 상처발생 시 바람에 의해 전파됨
밤나무 잉크병 (*Phytophthora katsurae*)	2007년	• 밤나무 줄기마름병과 함께 밤나무에 가장 피해가 큼 • *Phytophthora*에 의해 뿌리나 수간하부에 주로 발생 • 수피 표면이 젖어 있고 검은색의 액체가 흐르는 증상
밤나무 가지마름병 (*Botryoshaeria dothidea*)	–	• 사과나무, 배나무, 복숭아나무, 호두나무, 밤나무 등 발생 • 6~8월에 감염된 부위에서 분생포자각과 자낭각 형성 • 열매는 흑색썩음병을 일으키며 특유의 술냄새가 남
포플러 줄기마름병 (*Valsa sordida*)	1965년	• 줄기에 상처나 약해지면 발생하며 추운 곳에서 피해 심함 • 주로 어린 삽수나 어린 조림목에서 발생함

오동나무 줄기마름병 (*Valsa paulowniae*)	–	• 부란병이며 빗자루병과 함께 오동나무에 치명적임 • 추운 지방 및 동해로 인해 수세가 약해지면서 피해가 심함
호두나무 검은돌기마름병 (*Melanconis juglandis*)	–	• 호두나무와 가래나무에서 발생 • 10년 이상의 수목 2~3년생 가지나 웃자란 가지에서 발생 • 어린나무에서는 줄기에서 발생하여 나무가 말라 죽음
소나무 수지궤양병 (푸사리움가지마름병) (*Fusarium circinatum*)	1996년 인천	• 불완전균류에 의해 발생. 송진이 흘러내리고 궤양 형성 • 생육단계에서 여러 부위가 감염되어 다양한 병징 발생 • 리기다소나무는 감수성, 잣나무와 적송은 저항성을 가짐
소나무 피목가지마름병 (*Cenangium ferruginosum*)	–	• 자낭균에 의해 발생. 기온이 매우 낮을 때 피해가 심함 • 소나무, 해송, 잣나무의 2~3년생 가지와 줄기에 발생 • 자낭반 형성 및 7~8월에 새 가지로 이동 후 봄에 전파
소나무 가지끝마름병 (*Sphaeropsis sapinea*)	–	• 당년생 가지가 말라 죽으며 도입 소나무류에 피해가 심함 • 우리나라 소나무류의 묘목은 비교적 저항성임 • 봄에 기온이 따뜻하거나 강우가 많을 때 심하게 발생
낙엽송 가지끝마름병 (*Guignardia laricina*)	–	• 주로 10년생 내외의 일본잎갈나무에서 피해가 심함 • 5~6월 성숙한 자낭각에서 자낭포자가 비산하여 1차 전염 • 고온다습하고 바람이 강한 임지에서 특히 심하게 발생
편백·화백 가지마름병 (*Seiridium unicorne*)	1987년	• 불완전균류에 의해 발생. 10년생 이하 수목 피해 심함 • 양끝세포는 무색. 각각 부속사가 있음. 중앙 4개는 암갈색 • 수지가 흘러내려 흰색으로 굳어지며 지저분하게 보임
잣나무 수지동고병 (*Valsa abieties*)	1988년 가평군	• 현재는 국한된 지역에서만 발견되고 피해율이 5% 정도 • 자낭균에 의해 발생하며 병환부는 함몰하면서 갈변함 • 가지치기한 부위를 중심으로 아래로 진전됨

■ 기타 줄기에 발생하는 병

병명 / 병원균	특 징
Nectria 궤양병 (*Nectria galligena*)	• 전형적인 다년생 윤문을 형성함 • 봄에 유합조직을 형성하면 늦여름~겨울에 형성층 파괴 • 활엽수에 일반적인 병해로 서리나 눈에 의한 상처 침입
Hypoxylon 궤양병 (*Hypoxylon mammatum*)	• 목재산업에서 중요한 백양나무에 발생(북아메리카/유럽) • 감염된 수피에 검은색과 흰색의 얼룩으로 쉽게 진단
Scleroderris 궤양병 (*Gremmeniella abietina*)	기주는 소나무와 방크스소나무임

■ 유관속 시들음병 비교

병명 / 병원균	매개충 / 전반	특 징
느릅나무 시들음병 (*Ophiostoma ulmi* *Ophiostomatoid* 균류)	유럽느릅나무좀 미국느릅나무좀	• 나무좀이 목부형성층 및 물관을 가해함 • 물관가해 시 매개충 몸체에 있던 병원균이 물관 침입 • 병원균이 물관의 아래쪽으로 증식 • 뿌리접목을 통해 인접 수목으로 이동 • 미국느릅나무는 감수성, 시베리아·중국느릅나무는 저항성
참나무 시들음병 (*Raffaelea quercus*)	우리나라 : 광릉긴나무좀 일본 : *Platypus quercivorus*	• 2004년 성남시에서 발견 • 국내는 주로 신갈나무, 일본은 졸참나무, 물참나무 • 페로몬을 발산하여 암컷을 유인하고 목재 내부에 산란 • 침입공은 수간 하부에서부터 지상 2m 이내에 분포

참나무 시들음병 (*Ceratocysis fagacearum*)	nitidulid 나무이	• 루브라참나무와 큰떡갈나무에 특히 심하게 발생 • 현재 미국 중남부지역에서 발생(유럽에서는 미발생) • 나무이와 접목에 뿌리접목에 의해 병원균이 전반 • 나무이는 곰팡이 균사매트의 달콤한 냄새로 유인됨
Verticillium 시들음병 (*Verticillium dahliae* *Verticillium albo-atrum*)	*Verticillium*에 의한 토양전염	• 토양전염원과 뿌리접촉을 통하여 감염 • 국내는 농작물에서 발견, 수목에서는 보고되지 않음 • 단풍나무와 느릅나무에서 가장 심하게 발생 • 감염 시 목부에 녹색이나 갈색의 줄무늬가 생김

■ 뿌리에 발생하는 주요 수목병

① 주요 병원균은 임의기생체이며, 병원성우점병과 기주우점병으로 구분

② 병원성우점병은 미성숙 조직에 침입하며, 감염성이 높은 연화성 병균임

③ 기주우점병은 만성적인 병으로 감염성이 약함

병명 / 병원균			특 징
병원균 우점병	모잘록병 (난균 *Pythium spp.* 불완전균 *Rhizoctonia solani*)		• 전 세계 묘목생산량의 15%를 고사시킴 • *Pythium*에 의한 병은 잔뿌리에서 지체 부위로 병이 진전 • *Rhizoctonia*는 지체부 줄기가 감염되어 아래로 병이 진전 • 발병 시 질소질 비료보다는 인산비료를 충분히 살포
	Phytophthora 뿌리썩음병 (*Phytophthora cactorum*)		• 감염초기에는 잔뿌리가 죽고 그 후 큰 뿌리로 진전 • 침엽수는 엽색이 옅어지고 잎은 작고 뒤틀림 • 활엽수는 잎이 작아지고 퇴색하며 조기낙엽 및 뒤틀림 • 꼭대기는 가지마름이 나타나고 심한 경우 1~2년에 고사 • 사과나무 평균 0.2% 감염률. 줄기밑동썩음병을 일으킴
	리지나뿌리썩음병 (*Rhizina undulata*)		• 자낭균에 의해 발생하며 1982년 경주에서 처음 발견 • 소나무, 전나무, 가문비나무, 낙엽송류 등 침엽수에 발생 • 토양온도가 35~45℃에서 발아하여 뿌리 및 사부로 침입 • 표징은 파상땅해파리버섯이며 산성토양에서 피해가 심각 • 섬유소분해효소 및 펙틴분해효소를 분비하는 연화성 병임
기주 우점병	아밀라리아뿌리썩음병 (*Armillaria*속)		• 담자균에 의해 발생하며 침엽수 및 활엽수에 모두 가해 • 임분의 연령이 증가할수록 감소하는 경향이 있음 • 표징은 뽕나무버섯, 뿌리꼴균사다발, 부채꼴균사판 • 수년간 생존이 가능함으로 피해임지에서는 지속적 발생 • 우리나라에서는 잣나무조림지의 피해가 심각함
	Annosum 뿌리썩음병 (*Helicobasidium annosum*)		• 담자균에 의해 발생하며 적송과 가문비나무가 감수성 • 감염된 수목은 영양결핍현상 및 잎의 황화현상이 발생 • 뿌리접촉이나 접목을 통해서도 건전 기주로 감염 • 말굽버섯속에 속하는 균으로 주로 침엽수에 피해를 줌
	자주날개무늬병 (*Helicobasidium mompa*)		• 담자균에 의해 발생하며 사과 과수원의 약 5% 발생 • 침엽수와 활엽수에 모두 발생하는 다범성 병해 • 토양 주변에 균사망을 만들고 헝겊 같은 피막을 형성 • 자실체가 일반 버섯과는 달리 헝겊처럼 땅에 깔림
	흰날개무늬병 (*Rosellinia necatrix*)		• 자낭균에 의해 발생하며 10년 이상 된 사과 과수원에 발생 • 나무뿌리가 흰색의 균사막으로 싸여 있음 • 목질부에 부채모양의 균사막과 실모양의 균사다발
	구멍장이버섯	아까시재목버섯	• 담자균에 의해 발생. 활엽수 성목, 오래된 나무에서 발생 • 백색부후균인 반월형의 아까시재목버섯이 층을 지어 발생
		영지버섯속	• 담자균에 의해서 발생하며 심재를 침입하여 병이 진전 • 단풍나무와 참나무 등이 감수성임

■ 파이토플라스마에 의한 주요 수목병

(1) 파이토플라스마의 생태

① 대부분 매미충류에 의해서 전염되나 나무이와 멸구류 그리고 새삼에 의해서도 전염
② 매개곤충의 구침을 통해 침샘, 소화기관, 지방체 등에서 증식 전염
③ 매개충은 흡즙 후 10일(30℃), 15일(10℃) 간의 잠복기간을 거친 다음 전염
④ 성숙한 식물보다 어린 식물을 흡즙하였을 때 보독이 잘 됨
⑤ 매개충의 성충보다는 약충에서 효과적으로 들어가며 경란전염을 하지 않음
⑥ 보독충이 되려면 반드시 병든 식물을 흡즙해야 함
⑦ 분근묘 등 영양체를 통해 전염되나 즙액전염, 종자전염, 토양전염은 되지 않음

(2) 파이토플라스마의 진단 및 방제

① 진 단
㉠ 전자현미경으로 관찰 가능(Virus보다 크고 Bacteria보다 작음)
㉡ Toluidine blue의 조직 염색에 의한 광학현미경 기법
㉢ Confocal laser microscopy DNA에 특이적으로 결합하는 형광색소인 DAPI
㉣ 유합조직에 특이적으로 결합하는 형광색소인 아닐린블루(Aniline blue)염색법
㉤ Dienes 염색법 등 형광염색소를 이용한 형광현미경법

② 방 제
㉠ 테트라사이클린계 항생물질에 매우 민감
㉡ 테트라사이클린을 엽면시비하는 것은 토양관주처리처럼 치료효과가 없음
㉢ 대추나무 빗자루병 방제에 옥시테트라사이클린 항생제를 수간주입

병 명	매개충	특 징
오동나무 빗자루병	담배장님노린재 썩덩무늬노린재 오동나무애매미충	• 1960년대, 1975년에 극심한 피해를 줌 • 감염된 가지에서 곁눈이 터져 새순 형성 및 잎의 총생 • 꽃의 엽화현상과 잎의 조기낙엽 및 가지고사
대추나무 빗자루병	마름무늬매미충	• 1950년경에 크게 발생. 보은, 옥천, 봉화 등 황폐화 • 매미충의 침샘, 중장에서 증식 후 타액선을 통해 감염 • 병원균은 여름에 지상부에 있다가 겨울에 뿌리에서 월동 후 봄에 수액과 함께 전신으로 이동함(전신병)
뽕나무 오갈병	마름무늬매미충	• 1973년 상주에서 병이 만연함 • 아직까지 저항성의 뽕나무품종이 개발되지 않음 • 종자, 토양, 즙액에 의해서는 전염되지 않음
붉나무 빗자루병	마름무늬매미충	• 1973년 전북지방에서 처음 발견됨 • 새삼에 의해서도 매개전염이 됨 • 종자, 토양, 즙액에 의해서는 전염되지 않음
쥐똥나무 빗자루병	마름무늬매미충	• 1980년 왕쥐똥나무에서 처음 발견 • 분주 및 접목에 의해서도 전염이 됨

■ 세균병의 진단 및 방제

(1) 진 단

① 세균의 존재여부는 광학현미경으로 가능
② 세균의 형태적 특성 관찰은 주사전자현미경 및 투과전자현미경 사용
③ 항원항체 간의 응집반응을 이용한 면역학적 진단
④ 분자생물학적 진단(핵산교잡, 중합효소연쇄반응)
⑤ Gram염색법에 의한 양성세균과 음성세균

(2) 방 제

① 저항성 품종을 사용하는 것이 효과적
② 온실에서는 증기나 포름알데히드 등으로 처리
③ 오염된 종자는 차아염소산나트륨으로 소독하거나 아세트산 용액에 침지
④ 항생제로 스트렙토마이신 제제와 옥시테트라사이크린 이용
⑤ 52℃에서 20분 정도의 처리는 감염종자의 수를 줄일 수 있음
⑥ 구리를 함유한 농약의 경엽처리

■ 그람염색법

① 1884년 덴마크의 의사 H. C. J. 그람(1853～1938)이 고안한 특수 염색법
② 아이오딘으로 착색 후 에탄올로 탈색한 다음 사프라닌으로 대조염색을 하는 방법
③ 그람양성균은 세포벽의 약 80~90%가 펩티도글리칸이며 외막이 없음
④ 그람음성균은 세포벽이 약 10%가 펩티도글리칸으로 세포외막, 내막사이에 존재

구 분	그람양성균(Gram positive)	그람음성균(Gram negative)
반 응	보라색	붉은색
식물병균	*Arthrobacter, Clavibacter, Curtobacterium, Rathayibacter, Rhodococcus, Streptomyces*	*Agrobacterium, Pseudomonas, Xanthomonas, Xylophilus, Xylella*

■ 세균병의 종류

세균병	특 징	전염 방법
뿌리혹병 (*Agrobacterium tumefaciens*)	• 기주식물 없이도 오랫동안 부생생활 • 고온다습한 알칼리성 토양에서 많이 발생 • 주로 지표면으로부터 가까운 곳에 혹이 발생 • 혹이 목질화하면서 암갈색으로 변함 • 석회 사용량을 줄이고 병 발생 즉시 제거 • 스트렙토마이신용액 침지 후 묘목 식재	그람음성

불마름병 (*Erwinia amlovora*)	• Amylovorin 독소 생성 • 궤양주변에서 월동 후 봄에 비가 내릴 때 활동 • 세균점액으로 곤충을 유인하여 전반시킴 • 잎 가장자리 → 잎맥을 따라, 암술머리 → 전체 • 수침상반점 → 암갈색, 선단부 가지 → 아래쪽 가지 • 줄기는 뿌리 가까운 곳에서 위로 병이 진행 • 늦은 봄에 어린잎, 가지, 꽃이 시들고 검게 변함 • 병 발생 시 100m 내 수목 제거 후 매립 • 발생 전 인산비료, 칼슘 비료를 사용하여 수세강화	4~5개 주생모 그람음성
세균성구멍병 (*Xanthomonas arboricola*)	• 곰팡이에 의한 구멍병과 달리 수침상 점무늬가 발생 • 이후 구멍이 생기는 천공이 나타남 • 바람이 심하고 높은 습도와 강우 시 심하게 나타남 • 과실의 감염을 줄이기 위해 봉지를 씌움	1개 극모 그람음성
잎가마름병 (*Xylella fastidiosa*)	• 물관부국재성 세균으로 그람음성균임 • 수분부족증상과 비슷하나 노란색물결 경계선이 나타남 • 매미충류 곤충과의 접촉에 의해서 전반 • 관수를 충분히 하여 가뭄피해 방지	그람음성
감귤궤양병 (*Xanthomonas axonopodis*)	• 병원균이 빗물과 섞여 비산하여 기공 및 상처 침입 • 어린 조직은 감수성이며 태풍 후에 다수 발생 • 수침상 반점이 점차 확대되어 궤양발생 • 질소비료 과다 사용을 피하고 가지 밀도를 낮춤 • 방풍림 조성 및 귤굴나방 방제	1개 극모 그람음성

■ 선충의 특징

① 식물선충은 대부분 길이가 1mm 내외로 육안의 식별이 어려움

② 양성생식과 처녀생식을 하며, 자웅이형이나 암수한몸인 종도 있음

③ 일부 암컷은 성숙하면 배 모양, 콩팥 모양, 레몬 모양, 공 모양이 됨

④ 선충은 부드럽고 투명한 큐티클로 덮여 있음

⑤ 구침의 형태는 식도형 구침과 구강형 구침으로 나뉘어 짐

⑥ 일반적으로는 암수의 형태는 실 모양 또는 방추형으로 비슷함

⑦ 선충은 알, 유충, 성충으로 나눌 수 있으며 알에서 1차 탈피하고, 4령충 후에 성충이 됨

⑧ 구침을 통하여 양분을 탈취하며 선충의 침과 분비물로 인한 식물의 생리적 변화를 발생

⑨ 선충의 분비물로 인한 양육세포, 병합체, 거대세포 형성 및 생리 장애 발생

⑩ 식물의 성장저해, 위축, 황화, 시들음 등의 병징 발생

⑪ 선충의 분리방법은 Baerman funnel법을 이용하거나 체를 사용

구 분		종 류	내 용
외부기생선충	이주성	토막뿌리병	• 창선충은 보통 식물선충보다 10배 이상 크고 식도형 구침이 있으며 바이러스 매개 • 피해받은 뿌리는 부풀어 오르거나 코르크화
			• 궁침선충은 침엽수 묘목에 피해를 줌 • 잔뿌리가 없어지고 뿌리 끝이 뭉툭해지며 검어짐
		참선충목의 선충	• 토양에서 생활하면서 뿌리를 가해하나 간혹 내부 침투 • Ditylenchus와 Tylenchus가 가장 많음
		균근과 관련된 뿌리병	• 식균성 토양선충으로 균근균을 가해하여 식물의 무기물의 흡수, 동화 등 수목의 정상적인 생리에 지장을 초래함 • Aphelenchoides spp, Aphelenchus avenae가 균근균과 관련이 있음
내부기생선충	고착성	뿌리혹선충	• 따뜻한 지역이나 온실에서 피해가 심함 • 작물생산의 5%의 피해를 줌 • 침엽수와 활엽수 모두 가해하나 주로 밤나무, 아까시나무, 오동나무 등 활엽수에 피해가 심함
		시스트선충	자작나무시스트선충이 있음
		콩시스트선충	사과나무, 뽕나무, 포도나무를 가해함
		감귤선충	감나무, 라일락, 올리브나무(우리나라 미발견) 가해
	이주성	뿌리썩이선충	*Pratylenchus*는 전 세계 어느 지역에서나 분포하여 작물과 수목 가해
			*Radopholus*는 열대, 아열대에 바나나 뿌리썩음병, 귤나무 쇠락증

■ 바이러스병의 진단 및 방제

(1) 진 단

① 감염식물체 내에서의 바이러스는 전자현미경에 의하여 관찰
② Dip method : 즙액 내의 바이러스를 직접 검경하는 방법
③ Dip method에 항혈청반응을 조합시킨 방법은 면역전자현미경법
④ 이병조직을 마이크로톰으로 초박절편하여 검경하는 초박절편법
⑤ 한천젤이중확산법(Agar gel double diffusion test)
⑥ 효소결합항체법(Enzyme-Linked Immunosorbent, ELISA)을 응용한 진단법
⑦ 지표식물 담배, 명아주, 콩 등을 이용하여 진단

(2) 방 제

① 묘목을 육성할 경우 윤작을 실시
② 바이러스에 감염된 묘목을 조기에 제거
③ 포장저항성을 지닐 수 있도록 묘포장 관리
④ 공통기주가 될 수 있는 잡초 제거
⑤ 다양한 종류의 매개충에 의하여 전염되므로 매개충 구제 필수

■ 바이러스병의 종류

바이러스병	특 징	전염방법
포플러 모자이크병	• 건전나무에 비해 40~50% 재적 감소를 초래 • Deltoides 계통의 포플러에 많이 발생 • 불규칙한 퇴록반점이 다수 나타나며 모자이크 증상을 보임 • 잎자루와 주맥에 괴사반점이 생기면 잎이 뒤틀리면서 모양이 일그러짐	• 주로 감염된 모수에서 채취한 삽수를 통해 전염됨 • 종자전염은 되지 않음
장미 모자이크병	• 꽃의 품질과 수량이 떨어지며 수세가 약화됨 • 4종류의 바이러스가 모자이크 증상을 유발 • PNRSV, ApMV가 대표적인 바이러스임 • 모자이크무늬, 번개무늬, 그물무늬 등 발생	• 접목전염을 하며 매개충은 알려지지 않음 • PNRSV는 꽃가루와 종자에 의해서도 전반됨
벚나무 번개무늬병	• 왕벚나무를 비롯해 벚나무류에서 자주 발생 • American plum line pattern virus는 벚나무 외에도 매실나무, 자두나무, 복숭아나무, 살구나무에서도 비슷한 증세를 보임 • 5월쯤 중앙맥과 굵은 지맥을 따라 번개무늬 모양으로 황백색 줄무늬병반이 생김	접목에 의한 전염

제2과목 수목해충학

■ 곤충의 특징

① 동물계 - 절지동물문 - 곤충강
② 곤충강에 속하는 절지동물은 4억 8천 년 전부터 등장
③ 유시류의 경우 3.5억 년 전인 석탄기에 등장
④ 알려진 곤충 종수는 약 100만 종 가까이 되며, 우리나라에서도 12,000종이 있음
⑤ 현존하는 동물계의 70% 차지, 동물 중에서는 제일 많은 개체수와 종수를 가짐

■ 곤충의 번성이유

구 분	내 용
외부 골격	• 골격이 몸의 외부에 있는 외골격(키틴)으로 되어 있음 • 외골격은 건조를 방지하는 왁스층으로 되어 있음 • 체벽에 부착된 근육은 지렛대처럼 이용하여 체중의 50배까지 들어 올림
작은 몸집	• 생존과 생식에 필요한 최소한의 자원으로 유지됨 • 포식자로부터 피할 수 있는 크기
비행 능력	• 3억 년 전에 비행능력을 습득하였음 • 포식자로부터 피할 수 있으며 개체군이 새로운 서식지로 빠르게 확장 • 외골격의 굴근(Flexor muscle)에 의해 흡수된 위치에너지를 운동에너지로 전환
번식 능력	• 대부분의 암컷은 저장낭에 수개월 또는 수년 동안 정자를 저장할 수 있음 • 수컷이 전혀 없는 종도 있으며 무성생식의 과정으로 자손을 생산함
변태 유형	• 완전변태는 곤충강 27개목 중 9개목이지만 모든 곤충의 약 86%를 차지함 • 유충과 성충이 다른 유형의 환경, 먹이, 서식지를 점유할 수 있음
적응 능력	• 다양한 개체군, 높은 생식능력, 짧은 생활사로 유전자 변이를 발생 • 짧은 세대의 교번으로 살충제에 대한 저항성 발현 등

■ 곤충 더듬이의 종류 및 형태

더듬이 종류	형 태	곤 충
실모양	가늘고 긴 더듬이	딱정벌레류, 바퀴류, 실베짱이류, 하늘소류
짧은털모양(강모상)	마디가 가늘어지고 짧음	잠자리류, 매미류
방울모양(구간상)	끝 쪽 몇 마디가 폭이 넓어짐	밑빠진벌레, 나비류
구슬모양(염주상)	각 마디가 둥근 형태의 더듬이	흰개미류
톱니모양(거치상)	마디 한쪽이 비대칭으로 늘어남	방아벌레류
방망이모양(곤봉상)	끝으로 갈수록 조금씩 굵어짐	송장벌레류, 무당벌레류
아가미모양(새상)	얇은 판이 중첩된 모양	풍뎅이류
빗살모양(즐치상)	머리빗을 닮은 더듬이	홍날개류, 잎벌류, 뱀잠자리류
팔굽모양(슬상)	두 번째 마디가 짧고 옆으로 꺾임	바구미류, 개미류
깃털모양(우모상)	각 마디에 강모가 발달하여 깃털모양	일부 수컷의 나방류, 모기류
가시털모양(자모상)	납작한 세 번째 마디에 가시털	집파리류

■ 곤충의 눈

① 1쌍의 겹눈과 3개까지의 홑눈
② 겹눈을 구성하는 낱눈의 개수는 1~8개, 많게는 20,000개
③ 홑눈은 머리 앞면에 2~3개가 있으나 없는 종도 있음
④ 겹눈은 주로 먼 거리(운동, 형태, 색감 반응)
  ㉠ 모자이크상이 맺혀지며 상이 겹쳐 보임(자외선 일부 식별, 적색부분 식별불가)
  ㉡ 편광된 빛과 편광되지 않은 빛 모두 식별
⑤ 홑눈은 가까운 거리의 물체를 식별(명암에 반응)
⑥ 각막렌즈, 수정체, 망막세포, 감간체, 시신경다발로 연결되어 있음
⑦ 감간체(Rhabdom)는 광수용색소인 로돕신 분자들이 결합되어 있는 미세융모집단

■ 곤충의 날개

① 가운데 가슴의 날개를 앞날개, 뒷 가슴의 날개를 뒷날개
② 파리목은 뒷날개가 퇴화, 평균곤으로 되어 1쌍만 남아 있음
③ 딱정벌레류는 초시(Elytron), 노린재류는 반초시(Hemielytron)
④ 이목, 벼룩목은 날개 퇴화, 부채벌레목은 앞날개 퇴화(의평균곤)
⑤ 나비목의 날개는 비늘형태로 인시목이라고도 함
⑤ 날개는 곤충의 분류에 중요한 기준으로 앞부분을 전연, 바깥쪽을 외연
⑦ 연결방식에 따라 날개가시형(나비목), 날개걸이형(나비목), 날개갈고리형(벌목)

구 분	내 용	비 고
딱지날개(초시 : Elytra)	뒷날개의 보호덮개 역할을 하는 딱딱한 날개	딱정벌레목, 집게벌레목
반초시(Hemelytra)	• 기부는 가죽이나 양피지 같음 • 끝부분은 막질인 앞날개	노린재아목
가죽날개(Tegmina)	전체가 가죽이나 양피지 같은 앞날개	메뚜기목, 바퀴목, 사마귀목
평균곤(Halteres)	• 비행 중 회전운동의 안정기 역할 • 작은 곤봉 모양의 뒷날개	파리목

■ 곤충의 다리

구 분	설 명	비 고
밑마디(기절)	• 기절돌기와 관절을 이루는 다리의 첫 번째 마디 • 2개로 보이는 경우가 많으며 뒤의 것을 버금밑마디라고 함	• 경주지 : 바퀴류 • 헤엄지 : 물방개류 • 도약지 : 메뚜기류 • 굴착지 : 땅강아지류 • 포획지 : 사마귀류
도래마디(전절)	• 다리의 두 번째 마디이며 잠자리는 2개로 분리되어 있음 • 기생벌류는 제2의 도래마디가 있음	
넓적마디(퇴절)	• 다리의 세 번째 마디임 • 잘 뛰는 곤충에 특히 잘 발달되어 있음	
종아리마디(경절)	• 길이는 넓적마디와 비슷함 • 가늘고 끝에는 1개 이상의 가시돌기가 있음	
발목마디(부절)	• 성충의 발목마디는 보통 2~5개로 되어 있음 • 끝부분을 끝발마디라고 함	

■ 곤충의 외골격

구 분	내 용
외표피	• 외표피는 수분손실을 줄이고 이물질을 차단하는 기능 • 외표피의 가장 안쪽 층을 표피소층이라고 함 • 리포단백질과 지방산 사슬로 구성되어 있음 • 방향성을 가진 왁스층이 표피소층 바로 위에 놓임
원표피	• 키틴과 단백질로 구성되어 있으며 내원표피는 표피층의 대부분을 차지함 • 내원표피는 새로운 표피층을 만들 때 표피세포에 흡수된 후 재사용 • 외원표피층은 단백질 분자들이 퀴논 등으로 서로 연결된 3차원 구조임 • 외원표피는 경화반응이 일어나는 부위로서 매우 단단하고 안정된 구조임
진 피	• 주로 상피세포의 단일층으로 형성된 분비조직임 • 외골격을 이루는 물질과 탈피액을 분비함 • 내원표피의 물질을 흡수하고 상처를 재생시킴 • 진피세포의 일부가 외분비샘으로 특화되어 화합물(페로몬, 기피제) 생성
기저막	• 부정형의 뮤코다당류 및 콜라겐 섬유의 협력적인 이중층 • 물질의 투과에 관여하지는 않으나 표피세포의 내벽 역할을 함 • 외골격과 혈체강을 구분지어 줌

■ 곤충의 감각계

구 분		내 용
센털(강모) • 움직일 수 있음 • 속이 비어 있음	피 모	체모나 부속지를 덮고 있는 가는 털
	인 편	편평해진 털을 말하며 나비목과 톡토기목 대부분과 일부 곤충류
	분비센털	진피층에 있는 분비세포의 분비물 유출구
	감각센털	감각작용을 하며, 특히 부속지에 발달하며 신경계와 인접
가동가시		움직일 수 있는 가시털 모양의 돌기
체표돌기 (움직이지 못함)	가는 털	밑들이목과 파리목 일부의 날개에서 볼 수 있는 가는 털
	가 시	미분화한 진피세포에서 생기며, 다세포성임

<table>
<tr><th>감각계 구분</th><th>내 용</th></tr>
<tr><td>기계감각기
(Mechanoreceptor)</td><td>• 곤충의 몸 표면 거의 어디에서나 발견됨
• 털감각기 : 가장 단순한 기계감각기이며 접촉성 털(센털)임
• 종상감각기 : 편평한 타원형의 판형으로 다리, 날개, 봉합선을 따라 발견됨
• 신장수용기 : 근육 또는 결합조직에 있는 다극성 신경임
• 압력수용기 : 수서곤충의 수심에 대한 감각정보를 제공
• 현음기관 : 외골격의 두 내부 표면사이의 간극을 잇는 양극성 신경임
<table>
<tr><th>현음기관</th><th>내 용</th></tr>
<tr><td>무릎아래기관</td><td>• 대부분 다리에 위치함
• 매질을 통해 전달되는 진통을 들을 수 있음</td></tr>
<tr><td>고막기관</td><td>• 소리 진동에 반응하는 고막 아래에 있음
• 가슴(노린재 일부), 복부(메뚜기, 매미류, 일부 나방), 앞다리 종아리마디(귀뚜라미, 여치) 등에 있음</td></tr>
<tr><td>존스턴기관</td><td>• 더듬이 흔들마디 안에 있음(위치나 방향에 대한 정보)
• 모기와 깔따구는 더듬이의 털이 공명성 진동을 감지함</td></tr>
</table>
</td></tr>
</table>

<table>
<tr><td>화학감각기
(Chemoreceptor)</td><td>• 가스형태로 있을 때 후각수용체가 냄새를 감지
• 화학물질이 고체 또는 액체 형태일 때 미각수용체가 맛을 감지
<table>
<tr><th>종 류</th><th>내 용</th></tr>
<tr><td>미각수용체</td><td>• 감각신경 수상돌기가 표피에서 하나의 구멍을 통해 노출됨
• 더듬이, 발목마디, 생식기에서도 볼 수 있음</td></tr>
<tr><td>후각수용체</td><td>• 많은 구멍이 있는 얇은 벽으로 되어 있음
• 더듬이에 가장 많으며 입틀이나 외부생식기에도 있음</td></tr>
</table></td></tr>
<tr><td>광감각기
(Photoreceptor)</td><td>홑눈과 겹눈이 있음</td></tr>
</table>

■ 배설계

구 분	내 용	비 고
말피기관 (Malpighan tubule)	• 가늘고 긴 맹관으로 체강 내에 유리된 상태로 존재 • 분비작용을 하는 과정에서 칼륨이온이 관 내로 유입 • 액체가 후장을 통과하면서 수분과 이온류의 재흡수 • 곤충마다 말피기관의 개수가 다양(2배수로 존재)	–
지방체 (Fat body)	• 내부에 액포와 여러 가지 함유물이 들어 있는 기관 • 영양물질의 저장장소의 역할	–
편도세포 (Oenocyte)	• 보통 복부기문 부근에 있음 • 탈피호르몬(Ecdysone)을 생산	–
공생균기관 (Mycetome)	• 수용성 비타민류와 필수아미노산을 공급(Actinomyces) • 소화관 내 벽이나 관 내 또는 낭상체 안에 있음	• 가루이류 : 구형 • 깍지벌레 : 다양

■ 생식계

구 분	생식기관	내 용
수 컷	정소(정집)	여러 개의 정소소관이 모여 하나의 낭 안에 있음
	수정관	수정소관은 수정관으로 연결됨
	저장낭(저정낭)	정소소관의 정자는 수정관을 통해서 저장낭으로 모임
	부속샘	• 정액과 정자주머니를 만들어 정자가 이동하기 쉽게 도움 • 정액은 양분공급, 정자이동, 산란촉진, 수컷의 회피 물질 포함
암 컷	난소소관(알집)	초기난모세포가 난소소관의 증식실과 난황실을 거쳐 알 형성
	부속샘	알의 보호막, 점착액 분비
	저장낭(수정낭)	• 교미 시 수컷으로부터 건네받은 정자 보관 • 저정낭샘에서 저장낭에 보관 중인 정자를 위해 영양분 공급
	수란관	난소소관은 수란관으로 연결됨

■ 신경계

구 분	내 용
중앙신경계 (중추신경계)	• 몸의 각 마디에 1쌍이 붙어 있고, 그 사이를 1쌍의 신경색이 연결됨 • 머리에서 배끝까지 이어지며 머리에는 신경절이 모여 뇌를 구성함 • 뇌는 전대뇌(시신경 담당), 중대뇌(더듬이), 후대뇌(윗입술과 전위 담당)로 구분됨
내장신경계 (교감신경계)	내장신경계는 장, 내분비기관, 생식기관, 호흡계 등을 담당하고 있음
주변신경계 (말초신경계)	• 중앙신경계, 내장신경계의 신경절에서 좌우로 뻗어 나온 모든 신경들로 구성 • 운동뉴런과 감각뉴런을 포함함

■ 호흡계

① 기체의 출입구가 되는 기문(Spiracle)과 기실, 기관(Tracheal)으로 구분
② 기문은 몸 측면에 10쌍이 있으며 안쪽은 나선사를 이루고 있음
③ 앞가슴과 가운데가슴 사이, 가운데가슴과 뒷가슴 사이에 각각 1쌍, 배마디에 8쌍
④ 기문은 기관에 의하여 주간과 이어지며 기관의 끝에는 기관소지가 있음
⑤ 기관소지 또는 모세기관(1㎛ 이하)을 통해 체내 각 조직에 산소 공급
⑥ 기관소지는 0.2~0.3㎛이며 나선사가 있음(세포 내까지 분포)
⑦ 곤충은 혈액을 통해 산소를 공급하지 않고 기관소지를 통해 직접 조직세포에 공급

■ 순환계

① 곤충의 순환계는 개방순환계이며 소화관의 배면에 있는 등관으로 되어 있음
② 혈액이 심장과 대동맥을 지나 조직 속으로 스며들었다가 심장으로 되돌아 옴
③ 복부 마디별 한 쌍의 심문이 있어 혈액이 심장으로 들어가고 심문판막이 역류 방지
④ 혈액은 혈장과 혈구세포로 이루어져 있으며 혈장은 85%가 수분임
⑤ 혈장은 수분의 보존, 양분의 저장, 영양물질과 호르몬의 운반 기능을 함
⑥ 혈구는 식균작용으로 소형의 고체를 삼킴
⑦ 외시류에서는 나트륨과 염소이온이 삼투압에서 주도적인 역할을 함
⑧ 내시류에서는 염소이온이 적고 유리아미노산을 포함한 유기산이 많음
⑨ 익상근이 심장의 수축을 도우며 다리, 촉각, 미모 및 날개와 같은 부속지에도 순환
⑩ 개방순환계로 부속지에 혈림프 전달이 어려워 부속박동기관을 가지고 있음

■ 소화계

① **섭취** : 입 - 소화 - 흡수 - 배설
② **전장** : 인두, 식도, 모이주머니, 전위로 구분. 음식물 섭취와 임시보관
③ **중장** : 소화액를 통한 소화 및 흡수 담당. 위식막이 있어 중장 보호
④ **후장** : 유문, 회장, 직장으로 구분되며 음식물 찌거기와 말피기소관을 통해 흡수된 오줌 배설

■ 내분비계

① 탈피 및 변태 호르몬으로 유충의 탈피는 뇌, 카디아카체, 앞가슴샘과 알라타체가 관여
② 곤충을 어린 상태로 유지하는 작용은 유약호르몬(Juvenile hormone, JH)이 관여
③ 유약호르몬은 난황축적, 부속샘 활동조절, 페르몬 생성 등

내분비선	내 용
신경분비세포	신경분비물질
카디아카체	PTTH(앞가슴샘자극호르몬) 분비, 신장박동의 조절에 관여
알라타체	유약호르몬 생성, 난황축적, 부속샘 활동조절, 페로몬생성 관여
앞가슴선(전흉선)	탈피호르몬(MH), 허물벗기호르몬(EH), 경화호르몬(Bursicon)

■ 곤충의 산란

발생횟수	해충명	비 고
2회	미국흰불나방, 소나무가루깍지벌레, 회양목명나방, 자귀뭉뚝날개나방, 무궁화잎밤나방, 꼬마쐐기나방, 오리나무좀, 뽕나무깍지벌레, 가루깍지벌레, 식나무깍지벌레, 큰팽나무이	일반적으로 진딧물류는 1년에 수 회 발생하며, 깍지벌레는 1~2회 정도, 응애는 5~10회 정도 발생함
2~3회	복숭아명나방, 솔잎벌, 솔애기잎말이나방, 벚나무깍지벌레, 이세리아깍지벌레, 오리나무좀, 아까시잎혹파리	
3회	낙엽송잎벌, 버즘나무방패벌레, 장미등에잎벌, 대추애기잎말이나방, 센호제깍지벌레, 큰이십팔점박이무당벌레	
3~4회	배나무방패벌레, 극동등에잎벌	
4회	물푸레방패벌레	
4~5회	진달래방패벌레	
5~6회	전나무잎응애, 벚나무응애	
8~10회	점박이응애, 차응애	
최대 24회	목화진딧물	

■ 유충의 형태

유충형태	특 징	종 류
나비유충형 (나비목 유충)	몸은 원통형으로 짧은 가슴다리와 2~10쌍의 육질형 배다리를 가짐	나비류 나방류
좀붙이형 (기는 유충)	길고 납작한 몸으로 돌출된 더듬이와 꼬리돌기를 지님. 가슴다리는 달리는 데 적합	무당벌레류 풀잠자리류
굼벵이형 (풍뎅이 유충)	몸은 뚱뚱하고 C자 모양으로 배다리는 없고 가슴다리는 짧음	풍뎅이류 소똥구리류
방아벌레형 (방아벌레 유충)	몸은 길고 매끈한 원통형으로 외골격이 단단하고, 가슴다리는 매우 짧음	방아벌레류 거저리류
구더기형 (파리류 유충)	몸은 살찐 지렁이형으로 머리덮개나 보행지가 없음	집파리류 쉬파리류

■ 번데기의 형태

구 분	특 징	종 류
피 용	발육하는 부속지가 껍질 같은 외피로 몸에 밀착됨	나비류, 나방류
	수용 : 복부 끝의 발톱을 이용하여 머리를 아래로 하여 매달린 번데기	네발나비과
	대용 : 갈고리발톱으로 몸을 고정하고 띠실로 몸을 지탱하는 띠를 두른 번데기	호랑나비과 흰나비과 부전나비과
나 용	발육하는 모든 부속지가 자유롭고, 외부로 보임	딱정벌레류 풀잠자리류
위 용	단단한 외골격 내에 몸이 들어 있음	파리류

■ 법적방제

학명	원산지	피해수종	가해습성
솔잎혹파리	일본(1929)	소나무, 곰솔	충영형성
미국흰불나방	북미(1958)	버즘나무, 벚나무 등 활엽수 160여종	식엽성
솔껍질깍지벌레	일본(1963)	곰솔, 소나무	흡즙성
소나무재선충	일본(1988)	소나무, 곰솔, 잣나무	–
버즘나무방패벌레	북미(1995)	버즘나무, 물푸레	흡즙성
아까시잎혹파리	북미(2001)	아까시나무	충영형성
꽃매미	중국(2006)	대부분 활엽수	흡즙성
미국선녀벌레	미국(2009)	대부분 활엽수	흡즙성
갈색날개매미충	중국(2009)	대부분 활엽수	흡즙성

■ 기주범위에 따른 해충의 구분

구 분	내 용	관련 해충
단식성 (Monophagous)	한 종의 수목만 가해하거나 같은 속의 일부 종만 기주로 하는 해충	• 느티나무벼룩바구미(느티나무), 팽나무벼룩바구미 • 줄마디가지나방(회화나무), 회양목명나방(회양목) • 개나리잎벌(개나리), 밤나무혹벌 및 혹응애류 • 자귀뭉뚝날개나방(자귀나무, 주엽나무) • 솔껍질깍지벌레, 소나무가루깍지벌레, 소나무왕진딧물 • 뽕나무이, 향나무잎응애, 솔잎혹파리, 아까시잎혹파리
협식성 (Oligophagous)	기주수목이 1~2개 과로 한정되는 해충	• 솔나방(소나무속, 개잎갈나무, 전나무), 방패벌레류 • 소나무좀, 애소나무좀, 노랑애소나무좀, 광릉긴나무좀 • 벚나무깍지벌레, 쥐똥밀깍지벌레, 소나무굴깍지벌레
광식성 (Polyphagous)	여러 과의 수목을 가해하는 해충	• 미국흰불나방, 독나방, 매미나방, 천막벌레나방 등 • 목화진딧물, 조팝나무진딧물, 복숭아혹진딧물 등 • 뿔밀깍지벌레, 거북밀깍지벌레, 뽕나무깍지벌레 등 • 전나무잎응애, 점박이응애, 차응애 등 • 오리나무좀, 알락하늘소, 왕바구미, 가문비왕나무좀

■ 경제적인 측면에서 해충의 구분

구 분	특 징	해 충
주요해충 (관건해충)	• 매년 지속적으로 심한 피해 발생 • 경제적 피해수준 이상이거나 비슷함 • 인위적인 방제를 실시	솔잎혹파리, 솔껍질깍지벌레 등
돌발해충	• 일시적으로 경제적 피해수준을 넘어섬 • 특히 외래종의 경우에 피해가 심함	• 매미나방류, 잎벌레류, 대벌레 및 외래종 • 꽃매미, 미국선녀벌레, 갈색날개매미충 등
2차해충	• 생태계의 균형이 파괴됨으로 발생 • 특히 천적과 같은 밀도제어 요인이 없어졌을 때 급격히 증가하여 해충화함	• 응애류, 진딧물류 등 • 소나무좀, 광릉긴나무좀
비경제해충	• 피해가 경미하여 방제가 필요치 않음 • 환경의 변화로 해충화 될 가능성이 있는 그룹을 잠재해충이라고 함	–

■ 곤충의 배자 층별 발육

구 분	발육 운명
외배엽	표피, 외분비샘, 뇌 및 신경계, 감각기관, 전장 및 후장, 호흡계, 외부생식기
중배엽	심장, 혈액, 순환계, 근육, 내분비샘, 지방체, 생식선(난소와 정소)
내배엽	중 장

■ 탈피의 과정

탈피 이전의 표피 → 표피층분리, 표피층을 표피세포로부터 분리하여 탈피간극을 형성 → 탈피간극에 불활성의 탈피액을 분비 → 오래된 내원표피층을 분해하고 새로운 표피층을 분비 → 원표피층과 외표피층의 지속적 성장 → 허물벗기, 오래된 표피층을 버림

■ 진딧물류

① 깍지벌레, 응애와 더불어 조경수의 3대 해충이라고 함
② 국내는 300여 종이 알려져 있으며 조경수는 30여 종의 해충이 있음
③ 번식이 매우 빠르며, 무성생식과 유성생식을 함(목화진딧물 연 24회 번식)
④ 월동한 알은 날개 없는 암컷으로 부화하며 처녀생식으로 빠른 속도로 암컷만을 생산
⑤ 개체수가 많아지거나 늦여름이 되면 유시 암컷과 수컷이 나타나고 교미 후 산란하여 알로 월동
⑥ 침엽수와 활엽수를 동시에 가해하는 진딧물은 없음

■ 깍지벌레류

① 국내는 160여 종이 있으며 수목에 피해를 주는 것은 30여 종임
② 진딧물과 함께 가장 흔하게 발견되는 흡즙성 해충임
③ 보호깍지로 싸여 있고 왁스물질을 분비하기도 하며 가지에 단단하게 붙어 있음
④ 암수의 구분이 뚜렷한 것이 특징이며 알에서 깨어난 약충은 다리로 기어 다님
⑤ 암컷은 탈피 후 다리가 없어져 한자리에서 정착함
⑥ 수컷은 날개가 있는 경우 다리를 보유하고 암컷을 찾아다니나 수명이 매우 짧음

■ 병원미생물의 종류 및 내용

구 분		내 용
바이러스	핵다각체병바이러스	• 나비목 유충을 기주로 함(일부 잎벌류나 파리목에도 감염) • 경구감염을 통해 중장 내 소화액에 용해되고 기주세포에 침입 • 감염된 유충은 3~12일 정도 지나면 죽으며 미라 형태로 축 늘어짐
	과립병바이러스	• 주로 나비목유충을 기주로 하며 경구 또는 경란 감염 • 병이 진전됨에 따라 유충의 색이 연해지는 경향 • 저온에서 장기간 유지되나 자외선에 의해 활성이 낮아짐
세 균	Bt제	• Bacillus thuringensis균임 • 나비목 유충이 방제용으로 상용화되어 있음 • 소화중독에 의해서만 효과가 있음
곰팡이	백강균	• 흰가루 같은 분생포자에 덮여 굳어서 죽음 • 해충의 전 생육단계에서 침입
	녹강균	• 초기에는 흰색을 띠는 균사로 뒤덮음 • 점차 초록색을 띠며 굳어서 죽음

■ 주요 식엽성 해충 종류 및 특징

해충명	발생 / 월동	특 징
대벌레 (*Ramulus irregulariterdentatus*)	1회 / 알	• 1990년 이후 자주 발생하며 대발생하기도 함 • 수컷은 5회, 암컷은 6회 탈피 후 6월 중하순에 성충이 됨 • 활엽수를 가해하며 암컷은 느리나 수컷은 민첩함 • 무시형이며, 집단으로 대이동하면서 잎 식해
주둥무늬차색풍뎅이 (*Adoretus tenuimaculatus*)	1회 / 성충	• 활엽수를 가해하는 광식성 해충으로 잎맥을 남기고 식해함 • 유충은 땅속에서 뿌리를 가해하며 특히, 잔디피해가 심함 • 5월 하순경 흙 속에 알을 낳으며, 유아등을 설치하여 방제
큰이십팔점박이무당벌레 (*Henosepilachna vigintioctomaculata*)	3회 / 성충	• 중부 이북지역에서 주로 분포하며 야산근처에서 흔히 발견 • 섭식량이 높으며, 입살만 가해하여 그물모양의 식흔을 남김 • 잎의 뒷면에 세워서 규칙적으로 붙여 알을 낳음
호두나무잎벌레 (*Gastrolina depressa*)	1회 / 성충 낙엽 밑, 수피 틈	• 호두나무와 가래나무를 가해, 성충과 유충이 잎을 가해 • 부화한 유충은 알껍데기를 먹은 후 집단으로 잎을 가해 • 2년충부터 분산하여 가해하며 입살만 가해하고 엽맥은 남김 • 번데기는 길이가 약 5mm로 잎 뒷면 또는 잎맥에 매달림
버들잎벌레 (*Chrysomela vigintipunctata*)	1회 / 성충	• 황철나무, 오리나무, 사시나무, 버드나무류 가해 • 성충과 유충이 잎을 가해. 어린나무와 묘목에 피해가 심함 • 5월 상순부터 노숙유충이 잎 뒷면에서 번데기가 됨

참긴더듬이잎벌레 (*Pyrrhalta humeralis*)	1회 / 알 겨울눈, 가지	• 아왜나무, 가막살나무, 분꽃나무, 백당나무, 딱총나무 등 가해 • 7~8월 상순에 피해가 심하며, 9월에 가지와 겨울눈에 산란
오리나무잎벌레 (*Agelastica coerulea*)	1회 / 성충 지피물, 토양속	• 오리나무, 박달나무류, 개암나무류 등 가해 • 2~3년간 지속적인 피해를 받으면 고사하기도 함 • 수관 아래에서 위로 가해함으로 수관 아래쪽 피해가 심함
두점알벼룩잎벌레 (*Argopistes biplagiatus*)	1회 / 성충 지피물 밑	• 월동성충은 5월에 어린잎을 불규칙하게 갉아 먹음 • 노숙유충은 땅속 1~3cm에서 전용 후 번데기가 됨 • 더듬이는 실모양으로 황갈색이며 딱지날개는 광택이 남
느티나무벼룩바구미 (*Orchestes sanguinipes*)	1회 / 성충 지피물, 수피틈	• 1980년에 피해가 나타났고 1990년대에 전국으로 확산 • 느티나무, 비술나무를 성충과 유충이 모두 잎살을 가해함 • 뒷다리 넓적마디가 발달하여 벼룩처럼 잘 도약함
잣나무넓적잎벌 (*Acantholyda parki*)	1회 / 유충 5~25cm 땅속 흙집	• 1953년 경기도 광릉에서 최초 발견되었으며 현재 감소 추세 • 유충이 20년 이상 된 잣나무림에 대발생하여 잎을 가해 • 유충은 잎 기부에 실을 토하여 잎을 묶어 집을 만듦 • 4회 탈피 노숙유충은 7~8월에 땅에 떨어져 흙 속에서 월동
장미등에잎벌 (*Arge pagana*)	3회 / 유충 토양 속	• 군서생활을 하며 장미, 찔레꽃, 해당화 등에 피해를 줌 • 잎 가장자리에서 가해하여 주맥만 남기는 경우가 많음 • 암컷 성충이 톱같은 산란관으로 가지를 찢고 알을 낳음 • 성충의 머리와 가슴은 검은색이며 배는 노란색임
극동등에잎벌 (*Arge similis*)	3~4회 / 유충 낙엽 밑, 토양 속	• 군서생활을 하며 진달래, 철쭉, 장미 등의 잎을 가해함 • 암컷 성충이 톱같은 산란관으로 잎 가장자리 조직에 알을 낳음 • 산란한 곳은 부풀어 오르고 갈색으로 변하며 단위생식을 함
솔잎벌 (*Nesodiprion japonicus*)	2~3회	• 항상 침엽의 끝을 향해 머리를 두고 잎을 갉아 먹음 • 산림보다는 묘포장이나 생활권 수목에 발생 밀도가 높음 • 성충은 침엽의 준간 부근이 잎 하나당 한 개의 알을 낳음
남포잎벌 (*Caliroa carinata*)	1회 / 노숙유충 토양 속	• 신갈나무, 떡갈나무를 가해하는 해충임 • 몸 색깔은 내장이 보일 정도로 투명한 것이 특징임 • 감수성은 밤나무는 낮은 편이고, 굴참나무는 가해하지 않음
좀검정잎벌 (*Macrophya timida*)	1회 / 노숙유충 토양 속	• 개나리잎벌은 잎의 가장자리, 좀검정잎벌은 잎살 가해 • 가해 시기는 개나리잎벌보다 늦은 편임
매실애기잎말이나방 (*Rhopobata naevana*)	3~5회 / 알 가지, 줄기	• 유충이 어린잎을 여러 장 묶거나 말고 그 속에서 식해 • 성충은 잎, 가지 등에 낱개로 알을 낳고 산란수는 22개임
자귀뭉뚝날개나방 (*Honadaula anisocentra*)	2회 / 번데기 수피 틈, 지피물	• 자귀나무, 주엽나무를 가해하는 단식성 해충 • 유충이 실을 토하여 그물망을 만들고 집단으로 갉아 먹음 • 배설물이 그물망 안에 남아 있어서 지저분하게 보임
회양목명나방 (*Glyphodes perspectalis*)	2~3회 / 유충	• 회양목에 피해를 주며 유충이 실을 토해 잎을 묶음 • 알은 투명하다가 시간이 지나면 유백색으로 변함 • 페로몬트랩으로 성충을 유인하여 유살할 수 있음
제주집명나방 (*Orthaga olivacea*)	1회 / 유충 토양 속	• 주로 후박나무를 가해하며 눈에 쉽게 발견됨 • 잎과 가지를 묶어 커다란 바구니 모양의 벌레집을 만듦
벚나무모시나방 (*Elcysma westwoodi*)	1회 / 유충 지피물, 낙엽	• 주로 장미과 식물을 가해하며 종종 발생하는 돌발해충임 • 성충은 밤에 불빛에도 모이며 유충은 집단으로 월동함 • 잎을 전부 갉아 먹음. 교미 전 이른 아침에 떼지어 날아다님
대나무쐐기알락나방 (*Fuscartona funeralis*)	2~3회 / 전용 잎 위	• 대나무와 조릿대 가해. 유충이 한 줄로 줄지어 식해함 • 산란한 어린 유충은 잎살만 먹기 때문에 잎이 하얗게 보임
별박이자나방 (*Naxa seriaria*)	1회 / 중령유충 거미줄 내부	• 특히, 쥐똥나무에 피해가 심하며 종종 발생하는 돌발해충임 • 가지에 수많은 번데기가 거꾸로 매달려 있어 미관을 해침 • 중령유충이 가지와 잎에 거미줄을 치고 월동함

줄마디가지나방 (*Chiasmia cinerearia*)	2회 / 번데기 지체부 부근 토양	• 회화나무 가로수와 조경수를 가해하는 대표적인 해충임 • 2003년 경부고속도로 기흥 주변에서 피해가 처음 보고됨 • 날개에 사각형 무늬가 무리지어 있어 다른 종과 쉽게 구분됨
두충밤나방 (*Protegira songi*)	1회 미상	• 중국 원산으로 2014년 최초 보고됨(생활사 미상) • 유충이 두충나무를 집중 가해하며 주맥만 남기고 식해

■ 주요 흡즙성 해충 종류 및 특징

(1) 진딧물류

해충명	발생 / 월동	특 징
소나무왕진딧물 (*Cinara pinidensiflorae*)	3~4회 / 알	• 소나무, 곰솔 등을 가해하며 부생성 그을음병을 유발 • 약충은 이른 봄부터 2년생 가지를 가해하며 6월 밀도가 높음
쥐똥나무진딧물 (*Aphis crinosa*)	–	• 쥐똥나무에 피해가 심하며 인동덩굴, 백당나무 등도 가해함 • 밀랍으로 덮고 있어 피해 부위가 흰회색으로 보임 • 5~6월 밀도가 높으며 장마철에 감소하다 가을에 재차 발생
목화진딧물 (*Aphis grossypii*)	최대 24회 / 알 남부는 성충	• 이른 봄에 무궁화에 피해가 심함 • 여름기주는 오이, 고추 등, 겨울기주는 무궁화, 개오동임 • 겨울눈, 가지에서 알로 월동하나 남부는 성충 월동도 함
조팝나무진딧물 (*Aphis spiraecola*)	수회 / 알 남부는 성충	• 조팝나무류, 모과나무, 명자나무, 벚나무, 산사나무 등 가해 • 사과나무, 배나무, 귤나무 등의 과수를 가해하는 주요 해충임 • 여름기주(명자나무, 귤나무)에서 겨울기주(조팝나무 등)로 이동
복숭아가루진딧물 (*Hyalopterus pruni*)	수회 / 알	• 살구나무, 매실나무, 복숭아나무, 벚나무 속에 피해를 줌 • 배설물로 인해 끈적거리며, 피해 잎은 세로로 말림 • 여름기주인 억새와 갈대에서 벚나무속 수목에서 알로 월동
붉은테두리진딧물 (*Rhopalosiphum rufiabdominale*)	수회 / 알	• 벚나무류, 옥매, 팥배나무, 매실나무, 사과나무 등을 가해함 • 특히 매실나무에 피해가 크며 잎이 말리는 현상을 보임 • 5월 중순경부터 중간기주(벼과식물)로 이동함
복숭아혹진딧물 (*Myzus persicae*)	수회 / 알	• 복숭아나무, 매실나무, 벚나무류 등 많은 수목에 피해를 줌 • 피해 잎은 세로방향으로 말리며 갈색으로 변함 • 부생성 그을음병이 발생되고 각종 바이러스를 매개함
배롱나무알락진딧물 (*Sarucallis kahawaluokalani*)	수회 / 알	• 배롱나무를 가해. 꽃대나 봉오리에서 생활하며 개화 방해 • 유시충으로 증식하며 봄보다 여름철 이후에 밀도가 높음
팽나무알락진딧물 (*Shivaphis celtis*)	수회 / 알	• 팽나무, 풍게나무, 푸조나무 등을 가해함 • 봄부터 가을까지 발생하며 여름에 밀도가 가장 높음
느티나무알락진딧물 (*Zelkova aphid*)	수회 / 알	• 주로 공원, 가로수 등 생활권 내의 느티나무를 가해 • 5~6월에 밀도가 가장 높으며 7~8월에 감소함
대륙털진딧물 (*Chaitophorus saliniger*)	수회 / 알	• 버드나무류를 가해. 주로 무시충으로 번식 • 기주이동은 하지 않으며 봄에서 여름철에 발생량이 많음
진사진딧물 (*Periphyllus californiensis*)	수회 / 알	• 단풍나무류를 가해. 잎눈의 기부에서 알로 월동 • 잎 뒷면에서 잘 움직이지 않고 붙어서 생활
모감주진사진딧물 (*Periphyllus koelreuteriae*)	수회 / 알	• 모감주나무를 가해. 잎눈의 기부에서 알로 월동 • 여름 이후에는 가해수목에서 거의 발견되지 않음
가슴진딧물 (*Nipponaphis coreana*)	–	• 제주도에 분포하며 진딧물이 기주에서 잘 떨어지지 않음 • 가시나무, 구실잣밤나무, 녹나무, 식나무 등을 가해

(2) 깍지벌레류

해충명	발생 / 월동	특 징
이세리아깍지벌레 (*Icerya purchasi*)	2~3회 / 성충, 3령약충	• 오스트레일리아 원산으로 다식성 해충 • 자루모양의 알주머니를 만들어 배 끝이 위쪽으로 흰색이 됨 • 암컷은 날개가 없고 자웅동체이며, 수컷은 날개가 있는 성충이 됨
솔껍질깍지벌레 (*Matsucocus matsumurae*)	1회 / 후약충	• 소나무와 곰솔에 피해를 주지만 주로 곰솔에 피해가 심함 • 1963년 전남 고흥에서 최초로 발생 • 피해수목은 7~22년생 이하가 가장 높음 • 암컷 성충은 다리 발달, 수컷은 날개와 하얀색 꼬리가 있음 • 수컷의 전성충은 암컷 성충과 비슷한 모양이며 번데기가 됨 • 암컷은 후약충 이후 불완전변태, 수컷은 완전변태를 함
소나무가루깍지벌레 (*Crisicoccus pini*)	2회 / 약충	• 소나무, 잣나무, 곰솔 등 가해. 피목가지마름병을 유발하기도 함 • 몸 전체는 하얀 밀랍가루로 덮여 있고, 짧은 밀랍돌기가 있음
거북밀깍지벌레 (*Ceroplastes japonicus*)	1회 / 암컷 성충	• 1930년에 국내에 처음 보고. 밀랍으로 덮여 있어 방제가 어려움 • 동백나무, 감나무, 치자나무, 차나무 등 34종의 활엽수 가해
뿔밀깍지벌레 (*Ceroplastes ceriferus*)	1회 / 암컷 성충	• 중국 원산으로 국내에서는 1930년대 과수 해충으로 처음 기록 • 남부 해안지방의 가로수와 조경수에 피해가 늘고 있음 • 66종 이상 가해하는 다식성 해충이며 명아주, 망초에도 기생
루비깍지벌레 (*Ceroplastes rubens*)	1회 / 암컷 성충	• 동양의 열대지방이 원산지로 상록활엽수와 낙엽활엽수를 가해 • 상록활엽수를 가해하여 주로 남부지방에 피해가 심함
쥐똥밀깍지벌레 (*Ericerus pela*)	1회 / 암컷 성충	• 쥐똥나무가 기주이며 광나무, 이팝나무, 수수꽃다리 등 가해 • 수컷 약충이 가지에 하얀색 밀랍을 분비하여 쉽게 눈에 띔 • 정착하지 않고 1령충 때 잎맥, 2령충 때는 가지로 이동함
공깍지벌레 (*Eulecanium kunoense*)	1회 / 중령약충	• 매실나무에 밀도가 높고 살구나무, 자두나무, 벚나무류 등 피해 • 부화약충은 잎 뒷면에서 흡즙, 월동 전에 가지로 이동해 가해
줄솜깍지벌레 (*Takahashia japonica*)	1회 / 3령충	• 오리나무, 뽕나무, 벚나무, 단풍남류, 앵두나무, 감나무 등 가해 • 암컷 성충은 고리모양의 알주머니를 형성
장미흰깍지벌레 (*Aulacaspis rosae*)	2회 / 암컷 성충	• 장미, 해당화, 찔레, 장딸기 등에 피해 • 등면이 약간 볼록한 하얀색이며 수컷은 주로 잎에 기생
식나무깍지벌레 (*Pseudaulacaspis cockerelli*)	2회 / 암컷 약충, 암컷 성충	• 감나무, 고욤나무, 목련, 식나무, 협죽도 등 90여 종 가해 • 암컷 성충은 2~3mm의 노란색으로 날개, 다리, 눈이 없음 • 수컷 성충은 약 1mm로 작고 긴 형태이며 투명한 날개가 달림
벚나무깍지벌레 (*Pseudaulacaspis pentagona*)	2~3회 / 암컷 성충	• 벚나무, 복숭아나무, 매실나무, 살구나무 등 핵과류 피해 심각 • 기생부위는 2~3년생 가지에 밀도가 가장 높음 • 수컷 성충은 입틀이 없어 가해 못함(뽕나무깍지벌레와 유사)
사철깍지벌레 (*Pseudaulacaspis prunicola*)	2회 / 암컷 성충	• 사철나무, 꽝꽝나무, 동백나무, 화살나무, 회양목에 피해를 줌 • 갈색고약병, 회색고약병 등의 2차 피해 발생 • 암컷은 노란색의 긴 타원형, 수컷은 3개의 융기선의 하얀색

(3) 응애류

해충명	발생 / 월동	특징
점박이응애 (*Tetranychus urticae*)	8~10회 / 암컷 성충	• 조경수, 과수류, 채소류 등 가해식물의 범위가 매우 넓음 • 기온이 높고 건조할 경우에 피해가 심함 • 여름형은 황록색에 반점이 있고 겨울형은 주황색, 무반점임 • 부화 약충은 다리가 3쌍이나 탈피하면서 4쌍이 됨 • 7~8월에 밀도가 가장 높음
차응애 (*Tetranychus kanzawai*)	수회 / 성충, 알, 약충	• 차나무, 뽕나무, 아까시나무 등 수목과 과수, 채소 등 가해 • 4~6월 밀도가 가장 높고, 7~8월에 감소하다 10월에 높아짐
벚나무응애 (*Amphitetranychus viennensis*)	5~6회 / 암컷 성충	• 주로 조경수, 가로수에 피해가 크고 과수원은 피해가 적음 • 4월 상순부터 활동하며 고온 건조한 6~7월에 밀도가 높음 • 수정한 암컷 성충으로 기주수목의 수피 틈에서 월동
전나무잎응애 (*Oligonychus ununguis*)	5~6회 / 알	• 전나무, 잣나무, 소나무류, 편백, 화백, 밤나무 등에서 발생 • 밤나무에서는 잎맥에 집단으로 모여 잎맥이 노랗게 변함 • 침엽수의 경우 피해가 지속될 경우 고사할 수 있음 • 산림보다는 가로수, 조경수에 많이 발생

■ 주요 충영형성 해충 종류 및 특징

해충명	발생 / 월동	특 징
큰팽나무이 (*Celtisaspis japonica*)	2회 / 알 수피밑, 지피물	• 팽나무만 가해하는 단식성 해충 • 잎 뒷면에 기생하여 잎 표면에 고깔모양의 혹을 만듦 • 벌레혹은 초기에는 노란색이며 내부는 하얀색 털이 있음
사사키잎혹진딧물 (*Tuberocephalus sasakii*)	수회 / 알 가지	• 벚나무류 가해. 성충과 약충이 벚나무의 새눈에 기생함 • 잎의 뒷면에서 즙액을 빨아 먹어 오목하게 들어감 • 잎 앞면에는 잎맥을 따라 주머니 모양의 벌레혹 형성
때죽납작진딧물 (*Ceratovacuna nekoashi*)	수회 / 알 가지	• 간모가 잎의 측아 속에서 흡즙하고 황록색 혹을 만듦 • 간모는 겨울눈에서 흡즙하다 측아로 옮겨 벌레혹 만듦 • 벌레혹 형성은 한 달이 소요되며 6월에 쉽게 눈에 띔
조록나무혹진딧물 (*Dinipponaphis autumma*)	4회 / 성충 조록나무	• 1년 내내 조록나무에서 생활하며 제주도의 피해가 심함 • 잎에 벌레혹을 형성하여 그 안에서 성충과 약충이 흡즙 • 잎 앞면은 짧게, 뒷면은 길게 돌출한 벌레혹을 형성
외줄면충 (*Paracolopha morrisoni*)	수회 / 알 수피 틈	• 잎의 뒤에서 흡즙하여 잎 표면에 표주박모양 혹을 만듦 • 벌레혹은 유시충이 탈출하면 갈색으로 변하고 기형이 됨 • 암컷 성충은 교미하여 몸에 알을 품고 수피 틈에서 죽음
밤나무혹벌 (*Dryocosmus kuriphilus*)	1회 / 유충 겨울눈 조직	• 유충은 밤나무 눈에 기생하여 붉은색 벌레혹을 만듦 • 벌레혹이 발생하며 개화 결실이 발생하지 않음 • 밤나무혹벌은 암컷 성충만 있어 교미 없이 단위생식을 함
솔잎혹파리 (*Thecodiplosis japonensis*)	1회 / 유충 1~2cm 땅속	• 1929년 서울 창덕궁과 전남 목포에서 피해 발생 • 유충이 솔잎의 기부에 충영을 형성하여 잎이 짧아 짐 • 교미한 수컷은 수 시간 내에 죽고 암컷은 1~2일 생존 • 솔잎에 평균 6개씩을 산란하며 산란수는 약 90개임
아까시잎혹파리 (*Obolodiplosis robiniae*)	5~6회 / 번데기 땅속	• 미국 원산으로 국내는 2002년 확인되었고 난식성 해충임 • 유충이 잎 뒷면 가장자리에서 흡즙하여 잎이 뒤로 말림 • 말린 잎 속에는 평균 10마리의 유충이 있음
사철나무혹파리 (*Masakimyia pustulae*)	1회 / 유충 벌레혹	• 유충이 사철나무 잎 뒷면에 물집과 같은 벌레혹을 형성 • 3령유충으로 월동하며 암컷 성충의 포란수는 90개임

붉나무혹응애 (*Aculops chinonei*)	수회 / 미상 미상	• 잎 뒷면에 기생하며, 잎 앞면에 사마귀모양 혹을 형성 • 벌레혹은 봄에는 녹색이나 늦여름 이후 붉게 변함 • 1년에 수회 발생하며 자세한 생활사는 알려지지 않음
밤나무혹응애 (*Aceria japonica*)	수회 / 암컷 성충 가지, 인편 등	• 잎 앞면의 혹은 반구형, 뒷면은 원통형으로 개구부 있음 • 가지, 인편, 낙엽의 벌레혹에서 월동함 • 월동성충은 이른봄 새잎으로 이동해 벌레혹을 형성
회양목혹응애 (*Eriophyes buxis*)	2~3회 / 주로 성충 눈 속	• 잎눈 속에서 가해하며 꽃봉오리 모양의 벌레혹 형성 • 주로 성충으로 월동하지만 알, 약충으로 월동하기도 함

■ 주요 천공성 해충의 종류 및 특징

해충명	발생 / 월동	특 징
벚나무사향하늘소 (*Aromia bungii*)	2년 1회 / 유충 줄기	• 매실, 복숭아, 살구, 자두나무 등 가해. 벚나무속 피해가 큼 • 유충은 목질부를 갉아 먹고 목설 및 수액이 배출됨 • 목설은 가루 및 길이가 짧고 넓은 우드칩모양을 배출
향나무하늘소 (*Semanotus bifasciatus*)	1회 / 성충 목질부, 번데기집	• 향나무, 측백나무, 편백, 나한백, 화백, 삼나무 등 가해 • 유충이 수피를 뚫고 형성층을 파괴하여 빠르게 고사 • 목설을 밖으로 배설하지 않아 발견하기가 어려움
솔수염하늘소 (*Monochamus alternatus*)	1회 / 유충 목질부	• 소나무, 곰솔, 잣나무, 전나무 등 가해. 재선충 매개 • 성충은 5월 하순부터 우화하며 6월 상순경이 최성기임 • 우화한 성충은 어린 가지 수피에서 후식을 함(재선충 침입) • 암컷 더듬이는 편절마디 절반이 회백색, 수컷은 흑갈색
북방수염하늘소 (*Monochamus saltuarius*)	1회 / 유충 목질부	• 잣나무, 섬잣나무, 스트로브잣나무 등 가해. 재선충 매개 • 성충은 4월 중순부터 우화하며 6월 중하순이 최성기임 • 우화한 성충은 어린 가지 수피에서 후식을 함(재선충 침입) • 성충은 야행성으로 저녁부터 야간에 활발히 활동함
알락하늘소 (*Anoplophora chinensis*)	1회 / 노숙유충 줄기	• 활엽수종과 삼나무를 가해. 특히 단풍나무 피해 심함 • 유충이 밖으로 목설 배출, 노숙유충이 형성층을 파괴 • 성충은 가지의 수피를 환상으로 갉아 먹어 가지가 고사
광릉긴나무좀 (*Platypus koryoensis*)	1회 / 노숙유충 성충, 번데기 목질부	• 참나무 중 특히 신갈나무에 피해가 심함 • 쇠약한 나무나 큰 나무의 목질부를 가해하고 목설 배출 • 수컷 성충이 먼저 침입하고 페로몬을 분비하여 암컷 유인 • 침입부위는 줄기 아래쪽부터 위쪽으로 확산되는 특징 • 유충은 분지공을 형성하고 병원균은 *Raffaelea quercus*
오리나무좀 (*Xylosandrus germanus*)	2~3회 / 성충 목질부	• 기주식물이 150종 이상의 잡식성 해충임 • 성충이 목질부에 침입하여 갱도에서 암브로시아균 배양 • 외부로 목설을 배출하기 때문에 쉽게 발견됨 • 건강한 나무를 집단 공격하여 고사시키는 경우도 있음
소나무좀 (*Tomicus piniperda*)	1회 / 성충 지체부 부근	• 소나무, 곰솔, 잣나무 등 소나무속의 침엽수 가해 • 성충과 유충이 수피 바로 밑 형성층과 목질부 가해 • 쇠약한 수목에 피해가 발생하나 건전한 나무도 가해 • 월동한 성충은 3월 하순~4월 상순에 쇠약한 나무에 침입
앞털뭉뚝나무좀 (*Scolytus frontails*)	1회 / 번데기 목질부	• 1983년 외래해충으로 기록, 2010년 국내 서식 확인 • 주로 느티나무 가해. 수세가 쇠약한 수목이 피해가 큼 • 기주의 형성층과 목질부를 가해하여 피해목을 고사시킴 • 성충은 6~7월 피해목에서 우화함

박쥐나방 (*Endoclyta excrescens*)	1회 / 알 지표면	• 2년에 1회 발생할 경우 피해목 갱도에서 유충으로 월동 • 5월에 부화하여 지피물 밑에서 초목류 가해 • 3~4령기 이후에는 나무로 이동하여 목질부 속을 가해 • 산란은 지표면에 날아다니면서 알을 떨어트림 • 임내 잡초를 제거하고 지면에 적용 액제를 살포
복숭아유리나방 (*Synanthedon bicingulata*)	1회 / 유충 줄기나 가지	• 유충이 수피 밑의 형성층 부위를 식해 • 가해부는 적갈색의 굵은 배설물과 함께 수액이 흘러나옴 • 성충의 날개는 투명하나 날개맥과 날개끝은 검은색임 • 우화최성기는 8월 상순이며 암컷이 성페로몬을 분비 • 침입구멍에 철사를 넣고 찔러 죽이거나 페로몬트랩 설치

제3과목 수목생리학

■ 수목의 특징과 분류

(1) 수목의 특징

① 형성층에 의한 직경생장
② 견고한 수간을 가지며, 매우 크게 자람(키 115m, 지름 10m의 세쿼이아나무)
③ 증산작용을 통해 에너지 소모 없이 무기양분과 수분 이동
④ 다년생이며, 생식생장(개화 및 결실)에 많은 에너지를 소비하지 않음

(2) 생식기관의 모양에 따른 식물 분류

① **나자식물** : 종자가 자방 속에 감추어져 있지 않고 노출되어 있는 식물
② **피자식물** : 종자가 자방 속에 감추어져 있는 식물
㉠ 단자엽식물(외떡잎식물) : 초본류, 목본 중에서는 대나무류와 청미래덩굴류
㉡ 쌍자엽식물(쌍떡잎식물)

■ 수목의 구조

(1) 수목의 조직

구 분	기 능	관련 조직
표피조직	어린 식물의 표면 보호, 수분 증발 억제	표피층, 털, 기공, 각피층, 뿌리털
코르크조직	표피조직을 대신하여 보호, 수분 증발 억제, 내화	코르크층, 코르크 형성층, 수피, 피목
유조직	원형질을 가진 살아있는 조직, 신장, 세포분열, 탄소동화작용, 호흡, 양분저장, 저수, 통기, 상처 치유, 부정아와 부정근 생성	생장점, 분열조직, 형성층, 수선, 동화조직, 저장조직, 저수조직, 통기조직
후각조직	어린 목본식물의 표면 가까이에서 지탱 역할, 특수 형태 유세포	엽병, 엽맥, 줄기
후막조직	두꺼운 세포벽, 원형질이 없음, 식물체 지탱	호두껍질, 섬유세포
목 부	수분 통도, 지탱	도관, 가도관, 수선, 춘재, 추재
사 부	탄수화물의 이동, 지탱, 코르크 형성층의 기원	사관세포, 반세포
분비조직	점액, 유액, 고무질, 수지 분비	수지구, 선모, 밀선

(2) 잎

① 잎의 기능 : 광합성작용, 증산작용, 산소와 이산화탄소의 교환, 외부환경변화 감지

② 피자식물의 잎 구조 : 엽병, 엽신, 엽육, 엽맥

엽육의 책상조직	• 상표피 아래 수직방향으로 길게 자란 조직 • 촘촘하고 규칙적인 배열 • 엽록체 집중 분포-활발한 광합성
엽육의 해면조직	• 책상조직 아래 불규칙하게 배열 • 이산화탄소의 확산이 용이한 구조 • 책상조직에 비해 엽록체량이 적음
엽맥의 사부	• 상표피쪽에 위치 • 수분 이동
엽맥의 목부	• 하표피쪽에 위치 • 탄수화물 이동

③ 나자식물의 잎 구조

은행나무, 주목, 전나무, 미송	소나무류
• 책상조직과 해면조직 분화 • 한 개의 유관속	• 책상조직과 해면조직 미분화 • 외표피와 내표피의 이중 표피구조 • 두 개의 유관속

④ 기공 : 공변세포에 의해 만들어지는 구멍, 증산작용 조절, 이산화탄소와 산소의 흡수・방출

※ 나자식물의 기공은 공변세포가 반족세포보다 깊게 위치하여 증산작용을 억제함

(3) 눈(Bud)

아직 자라지 않은 잎, 가지, 꽃의 원기를 품고 있는 압축된 조직

① 가지 끝의 왕성한 세포분열 조직 → 정단분열조직(Apical Meristem)

② 눈의 분류

㉠ 함유조직에 의한 분류 : 엽아(잎), 화아(꽃), 혼합아(잎과 꽃)

㉡ 가지에서의 위치에 의한 분류 : 정아(가지 끝), 측아(가지의 측면), 액아(대와 잎 사이)

㉢ 형성시간에 의한 분류 : 잠아(맹아지로 자람), 부정아(눈이 없는 곳에서 형성되는 눈)

㉣ 수목 전체에서의 위치에 의한 분류 : 주맹아(지상부), 근맹아(지하부)

(4) 줄 기

<table>
<tr><th>조직 명칭</th><th colspan="3">특징 및 기능</th></tr>
<tr><td>외수피</td><td colspan="2">맨 바깥, 죽어 조직, 딱딱함, 사부와 형성층 보호</td><td rowspan="3">수 피</td></tr>
<tr><td>코르크조직</td><td>코르크 생성, 수피를 두껍게 함, 사부와 형성층 보호, 코르크 형성층을 가짐</td><td rowspan="2">내수피</td></tr>
<tr><td>(2차)사부</td><td>잎에서 뿌리로 설탕 운반, 통도조직, 형성층에 의해 매년 생성</td></tr>
<tr><td>형성층</td><td colspan="3">목부(안쪽)와 사부(바깥쪽)를 생산하는 측방분열조직, 나이테를 만듦</td></tr>
<tr><td>변 재</td><td colspan="2">살아있는 부분이 있음, 옅은 색, 수분을 옮기는 통도조직</td><td rowspan="3">목 부</td></tr>
<tr><td>심 재</td><td colspan="2">대부분 죽어있는 조직, 짙은 색, 지지역할</td></tr>
<tr><td>수</td><td colspan="2">유묘시절의 저장조직</td></tr>
</table>

(5) 뿌 리

① 뿌리의 기능 : 식물을 고정하고 지탱, 토양으로부터 수분과 양분을 흡수, 탄수화물 저장

② 뿌리의 발달 형태

㉠ 유전적인 형질을 유지하기보다 토양의 환경에 따라 형태와 발달 정도가 달라짐

㉠ 배수가 잘되고 건조한 토양에서는 직근이 깊게 발달하고(심근성) 배수가 불량하고 습한 토양에서는 측근이 얇게 퍼짐(천근성, 광근성)

③ 뿌리의 분류

㉠ 직근 : 종자에서 처음 발달한 굵은 뿌리, 참나무는 첫해에 직근만 가짐

㉡ 장근 : 계속 길게 자라는 뿌리(수평근, 개척근, 모근)

㉢ 단근 : 세근, 더 이상 자라지 않고 1년 정도 살아있음, 수분과 무기양분을 흡수

㉣ 뿌리털 : 표피세포가 변형되어 길게 자란 것, 뿌리끝 바로 뒤에 위치

※ 뿌리골무 : 정단분열조직 보호, 굴지성 유도

※ 무시젤(Mucigel) : 탄수화물의 일종, 토양을 뚫고 나가는 것을 돕는 윤활제

■ 수목의 생장

(1) 생장점

① 생장이 이루어지고 있는 특수 부위 : 정단분열조직(눈, 뿌리끝), 측방분열조직(형성층)

② 세포분열이 지속해서 일어남

(2) 수목 생장의 특징

① 절간생장 : 마디와 마디 사이가 길게 자라는 현상, 새 가지가 나오는 첫해에 한정

② 절간생장 이후에는 직경만 굵어짐

(3) 수고생장

① 수고생장형

생장형	수고생장형	자유생장형
특 징	• 생장이 느림 • 이른 봄 새 가지가 여름까지 자람 • 겨울눈(동아)에서 봄잎만 생산 • 북반구의 추운 지역에 많음 • 첫서리 피해를 피하기 위한 진화	• 생장이 빠른 속성수 • 봄에 나온 새 가지가 가을까지 생장 • 생장하는 동안 새로운 눈을 계속 만들어 여름잎을 생산함 • 연중 자라기 때문에 추가 전정 필요
수 종	소나무, 잣나무, 전나무, 가문비나무, 참나무, 목련, 너도밤나무 난대수종 중에는 동백나무	은행나무, 낙엽송, 포플러, 자작나무, 플라타너스, 버드나무, 아까시나무, 느티나무

② 수관형과 정아우세

㉠ 수관형 : 원추형(정아지가 측지보다 빠르게 생장), 구형(측지의 발달이 왕성)

㉡ 정아우세현상 : 정아가 옥신을 생산하여 측아의 생장을 억제 → 원추형의 수관 형성

㉢ 장지(잎과 잎 사이 마디가 길다)와 단지(잎과 잎 사이 마디가 거의 없어 총생)

㉣ 비정상지 : 도장지, 라마지(다음 해 자랄 눈이 당해에 자라는 현상), 측아도장지

(4) 직경생장

① 형성층이 세포분열을 통해 안쪽으로 (2차)목부조직을 생산하여 직경이 굵어지는 현상
  ㉠ 병층분열 : 접선방향으로 새로운 목부와 사부를 생산하는 분열
  ㉡ 수층분열 : 방사선 방향으로 새로운 시원세포를 생산하는 분열

② 새로 만들어진 세포의 분화 : 도관, 가도관, 섬유, 유세포 중 하나로 분화

③ 형성층의 생장 특성
  ㉠ 겨울에 중단, 봄에 수고생장과 함께 재개
  ㉡ 수고생장이 정지한 후에도 지속적으로 생장
  ㉢ 옥신 : 형성층 세포분열을 좌우하는 식물호르몬

(5) 뿌리 생장

① 뿌리와 뿌리털의 발달 조건
  ㉠ 토양수분과 양분이 약간 부족할 때 더 발달
  ㉡ 외생균근을 형성할 때 뿌리털을 만들지 않는 수종 : 소나무류와 참나무류

② 뿌리의 생장 특성
  ㉠ 줄기생장 전에 시작해서 줄기생장이 정지된 후에도 계속 생장
  ㉡ 온도가 높아지면 생장 속도도 빨라짐

(6) 낙 엽

① 자연적인 탈락 : 토양 유기물, 건조 피해 방지, 병든 조직 제거, 양분・수분 경쟁 감소

② 낙엽 생리
  ㉠ 가을 낙엽에 대비하여 어린잎에서부터 엽병 밑부분에 이층을 사전에 형성
    ※ 이층 세포의 특징 : 다른 부위에 비해 세포가 작고 세포벽이 얇음
  ㉡ 낙엽 후 남은 가지 표면에 보호층 형성 : 수베린화, 리그닌화, 코르크화 진행

■ 식물 생리에 영향을 주는 태양광선의 성질

(1) 광주기

① 일장(=광주기) : 낮과 밤의 상대적인 길이
  ㉠ 식물의 개화에 영향
  ㉡ 목본식물에서는 개화보다는 생장개시 및 휴면에 더 영향(예외, 무궁화와 측백나무)

② 장일조건과 단일조건
  ㉠ 장일조건 : 수고생장과 직경생장을 촉진, 낙엽과 휴면을 지연・억제
  ㉡ 단일조건 : 수고생장 정지, 동아의 형성 유도, 월동준비

③ 북반구 고위도 지역 수목의 생장 특성(광주기 지역품종)
  ㉠ 일장이 짧아지기 시작하면 즉시 생장 정지 → 첫서리 피해 방지
  ㉡ 일장이 길어질 때까지 기다린 후 발아 → 늦서리 피해 방지

(2) 광 질

① **파장의 구성성분** : 광합성, 종자발아와 휴면, 개화, 형태변화, 주광성 등에 영향

㉠ 활엽수림 하부에는 장파장인 적색광선이 주종

㉡ 침엽수림 하부에는 가시광선 전파장이 전달

※ 우거진 숲의 지면에서는 적색광이 적어 종자발아가 억제됨

② **광수용체**

구 분	엽록소	피토크롬	포토트로핀	크립토크롬
흡수 파장	• 엽록소a : 450~660nm • 엽록소b : 470~640nm	660~730nm 적색광	• 400~450nm 청색광 • 320~400nm 자외선A	• 400~450nm 청색광 • 320~400nm 자외선A
위 치	엽록체	생장점 근처	잎에 많이 존재	원형질막
기 능	광합성	광주기, 종자발아, 휴면, 시간 측정 (활성 형태 : Pfr)	잎의 확장, 어린 식물의 생장 조절 굴광성 유도	굴광성(식물) 주광성(동물) 철새 자기장 감지

(3) 광 도

① 태양광선의 강도 – 광합성량에 직접적인 영향

② **광보상점**

㉠ [호흡 방출 CO_2] = [광합성 흡수 CO_2] 때의 광도

㉡ 식물이 생존할 수 있는 최소한의 광도(보통 전광의 2%인 2,000럭스 정도)

③ **광포화점** : 광도를 증가시켜도 광합성량이 더 이상 증가하지 않는 상태

④ **양수와 음수의 구분** : 그늘에서 견딜 수 있는 내음성 정도에 따른 구분

㉠ 양수 : 그늘에서 자라지 못하는 수종, 광포화점이 높음

㉡ 음수 : 그늘에서 자랄 수 있는 수종, 광포화점과 광보상점이 낮음

⑤ **양엽과 음엽**

㉠ 양엽 : 높은 광도에서 광합성을 효율적으로 하도록 적응한 잎, 광포화점이 높음, 책상조직의 치밀한 배열, 큐티클층과 잎이 두꺼움 → 증산작용 억제

㉡ 음엽 : 낮은 광도에서 광합성을 효율적으로 하도록 적응한 잎, 광포화점이 낮음, 책상조직의 엉성한 배열, 큐티클층과 잎이 얇음, 잎의 넓이는 양엽보다 넓음

■ 광합성

(1) 광합성 기작

① **명반응(광반응)** : 햇빛이 있을 때 엽록체의 그라나에서 진행, 물을 분해하면서 에너지 저장 물질인 ATP와 NADPH 생산

② **암반응** : 엽록체의 스트로마에서 진행, 이산화탄소를 환원시켜 탄수화물을 합성하는 과정, 명반응에서 생산한 ATP와 NADPH를 에너지원으로 사용

③ **광호흡**

㉠ 잎에서 광조건하에서만 일어나는 호흡 → 야간 호흡과 다름

㉡ 엽록체에서 광합성으로 고정한 탄수화물의 일부가 산소와 반응하여 이산화탄소로 방출

※ C-4식물은 C-3식물보다 광호흡량이 매우 적기 때문에 광합성 효율이 높음

(2) 광합성에 영향을 주는 요인

① **광량** : 수목 전체는 낱개 잎의 광포화점보다 훨씬 높은 광량이 필요함

② **온도** : 광합성에 관여하는 효소의 활성이 온도의 영향을 받음

③ **수분** : 수분이 과다하거나 부족하면 광합성이 저해됨

④ **일변화** : 광도, 온도, 수분의 복합적 영향(정오 전후 광합성량이 가장 큼)

⑤ **계절변화**

㉠ 고정생장형 : 초여름에 광합성량 최대

㉡ 자유생장형 : 늦은 여름에 광합성량 최대

㉢ 상록침엽수 : 연중 광합성 수행, 새로운 잎이 추가되는 7~8월에 광합성량 최대

⑥ **이산화탄소** : 이산화탄소 농도의 증가 → 광합성량 증가

⑦ **수종과 품종** : 생장이 빠른 수종의 광합성 능력이 큼

■ 호흡의 기능

(1) 호흡의 정의

① 에너지를 가지고 있는 물질을 산소를 이용해 산화시켜서 에너지를 발생시키는 과정

② 광합성의 역반응, 미토콘드리아에서 일어남, 생성된 에너지를 ATP의 형태로 저장

(2) 호흡의 기능

생명현상에 필요한 에너지 공급

① 세포의 분열, 신장, 분화

② 무기양분의 흡수, 탄수화물의 이동과 저장, 대사물질의 합성, 분해 및 분비

③ 주기적 운동과 기공의 개폐, 세포질 유동

※ 식물은 근육운동, 체온 유지를 위해 에너지를 소모하지 않음

■ 호흡작용과 영향 요인

(1) 호흡작용의 기본 반응

단 계		주요 내용
1단계	해당작용	• 포도당이 분해되는 단계(세포질에서 일어남) • Glucose(C_6) → $2C_3$ → $2C_2$ + $2CO_2$ • 산소를 요구하지 않는 단계(※ 효모균의 알코올 발효) • 2개의 ATP 생산(에너지 생산효율이 낮음)
2단계	Krebs회로	• TCA(Tricarboxylic acid) cycle 또는 Citric acid cycle • Acetyl CoA(C_2)가 Oxaloacetate(C_4)와 축합하여 Citrate(C_6)가 형성되면서 사이클이 시작함 • 4개의 CO_2를 발생시키면서 NADH를 생산하는 단계 • 미토콘드리아에서 일어남

3단계	말단전자전달경로	• NADH로 전달된 전자와 수소가 최종적으로 산소(O_2)에 전달되어 물(H_2O)이 생산되는 경로 • 효율적으로 ATP를 생산하는 과정 • 산소가 소모되기 때문에 호기성 호흡이라고도 함 • 미토콘드리아에서 일어남

(2) 호흡에 영향을 주는 요인

① 온도(수목 생장 최적온도 = 25℃)

② 나이 : 나이가 들수록 호흡량 증가, 차차 생장이 거의 이루어지지 않게 됨

③ 임분의 밀도 : 밀식된 임분에서 호흡량 증가

④ 수목의 부위 : 호흡은 유세포 조직에서 일어남

⑤ 대기오염 : 호흡량 증가(오존, 아황산가스), 호흡량 감소(이산화질소)

⑥ 기계적 손상과 물리적 자극 : 호흡량 증가

■ 탄수화물의 종류와 기능

단당류	• 탄수화물의 기본 단위(탄소 3개에서 8개까지 있으며, 보통 5탄당과 6탄당이 많음) • ATP와 NAD의 구성성분이며, RNA와 DNA의 기본골격 • 광합성과 호흡작용에서 탄소 이동에 직접 관여 • 물에 잘 녹고 이동이 용이 • 환원당으로서 다른 물질을 환원시킴
올리고당류	• 단당류의 분자가 2개 이상 연결된 형태(2당류, 3당류, 4당류, 5당류 등) • 설탕(포도당+과당) – 살아있는 세포 내에 널리 분포, 대사작용, 저장탄수화물의 역할 – 사부를 통해 이동하는 탄수화물의 주성분
다당류	• 단당류 분자가 수백 개 이상 연결되어 만들어진 화합물, 물에 녹지 않아 이동할 수 없음 • 다당류의 종류 – 기본 구성 단당류 : Glucose ⓐ Cellulose : 세포벽의 주성분(1차벽 9~25%, 2차벽 41~45%) ⓑ Starch : 저장 탄수화물, 전분립으로 축적, Amylopectin과 Amylose로 구분 ⓒ Callose : 세포벽에서 분비되는 스트레스 반응 물질, 사공 막힘과 관련 – 기본 구성 단당류 : Xylan, Mannan, Galactan, Araban ⓐ Hemicellulose : 세포벽의 주성분(1차벽 25~50%, 2차벽 30%) – 기본 구성 단당류 : Galacturonic acid ⓐ Pectin : 세포벽의 구성성분(1차벽 10~35%, 2차벽 별로 없음), 중엽층에서 이웃 세포를 서로 결합시키는 시멘트 역할 – 기타 : Gum, Mucilage과 같은 분비물질

■ 탄수화물의 합성과 이용

(1) 탄수화물의 합성

① **탄수화물의 합성** : 광합성의 암반응으로부터 시작
② 단당류는 빠르게 설탕 등으로 합성됨(잎조직에서 설탕의 농도가 단당류보다 높음)

(2) 탄수화물의 전환

① 여러 가지 탄수화물들은 필요한 화합물로 전환됨
② 전분 ⇔ 설탕
③ 세포벽 구성 탄수화물은 다른 형태로 전환되지 않음

(3) 탄수화물의 축적과 분포

① **탄수화물의 축적** : 광합성 생산량 > 호흡 + 새로운 조직 생산
② **축적되는 형태** : 대부분 전분, 지방, 질소화합물, 설탕, Raffinose, Fructose 등
③ **탄수화물 저장 세포** : 살아있는 유세포(죽으면 회수됨)

(4) 탄수화물의 이용

① **새 조직 형성** : 가지끝의 눈, 뿌리끝의 분열조직, 형성층, 어린 열매 등으로 이동, 이용
② **호흡작용에 이용** : 대사작용에 필요한 에너지 공급
③ **저장물질로 전환** : 전분으로 전환 등
④ **공생미생물에게 제공** : 질소고정박테리아, 균근균 등
⑤ **빙점을 낮춤** : 설탕 농도를 높여 세포가 겨울에 어는 것 방지

(5) 계절적 변화

① 낙엽수의 변화폭이 상록수보다 큼
② **낙엽수** : 가을 낙엽 시기에 탄수화물 농도 최고, 겨울철 호흡에너지로 사용되면서 감소
③ **상록수** : 겨울까지 탄수화물 축적, 줄기생장을 하는 4~7월에 가장 낮음

■ 탄수화물의 운반

(1) 탄수화물 운반조직

① **피자식물의 사부조직** : 사관세포, 반세포, 사부유세포, 사부섬유
② **나자식물의 사부조직** : 사세포, 알부민세포, 사부유세포, 사부섬유

(2) 운반물질의 성분

① **비환원당** : 효소에 의해 잘 분해되지 않고 화학반응성이 작아 장거리 수송에 적합
  ㉠ 설탕 : 가장 농도가 높고 흔함(장미과는 sorbitol 함량이 더 많음)
  ㉡ 올리고당 : Raffinose, Stachyoss, Verbascose 등
  ㉢ 당알코올 : Mannitol, Sorbitol, Galactitol, Myoinositol 등

(3) 운반원리

① **압력유동설** : 삼투압 차이로 발생하는 압력에 의한 수동적 이동

② **압력유동설의 전제 조건**

㉠ 반투과성 막이 있어야 함

㉡ 종축 방향으로의 이동수단이 있고, 저항이 적어야 함

㉢ 두 지점의 삼투압 차이와 함께 압력이 있어야 함(진딧물 실험)

㉣ 공급원에 적재 기작, 수용부에 하적 기작이 있어야 함

■ 식물체 내의 아미노산과 단백질

(1) 아미노산

아미노기(-NH_2)와 카르복실기(-COOH)가 하나의 탄소와 결합된 화합물

(2) 식물단백질

① **원형질 구성성분** : 세포막의 선택적 흡수기능, 엽록체의 광에너지 흡수 촉진

② **효소** : 모든 효소는 단백질

③ **저장단백질** : 종자

④ **전자전달계** : 시토크롬, 페레독신

⑤ **핵산** : DNA, RNA, nucleotides(ATP, Thiamine, Cytokinin)

⑥ **대사 중개물질** : Porphyrin(엽록소, 피토크롬, 헤모글로빈), IAA

⑦ **2차 대사산물** : Alkaloids(차나무의 Caffeine)

■ 질소 대사

(1) 뿌리로 흡수되는 질소의 형태

① 암모늄태 질소(NH_4^+-N)와 질산태 질소(NO_3^--N)로 흡수

② 산성화 산림토양에서는 균근의 도움을 받아 암모늄태 질소 흡수

(2) 질산환원

① 질산태로 흡수된 질소가 암모늄태 질소로 환원되는 과정

② 뿌리에서 환원되거나 잎으로 이동한 후 잎에서 환원됨

㉠ 루핀형 : 뿌리에서 환원(나자식물, 진달래, Proteaceae)

㉡ 도꼬마리형 : 잎에서 환원(나머지 수목)

(3) 암모늄의 유기물화

① 암모늄 이온은 체내에서 독성을 띠기 때문에 아미노산의 형태로 유기물화됨

② 환원적 아미노반응과 아미노기 전달 반응의 단계를 거쳐 진행

③ 결과적으로 암모늄 이온이 Aspartic Acid 합성에 사용됨

(4) 광호흡 질소순환

① 광합성 과정에서 산소와 함께 생산된 암모늄 이온이 엽록체에서 유기물화되어 순환

② 광호흡 질소순환에 참여하는 기관 : 엽록체, Peroxisome, 미토콘드리아

■ 질소의 체내 분포와 변화

(1) 체내 분포

① 동물과 달리 몸의 구성성분이 아니고 대사작용에 직접 관여함

② 대사활동이 활발한 부위에 집중 : 잎, 눈, 뿌리끝, 형성층

③ 제한된 질소의 효율적 활용 : 오래된 조직에서 새로운 조직으로 재분배

(2) 질소함량의 계절적 변화

① 가을과 겨울에 가장 높음

② 낙엽 전에 질소 회수하여 뿌리와 줄기의 유조직에 저장

③ 봄철 저장된 질소를 이용하기 때문에 감소하다가 여름철 생장이 정지되면 증가함

④ 사부를 통해 이동하며 Arginine은 질소의 저장과 이동에서 가장 중요한 아미노산

■ 질소고정과 순환

(1) 질소고정의 방법

① 생물적 질소고정 : 미생물에 의해 대기 중의 질소가 암모늄태로 환원되는 방법

② 광화학적 질소고정 : 번개에 의해 산화되는 방법, NO와 NO_2가 NO_3^-형태로 빗물에 녹음

③ 산업적 질소고정 : 비료공장에서 암모니아 합성

④ 연간 질소고정량 : 생물적 질소고정 > 산업적 질소고정 > 광화학적 질소고정

(2) 생물학적 질소고정

① Nitrogenase 효소 필수적

② 세포핵이 없는 전핵미생물만이 가능

③ 질소고정 미생물의 구분

생활형태	미생물	기주식물
자유생활 (비공생)	Azotobacter(호기성)	–
	Clostridium(혐기성)	–
외생공생	Cyanobacteria	곰팡이와 지의류 형성, 소철
내생공생	Rhizobium	콩과식물, 느릅나무과
	Frankia	오리나무류, 보리수나무, 담자리꽃나무, 소귀나무과

(3) 질소순환

① 유기물이 분해되면서 결합되어 있는 질소가 암모니아화 작용을 거쳐 NH_4^+됨

② 질산화작용과 미생물

㉠ *Nitrosomonas* : $NH_4^+ \rightarrow NO_2^-$

㉡ *Nitrobacter* : $NO_2^- \rightarrow NO_3^-$

③ 탈질작용 : NO_3^-가 환원조건에서 N_2 또는 NOx화합물로 환원되어 대기로 빠져나가는 현상

㉠ 산소공급이 안 되는 장기 침수 토양이나 답압 토양에서 발생

㉡ *Pseudomonas* 세균이 관여

■ 지질의 기능

(1) 지 질

극성을 갖지 않는 물질, 물에 녹지 않고 유기용매에 잘 녹음

(2) 수목에서 지질의 기능

① 세포의 구성성분 : 원형질막을 형성하는 인지질, 세포벽을 구성하는 리그닌

② 저장물질 : 종자나 과일에 저장

③ 보호층 조성 : Wax, Cutin, Suberin

④ 저항성 증진 : 수지(병원균, 곤충의 침입을 막음), 인지질(내한성 증가)

⑤ 2차 산물의 역할 : 고무, Tannin, Flavonoid 등 2차 대사산물

■ 목본식물 내 지질의 종류

(1) 지방산 및 지방산 유도체

① 지방산 : 탄소수 12~18개의 사슬구조의 한쪽 끝에 카르복실기가 결합되어 있는 구조

㉠ 포화지방산 : 이중결합이 없는 지방산, 상온에서 고체, Palmitic acid 등

㉡ 불포화지방산 : 이중결합이 있는 지방산, 상온에서 액체, Oleic acid와 Linoleic acid 등

② 단순지질 : 글리세롤 1분자와 지방산 3분자가 결합한 화합물(지방과 기름)

③ 복합지질 : 단순지질의 지방산 중 하나가 인산이나 당으로 대체된 형태의 지질

㉠ 인지질 : 원형질막 구성성분, 극성과 비극성 부분을 동시에 가짐, 반투과성 막 형성

㉡ 당지질 : 엽록체에서 주로 발견, 일부 미토콘드리아에 존재

④ 납(Wax) : 긴 사슬의 알코올과 지방산의 화합물, 표피세포에서 합성되어 분비, 각피층의 표면에 왁스층 형성

⑤ 큐틴(Cutin) : 수산기를 가진 지방산과 다른 지방산의 중합에 페놀화합물이 첨가된 화합물, 각피층의 왁스층 아래에 pectin과 결합하여 두꺼운 층을 형성함

⑥ 목전질(Suberin) : 큐틴과 비슷하나 페놀화합물 함량이 많음, 수피의 코르크세포를 감싸 수분 증발을 억제함, 낙엽의 상처 보호, 어린뿌리의 카스파리대 구성

(2) Isoprenoid 화합물

Terpenoids 또는 Terpenes으로 불림, Isoprene이 2개 이상 결합

① **정유(Essential oil)** : 휘발성 물질, 타감작용, 수분곤충의 유인, 포식자 공격 억제
② **카로테노이드** : 색소(황색, 주황색, 적색, 갈색), Carotene과 Xanthophyll로 구분
③ **수지(Resin)** : 지방산, 왁스, 테르펜 등의 혼합체, 목재의 부패 방지, 나무좀 공격 방어
④ **고무(Rubber)** : 쌍자엽식물에서 생산되고 나자식물과 단자엽식물에서는 생산 안 됨
⑤ **스테롤(Sterols 또는 Steroids)** : 막의 안정성, 타감물질로 작용

(3) Phenol 화합물

① **리그닌(Lignin)** : 여러 방향족 알코올이 복잡하게 연결된 중합체, 목부의 물리적 지지 강화, 압축강도와 인장강도 증진
② **타닌(Tannin)** : 폴리페놀의 중합체, 곰팡이와 세균의 침입 방어, 떫은 맛, 타감물질
③ **플라보노이드(Flavonoids)** : 방향족 고리를 가진 15개 탄소화합물을 기본 구조로 함, 플라보노이드 기본 구조에 당류가 결합되어 수용성 색소로 기능
※ 안토시아닌 : 붉은색 색소

■ 수목 내 지질의 분포와 변화

(1) 수목 내 지질의 분포

① 세포막의 40%를 차지하지만 수목 전체의 건중량에서는 1% 미만
② **월동기간에 함량 증가** : 에너지 저장, 내한성 증가
③ 열매, 종자 > 영양조직
④ 지질의 에너지 효율이 탄수화물과 단백질보다 큼

(2) 지방의 분해와 전환

① **에너지 저장수단** : 에너지가 필요할 때 분해됨, 설탕으로 전환되어 필요한 곳으로 이동
② **지방의 분해** : 리파아제(Lipase) 효소에 의해 Glycerol과 지방산으로 분해
③ **지방분해 소기관** : Oleosome, Glyoxysome, Mitochodria

■ 수목에서의 수분퍼텐셜

(1) 삼투퍼텐셜

① 액포 속에 녹아있는 용질의 농도에 의해 나타남
② 순수한 자유수에 비해 농도가 높기 때문에 항상 (−)값을 가짐

(2) 압력퍼텐셜

① 세포가 수분을 흡수해 원형질막을 밀어내면서 나타나는 압력, 팽압
② 수분을 충분히 흡수한 세포 : (+)값
③ 수분이 부족해 원형질분리 상태인 세포 : 0값
④ 증산작용으로 장력하에 있는 도관세포 : (−)값

(3) 기질퍼텐셜(매트릭퍼텐셜)

① 기질의 표면과 물분자의 친화력에 의해 발생되는 퍼텐셜
② 수분을 함유하고 있는 보통 세포에서는 0에 가까움
③ 수목의 수분퍼텐셜에서 고려할 필요 없음(건조한 종자와 토양에서는 매우 중요함)
※ 수목에서 수분퍼텐셜은 삼투퍼텐셜과 압력퍼텐셜의 합으로 정해짐

■ 뿌리의 수분 흡수와 물의 이동

(1) 뿌리 구조와 수분 흡수

① 어린뿌리 : 표피와 피층 세포의 느슨한 배열로 수분 이동이 용이하나, 내피의 카스파리대(수베린으로 된 띠)가 있어 물의 자유로운 출입을 차단함
② 성숙뿌리 : 코르크형성층이 생기면서 표피, 뿌리털, 피층이 파괴되어 소멸되지만 수분 흡수 능력 유지

(2) 수분흡수 기작

① 수동적 흡수 : 증산작용이 왕성한 모든 식물, 식물이 에너지를 소모하지 않음
② 능동적 흡수 : 낙엽 후 겨울철, 삼투압에 의하여 수분 흡수

(3) 근압과 수간압

① 근압 : 삼투압에 의하여 흡수된 수분에 의해 발생된 뿌리 내의 압력
② 수간압 : 낮에 이산화탄소가 수간의 세포간극에 축적되어 나타나는 압력
※ 일액현상은 근압에 의한 현상이고, 사탕단풍나무의 수액은 수간압에 의한 현상임

■ 증산작용

(1) 증산작용

식물의 표면으로부터 수분이 수증기의 형태로 방출되는 것, 주로 기공을 통해 일어남, 이산화탄소를 얻기 위해 기공을 열면 동시에 수분을 잃게 됨

(2) 증산작용의 기능

① 무기염의 흡수와 이동 촉진 → 수분과 함께 이동하기 때문
② 잎의 온도를 낮춤 → 엽소 현상 방지

(3) 기공의 개폐와 증산량

① **공변세포** : 기공을 형성하는 세포(기공 : 2개의 공변세포에 의해 형성된 구멍)

※ 에브시식산 : 수분이 부족하게 되면 잎이나 뿌리에서 생성되어 공변세포로 이동하여 칼륨을 방출하게 하여 기공을 닫히게 함

② **증산량** : 햇빛, 이산화탄소 농도, 수분퍼텐셜, 기온의 영향을 받음

㉠ 증산량 증가 조건 : 높은 광도, 낮은 이산화탄소 농도

㉡ 엽면적 합계에 비례하며, 잎이 크면 온도가 잘 올라가기 때문에 증산작용도 증가함

㉢ 증산작용의 억제 : 여러 개의 소엽으로 된 복엽, 가느다란 침엽, 두꺼운 각피층, 털, 반사도

■ 수분 스트레스

(1) 수분 스트레스의 생리적 증상

① 팽압을 잃고 기공 닫힘 → 광합성 중단으로 비정상적 탄수화물·질소대사 → 생장 둔화

② 전분은 당류로 가수분해되고, 아미노산의 일종인 Proline 축적

③ Abscisic acid 생산 → 증산작용 억제

(2) 수목 생장에 미치는 영향

① 수고 생장에 미치는 영향

㉠ 전년도 동아(겨울눈) 형성 때 받은 수분 스트레스의 영향이 당년도에 나타남

㉡ 당해연도 줄기 생장 기간에 수분 스트레스를 받으면 수고 생장이 저조해짐

② 직경 생장에 미치는 영향

㉠ 수분 스트레스를 받으면 2차 목부의 세포벽에 Cellulose가 추가되는 속도가 줄어듦

㉡ 수분 스트레스는 춘재에서 추재로의 이행을 촉진함

③ 뿌리 생장에 미치는 영향

㉠ 뿌리는 수목 부위 중에 수분 스트레스를 가장 늦게 받고, 가장 먼저 회복하는 부위

㉡ 수분 스트레스를 받으면 평소 뿌리에서 합성되어 줄기로 이동하던 Cytokinin이 감소하고 Abscisic acid가 증가함

■ 무기염의 흡수기작

(1) 자유공간과 카스파리대

① **자유공간** : 무기염 등이 확산과 집단유동에 의해 자유롭게 들어올 수 있는 부분

㉠ 뿌리 표면의 세포벽 사이의 공간이며, 내피 직전까지의 공간

㉡ 세포벽이동(세포질이동과 대립되는 용어)

② **카스파리대** : 내피세포의 방사단면벽과 횡단면벽에 목전질로 만들어진 띠

㉠ 세포벽을 통한 자유로운 이동이 차단됨

㉡ 원형질막을 통해서 이동하게 하며, 이때 선택적 흡수 가능

(2) 선택적 흡수와 능동운반

① **무기염의 흡수 과정** : 선택적, 비가역적, 에너지 소모

② **세포질이동** : 원형질막을 통과하는 것

③ 원형질막 밖의 이온이 운반체와 결합하여 원형질막 안으로 전달되어 분리됨

■ 균 근

(1) 외생균근과 내생균근 비교

구 분	외생균근	내생균근
균 사	뿌리세포 간극 사이로 분포	뿌리 피층세포 안으로 침투
구조적 특징	균투, 하티그망	소낭, 수지상체, 포자
뿌리털	균사가 뿌리털 기능	뿌리털 정상적으로 발달
감염식물	주로 목본	대부분의 작물과 과수
분 류	담자균, 자낭균	접합자균

(2) 균근의 역할

① **무기염의 흡수 촉진** : 암모늄태 질소의 흡수, 인산가용화 등

② 환경스트레스에 대한 저항성 증진

③ 항생제 생산 → 병원균 저항성 증진

■ 수액상승

(1) 관련조직

① **목부조직** : 도관, 가도관

② **Tylosis현상** : 기포나 전충체(Tylose) 등에 의해 도관이 막히는 현상

(2) 수액성분

구 분	목부수액	사부수액
정 의	증산류를 타고 상승하는 도관 또는 가도관의 수액	사부를 통한 탄수화물의 이동액
pH	산성(pH 4.5~5.0)	알칼리성(pH 7.5)
주성분	무기염, 질소화합물, 탄수화물, 효소, 식물호르몬	설탕, 포도당, 과당, 효소, 식물호르몬

■ 수목의 유형기

(1) 생장단계

① **유형단계** : 수목이 영양생장만을 함, 개화하지 않는 상태, 수종과 환경에 따라 다름

② **성숙단계** : 수목이 생장하여 개화하는 상태에 달함

③ **단계변화** : 유형단계에서 성숙단계로 바뀌는 과정

(2) 유형기의 특징

① 잎의 모양(향나무 : 유엽은 침엽, 성엽은 인엽)

② 가시의 발달 : 귤나무와 아까시나무는 유형기에 가시 발달

③ 엽서 : 유칼리나무는 잎의 배열순서와 각도가 성숙하면서 변함

④ 삽목의 용이성 : 유형기 삽목이 쉬움

■ 유성생식 기관과 특징

구 분	피자식물	나자식물
화아원기	전년도 형성, 월동 후 개화	전년도 형성, 월동 후 개화
배우자 형성	• 배주가 심피 속에 싸여 있음 • 배주의 주심 내 세포 1개가 4개의 난모세포로 분화 • 난모세포 분화 → 자성배우자 • 꽃밥 분화 → 웅성배우자	• 배주가 노출되어 있음 • 주심 내 세포가 난모세포로 분화 • 수분 후 4개의 난모세포 형성 • 수꽃은 각 인편에 소포자낭 형성
수 분	주두에 도착한 화분이 발아, 화분관 생성	화분이 부착되면 주공 안으로 수분액과 함께 들어감
수 정	• 정핵(n)+난자(n)→배(2n) • 정핵(n)+2극핵(n)→배유(3n)	• 큰 정핵(n)+난자(n)→배(2n) • 자성배우체(n)→양분저장조직
배의 발달	• 세포벽 형성 • 상대적으로 짧은 배병 • 분열다배현상 일어남	• 세포벽 형성 없음 • 상대적으로 긴 배병 • 분열다배현상 흔하게 일어남

■ 개화생리와 종자생리

(1) 개화생리에 대한 영향인자

① 주기성 : 화아원기 형성의 불완전성, 탄수화물 부족, 식물호르몬(과실의 종자가 화아 발달 억제)

② 유전적 개화 능력

③ 성 결정 : 암꽃이 활력이 큰 가지에 달림, 수목의 영양상태가 좋지 않으면 수꽃이 생김

④ 영양상태 : 영양상태가 양호하면 개화 촉진, 특히 암꽃 생산 증가

⑤ 기후 : 전년도 기후의 영향을 받음

⑥ 광주기 : 초본과 달리 광주기에 반응하지 않음(예외 : 무궁화(장일성), 진달래(단일성))

⑦ 식물호르몬 : 옥신(낮은 농도에서 영양생장 억제), 지베렐린(화아원기 형성 촉진), 사이토키닌(뿌리에서 생산되어 잎으로 운반, 개화 촉진)

⑧ 스트레스 : 탄수화물과 아미노산의 영양학적 균형을 교란하여 생식성장 유도

(2) 종자생리

① 종자의 구조

㉠ 배 : 식물의 축소형, 1개 이상의 자엽, 유아, 하배축, 유근으로 구성

㉡ 저장물질 : 무배유종자(자엽에 저장물질이 있음), 배유종자(배유에 저장물질이 있음)

㉢ 종피 : 건조, 물리적 피해, 미생물과 곤충 피해를 막아주는 보호벽

② **종자휴면** : 성숙한 종자가 발아하기에 적합한 환경에서도 발아하지 못하는 상태
㉠ 원인 : 배휴면, 종피휴면, 생리적 휴면
㉡ 휴면타파 : 종자휴면의 요인 제거(후숙, 저온처리, 열탕처리, 약품처리, 상처유도법, 추파법)

③ **종자의 발아** : 종자 내의 배가 생장하여 종피를 뚫고 나와 어린 식물로 자라는 과정
㉠ 배의 유근이 먼저 자라 토양으로부터 수분과 무기영양소 흡수
㉡ 자엽 또는 유엽이 토양 밖으로 자라 광합성 기관 형성
㉢ 필요한 에너지는 저장조직으로부터 공급받음

④ **발아방식**
㉠ 지상자엽형 발아 : 단풍나무, 물푸레나무, 아까시나무, 소나무, 대부분의 나자식물
㉡ 지하자엽형 발아 : 보통 대립종자인 참나무류, 밤나무, 호두나무, 개암나무류

⑤ **발아생리 단계** : 수분흡수 → 식물호르몬 생산 → 효소 생산 → 저장물질의 분해와 이동 → 세포분열과 확장 → 기관 분화

⑥ **발아에 영향을 미치는 환경요인** : 광선, 산소, 수분, 온도
※ 파장 : 피토크롬이 빛의 파장에 반응, 천연광 또는 적색광(660nm)에서 발아 촉진, 원적색광(730nm)에서 발아 억제
※ 테트라졸리움 시험 : 종자 내 산화효소와 시약의 발색반응을 통해 종자의 활력 측정

■ 식물호른몬의 특징과 역할

(1) 식물호르몬의 특징

① 유기물
② 한 곳에서 생산되어 다른 곳으로 이동하고 이동된 곳에서 생리적 반응을 나타냄, 단 에틸렌은 생산된 곳에서도 작용
③ 아주 낮은 농도에서 작용

(2) 식물호르몬의 역할

① **내적 연락체계** : 식물의 각 부위 간의 연락, 이웃한 세포와 협력하여 전체 특성 발현
② **외부자극 감지** : 환경요인의 변화 감지, 내적 생리적 변화 유발

■ 식물호르몬의 종류와 기능

(1) 옥 신

귀리의 자엽초나 완두콩의 상배축을 신장시키는 화합물의 총칭

① **옥신의 종류**
㉠ 천연 옥신 : IAA(Indole-Acetic Acid), 4-Chloro Iaa(4-Chloro-Indoleacetic Acid), PAA(Phenylacetic acid), IBA(Indole-Butyric Acid)
㉡ 합성 옥신 : NAA(α-Naphthalene Acetic Acid), 2,4-D(2-4-Dichlorophenoxyacetic Acid), MCPA(2-Methyl-4-Chlorophenoxyacetic Acid)

② 생합성과 이동

㉠ 생합성 단계 : Tryptophan → Indoleacetaldehyde → IAA

㉡ 어린 조직(줄기끝 분열조직, 생장 중인 잎과 열매)에서 주로 생합성

㉢ 이동 : 목부나 사부가 아닌 유관속 조직에 인접한 유세포를 통해 이동

③ 생리적 효과

㉠ 뿌리의 생장 : 부정근 발달 촉진 → 삽목번식에 옥신 이용

㉡ 정아우세 : 수목의 수고생장 촉진

㉢ 제초제 효과 : 높은 농도에서 대사작용을 교란시킴(2,4-D, 2,4,5-T, MCPA, Picloram)

(2) 지베렐린

Gibbane의 구조를 가진 화합물의 총칭

① 지베렐린의 종류

㉠ 125종 이상 존재, 산성을 띠며, 보통 GA로 표기

㉡ 보통 GA_3가 Gibberellic Acid로 불림

② 생합성과 운반

㉠ 미성숙 종자에 높은 농도로 존재

㉡ 종자에서 많이 생산, 어린잎에서 주로 생산

㉢ 이동 : 목부와 사부를 통하여 위아래 양방향으로 운반

③ 생리적 효과

㉠ 줄기의 신장, 개화 및 결실 촉진

㉡ 봄철 어린잎에서 생산되어 형성층이 세포분열을 시작하도록 유도

㉢ 뿌리에서 생산되어 줄기로 운반되어 줄기 생장 자극

㉣ 종자가 수분을 흡수하면 GA가 생산되어 종자휴면이 타파됨

④ 상업적 이용 : 착과 촉진, 과실 품질 향상, 과실성숙 지연에 이용

※ 생장억제제 : GA의 생합성을 방해하여 줄기 생장을 억제함(Phosphon D, Amo-1618, CCC(Cycocel), Pacrobutrazol)

(3) 시토키닌

담배의 수조직을 배양할 때 세포분열을 촉진하는 Adenine 치환체의 총칭

① 시토키닌의 종류

㉠ 천연 사이토키닌 : 옥수수 종자에서 추출된 Zeatin, Dihydorzeatin, Zeatin Riboside, Isopentenyl adenine, Benzyladenine

㉡ 합성 사이토키닌 : Kinetin

② 생합성과 운반

㉠ 식물의 어린 기관(종자, 열매, 잎)과 뿌리끝 부분에서 생합성

㉡ 뿌리끝에서 생산된 사이토키닌은 목부조직을 통해 줄기로 이동

㉢ 사부를 통한 이동은 매우 제한적

③ 생리적 효과

㉠ 세포분열과 기관 형성 : Callus(유상조직) 조직배양 시 세포분열 촉진

㉡ 노쇠지연(※ Green Island : 녹병 곰팡이 감염 부위만 엽록소를 유지함)

㉢ 정아우세 소멸, 측아 발달, 떡잎 발달 촉진

㉣ 암흑에서 발아될 때 엽록체의 발달과 엽록소 합성 촉진

(4) 에브시식산

15개의 탄소를 가진 Sesquiterpene의 일종

① 생합성과 운반

㉠ 색소체를 가진 기관에서 생합성(잎 - 엽록체, 열매 - 색소체, 뿌리와 종자의 배 - 백색체, 전색소체)

② 목부와 사부를 통해 이동, 지베렐린의 이동과 유사

③ 생리적 효과

㉠ 눈과 종자의 휴면 유도

㉡ 잎, 꽃, 열매의 탈리현상 촉진

㉢ 스트레스 감지 예 수분스트레스 → 잎의 ABA 함량 증가 → 기공 폐쇄

㉣ 모체 내의 종자발아 억제 : 종자가 성숙하는 동안 배의 발아를 억제함

㉤ 종자가 성숙단계로부터 발아단계로 전환하는 것을 조절

(5) 에틸렌

2개의 탄소가 이중결합으로 연결된 기체 분자

① 에틸렌의 특징 : 과실의 성숙과 저장에 영향을 줌, 살아있는 모든 조직에서 생산

② 생합성과 이동

㉠ 생합성 경로 : Methionine → S-Adenosyl Methionine(SAM) → 1-Amino-Cyclopropane-1-Carboxylic acid(ACC) → Ethylene

㉡ 생합성 과정에서 ATP가 소모되고 산소를 요구함

㉢ 식물에 상처를 주면 에틸렌 발생 증가

㉣ 이산화탄소처럼 세포간극이나 빈 공간을 통해 빠르게 확산 이동됨

㉤ 지용성으로 원형질막의 수용단백질에 쉽게 부착됨

③ 생리적 효과

㉠ 과실의 성숙 촉진 : Climacteric 과실(사과, 배 등), 비Climacteric 과실(포도, 귤)

㉡ 침수 효과 : 뿌리가 침수되면 에틸렌이 뿌리 밖으로 나가지 못하고 줄기로 이동하여 독성을 나타냄(잎의 황화현상, 줄기 신장억제, 줄기 비대 촉진, 잎의 상편생장, 잎이 시들면서 탈리현상, 뿌리 신장억제, 부정근 발생)

㉢ 줄기와 뿌리의 생장억제 : 종축 방향의 신장은 억제되고 비대생장을 초래하여 굵어짐

㉣ 쌍자엽식물의 종자가 땅 속에서 발아할 때 갈고리 모양을 갖추게 해서 흙을 밀어 올릴 때 안전하게 함

㉤ 대부분의 식물에서 개화 억제하지만 망고, 바나나, 파인애플류에서 개화 촉진

※ 개화촉진제 : 카바이드, NAA, Ethephon(상품명 : Ethrel)

■ 수분 스트레스의 영향

생리적 변화	• 세포의 팽압 감소 • 효소활동 둔화 • Proline(아미노산의 일종) 축적 • ABA 생산 → 기공 축소
줄기 및 수고생장	• 잎이 작아지고 줄기생장이 저조해짐 • 엽면적 감소로 광합성량 감소
직경생장	• 강우량이 많을 때 연륜폭이 커지고, 춘재의 양이 증가함 • 수분 스트레스를 받으면 세포의 크기가 작아지고, 춘재의 비율이 적어짐 • 생장기간에 건조와 회복이 반복되면 위연륜이 생기고 복륜을 만들게 됨
뿌리생장	• 수분 스트레스를 가장 늦게 받고 가장 빨리 회복하는 기관 • 수분 스트레스는 사이토키닌 생산을 감소시키고 ABA 생산을 증가시킴

■ 온도 스트레스

(1) 고온 스트레스

① 고온에 의한 피해

㉠ 세포막의 손상 : 지방질의 액화와 단백질의 변성

㉡ 엽록체 Thylakoid막의 기능 상실 → 광합성 기능 상실

㉢ 과도한 증산에 의한 수분 스트레스가 복합적으로 작용

② 고온에 대한 적응

㉠ 고온에 노출될 때 열쇼크단백질 합성

㉡ 단백질과 핵산의 변성 방지

(2) 저온 스트레스

① **냉해** : 빙점 이상의 온도에서 나타나는 저온 피해

㉠ 원형질막과 소기관의 막 구조 변화

㉡ 온도 저하로 막의 지질이 고체겔화되면서 수축하여 막 구조가 찢어짐

㉢ 불포화지방산의 비율이 클수록 저항성이 커짐

② **동해** : 빙점 이하의 온도에서 나타나는 피해

㉠ 세포질 내에 발생한 얼음결정이 세포막 파괴

㉡ 세포질 밖에 발생한 얼음으로 심하게 탈수되어 발생

③ **동계피소** : 겨울철 햇빛을 받는 부분이 일시적으로 해빙되었다가 일몰 후 급격히 온도가 떨어져 동해 발생

㉠ 형성층 조직이 피해를 입게 됨

㉡ 수간에 흰 페인트를 칠하거나 흰 테이프를 감싸 방지할 수 있음

④ **상렬** : 수간이 얼 때 안쪽과 바깥쪽 목재의 수축정도의 차이로 수직방향의 균열이 생김

⑤ **상륜** : 서리로 인하여 형성층의 시원세포에서 유래한 어린세포의 일시적 피해

■ 바람 스트레스

(1) 풍해의 정의와 유형

① **풍해의 정의** : 바람에 의한 물리적 및 생리적 피해

② **풍해의 유형**

㉠ 주풍 : 수관이 한쪽으로 몰리는 기형, 바닷가와 수목한계선에서 관찰

㉡ 풍도 : 바람에 의해 수간이 부러지거나 뿌리째 뽑히는 것

(2) 바람의 영향

① 수고생장과 잎의 신장생장을 감소시킴

② 직경생장 촉진(바람에 대한 저항성 증가)

③ **편심생장 → 이상재의 생산(압축이상재** : 침엽수류, **신장이상재** : 활엽수류)

■ 대기오염의 정의와 오염물질의 분류

① **대기오염** : 대기 중에 있는 물질이 정상적인 농도 이상으로 존재할 때

② **대기오염물질** : 기체, 액체, 고체 형태

㉠ 1차 오염물질 : 오염원에서 직접적으로 발생

㉡ 2차 오염물질 : 방출된 물질로부터 새롭게 형성된 물질

(1) 여러 가지 대기오염물질

① **황화합물** : SOx(SO_2, SO_3^{2-}, SO_4^{3-}), H_2S

② **질소화합물** : NH_3, NOx(NO, NO_2, N_2O)

③ **탄화수소 및 산소화물** : CH_4, C_2H_2, 알코올, 에테르, 페놀, 알데히드

④ **할로겐화합물** : HF, HBr, Br_2

⑤ **광화학산화물** : O_3, NO_3, PAN(Peroxyacetylnitrate)

⑥ **미립자** : 검댕, 먼지, 중금속

※ 일산화탄소(CO)는 수목에 대한 오염물질이 아님(100ppm 이하에서 피해 없음)

■ 대기오염의 독성기작과 병징

	독성기작	병 징
아황산가스(SO_2)	기공으로 흡수되면 HSO_3^- 또는 SO_3^{2-} 형태로 용해, 독성을 해독하는데 광합성에 관련하는 환원된 Ferredoxin이 사용되므로 광합성 작용이 방해되면서 독소가 생산되어 여러 효소기능과 대사반응이 손상됨	• 활엽수 : 잎끝과 엽맥 사이조직 괴사, 물에 젖은 듯한 모양 • 침엽수 : 물에 젖은 듯한 모양과 적갈색 변색
질소산화물(NOx)	독성기작 : 기공으로 들어간 NO_2는 아질산과 질산으로 변하여 pH를 낮추고, 탈아미노반응을 일으키며, 자유라디칼을 생산하여 광합성을 억제하고 초산 대사를 방해함	• 활엽수 : 흩어진 회녹색 반점 → 잎 가장자리 괴사 → 엽맥 사이조직 괴사 • 침엽수 : 잎끝의 자홍색 내지 적갈색 변색 → 잎의 기부까지 확대(고사부위와 건강부위의 경계가 뚜렷함)
오존(O_3)	기공을 통해 들어가면 용해되어 자유라디칼(Superoxide O_2^-, Hydroxyl radical *OH)로 전환, 세포막과 소기관의 구성물질 산화, 막 파괴, 광합성 방해	• 활엽수 : 잎 표면에 주근깨 모양의 반점, 책상조직이 먼저 붕괴, 반점이 합쳐져 백색화 • 침엽수 : 잎끝의 괴사, 황화현상의 반점, 왜성화된 잎
PAN(Peroxacetyl nitrate)	NOx와 탄화수소가 자외선에 의해 광화학산화반응으로 형성되는 2차오염물질로서 –SH기를 가진 효소와 반응하여 기능을 정지시켜 탄수화물 및 호르몬, 광합성 교란	• 활엽수 : 잎 뒷면 광택 후 청동색으로 변색, 고농도에서 잎 표면 피해 • 침엽수 : 정보 부족
불소(F)	기체상태 오염물질 중 독성이 가장 크며, 체내에 흡수되어 누적되며, 기공과 각피층을 통해 흡수되어 금속양이온과 결합하여 무기영양상태를 교란하여 세포벽 형성, 산소 흡수, 전분 합성 등 억제	• 활엽수 : 잎끝의 황화 → 잎 가장자리로 확대 → 중륵을 타고 안으로 확대 → 황화 및 조직 고사 • 침엽수 : 잎끝의 고사, 고사부위와 건강부위의 경계 뚜렷함
중금속	Cd, Cu, Pb, Hg, Ni, V, Zn, Cr, Co, Tl 등이 효소작용 방해, 항대사제, 대사물질의 침전·분해, 세포막 투과성 변경 등 생리적 기능 장애	• 활엽수 : 엽맥 사이 조직의 황화, 잎끝과 가장자리 고사, 조기 낙엽, 잎의 왜성화, 유엽에서 먼저 발생 • 침엽수 : 잎의 신장억제, 유엽 끝 황화현상, 잎 기부로 고사 확대 ※ 산림쇠퇴 : 오염가스의 피해 → 무기영양소의 용탈 → 토양의 알루미늄 독성 증가 → 영양의 불균형 → 기후에 대한 저항성 약화 → 병해충의 피해

제4과목 산림토양학

■ 모암(화성암, 퇴적암, 변성암)

(1) 화성암

마그마가 분출되거나 지중에서 서서히 냉각되어 만들어짐

① **주요 광물** : 석영, 장석, 운모, 각섬석, 휘석

② **규산함량이 많아질수록 밝은 색**

구 분	산성암	중성암	염기성암
SiO_2함량	> 66%	66~52%	< 52%
심성암	화강암	섬록암	반려암
반심성암	석영반암	섬록반암	휘록암
화산암	유문암	안산암	현무암

(2) 퇴적암

물과 바람에 의해 퇴적되어 생성

① 퇴적 흔적인 층리가 있음

② 사암, 역암, 혈암, 석회암, 응회암

(3) 변성암

화성암과 퇴적암이 고압과 고열에 의한 변성작용을 받아 생성

① 조직이 치밀해지고 비중이 무거워져서 풍화에 잘 견딤

② 편마암(화강암 변성), 편암(혈암, 점판암, 염기성 화성암 변성), 점판암(혈암, 이암 변성), 천매암(점판암 변성), 규암(사암 변성), 대리석(석회암 변성)

■ 풍화작용

(1) 물리적(기계적) 풍화작용

① **암석의 물리적 붕괴** : 입상붕괴, 박리, 절리면 분리, 파쇄

② **주요 인자** : 온도, 물과 얼음, 바람, 식물과 동물

(2) 화학적 풍화작용

① **화학작용** : 용해, 가수분해, 수화, 산성화, 산화 등

② **물의 작용** : 가수분해, 수화, 용해를 통해 광물을 분해, 변형, 재결정화

③ **산성용액** : 이산화탄소가 물에 용해되어 생성되는 탄산과 수소이온(H^+), 유기산에 의하여 공급되는 수소이온(H^+)

④ **산화작용** : 철(Fe)을 함유한 암석에서 흔히 일어남

(3) 생물적 풍화작용

① **동물** : 주로 기계적 풍화

② **식물** : 이산화탄소와 유기산 공급

③ **미생물** : 호흡(CO_2), 질산(암모니아 산화), 황산(황화물 산화), 유기산(유기물 분해)

※ 광물의 풍화내성(검정 글씨 : 1차 광물, 색 글씨 : 2차 광물)

침철광 > 적철광 > 깁사이트 > 석영 > 규산염점토 > 백운모·정장석 > 사장석 > 흑운모·각섬석·휘석 > 감람석 > 백운석·방해석 > 석고

※ 암석 풍화생성물의 가동율에 따른 구분(Cl^- 기준)

- 제1상 : Cl^-, SO_4^{2-} 등, 양이온과 결합하여 용탈
- 제2상 : Ca^{2+}, Na^+, Mg^{2+}, K^+ 등, 카올리나이트 계통의 광물이 남게 됨
- 제3상 : 반토규산염(Aluminosilicate)의 규산(SiO_2) 용탈
- 제4상 : 철과 알루미늄 산화물의 축적

■ 토양생성인자

(1) 모 재

① **모재의 광물학적 특성이 토양의 특성과 발달속도에 영향을 줌**

㉠ 산성 화성암류 : 석영 및 1가 양이온의 함량이 높음. 물리성이 양호한 토양 발달

㉡ 염기성 화성암류 : 칼슘, 마그네슘 등의 2가 양이온의 함량이 높음. 비옥한 토양 발달

② **물리적 특성**

㉠ 굵은 입자의 모재 : 물질의 하방이동이 활발

㉡ 고운 입자의 모재 : 물의 이동 제한으로 회색화 현상 발생

(2) 기 후

① **강수량과 기온이 가장 중요**

㉠ 강수량 : 강수량이 많을수록 토양생성속도가 빨라지고 토심이 깊어짐

㉡ 온도 : 온도가 높을수록 풍화속도가 빨라짐(10℃ 상승, 화학반응 2~3배 증가)

② **토양유기물 함량**

㉠ 낮은 온도, 많은 강수 조건에서 유기물 함량이 많음

㉡ 고온에서는 강수량과 상관없이 유기물 함량이 낮음

(3) 지 형

① **경사도**

㉠ 급할수록 토양의 생성량보다 침식량이 많아짐. 토심이 얕은 암쇄토 생성

㉡ 평탄할수록 표토가 안정되고 투수량이 증가하여 토심이 깊고 단면이 발달한 토양이 생성

② **토양수분조건** : 볼록지형 건조, 오목지형 습윤

③ **평탄지 토양의 특성** : 표층에서 용탈된 점토와 이온이 심층의 집적하여 B층 구조 발달

(4) 생 물

① 삼림 : 습윤지대, 낙엽의 축적으로 O층 발달
② 사막형 관목림 : 건조지대
③ 초원 : 건습반복지대, 초본의 뿌리조직 분해산물의 축적으로 어두운 색의 A층 발달
④ 인간 : 종족과 문화에 따라 다른 영향(Plaggen 표층의 생성)

(5) 시 간

① 안정지면에서 시간인자의 누적효과가 나타나고, 누적효과가 클수록 토양발달도 증가
② 토양단면에서 층위의 분화정도(층위의 수, 두께, 질적 차이)에 따라 토양발달도 결정

■ 토양단면

(1) 기본토층

① O층 : 유기물층
② A층 : 무기물표층, 부식화된 유기물과 섞여 있어 암색을 띠고 물리성이 좋음
③ E층 : 최대용탈층, 담색을 띰
④ B층 : 집적층, 상부 토층으로부터 용탈된 철·알루미늄 산화물과 미세점토 집적
⑤ C층 : 모재층, 아직 토양생성작용을 받지 않은 모재의 층
⑥ R층 : 모암층

(2) 종속토층(보조토층) 예시

a	잘 부숙된 유기물층(예 Oa)	p	경운 토층, 인위교란층(예 Ap)
b	매몰 토층(예 Ab)	t	규산염점토 집적층(예 Bt)
g	강 환원 토층(예 Bg)	z	염류집적층(예 Bz)

■ 토양생성작용

(1) 토양무기성분의 변화

① 초기토양생성작용 : 미생물, 지의류, 선태류 등이 암석 또는 모재 표면에 서식하면서 세토층과 점토광물을 생성
② 점토생성작용 : 1차 광물이 분해되어 2차 규산염광물을 생성
③ 갈색화작용 : 가수산화철이 토양을 갈색으로 착색시키는 과정
④ 철·알루미늄 집적작용 : 산화철과 산화알루미늄이 집적, 붉은색, 라테라이트, Oxisol

(2) 유기물의 변화

① 부식집적작용 : 유기물의 분해산물인 부식(Humus)의 집적(Mor → Moder → Mull)
② 이탄집적작용 : 혐기상태(예 습지환경)에서 불완전하게 분해된 유기물의 집적

(3) 토양생물의 작용과 물질의 이동

① **회색화작용** : 토양의 색이 암회색으로 변하는 작용(과습→산소부족→철과 망간 환원)
② **염기용탈작용** : 토양용액이 이동하면서 염기가 함께 씻겨나가는 작용
③ **점토의 이동작용** : 토양용액이 아래로 이동하면서 점토가 토양 하층에 집적되는 작용
④ **포드졸화작용** : 토양이 산성화되면서 염기성 이온의 용탈이 심해져 표백층이 생성
⑤ **염류화작용** : 토양용액에 녹아있는 수용성 염류가 표토 밑에 집적되는 현상
⑥ **탈염류화작용** : 집적된 염류가 제거되는 현상
⑦ **알칼리화작용** : Na^+ 농도가 높은 강알칼리성 토양에서 부식이 용해되어 암색화되는 현상
⑧ **석회화작용** : 집적된 염류 중에 용해도가 낮은 $CaCO_3$이나 $MgCO_3$가 축적되는 현상
⑨ **수성표백작용** : 물로 포화되어 환원상태가 발달 → 철과 망간이 녹아 제거 → 표백층

■ 신토양분류법(Soil Taxonomy)

(1) 분류체계(미국 농무성, USDA)

목(Order)-아목(Suborder)-대군(Great group)-아군(Subgroup)-속(Family)-통(Series)

(2) 토양목 : 가장 상위 단위, 12개로 구분

① Alfisol : 표층에서 용탈된 점토가 B층에 집적(Argillic 차표층), 염기포화도 35% 이상
② Aridisol : 건조한 기후지대, 유기물 축적 안 되며, 밝은색 토양, 염기포화도 50% 이상
③ Entisol : 토양단면의 발달이 거의 진행되지 않음
④ Histosol : 유기질 토양, 유기물함량 20~30% 이상, 유기물토양층 40cm 이상
⑤ Inceptisol : 토층의 분화가 중간 정도, 온대 또는 열대의 습윤한 기후조건에서 발달
⑥ Mollisol : 표층에 유기물이 많이 축적, Ca 풍부, 스텝이나 프레리에서 발달, 암갈색
⑦ Oxisol : 고온다습한 열대기후지역에서 발달, 철산화물로 인해 적색 또는 황색 토양
⑧ Spodosol : 냉온대의 침엽수림지역의 사질 토양에서 발달, 심하게 표백된 용탈층
⑨ Ultisol : 점토 집적층(Agillic), 염기포화도 30% 이하
⑩ Vertisol : 팽창형 점토광물로 인해 팽창과 수축이 심함
⑪ Andisol : 화산회토, 우리나라 제주도와 울릉도, 주요 점토광물 Allopane
⑫ Gelisol : 영구동결층

※ 우리나라 토양 : 7개 목, 14개 아목, 27개 대군으로 분류
- 가장 많이 분포하는 토양목 : Inceptisol
- 없는 토양목 : Aridisol, Gelisol, Oxisol, Spodosol, Vertisol

(3) 세계토양도 범례(WRB, World Reference Base for Soil Resources)

① **FAO/UNESCO의 분류체계** : 32개 토양군과 1,529개 아군으로 구성(2014년 이후)
② Cambisols : 우리나라의 대표적인 산림토양

(4) 소련의 토양분류

① **성대성토양** : 기후나 식생과 같이 넓은 지역에 공통적으로 영향을 끼치는 요인에 의하여 생성된 토양(풍적 Loess, 사막 Steppe, Chernozem, 활엽수림, 초지, Podzol, Tundra)

② **간대성토양** : 좁은 지역 내에서 토양 종류의 변이를 유발하는 지형과 모재의 영향을 주로 받아 형성된 토양(염류토양, Rendzina, 점토질 소택형, 테라로사)

③ **비성대성토양** : 충적토양, 하곡 이외에 있는 미숙토와 암쇄토

(5) 우리나라 산림토양의 분류(산림청)

① 8개 토양군, 11개 토양아군, 28개 토양형

② **우리나라 산림토양의 대부분 차지** : 갈색산림토양

③ **석회암 및 응회암을 모재로 하는 지역** : 암적색산림토양

■ 토양의 3상과 토성

(1) 토양의 3상

① 토양은 고상(토양입자와 유기물), 액상(토양용액), 기상(토양공기)의 3상으로 구성

② **3상의 구성비율에 따른 토양의 특성 변화**

㉠ 고상의 비율이 낮아지면 액상과 기상의 비율이 증가 → 공극률 증가, 용적밀도 감소

㉡ 고상의 비율이 높아지면 액상과 기상의 비율이 감소 → 공극률 감소, 용적밀도 증가

(2) 토성(Soil texture)

① 토양입자를 크기별로 모래, 미사, 점토로 구분하고, 그 구성비율에 따라 토양의 분류한 것, 토양의 가장 기본적인 성질(투수성, 보수성, 통기성, 양분보유용량, 경운성 등과 관계)

② **토양입자의 크기 구분**

구 분	모 래	미 사	점 토
크 기	2.0~0.05mm	0.05~0.002mm	0.002mm 이하
특 징	• 대공극 형성으로 토양의 통기성과 투수성 향상 • 양분보유와 같은 화학성과는 무관	• 주로 석영으로 구성 • 모래에 비해 작은 공극을 형성 • 가소성과 점착성이 없음	• 주로 2차광물로 구성 • 교질(콜로이드)의 특성과 표면전하를 가짐 • 가소성과 점착성을 가짐

③ **토성의 결정**

㉠ 촉감법(뭉쳐짐과 띠의 길이로 판단)

사 토	양 토	식양토	식 토
뭉쳐지지 않음	뭉쳐짐 띠 : 2.5cm 이하	뭉쳐짐 띠 : 2.5 ~ 5cm	뭉쳐짐 띠 : 5cm 이상

㉡ 체를 이용한 모래입자분석법 : 지름 0.05mm 이상의 모래를 분석

㉢ 피펫법 : 토양현탁액을 피펫으로 채취하여 토양함량을 측정하여 토성을 결정하는 방법

㉣ 비중계법 : 토양입자가 침강하면 토양현탁액의 밀도가 낮아짐

※ Stockes의 법칙 : 침강법의 이론적 원리(토양입자가 클수록 빨리 침강)

■ 토양의 밀도와 공극

(1) 입자밀도와 용적밀도

구 분	입자밀도	용적밀도
정 의	토양의 고상무게를 고상부피로 나눈 것	토양의 고상무게를 전체부피로 나눈 것
범 위	석영과 장석이 주된 광물인 일반 토양 : 2.6~2.7mg/cm^3	일반 토양 : 1.2~1.35mg/cm^3
특 징	토양의 고유한 값으로 인위적으로 변하지 않음	다져질수록 커지고 뿌리 생장, 투수성, 배수성을 악화시킴

※ 고운 토성과 유기물이 많은 토양은 공극이 발달하기 때문에 용적밀도가 낮음

(2) 공 극

① **공극의 역할** : 공기와 수분의 이동 통로(대공극), 수분의 저장(소공극), 서식 공간

㉠ 생성원인별 분류 : 토성공극, 구조공극, 특수공극=생물공극

㉡ 크기에 따른 분류 : 대공극, 중공극, 소공극, 미세공극, 극소공극

② **공극률 계산**

㉠ 공극률 = (기상의 부피 + 액상의 부피) / 전체 부피 = 1 - 고상의 부피 / 전체 부피

㉡ 공극률 = 1 - 용적밀도 / 입자밀도

※ 공극률이 클수록 용적밀도는 작아짐(반비례 관계)

■ 토양입단과 구조

(1) 토양입단의 형성

① **양이온의 작용** : 음전하를 띤 점토를 정전기적으로 응집(Ca^{2+}, Mg^{2+}, Fe^{2+}, Al^{3+} 등)

※ 주의 : Na^+ 이온은 수화반지름이 커서 점토입자를 분산시킴

② **유기물의 작용** : 미생물이 분비하는 점액성 물질, 뿌리의 분비액, 유기물의 작용기

③ **미생물의 작용** : 곰팡이의 균사, 균근균의 균사 및 글로멀린

④ **기후의 작용** : 습윤과 건조의 반복, 얼음과 녹음의 반복

⑤ **토양개량제의 작용** : 합성폴리머에 의한 응집

(2) 토양구조

① **구상(입상) 구조** : 유기물이 많은 표층토에 발달, 입단의 결합이 약해 쉽게 부서짐

② **판상 구조** : 표층토에 발달, 수분의 하방이동 및 뿌리의 생장에 불리한 환경 조성

③ **괴상 구조** : 불규칙한 6면체 구조, 배수와 통기성이 양호한 심층토에서 발달

④ **주상 구조** : 지표면과 수직한 방향으로 1m 이하 깊이에서 발달(각주상, 원주상)

⑤ **무형구조** : 낱알구조, 덩어리 형태의 구조

■ 토양의 견지성

(1) 정 의

① 외부 요인에 의하여 토양 구조가 변형 또는 파괴되는 것에 대한 저항성 또는 응집성

② 토성과 수분함량에 따라 달라짐

(2) 용 어

① **강성** : 건조하여 굳어지는 성질, Van der Waals 힘에 의해 결합

② **이쇄성** : 적당한 수분을 가진 토양에 힘을 가할 때 쉽게 부서지는 성질

③ **소성** : 힘을 가했을 때 파괴되지 않고 모양만 변하고 원래 상태로 돌아가지 않는 성질

(3) 수분함량에 따른 토양의 견지성 변화

① **소성하한** : 토양이 소성을 가질 수 있는 최소 수분함량

② **소성상한** : 토양이 소성을 가질 수 있는 최대 수분함량, 액성한계

③ **소성지수** : 소성상한 - 소성하한(점토함량이 증가할수록 증가)

※ 점토종류에 따른 소성지수의 크기 : Montmorilonite > Illite > Halloysite > Kaolinite > 가수 Halloysite

■ 토양공기와 온도

(1) 산소 농도가 토양 이온 및 기체 분자의 존재 형태에 미치는 영향

① **산화상태** : 통기성이 양호하여 토양 공기의 산소가 풍부한 상태

② **환원상태** : 통기성이 불량하여 토양 공기의 산소가 부족한 상태

③ 토양의 산화환원상태에 따른 토양 이온 및 기체 분자의 존재 형태

산화상태	CO_2	NO_3^-	SO_4^{2-}	Fe^{2+}	Mn^{4+}
환원상태	CH_4	N_2, NH_3	S, H_2S	Fe^{3+}	Mn^{2+}, Mn^{3+}

(2) 토양온도

① 토양온도와 유기물

㉠ 토양 유기물 함량 : 냉온대지역 > 아열대 및 열대지역

㉡ 낮은 온도에서 미생물 활성이 낮아 유기물 분해가 지연되기 때문

② **토양의 용적열용량** : 단위부피의 토양온도를 1℃ 올리는데 필요한 열량(Cal)

㉠ 토양은 3상으로 구성되기 때문에 고상, 액상, 기상의 열용량의 합으로 계산됨

㉡ 점토가 많을수록 용적열용량 증가

㉢ 수분함량이 많을수록 용적열용량 증가

③ 토양의 열전달

㉠ 무기입자 > 물 > 부식 > 공기

㉡ 사토 > 양토 > 식토 > 이탄토

㉢ 습윤토양 > 건조토양

㉣ 토양 덩어리 > 입단 또는 괴상 구조 토양

④ 열의 흡수

㉠ 어두운 토양 > 밝은 토양

㉡ 토양의 경사와 경사방향

■ 토양색

(1) Munsell color chart

① 색의 3가지 속성(색상, 명도, 채도)을 사용해 분류

② 측정 방법

㉠ 토양 덩어리 채취(수분상태 기록, 건조할 경우 분무기로 습윤하게 적심)

㉡ 토양 덩어리 2등분하고 안쪽 면을 토색첩과 대조

㉢ 직사광선에 직접 비춰 토양의 색과 토색첩의 색을 비교하여 찾음

㉣ 색이 1개 이상일 때, 모든 색을 기록하고 지배적인 색을 표시함

③ 표기방법 : 색상 명도/채도

(2) 토양구성요소와 토양색

① 유기물 : 토양색을 어둡게 함, 유기물이 많은 표토가 심토에 비해 어두운 색을 띰

② 조암광물 : 석영과 장석의 구성 비중이 클수록 연한 색깔

③ 철과 망간의 존재 형태 : 배수양호 또는 불량의 판별에 도움

㉠ 산화상태 : 산소공급이 원활, 붉은 색을 띰(산화철 Fe^{3+}, 산화망간 Mn^{4+})

㉡ 환원상태 : 산소부족으로 회색을 띰(환원철 Fe^{2+}, 환원망간 Mn^{3+}, Mn^{2+})

④ 수분함량 : 습윤토양이 건조토양보다 짙은 색을 띰

■ 물의 특성

(1) 물의 분자 구조

① 분자식 H_2O, 수소 원자 2개가 산소원자 1개와 공유결합

② 물의 극성 : 물 분자 자체는 전기적으로 중성이지만 분자 내 전자분포는 불균일함

(2) 수소결합

① 물 분자의 산소 원자는 이웃 물 분자의 수소 원자와 전기적으로 끌려 결합

② 물 분자끼리의 결합력이 강해짐 → 상온에서 액체상태로 존재, 높은 비열과 증발열

(3) 물의 물리적 특성

① 물의 부착과 응집

㉠ 응집 : 극성을 가진 물 분자들이 서로 끌려 뭉치는 현상

㉡ 부착 : 물 분자가 다른 물질의 표면에 끌려 붙는 현상

② **표면장력** : 액체와 기체의 경계면에서 일어나는 현상, 액체의 표면적을 최소화하려는 힘

③ **모세관현상** : 모세관 표면에 대한 물의 부착력과 물 분자들끼리의 응집력 때문에 생김(모세관 상승 높이 : 표면장력과 흡착력에 비례, 관의 반지름과 액체의 점도에 반비례)

④ **습윤열** : 토양입자 표면에 물이 흡착될 때 방출되는 열

■ 토양수분함량

(1) 중량수분함량과 용적수분함량

① **중량수분함량** : 토양수분의 단위무게당 함량(W/W)

㉠ 젖은 토양의 무게 - 마른 토양의 무게 / 마른 토양의 무게

② **용적수분함량** : 토양수분의 단위부피당 함량(V/V)

㉠ 물의 부피 / 전체 토양의 부피

㉡ 토양수분량을 물만의 깊이 또는 높이로 표현, 관개수량 계산과 강수량 자료 활용 용이

③ **중량수분함량과 용적수분함량의 관계** : 용적수분함량 = 중량수분함량 × 용적밀도

(2) 토양수분함량의 측정 방법

① **건조법** : 시료의 건조 전후의 무게 차이로 직접 수분함량을 구함

② **전기저항법** : 전기저항값이 토양의 수분함량에 따라 변하는 원리 이용

③ **중성자법** : 중성자가 물 분자의 수소와 충돌하면 속력이 느려지고 반사되는 원리 이용

④ **TDR(Time Domain Reflectometry)법** : 토양의 유전상수(Dielectroic Constant) 이용

■ 토양수분퍼텐셜

(1) 수분퍼텐셜의 구분

구 분	중력퍼텐셜	매트릭퍼텐셜	압력퍼텐셜	삼투퍼텐셜
영향요인	중력 높이	토양의 수분흡착	적용 압력	용존 물질
기준상태	기준 높이	자유수	대기압	순수수
물의 이동	과잉의 수분이 중력 방향으로 이동	표면부착력이 큰 쪽, 모세관이 작은 쪽으로 이동	압력이 약한 쪽으로 이동	농도가 높은 쪽으로 이동
값	기준 높이에 따라 (+) 또는 (−)	항상 (−)	수면 아래 물 (+)	항상 (−)
작용상태	강우, 관개 후	불포화수분상태	포화수분상태	토양-뿌리

(2) 토양수분퍼텐셜의 측정 방법

① 텐시오미터(Tensiometer, 장력계)법 : 토양수분의 매트릭퍼텐셜 측정

② 싸이크로미터(Psychrometer)법 : 토양공극 내 상대습도로 토양수분퍼텐셜을 측정

(3) 토양수분함량과 퍼텐셜과의 관계

① 토양수분특성곡선 : 수분함량과 퍼텐셜의 관계 그래프

㉠ 수분함량이 감소하면 퍼텐셜도 감소

㉡ 토양의 구조와 토성에 따라 달라짐

② Pressure plate extractor 이용하여 측정

③ 이력현상(Hysteresis) : 토양수분특성곡선이 토양을 건조시키면서 측정하여 그린 것과 습윤시키면서 측정하여 그린 것이 일치하지 않는 현상

(4) 식물의 흡수측면에서의 토양수분 분류

① 포장용수량(Field capacity) : -0.033MPa 또는 -1/3bar의 퍼텐셜의 토양수분함량

㉠ 과잉의 중력수가 빠져나간 상태

㉡ 일반적으로 식물의 생육에 가장 적합한 수분조건

② 위조점(Wilting point) : -1.5MPa 또는 -15bar의 퍼텐셜의 토양수분함량

㉠ 식물이 수분부족으로 시들고 회복하지 못 함 → 영구위조점

㉡ -1.0MPa 정도에서는 낮에 시들었다 밤에 다시 회복함 → 일시적 위조점

③ 유효수분(Plant-available water) : 식물이 이용할 수 있는 물

㉠ 포장용수량과 위조점 사이의 수분

㉡ 유효수분함량은 중간 토성의 토양에서 많아짐

(5) 물리적 측면에서의 토양수분 분류

① 오븐건조수분 : 토양을 105℃ 오븐에서 건조시켰을 때 남아있는 수분, 토양광물 또는 화합물의 결합수, 식물이 이용할 수 없는 수분

② 풍건수분 : 토양을 건조한 대기 중에서 건조시켰을 때 남아있는 수분, 식물이 이용할 수 없는 수분

③ 흡습수 : 습도가 높은 대기로부터 토양에 흡착되는 수분, 식물이 이용할 수 없는 수분

④ 모세관수 : 토양의 모세관공극에 존재하는 물, 대부분 식물이 이용할 수 있는 수분

⑤ 중력수 : 중력에 의해 쉽게 제거되는 수분, 자유수, 대공극에 존재, 식물이 지속적으로 이용할 수 없는 수분

■ 토양수분의 이동

(1) 포화상태 수분이동

① 물의 이동 방향 : 주로 아래쪽 수직 이동과 일부 수평 이동

② 중력퍼텐셜과 압력퍼텐셜 작용

③ Darcy의 법칙 : 유량은 토주의 단면적과 수두차에 비례하고, 길이에 반비례

④ 포화수리전도도 : 물의 이동속도와 수두구배 사이의 비례상수, cm/sec

(2) 불포화상태 수분이동

① **물의 이동** : 모세관공극이나 토양 표면의 수분층을 따라 이동
② **불포화수리전도도** : 매트릭퍼텐셜 또는 수분함량에 따라 달라짐
③ Darcy의 법칙이 적용 안 됨

■ 식물의 물 흡수

(1) 능동적 흡수

① 증산율이 낮은 경우, 물관의 용질농도가 높아 뿌리조직 내의 수분퍼텐셜(삼투퍼텐셜)이 낮아지기 때문에 토양으로부터 뿌리로 물이 이동함
② 염류 농도가 높은 토양의 경우, 식물은 체내의 수분퍼텐셜을 토양용액의 것보다 낮추기 위해 에너지를 소비하면서 이온 또는 당과 같은 가용성 유기물을 축적함

(2) 수동적 흡수

① 증산율이 높은 경우, 수분퍼텐셜의 차이로 뿌리에서부터 줄기, 그리고 잎까지 물이 연속적으로 이동함(토양-식물-대기 연속체)
② 식물이 이용하는 물의 90% 이상 수동적 흡수

■ 점토광물

(1) 광물의 종류

① **광물의 구성 원소** : 산소 > 규소 > 알루미늄 > 철 > 칼슘 > 나트륨 > 칼륨 > 마그네슘
㉠ 토양광물의 대부분은 규소와 산소로 구성된 규산염광물
② **점토광물** : 지름 2μm 이하의 광물
㉠ 1차 광물 : 화학적 변화를 받지 않은 광물(석영, 장석, 휘석, 운모, 각섬석, 감람석 등)
㉡ 2차 광물 : 1차 광물이 풍화의 여러 반응을 거쳐 새롭게 재결정화된 광물(규산염광물, 금속 산화물 또는 금속 수산화물, 비결정형 광물, 황산염 또는 탄산염광물 등)

(2) 규산염 점토광물

① **규산염 1차 광물**

감람석	휘 석	각섬석	운 모	장 석	석 영
양이온 연결	단일사슬	이중사슬	판	3차원 망상구조	
쉬 움	← 풍화 →			어려움	

② **규산염 2차 광물**
㉠ 토양의 점토는 주로 2차 광물
㉡ 한랭 또는 건조지역에서 생성되는 중요한 점토(고온다습하여 풍화가 심한 곳에서는 철이나 알루미늄 산화물 또는 수산화물이 주된 점토)

㉢ 규소사면체층과 알루미늄팔면체층의 결합구조 특성에 따라 5가지로 분류

	Kaolin	Smectite	Vermiculite	Illite	Chlorite
결합비율	1:1	2:1	2:1	2:1	2:1:1
팽창성	비팽창형	팽창형	팽창형	비팽창형	비팽창형

(3) 금속산화물과 비결정형 점토광물

① 금속산화물

㉠ 오랜기간 심한 풍화작용을 받은 토양에 집적되는 철, 알루미늄, 망간 등의 (수)산화물

㉡ 매우 안정한 광물로 결정형과 비결정형으로 구분

㉢ 규산염 광물과 달리 동형치환이 일어나지 않음 → 영구음전하 없음

㉣ 식물의 영양성분인 Ca, Mg, K 등의 양이온을 보유하는 기능이 없음

② 비결정형 점토광물

㉠ 전체적으로는 불규칙하지만 매우 짧은 범위에서는 일정한 결정구조가 있음

㉡ 대표적인 광물 : Immogolite, Allophane 등

(4) 점토광물의 특성

① 비표면적과 표면전하

㉠ 비표면적 : 비표면적이 클수록 물리화학적 반응이 활발함

㉡ 표면전하 : 점토광물은 양전하와 음전하를 동시에 가짐(일반적으로 순전하량은 음전하)

	영구전하	가변전하
구분 기준	pH 변화와 상관없음	pH 의존적임
생성원인	동형치환	pH에 따른 탈양성자화, 양성자화
특 징	동형치환이 많을수록 영구전하량 증가 → 양이온교환용량 증가	• 낮은 pH : 양전하 생성 • 높은 pH : 음전하 생성

※ 금속산화물과 비결정형 점토광물은 영구전하가 없는 대신 가변전하를 가짐

② 점토광물의 풍화

㉠ 일반적인 풍화순서 : 2:1형 광물 → 1:1형 광물 → 금속산화물

㉡ 기후와의 관계

- 고온다습한 열대 지역 : 금속산화물 점토 비중이 높음
- 한랭건조한 지역 : 2:1형의 광물이 많음(모재에 따라 1:1형이 많을 수 있음)
- 온난다습한 지역 : Kaolinite 또는 금속산화물 점토광물이 많음(우리나라 해당)

■ 부 식

(1) 부식(Humus)

① 토양유기물 중 교질(Colloid)의 특성을 가진 비결정질의 암갈색 물질

② 보통 점토입자에 결합된 상태로 존재

③ 점토광물보다 비표면적과 흡착능이 큼(비표면적 800~900m^2/g, 음전하 150~300$cmol_c$/kg)

④ pH 의존전하를 가지며, 휴믹산과 풀빅산의 작용이 큼

(2) 부식의 전기적 성질

① 부식의 등전점(순전하 = 0일 때의 pH) : pH 3 정도

② pH 3 이상일 때, 부식은 순음전하를 가짐

③ pH가 높을수록 순음전하 증가 → 양이온교환용량 증가

■ 토양의 이온교환

(1) 양이온교환

① 기본원리 : 화학량론적이며 가역적인 반응

㉠ 주요 교환성 양이온 : H^+, Ca^{2+}, Mg^{2+}, K^+, Na^+

㉡ 기타 교환성 양이온 : Al^{3+}, NH_4^+, Fe^{3+}, Mn^{2+}

㉢ 흡착세기 : Na^+ < K^+ = NH_4^+ < Mg^{2+} = Ca^{2+} < $Al(OH)_2^+$ < H^+

② 기 능

㉠ 식물영양소(Ca^{2+}, Mg^{2+}, K^+, NH_4^+ 등)의 흡착, 저장

㉡ 중금속 오염물질(Cd^{2+}, Zn^{2+}, Pb^{2+}, Ni^{2+} 등)의 확산 방지

㉢ 토양 중화를 위한 석회요구량을 $Al(OH)_2^+$와 H^+의 양을 통해 계산

③ 양이온교환용량(CEC, Cation Exchange Capacity)

㉠ 건조한 토양 1kg이 교환할 수 있는 양이온의 총량($cmol_c$/kg)

㉡ 점토함량, 점토광물의 종류, 유기물함량에 따라 달라짐

- 점토함량과 유기물함량이 많을수록 커짐
- 부식 > 2:1형(Vermiculite > Smectite > Illite) > 1:1형(Kaolinite) > 금속산화물

㉢ 우리나라 토양 : 낮은 유기물 함량과 주요 점토는 Kaolinite → 10$cmol_c$/kg 정도로 낮음

㉣ pH와의 관계 : pH 증가 → pH 의존성 전하 증가 → CEC 증가

(2) 염기포화도

① 교환성 양이온의 총량 또는 양이온의 교환용량에 대한 교환성 염기의 양

㉠ 교환성 염기 : Ca, Mg, K, Na 등의 이온은 토양을 알칼리성으로 만드는 양이온

㉡ 토양을 산성화시키는 양이온 : H와 Al 이온

② 공식 : 염기포화도(%) = 교환성 염기의 총량 / 양이온교환용량 × 100

③ 우리나라 토양은 보통 50% 내외

④ 산성 토양에서 낮고 중성 및 알칼리토양에서 높음 → 토양이 산성화된다는 것은 수소와 알루미늄 이온의 농도가 증가한다는 것을 의미

(3) 음이온교환

① **기본원리** : 양이온교환과 유사하며, 화학량론적임

㉠ 주요 음이온 : SO_4^{2-}, Cl^-, NO_3^-, HPO_4^{2-}, $H_2PO_4^-$

㉡ 흡착순위 : 질산 < 염소 < 황산 < 몰리브덴산 < 규산 < 인산

② **음이온교환용량(AEC, Anion Exchange Capacity)** : 건조한 토양 1kg이 교환할 수 있는 음이온의 총량 ($cmol_c/kg$)

㉠ 2:1형 광물에서는 무시할 정도로 작음

㉡ Allophane, Fe 또는 Al산화물이 풍부한 토양에서 커짐

㉢ pH와의 관계 : pH 감소 → pH 의존성 양전하 증가 → AEC 증가

③ **음이온의 토양흡착**

㉠ 배위자교환(Ligand Exchange)

- 특이적 흡착 : F^-, $H_2PO_4^-$, HPO_4^{2-} 등 반응성이 강한 음이온의 비가역적 배위결합, 다른 음이온과 쉽게 교환되거나 방출되지 않음
- 비특이적 흡착 : Cl^-, NO_3^-, ClO_4^- 등이 정전기적 인력에 의하여 흡착된 것, 다른 음이온과 교환됨

㉡ 표면복합체 형성 : 낮은 pH에서 금속원자와 결합한 OH에 H^+가 붙어 양전하가 되면 음이온 흡착이 일어남

■ 토양반응

(1) 토양반응의 정의

① 토양의 산성 또는 알칼리성의 정도

② pH로 나타냄, $pH = -\log[H^+]$

(2) 토양반응의 중요성

① 토양의 중요한 화학적 성질

② **토양 무기성분의 용해도에 영향(pH의 변화에 따라 무기성분의 용해도 변화)**

㉠ pH 4~5 강산성 토양 : Al, Mn 용해도 증가로 식물에 독성 야기

㉡ 산성토양에서 콩과식물 공생균인 뿌리혹박테리아 활성 저하

㉢ 질산화세균 활성 저하(산림토양에서 무기태 질소 중 NH_4^+ 비중이 높은 이유)

③ pH 6 이하가 되면 대부분의 식물영양소의 유효도 감소

④ **토양산도의 측정**

㉠ 활산도 : 토양용액에 해리되어 있는 H와 Al이온에 의한 산도

㉡ 잠산도 : 토양입자에 흡착되어 있는 교환성 수소와 알루미늄에 의한 산도

- 교환성 산도 : 완충성이 없는 염용액(KCl, NaCl)에 의하여 용출되는 산도
- 잔류산도 : 석회물질 또는 완충용액으로 중화되는 산도

(3) 토양의 산성화

① H^+ 농도의 증가와 Al복합체의 형성 : 이산화탄소로부터 탄산 형성, 유기물 분해로부터 유기산 형성, 질소・황・철화합물의 산화, 식물의 양이온 흡수, 양이온의 침전, pH 의존전하의 탈양성자화

② 토양 산성화에 의한 피해

직접적인 피해	간접적인 피해
• 뿌리의 단백질 응고 • 세포막의 투과성 저하 • 효소활성 저해 • 양분흡수 저해	• 독성화합물의 용해도 증가 • 인산 고정 및 영양소 불균형 • 토양미생물 활성 저하 • 토양의 물리화학성 변화에 따른 피해

③ 특이산성토양

㉠ 강의 하구나 해안지대 배수 불량한 곳에서 늪지 퇴적물을 모재로 발달한 토양에서 나타남

㉡ 인위적인 배수로 통기성이 좋아지면 황철석이 산화되어 강산성이 됨(pH 4.0 이하)

㉢ 배수가 되기 전에는 환원상태이며 pH는 중성 → 황화수소의 발생으로 작물 피해

㉣ 석회를 시용하여 중화시키는 것은 경제성이 낮음

(4) 산성토양의 중화

① 석회요구량 : 토양의 pH를 일정 수준으로 올리는데 필요한 석회물질의 양을 $CaCO_3$로 환산하여 나타낸 값

② 석회물질

산화물 형태		수산화물 형태		탄산염 형태	
CaO	생석회	$Ca(OH)_2$	소석회	$CaCO_3$	탄산석회
MgO	고 토	$Mg(OH)_2$	수산화고토	$MgCO_3$	탄산고토
				$CaMg(CO_3)_2$	석회고토

③ 석회요구량 계산방법

㉠ 교환산도에 의한 방법 : 토양 일정량의 교환산도를 측정하여 전산도를 알아내고, 중화에 필요한 석회물질의 당량을 구한 후 실제 토양에 투입할 양을 계산함

㉡ 완충곡선에 의한 방법 : 토양 시료에 직접 석회물질을 첨가하면서 pH 변화를 기록한 완충곡선으로부터 소요되는 석회의 양을 구함

㉢ 간이법 : 단위면적 및 깊이당 토양 pH 1 단위 상승에 필요한 석회량을 토성 및 부식함량별로 제공(국립산림과학원)

(5) 알칼리토양과 염류토양

① 염류의 집적 : 토양의 염기포화도와 토양용액의 염기 농도가 높아짐

② 알칼리토양과 염류토양의 개량

㉠ 배수 개선과 관개 수질의 관리 - 집적된 염류를 용탈시키고, 재집적되지 않게 관리

㉡ 염류나트륨성 토양은 Ca염을 첨가하고 충분히 배수 용탈시켜 개량

㉢ 황 분말을 사용하여 pH를 낮춤

■ 토양의 산화환원반응

(1) 산화환원반응과 산화환원전위

① **산화환원반응** : 전자의 이동을 수반하며 동시에 일어남

㉠ 산화반응 : 전자를 잃어 산화수가 증가하는 반응(산소 결합, 수소 해리)

㉡ 환원반응 : 전자를 얻어 산화수가 감소하는 반응(산소 해리, 수소 결합)

② 산화환원전위

㉠ 백금전극과 용액 사이에 생기는 전위차, $pE = -\log[e^-]$

㉡ 산화 경향일수록 큰 값을 가짐(산화층과 환원층의 경계면에서 +200~300mV)

(2) 토양의 산화환원전위

① 토양의 통기성, 무기이온, 유기물, 배수성, 온도, 식물의 종류 등의 영향을 받음

㉠ 산화상태 : 산소가 충분한 상태, 호기적 조건(예 밭토양)

㉡ 환원상태 : 산소가 부족한 상태, 혐기적 조건(예 논토양)

② 환원상태가 되면 pH가 증가함($pE + pH = 20.78$)

■ 토양생물

(1) 토양생물의 활성 측정

① **토양미생물의 수** : 하나의 독립된 미생물이 하나의 집락을 형성한다는 가정에 희석평판법으로 집락형성수(cfu)를 셈(단위 : cfu/g 또는 cfu/ml)

② **토양미생물체량** : 토양 중 미생물 바이오매스의 양을 측정하는 방법

③ **토양미생물 활성** : 미생물의 호흡작용(이산화탄소 발생량) 및 효소 활성을 측정함

(2) 주요 토양동물

① 지렁이 – 대형동물

㉠ 약 3,000여 종, 종류에 따라 토양 깊은 곳까지 이동

㉡ 토양 속에 수많은 통로(생물공극)를 만들어 토양의 배수성과 통기성을 증가시킴

㉢ 지렁이의 점액물질은 토양구조의 개선과 미생물의 활성에 유익(※ 분변토)

② 선충 – 미소동물

㉠ 미소동물군에 속하며 토양 $1m^2$에 일반적으로 백만 마리 이상 존재

㉡ 토양선충의 90%가 토양 깊이 15cm 내에 서식

㉢ pH가 중성이며 유기물이 풍부한 환경, 특히 식물의 뿌리 근처에서 밀도가 높음

(3) 토양미생물

① 조류(Algae)

㉠ 광합성을 하고 산소를 방출하는 생물로 지질시대 지구화학적 변화에 중요한 역할

㉡ 탄산칼슘 또는 이산화탄소를 이용하여 유기물을 생성함

㉢ 스스로 탄수화물을 합성하므로 질소, 인 및 칼리와 같은 영양원이 갑자기 많아지면(부영양화, Eutrophication) 생육이 급증(Algal bloom)하여 녹조나 적조현상을 일으킴

㉣ 종류 : 녹조류(Green algae), 규조류(Diatoms), 황녹조류(Yellow green algae) 등

② 사상균(곰팡이, 효모, 버섯)

㉠ 사상균 : 일반적으로 곰팡이를 지칭

- 종속영양생물 : 유기물이 풍부한 곳에서 활성이 높음
- 호기성 생물이지만 이산화탄소의 농도가 높은 환경에서도 잘 적응
- 일반적인 종 : *Penicillium, Mucor, Fusarium, Aspergillus*

㉡ 효 모

- 주로 혐기성인 담수토양에 서식, 술과 빵의 조제에 이용
- *Saccharomyces cerevisiae, S. carlsbergensis* 등

㉢ 버 섯

- 수분과 유기물의 잔사가 풍부한 산림이나 초지에 주로 서식
- 지상부인 자실체가 있으며, 균사는 토양이나 유기물의 잔사에 널리 뻗어 있음
- 목질조직의 분해와 식물의 뿌리와의 공생적 관계에서 중요한 역할

③ 균근균(수목생리학, 무기염의 흡수 참조)

④ 방선균 : 형태적으로 사상균과 비슷하지만 세균과 같은 원핵생물

㉠ 실모양의 균사상태로 자라면서 포자(Spore) 형성

㉡ 토양미생물의 10~50%를 구성, 대부분이 유기물을 분해하고 생육하는 부생성 생물

㉢ Geosmins : 흙에서 나는 냄새 물질로 방선균(*Actinomyces oderifer*)이 분비

㉣ 대부분 호기성 균으로서 과습한 곳에서는 잘 자라지 않음

㉤ 주요 방선균 : *Micromonspora, Nocardia, Streptomyces, Streptosporangium* 등

⑤ 세균 : 원핵생물로 가장 원시적인 형태의 생명체

㉠ 거의 모든 지역에 분포, 물질순환작용에서 핵심 역할, 매우 다양한 대사작용에 관여

㉡ 탄소원과 에너지원에 따른 세균의 분류

구 분	탄소원 (생체물질구성)	에너지원 (대사에너지)	대표적 미생물군
화학종속영양생물	유기물 분해	유기물 분해	부생성 세균, 대부분의 공생 세균
광합성자급영양생물	CO_2	빛	Green bacteria, Purple bacteria, Cyanobacteria
화학자급영양생물	CO_2	무기물 산화 (철, 황, 암모늄 등)	질화세균, 황산화세균, 수소산화세균

■ 토양유기물

(1) 식물체 구성물질의 분해도

당류·전분 > 단백질 > 헤미셀룰로오스 > 셀룰로오스 > 리그닌 > 지질·왁스·탄닌 등

(2) 유기물 분해에 영향을 미치는 요인

① **환경요인** : pH, 수분, 산소, 온도

② **유기물의 구성요소** : 리그닌 함량, 페놀 함량

③ **탄질률** : 유기물을 구성하는 탄소와 질소의 비율, C/N ratio

탄질률	20 이하	20~30	30 이상
주요 작용	무기화작용 우세 → 무기태 질소 증가	양방향 균형	고정화작용 우세 → 질소기아현상
분해속도	빠 름	중 간	느 림
예 시	가축분뇨, 알팔파	호밀껍질	나무톱밥, 밀짚, 옥수수대

(3) 토양유기물의 구분

① **부식** : 대략적인 탄소/질소/인산/황의 비율 = 100/10/1/1

② **비부식성 물질** : 다당류, 단백질, 지방 등이 미생물에 의하여 약간 변형된 물질

③ **부식성 물질** : 리그닌과 단백질의 중합 및 축합반응 등으로 생성

④ **토양유기물의 단계적 분획**

㉠ 부식회 : 고도로 축합된 물질, 알칼리 용액에 비가용성

㉡ 부식산 : 분자량 30만 이하의 암갈색 및 흑색의 고분자물질, 알칼리 추출 후 산처리 시 비가용성

㉢ 풀빅산 : 분자량 2,000~50,000 사이의 황적색 저분자물질, 알칼리 추출 후 산처리 시 가용성

(4) 부식의 효과

① **화학적 효과** : 무기양분의 공급, 생리활성작용, 무기이온의 유효도 조절, 양이온치환능 증가, 완충능 증가

② **물리적 효과** : 입단화 증진, 용적밀도 감소, 토양공극 증가, 토양의 통기성과 배수성 향상, 보수력 증가, 지온상승(부식의 검은색)

③ **생물적 효과** : 토양동물이나 미생물의 에너지원과 영양원, 미생물 활성 증가, 생육제한인자 또는 식물성장촉진제 공급

(5) 퇴비화 및 퇴비의 기능

① 탄소 이외의 양분 용탈 없이 좁은 공간에서 안전하게 보관

② 퇴비화 과정에 30~50%의 CO_2가 방출됨으로써 감량화됨

③ 질소기아 없이 유기물 투입효과를 볼 수 있음

④ 탄질률이 높은 유기물의 분해 촉진

⑤ 퇴비화 과정의 높은 열에 잡초의 씨앗 및 병원성 미생물 사멸

⑥ 퇴비화 과정 중에 농약과 같은 독성 화합물 분해

⑦ 퇴비와 과정 중에 활성화된 *Pseudomonas, Bacillus, Actinomycetes* 등과 같은 미생물에 의해 토양병원균의 활성 억제

(6) 유기질 토양

① 유기물 함량이 20~30% 이상인 토양 → Histosols로 분류됨
② 대부분 이탄(Peat)과 흑이토(Muck)
③ 히스토졸의 면적은 지구 표면적의 약 1%이지만 전 세계 토양유기물의 약 20% 보유

■ 필수식물영양소

(1) 필수식물영양소의 정의와 종류

① **정의** : 식물이 정상적으로 성장하고 생명현상을 유지하는 데 반드시 필요한 원소
② **종류(17원소)** : C, H, O, N, P, K, Ca, Mg, S, Fe, Zn, B, Cu, Mn, Mo, Cl, Ni
③ **필수식물영양소의 분류**
㉠ 비무기성 다량영양소(C, H, O) : 무기형태로 흡수되지만 바로 유기물질 동화하는데 사용
㉡ 무기성 다량 1차영양소(N, P, K) : 식물이 많이 필요로 하고, 토양에서 결핍되기 쉬움
㉢ 무기성 다량 2차영양소(Ca, Mg, S) : 식물이 많이 필요로 하나 토양 결핍 우려 낮음
㉣ 무기성 미량영양소(Fe, Zn, B, Cu, Mn, Mo, Cl, Ni) : 식물 요구량 적고 소량으로 충분

(2) 필수식물영양소의 흡수형태, 기능 및 결핍증상

원 소	주요 흡수형태	주요 기능	결핍증상
C	HCO_3^-, CO_3^{2-}, CO_2	무기형태 흡수 후 유기물질 생성	생장 정지
H	H_2O		
O	O_2, H_2O		
N	NO_3^-, NH_4^+	아미노산, 단백질, 핵산, 효소 구성	오랜된 잎부터 황화
P	$H_2PO_4^-$, HPO_4^{2-}	에너지 저장과 공급(ATP), 핵산	오래된 잎부터 암록색, 자주색
K	K^+	효소의 형태 유지, 기공의 개폐조절	오래된 잎부터 잎 끝 황화 및 괴사
Ca	Ca^{2+}	세포벽 중엽층 구성	어린잎 기형화
Mg	Mg^{2+}	엽록소 구성	오래된 잎부터 엽맥 사이 황화
S	SO_4^{2-}, SO_2	황 함유 아미노산 구성	어린잎부터 황화
Fe	Fe^{2+}, Fe^{3+}, chelate	Cytochrome 구성, 광합성 전자전달	어린잎부터 황화
Cu	Cu^{2+}, chelate	산화효소 구성	어린잎부터 백화, 좁아지고 뒤틀림
Zn	Zn^{2+}, chelate	알코올탈수소효소 구성	오래된 잎부터 로제트, 작은잎, 황화
Mn	Mn^{2+}	탈수소효소, 카르보닐효소 구성	오래된 잎부터 오그라짐, 엽맥 사이 황화
Mo	MoO_4^{2-}, Chelate	질소환원효소 구성	오래된 잎부터 황화, 오그라짐
B	H_3BO_3	탄수화물 대사 관여	어린잎부터 로제트, 잎자루 비대
Cl	Cl^-	광합성 반응 산소 방출	햇빛이 강할 때 위조, 황화
Ni	Ni^{2+}	Urease 성분, 단백질 합성에 관여	잎끝 괴사

■ 영양소의 순환

(1) 질소의 순환

① **자연계에서 질소의 주요 존재 형태 :** 질소 분자(N_2), 유기태 질소(Org-N), 무기태 질소(NH_4^+-N, NO_3^--N, NO_2^--N) 등

② **무기화와 고정화(부동화) 작용**

㉠ 무기화 작용 : 유기태 질소가 무기태 질소로 변환되는 작용(유기물이 분해되는 과정)

㉡ 고정화 작용 : 무기태 질소가 유기태 질소로 변환되는 작용(유기물로 동화되는 과정)

㉢ C/N율의 영향 : C/N율이 높은 유기물을 토양에 투입할 경우 질소기아현상 발생

③ **질산화 작용**

㉠ 질산화 과정 : 질산화균에 의한 2단계 산화반응

㉡ 질산화균

- 암모늄태 질소 → 아질산태 질소(*Nitrosomonas*)
- 아질산태 → 질산태(*Nitrobacter*)

㉢ 환경조건 : pH 4.5~7.5, 적당한 수분함량, 산소공급 원활, 25~30℃

④ **탈질작용**

㉠ 탈질 과정 : 탈질균에 의한 다단계 환원반응

㉡ 탈질균 : 통성 혐기성균(산소가 부족한 환경에서 산소 대신 NO_3^-를 전자수용체로 이용)

㉢ 유기물이 많고 담수되어 있는 조건, 즉 산소가 고갈되기 쉬운 조건에서 나타남

⑤ **질소고정 :** 질소 분자를 암모니아로 전환시켜 유기질소화합물을 합성하는 것

㉠ 생물학적 질소고정 : $N_2 + 6e^- + 6H^+ \rightarrow 2NH_3$

구 분	공생적 질소고정	비공생적 질소고정
기본 특징	식물뿌리에 감염되어 뿌리혹(근류)을 형성하며, 대부분 콩과식물과 공생	식물과의 공생 없이 단독으로 서식
종 류	*Rhizobium*속의 뿌리혹박테리아, *meliloti*, *leguminosarum*, *trifolii*, *japoricum*, *phaseoli*, *lupini* 등	*Azotobacter*, *Beijerinchia*, *Clostridium*, *Achromobacter*, *Pseudomonas*, blue-green algae, *Anabaeba*, *Nostoic* 등

㉡ 산업적 질소고정 : Haber-Bösch 공정, $3H_2 + N_2 \rightarrow 2NH_3$

㉢ 자연적 산화에 의한 질소고정 : 번개, $N_2 \rightarrow NO_3^-$, 빗물을 통해 토양에 유입

⑥ **휘 산**

㉠ 토양 중의 질소가 암모니아(NH_3) 기체로 전환되어 대기 중으로 날아가 손실되는 현상

㉡ 촉진 조건 : pH 7.0 이상, 고온 건조, 탄산칼슘($CaCO_3$)이 많은 석회질 토양

⑦ **용 탈**

㉠ 토양 중의 물질(여기서는 질소)이 물에 녹아 씻겨나가 손실되는 현상

㉡ 질소의 형태 중 음전하를 띠는 NO_3^-는 토양에 흡착되지 못해 쉽게 용탈됨

⑧ **흡착과 고정**

㉠ 흡착 : 암모늄이온(NH_4^+)이 점토나 유기물에 정전기적으로 붙는 현상, 교환성, 용탈을 막아줌

㉡ 고정 : Vermiculite와 Illite 같은 2:1형의 구조 안에 들어감, 비교환성

(2) 인의 순환

① 자연계에서 인의 주요 존재 형태 : 인회석(Apatite), 인산이온(H_3PO_4, $H_2PO_4^-$, HPO_4^{2-}, PO_4^{3-}), 유기태 인, 무기태 인

② 무기화와 불용화

㉠ 무기화 : 미생물이 유기물을 분해하면서 유기태 인이 인산이온으로 떨어져 나오는 것

㉡ 불용화 : 토양용액 중의 인산이온을 미생물이 흡수하여 유기인산화합물을 만드는 것

③ 흡착과 탈착 : 토양에서 인은 흡착되어 고정되거나 탈착되어 가용화됨

④ 인산의 유실 : 인산이 흡착된 토사가 유출됨으로써 발생

⑤ 식물영양 측면에서 총인 함량이 아닌 유효인산 함량이 중요

(3) 황의 순환

① 자연계에서 황의 주요 존재 형태

㉠ 황화광물 : Pyrite(FeS 또는 FeS_2), Thiobacillus에 의해 산화되어 SO_4^{2-}로 방출

㉡ 대기 중의 SO_2 또는 황산화물 : 빗물에 녹아 토양으로 유입

㉢ 무기태 황 : SO_4^{2-}의 이온형태 또는 석고($CaSO_4 \cdot 2H_2O$)와 같은 황산염

㉣ 황화물 : 혐기조건의 토양에서 발생한 황화수소가 철이온과 결합하여 철황화물 생성

㉤ 유기태 황 : 유기화합물에 결합되어 있는 황

② 순환과정 : 질소의 순환과 유사

(4) 미량원소의 순환

① Fe, Mn, Cu, Zn, Cl, B, Mo, Co, Ni, Si

② 대부분 모암에서 유래

③ pH에 따른 유효도

㉠ 낮을수록 유효도 증가 : Fe, Mn, Cu, Zn, B

㉡ 높을수록 유효도 증가 : Mo

④ 산화환원에 따른 유효도

㉠ 산화상태에서 유효도 감소 : Fe^{3+}, Mn^{4+}

㉡ 환원상태에서 유효도 증가 : Fe^{2+}, Mn^{2+}

■ 토양비옥도

(1) 토양비옥도 관리의 기본 원리

① 유효태 함량

㉠ 유효태 : 식물이 실제로 흡수할 수 있는 형태의 영양소

㉡ 영양원소의 함량은 총함량보다 유효태 함량이 중요 → 실제 토양에 존재하는 영양소의 일부만이 유효태로 존재함

② 최소양분율의 법칙

㉠ 1862년 리비히가 최초로 주장

㉡ 다른 영양소가 충분하더라도 어느 하나의 영양소가 부족하면 그 부족한 영양소에 의하여 식물의 생장량이 결정된다는 법칙

③ 보수점감의 법칙

㉠ 양분의 공급량을 늘리면 초기에는 식물의 생산량이 증가하지만 공급량이 늘어날수록 생산량의 증가는 점차 줄어든다는 법칙

㉡ 시비량과 생산량과의 관계에서 경제성을 평가하는데 적용

(2) 토양비옥도의 평가

① **토양검정** : 토양의 양분공급능력을 화학적으로 평가하는 방법

② **식물검정** : 식물체분석, 수액분석, 육안관찰, 재배시험

■ 토양침식

(1) 지질침식과 가속침식

① **지질침식** : 지형이 평탄해지는 과정을 이끄는 침식, 매우 느린 침식으로 새로운 토양의 생성이 가능

② **가속침식** : 지질침식에 비해 10~1,000배 심하게 진행, 강우량이 많은 경사 지역에서 심하게 발생, 토양층이 훼손되기 때문에 관리되어야 함

(2) 수식과 풍식

① 수식(물에 의한 침식)

㉠ 수식의 단계 : 토양입자의 분산탈리, 입자들의 이동, 입자들의 퇴적

㉡ 수식의 종류

구분	내용
면상침식	강우에 의해 비산된 토양이 토양표면을 따라 얇고 일정하게 침식되는 것
세류침식	유출수가 침식이 약한 부분에 모여 작은 수로를 형성 일어나는 침식
협곡침식	세류침식의 규모가 커지면서 수로의 바닥과 양옆이 심하게 침식되는 것

※ 토양 유실의 대부분은 면상침식과 세류침식에 의해 일어남

② 풍식(바람에 의한 침식)

㉠ 풍식의 단계 : 수식과 같은 분산탈리, 이동, 퇴적의 3단계

㉡ 입자의 이동 경로에 따른 구분

구분	내용
약 동	0.1~0.5mm 입자가 30cm 이하의 높이 안에서 비교적 짧은 거리를 구르거나 튀어서 이동하는 것, 풍식 이동의 50~90% 차지
포 행	1.0mm 이상의 큰 입자가 토양 표면을 구르거나 미끄러져 이동하는 것, 풍식 이동의 5~25% 차지
부 유	가는 모래 크기 이하의 작은 입자가 공중에 떠서 멀리 이동하는 것, 수백 km까지 이동, 전체 이동량의 40% 이하, 보통 15% 정도

(3) 토양침식예측모델

① USLE(Universal Soil erosion Loss Equation), RUSLE(Revised USLE)

연간 토양유실량 A = R × K × LS × C × P

강우인자 (R)	• 강우량, 강우강도, 계절별 강우분포 등(강우강도의 영향이 가장 큼) • 연중 내린 강우의 양과 강우강도를 토대로 계산한 운동에너지 합으로 여러 해 동안의 평균값을 사용함
토양침식성인자 (K)	• 토양이 가진 본래의 침식가능성을 나타냄 • 침투율과 토양구조의 안전성이 주요 인자
경사도와 경사장인자 (LS)	• 표준포장 실험을 통해 얻은 수치를 이용 • 경사도가 크고 경사장이 길수록 침식량이 많아짐 • 경사도가 경사장보다 침식에 미치는 영향이 큼
작부관리인자 (C)	• 작물을 생육시기별로 나누어 측정한 토양유실량과 나지의 토양유실량으로 나눈 비에 각 시기별 강우인자를 곱하여 얻은 값의 합 • 지역과 식물의 종류, 토양관리에 따라 달라짐
토양보전인자 (P)	• 상・하경에 의하여 재배되는 시험구의 연간 토양유실량에 대한 토양보전처리구의 연간 토양유실량의 비로 나타냄 • 토양관리활동이 없을 때의 값은 1이고 관리가 들어가면 1보다 작아짐

② WEPP(Water Erosion Prediction Project)와 USLE/RUSLE의 차이점 : 세류침식과 면상침식을 구분하여 유실량 예측, 개개 인자에 의한 유실량 예측

■ 토양오염

(1) 토양오염의 특성

매 질	공간적 균일성	시간적 균일성
토 양	매우 작음	매우 큼
수 계	중 간	중 간
대 기	매우 큼	매우 작음

(2) 발생원에 따른 구분

구 분	오염원
점오염원	폐기물매립지, 대단위 축산단지, 산업지역, 건설지역, 가행광산, 송유관, 유류저장시설, 유독물저장시설
비점오염원	농약과 화학비료가 장기간 사용되고 있는 농경지, 휴폐광산, 산성비, 방사성 물질

(3) 토양오염물질의 종류와 특성

① 질소와 인 : 비료의 과다 사용과 축산 활동, 유기성 폐기물 등으로부터 발생

㉠ 음용수의 질산염 농도가 높아지면 청색증, 비타민결핍증, 고창증 등의 피해 발생

㉡ 수계의 부영양화 → 녹조, 적조의 발생

㉢ 수용성인 질산태 질소는 물에 녹아 수계에 유입되며, 용해도가 낮은 인산은 토양입자와 함께 수계로 유입됨

② **농약** : 살충제, 제초제, 살균제 등이 토양에 잔류, 먹이사슬을 통해 생물농축

③ **유독성 유기물질** : 석유계 탄화수소, 생물학적 처리가 어렵고 맹독성이고 장기간 잔류

④ **중금속**

㉠ 미량원소 또는 위해성 미량원소(Cu, Zn, Ni, Co, Pb, Hg, Cd, Cr 등)

※ 필수원소 : Cu, Zn, Ni, Co, 비필수원소 : Pb, Hg, Cd 등

㉡ 흡수 시 체내에 축적되고 잘 배설되지 않고 장기간에 걸쳐 부작용을 나타냄

㉢ 중금속의 용해도가 커질수록 독성 증가

- pH : 몰리브덴(Mo)을 제외한 중금속은 pH가 낮아지면 용해도가 커짐
- 산화조건에서 독성 증가 : Cd, Cu, Zn, Cr
- 환원조건에서 독성 증가 : Fe, Mn
- 독성 비교 : Cr^{6+} > Cr^{3+}, 환원상태 비소 > 산화상태 비소

⑤ **산성 광산폐기물**

㉠ 광산폐수, 광산폐석, 광미 등에서 발생하는 오염

㉡ 산성갱내수(AMD, Acid Mine Drainage) : 강한 산성, 중금속(특히 철과 알루미늄)과 황산이온을 다량 함유

- Yellow boy : 광산폐수의 철이 산화되어 토양과 하천 바닥의 바위 표면을 노란색에서 주황색으로 변화시키는 현상
- 백화현상 : 광산폐수의 알루미늄이 산화되어 침전물로 변하여 강바닥과 토양을 하얗게 변화시키는 현상

⑥ **유해 폐기물** : 산업폐기물, 도시고형폐기물

(4) 오염토양 복원기술

① **생물학적 처리방법** : 생물학적 분해법, 생물학적 통풍법, 토양경작법, 바이오파일법, 식물재배정화법, 퇴비화법, 자연저감법

② **물리·화학적 처리방법** : 토양세정법, 토양증기추출법, 토양세척법, 용제추출법, 화학적 산화환원법, 고형화·안정화법, 정전기법

③ **열적 처리방법** : 열탈착법, 소각법, 유리화법, 열분해법

※ 식물재배정화기술(Phytoremediation) : 식물체의 성장에 따라 토양 내의 오염물질을 분해, 흡착, 침전 등을 통하여 오염토양을 정화하는 방법

기 작	설 명
식물추출 (Phytoextraction)	• 오염물질을 식물체로 흡수, 농축시킨 후 식물체 제거·정화 • 중금속, 비금속원소, 방사성 동위원소의 정화에 적용
식물안정화 (Phytostabilization)	• 오염물질이 뿌리 주변에 축적 또는 이동 차단 • 식물체를 제거할 필요가 없고 생태계 복원과 연계될 수 있음
식물분해 (Phytodegradation)	오염물질이 식물체에 흡수되어 그 안에서 대사에 의해 분해되거나 식물체 밖으로 분비되는 효소 등에 의해 분해
근권분해 (Rhizodegradation)	뿌리 부근에서 미생물 군집이 식물체의 도움으로 유기 오염물질을 분해하는 과정

장 점	단 점
• 난분해성 유기물질 분해 가능 • 경제적 • 비료성분 첨가하면서 관리 가능 • 친환경적인 접근 기술 • 운전경비가 거의 소요되지 않음	• 고농도의 TNT나 독성 유기화합물의 분해 어려움 • 독성물질에 의하여 처리효율이 떨어질 수 있음 • 화학적으로 강하게 흡착된 화합물은 분해 어려움 • 처리하는데 장기간이 소요됨 • 너무 높은 농도의 오염물질에는 적용하기 어려움

■ 산림토양과 경작토양의 상대적 비교

비교 항목	산림토양 (수목이 장기간 한 장소에서 자라는 환경에서 생성됨)	경작토양 (작물을 재배하기 위해 정기적으로 경운하는 환경)
토양단면	O층 있음 경운층, 쟁기바닥층 없음	O층 없음 경운층, 쟁기바닥층 존재
토 성	경사지에 위치, 점토 유실, 모래와 자갈 함량이 높음	미사와 점토 함량이 산림토양에 비해 높음, 양토와 사양토 비율 높음
토양공극	임상의 높은 유기물 함량과 수목 뿌리의 발달로 공극이 많음	기계 작업 등으로 다져지기 때문에 공극이 적음
통기성과 배수성	토성이 거칠고 공극이 많아 통기성과 배수성이 좋음	토성이 상대적으로 곱고 공극이 적어 통기성과 배수성이 보통임
용적밀도	유기물 함량이 높고, 공극이 많아 용적밀도가 작음	유기물 함량이 낮고, 공극이 적어 용적밀도가 큼
보수력	모래 함량이 높아 보수력은 낮음	점토 함량이 높아 보수력이 높음
토양온도 및 변화	임관의 그늘 때문에 온도가 낮고, 낙엽층의 피복으로 변화폭이 작음	그늘 효과가 없어 온도가 높고 표토가 노출됨에 따라 변화폭이 큼
유기물함량	낙엽, 낙지 등 유기물이 지속적으로 공급되고 축적되기 때문에 높음	경운과 경작으로 유기물이 축적되지 않기 때문에 낮음
탄질율 (C/N율)	탄소비율이 높은 유기물(셀룰로오스, 리그닌 등)이 공급되기 때문에 높음, 유기물 분해속도가 느림	질소비율이 높은 유기물 자재와 질소 비료의 투입으로 탄질율이 낮음, 유기물 분해속도가 빠름
타감물질	페놀, 탄닌 등 축적	거의 축적되지 않음
토양 pH	낙엽의 분해로 생성되는 휴믹산으로 인해 pH가 낮음, 보통 pH 5.0~6.0	석회비료의 시용 등 관리, pH가 높음, 보통 pH 6.0~6.5
양이온치환용량 (CEC)	모래 함량이 높아 CEC가 낮음	점토 함량이 높아 CEC가 큼
토양비옥도	용탈과 낮은 보비력, 비옥도 낮음	토양개량과 비료관리로 비옥도 높음
무기태질소의 형태	낮은 pH로 인해 질산화세균이 억제됨에 따라 NH_4^+–N 형태로 존재	질산화세균의 작용으로 NO_3^-N 형태로 존재
주요 미생물	낮은 pH에 대한 적응성이 큰 곰팡이가 많고, 세균은 적음	세균과 곰팡이
질산화작용	낮은 pH로 인해 질산화세균 억제	질산화 작용 활발함

■ 도시토양의 특성

구분	내용
토양 온도	도시의 열섬현상으로 토양 온도 상승 → 유기물 분해속도 증가, 질소 무기화 증가
토양 수분	불투수성재료 피복 + 답압 → 수분 침투 감소, 강수의 신속 배수 → 지하수위가 낮아지고 건조 피해 발생
토양 공극	답압 → 용적밀도 증가 → 공극 감소 → 통기성/배수성 저하
토양 산도	• 건물과 도로 주변 토양의 알칼리화 • 산성 강하물에 의한 도시숲 토양의 산성화
토양 오염	• 제빙염 : Na 이온 교환, 입단 파괴, Cl독성, 삼투퍼텐셜감소 • 중금속 농도 : 도로에 가까운 표층에서 가장 높고, 멀어질수록 그리고 깊어질수록 감소 • 유기화합물 : 농약 또는 유해 유기화합물 오염

■ 산불이 토양에 미치는 영향

① 암석 파편화

② 500℃ 이상이 되면, 카올리나이트가 산화알루미늄과 규소 형태로 분해

③ Fe-OOH 화합물이 Fe_2O_3로 변하고 종종 붉은색 토양 형성

④ 버미큘라이트나 클로라이트 등 점토광물의 결정구조 붕괴로 수분 손실

⑤ 유기물 연소와 광물질의 변형으로 양이온교환용량 50% 이상 감소

⑥ 유기물층 소실과 광물질 토양층이 노출됨으로써 침식 증가 → 토성 거칠어짐

⑦ 임목의 고사로 증산량 감소, 그러나 표토층 노출에 따른 증발량 증가

⑧ 산불 재로 인한 토색 및 토양온도 변화

⑨ 토양에 유입되는 부식의 감소 → 용적밀도 증가

⑩ 수분침투율과 투수능 감소(공극이 막히거나, 발수성 증가 때문)

⑪ **산불 재층의 양분 함량** : N 20~100kg/ha, P 3~50kg/ha, Ca 40~1,600kg/ha

⑫ 질소의 손실을 야기하지만, 다른 대부분의 양분 함량은 일시적으로 급속히 증가

⑬ 산불 직후 토양 pH 상승하지만, 시간이 경과하면서 이전 수준으로 돌아감

⑭ **긍정적 영향** : 양분유효도 증가, 반 연소된 물질의 혼입, 가열에 의한 양분 방출, 그러나 일시적 효과임에 유의

⑮ **부정적 영향** : 용적밀도 증가, 유기물 및 질소의 산화, 재에 포함된 양분의 손실, 식물 종의 경쟁 감소, 온도 및 수분함량, 토양침식 증가, 토양생물군 구성과 활성 변화

제5과목 수목관리학

■ 수목의 시비관리

(1) 시비량의 선정

① 시비량은 수종, 수령, 토성 그리고 토양조건에 따라 달라짐

② 점질토의 경우에는 사질토보다 더 많이 시비해야 함(양이온 치환용량)

(2) 양분요구도가 높은 수종

① 속성수는 양료요구도가 크며, 활엽수는 침엽수보다 양료요구도가 큼

② 일반적으로 농작물 > 유실수 > 활엽수 > 침엽수 > 소나무류의 순임

양료요구도	침엽수	활엽수
높 음	금송, 낙우송, 독일가문비, 삼나무, 주목, 측백나무	감나무, 느티나무, 단풍나무, 대추나무, 동백나무, 매화나무, 모과나무, 물푸레나무, 배롱나무, 벚나무, 오동나무, 이팝나무, 칠엽수, 튤립나무, 피나무, 회화나무, 버즘나무
중 간	가문비나무, 잣나무, 전나무	가시나무류, 버드나무류, 자귀나무, 자작나무, 포플러
낮 음	곰솔, 노간주나무, 대왕송, 방크스소나무, 소나무, 향나무	등나무, 보리수나무, 소귀나무, 싸리나무, 아까시나무, 오리나무, 해당화

(3) 수간주사법

① 뿌리의 기능이 원활하지 못하고, 다른 시비 방법의 사용이 어려울 때 사용

② 수간주사 아래로 주사액이 이동하지 않으므로 수간주사 위치는 낮을수록 좋음

③ 빠르게 수세를 회복시키고자 할 때 사용하며, 생장기인 4~10월 사이에 시행

④ 뿌리가 생육을 시작하는 봄부터 휴면에 들어가기 전까지의 시기

⑤ 방제를 위한 특별한 경우 12~3월 사이에도 주입할 수 있음(압력식 : 소나무 재선충병)

관수시기	관수 방법
유입식	• 처리가 간단하며 처리비용이 가장 저렴함 • 많은 용량 처리가 어려우며 유입구가 커서 상처 크기가 큼
중력식	• 처리 비용이 대체로 저렴하며 다양한 약제 첨가 가능 • 가장 일반적으로 사용되며 다량의 약제를 주입할 시 사용
압력식	• 주입속도가 가장 빠르며 빠른 효과를 볼 수 있음 • 처리비용이 고가이나 많은 용량처리가 어려움
삽입식	지속적인 효과를 볼 수 있으며 영양공급에 한정

■ 수목의 방어체계(CODIT 이론)

(1) 수목은 상처를 입게 되면 목재 부후균을 비롯한 여러 상처 미생물의 침입 봉쇄

(2) 감염된 조직을 최소화하기 위해 상처 주위에 화학적, 물리적 방어벽을 만들어 저항

① 제1방어대 : 상처난 곳에서 수직으로 향한 물관과 헛물관의 방어 역할(전충체 형성)
② 제2방어대 : 나이테의 추재로서 세포벽이 두꺼워 분해가 어려운 방어대(방사방향 침입 방지)
③ 제3방어대 : 방사상 유세포로 균이 침투하면 스스로 사멸하면서 병원체의 침투(접선방향)를 방어
④ 제4방어대 : 형성층 세포에서 페놀물질, 2차 대사물, 전충체 등을 나이테로 전달하여 방어

■ 전정 시 유의사항

(1) 전정하지 않는 수종

① 침엽수 : 독일가문비, 금송, 히말라야시다, 나한백 등
② 상록활엽수 : 동백나무, 치자나무, 굴거리나무, 녹나무, 태산목 등
③ 낙엽활엽수 : 느티나무, 팽나무, 회화나무, 참나무류, 푸조나무, 백목련, 튤립나무, 떡갈나무 등

(2) 전정 시 주의 사항

① 추운 지역에서는 가을에 전정 시 동해를 입을 수 있으므로 이른 봄에 실시함
② 상록활엽수는 대체로 추위로 약하므로 강 전정은 피함
③ 눈이 많은 곳은 눈이 녹은 후에 실시하는 것이 좋음
④ 늦은 봄에서 초가을까지는 수목 내에 탄수화물이 적고 부후균이 많아 상처치유가 어려움

전정 시 주의할 사항	수 종	비 고
부후하기 쉬운 수종	벚나무, 오동나무, 목련 등	
수액유출이 심한 수종	단풍나무류, 자작나무 등	전정 시 2~4월은 피함
가지가 마르는 수종	단풍나무류	
맹아가 발생하지 않는 수종	소나무, 전나무 등	
수형을 잃기 쉬운 수종	전나무, 가문비나무, 자작나무, 느티나무, 칠엽수, 후박나무 등	
적심을 하는 수종	소나무, 편백, 주목 등	적심은 5월경에 실시

■ 부후측정장비

종 류	내 용	장 비
나무망치	고무망치를 이용하여 소리의 차이에 따라 확인	나무망치, 고무망치
생장추	코어를 뚫어 생장추를 확인	Increment borer
천 공	천공기를 사용하여 저항성의 차이와 목재의 색상, 냄새, 질감에 의한 판단	Decay Micro-probe
천공저항 장치	침투저항성을 이용한 방법	Microdrill
음향측정장치	빈공간이나 수피가 느슨한 곳에서의 음질의 변화 확인	Arbotom tests
Shigometer	곰팡이가 목재를 부후시킴에 따른 목재의 전기저항 변화 측정	
X-ray	단층 촬영을 통해 내부의 모습을 확인	Picus tests

■ 수목의 관수관리

① 하루 중 관수 시간은 한낮을 피해 아침 10시 이전이나 일몰 시 시행
② 겨울철 기온이 낮은 시간대에 관수를 하면 뿌리가 썩는 원인이 됨
③ 하루 중 기온이 상승한 이후의 관수가 좋음(여름철 제외)

■ 수목의 풍해관리

(1) 바람에 의한 피해

① 주풍, 폭풍, 조풍, 한풍의 피해를 방지 및 경감
② 풍상측은 수고의 5배, 풍하측은 10~25배의 거리까지 영향을 미침
③ 수고는 높게, 임분대 폭은 넓게 하면 바람의 영향의 감소효과가 커짐
④ 임분대의 폭은 대개 100~150m가 적당(바람에 직각방향으로 설치)
⑤ 방풍림의 수종은 침엽수와 활엽수를 포함하는 혼효림이 적당
⑥ 활엽수보다는 인장강도가 낮은 침엽수가 바람에 약함
⑦ 천근성인 가문비나무와 낙엽송, 편백이 바람에 약함
⑧ 침엽수는 경사지 아래쪽, 바람이 불어가는 쪽에 이상재가 발생(압축이상재)
⑨ 활엽수는 경사지 위쪽, 바람이 불어오는 쪽에 이상재가 발생(신장이상재). 천연림이 인공림보다 피해가 적음

(2) 뿌리 깊이에 따른 구분

구 분	침엽수	활엽수
심근성	곰솔, 나한송 소나무류, 비자나무, 은행나무, 잣나무류, 전나무, 주목	가시나무, 구실잣밤나무, 굴거리나무, 녹나무, 느티나무, 단풍나무류, 동백나무, 마가목, 모과나무, 목련류, 벽오동, 생달나무, 참나무류, 칠엽수, 튤립나무, 팽나무, 호두나무, 회화나무, 후박나무
천근성	가문비나무, 낙엽송, 눈주목, 독일가문비나무, 솔송나무, 편백	매화나무, 밤나무, 버드나무, 아까시나무, 자작나무, 포플러류

(3) 조풍피해 정도 구분

내염성	침엽수	활엽수
강 함	곰솔, 낙우송, 노간주나무, 리기다소나무, 주목, 측백나무, 향나무	가중나무, 감탕나무, 굴거리나무, 녹나무, 느티나무, 능수버들, 동백나무, 때죽나무, 모감주나무, 무궁화, 버즘단풍나무, 벽오동, 보리수, 사철나무, 식나무, 아까시나무, 아왜나무, 양버들, 자귀나무, 주엽나무, 참나무류, 칠엽수, 팽나무, 후박나무, 향나무
약 함	가문비나무, 낙엽송, 삼나무, 스트로브잣나무, 은행나무, 전나무, 히말라야시다	가시나무, 개나리, 단풍나무류, 목련류, 벚나무, 피나무

■ 대기오염에 의한 피해

(1) 대기오염피해의 양상

① 일반적으로 봄부터 여름까지 많이 발생

② 밤보다는 낮에 피해가 심각

③ 대기 및 토양습도가 높을 때 피해가 늘어남(매우 높은 습도는 오히려 피해 감소)

④ 바람이 없고 상대습도가 높은 날에 피해가 큼

⑤ 기온역전현상이 발생할 경우 피해가 큼

⑥ 오염물질의 발생원에서 바람부는 쪽으로 피해가 나타남

⑦ 새순의 피해보다는 성숙 잎의 피해가 먼저 나타남

⑧ 질소비료는 저항성을 낮추고, 칼륨 비료는 저항성을 높임

(2) 대기오염물질의 구분

구 분	내 용	종 류
1차 대기오염물질	화석연료의 연소에 의하여 배출되는 오염물질	이산화황, 질소산화물, 탄소산화물, 불화수소, 염소, 브롬
2차 대기오염물질	• 1차 대기오염물질이 자외선과의 광화학반응에 의해 생성되는 물질 • 낮에 햇빛이 강할 때 많이 생성	오존, PAN 등

(3) 대기오염물질의 구분

저항성	침엽수	활엽수
강 함	은행나무, 편백, 향나무류	가죽나무, 개나리, 굴거리나무, 녹나무, 대나무, 돈나무, 동백나무, 때죽나무, 매자나무, 먼나무, 물푸레나무, 미루나무, 버드나무류, 벽오동, 병꽃나무, 뽕나무, 사철나무, 산사나무, 송악, 아까시나무, 아왜나무, 자작나무, 쥐똥나무, 참느릅나무, 층층나무, 태산목, 팥배나무, 버즘나무, 피나무, 피라칸사, 현사시, 호랑가시나무, 회양목
약 함	가문비나무, 반송, 삼나무, 소나무, 오엽송, 잣나무, 전나무, 측백나무, 히말라야시다	가시나무, 감나무, 느티나무, 단풍나무, 매화나무, 라일락, 명자나무, 목서류, 목련, 무화과나무, 박태기나무, 벚나무류, 수국, 자귀나무, 진달래, 튤립나무, 화살나무

■ 낙뢰 피해에 대한 구분

구 분	수 종
피해가 많은 수종	참나무, 느릅나무, 소나무, 튤립나무, 포플러, 물푸레나무
피해가 적은 수종	자작나무, 마로니에

■ 내온성 수종

구 분	강한 수종	약한 수종
피 소	사철나무, 동백나무 등	단풍나무, 층층나무, 물푸레나무, 칠엽수, 느릅나무, 주목, 잣나무, 젓나무, 자작나무
엽 소	참나무류, 소나무류 등	버즘나무, 배롱나무, 가문비나무, 오동나무, 벚나무, 단풍나무, 매화나무 등

■ 내한성 수종

내한성 수종	비내한성 수종
자작나무, 오리나무, 사시나무, 버드나무, 소나무, 잣나무, 전나무	삼나무, 편백, 곰솔, 금송, 히말라야시다, 배롱나무, 피라칸사스, 자목련, 사철나무, 벽오동, 오동나무

■ 내건성 수종

내건성	침엽수	활엽수
높 음	곰솔, 노간주나무, 눈향나무, 섬잣나무, 소나무, 향나무	가중나무, 물오리나무, 보리수나무, 사시나무, 사철나무, 아까시나무, 호랑가시나무, 회화나무
낮 음	낙우송, 삼나무	느릅나무, 능수버들, 단풍나무, 동백나무, 물푸레나무, 주엽나무, 층층나무, 황매화

■ 내습성 수종

내습성	침엽수	활엽수
높 음	낙우송	단풍나무류(은단풍, 네군도, 루브룸), 물푸레나무, 버드나무류, 버즘나무류, 오리나무류, 주엽나무, 포플러류
낮 음	가문비나무, 서양측백나무, 소나무, 주목, 향나무류, 해송	단풍나무류(설탕, 노르웨이), 벚나무류, 사시나무, 아까시나무, 자작나무류, 층층나무

■ 대기 습도와 산불 발생 위험도와의 관계

습도(%)	산불 발생 위험도
> 60	산불이 잘 발생하지 않음
50 ~ 60	산불이 발생하거나 진행이 느림
40 ~ 50	산불이 발생하기 쉽고 빨리 연소됨
< 30	산불이 대단히 발생하기 쉽고 산불을 진화하기 어려움

■ 그늘피해

분 류	전광량	침엽수	활엽수
극음수	1~3%	개비자나무, 금송, 나한송, 주목	굴거리나무, 백량금, 사철나무, 식나무, 자금우, 호랑가시나무, 회양목
음 수	3~10%	가문비나무류, 비자나무, 전나무류	녹나무, 단풍나무류, 서어나무류, 송악, 칠엽수, 함박꽃나무
중성수	10~30%	잣나무, 편백, 화백	개나리, 노각나무, 느릅나무, 때죽나무, 동백나무, 마가목, 목련류, 물푸레나무류, 산사나무, 산초나무, 산딸나무, 생강나무, 수국, 은단풍, 참나무류, 채진목, 철쭉류, 피나무, 회화나무
양 수	30~60%	낙우송, 메타세쿼이어, 삼나무, 소나무, 은행나무, 측백나무, 향나무류, 히말라야시다	가죽나무, 느티나무, 등나무, 라일락, 모감주나무, 무궁화, 밤나무, 배롱나무, 벚나무류, 산수유, 오동나무, 오리나무, 위성류, 이팝나무, 자귀나무, 주엽나무, 층층나무, 튤립나무, 플라타너스
극양수	60% 이상	낙엽송, 대왕송, 방크스소나무, 연필향나무	두릅나무, 버드나무, 붉나무, 자작나무, 포플러류

■ 제초제에 의한 피해

구 분		약 제	내 용
발아전처리제		Simazine, Dichlobenil	독성이 약하여 나무에 별다른 피해가 없음
경엽처리형	호르몬	2,4-D, 2,4,5-T, Dicamba, MCPA	• 잎말림, 잎자루 비틀림, 가지와 줄기 변형 등 비정상적 생장을 유도함 • 생리적인 불균형을 초래하고 식물을 고사시킴
	비호르몬	글리포세이트	아미노산인 트립토판, 페닐알라닌, 티로산 등의 합성에 관영하는 EPSP 합성효소의 활성을 억제하며, 아미노산들이 합성되지 않음으로 식물은 단백질을 합성하지 못하고 고사
		메코프로프(MCPP)	페녹시 지방족산계 제초제로 핵산대사와 세포벽을 교란함
		Flazasulfuron	침투이행성이며 체관을 통한 이행성이 좋음
접촉제초제		Paraquart	접촉한 부분에만 피해를 일으키고 괴저반점이 생김
토양소독제		Methyl bromide	휘발성 액제와 기체로서 오래 잔존하지 않고 처리됨

■ 안전관리

(1) 하이리히 법칙

① 1 : 29 : 300의 법칙

② 어떤 대형 사고가 발생하기 전에는 그와 관련된 수십 차례의 경미한 사고와 수백 번의 징후들이 반드시 나타난다는 것을 뜻함

(2) 체인톱 사용 안전수칙

① 기계톱 연속운전은 10분을 넘기지 말아야 함

② 기계톱 시동 시에는 체인브레이크를 작동시켜 둠

③ 작업자의 어깨높이 위로는 기계톱을 사용하지 말아야 함

④ 절단작업 시 톱날을 빼낼 때에는 비틀지 않아야 함

⑤ 톱날 주위에 사람 또는 장애물이 없는 곳에서 시동을 걸어야 함(3m 이상 이격거리 유지)

⑥ 기계톱을 절대로 한 손으로 잡고 사용하지 않으며 안정된 상태에서 작업해야 함

⑦ 가이드 바(안내판)의 끝으로 작업하는 것은 피하여야 함

⑧ 항상 톱 체인의 장력에 주의하고 느슨해지면 바로 조정해야 함

⑨ 절단 시 목재 이외의 금속, 못, 철사 등에 접촉되지 않도록 해야 함

⑩ 작업 면에서 작업자가 미끄러지지 않도록 평탄하게 보강한 후 작업실시

⑪ 항상 안전한 복장을 하고 보안경, 안전모 및 귀마개 등 개인보호장구 착용

※ 킥백(Kick back) 현상 : 회전하는 톱체인(가이드바) 끝의 상단부분이 어떤 물체에 닿아서 체인톱이 작업자 쪽으로 튀는 현상. 킥백현상은 접촉속도나 접촉물의 강도 등에 따라 치명적인 재해를 유발함

(3) 벌도 및 제거

① 방향 베기의 45° 이상으로 유지하도록 함

② 경첩부는 직경의 10%, 최소 2cm 이상으로 하여 수목을 절단하도록 함

③ 수목 절단 시 수목 중심부에서 뒤쪽 좌우측 45° 정도의 안전지역을 확보

위로베기	크게베기	밑으로베기
• 평평하거나 약간 경사진 지형 • 방향베기의 각도는 45~70° 유지 • 방향베기의 하단 절단의 각은 마무리 절단각과 일치	• 평평하거나 경사진 지형 • 방향베기의 각도는 약 70° 유지 • 방향베기의 하단 절단은 마무리 절단 위치에서 밑으로 각을 주어야 함	• 가파른 경사의 직경의 큰 나무 • 방향베기의 각도는 최소 45° 유지 • 방향배기의 하단 절단각은 마무리 절단각과 일치
• 가장 손쉬운 방법이며, 그루터기 높이를 가장 낮게 할 수 있음 • 나무가 지면에 닿기 전에 경첩부가 찢어질 우려 있음	• 나무가 지면에 닿기 전에 경첩부가 찢어지지 않음 • 그루터기 높이가 높아짐	• 잘 찢어지는 수종에 적합 • 그루터기 높이를 가장 낮게 할 수 있음

■ 농약 일반

(1) 농약의 정의

① **농약관리법** : 농약이라 함은 농작물(수목 및 농림산물을 포함)을 해하는 균, 곤충, 응애, 선충, 바이러스, 잡초, 기타 농림부령이 정하는 동식물(동물, 달팽이, 조류 또는 야생동물, 식물, 이끼류 또는 잡목)의 방제에 사용되는 살균제, 살충제, 제초제, 기타 농림부령이 정하는 약제(기피제, 유인제, 전착제)와 농작물의 생리기능을 증진하거나 억제하는데 사용되는 약제를 말한다.

(2) 농약의 범위

① 토양소독, 종자소독, 재배 및 저장에 사용되는 모든 약제
② 약효를 증진시키기 위해 사용되는 전착제
③ 제제화에 사용되는 보조제
④ 천적, 해충 병원균, 불임화제, 유인제

(3) 농약의 명칭

① **화학명** : IUPAC 또는 CA의 명명법에 따른 명칭, 길고 어려움
② **일반명** : 화학 구조 중 모핵 화합물을 암시하면서 단순화시킨 명칭, ISO, BSI, JMAF의 인정을 받아 사용
③ **코드명** : 농약 개발단계에서 붙여진 이름, 개발 후 일반명으로 사용되기도 함
④ **상표명** : 농약을 제조한 회사에 의해 붙여진 이름
⑤ **품목명** : 유효성분의 제제화에 따라 붙여진 이름, 우리나라에서만 사용됨
⑥ **학명** : 생물농약이 개발되면서 생물체의 학명을 사용한 이름

(4) 농약의 제형

① **제형의 필요성** : 소량의 유효성분을 넓은 면적에 균일하게 살포해야 함
㉠ 유효성분을 적당한 희석제로 희석하고 살포하기 쉬운 형태로 가공
㉡ 실제로 사용하기 적합한 형태(제형)로 가공
② **제제(Formulation)** : 원제와 보조제로 제형(농약 완제품)을 만드는 작업
③ 유효성분이 같더라도 제형에 따라 약효, 약해, 안전성에 차이가 생김

(5) 농약제형의 분류

① **희석살포용 제형** : 유제, 수화제, 액상수화제, 입상수화제, 액제, 유탁제・미탁제, 분산성 액제, 수용제, 캡슐현탁제
② **직접살포용 제형** : 입제 및 세립제, 분제, 수면부상성 입제, 수면전개제, 오일제, 미분제, 미립제, 저비산분제, 캡슐제
③ **특수 제형** : 도포제, 훈연제, 훈증제, 연무제, 정제, 미량살포약제, 독먹이
④ 종자처리용 제형

■ 살충제

(1) 살충제의 구분

① 식독제(Stomach Poison) : 소화 중독제
  ㉠ 약제의 해충 체내 침투 경로 : 소화기관
  ㉡ 식엽성해충이 주요 방제 대상

② 접촉독제(Contact Poison) : 해충의 표피에 직접 접촉되어 체내로 침입하여 독작용
  ㉠ 직접 접촉독제 : 충체에 직접 접촉했을 때 독작용
  ㉡ 잔류성 접촉독제 : 직접 접촉 + 식물체 잔류 약제와 접촉하였을 때도 독작용

③ 침투성 살충제(Systemic Insecticide)
  ㉠ 약제가 식물체 내로 흡수, 이행하여 식물체 각 부위로 퍼져가는 특성
  ㉡ 흡즙성해충에 대한 방제 효과 우수
  ㉢ 반침투성(잎의 밑면까지만 이행), 침투이행성(식물 전체로 이행)으로 구분
  ㉣ 대부분의 입제 형태 살충제(토양해충 방제제 제외) 해당
    ※ 식독제・접촉독제 : 비극성(물에 대한 용해도가 수 mg/L 이하), 잔효성이 짧은 약제
    ※ 침투성 살충제 : 물에 대한 용해도가 높고, 분해에 대한 안정성이 요구됨

(2) 살충제의 세부 작용기작

① 신경 및 근육에서의 자극 전달작용 저해

구 분	설 명	농 약
아세틸콜린에스터라제 저해	자극이 지속되는 신경 교란	유기인계, 카바메이트계
GABA 의존성 Cl 이온 통로 차단	시냅스 과잉 활성	Cylcodienes 및 Bhc류의 유기염소계, Phenylpyraole계, fipronil
Na 이온 통로 변조	신경 축색의 Na^+ 통로를 변조시켜 신경 전달 저해	Pyrethroid계, 유기염소계 DDT 계통
니코틴 친화성 ACh 수용체의 경쟁적 변조	원하지 않는 신경 자극을 계속적으로 전달	Neonicotinoid계, Nicotin, Sulfoximine계, Butenolide계, Mesoionic계
니코틴 친화성 ACh 수용체의 다른 자리 입체성 변조	수용체의 구조 변형	Spinosyn계
글루탐산 의존성 Cl 이온 통로 다른 자리 입체성 변조	과분극 유발하여 마비 및 치사	Avermectin계, Milbemycin계
현음기관 TRPV 통로 변조	현음기관을 교란시켜 섭식 중단 및 행동 저해	Pyridine Azomethine 유도체, Pymetrozine
니코틴 친화성 ACh 수용체의 통로 차단	Neonicotinoid계와 작용점 동일	Nereistoxin 유사체
전위 의존 Na 이온 통로 차단	Na^+ 이온 통로 폐쇄	Oxdiazine, Semicarbazone계
라이아노딘 수용체 변조	근육 세포의 Ca^{2+} 이동 통로(라이아노딘) 수용체 저해	Diamide계

② 성장 및 발생과정 저해

구 분	설 명	농 약
유약호르몬(JH) 모사	곤충생장조절제로 작용 (정상적 발달 저해, 불완전 번데기화, 불임화 등)	Fenoxycarb, Pyriproxyfen
키틴 합성 저해	탈피 시 살충효과 유충에만 약효가 있음	Benzoylurea계, Buprofezin
탈피호르몬(Ecdysone) 수용체 기능 활성화	탈피과정을 교란하여 비정상으로 빠르고 불완전한 탈피 유발	Diacylhydrazine계
지질 생합성 저해	지질 생합성의 첫 단계 효소(Acetyl CoA carboxylase)저해	Tetronic acid, Tetramic acid, Spirodiclofen, Spirotetramat

③ 호흡과정 저해

구 분	설 명	농 약
미토콘드리아 ATP 합성 효소 저해	ATP synthase 저해	Diafenthiuron, Propargite, Tetradifon
수소이온 구배 형성 저해(탈공력제)	탈공력제(Uncoupler)로 작용하여 수소이온 구배를 소실시켜 ATP 합성 저해	Pyrrole계, Dinitrophenol계, Sulfluramid, Chlorfenapyr
전자전달계 복합체 I 저해	MET I (Mitochondrial complex I) 양성자 펌프 저해	Pyidaben, Tebufenpyrad, Rotenone
전자전달계 복합체 II 저해	MET II 호박산 탈수소효소(Succinate dehydrogenase) 저해	β-ketonitrile유도체, Carboxanilide계 살응애제, Cyenopyrafen, Pyflubumide

※ 미토콘드리아의 전자전달계 복합체 Ⅰ, Ⅱ, Ⅲ, Ⅳ 중 MET Ⅱ를 제외한 나머지는 양성자 펌프

④ 해충의 중장 파괴

㉠ *Bacillus thuringiensis*(Bt)

- 미생물 살충제
- 살충성분 : 포자 또는 배양액 중의 δ-endotoxin(단백질 독소)
- 해충의 중장 막을 용해하여 막 천공 유발, 패혈증으로 치사

㉡ δ-endotoxin 생산 유전자를 넣은 유전자조작작물(GMO) 육종

⑤ 비선택적 다점 저해

㉠ 훈증제 : Methyl bromide, Chloropicrin, Sulfurylfluoride

㉡ 살포용 살충제 : Disodium Octaborate, 토주석(Tartar Emetic)

㉢ 전구적 훈증제로써 Methyl isothiocyanate 발생제 : Metam, Dazomet

■ 살균제

(1) 살균제의 구분

① 보호살균제(Protectant)

㉠ 병 발생 전에 예방을 목적으로 사용하는 살균제

㉡ 병원균 포자 발아 억제 또는 살멸

㉢ 발병시점 특정할 수 없기 때문에 약효 지속시간이 길고, 부착성과 고착성이 양호해야 함

㉣ 균사에 대한 살균력이 약하기 때문에 발병 이후에는 약효가 불량

예 석회보르도액, dithiocarbamate 등

② 직접살균제(Eradicant)

㉠ 침입한 병원균을 살멸하는 약제

㉡ 강력한 살균력과 함께 반침투성 이상의 침투성을 요구

㉢ 작용점이 명확하고 범위가 좁을수록 저항성 유발이 잘 일어나기 때문에 작용점이 넓은 보호살균제와 혼용하는 것이 좋음

예 Metalaxyl, Benzimidazole, Triazole, 항생제 등

■ 살균제의 세부 작용기작

(1) 핵산 대사 저해

구 분	설명(표시기호)	농 약
RNA 중합효소 I 저해	가1	Phenylamides(Metalaxyl, Ofurace)
아데노신 디아미나제 효소 저해	가2	Hydroxy-(2-amino) Pyrimidines(Bupirimate)
DNA/RNA 합성 저해	가3	Heteroaromatics(Hymexazole)
DNA 토포이소메라제 효소 저해	가4	Carboxylic acids(Oxolinic acid)

(2) 세포분열(유사분열) 저해

① Phenylamide계 살균제

㉠ 유사세포분열에서 방추체 등을 구성하는 미세소관의 형성 저해

㉡ Benomyl과 Thiophanate-methyl의 실제 살균 성분 : Carbendazim

② Thiabendazole : 주로 수확 후 처리제로 사용

(3) 호흡 저해

구 분	설 명	농 약
전자전달계 복합체 II 저해	호박산 탈수소효소 저해	Flutolanil, Isofetamid, Carboxin, Fluopyram
전자전달계 복합체 III 저해	퀴논 외측에서 시토크롬 bc1 기능 저해	Strobilurin계 살균제
전자전달계 복합체 III 저해	퀴논 내측에서 시토크롬 bc1 기능 저해	Cyazofamid, Amisulbron, Fenpicoxamid
산화적 인산화 반응에서 탈공력제	수소이온 구배를 소실시켜 산화적 인산화에 의한 ATP 합성 저해	Dinitrophenylcrotonate계 Binapacryl, Dinitroaniline계 Fluazinam
ATP 합성효소 저해	ATP 합성효소의 수소이온 유입 저해	유기주석계 Fentin acetate, Fentin hydroxide

(4) 아미노산 및 단백질 합성 저해

구 분	설 명	농 약
메티오닌 생합성 저해	메티오닌(Methionine) 생합성 및 가수분해효소의 분비 저해	Anilinopyrimidine계 Cyprodinil, Mepanipyrim
단백질 합성 저해	병원균의 단백질 합성 저해하는 농업용 항생제	Blasticidin-S, Kasugamycin, Oxytetracylin, Streptomycin

(5) 세포막 스테롤 생합성 저해

구 분	설 명	농 약
C14-탈메틸 효소 저해	C14-Demethylase	Triadimefon, Tebuconazole, Prothoconazole, Prochloraz
환원 및 이성질화 효소 기능 저해	• Δ14 Reductase • Δ8 Isomerase	Morpholine계 Tridemorph, Piperidine계, Spirokealamine계 Spiroxamine
3-케토환원효소 저해	3-케토환원효소	hydroxyanilide계 fenhexamid, aminopyrazolinone계 fenpyrazamine
스쿠알렌 에폭시다제 효소 저해	Squalene Epoxidase	Thiocarbamate계 Pyributicarb, Allylamine계 Naftifine

(6) 세포벽 생합성 저해

구 분	설 명	농 약
키틴 합성 저해	Chitin synthase 저해	Polyoxin류
셀룰로오스 합성효소 저해	β-(1,3)-glucansynthase 저해 → 세포벽의 강도를 약화시킴	Dimethomorph, Mandipropamid Benthiavalicarb

(7) 세포벽 멜라닌 생합성 저해

① 벼 도열병균의 벼 체내 침투과정과 밀접한 관계
- ㉠ 침투과정 : 벼 표면에 포자 낙하 후 점액 밀착 → 발아관 발아 → 부착기 형성 → 수분 유입 및 팽압 증대(삼투압)→ 효소로 벼 표면 연화 → 침입사 표피 투과
- ㉡ 멜라닌 역할 : DHN melanin 축적으로 세포벽 강도 증대, 침입사의 기계적 천공

② 멜라닌 생합성 저해제
- ㉠ 벼 도열병 방제용 전문 살균제
- ㉡ 주로 보호용이며 치료 효과는 거의 없으므로 발병 전 처리

(8) 기주식물 방어 기구 유도

① 기주식물방어 기구 유도체
- ㉠ 전신획득저항성(SAR)을 유발하는 물질
- ㉡ SAR : Systemic Acquired Resistance, 식물체의 잠재적 선천성 면역체계
- ㉢ 병원균 감염부위에서 원격적으로 유발되는 식물체 조직 내의 비약해성, 비선택적 식물체 방어 반응 (※ Phytoalexin 발현 현상과는 구별됨)

② SAR 현상의 식물병방제 이용
- ㉠ 식물체 자체의 항균성 유도, 항균효과 지속성, 광범위성, 낮은 저항성 유발
- ㉡ 살리실산 관련 식물 활성제 : 현재 실용화된 기주식물 방어기구 유도체
- ㉢ 자체 살균 작용은 없으므로 발병 전 살포

(9) 비선택적 다점 저해

① 명확한 작용점 저해에 의한 선택적 고효율 살균활성은 어려움
② 특이적 작용점이 없으므로 저항성 발현이 없거나 적음
③ 명확한 작용점 약제와 혼합 사용하기 적합
④ 약제 : 무기동(Copper), Dithiocarbamate(Mancozeb), Phthalimide(Captan) 등
※ 이 약제들은 친전자성 화합물로 균세포 내의 친핵체인 -SH기를 함유하는 효소들을 비선택적으로 저해

■ 제초제

(1) 제초제의 구분

① 광엽(쌍떡잎잡초) 제초제 vs 화본과(외떡잎 잡초) 제초제
② 1년생 잡초 방제약 vs 다년생 잡초 방제약
③ 발아전처리제 vs 발아후처리제
④ 선택성제초제 vs 비선택성제초제(식물전멸약)
⑤ 접촉형제초제 vs 이행형제초제
⑥ 논 제초제, 밭 제초제, 과원 제초제

(2) 제초제의 세부 작용기작

① 지질(지방산) 생합성 저해

구 분	설 명	농 약
아세틸 CoA 카르복실화효소 저해	Acetyl CoA Carboxylase(ACCase) 저해	Aryloxypheonxypropionate계 Diclofop-methyl
지질 생합성 저해	ACCase가 아닌 다른 지질 생합성 과정 저해	Thiocarbamate계, Benzofuran계, Phosphorodithioate계

② 아미노산 생합성 저해

구 분	설 명	농 약
가지사슬 생합성 저해	가지사슬 아미노산 : Valine, Leucine, Isoleucine	Sulfonylurea, Imidazolinone, Triazolopyrimidine, Pyrimidinyl(Thio)Benzoate
방향족 아미노산 생합성 저해	방향족 아미노산 : Tryptophan, Tyrosine, Phenylalanine	Glyphosate
글루타민 합성효소 저해	Glutanmine synthetase 저해	Glufosinate

③ 광합성 저해

구 분	설 명	농 약
광화학계 II 저해	• PS II : 광에너지 흡수 → 물을 산소와 수소이온으로 분해 → 전자전달, ATP 생산 • Hill 반응 저해 제초제	Simazine, Hexazinone, Amicarbazone, Bromacil, Chloridazon, Desmedipham, Diuron(Dcmu), Propanil
광화학계 I 저해	• PS I : 광에너지 흡수 → NADPH 생산 • 전자전달 저해 또는 탈공력제, 자유라디칼 · 활성산소 발생	Diquat, Paraquat

④ 색소 생합성 저해

구 분	설 명	농 약
엽록소 생합성 저해	Chlorophyll과 Heme생합성에 작용하는 Protoporphyrinogen oxidase 저해	Oxyfluorfen, Pyraflufen-ethyl, Cinidon-ethyl, Thidiazimin
카로티노이드 생합성 저해	Phytoene Desaturase(Pds) 저해	Norflurazon, Diflufenican
	P-hydroxyphenylpyruvate dioxygenase(HPPD) 저해	Mesotrione, Isoxaflutole, Pyrazolynate
	1-deoxy-D-xylulose 5-phosphate synthase(DXA) 저해	Clomazone, Fluometuron, Aclonifen, Amitrole

⑤ 세포분열 저해

㉠ 방추체 구성 미세소관의 단위체인 tubulin에 결합하여 미세소관 조합 저해

- 농약 : Pendimethalin, Butamiphos, Dithiopyr, Propyzamide, Chlorthal-Dimethyl

㉡ 세포분열, 미세소관의 조립 및 중합화 저해

- 농약 : Chlorpropham

㉢ 장쇄지방산 생합성 저해

- 장쇄지방산 : 탄소수 22 이상의 지방산, 세포막 구조・인지질・세포분열 및 분화 등에 관여
- 농약 : Alachlor, Napropamide, Mefenacet, Fentrazamide

⑥ 세포막 합성 저해

㉠ Cellulose Synthase 저해

㉡ 농약 : Dichlobenil, Isoxaben, Flupoxam

⑦ 호흡 저해

㉠ 탈공력제로 작용 → 산화적 인산화에 의한 ATP 합성 저해

㉡ 농약 : Dinosep

⑧ 옥신작용 저해 및 교란

㉠ 합성 옥신

- 식물호르몬인 옥신의 유사체
- 농약 : 2,4-D, Dicamba, Fluroxypyr, Quinclorac

※ 고농도에서 살초 활성을 보이는 반면, 낮은 농도에서는 식물 생장 촉진

㉡ 옥신 이동 저해

- 세포 내 및 세포 간 옥신 이동 저해
- 농약 : Naptalam, Diflufenzopyr-Na

■ 농약 저항성

(1) 저항성의 정의

① 생물체가 생명에 치명적인 영향을 받을 수 있는 농약의 약량에도 견딜 수 있는 능력

② 약제에 대한 내성이 유전자에 의해 후대로 유전됨

(2) 저항성의 구분

① 단순저항성

② 교차저항성

㉠ 어떤 약제에 대한 저항성을 가진 병원균, 해충, 잡초가 한 번도 사용하지 않은 새로운 약제에 대하여 저항성을 나타내는 현상

㉡ 두 약제 간 작용기작이나 무해화 대사에 관여하는 효소계가 유사할 경우 나타남

③ 복합저항성

㉠ 작용기작이 서로 다른 2종 이상의 약제에 대한 저항성

㉡ 한 개체 안에 2개 이상의 저항성 기작이 존재하기 때문

④ 역상관교차저항성

㉠ 어떤 약제에 대한 저항성이 발달하면서 다른 약제에 대한 감수성이 높아지는 것

㉡ 교차저항성 관계가 없는 새로운 농약 개발 필요

많이 보고 많이 겪고 많이 공부하는 것은 배움의 세 기둥이다.

- 벤자민 디즈라엘리 -

과년도
최신 기출문제

2023년 제9회 기출문제
2022년 제8회 기출문제
2022년 제7회 기출문제
2021년 제6회 기출문제
2021년 제5회 기출문제
2020년 제4회 기출유사문제
2019년 제2회 기출유사문제
2019년 제1회 기출유사문제

배우기만 하고 생각하지 않으면 얻는 것이 없고,
생각만 하고 배우지 않으면 위태롭다.

– 공자 –

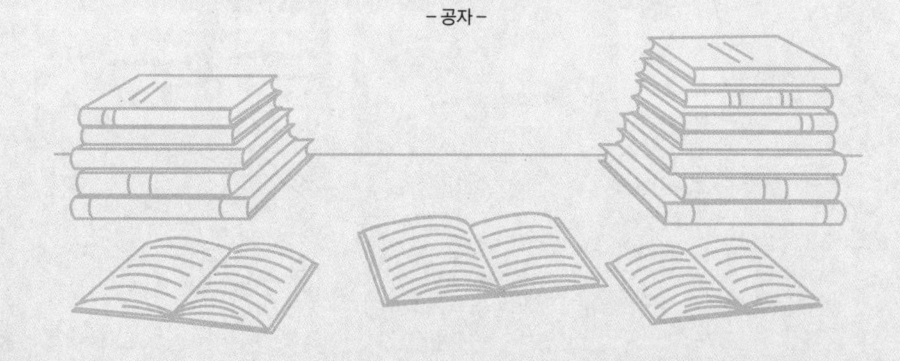

2023년

나무의사 필기 기출문제해설

제 9 회 기출문제

제1과목 수목병리학

01

수목 병원체 관찰 및 진단법으로 옳지 않은 것은?

① 세균 – 그람염색법을 이용한 광학현미경 관찰
② 곰팡이 – 포자와 균사를 광학현미경으로 관찰
③ 바이러스 – 음성염색법을 이용한 광학현미경 관찰
④ 파이토플라스마 – DAPI 염색법을 이용한 형광현미경 관찰
⑤ 선충 – 베르만(Baermann)깔때기법을 이용한 광학현미경 관찰

02

수목 병원균류의 영양기관은?

① 버 섯
② 균사체
③ 자낭구
④ 분생포자좌
⑤ 분생포자층

03

포플러류 모자이크병의 병징으로 옳지 않은 것은?

① 잎의 황화
② 잎의 뒤틀림
③ 잎자루와 주맥에 괴사반점
④ 기형이 되는 잎들은 조기 낙엽
⑤ 잎에 불규칙한 모양의 퇴록반점

04

백색부후에 관한 설명으로 옳지 않은 것은?

① 대부분의 백색부후균은 담자균문에 속한다.
② 주로 활엽수에 나타나지만, 침엽수에서도 나타난다.
③ 조개껍질버섯, 치마버섯, 간버섯 등은 백색부후균이다.
④ 목재 성분인 셀룰로스, 헤미셀룰로스, 리그닌이 모두 분해되고 이용된다.
⑤ 부후된 목재는 암황색으로 네모난 형태의 금이 생기고 쉽게 부러진다.

05

수목병의 병징에서 병든 부분과 건전 부분의 경계가 뚜렷하지 않은 것은?

① 붉나무 모무늬병
② 포플러 잎마름병
③ 회양목 잎마름병
④ 쥐똥나무 둥근무늬병
⑤ 참나무류 갈색둥근무늬병

06

수목의 내부 부후 진단 시 상처를 최소화한 기기 또는 방법은?

① 생장추
② 저항기록드릴
③ 현미경 조직검경
④ 분자생물학적 탐색
⑤ 음파 단층 이미지 분석

07

분생포자가 1차 전염원이 아닌 수목병은?

① 사철나무 탄저병
② 포플러 갈색무늬병
③ 느티나무 갈색무늬병
④ 쥐똥나무 둥근무늬병
⑤ 소나무류 갈색무늬병(갈색무늬잎마름병)

08

사과나무 불마름병(화상병)의 방제법으로 옳지 않은 것은?

① 매개충 방제
② 테부코나졸 약제 살포
③ 병든 가지는 매몰 또는 소각
④ 도구는 사용할 때마다 차아염소산나트륨으로 소독
⑤ 감염된 가지는 감염 부위로부터 최소 30cm 아래에서 제거

09

수목 병원균의 월동장소로 옳지 않은 것은?

① 대추나무 빗자루병 - 고사된 가지
② 삼나무 붉은마름병 - 병환부의 조직 내부
③ 명자나무 불마름병(화상병) - 병든 가지의 궤양 주변부
④ 단풍나무 역병(파이토프토라뿌리썩음병) - 감염 뿌리 조직
⑤ 소나무 가지끝마름병(디플로디아 순마름병) - 병든 낙엽 또는 가지

10

수목에 발생하는 병에 관한 설명으로 옳지 않은 것은?

① 배롱나무 흰가루병의 피해는 7~9월 개화기에 심하다.
② 미국밤나무는 일반적으로 밤나무 줄기마름병에 감수성이 크다.
③ 포플러류 점무늬잎떨림병은 주로 수관 하부의 잎에서 시작된다.
④ 느티나무 흰별무늬병에서 흔하게 나타나는 증상은 조기 낙엽이다.
⑤ 소나무재선충병 매개충은 우화·탈출 시기에 살충제를 살포하여 방제한다.

11

Marssonina속에 의한 병 발생 및 병원균의 특성에 관한 설명으로 옳은 것은?

① 분생포자각을 형성한다.
② 분생포자는 막대형이며 여러 개의 세포로 나뉘어 있다.
③ 은백양은 포플러류 점무늬잎떨림병에 감수성이 있다.
④ 증상이 심한 병반에는 짧은 털이 밀생한 것처럼 보인다.
⑤ 장미 검은무늬병은 봄비가 잦은 해에는 5~6월에도 심하게 발생한다.

12

다음에 설명된 수목 병원체에 관한 내용으로 옳은 것은?

> • 원핵생물계에 속하며 일정한 모양이 없는 다형성 미생물이다.
> • 세포벽이 없고 원형질막으로 둘러싸여 있다.

① 병원체는 감염된 수목의 체관부에 기생한다.
② 주로 즙액, 영양번식체, 매개충에 의해 전반된다.
③ 매미충류, 나무이, 꿀벌 등이 매개충으로 알려져 있다.
④ 옥시테트라사이클린과 페니실린계 항생제에 감수성이 있다.
⑤ 병원체의 크기는 바이러스보다 크고 세균과 유사하다.

13

한국에 적용 살균제가 등록되어 있는 수목병은?

① 사철나무 탄저병
② 명자나무 점무늬병
③ 칠엽수 잎마름병(얼룩무늬병)
④ 멀구슬나무 점무늬병(갈색무늬병)
⑤ 동백나무 갈색잎마름병(겹둥근무늬병)

14

수목병의 관리 방법으로 옳지 않은 것은?

① 쥐똥나무 빗자루병 – 매개충 방제
② 밤나무 가지마름병 – 주변 오리나무 제거
③ 밤나무 잉크병 – 물이 고이지 않게 배수 관리
④ 전나무 잎녹병 – 발생지 부근의 뱀고사리 제거
⑤ 소나무 리지나뿌리썩음병 – 주변에서 취사행위 금지

15

수목병의 병징 및 표징에 관한 설명으로 옳지 않은 것은?

① 철쭉류 떡병 – 잎이 국부적으로 비대
② 밤나무 갈색점무늬병 – 건전부와의 경계에 황색 띠 형성
③ 버즘나무 탄저병 – 주로 엽육 조직에 적갈색 반점 다수 형성
④ 은행나무 잎마름병 – 분생포자반에서 분생포자가 포자덩이뿔로 분출
⑤ 호두나무 탄저병 – 잎자루와 잎맥에 흑갈색 병반이 형성되면서 잎은 기형이 됨

16

회색고약병에 관한 설명으로 옳지 않은 것은?

① 병원균은 깍지벌레 분비물을 영양원으로 이용한다.
② 두꺼운 회색 균사층이 가지와 줄기 표면을 덮는다.
③ 병원균은 외부기생으로 수피에서 영양분을 취하지 않는다.
④ 병원균은 *Septobasidium spp.*로 담자포자를 형성한다.
⑤ 줄기 또는 가지 표면의 균사층을 들어내면 깍지벌레가 자주 발견된다.

17

편백 · 화백 가지마름병에 관한 설명으로 옳지 않은 것은?

① 병반 조직 수피 아래에 분생포자층을 형성한다.
② 감염된 가지와 줄기의 수피가 세로로 갈라진다.
③ 분생포자는 방추형이며 세포 6개로 나뉘어 있다.
④ 감염 부위에서 누출된 수지가 굳어 적색으로 변한다.
⑤ 병원균은 *Seiridium unicorne(=Monochaetia unicornis)*이다.

18

회화나무 녹병에 관한 설명으로 옳지 않은 것은?

① 병원균은 *Uromyces truncicola*이다.
② 줄기와 가지에 방추형 혹이 생기고 수피가 갈라진다.
③ 병든 낙엽과 가지 또는 줄기의 혹에서 겨울포자로 월동한다.
④ 잎 아랫면에 황갈색 가루덩이가 생긴 후 흑갈색으로 변한다.
⑤ 늦은 봄 수피의 갈라진 틈에 흑갈색 가루덩이(포자퇴)가 나타난다.

19

뿌리혹병(근두암종병)에 관한 설명으로 옳지 않은 것은?

① 목본과 초본 식물에 발생한다.
② 토양에서 부생적으로 오랫동안 생존할 수 있다.
③ 한국에서는 1973년 밤나무 묘목에 크게 발생하였다.
④ 병원균은 그람음성세균이며 짧은 막대 모양의 단세포이다.
⑤ 주요 병원균으로는 *Agrobacterium tumefaciens, A. radiobacter K84* 등이 있다.

20

느릅나무 시들음병에 관한 설명으로 옳지 않은 것은?

① 세계 3대 수목병 중 하나이다.
② 매개충은 나무좀으로 알려져 있다.
③ 병원균은 뿌리접목으로 전반되지 않는다.
④ 방제법으로는 매개충 방제, 감염목 제거 등이 있다.
⑤ 병원균은 자낭균문에 속하며, 학명은 *Ophiostoma (novo-)ulmi*이다.

21

병원균의 속(Genus)이 동일한 병만 고른 것은?

ㄱ. 밤나무 잉크병
ㄴ. 참나무 급사병
ㄷ. 삼나무 잎마름병
ㄹ. 철쭉류 잎마름병
ㅁ. 포플러 잎마름병
ㅂ. 동백나무 겹둥근무늬병

① ㄱ, ㄴ, ㄹ
② ㄱ, ㄴ, ㅁ
③ ㄷ, ㄹ, ㅁ
④ ㄷ, ㄹ, ㅂ
⑤ ㄷ, ㅁ, ㅂ

22

흰날개무늬병의 특징만 고른 것은?

ㄱ. 감염목의 뿌리 표면에 균핵이 형성된다.
ㄴ. 감염된 나무뿌리는 흰색 균사막으로 싸여 있다.
ㄷ. 뿌리꼴균사다발이나 뽕나무버섯이 주요한 표징이다.
ㄹ. 병원균은 리지나뿌리썩음병과 동일한 문(Phylum)에 속한다.

① ㄱ, ㄴ ② ㄱ, ㄷ
③ ㄴ, ㄷ ④ ㄴ, ㄹ
⑤ ㄷ, ㄹ

23

아래 수목병 증상을 나타내는 병원균은?

봄에 새순과 어린잎이 회갈색으로 변하면서 급격히 말라 죽는다. 여름부터 초가을까지 말라 죽은 침엽 기부의 표피를 뚫고 검은색 작은 분생포자각이 나타난다.

① *Marssonina rosae*
② *Lecanosticta acicola*
③ *Sphaeropsis sapinea*
④ *Entomosporium mespili*
⑤ *Drepanopeziza brunnea*

24

침엽수와 활엽수를 모두 가해하는 뿌리썩음병만 고른 것은?

ㄱ. 흰날개무늬병
ㄴ. 자주날개무늬병
ㄷ. 리지나뿌리썩음병
ㄹ. 안노섬뿌리썩음병
ㅁ. 아밀라리아뿌리썩음병
ㅂ. 파이토프토라뿌리썩음병

① ㄱ, ㄴ, ㄹ ② ㄱ, ㄴ, ㅁ
③ ㄱ, ㄷ, ㄹ ④ ㄴ, ㄷ, ㅂ
⑤ ㄴ, ㅁ, ㅂ

25

수목의 줄기 부위를 부후하는 균만 고른 것은?

ㄱ. 말굽버섯(Fomes fomentarius)
ㄴ. 느타리(Pleurotus ostreatus)
ㄷ. 왕잎새버섯(Meripilus giganteus)
ㄹ. 해면버섯(Phaeolus schweinitzii)
ㅁ. 덕다리버섯(Laetiporus sulphureus)
ㅂ. 소나무잔나비버섯(Fomitopsis pinicola)

① ㄱ, ㄴ, ㄷ ② ㄱ, ㄷ, ㅂ
③ ㄴ, ㄹ, ㅁ ④ ㄴ, ㅁ, ㅂ
⑤ ㄷ, ㄹ, ㅁ

제2과목 수목해충학

26

노린재목에 관한 설명으로 옳지 않은 것은?

① 노린재아목, 매미아목, 진딧물아목 등으로 나뉜다.
② 진딧물은 찔러 빨아 먹는 전구식 입틀을 갖고 있다.
③ 식물을 가해하면서 병원균을 매개하는 종도 있다.
④ 노린재아목의 일부 종은 수서 또는 반수서 생활을 한다.
⑤ 진딧물아목의 미성숙충은 성충과 모양이 비슷하지만 기능적인 날개가 없다.

27

수목해충학 매미나방의 분류 체계를 나타낸 것이다. ( ) 안에 들어갈 명칭을 순서대로 나열한 것은?

강 Class : Insecta
목 Order : Lepidoptera
과 Family : (ㄱ)
속 Genus : (ㄴ)
종 Species : (ㄷ)

	(ㄱ)	(ㄴ)	(ㄷ)
①	Erebidae	Lymantria	dispar
②	Erebidae	Lymantria	auripes
③	Notodontidae	Ivela	dispar
④	Notodontidae	Ivela	auripes
⑤	Notodontidae	Lymantria	dispar

28

유충(약충)과 성충의 입틀이 서로 다른 곤충목을 나열한 것은?

① 나비목, 벼룩목
② 나비목, 총채벌레목
③ 딱정벌레목, 벼룩목
④ 딱정벌레목, 파리목
⑤ 총채벌레목, 파리목

29

벚나무류를 가해하는 해충을 모두 고른 것은?

ㄱ. 벚나무깍지벌레
ㄴ. 미국선녀벌레
ㄷ. 회양목명나방
ㄹ. 복숭아유리나방

① ㄱ
② ㄴ, ㄷ
③ ㄱ, ㄴ, ㄹ
④ ㄴ, ㄷ, ㄹ
⑤ ㄱ, ㄴ, ㄷ, ㄹ

30

곤충 생식기관 부속샘의 분비물에 관한 설명으로 옳지 않은 것은?

① 정자를 보관한다.
② 알의 보호막 역할을 한다.
③ 암컷의 행동을 변화시킨다.
④ 정자가 이동하기 쉽게 한다.
⑤ 산란 시 점착제 역할을 한다.

31

곤충과 날개의 변형이 옳지 않은 것은?

① 대벌레 – 연모(Fringe)
② 오리나무좀 – 초시(Elytra)
③ 갈색여치 – 가죽날개(Tegmina)
④ 아까시잎혹파리 – 평균곤(Haltere)
⑤ 갈색날개노린재 – 반초시(Hemelytra)

32

성충의 외부 구조에 관한 설명으로 옳은 것은?

① 백송애기잎말이나방은 머리에 옆홑눈이 있다.
② 네눈가지나방의 기문은 머리와 배 부위에 분포한다.
③ 갈색날개매미충의 다리는 3쌍이며 배 부위에 있다.
④ 알락하늘소의 더듬이는 머리에 있으며 세 부분으로 구성된다.
⑤ 진달래방패벌레의 날개는 앞가슴과 가운뎃가슴에 각각 1쌍씩 있다.

33

곤충의 말피기관에 관한 설명으로 옳은 것은?

① 맹관으로 체강에 고정된 상태이다.
② 중장 부위에 붙어 있으며 개수는 종에 따라 다르다.
③ 분비작용 과정에서 많은 칼륨이온이 관외로 배출된다.
④ 육상 곤충의 단백질 분해 산물은 암모니아 형태로 배설된다.
⑤ 대사산물과 이온 등 배설물을 혈림프에서 말피기관 내강으로 분비한다.

34

곤충의 내분비계에 관한 설명으로 옳은 것은?

① 알라타체는 탈피호르몬을 분비한다.
② 카디아카체는 유약호르몬을 분비한다.
③ 내분비샘에서 성페로몬과 집합페로몬을 분비한다.
④ 신경분비세포에서 분비되는 호르몬은 엑디스테로이드이다.
⑤ 성충의 유약호르몬은 알에서의 난황 축적과 페로몬 생성에 관여한다.

35

각 해충의 연간 발생횟수, 월동장소, 월동태를 옳게 나열한 것은?

① 몸큰가지나방 – 3회, 흙 속, 알
② 독나방 – 3~4회, 낙엽 사이, 알
③ 갈색날개매미충 – 1회, 가지 속, 알
④ 극동등에잎벌 – 1회, 낙엽 및 흙 속, 번데기
⑤ 이세리아깍지벌레 – 1회, 가지 속, 번데기

36

두 해충의 온도(x)와 발육률(y)의 관계에 관한 설명으로 옳은 것은?

> 해충 A : $y = 0.01x - 0.1$
> 해충 B : $y = 0.02x - 0.2$

① 두 해충의 발육영점온도는 같다.
② 두 해충의 유효적산온도는 같다.
③ 해충 A의 발육영점온도는 12℃이다.
④ 해충 A의 유효적산온도는 50온일도(Degree day)이다.
⑤ 같은 환경 조건에서 해충 A의 발육이 해충 B보다 빠르다.

37

겨울철에 약제 처리가 적합한 해충을 나열한 것은?

① 꽃매미, 소나무재선충
② 오리나무잎벌레, 꽃매미
③ 소나무재선충, 솔껍질깍지벌레
④ 갈색날개매미충, 솔껍질깍지벌레
⑤ 갈색날개매미충, 오리나무잎벌레

38

단식성 해충으로 나열한 것은?

① 박쥐나방, 큰팽나무이
② 박쥐나방, 붉나무혹응애
③ 큰팽나무이, 붉나무혹응애
④ 노랑쐐기나방, 큰팽나무이
⑤ 노랑쐐기나방, 붉나무혹응애

39

소나무재선충과 솔수염하늘소의 특성에 관한 설명으로 옳지 않은 것은?

① 소나무재선충은 소나무, 곰솔, 잣나무에 기생하여 피해를 입힌다.
② 솔수염하늘소는 제주도를 제외한 전국에 분포하며 1년에 2회 발생한다.
③ 솔수염하늘소 부화유충은 목설을 배출하고 2령기 후반부터는 목질부도 가해한다.
④ 소나무로 침입한 재선충 분산기 4기 유충은 바로 탈피하여 성충이 되고 교미하여 증식한다.
⑤ 솔수염하늘소 성충은 우화하여 어린 가지의 수피를 먹고 몸에 지니고 있는 소나무재선충을 옮긴다.

40

해충과 방제 방법의 연결이 옳지 않은 것은?

① 솔나방 – 기생성 천적을 보호
② 말매미 – 산란한 가지를 잘라서 소각
③ 매미나방 – 성충 우화시기에 유아등으로 포획
④ 이세리아깍지벌레 – 가지나 줄기에 붙어 있는 알덩어리를 제거
⑤ 솔잎혹파리 – 지표면에 비닐을 피복하여 성충이 월동처로 이동하는 것을 차단

41

수목해충의 약제 처리에 관한 설명으로 옳지 않은 것은?

① 꽃매미는 어린 약충기에 수관살포한다.
② 갈색날개매미충은 어린 약충기인 4월 하순부터 수관살포한다.
③ 미국선녀벌레는 어린 약충기에 수관살포한다.
④ 밤바구미는 성충 우화기인 6월 초순경에 수관살포한다.
⑤ 솔나방은 월동한 유충의 활동기인 4월 중・하순경에 경엽살포한다.

42

수목해충의 천적에 관한 설명으로 옳은 것은?

① 꽃등에의 유충과 성충 모두 응애류를 포식한다.
② 개미침벌은 솔수염하늘소 번데기에 내부기생한다.
③ 중국긴꼬리좀벌은 밤나무혹벌 유충에 외부기생한다.
④ 혹파리살이먹좀벌은 솔잎혹파리 유충에 내부기생한다.
⑤ 홍가슴애기무당벌레는 진딧물류의 체액을 빨아먹는 포식성이다.

43

제시된 수목해충의 방제법으로 옳지 않은 것은?

> • 곰팡이를 지니고 다니면서 옮긴다.
> • 연간 1회 발생하며, 주로 노숙 유충으로 월동한다.
> • 유충과 성충이 신갈나무 목질부를 가해하여 외부로 목설을 배출한다.

① 나무를 흔들어 낙하한 유충을 죽인다.
② 우화 최성기 이전까지 끈끈이롤트랩을 설치한다.
③ 고사목과 피해목의 줄기와 가지를 잘라서 훈증한다.
④ 6월 중순을 전후하여 페니트로티온 유제를 수간살포한다.
⑤ 4월 하순부터 5월 하순까지 ha당 10개소 내외로 유인목을 설치한다.

44

해충에 의한 피해 또는 흔적의 연결로 옳지 않은 것은?

① 때죽납작진딧물 - 잎에 혹 형성
② 물푸레면충 - 줄기나 새순에 구멍이 뚫림
③ 전나무잎응애 - 잎의 변색 또는 반점 형성
④ 천막벌레나방 - 거미줄과 유사한 실이 있음
⑤ 매실애기잎말이나방 - 잎을 묶거나 맒

45

격발현상(Resurgence)에 관한 설명이다. 2차 해충에게 이러한 현상이 일어나는 이유를 옳게 나열한 것은?

> 살충제 처리가 2차 해충에 유리하게 작용하여 개체군의 증가 속도가 빨라지거나 그 밀도가 종전보다 높아지는 현상이다.

① 항생성, 생태형
② 생태형, 천적 제거
③ 천적 제거, 항생성
④ 경쟁자 제거, 항생성
⑤ 천적 제거, 경쟁자 제거

46

해충과 밀도 조사방법의 연결이 옳지 않은 것은?

① 소나무좀 - 유인목트랩
② 벚나무응애 - 황색수반트랩
③ 복숭아명나방 - 유아등트랩
④ 잣나무별납작잎벌 - 우화상
⑤ 솔껍질깍지벌레 - 성페로몬트랩

47

버즘나무방패벌레와 진달래방패벌레에 관한 공통적인 설명으로 옳은 것은?

① 성충이 잎 앞면의 조직에 1개씩 산란한다.
② 성충의 날개에 X자 무늬가 뚜렷이 보인다.
③ 낙엽 사이나 지피물 밑에서 약충으로 월동한다.
④ 약충이 잎 앞면과 뒷면을 가리지 않고 가해한다.
⑤ 잎응애 피해 증상과 비슷하지만 탈피각이 붙어 있어 구별된다.

48

각 수목해충의 기주와 가해 부위를 옳게 나열한 것은?

① 식나무깍지벌레 성충 – 사철나무, 잎
② 벚나무모시나방 유충 – 벚나무, 가지
③ 황다리독나방 유충 – 층층나무, 가지
④ 주둥무늬차색풍뎅이 유충 – 벚나무, 잎
⑤ 느티나무벼룩바구미 성충 – 느티나무, 가지

49

흡즙성, 천공성, 종실 해충 순으로 옳게 나열한 것은?

① 박쥐나방, 자귀나무이, 밤바구미
② 자귀나무이, 박쥐나방, 솔알락명나방
③ 복숭아명나방, 돈나무이, 솔알락명나방
④ 자귀나무이, 도토리거위벌레, 복숭아유리나방
⑤ 백송애기잎말이나방, 솔알락명나방, 복숭아유리나방

50

수목해충의 물리적 또는 기계적 방제법에 해당하는 설명을 모두 고른 것은?

> ㄱ. 수확한 밤을 30℃ 온탕에 7시간 침지 처리한다.
> ㄴ. 간단한 도구를 사용하여 매미나방 알을 직접 제거한다.
> ㄷ. 해충 자체나 해충이 들어가 있는 수목 조직을 소각한다.
> ㄹ. 석회와 접착제를 섞어 수피에 발라 복숭아유리나방의 산란을 방지한다.

① ㄱ　　② ㄱ, ㄴ
③ ㄱ, ㄴ, ㄷ　　④ ㄱ, ㄴ, ㄹ
⑤ ㄱ, ㄴ, ㄷ, ㄹ

제3과목 수목생리학

51

환공재, 산공재, 반환공재로 구분할 때 나머지와 다른 수종은?

① 벚나무　　② 느티나무
③ 단풍나무　　④ 자작나무
⑤ 양버즘나무

52

수목의 뿌리에서 코르크형성층과 측근을 만드는 조직은?

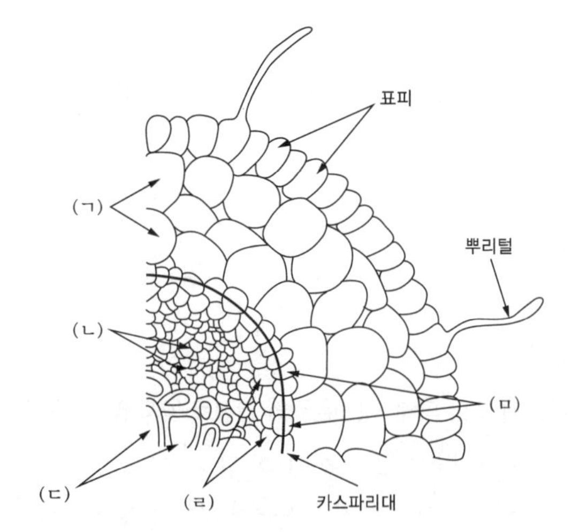

① ㄱ　　② ㄴ
③ ㄷ　　④ ㄹ
⑤ ㅁ

53

잎에 유관속이 두 개 존재하고, 엽육조직인 책상조직과 해면조직으로 분화되지 않은 수종은?

① 주 목 ② 소나무
③ 잣나무 ④ 전나무
⑤ 은행나무

54

수목의 꽃에 관한 설명으로 옳지 않은 것은?

① 버드나무는 2가화이다.
② 자귀나무는 불완전화이다.
③ 벚나무는 암술과 수술이 한 꽃에 있다.
④ 상수리나무는 암꽃과 수꽃이 한 그루에 있다.
⑤ 단풍나무는 양성화와 단성화가 한 그루에 달린다.

55

온대지방 수목에서 지하부의 계절적 생장에 관한 설명으로 옳은 것은?

① 잎이 난 후에 생장이 시작된다.
② 생장이 가장 활발한 시기는 한여름이다.
③ 지상부의 생장이 정지되기 전에 뿌리의 생장이 정지된다.
④ 수목을 이식하려면 봄철 뿌리 발달이 시작한 후에 하는 것이 좋다.
⑤ 지상부와 지하부 생장 기간 차이는 자유생장보다 고정생장 수종에서 더 크다.

56

수목의 직경생장에 관한 설명으로 옳지 않은 것은?

① 유관속형성층이 생산하는 목부는 사부보다 많다.
② 유관속형성층의 병층분열은 목부와 사부를 형성한다.
③ 유관속형성층의 수층분열은 형성층의 세포수를 증가시킨다.
④ 유관속형성층이 봄에 활동을 시작할 때 목부가 사부보다 먼저 만들어진다.
⑤ 유관속형성층이 안쪽으로 생산한 2차 목부조직에 의해 주로 이루어진다.

57

온대지방 낙엽활엽수의 무기영양에 관한 설명으로 옳은 것은?

① 가을이 되면 잎의 Ca 함량은 감소한다.
② 가을이 되면 잎의 P, K 함량은 증가한다.
③ Fe, Mn, Zn, Cu는 필수미량원소이다.
④ 양분요구도가 낮은 수목은 척박지에서 더 잘 자란다.
⑤ 무기양분 요구량은 농작물보다 많고 침엽수보다 적다.

58

수목 뿌리에서 무기이온의 흡수와 이동에 관한 설명으로 옳은 것은?

① 뿌리의 호흡이 중단되더라도 무기이온의 흡수는 계속된다.
② 세포질이동은 내피 직전까지 자유공간을 이동하는 것이다.
③ 자유공간을 통해 무기이온이 이동할 때 에너지를 소모하지 않는다.
④ 내초에는 수베린이 축적된 카스파리대가 있어 무기이온 이동을 제한한다.
⑤ 원형질막을 통한 무기이온의 능동적 흡수과정은 비선택적이고 가역적이다.

59

햇빛이 있을 때 기공이 열리는 기작으로 옳지 않은 것은?

① K^+이 공변세포 내로 유입된다.
② 공변세포 내 음전하를 띤 Malate가 축적된다.
③ 이른 아침에 적생광보다 청색광에 민감하게 반응한다.
④ H^+ ATPase가 활성화되어 공변세포 안으로 H^+가 유입된다.
⑤ 공변세포의 기공 쪽 세포벽보다 반대쪽 세포벽이 더 늘어나 기공이 열린다.

60

수목의 수분흡수와 이동에 관한 설명으로 옳은 것은?

① 액포막에 있는 아쿠아포린은 세포의 삼투조절에 관여한다.
② 토양용액의 무기이온 농도와 뿌리의 수분흡수 속도는 비례한다.
③ 능동흡수는 증산작용에 의해 수분이 집단유동하는 것을 의미한다.
④ 이른 봄 고로쇠나무에서 수액을 채취할 수 있는 것은 근압 때문이다.
⑤ 일액현상은 온대지방에서 초본식물보다 목본식물에서 흔하게 관찰된다.

61

햇빛을 감지하여 광형태 형성을 조절하는 광수용체를 고른 것은?

ㄱ. 엽록소 a
ㄴ. 엽록소 b
ㄷ. 피토크롬
ㄹ. 카로티노이드
ㅁ. 크립토크롬
ㅂ. 포토트로핀

① ㄱ, ㄴ, ㄷ
② ㄱ, ㄹ, ㅂ
③ ㄴ, ㄹ, ㅁ
④ ㄷ, ㄹ, ㅁ
⑤ ㄷ, ㅁ, ㅂ

62

스트레스에 대한 수목의 반응으로 옳은 것은?

① 바람에 자주 노출된 수목은 뿌리 생장이 감소한다.
② 가뭄스트레스를 받으면 춘재 구성세포의 직경이 커진다.
③ 대기오염물질에 피해를 받으면 균근 형성이 촉진된다.
④ 상륜은 발달 중인 미성숙 목부세포가 서리 피해를 입어 생긴다.
⑤ 동일 수종일지라도 북부산지 품종은 남부산지보다 동아 형성이 늦다.

63

수목의 호흡에 관한 설명으로 옳은 것은?

① 뿌리에 균근이 형성되면 호흡이 감소한다.
② 형성층에서는 호기성 호흡만 일어난다.
③ 그늘에 적응한 수목은 호흡을 높게 유지한다.
④ 잎의 호흡량은 잎이 완전히 자란 직후 최대가 된다.
⑤ 유령림은 성숙림보다 단위건중량당 호흡량이 적다.

64

줄기의 수액에 관한 설명으로 옳지 않은 것은?

① 사부수액은 목부수액보다 pH가 낮다.
② 수액 상승 속도는 침엽수가 활엽수보다 느리다.
③ 수액 상승 속도는 증산작용이 활발한 주간이 야간보다 빠르다.
④ 목부수액에는 질소화합물, 탄수화물, 식물호르몬 등이 용해되어 있다.
⑤ 환공재는 산공재보다 기포에 의한 공동화현상(Cavitation)에 취약하다.

65

유성생식에 관한 설명으로 옳지 않은 것은?

① 화분 입자가 작을수록 비산거리가 늘어난다.
② 온도가 높고 건조한 낮에 화분이 더 많이 비산된다.
③ 잣나무의 암꽃은 수관 상부에, 수꽃은 수관 하부에 달린다.
④ 피자식물은 감수 기간에 배주 입구에 있는 주공에서 수분액을 분비한다.
⑤ 소나무는 탄수화물 공급이 적은 상태에서 수꽃을 더 많이 만드는 경향이 있다.

66

수목의 호흡 과정에 관한 설명으로 옳지 않은 것은?

① 해당작용은 세포질에서 일어난다.
② 기질이 산화되어 에너지가 발생한다.
③ 크렙스 회로는 미토콘드리아에서 일어난다.
④ 말단전자전달경로의 에너지 생산효율이 크렙스 회로보다 높다.
⑤ 말단전자전달경로에서 전자는 최종적으로 피루브산에 전달된다.

67

수목에서 탄수화물에 관한 설명으로 옳지 않은 것은?

① 공생하는 균근균에 제공된다.
② 단백질을 합성하는 데 이용된다.
③ 호흡 과정에서 에너지 생산에 이용된다.
④ 겨울에 빙점을 낮춰 세포가 어는 것을 방지한다.
⑤ 잣나무 종자의 저장물질 중 가장 높은 비율을 차지한다.

68

다당류에 관한 설명으로 옳지 않은 것은?

① 전분은 주로 유세포에 전분립으로 축적된다.
② 셀룰로스는 포도당 분자들이 선형으로 연결되어 있다.
③ 펙틴은 중엽층에서 세포들을 결합시키는 접착제 역할을 한다.
④ 세포의 2차벽에는 헤미셀룰로오스가 셀룰로오스보다 더 많이 들어 있다.
⑤ 잔뿌리 끝에서 분비되는 점액질은 토양을 뚫고 들어갈 때 윤활제 역할을 한다.

69

수목의 사부수액에 관한 설명으로 옳은 것은?

① 흔하게 발견되는 당류는 환원당이다.
② 탄수화물은 약 2% 미만으로 함유되어 있다.
③ 탄수화물과 무기이온이 주성분이며 아미노산은 발견되지 않는다.
④ 참나무과 수목에는 자당(Sucrose)보다 라피노즈(Raffinose) 함량이 더 많다.
⑤ 장미과 마가목속 수목은 자당(Sucrose)과 함께 소르비톨(sorbitol)도 다량 포함하고 있다.

70

수목의 호르몬에 관한 설명으로 옳은 것은?

① 옥신은 줄기에서 곁가지 발생을 촉진한다.
② 뿌리가 침수되면 에틸렌 생산이 억제된다.
③ 아브시스산은 겨울눈의 휴면타파를 유도한다.
④ 일장이 짧아지면 브라시노스테로이드가 잎에 형성되어 낙엽을 유도한다.
⑤ 암 상태에서 발아한 유식물에 시토키닌을 처리하면 엽록체가 발달한다.

71

수목의 질산환원에 관한 설명으로 옳지 않은 것은?

① 흡수된 NO_3^-는 아미노산 합성 전에 NH_4^+로 환원된다.
② 잎에서 질산환원은 광합성속도와 부(−)의 상관관계를 갖는다.
③ 산성토양에서 자라는 진달래류는 질산환원이 뿌리에서 일어난다.
④ 산성토양에서 자라는 소나무의 목부수액에는 NO_3^-가 거의 없다.
⑤ 질산환원효소(Nitrate reductase)에 의한 환원은 세포질에서 일어난다.

72

목본식물의 질소함량 변화에 관한 설명으로 옳지 않은 것은?

① 낙엽수나 상록수 모두 계절적 변화가 관찰된다.
② 오래된 가지, 수피, 목부의 질소함량비는 나이가 들수록 감소한다.
③ 줄기 내 질소함량의 계절적 변화는 사부보다 목부에서 더 크다.
④ 질소함량은 낙엽 직전에 잎에서는 감소하고 가지에서는 증가한다.
⑤ 봄철 줄기 생장이 개시되면 목부 내 질소함량이 감소하기 시작한다.

73

수목의 지방 대사에 관한 설명으로 옳지 않은 것은?

① 지방은 에너지 저장수단이다.
② 지방의 해당작용은 엽록체에서 일어난다.
③ 지방 분해과정의 첫 번째 효소는 리파아제(Lipase)이다.
④ 지방의 분해는 O_2를 소모하고 ATP를 생산하는 호흡작용이다.
⑤ 지방은 글리세롤과 지방산으로 분해된 후 자당(Sucrose)으로 합성된다.

74

수목의 페놀화합물에 관한 설명으로 옳지 않은 것은?

① 감나무 열매의 떫은맛은 타닌 때문이다.
② 플라보노이드는 주로 액포에 존재한다.
③ 페놀화합물은 토양에서 타감작용을 한다.
④ 이소플라본은 파이토알렉신 기능을 한다.
⑤ 나무좀의 공격을 받으면 리그닌 생산이 촉진된다.

75

광합성에 영향을 주는 요인으로 옳은 설명을 고른 것은?

> ㄱ. 침수는 뿌리호흡을 방해하여 광합성량을 감소시킨다.
> ㄴ. 성숙잎이 어린잎보다 단위면적당 광합성량이 적다.
> ㄷ. 수목은 광도가 광보상점 이상이어야 살아갈 수 있다.
> ㄹ. 그늘에 적응한 나무는 광반(Sunfleck)에 신속하게 반응한다.
> ㅁ. 수목은 이른 아침에 수분 부족으로 인한 일중침체 현상을 겪는다.
> ㅂ. 상록수의 광합성량은 낙엽수보다 완만한 계절적 변화를 보인다.

① ㄱ, ㄴ, ㄷ, ㅂ　　② ㄱ, ㄷ, ㄹ, ㅁ
③ ㄱ, ㄷ, ㄹ, ㅂ　　④ ㄴ, ㄷ, ㄹ, ㅁ
⑤ ㄴ, ㄷ, ㄹ, ㅂ

제4과목 산림토양학

76

SiO_2 함량이 66% 이상인 산성암은?

① 반려암　　② 섬록암
③ 안산암　　④ 현무암
⑤ 석영반암

77

배수와 통기성이 양호하며 뿌리의 발달이 원활한 심층토에서 주로 발달하는 토양구조는?

① 괴상구조　　② 단립구조
③ 입상구조　　④ 판상구조
⑤ 견과상구조

78

모래, 미사, 점토 함량(%)이 각각 40, 40, 20인 토양의 토성은?

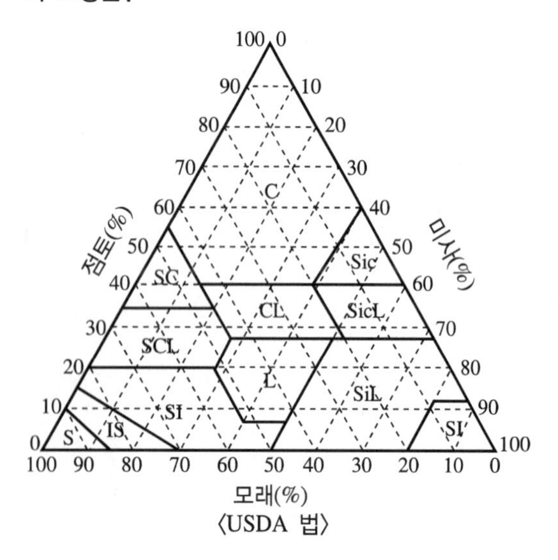

① L(양토) ② SL(사양토)
③ CL(식양토) ④ SiL(미사질양토)
⑤ SCL(사질식양토)

79

점토광물 중 양이온교환용량(CEC)이 가장 높은 것은?

① 일라이트(Illite)
② 클로라이트(Chlorite)
③ 카올리나이트(Kaolinite)
④ 할로이사이트(Halloysite)
⑤ 버미큘라이트(Vermiculite)

80

한국의 산림토양 특성에 관한 설명으로 옳지 않은 것은?

① 토양형으로 생산력을 예측할 수 있다.
② 가장 널리 분포하는 토양은 암적색 산림토양이다.
③ 토양의 분류 체계는 토양군, 토양아군, 토양형 순이다.
④ 주로 모래 함량이 많은 사양토이며 산성토양이다.
⑤ 수분 상태는 건조, 약건, 적윤, 약습, 습으로 구분한다.

81

온대 또는 열대의 습윤한 기후에서 발달하며 Cambic, Umbric 표층을 가지는 토양목은?

① 알피졸(Alfisol)
② 울티졸(Ultisol)
③ 엔티졸(Entisol)
④ 앤디졸(Andisol)
⑤ 인셉티졸(Inceptisol)

82

광물의 풍화 내성이 강한 것부터 약한 순서로 나열한 것은?

① 미사장석 〉 백운모 〉 흑운모 〉 감람석 〉 석영
② 감람석 〉 석영 〉 미사장석 〉 백운모 〉 흑운모
③ 백운모 〉 흑운모 〉 석영 〉 미사장석 〉 감람석
④ 석영 〉 백운모 〉 미사장석 〉 흑운모 〉 감람석
⑤ 흑운모 〉 백운모 〉 감람석 〉 석영 〉 미사장석

83

칼륨과 길항관계이며 엽록소의 구성성분인 식물 필수원소는?

① 인　　② 철
③ 망 간　　④ 질 소
⑤ 마그네슘

84

물에 의한 토양침식에 관한 설명으로 옳지 않은 것은?

① 유기물 함량이 많으면 토양유실이 줄어든다.
② 토양에 대한 빗방울의 타격은 토양입자를 비산시킨다.
③ 분산 이동한 토양입자들은 공극을 막아 수분의 토양침투를 어렵게 한다.
④ 강우강도는 강우량보다 토양침식에 더 많은 영향을 미치는 인자이다.
⑤ 토양유실은 면상침식이나 세류침식보다 계곡침식에서 대부분 발생한다.

85

토양의 질산화작용 중 각 단계에 관여하는 미생물의 속명이 옳게 연결된 것은?

	1단계 ($NH_4^+ \rightarrow NO_2^-$)	2단계 ($NO_2^- \rightarrow NO_3^-$)
①	*Nitrocystis*	*Rhizobium*
②	*Nitrosomonas*	*Frankia*
③	*Nitrosospira*	*Nitrobacter*
④	*Rhizobium*	*Nitrosococcus*
⑤	*Pseudomonas*	*Nitrosomonas*

86

토양포화침출액의 전기전도도(EC)가 4dS/m 이상이고, 교환성나트륨퍼센트(ESP)가 15% 이하이며, 나트륨흡착비(SAR)는 13 이하인 토양은?

① 염류 토양
② 석회질 토양
③ 알칼리 토양
④ 나트륨성 토양
⑤ 염류나트륨성 토양

87

균근에 관한 설명으로 옳지 않은 것은?

① 균근은 균과 식물뿌리의 공생체이다.
② 인산을 제외한 양분 흡수를 도와준다.
③ 굴참나무는 외생균근, 단풍나무는 내생균근을 형성한다.
④ 균사는 토양을 입단화하여 통기성과 투수성을 증가시킨다.
⑤ 식물은 토양으로 뻗어나온 균사가 흡수한 물과 양분을 얻는다.

88

토양의 완충용량에 관한 설명으로 옳지 않은 것은?

① 식물양분의 유효도와 밀접한 관계가 있다.
② 완충용량이 클수록 토양의 pH 변화가 적다.
③ 모래함량이 많은 토양일수록 완충용량은 커진다.
④ 부식의 함량이 많을수록 완충용량은 커진다.
⑤ 양이온교환용량이 클수록 완충용량은 커진다.

89

산불이 산림토양에 미치는 영향으로 옳은 설명만 고른 것은?

ㄱ. 교환성 양이온(Ca_2^+, Mg_2^+, K^+)은 일시적으로 증가한다.
ㄴ. 입단구조 붕괴, 재에 의한 공극 폐쇄, 점토입자 분산 등으로 토양 용적밀도가 감소한다.
ㄷ. 지표면에 불투수층이 형성되어 침투능이 감소하고 유거수와 침식이 증가한다.
ㄹ. 양이온교환능력은 유기물 손실량에 비례하여 증가한다.

① ㄱ, ㄴ
② ㄱ, ㄷ
③ ㄱ, ㄹ
④ ㄴ, ㄷ
⑤ ㄴ, ㄹ

90

콩과식물의 레그헤모글로빈 합성에 필요한 원소는?

① 규 소
② 나트륨
③ 셀레늄
④ 코발트
⑤ 알루미늄

91

토양유기물 분해에 관한 설명으로 옳지 않은 것은?

① 토양이 산성화 또는 알칼리화되면 유기물 분해속도는 느려진다.
② 페놀화합물 함량이 유기물 건물 중량의 3~4%가 되면 분해속도는 빨라진다.
③ 발효형 미생물은 리그닌의 분해를 촉진시키는 기폭 효과를 가지고 있다.
④ 탄질비가 300인 유기물도 외부로부터 질소가 공급되면 분해속도가 빨라진다.
⑤ 리그닌과 같은 난분해성 물질은 유기물 분해의 제한요인으로 작용할 수 있다.

92

식물영양소의 공급기작에 관한 설명으로 옳은 것은?

① 인산이 칼륨보다 큰 확산계수를 가진다.
② 칼슘과 마그네슘은 주로 확산에 의해 공급된다.
③ 식물이 필요로 하는 영양소의 대부분은 집단류에 의해 공급된다.
④ 집단류에 의한 영양소 공급기작은 접촉교환학설이 뒷받침한다.
⑤ 뿌리차단(Root intereption)에 의한 영양소 흡수량은 뿌리가 발달할수록 적어진다.

93

식물체 내에서 영양소와 생리적 기능의 연결로 옳지 않은 것은?

① 칼륨 – 이온 균형 유지
② 붕소 – 산화환원반응 조절
③ 칼슘 – 세포벽 구조 안정화
④ 인 – 핵산과 인지질의 구성원소
⑤ 니켈 – 요소분해효소의 보조인자

94

석회질비료에 관한 설명으로 옳지 않은 것은?

① 토양 개량으로 양분 유효도 개선을 기대할 수 있다.
② 석회석의 토양 산성 중화력은 생석회보다 더 높은 편이다.
③ 석회고토는 백운석($CaCO_3 \cdot MgCO_3$)을 분쇄하여 분말로 제조한 것이다.
④ 소석회는 알칼리성이 강하므로 수용성 인산을 함유한 비료와 배합해서는 안 된다.
⑤ 부식과 점토함량이 낮은 토양의 산도 교정에는 생석회를 많이 사용하지 않아도 된다.

95

답압이 토양에 미치는 영향으로 옳은 것은?

① 입자밀도가 높아진다.
② 수분 침투율이 증가한다.
③ 표토층 입단이 파괴된다.
④ 토양 공기의 확산이 증가한다.
⑤ 토양 3상 중 고상의 비율이 감소한다.

96

토양콜로이드 입자의 표면에 흡착된 양이온 중 토양을 산성화시키는 원소만 모두 고른 것은?

ㄱ. 수 소
ㄴ. 칼 륨
ㄷ. 칼 슘
ㄹ. 나트륨
ㅁ. 마그네슘
ㅂ. 알루미늄

① ㄱ, ㄹ
② ㄱ, ㅂ
③ ㄱ, ㅁ, ㅂ
④ ㄴ, ㄷ, ㄹ, ㅁ
⑤ ㄱ, ㄴ, ㄷ, ㄹ, ㅁ

97

토양 코어(부피 $100cm^3$)를 사용하여 채취한 토양의 건조 후 무게는 150g이었다. 중량수분함량이 20%일 때 토양의 공극률(%)과 용적수분함량(%)은? (단, 입자밀도는 $3.0g/cm^3$, 물의 밀도는 $1.0g/cm^3$이다.)

① 30, 20
② 40, 20
③ 40, 30
④ 50, 30
⑤ 60, 30

98

토양수분 특성에 관한 설명으로 옳지 않은 것은?

① 위조점은 식물이 시들게 되는 토양수분 상태이다.
② 포장용수량은 모든 공극이 물로 채워진 토양수분 상태이다.
③ 흡습수와 비모세관수는 식물이 이용하지 못하는 수분이다.
④ 물은 토양수분퍼텐셜이 높은 곳에서 낮은 곳으로 이동한다.
⑤ 포장용수량에 해당하는 수분함량은 점토의 함량이 높을수록 많아진다.

99

토양의 용적밀도에 관한 설명으로 옳지 않은 것은?

① 답압이 발생하면 높아진다.
② 공극량이 많을 때 높아진다.
③ 유기물 함량이 많으면 낮아진다.
④ 토양 내 뿌리 자람에 영향을 미친다.
⑤ 공극을 포함한 단위용적에 함유된 고상의 중량이다.

100

질소 저장량을 추정하고자 조사한 내용이 아래와 같을 때, 이 토양 A층의 1ha 중 질소 저장량(ton)은?

- A층 토심 : 10cm
- 용적밀도 : 1.0g/cm^3
- 질소농도 : 0.2%
- 석력함량 : 0%

① 0.02 ② 0.2
③ 2 ④ 20
⑤ 200

제5과목 수목관리학

101

수목 이식에 관한 설명으로 옳지 않은 것은?

① 나무의 크기가 클수록 이식성공률이 낮다.
② 낙엽수는 상록수보다, 관목은 교목보다 이식이 잘된다.
③ 교목은 인접한 나무와 수관이 맞닿을 정도로 식재한다.
④ 수피 상처와 피소를 예방하고자 수간을 피복한다.
⑤ 대경목의 뿌리돌림은 이식 2년 전부터 2회에 걸쳐 실시하는 것이 바람직하다.

102

가로수에 관한 설명으로 옳지 않은 것은?

① 내병충성과 강한 구획화 능력이 요구된다.
② 보행자 통행에 지장이 없는 나무로 선정한다.
③ 보도 포장의 융기와 훼손을 예방하려고 천근성 수종을 선정한다.
④ 식재지역의 역사와 문화에 적합하고 향토성을 지닌 나무를 선정한다.
⑤ 난대지역에 적합한 수종으로는 구실잣밤나무, 녹나무, 먼나무, 후박나무 등이 있다.

103

다음 설명에 해당하는 전정 유형은?

- 한 번에 총엽량의 1/4 이상을 제거해서는 안 된다.
- 성숙한 나무가 필요 이상으로 자라 크기를 줄일 때 적용하는 방법이다.
- 줄당김, 수간외과수술 등과 연계하여 나무의 파손 가능성을 줄일 목적으로 적용한다.

① 수관 솎기　② 수관 청소
③ 수관 축소　④ 수관 회복
⑤ 수관 높이기

104

다음 설명에 해당하는 수종은?

- 층층나무과의 낙엽활엽교목이다.
- 가지 끝에 달리는 산방꽃차례에 흰색 꽃이 5월에 핀다.
- 잎은 어긋나고 측맥은 6~9쌍이며 뒷면에 흰 털이 발달한다.
- 열매는 핵과이고 둥글며 검은색으로 익는다.

① *Cornus kousa*　② *C. walteri*
③ *C. officinalis*　④ *C. controversa*
⑤ *C. macrophylla*

105

수목관리 방법이 옳은 것은?

① 공사현장의 수목보호구역은 수목의 형상비를 기준으로 설정한다.
② 고층건물의 옥상 녹지에 목련, 소나무, 느릅나무 등 경관수목을 식재한다.
③ 토양유실로 노출된 뿌리에서 경화가 확인되면 원지반 높이까지만 흙을 채운다.
④ 산림에 인접한 주택은 건물 외벽으로부터 폭 10m 이내에 교목과 아교목을 혼식하여 방화수림대를 조성한다.
⑤ 내한성이 약한 식수대(Planter) 생육 수목을 야외에서 월동시킬 경우, 노출된 식수대 외벽에 단열재를 설치한다.

106

수목 지지시스템의 적용 방법이 옳지 않은 것은?

① 부러질 우려가 있는 처진 가지에 지지대를 설치한다.
② 할렬로 파손 가능성이 있는 줄기를 쇠조임한다.
③ 기울어진 나무는 다시 곧게 세우고 당김줄을 설치한다.
④ 쇠조임을 위한 줄기 관통구멍의 크기는 삽입할 쇠막대 지름의 2배로 한다.
⑤ 결합이 약한 동일세력 줄기의 분기 지점으로부터 분기 줄기의 2/3되는 지점을 줄당김으로 연결한다.

107

녹지의 잡초에 관한 설명으로 옳지 않은 것은?

① 잡초 종자는 수명이 길고 휴면성이 좋다.
② 방제법으로는 경종적·물리적·화학적 방법 등이 있다.
③ 대부분의 잡초 종자는 광조건과 무관하게 발아한다.
④ 다년생 잡초에는 쑥, 쇠뜨기, 질경이, 띠, 소리쟁이, 개밀 등이 있다.
⑤ 병해충의 서식지, 월동장소 등을 제공하여 병해충 발생을 조장하는 잡초종도 있다.

108

두절에 대한 가로수의 반응으로 옳지 않은 것은?

① 뿌리 생장이 위축된다.
② 맹아지가 과도하게 발생한다.
③ 절단면에 부후가 발생하기 쉽다.
④ 저장된 에너지가 과다하게 소모된다.
⑤ 지제부의 직경생장이 급격하게 증가한다.

109

우박 및 우박 피해에 관련된 내용으로 옳지 않은 것은?

① 상층 수관에 피해를 일으키는 경우가 많다.
② 우박 피해는 줄기마름병 피해와 증상이 흡사하다.
③ 지름 1~2cm인 우박은 14~20m/s 속도로 낙하한다.
④ 가지에 난 우박 상처가 오래되면 궤양 같은 흔적을 남긴다.
⑤ 우박은 불안정한 대기에서 만들어지며 상승기류가 발생하는 지역에 자주 내린다.

110

수목의 낙뢰 피해에 관한 설명으로 옳지 않은 것은?

① 방사조직이 파괴되어 영양분을 상실한다.
② 대부분의 경우 나무 전체에 피해가 나타난다.
③ 피해 즉시보다 일정기간 생존 후 고사하는 사례가 많다.
④ 수간 아래로 내려오면서 피해 부위가 넓어지는 것이 특징이다.
⑤ 느릅나무, 칠엽수 등 지질이 많은 수종에서 피해가 심하다.

111

수목의 기생성 병과 비기생성 병의 특징에 관한 설명으로 옳은 것은?

① 기생성 병은 기주 특이성이 높지만 비기생성 병은 낮다.
② 기생성 병과 비기생성 병 모두 표징이 존재하는 경우도 있다.
③ 기생성 병은 수목 조직에 대한 선호도가 없지만 비기생성 병은 있다.
④ 기생성 병은 병의 진전도가 비슷하게 나타나지만 비기생성 병은 다양하게 나타난다.
⑤ 기생성 병은 수목 전체에 같은 증상이 나타나나, 비기생성 병은 증상이 임의로 나타난다.

112

1991년에 만들어진 도시공원의 토양조사 결과 pH8.5이며, EC는 4.5dS/m이다. 이 토양에서 일어나기 쉬운 수목 피해에 관한 설명으로 옳은 것은?

① 균근 형성률이 증가한다.
② 잎의 가장자리가 타들어간다.
③ 잎 뒷면이 청동색으로 변한다.
④ 소나무 줄기에서 수지가 흘러내린다.
⑤ 엽육조직이 두꺼운 수종에서는 과습돌기가 만들어진다.

113

햇볕에 의한 고온 피해로 옳지 않은 것은?

① 목련, 배롱나무는 피소에 민감하다.
② 성숙잎보다 어린잎에서 심하게 나타난다.
③ 양엽에서는 햇볕에 의한 고온 피해가 일어나지 않는다.
④ 엽육조직이 손상되어 피해 조직에서는 광합성을 하지 못한다.
⑤ 피소되어 형성층이 파괴되면 양분과 수분 이동이 저해된다.

114

도시공원의 토양 분석표이다. 조경수 생육에 부족한 원소는?

구 분	함 량
총질소	0.13%
유효인산	20mg/kg
교환성 칼륨	1cmolc/kg
교환성 칼슘	5cmolc/kg
교환성 마그네슘	2cmolc/kg

① 인　② 질 소
③ 칼 륨　④ 칼 슘
⑤ 마그네슘

115

농약 명명법에서 제품의 형태를 표기하는 것은?

① 상표명　② 일반명
③ 코드명　④ 품목명
⑤ 화학명

116

다음 내용에 해당하는 농약의 제형은?

- 유탁제의 기능을 개선한 것
- 유기용제를 소량 사용하여 조제한 것
- 살포액을 조제하였을 때 외관상 투명한 것
- 최근 나무주사액으로 많이 사용하는 것

① 미탁제　② 분산성액제
③ 액상수화제　④ 입상수용제
⑤ 캡슐현탁제

117

유기분사 방식으로 분무 입자를 작게 만들어 고속으로 회전하는 송풍기를 통해 풍압으로 살포하는 방법은?

① 분무법
② 살분법
③ 연무법
④ 훈증법
⑤ 미스트법

118

농약의 독성평가에서 특수 독성 시험은?

① 최기형성 시험
② 염색체이상 시험
③ 피부자극성 시험
④ 급성경구독성 시험
⑤ 지발성신경독성 시험

119

미국흰불나방 방제에 사용되는 디아마이드(Diamide)계 살충제의 작용기작은?

① 키틴 합성 저해
② 나트륨이온 통로 변조
③ 라이아노딘 수용체 변조
④ 아세틸콜린에스테라제 저해
⑤ 니코틴 친화성 아세틸콜린 수용체의 경쟁적 변조

120

플루오피람 액상수화제(유효성분 함량 40%)를 4,000배 희석하여 500L를 조제할 때 소요되는 약량과 살포액의 유효성분 농도는? (단, 희석수의 비중은 1이다)

	약량(mL)	농도(ppm)
①	125	50
②	125	100
③	125	200
④	250	100
⑤	250	200

121

아바멕틴 미탁제에 관한 설명으로 옳지 않은 것은?

① 접촉독 및 소화중독에 의하여 살충효과를 나타낸다.
② 꿀벌에 대한 독성이 강하여 사용에 주의하여야 한다.
③ 소나무에 나무주사 시 흉고직경 cm당 원액 1mL로 사용하여야 한다.
④ 작용기작은 글루탐산 의존성 염소이온 통로 다른자리입체성 변조이다.
⑤ 미생물 유래 천연성분 유도체이므로 계속 사용하여도 저항성이 생기지 않는다.

122

테부코나졸 유탁제에 관한 설명으로 옳지 않은 것은?

① 스트로빌루린계 살균제이다.
② 작용기작은 사1로 표기한다.
③ 세포막 스테롤 생합성 저해제이다.
④ 침투이행성이 뛰어나 치료 효과가 우수하다.
⑤ 리기다소나무 푸사리움가지마름병 방제에 사용한다.

123

「농약관리법 시행규칙」상 잔류성에 의한 농약 등의 구분에 의하면 "토양잔류성 농약은 토양 중 농약 등의 반감기간이 (   )일 이상인 농약 등으로서 사용결과 농약 등을 사용하는 토양(경지를 말한다)에 그 성분이 잔류되어 후작물에 잔류되는 농약 등"이라고 정의하고 있다. (   ) 안에 들어갈 일수는?

① 60
② 90
③ 120
④ 180
⑤ 365

124

「소나무재선충병 방제특별법 시행령」상 반출금지구역에서 소나무를 이동하였을 때 위반 차수별 과태료 금액이 옳은 것은? (단위 : 만 원)

	1차	2차	3차
①	30	50	150
②	50	100	150
③	50	100	200
④	100	150	200
⑤	100	150	300

125

「2023년도 산림병해충 예찰 · 방제계획」에 제시된 주요 산림병해충에 관한 기본 방향으로 옳지 않은 것은?

① 솔껍질깍지벌레 : 해안가 우량 곰솔림에 대한 종합 방제사업 지속 발굴 · 추진
② 소나무재선충병 : 드론예찰을 통한 예찰 체계 강화로 사각지대 방제 및 누락 방지
③ 참나무시들음병 : 매개충의 생활사 및 현지 여건을 고려한 복합방제로 피해 확산 저지
④ 솔잎혹파리 : 피해도 '심' 이상 지역, 중점관리지역 등은 임업적 방제 후 적기에 나무주사 시행
⑤ 외래 · 돌발 · 혐오 병해충 : 대발생이 우려되는 외래 · 돌발 병해충에 사전 적극 대응해 국민생활안전 보장

2022년 제8회

나무의사 필기 기출문제해설

기출문제

제1과목 수목병리학

01

20세기 초 대규모 발생하여 수목병리학의 발전을 촉진시키는 계기가 된 병으로만 나열한 것은?

① 밤나무 줄기마름병, 느릅나무 시들음병, 잣나무 털녹병
② 참나무 시들음병, 느릅나무 시들음병, 배나무 불마름병(화상병)
③ 대추나무 빗자루병, 포플러 녹병, 소나무 시들음병(소나무재선충병)
④ 향나무 녹병, 밤나무 줄기마름병, 소나무 시들음병(소나무재선충병)
⑤ 소나무 시들음병(소나무재선충병), 잣나무 털녹병, 소나무류 (푸사리움)가지마름병

02

생물적, 비생물적 원인에 대한 수목의 반응으로 나타나는 것이 아닌 것은?

① 궤 양
② 암 종
③ 위 축
④ 자 좌
⑤ 더뎅이

03

수목병과 생물적 방제에 사용되는 미생물의 연결이 옳지 않은 것은?

① 모잘록병 – *Trichoderma spp.*
② 잣나무 털녹병 – *Tuberculina maxima*
③ 안노섬 뿌리썩음병 – *Peniophora gigantea*
④ 참나무 시들음병 – *Ophiostoma piliferum*
⑤ 밤나무 줄기마름병 – dsRNA 바이러스에 감염된 *Cryphonectria parasitica*

04

수목에 나타나는 빗자루 증상의 원인이 아닌 것은?

① 곰팡이 ② 제설제
③ 제초제 ④ 흡즙성 해충
⑤ 파이토플라스마

05

수목병과 진단에 사용할 수 있는 방법의 연결이 옳지 않은 것은?

① 근두암종병 – ELISA 검증
② 뽕나무 오갈병 – DAPI 형광염색법
③ 흰가루병 – 자낭구의 광학현미경 검증
④ 벚나무 번개무늬병 – 병원체 ITS 부위의 염기서열 분석
⑤ 소나무 시들음병(소나무재선충병) – Baermann 깔때기법으로 분리 후, 현미경 검경

06

*Pestalotiopsis sp.*에 의해 발생하는 수목병은?

① 사철나무 탄저병
② 철쭉류 잎마름병
③ 회양목 잎마름병
④ 참나무 둥근별무늬병
⑤ 홍가시나무 점무늬병

07

병원균의 세포벽에 펩티도글리칸(Peptidoglycan)이 포함된 수목병은?

① 감귤 궤양병
② 포플러 잎녹병
③ 참나무 시들음병
④ 두릅나무 더뎅이병
⑤ 느티나무 흰별무늬병

08

소나무의 외생균근(Ectomycorrhizae)에 관한 설명으로 옳지 않은 것은?

① 균근균은 대부분 담자균문에 속한다.
② 뿌리와 균류가 공생관계를 형성한다.
③ 뿌리병원균의 침입으로부터 뿌리를 방어한다.
④ 뿌리표면적이 넓어지는 효과로 인(P) 등의 양분 흡수를 용이하게 한다.
⑤ 베시클(Vesicle)과 나뭇가지 모양의 아뷰스큘(Arbuscule)을 형성한다.

09

곤충이 병원체의 기주 수목 침입에 관여하지 않는 병은?

① 참나무 시들음병
② 대추나무 빗자루병
③ 사철나무 그을음병
④ 사과나무 불마름병(화상병)
⑤ 소나무 푸른무늬병(청변균)

10

수목병을 일으키는 유성포자가 아닌 것으로 나열된 것은?

ㄱ. 난포자	ㄴ. 담자포자
ㄷ. 분생포자	ㄹ. 유주포자
ㅁ. 자낭포자	ㅂ. 후벽포자

① ㄱ, ㄴ, ㄷ
② ㄴ, ㄷ, ㅂ
③ ㄷ, ㄹ, ㅁ
④ ㄷ, ㄹ, ㅂ
⑤ ㄹ, ㅁ, ㅂ

11

배수가 불량한 곳에서 피해가 특히 심한 수목병으로 나열된 것은?

① 밤나무 잉크병, 장미 검은무늬병
② 라일락 흰가루병, 회양목 잎마름병
③ 향나무 녹병, 단풍나무 타르점무늬병
④ 소나무류 (푸사리움)가지마름병, 철쭉류 떡병
⑤ 밤나무 파이토프토라뿌리썩음병, 전나무 모잘록병

12

병든 낙엽 제거로 예방 효과를 거둘 수 있는 수목병으로 나열된 것은?

① 모과나무 점무늬병, 참나무 시들음병
② 칠엽수 얼룩무늬병, 소나무 잎떨림병
③ 버즘나무 탄저병, 소나무류 피목가지마름병
④ 소나무류 (푸사리움)가지마름병, 사철나무 탄저병
⑤ 소나무 시들음병(소나무재선충병), 단풍나무 타르점무늬병

13

수목 뿌리에 발생하는 병에 관한 설명으로 옳지 않은 것은?

① 모잘록병은 병원균 우점병이다.
② 리지나뿌리썩음병균은 파상땅해파리버섯을 형성한다.
③ 파이토프토라뿌리썩음병균은 미끼법과 선택배지법으로 분리할 수 있다.
④ 아까시흰구멍버섯에 의한 줄기밑둥썩음병은 변재가 먼저 썩고 심재가 나중에 썩는다.
⑤ 아밀라리아뿌리썩음병은 기주 우점병으로 토양 내에서 뿌리꼴균사다발이 건전한 뿌리쪽으로 자란다.

14

환경 개선에 의한 수목병 예방 및 방제법의 연결이 옳지 않은 것은?

① 철쭉류 떡병 - 통풍이 잘되게 해 준다.
② 리지나뿌리썩음병 - 산성토양일 때에는 석회를 시비한다.
③ 자주날개무늬병 - 석회를 살포하여 토양산도를 조절한다.
④ 소나무류 잎떨림병 - 임지 내 풀깎기 및 가지치기를 한다.
⑤ *Fusarium* sp.에 의한 모잘록병 - 토양을 과습하지 않게 유지한다.

15

병원체가 같은 분류군(문)인 수목병으로 나열된 것은?

ㄱ. 소나무 혹병
ㄴ. 철쭉류 떡병
ㄷ. 뽕나무 오갈병
ㄹ. 벚나무 빗자루병
ㅁ. 밤나무 가지마름병
ㅂ. 대추나무 빗자루병
ㅅ. 호두나무 근두암종병
ㅇ. 사과나무 자주날개무늬병

① ㄱ, ㄴ, ㄷ
② ㄱ, ㄴ, ㅇ
③ ㄴ, ㄷ, ㅅ
④ ㄷ, ㄹ, ㅇ
⑤ ㄹ, ㅂ, ㅅ

16

***Corynespora cassiicola*에 의한 무궁화 점무늬병에 관한 설명으로 옳은 것은?**

① 이른 봄철부터 발생한다.
② 건조한 지역에서 흔히 발생한다.
③ 어린잎의 엽병 및 어린줄기에서도 나타난다.
④ 수관 위쪽 잎부터 발병하기 시작하여 아래쪽 잎으로 진전한다.
⑤ 초기에는 작고 검은 점무늬가 나타나고 차츰 겹둥근무늬가 연하게 나타난다.

17

밤나무 잉크병의 병원체에 관한 설명으로 옳지 않은 것은?

① 격벽이 없는 다핵균사를 형성한다.
② 세포벽의 주성분은 글루칸과 섬유소이다.
③ 장정기의 표면이 울퉁불퉁하다.
④ 무성생식으로 편모를 가진 유주포자를 형성한다.
⑤ 참나무 급사병 병원체와 동일한 속이다.

18

다음 증상을 나타내는 수목병은?

> • 죽은 가지는 세로로 주름이 잡히고 성숙하면 수피 내 분생포자반에서 포자가 다량 누출된다.
> • 포자가 빗물에 씻겨 수피로 흘러 내리면 마치 잉크를 뿌린 듯이 잘 보인다.

① 밤나무 잉크병
② Nectria 궤양병
③ Hypoxylon 궤양병
④ 밤나무 줄기마름병
⑤ 호두나무 검은(돌기)가지마름병

19

병원균이 자낭반을 형성하는 수목병으로 나열된 것은?

> ㄱ. 버즘나무 탄저병
> ㄴ. 밤나무 줄기마름병
> ㄷ. 낙엽송 가지끝마름병
> ㄹ. 단풍나무 타르점무늬병
> ㅁ. 소나무류 피목가지마름병
> ㅂ. 소나무류 리지나뿌리썩음병

① ㄱ, ㄴ, ㄷ ② ㄴ, ㄷ, ㄹ
③ ㄴ, ㅁ, ㅂ ④ ㄷ, ㄹ, ㅁ
⑤ ㄹ, ㅁ, ㅂ

20

녹병균의 핵상이 2n인 포자가 형성되는 기주와 병원균의 연결이 옳지 않은 것은?

① 향나무 – 향나무 녹병균
② 신갈나무 – 소나무 혹병균
③ 산철쭉 – 산철쭉 잎녹병균
④ 전나무 – 전나무 잎녹병균
⑤ 황벽나무 – 소나무 잎녹병균

21

수목병과 증상의 연결이 옳지 않은 것은?

① 소나무 잎마름병 – 봄에 침엽의 윗부분(선단부)에 누런 띠 모양이 생긴다.
② 소나무류 (푸사리움)가지마름병 – 신초와 줄기에서 수지가 흘러내려 흰색으로 굳어 있다.
③ 회양목 잎마름병 – 병반 주위에 짙은 갈색 띠가 형성되며, 건전 부위와의 경계가 뚜렷하다.
④ 버즘나무 탄저병 – 잎이 전개된 이후에 발생하면 잎맥을 중심으로 번개 모양의 갈색 병반이 형성된다.
⑤ 참나무 갈색둥근무늬병 – 잎의 앞면에 건전한 부분과 병든 부분의 경계가 뚜렷하게 적갈색으로 나타난다.

22

아래 보기 중 병원균의 유생생식 자실체 크기가 가장 작은 수목병은?

① 자주날개무늬병
② 안노섬뿌리썩음병
③ 배롱나무 흰가루병
④ 아밀라리아뿌리썩음병
⑤ 소나무류 피목가지마름병

23

한국에서 선발육종하여 내병성 품종 실용화에 성공한 사례는?

① 포플러 잎녹병
② 벚나무 빗자루병
③ 장미 모자이크병
④ 대추나무 빗자루병
⑤ 밤나무 줄기마름병

24

벚나무 빗자루병에 관한 설명으로 옳지 않은 것은?

① 병원균은 *Taphrina wiesneri*이다.

② 유성포자인 자낭포자는 자낭반의 자낭 내에 8개가 형성된다.

③ 벚나무류 중에서 왕벚나무에 피해가 가장 심하게 나타난다.

④ 감염된 가지에는 꽃이 피지 않고 작은 잎들이 빽빽하게 자라 나오며 몇 년 후에 고사한다.

⑤ 병원균의 균사는 감염가지와 눈의 조직 내에서 월동하므로 감염가지는 제거하여 태우고 잘라낸 부위에 상처도포제를 바른다.

25

소나무 푸른무늬병(청변병)에 관한 설명으로 옳은 것은?

① 목재 구성 성분인 셀룰로오스, 헤미셀룰로오스, 리그닌이 분해된다.

② 상처에 송진 분비량이 감소하고 침엽이 갈변하며 나무 전체가 시들기 시작한다.

③ 멜라닌 색소를 함유한 균사가 변재 부위의 방사유조직을 침입하고 생장하여 변색시킨다.

④ 감염목의 변재 부위는 병원균의 증식으로 갈변되고 물관부가 막혀서 수분이동 장애가 발생한다.

⑤ 습하고 배수가 불량한 지역에서 뿌리가 감염되고 수피 제거 시 적갈색의 변색 부위를 관찰할 수 있다.

제2과목 수목해충학

26

곤충의 일반적인 특성에 관한 설명으로 옳지 않은 것은?

① 변태를 하여 변화하는 환경에 적응하기가 용이하다.

② 몸집이 작아 최소한의 자원으로 생존과 생식이 가능하다.

③ 지구상에서 가장 높은 종 다양성을 나타내고 있는 동물군이다.

④ 내골격을 가지고 있어 몸을 지탱하고 외부의 공격으로부터 방어할 수 있다.

⑤ 날개가 있어 적으로부터 도망가거나 새로운 서식처로 빠르게 이동할 수 있다.

27

곤충 분류체계에서 고시군(류) – 외시류 – 내시류에 해당하는 목(Order)을 순서대로 나열한 것은?

① 좀목 – 잠자리목 – 메뚜기목

② 하루살이목 – 노린재목 – 벌목

③ 돌좀목 – 하루살이목 – 잠자리목

④ 잠자리목 – 딱정벌레목 – 파리목

⑤ 하루살이목 – 사마귀목 – 노린재목

28

곤충 체벽에 관한 설명으로 옳은 것은?

① 표면에 있는 긴털은 주로 후각을 담당한다.

② 원표피에는 왁스층이 있어 탈수를 방지한다.

③ 원표피의 주요 화학적 구성 성분은 키토산이다.

④ 허물벗기를 할 때는 유약호르몬의 분비량이 많아진다.

⑤ 단단한 부분과 부드러운 부분을 모두 가지고 있어 유연한 움직임이 가능하다.

29

딱정벌레목에 관한 설명으로 옳은 것은?

① 부식아목에는 길앞잡이, 물방개 등이 있다.
② 다리가 있는 유충은 대개 4쌍의 다리를 가지고 있다.
③ 대부분 초식성과 육식성이지만, 부식성과 균식성도 있다.
④ 딱지날개는 단단하여 앞날개를 보호하는 덮개 역할을 한다.
⑤ 대부분의 유충과 성충은 강한 입틀을 가지고 있고 후구식이다.

30

곤충 눈(광감각기)에 관한 설명으로 옳지 않은 것은?

① 적외선을 식별할 수 있다.
② 겹눈은 낱눈이 모여 이루어진 것이다.
③ 완전변태를 하는 유충은 옆홑눈이 있다.
④ 낱눈에서 빛을 감지하는 부분을 감간체라 한다.
⑤ 대부분 편광을 구별하여 구름 낀 날에도 태양의 위치를 알 수 있다.

31

곤충 배설계에 관한 설명으로 옳지 않은 것은?

① 말피기관은 후장의 연동활동을 촉진한다.
② 배설과 삼투압은 주로 말피기관이 조절한다.
③ 육상 곤충은 일반적으로 질소를 요산형태로 배설한다.
④ 수서 곤충은 일반적으로 질소를 암모니아 형태로 배설한다.
⑤ 진딧물의 말피기관은 물을 재흡수하며 소관 수는 종에 따라 다르다.

32

곤충 내분비계 호르몬의 기능에 관한 설명으로 옳은 것은?

① 유시류는 성충에서도 탈피호르몬을 지속적으로 분비한다.
② 앞가슴샘은 탈피호르몬을 분비하여 유충의 특징을 유지한다.
③ 알라타체는 내배엽성 내분비기관으로 유약호르몬을 분비한다.
④ 탈피호르몬 유사체인 메토프렌(Methoprene)은 해충방제제로 개발되었다.
⑤ 신경호르몬은 곤충의 성장, 항상성 유지, 대사, 생식 등을 조절한다.

33

곤충의 의사소통에 관한 설명으로 옳지 않은 것은?

① 꿀벌의 원형춤은 밀원식물의 위치를 알려준다.
② 애반딧불이는 루시페린으로 빛을 내어 암·수가 만난다.
③ 일부 곤충에 존재하는 존스턴기관은 더듬이의 채찍마디(편절)에 있는 청각기관이다.
④ 복숭아혹진딧물은 공격을 받을 때 뿔관에서 경보페로몬을 분비하여 위험을 알려준다.
⑤ 매미는 복부 첫마디에 있는 얇은 진동막을 빠르게 흔들어 내는 소리로 의사소통한다.

34

곤충 카이로몬의 작용과 관계가 없는 것은?

① 누에나방은 뽕나무가 생산하는 휘발성 물질에 유인된다.

② 복숭아유리나방 수컷은 암컷이 발산하는 물질에 유인된다.

③ 포식성 딱정벌레는 나무좀의 집합 페로몬에 유인된다.

④ 소나무좀은 소나무가 생산하는 테르펜(Terpene)에 유인된다.

⑤ 꿀벌응애는 꿀벌 유충에 존재하는 지방산 에스테르 화합물에 유인된다.

35

월동태가 알, 번데기, 성충인 곤충을 순서대로 나열한 것은?

① 황다리독나방, 솔잎혹파리, 목화진딧물

② 외줄면충, 느티나무벼룩바구미, 호두나무잎벌레

③ 백송애기잎말이나방, 솔알락명나방, 복숭아명나방

④ 미국선녀벌레, 버즘나무방패벌레, 오리나무잎벌레

⑤ 소나무왕진딧물, 미국흰불나방, 버즘나무방패벌레

36

곤충 형태에 관한 설명으로 옳지 않은 것은?

① 매미나방 유충은 씹는 입틀을 갖는다.

② 줄마디가지나방 유충은 배다리가 없다.

③ 아까시잎혹파리 성충은 날개가 1쌍이다.

④ 미국선녀벌레 성충은 찔러빠는 입틀을 갖는다.

⑤ 뽕나무이 약충은 배 끝에서 밀랍을 분비한다.

37

풀잠자리목과 총채벌레목에 관한 설명으로 옳지 않은 것은?

① 총채벌레는 식물바이러스를 매개하기도 한다.

② 총채벌레는 줄쓸어빠는 비대칭 입틀을 가지고 있다.

③ 볼록총채벌레는 복부에 미모가 있고 완전변태를 한다.

④ 명주잠자리는 풀잠자리목에 속하며 유충은 개미귀신이라 한다.

⑤ 풀잠자리목 중에 진딧물, 가루이, 깍지벌레 등을 포식하는 종은 생물적 방제에 활용되고 있다.

38

곤충 신경계에 관한 설명으로 옳지 않은 것은?

① 신경계를 구성하는 기본 단위는 뉴런이다.

② 신경절은 뉴런들이 모여 서로 연결되는 장소를 일컫는다.

③ 뉴런이 만나는 부분을 신경연접이라 하며, 전기와 화학적 신경연접이 있다.

④ 신경전달물질에는 아세틸콜린과 GABA(Gamma-AminoButyric Acid) 등이 있다.

⑤ 뉴런은 핵이 있는 세포 몸을 중심으로 정보를 받아들이는 축삭돌기와 내보내는 수상돌기로 구성되어 있다.

39

트랩을 이용한 해충밀도 조사방법과 대상 해충의 연결이 옳지 않은 것은?

① 유아등 - 매미나방

② 유인목 - 소나무좀

③ 황색수반 - 진딧물류

④ 말레이즈 - 벚나무응애

⑤ 성페로몬 - 복숭아명나방

40

해충의 발생예찰을 위한 고려사항이 아닌 것은?

① 발생량
② 발생 시기
③ 약제 종류
④ 해충 종류
⑤ 경제적 피해

41

종합적 해충관리에 관한 설명으로 옳지 않은 것은?

① 자연 사망요인을 최대한 이용한다.
② 잠재 해충은 미리 방제하면 손해다.
③ 일반평형밀도를 해충은 낮추고, 천적은 높이는 것이 해충밀도 억제에 효과적이다.
④ 경제적 피해허용수준에 도달하는 것을 막기 위하여 경제적 피해(가해)수준에서 방제한다.
⑤ 여러 가지 방제수단을 조화롭게 병용함으로써 피해를 경제적 피해허용수준 이하에서 유지하는 것이다.

42

벚나무 해충 방제에 관한 설명으로 옳지 않은 것은?

① 벚나무모시나방은 집단 월동유충을 포살한다.
② 벚나무응애는 월동 시기에 기계유제로 방제한다.
③ 벚나무사향하늘소 유충은 성페로몬 트랩으로 유인 포살한다.
④ 복숭아혹진딧물은 7월 이후에는 월동기주에서 방제하지 않는다.
⑤ 벚나무깍지벌레는 발생 전에 이미다클로프리드 분산성액제를 나무주사하여 방제한다.

43

해충과 천적의 연결로 옳은 것은?

① 밤나무혹벌 – 남색긴꼬리좀벌
② 미국흰불나방 – 주둥이노린재
③ 복숭아명나방 – 긴등기생파리
④ 솔잎혹파리 – 독나방살이고치벌
⑤ 오리나무잎벌레 – 혹파리살이먹좀벌

44

A 곤충의 온도(X)와 발육률(Y)의 회귀식이 Y=0.05X−0.5이다. 1년 중 7, 8월에는 일일 평균 온도가 12℃이고, 그 외의 달은 10℃ 이하로 가정하면, A 곤충의 연간 발생세대수는? (단, 소수점 이하는 버린다)

① 1회
② 2회
③ 4회
④ 6회
⑤ 8회

45

해충의 기계적 방제에 대한 설명으로 옳지 않은 것은?

① 일부 깍지벌레류는 솔로 문질러 제거한다.
② 해충이 들어있는 가지를 땅속에 묻어 죽인다.
③ 소나무재선충병 피해목은 두께 1.5cm 이하로 파쇄한다.
④ 광릉긴나무좀 성충과 유충은 전기충격으로 제거한다.
⑤ 주홍날개꽃매미나 매미나방은 알 덩어리를 찾아 문질러 제거한다.

46

병원균 매개충과 충영을 형성하는 해충 순으로 나열한 것은?

① 광릉긴나무좀 – 외줄면충
② 솔수염하늘소 – 목화진딧물
③ 장미등에잎벌 – 큰팽나무이
④ 알락하늘소 – 때죽납작진딧물
⑤ 벚나무사향하늘소 – 조팝나무진딧물

47

종실을 가해하는 해충은?

① 도토리거위벌레, 전나무잎응애
② 복숭아명나방, 오리나무잎벌레
③ 솔알락명나방, 호두나무잎벌레
④ 대추애기잎말이나방, 버들바구미
⑤ 백송애기잎말이나방, 도토리거위벌레

48

곤충의 과명 – 목명 연결이 옳은 것은?

① 솔잎혹파리 – *Cecidomyiidae* – *Diptera*
② 솔나방 – *Lasiocampidae* – *Hymenoptera*
③ 오리나무잎벌레 – *Diaspididae* – *Coleoptera*
④ 갈색날개매미충 – *Ricaniidae* – *Lepidoptera*
⑤ 벚나무깍지벌레 – *Chrysomelidae* – *Hemiptera*

49

갈색날개매미충과 미국선녀벌레에 관한 설명 중 옳지 않은 것은?

① 미국선녀벌레 약충은 흰색 밀랍이 몸을 덮고 있다.
② 갈색날개매미충은 1년에 1회 발생하며, 알로 월동한다.
③ 갈색날개매미충은 잎과 어린 가지 등에서 수액을 빨아먹는다.
④ 갈색날개매미충의 수컷은 복부 선단부가 뾰족하고, 암컷은 둥글다.
⑤ 미국선녀벌레는 1년생 가지 표면을 파내고 2열로 알을 낳는다.

50

다음 설명에 해당하는 해충을 〈보기〉 순서대로 나열한 것은?

〈보 기〉

ㄱ. 수피와 목질부 표면을 환상으로 가해한다.
ㄴ. 기주전환을 하며 쑥으로 이동하여 여름을 난다.
ㄷ. 유충이 겨울눈 조직 속에서 충방을 형성하여 겨울을 난다.
ㄹ. 바나나 송이 모양의 황록색 벌레혹을 만들고 그 속에서 가해한다.

① 박쥐나방 – 복숭아혹진딧물 – 붉나무혹응애 – 밤나무혹벌
② 박쥐나방 – 사사키잎혹진딧물 – 밤나무혹벌 – 때죽납작진딧물
③ 알락하늘소 – 목화진딧물 – 때죽납작진딧물 – 사철나무혹파리
④ 복숭아유리나방 – 사사키잎혹진딧물 – 큰팽나무이 – 솔잎혹파리
⑤ 복숭아유리나방 – 조팝나무진딧물 – 사사키잎혹진딧물 – 큰팽나무이

제3과목 수목생리학

51

개화한 다음 해에 종자가 성숙하는 수종은?

① 소나무, 신갈나무
② 소나무, 졸참나무
③ 잣나무, 굴참나무
④ 잣나무, 떡갈나무
⑤ 가문비나무, 갈참나무

52

잎의 구조와 기능에 관한 설명으로 옳지 않은 것은?

① 소나무 잎의 유관속 개수는 잣나무보다 많다.
② 1차목부는 하표피 쪽에, 1차사부는 상표피 쪽에 있다.
③ 대부분 피자식물은 기공의 수가 앞면보다 뒷면에 많다.
④ 나자식물에서는 내피와 이입조직이 유관속을 싸고 있다.
⑤ 소나무류는 왁스층이 기공의 입구를 에워싸고 있어 증산작용을 효율적으로 억제한다.

53

수목이 능동적으로 에너지를 사용하는 활동을 모두 고른 것은?

ㄱ. 잎의 기공 개폐
ㄴ. 수분의 세포벽 이동
ㄷ. 목부를 통한 수액 상승
ㄹ. 세포의 분열, 신장, 분화
ㅁ. 원형질막을 통한 무기영양소 흡수

① ㄱ, ㄹ, ㅁ
② ㄴ, ㄷ, ㄹ
③ ㄷ, ㄹ, ㅁ
④ ㄱ, ㄴ, ㄹ, ㅁ
⑤ ㄱ, ㄷ, ㄹ, ㅁ

54

수목의 뿌리생장에 관련된 설명으로 옳은 것은?

① 주근에서는 측근이 내피에서 발생한다.
② 외생균근이 형성된 수목들은 뿌리털의 발달이 왕성하다.
③ 온대지방에서 뿌리의 신장은 이른 봄에 줄기의 신장보다 늦게 시작한다.
④ 수목은 봄철 뿌리의 발달이 시작되기 전에 이식하는 것이 바람직하다.
⑤ 주근은 뿌리의 표면적을 확대시켜 무기염과 수분의 흡수에 크게 기여한다.

55

온대지방 수목의 수고생장에 관한 설명으로 옳은 것은?

① 느티나무와 단풍나무는 고정생장을 한다.
② 도장지는 침엽수보다 활엽수에 더 많이 나타난다.
③ 액아가 측지의 생장을 조절하는 것을 유한생장이라 한다.
④ 임분 내에서는 우세목이 피압목보다 도장지를 더 많이 만든다.
⑤ 정아우세 현상은 지베렐린이 측아의 생장을 억제하기 때문이다.

56

수목의 광합성에 관한 설명으로 옳은 것은?

① 회양목은 아까시나무보다 광보상점이 낮다.
② 포플러와 자작나무는 서어나무보다 광포화점이 낮다.
③ 광도가 낮은 환경에서는 주목이 포플러보다 광합성 효율이 낮다.
④ 광합성은 물의 산화과정이며 호흡작용은 탄수화물의 환원과정이다.
⑤ 단풍나무류는 버드나무류보다 높은 광도에서 광보상점에 도달한다.

57

질소고정 미생물이 종류, 생활형태와 기주식물을 바르게 나열한 것은?

① *Cyanobacteria* - 내생공생 - 소철
② *Frankia* - 내생공생 - 오리나무류
③ *Rhizobium* - 외생공생 - 콩과식물
④ *Azotobacter* - 외생공생 - 나자식물
⑤ *Clostridium* - 외생공생 - 나자식물

58

광색소와 광합성색소에 관한 설명으로 옳지 않은 것은?

① P_{fr}은 피토크롬의 생리적 활성형이다.
② 크립토크롬은 일주기현상에 관여한다.
③ 적색광이 원적색광보다 많을 때 줄기 생장이 억제된다.
④ 카로티노이드는 광산화에 의한 엽록소 파괴를 방지한다.
⑤ 엽록소 외에도 녹색광을 흡수하여 광합성에 기여하는 색소가 존재한다.

59

수목의 형성층 활동에 대한 설명으로 옳지 않은 것은?

① 옥신에 의해 조절된다.
② 정단부의 줄기부터 형성층 세포분열이 시작된다.
③ 상록활엽수가 낙엽활엽수보다 더 늦은 계절까지 지속한다.
④ 임분 내에서 우세목이 피압목보다 더 늦게까지 지속한다.
⑤ 고정생장 수종은 수고생장과 함께 형성층 활동도 정지된다.

60

괄호 안에 들어갈 내용으로 바르게 나열한 것은?

- 밀식된 숲은 밀도가 낮은 숲보다 호흡량이 (ㄱ).
- 기온이나 토양 온도가 상승하면 호흡량이 (ㄴ)한다.
- 노령이 될수록 총광합성량에 대한 호흡량 비율이 (ㄷ)한다.
- 잎 주위에 이산화탄소 농도가 높아지면 기공이 닫혀 호흡량이 (ㄹ)한다.

① (ㄱ) 많다, (ㄴ) 증가, (ㄷ) 증가, (ㄹ) 감소
② (ㄱ) 많다, (ㄴ) 증가, (ㄷ) 증가, (ㄹ) 증가
③ (ㄱ) 많다, (ㄴ) 증가, (ㄷ) 감소, (ㄹ) 증가
④ (ㄱ) 적다, (ㄴ) 감소, (ㄷ) 감소, (ㄹ) 감소
⑤ (ㄱ) 적다, (ㄴ) 감소, (ㄷ) 증가, (ㄹ) 감소

61

탄수화물의 합성과 전환에 관한 설명으로 옳은 것은?

① 줄기와 가지에는 수와 심재부에 전분 형태로 축적된다.
② 전분은 잎에서는 엽록체, 저장조직에서는 전분체에 축적된다.
③ 잎에서 합성된 전분은 단당류로 전환되어 사부에 적재된다.
④ 엽육세포 원형질에는 포도당이 가장 높은 농도로 존재한다.
⑤ 열매 속에 발달 중인 종자 내에서는 전분이 설탕으로 전환된다.

62

수목 내 탄수화물 함량의 계절적 변화에 관한 설명으로 옳지 않은 것은?

① 겨울에 줄기의 전분 함량은 증가하고 환원당의 함량은 감소한다.
② 낙엽수는 계절에 따른 탄수화물 함량 변화폭이 상록수보다 크다.
③ 가을에 낙엽이 질 때 줄기의 탄수화물 농도가 최고치에 도달한다.
④ 초여름에 밑동을 제거하면 탄수화물 저장량이 적어 맹아지 발생을 줄일 수 있다.
⑤ 상록수는 새순이 나올 때 전년도 줄기의 탄수화물 농도는 감소하고 새 줄기의 탄수화물 농도는 증가한다.

63

식물에서 질소를 포함하지 않는 물질은?

① DNA, RNA
② 니코틴, 카페인
③ ABA, 지베렐린
④ 엽록소, 루비스코
⑤ 아미노산, 폴리펩티드

64

수목의 질소대사에 관한 설명으로 옳은 것은?

① 탄수화물 공급이 느려지면 질산환원도 둔화된다.
② 소나무류는 주로 잎에서 질산태 질소가 암모늄태로 환원된다.
③ 산성토양에서는 질산태 질소가 축적되고, 이를 균근이 흡수한다.
④ 흡수한 암모늄 이온은 고농도로 축적되어 아미노산 생산에 이용된다.
⑤ 뿌리에서 흡수된 질산은 질산염 산화효소에 의해 아질산태로 산화된다.

65

낙엽이 지는 과정에 관한 설명으로 옳지 않은 것은?

① 분리층의 세포는 작고 세포벽이 얇다.
② 신갈나무는 이층 발달이 저조한 수종이다.
③ 옥신은 탈리를 지연시키고 에틸렌은 촉진한다.
④ 탈리가 일어나기 전 목전질이 축적되며 보호층이 형성된다.
⑤ 가을철 잎의 색소변화와 함께 엽병 밑부분에 이층 형성이 시작된다.

66

수목에 함유된 성분 중 페놀화합물로 나열한 것은?

ㄱ. 고 무	ㄴ. 큐 틴
ㄷ. 타 닌	ㄹ. 리그닌
ㅁ. 스테롤	ㅂ. 플라보노이드

① ㄱ, ㄴ, ㄹ　② ㄱ, ㄷ, ㅂ
③ ㄴ, ㄷ, ㅂ　④ ㄷ, ㄹ, ㅁ
⑤ ㄷ, ㄹ, ㅂ

67

수목의 물질대사에 관한 설명으로 옳은 것은?

① 광주기를 감지하는 피토크롬은 마그네슘을 함유한다.
② 세포벽의 섬유소는 초식동물이 소화할 수 없는 화합물이다.
③ 지방은 설탕(자당)으로 재합성된 후 에너지가 필요한 곳으로 이동된다.
④ 겨울철 자작나무 수피의 지질함량은 낮아지고 설탕(자당)함량은 증가한다.
⑤ 콩꼬투리와 느릅나무 내수피 주변에서 분비되는 검과 점액질은 지질의 일종이다.

68

잎과 줄기의 발생과 초기 발달에 관한 설명으로 옳지 않은 것은?

① 잎차례는 눈이 싹트면서 결정된다.
② 눈 속에 잎과 가지의 원기가 있다.
③ 전형성층은 정단분열조직에서 발생한다.
④ 잎이 직접 달린 가지는 잎과 나이가 같다.
⑤ 소나무 당년지 줄기는 목질화되면 길이생장이 정지된다.

69

방사(수선)조직에 관한 설명으로 옳지 않은 것은?

① 전분을 저장한다.
② 2차생장 조직이다.
③ 중심의 수에서 사부까지 연결된다.
④ 방추형시원세포의 수층분열로 발생한다.
⑤ 침엽수 방사조직을 구성하는 세포에는 가도관세포가 포함된다.

70

무기영양소인 칼슘에 관한 설명으로 옳지 않은 것은?

① 산성토양에서 쉽게 결핍된다.
② 심하게 결핍되면 어린순이 고사된다.
③ 펙틴과 결합하여 세포 사이의 중엽층을 구성한다.
④ 세포 외부와의 상호작용에서 신호전달에 필수적이다.
⑤ 칼로스(Callose)를 형성하여 손상된 도관 폐쇄에 이용된다.

71

도관이 공기로 공동화되어 통수기능이 손실되는 현상과 양(+)의 상관관계가 아닌 것은?

① 근압의 증가
② 벽공의 손상
③ 가뭄으로 인한 토양의 건조
④ 도관의 길이와 직경의 증가
⑤ 목부의 반복되는 동결과 해동

72

버섯을 만드는 외생균근을 형성하는 수종으로 나열한 것은?

① 상수리나무, 자작나무, 잣나무
② 다릅나무, 사철나무, 자귀나무
③ 대추나무, 이팝나무, 회화나무
④ 왕벚나무, 백합나무, 사과나무
⑤ 구상나무, 아까시나무, 쥐똥나무

73

토양의 건조에 관한 수목의 적응 반응이 아닌 것은?

① 기공을 닫아 증산을 줄인다.
② 잎의 삼투퍼텐셜을 감소시킨다.
③ 조기낙엽으로 수분 손실을 줄인다.
④ 휴면을 앞당겨 생장기간을 줄인다.
⑤ 수평근을 발달시켜 흡수 표면적을 증가시킨다.

74

수분함량이 감소함에 따라 발생하는 잎의 시듦(위조)에 관한 설명으로 옳은 것은?

① 위조점에서 엽육세포의 팽압은 0이다.
② 위조점에서 엽육세포의 삼투압은 음(-)의 값이다.
③ 엽육세포의 팽압은 수분함량에 반비례하여 증가한다.
④ 위조점에서 엽육조직의 수분퍼텐셜은 삼투퍼텐셜보다 작다.
⑤ 영구적인 위조점에서 엽육세포의 수분퍼텐셜은 -1.5MPa이다.

75

지베렐린 생합성 저해물질인 파클로부트라졸을 처리했을 때 수목에 미치는 영향으로 옳은 것은?

① 조기낙엽을 유도한다.
② 줄기조직이 연해진다.
③ 신초의 길이 생장이 감소한다.
④ 잎의 엽록소 함량이 감소한다.
⑤ 꽃에 처리하면 단위결과가 유도된다.

제4과목 산림토양학

76

토양 입단화에 대한 설명으로 옳지 않은 것은?

① 유기물은 토양입단 형성 및 안정화에 중요한 역할을 한다.
② 나트륨이온은 점토입자들을 응집시켜 입단화를 촉진시킨다.
③ 다가 양이온은 점토입자 사이에서 다리 역할을 하여 입단형성에 도움을 준다.
④ 뿌리의 수분흡수로 토양의 젖음-마름 상태가 반복되어 입단형성이 가속화된다.
⑤ 사상균의 균사는 점토입자들 사이에 들어가 토양입자와 서로 엉키며 입단을 형성한다.

77

도시숲 토양에서 답압 피해를 관리하는 방법으로 옳지 않은 것은?

① 수목 하부의 낙엽과 낙지를 제거한다.
② 토양 표면에 수피, 우드칩, 매트 등을 멀칭한다.
③ 토양 내에 유기질 재료를 처리하여 입단을 개선한다.
④ 토양에 구멍을 뚫고 모래, 펄라이트, 버미큘라이트 등을 넣는다.
⑤ 나지 상태가 되지 않도록 초본, 관목 등으로 토양 표면을 피복한다.

78

토양 수분퍼텐셜에 대한 설명으로 옳지 않은 것은?

① 매트릭(기질)퍼텐셜은 항상 음(-)의 값을 갖는다.
② 토양수는 퍼텐셜이 높은 곳에서 낮은 곳으로 이동한다.
③ 수분 불포화 상태에서 토양수의 이동은 압력퍼텐셜의 영향을 받지 않는다.
④ 중력퍼텐셜은 임의로 설정된 기준점보다 상대적 위치가 낮을수록 커진다.
⑤ 불포화 상태에서 토양수의 이동은 주로 매트릭(기질)퍼텐셜에 의하여 발생한다.

79

부식에 대한 옳은 설명을 모두 고른 것은?

> ㄱ. 토양 입단화를 증진시킨다.
> ㄴ. 양이온교환용량을 증가시킨다.
> ㄷ. pH의 급격한 변화를 촉진한다.
> ㄹ. 모래보다 g당 표면적이 작다.
> ㅁ. 미량원소와 킬레이트 화합물을 형성한다.

① ㄱ, ㄴ
② ㄱ, ㄴ, ㄹ
③ ㄱ, ㄴ, ㅁ
④ ㄱ, ㄴ, ㄹ, ㅁ
⑤ ㄴ, ㄷ, ㄹ, ㅁ

80

산림토양 내 미생물에 관한 설명 중 옳지 않은 것은?

① 공생질소고정균은 뿌리혹을 형성하여 공중질소를 기주식물에게 공급한다.
② 사상균은 종속영양생물이기 때문에 유기물이 풍부한 곳에서 활성이 높다.
③ 한국 산림토양에서 방선균은 유기물 분해와 양분 무기화에 중요한 역할을 한다.
④ 조류(Algae)는 독립영양생물로 광합성을 할 수 있기 때문에 임상에서 풍부하게 존재한다.
⑤ 세균 중 종속영양세균은 가장 수가 많으며 호기성, 혐기성 또는 양쪽 모두를 포함하기도 한다.

81

토양 산성화의 원인으로 옳지 않은 것은?

① 염기포화도 증가
② 유기물 분해 시 유기산 생성
③ 식물 뿌리와 토양 미생물의 호흡
④ 질소질비료의 질산화작용에 의한 수소이온 생성
⑤ 지속적인 강우에 의한 토양 내 교환성 염기 용탈

82

토양 공기 중 뿌리와 미생물이 에너지를 생성하는 과정에서 발생하며, 대기와 조성비율 차이가 큰 기체는?

① 질 소
② 아르곤
③ 이산화황
④ 이산화탄소
⑤ 일산화탄소

83

토양의 교환성양이온이 아래와 같은 경우 염기포화도는? (단, 양이온교환용량은 16$cmol_c$/kg)

H^+ = 3$cmol_c$/kg	K^+ = 3$cmol_c$/kg
Na^+ = 3$cmol_c$/kg	Ca^{2+} = 3$cmol_c$/kg
Mg^{2+} = 3$cmol_c$/kg	Al^{3+} = 1$cmol_c$/kg

① 19%
② 25%
③ 50%
④ 75%
⑤ 100%

84

온대습윤 지방에서 주요 1차 광물의 풍화내성이 강한 순으로 배열된 것은?

① 휘석 > 백운모 > 흑운모 > 석영 > 회장석
② 흑운모 > 백운모 > 석영 > 휘석 > 각섬석
③ 백운모 > 정장석 > 흑운모 > 감람석 > 휘석
④ 석영 > 백운모 > 흑운모 > 조장석 > 각섬석
⑤ 석영 > 백운모 > 흑운모 > 정장석 > 감람석

85

농경지토양과 비교하여 산림토양의 특성으로 볼 수 없는 것은?

① 미세기후의 변화는 농경지토양보다 적다.
② 낙엽과 고사근에 의해 유기물이 토양으로 환원된다.
③ 산림토양의 양분순환은 농경지토양에 비해 빠르다.
④ 산림토양의 수분 침투능력은 농경지토양보다 낮다.
⑤ 낙엽층은 산림토양의 수분과 온도의 급격한 변화를 완충시킨다.

86

토양조사를 위한 토양단면 작성 방법 중 옳지 않은 것은?

① 토양단면은 사면 방향과 직각이 되도록 판다.
② 깊이 1m 이내에 기암이 노출된 경우에는 기암까지만 판다.
③ 토양단면 내에 보이는 식물 뿌리는 원 상태로 남겨 둔다.
④ 낙엽층은 전정가위로 단면 예정선을 따라 수직으로 자른다.
⑤ 임상이나 지표면의 상태가 정상적인 곳을 조사지점으로 정한다.

87

토양생성 작용에 의하여 발달한 토양층 중 진토층은?

① A층 + B층
② A층 + B층 + C층
③ O층 + A층 + B층
④ O층 + A층 + B층 + C층
⑤ O층 + A층 + B층 + C층 + R층

88

온난 습윤한 열대 또는 아열대 지역에서 풍화 및 용탈작용이 일어나는 조건에서 발달하며 염기포화도 30% 이하인 토양목은?

① Oxisol
② Ultisol
③ Entisol
④ Histosol
⑤ Inceptisol

89

기후 및 식생대의 영향을 받아 생성된 성대성 토양은?

① 소택 토양
② 암쇄 토양
③ 염류 토양
④ 충적 토양
⑤ 툰드라 토양

90

한국 산림토양의 특성이 아닌 것은?

① 산림토양형은 8개이다.
② 토성을 주로 사양토와 양토이다.
③ 산림토양의 분류체계는 토양군, 토양아군, 토양형 순이다.
④ 토양단면의 발달이 미약하고 유기물 함량이 적은 편이다.
⑤ 화강암과 화강편마암으로부터 생성된 산성토양이 주로 분포한다.

91

수목이 쉽게 이용할 수 있는 인의 형태는?

① 무기인산 이온
② 철인산 화합물
③ 칼슘인산 화합물
④ 불용성 유기태 인
⑤ 인회석(apatite) 광물

92

코어(200cm³)에 있는 300g의 토양 시료를 건조하였더니 건조된 시료의 무게가 260g이었다. 이 토양의 액상, 기상의 비율은 얼마인가? (단, 토양의 입자밀도는 2.6g/cm³, 물의 비중은 1.0g/cm³로 가정한다)

① 20%, 20%
② 20%, 25%
③ 20%, 30%
④ 30%, 20%
⑤ 30%, 30%

93

토양 입자크기에 따라 달라지는 토양의 성질이 아닌 것은?

① 교질물 구조
② 수분 보유력
③ 양분 저장성
④ 유기물 분해
⑤ 풍식 감수성

94

토양 산도(Acidity)에 대한 설명으로 옳지 않은 것은?

① 토양 산도는 활산도, 교환성 산도 및 잔류 산도 등 세 가지로 구분한다.
② 산림에서 낙엽의 분해로 발생하는 유기산은 토양의 산도를 감소시킨다.
③ 산림토양에서 pH값은 가을에 가장 높고, 활엽수림이 침엽수림 보다 높다.
④ 산림에 있는 유기물층과 A층은 주로 산성을 띠고, 아래로 갈수록 산도가 감소한다.
⑤ 한국 산림토양은 모암의 영향도 있지만, 주로 강우현상에 의한 염기용탈로 산성을 띈다.

95

토양 질소순환 과정에서 대기와 관련된 것은?

ㄱ. 질산염 용탈작용
ㄴ. 질산염 탈질작용
ㄷ. 암모니아 휘산작용
ㄹ. 미생물에 의한 부동화 작용
ㅁ. 콩과식물의 질소 고정작용

① ㄱ, ㄴ, ㄷ
② ㄱ, ㄴ, ㄹ
③ ㄱ, ㄷ, ㅁ
④ ㄴ, ㄷ, ㅁ
⑤ ㄴ, ㄹ, ㅁ

96

균근에 대한 설명으로 옳지 않은 것은?

① 근권 내 병원균 억제
② 식물생장호르몬 생성
③ 토양입자의 입단화 촉진
④ 난용성 인산의 흡수 촉진
⑤ 수목의 한발 저항성 억제

97

괄호 안에 들어갈 용어를 순서대로 나열한 것은?

요소(Urea)비료는 생리적 (ㄱ) 비료이며, 화학적 (ㄴ) 비료이고, 효과 측면에서는 (ㄷ) 비료이다.

① (ㄱ) 산성, (ㄴ) 중성, (ㄷ) 속효성
② (ㄱ) 중성, (ㄴ) 산성, (ㄷ) 완효성
③ (ㄱ) 중성, (ㄴ) 중성, (ㄷ) 속효성
④ (ㄱ) 산성, (ㄴ) 염기성, (ㄷ) 완효성
⑤ (ㄱ) 중성, (ㄴ) 염기성, (ㄷ) 완효성

98

특이산성토양의 특성에 대한 설명으로 옳지 않은 것은?

① 토양의 pH가 3.5 이하인 산성토층을 가진다.
② 황화수소(H_2S)의 발생으로 수목의 피해가 발생한다.
③ 한국에서는 김해평야와 평택평야 등지에서 발견된다.
④ 담수상태에서 환원상태인 황화합물에 의해 산성을 나타낸다.
⑤ 개량방법은 석회를 시용하는 것이나 경제성이 낮아 적용하기 어렵다.

99

토양의 특성 중 산불 발생으로 인해 상대적으로 변화가 적은 것은?

① pH
② 토 성
③ 유기물
④ 용적밀도
⑤ 교환성 양이온

100

산림토양에서 미생물에 의한 낙엽 분해에 관한 설명으로 옳지 않은 것은?

① 낙엽에 의한 유기물 축적은 열대림보다 온대림에서 많다.
② 낙엽의 분해율은 분해 초기에는 진행이 빠르지만 점차 느려진다.
③ 주로 탄질비(C/N)가 높은 낙엽이 분해속도와 양분 방출 속도가 빠르다.
④ 양분 이온들은 미생물의 에너지 획득 과정의 부산물로 토양수로 들어간다.
⑤ 낙엽의 양분함량이 많고 적음에 따라 미생물에 의한 양분 방출 속도가 다르다.

제5과목 수목관리학

101

미상화서(꼬리꽃차례)인 수종은?

① 목련, 동백나무
② 벚나무, 조팝나무
③ 등나무, 때죽나무
④ 작살나무, 덜꿩나무
⑤ 버드나무, 굴참나무

102

도시 숲의 편익에 관한 설명으로 옳지 않은 것은?

① 유거수와 토양침식을 감소시킨다.
② 잎은 미세먼지 흡착 기여도가 가장 큰 기관이다.
③ 건물의 냉·난방에 소요되는 에너지 비용을 절감한다.
④ 휘발성 유기화합물(VOC)을 발산하여 O_3생성을 억제한다.
⑤ SO_2, NO, O_3 등 대기오염물질을 흡수 또는 흡착하여 대기의 질을 개선한다.

103

식물건강관리(PHC) 프로그램에 관한 설명으로 옳지 않은 것은?

① 인공지반 위에 식재할 경우 균근을 활용한다.
② 환경과 유전 특성을 반영하여 수목을 선정하고 식재한다.
③ 병해충 모니터링과 수목 피해의 사전 방지가 강조된다.
④ PHC의 기본은 수목 식별과 해당 수목의 생리에 대한 지식이다.
⑤ 교목 아래에 지피식물을 식재하는 것이 유기물로 멀칭하는 것보다 더 바람직하다.

104

수목 이식에 관한 설명 중 옳지 않은 것은?

① 일반적으로 7월과 8월은 적기가 아니다.
② 가시나무와 층층나무는 이식성공률이 낮은 편이다.
③ 대형수목 이식 시 근분의 높이는 줄기의 직경에 따라 결정한다.
④ 근원직경 5cm 미만의 활엽수는 가을이나 봄에 나근 상태로 이식할 수 있다.
⑤ 교목은 한 개의 수간에 골격지가 적절한 간격으로 균형있게 발달한 것을 선정한다.

105

전정에 관한 설명으로 옳지 않은 것은?

① 자작나무, 단풍나무는 이른 봄이 적기이다.
② 구조전정, 수관솎기, 수관축소는 모두 바람의 피해를 줄인다.
③ 구획화(CODIT)의 두 번째 벽(Wall 2)은 종축 유세포에 의해 형성된다.
④ 침엽수 생울타리는 밑부분의 폭을 윗부분보다 넓게 유지하는 것이 좋다.
⑤ 주간이 뚜렷하고 원추형 수형을 갖는 나무는 전정을 거의 하지 않아도 안정된 구조를 형성한다.

106

수목의 위험성을 저감하기 위한 처리방법으로 옳지 않은 것은?

① 죽었거나 매달려 있는 가지 - 수관을 청소하는 전정을 실시한다.
② 매몰된 수피로 인한 약한 가지 부착 - 줄당김이나 쇠조임을 실시한다.
③ 부후된 가지 - 보통 이하의 부후는 길이를 축소하고, 심하면 쇠조임을 실시한다.
④ 부후된 수간 - 부후가 경미하면 수관을 축소 전정하고, 심하면 해당 수목을 제거한다.
⑤ 초살도가 낮고 끝이 무거운 수평 가지 - 가지의 무게와 길이를 줄이고 지지대를 설치한다.

107

수목관리자의 조치로 옳지 않은 것은?

① 토양경도가 3.6kg/cm^{2}인 식재부지를 심경하였다.
② 배수관로가 매설된 지역에 참느릅나무를 식재하였다.
③ 제초제 피해를 입은 수목의 토양에 활성탄을 혼화처리하였다.
④ 해안매립지에 염분차단층을 설치하고 성토한 다음 모감주나무를 식재하였다.
⑤ 복토가 불가피하여 나무 주변에 마른 우물을 만들고, 우물 밖에 유공관을 설치한 다음 복토하였다.

108

조상(첫서리) 피해에 관한 설명으로 옳지 않은 것은?

① 벌채 시기에 따라 활엽수의 맹아지가 종종 피해를 입는다.
② 생장휴지기에 들어가기 전 내리는 서리에 의한 피해이다.
③ 남부지방 원산의 수종을 북쪽으로 옮겼을 경우 피해를 입기 쉽다.
④ 찬 공기가 지상 1~3m 높이에서 정체되는 분지에서 가끔 피해가 나타난다.
⑤ 잠아로부터 곧 새순이 나오기 때문에 수목에 치명적인 피해는 주지 않는다.

109

한해(건조 피해)에 관한 설명으로 옳지 않은 것은?

① 토양에서 수분결핍이 시작되면 뿌리부터 마르기 시작한다.
② 인공림과 천연림 모두 수령이 적을수록 피해를 입기 쉽다.
③ 포플러류, 오리나무, 들메나무와 같은 습생식물은 한해에 취약하다.
④ 조림지의 경우에 수목을 깊게 심는 것도 한해를 예방하는 방법이다.
⑤ 침엽수의 경우 건조 피해가 초기에 잘 나타나지 않기 때문에 주의가 필요하다.

110

바람 피해에 관한 설명으로 옳은 것은?

① 천근성 수종인 가문비나무와 소나무가 바람에 약하다.
② 수목의 초살도가 높을수록 바람에 대한 저항성이 낮다.
③ 폭풍에 의한 수목의 도복은 사질토양보다 점질토양에서 발생하기 쉽다.
④ 주풍에 의한 침엽수의 편심생장은 바람이 부는 반대 방향으로 발달한다.
⑤ 방풍림의 효과를 충분히 발휘시키기 위해서는 주풍 방향에 직각으로 배치해야 한다.

111

제설염 피해에 관한 설명으로 옳지 않은 것은?

① 침엽수는 잎 끝부터 황화현상이 발생하고 심하면 낙엽이 진다.
② 일반적으로 수목 식재를 위한 토양 내 염분한계농도는 0.05% 정도이다.
③ 상대적으로 낙엽수보다 겨울에도 잎이 붙어 있는 상록수에서 피해가 더 크다.
④ 토양 수분퍼텐셜이 높아져서 식물이 물과 영양소를 흡수하기가 어려워진다.
⑤ 피해를 줄이기 위해 토양 배수를 개선하고, 석고를 사용하여 나트륨을 치환해준다.

112

수종별 내화성에 관한 설명으로 옳지 않은 것은?

① 소나무는 줄기와 잎에 수지가 많아 연소의 위험이 높다.
② 가문비나무는 음수로 임내에 습기가 많아 산불 위험도가 낮다.
③ 녹나무는 불에 강하며, 생엽이 결코 불꽃을 피우며 타지 않는다.
④ 은행나무는 생가지가 수분을 많이 함유하고 있어 잘 타지 않는다.
⑤ 리기다소나무는 맹아력이 강하여 산불 발생 후 소생하는 경우가 많다.

113

괄호 안에 들어갈 내용으로 바르게 나열한 것은?

> PAN의 피해는 주로 (ㄱ)에 나타나고, O_3에 의한 가시적 장해의 조직학적 특징은 (ㄴ)이 선택적으로 파괴되는 경우가 많으며, 느티나무는 O_3에 대한 감수성이 (ㄷ).

① (ㄱ) 어린 잎, (ㄴ) 책상조직, (ㄷ) 작다
② (ㄱ) 어린 잎, (ㄴ) 책상조직, (ㄷ) 크다
③ (ㄱ) 어린 잎, (ㄴ) 해면조직, (ㄷ) 작다
④ (ㄱ) 성숙 잎, (ㄴ) 해면조직, (ㄷ) 작다
⑤ (ㄱ) 성숙 잎, (ㄴ) 책상조직, (ㄷ) 크다

114

산성비의 생성 및 영향에 관한 설명으로 옳지 않은 것은?

① 활엽수림보다 침엽수림이 산 중화능력이 더 크다.
② 황산화물과 질소산화물이 산성비 원인물질이다.
③ 활성 알루미늄으로 인해 인산 결핍을 초래한다.
④ 토양 산성화로 미생물, 특히 세균의 활동이 억제된다.
⑤ 잎 표면의 왁스층을 심하게 부식시켜 내수성을 상실한다.

115

침투성 살충제에 관한 설명으로 옳지 않은 것은?

① 흡즙성 해충에 약효가 우수하다.
② 유효성분 원제의 물에 대한 용해도가 수 mg/L 이상이어야 한다.
③ 네오니코티노이드계 농약인 아세타미프리드, 티아메톡삼이 있다.
④ 보통 경엽처리제로 제형화하며, 토양에 처리하는 입제로는 적합하지 않다.
⑤ 흡수된 농약이 이동 중 분해되지 않도록 화학적, 생화학적 안정성이 요구된다.

116

천연식물보호제가 아닌 것은?

① 비펜트린
② 지베렐린
③ 석회보르도액
④ 비티쿠르스타키
⑤ 코퍼하이드록사이드

117

보호살균제에 관한 설명으로 옳지 않은 것은?

① 정확한 발병 시점을 예측하기 어려우므로 약효 지속기간이 길어야 한다.
② 병 발생 전에 식물에 처리하여 병의 발생을 예방하기 위한 약제이다.
③ 식물의 표피조직과 결합하여 발아한 포자의 식물체 침입을 막아준다.
④ 발달 중의 균사 등에 대한 살균력이 낮아, 일단 발병하면 약효가 떨어진다.
⑤ 석회보르도액과 각종 수목의 탄저병 등 방제에 쓰이는 만코제브는 이에 해당한다.

118

반감기가 긴 난분해성 농약을 사용하였을 때 발생할 수 있는 문제점으로 옳지 않은 것은?

① 토양의 알칼리화
② 토양 중 농약 잔류
③ 후작물의 생육 장해
④ 잔류농약에 의한 만성독성
⑤ 생물농축에 의한 생태계 파괴

119

농약의 제형 중 액제(SL)에 관한 설명으로 옳지 않은 것은?

① 원제가 극성을 띠는 경우에 적합한 제형이다.
② 원제가 수용성이며 가수분해의 우려가 없는 것이어야 한다.
③ 원제를 물이나 메탄올에 녹이고, 계면활성제를 첨가하여 제제한다.
④ 저장 중에 동결에 의해 용기가 파손될 우려가 있으므로 동결방지제를 첨가한다.
⑤ 살포액을 조제하면 계면활성제에 의해 유화성이 증가되어 우윳빛으로 변한다.

120

잔디용 제초제 벤타존이 벼과와 사초과 식물 사이에 보이는 선택성은 어떠한 차이에 의한 것인가?

① 약제와의 접촉
② 체내로의 흡수
③ 작용점으로의 이행
④ 대사에 의한 무독화
⑤ 작용점에서의 감수성

121

신경 및 근육에서의 자극 전달 작용을 저해하는 살충제에 해당하지 않는 것은?

① 비펜트린(3a)
② 아바멕틴(6)
③ 디플루벤주론(15)
④ 페니트로티온(1b)
⑤ 아세타미프리드(4a)

122

여러 가지 수목병에 사용되는 살균제인 마이크로뷰타닐과 테부코나졸의 작용기작은?

① 스테롤합성 저해, 스테롤합성 저해
② 단백질합성 저해, 단백질합성 저해
③ 지방산합성 저해, 지방산합성 저해
④ 스테롤합성 저해, 단백질합성 저해
⑤ 지방상합성 저해, 스테롤합성 저해

123

「소나무재선충병 방제지침」 소나무재선충병 예방사업 중 나무주사 대상지 및 대상목에 관한 설명으로 옳지 않은 것은?

① 집단발생지 및 재선충병 확산이 우려되는 지역
② 발생지역 중 잔존 소나무류에 대한 예방조치가 필요한 지역
③ 발생지역 중 피해 외곽지역 단본 형태로 감염목이 발생하는 지역
④ 국가 주요시설, 생활권 주변의 도시공원, 수목원, 자연휴향림 등 소나무류 관리가 필요한 지역
⑤ 나무주사 우선순위 이외 지역의 소나무류에 대해서는 피해 고사목 주변 20m 내외 안쪽에 한해 예방나무주사 실시

124

「산림병해충 방제규정」 방제용 약종의 선정기준이 아닌 것은?

① 경제성이 높을 것
② 사용이 간편할 것
③ 대량구입이 가능할 것
④ 항공방제의 경우 전착제가 포함되지 않을 것
⑤ 약효시험 결과 50% 이상 방제효과가 인정될 것

125

「산림보호법」 과태료 부과기준의 개별기준 중 아래의 과태료 금액에 해당하지 않은 위반행위는?

> 1차 위반 : 50만 원
> 2차 위반 : 70만 원
> 3차 위반 : 100만 원

① 나무의사가 보수교육을 받지 않은 경우
② 나무의사가 진료부를 갖추어 두지 않은 경우
③ 나무병원이 나무의사의 처방전 없이 농약을 사용할 경우
④ 나무의사가 정당한 사유 없이 처방전 등의 발급을 거부한 경우
⑤ 나무의사가 진료사항을 기록하지 않거나 또는 거짓으로 기록한 경우

2022년 제 7 회

나무의사 필기 기출문제해설

기출문제

제1과목 수목병리학

01

수목병에 관한 처방이 효과적이지 않은 것은?

① 버즘나무 탄저병 - 감염된 낙엽과 가지 제거
② 철쭉 떡병 - 감염 부위 제거, 통풍 환경 개선
③ 잣나무 아밀라리아뿌리썩음병 - 지상부 피해 침엽과 가지 제거
④ 소나무 시들음병(소나무재선충병) - 살선충제 나무주사, 매개충 방제
⑤ 대추나무 빗자루병 - 항생제(옥시테트라사이클린계) 나무주사, 매개충 방제

02

수목병을 정확하게 진단하기 위하여 감염시료의 채취와 병원체의 분리배양이 가능한 병은?

① 대추나무 빗자루병
② 배롱나무 흰가루병
③ 벚나무 번개무늬병
④ 포플러 모자이크병
⑤ 소나무 피목가지마름병

03

수목병 감염 시 나타나는 생리기능 장애증상이 바르게 연결되지 않은 것은?

① 회양목 그을음병 - 광합성 저해
② 조팝나무 흰가루병 - 양분의 저장 장애
③ 감나무 열매썩음병 - 양분의 저장, 증식 장애
④ 소나무 안노섬뿌리썩음병 - 물과 무기양분의 흡수 장애
⑤ 소나무 시들음병(소나무재선충병) - 물과 무기양분의 이동 장애

04

병원체의 유전물질이 식물에 전이되는 형질전환 현상에 의해 이상비대나 이상증식이 나타나는 병은?

① 철쭉 떡병
② 소나무 혹병
③ 밤나무 뿌리혹병
④ 소나무 줄기녹병
⑤ 오동나무 뿌리혹선충병

05

전자현미경으로만 병원체의 형태를 관찰할 수 있는 수목병들을 바르게 나열한 것은?

ㄱ. 뽕나무 오갈병
ㄴ. 버즘나무 탄저병
ㄷ. 장미 모자이크병
ㄹ. 버드나무 잎녹병
ㅁ. 벚나무 빗자루병
ㅂ. 붉나무 빗자루병
ㅅ. 동백나무 겹둥근무늬병

① ㄱ, ㄷ, ㅂ
② ㄱ, ㄹ, ㅅ
③ ㄴ, ㄷ, ㅁ
④ ㄴ, ㅂ, ㅅ
⑤ ㄷ, ㅂ, ㅅ

06

식물에 기생하는 바이러스의 일반적인 특성으로 옳지 않은 것은?

① 감염 후 새로운 바이러스 입자가 만들어지는 데는 대략 10시간이 소요된다.
② 바이러스 입자는 인접세포와 체관에서 빠르게 이동한 후 물관에 존재한다.
③ 세포 내 침입 바이러스는 외피에서 핵산이 분리되어 상보 RNA 가닥을 만든다.
④ 바이러스의 종류와 기주에 따라서 얼룩, 줄무늬, 엽맥투명, 위축, 오갈, 황화 등의 병징이 나타난다.
⑤ 바이러스의 종류에 따라 영양번식기관, 종자, 꽃가루, 새삼, 곤충, 응애, 선충, 균류 등에 의하여 전염될 수 있다.

07

향나무 녹병에 관한 설명으로 옳지 않은 것은?

① 감염된 장미과 식물의 잎과 열매에는 작은 반점이 다수 형성된다.
② 병원균은 향나무와 장미과 식물을 기주교대하는 이종(異種)기생균이다.
③ 향나무에는 겨울포자와 담자포자, 장미과에는 녹병정자, 녹포자, 여름포자가 형성된다.
④ 향나무와 노간주나무의 줄기와 가지가 말라 생장이 둔화되고 심하면 고사한다.
⑤ 방제방법으로 향나무와 장미과 식물을 2km 이상 거리를 두고 식재하는 방법과 적용 살균제를 살포하는 방법이 있다.

08

수목병 진단 시 생물적 원인(기생성)과 비생물적 원인(비기생성)에 의한 병발생의 일반적인 특성으로 옳지 않은 것은?

	항 목	생물적	비생물적
①	별병면적	제한적	넓 음
②	병원체	있 음	없 음
③	종특이성	높 음	낮 음
④	병진전도	다 양	유 사
⑤	발병부위	수목 전체	수목 일부

09

수목에 기생하는 종자식물에 관한 설명으로 옳지 않은 것은?

① 기생성 종자식물에는 새삼, 마녀풀, 더부살이, 칡 등이 있다.
② 흡기라는 특이 구조체를 만들어 기주 수목에서 수분과 양분을 흡수한다.
③ 진정겨우살이에 감염된 기주는 생장이 위축되고 가지 변형이 심하면 고사할 수 있다.
④ 소나무(난쟁이)겨우살이는 암・수꽃이 화분수정하고 장과(Berry)를 형성하여 증식한다.
⑤ 겨우살이에는 침엽수에 기생하는 소나무(난쟁이)겨우살이, 활엽수에 기생하는 진정겨우살이가 있다.

10

장미 검은무늬병에 관한 설명으로 옳지 않은 것은?

① 감염된 잎은 조기 낙엽되고 심한 경우 모두 떨어지기도 한다.
② 장마 후에 피해가 심하나 봄비가 잦으면 5~6월에도 피해가 발생한다.
③ 병원균은 감염된 잎에서 자낭구로 월동하고 봄에 자낭포자가 1차 전염원이 된다.
④ 병든 낙엽은 모아 태우거나 땅속에 묻고, 5월경부터 10일 간격으로 적용 살균제를 3~4회 살포한다.
⑤ 잎에 암갈색~흑갈색의 병반과 검은색의 분생포자층 및 분생포자를 형성하여 곤충이나 빗물에 의해 전반된다.

11

수목 기생체 중 세포벽이 없는 것으로 나열된 것은?

ㄱ. 겨우살이
ㄴ. 소나무재선충
ㄷ. 대추나무 빗자루병균
ㄹ. 쥐똥나무 흰가루병균
ㅁ. 밤나무 혹병(근두암종병)균
ㅂ. 벚나무 번개무늬병 병원체

① ㄱ, ㄴ, ㅁ
② ㄱ, ㄷ, ㅂ
③ ㄴ, ㄷ, ㅁ
④ ㄴ, ㄷ, ㅂ
⑤ ㄷ, ㄹ, ㅂ

12

수목 병원체의 동정 및 병 진단에 관한 설명으로 옳은 것은?

① 분리된 선충에 구침이 없으면 외부기생성 식물기생 선충이다.
② 세균은 세포막의 지방산 조성을 분석함으로써 동정할 수 있다.
③ 향나무녹병균의 담자포자는 200배율의 광학현미경으로 관찰할 수 없다.
④ 파이토플라스마는 16S rRNA 유전자 염기서열 분석으로 동정할 수 없다.
⑤ 바이러스에 감염된 잎에서 DNA를 추출하여 면역확산법으로 진단한다.

13

수목병의 진단에 사용되는 재료나 방법의 설명으로 옳지 않은 것은?

① 표면살균에 차아염소산나트륨(NaOCl) 또는 알코올을 주로 사용한다.

② 광학현미경 관찰 시 일반적으로 저배율에서 고배율로 순차적으로 관찰한다.

③ 병원균 분리에 사용되는 물한천배지는 물과 한천(Agar)으로 만든 배지이다.

④ 식물 내의 바이러스 입자를 관찰하기 위해서는 주사전자현미경을 사용한다.

⑤ 곰팡이 포자형성이 잘 되지 않는 경우 근자외선이나 형광등을 사용하여 포자형성을 유도한다.

14

수목의 흰가루병에 관한 설명으로 옳지 않은 것은?

① 단풍나무의 흰가루병이 발생하면 발병초기에 집중 방제를 한다.

② 쥐똥나무에 발생하면 잎이 떨어지고 관상가치가 크게 떨어진다.

③ 목련류 흰가루병균은 식물의 표피세포 속에 흡기를 뻗어 양분을 흡수한다.

④ 배롱나무 개화기에 발생하면 잎을 회백색으로 뒤덮는데 대부분 자낭포자와 균사이다.

⑤ 장미의 생육후기에 날씨가 서늘해지면 자낭과를 형성하고 자낭에 8개의 자낭포자를 만든다.

15

병발생과 병원체 전반에 곤충이 관여하지 않는 수목병이 나열된 것은?

ㄱ. 목재청변
ㄴ. 라일락 그을음병
ㄷ. 밤나무 흰가루병
ㄹ. 참나무 시들음병
ㅁ. 명자나무 불마름병
ㅂ. 오동나무 빗자루병
ㅅ. 단풍나무 타르점무늬병
ㅇ. 소나무 리지나뿌리썩음병
ㅈ. 소나무 시들음병(소나무재선충병)

① ㄱ, ㄴ, ㄷ

② ㄱ, ㅂ, ㅈ

③ ㄷ, ㅁ, ㅅ

④ ㄷ, ㅅ, ㅇ

⑤ ㄹ, ㅁ, ㅈ

16

소나무 가지끝마름병의 설명으로 옳지 않은 것은?

① 피해를 입은 새 가지와 침엽은 수지에 젖어 있고 수지가 흐른다.

② 명나방류나 얼룩나방류의 유충에 의해 고사하는 증상과 비슷하다.

③ 말라죽은 침엽의 표피를 뚫고 나온 검은 자낭각이 중요한 표징이다.

④ 감염된 리기다소나무의 어린 침엽은 아래쪽 일부가 볏짚색으로 퇴색된다.

⑤ 새 가지의 침엽이 짧아지면서 갈색 내지 회갈색으로 변하고 말라죽은 어린 가지는 구부러지면서 밑으로 처진다.

17

수목병의 관리에 관한 설명으로 옳은 것은?

① 티오파네이트메틸은 상처도포제로 사용된다.
② 나무주사는 이미 발생한 병의 치료목적으로만 사용된다.
③ 잣나무 털녹병 방제를 위해 매발톱나무를 제거한다.
④ 보르도액은 방제효과의 지속시간이 짧으나 침투이행성이 뛰어나다.
⑤ 공동 내의 부후부를 제거할 때는 변색부만 제거하되 건전부는 도려내면 안 된다.

18

수목의 뿌리에 발생하는 병에 관한 설명 중 옳은 것은?

① 어린 묘목에서는 뿌리혹병이 많이 발생한다.
② 뿌리썩음병을 일으키는 주요 병원균은 세균이다.
③ 리지나뿌리썩음병균은 담자균문에 속하고 산성토양에서 피해가 심하다.
④ 유묘기 모잘록병의 주요 병원균은 *Pythium*속과 *Rhizoctonia solani* 등이 있다.
⑤ 아밀라리아뿌리썩음병균은 자낭균문에 속하며 뿌리꼴균사다발을 형성한다.

19

한국에서 발생한 참나무 시들음병에 관한 설명으로 옳지 않은 것은?

① 매개충은 천공성 해충인 광릉긴나무좀이다.
② 주요 피해 수종은 물참나무와 졸참나무이다.
③ 병원균은 자낭균으로서 *Raffaelea quercus-mongolicae*이다.
④ 감염된 나무는 물관부의 수분흐름을 방해하여 나무 전체가 시든다.
⑤ 고사한 나무는 벌채 후 일정 크기로 잘라 쌓은 후 살충제로 훈증처리하여 매개충을 방제한다.

20

세계 3대 수목병 중 하나인 밤나무 줄기마름병에 관한 설명으로 옳지 않은 것은?

① 가지나 줄기에 황갈색~적갈색의 병반을 형성한다.
② 병원균의 자좌는 수피 밑에 플라스크모양의 자낭각을 형성한다.
③ 저병원성 균주는 dsDNA 바이러스를 가지며 생물적 방제에 이용한다.
④ 병원균은 *Cryphonectria parasitica*로 북아메리카지역에서 큰 피해를 주었다.
⑤ 일본 및 중국 밤나무 종은 상대적으로 저항성이고, 미국과 유럽 종은 상대적으로 감수성이다.

21

수목병과 병원체를 매개하는 곤충과의 연결이 옳은 것은?

① 뽕나무 오갈병 - 뽕나무하늘소
② 참나무 시들음병 - 붉은목나무좀
③ 느릅나무 시들음병 - 썩덩나무노린재
④ 붉나무 빗자루병 - 모무늬(마름무늬)매미충
⑤ 소나무 시들음병(소나무재선충병) - 알락하늘소

22

칠엽수 얼룩무늬병에 관한 설명으로 옳지 않은 것은?

① 발생은 봄부터 장마철까지 지속되나, 8~9월에 병세가 가장 심하다.
② 진균병으로 병원균은 자낭균문에 속하며, 자낭포자와 분생포자를 형성한다.
③ 땅에 떨어진 병든 잎을 모아 태우거나 땅속에 묻어 월동 전염원을 제거한다.
④ 묘포는 통풍이 잘되도록 밀식을 피하고, 빗물 등의 물기를 빠르게 마르도록 한다.
⑤ 어린잎에 물집 모양의 반점이 생기고 진전되면 병반의 모양과 크기가 일정하고 뚜렷해진다.

23

수목병을 일으키는 원인에 관한 설명으로 옳지 않은 것은?

① 수목병의 원인에는 전염성과 비전염성 요인이 있다.
② 전염성 수목병의 원인은 균류, 세균, 바이러스, 선충, 기생성 종자식물 등이 있다.
③ 벚나무 갈색무늬구멍병의 원인은 *Mycosphaerella* 속의 진균이다.
④ 호두나무 갈색썩음병의 원인은 *Pseudomonas*속의 세균이다.
⑤ 오동나무 탄저병의 원인은 *Colletotrichum*속의 진균이다.

24

수목병리학의 역사에 관한 설명 중 옳지 않은 것은?

① 독일의 Robert Hartig는 수목병리학의 아버지로 불린다.
② 식물학의 원조로 불리는 Theophrastus가 올리브나무 병을 기록하였다.
③ 실학자인 서유구가 배나무 적성병과 향나무의 기주교대현상을 기록하였다.
④ 미국의 Alex Shigo가 CODIT모델을 개발하여 수목외과 수술방법을 제시하였다.
⑤ 한국 발생 소나무 줄기녹병은 Takaki Goroku가 경기도 가평군에서 처음으로 발견하여 보고하였다.

25

포플러 잎녹병에 관한 설명으로 옳은 것은?

① 병원균은 *Melampsora*속으로 일본잎갈나무가 중간기주이다.
② 봄부터 여름까지 병원균의 침입이 이루어지며 나무를 빠르게 고사시킨다.
③ 한국에는 병원균이 2종 분포하며, 그 중 *Melampsora magnusiana*에 의하여 해마다 대발생한다.
④ 포플러 잎에서 월동한 겨울포자가 발아하여 형성된 자낭포자가 중간기주를 침해하면 병환이 완성된다.
⑤ 4~5월에 감염된 잎 표면에 퇴색한 황색 병반이 나타나며, 잎 뒷면에는 겨울포자퇴와 겨울포자가 형성된다.

제2과목 수목해충학

26

곤충의 특성에 관한 설명으로 옳지 않은 것은?

① 곤충의 몸은 머리, 가슴, 배로 구분된다.
② 절지동물강에 속하며 외골격을 가지고 있다.
③ 지구상의 거의 모든 육상 및 담수 생태계에서 관찰된다.
④ 린네가 이명법을 제창한 이후 곤충은 100만종 이상이 기록되어 있다.
⑤ 곤충은 비행할 수 있는 유일한 무척추동물로서 적으로부터의 방어 및 먹이 탐색에 활용할 수 있다.

27

곤충의 더듬이 모양과 해당 곤충을 바르게 연결한 것은?

① 실 모양(사상) – 바퀴, 꽃등애
② 빗살 모양(즐치상) – 잎벌, 무당벌레
③ 짧은털 모양(강모상) – 잠자리, 흰개미
④ 톱니 모양(거치상) – 바구미, 장수풍뎅이
⑤ 깃털 모양(우모상) – 모기, 매미나방 수컷

28

곤충 날개의 진화에 관한 설명으로 옳은 것은?

① 날개를 발달시킨 초기 곤충은 하루살이와 잠자리이다.
② 곤충은 고생대에서 신생대까지 비행 가능한 유일한 동물집단이다.
③ 돌좀이나 좀은 날개가 발달하지 못한 원시형질을 가진 유시류 곤충이다.
④ 날개를 접을 수 있는 신시류 곤충은 신생대부터 나타나 크게 번성하였다.
⑤ 10억 년 전 고생대 데본기에 뭍에 살던 곤충이 처음으로 날개를 발달시켰다.

29

아래 설명 중 옳은 것은?

① 장미등에잎벌의 번데기는 유충 탈피각을 가진 위용의 형태이다.
② 개미귀신은 뱀잠자리의 유충으로 낫 모양의 큰턱을 이용하여 사냥한다.
③ 파리 유충은 구더기형으로, 성장하면 1쌍의 앞날개를 가지며, 뒷날개는 평균곤으로 변형되어 있다.
④ 부채벌레는 벌, 말벌의 기생자로, 암컷 성충의 앞날개는 평균곤으로 퇴화했고 뒷날개는 부채모양이다.
⑤ 밑들이는 전갈의 꼬리처럼 복부 끝이 부풀어 오른 독샘이 발달하여 있고, 뾰족한 입틀을 가진 강력한 포식자이다.

30

곤충의 외골격에 관한 설명으로 옳지 않은 것은?

① 몸의 보호, 근육 부착점 기능을 한다.
② 외표피, 원표피, 진피, 기저막으로 이루어진다.
③ 외표피의 시멘트층과 왁스층은 방수 및 이물질 차단과 보호 역할을 한다.
④ 진피는 상피세포층으로서 탈피액을 분비하여 내원표피 물질을 분해하고 흡수한다.
⑤ 원표피층은 다당류와 단백질이 얽힌 키틴질로 구성되며 칼슘 경화를 통해 강화된다.

31

곤충의 성충 입틀(구기)에 관한 설명으로 옳지 않은 것은?

① 나비 입틀은 긴 관으로 된 빨대주둥이를 형성하고 있다.
② 노린재 입틀은 전체적으로 빨대(구침) 구조를 하고 있다.
③ 총채벌레 입틀은 큰턱과 작은턱이 좌우 비대칭이다.
④ 파리 입틀은 주로 액체나 침으로 녹일만한 먹이를 흡수한다.
⑤ 메뚜기 입틀은 큰턱이 먹이를 분쇄하기 위하여 위아래로 움직이며 작동한다.

32

곤충의 알과 배자발생에 관한 설명으로 옳은 것은?

① 배자발생은 난황물질이 모두 소비되면 끝나고 알 발육이 시작된다.
② 순환계, 내분비계, 근육, 지방체, 난소와 정소, 생식기 등은 중배엽성 조직이다.
③ 표피, 뇌와 신경계, 호흡기관, 소화기관(전장, 중장, 후장) 등은 외배엽성 조직이다.
④ 곤충의 알은 정자 출입을 위한 정공은 있으나, 호흡을 위한 기공은 없어 수분손실을 방지한다.
⑤ 대부분 암컷 성충은 정자를 주머니에 보관하면서, 산란 시 필요에 따라 정자를 방출하여 수정시킨다.

33

소리를 통한 곤충의 의사소통에 관한 설명으로 옳은 것은?

① 곤충은 주파수, 진폭, 주기성으로 소리를 표현한다.
② 귀뚜라미와 매미는 몸의 일부를 비벼서 마찰음을 만들어 낸다.
③ 모기와 빗살수염벌레는 날개 진동을 통해 소리를 만들어 낸다.
④ 메뚜기와 여치는 앞다리 종아리마디의 고막기관을 통해 소리를 감지한다.
⑤ 꿀벌과 나방류는 다리의 기계감각기인 현음기관을 통해 소리의 진동을 감지한다.

34

곤충의 신경연접과 신경전달물질에 관한 설명으로 옳지 않은 것은?

① 신경세포와 신경세포가 만나는 부분을 신경연접이라 한다.
② Gamma-aminobutyric acid(GABA)는 억제성 신경전달물질이다.
③ 전기적 신경연접은 신경세포 사이에 간극 없이 활동전위를 빠르게 전달한다.
④ Acetylcholine은 흥분성 신경전달물질로 Acetylcholinesterase에 의해서 가수분해된다.
⑤ 화학적 신경연접은 신경세포 사이에 간극이 있어 신경전달물질을 이용하여 휴지막전위를 전달한다.

35

노린재목 곤충에 관한 설명으로 옳은 것은?

① 노린재아목의 등판에는 사각형 소순판이 있으며 날개는 반초시이다.
② 육서종 노린재류는 식물을 흡즙하지만, 포유동물을 흡즙하지 못한다.
③ 매미의 소화계에는 여러 개의 식도가 있어서 잉여의 물과 감로를 빠르게 배설한다.
④ 매미아목에는 매미, 잎벌레, 진딧물, 깍지벌레 등이 있으며, 찌르고 빠는 입틀을 가졌다.
⑤ 뿔밀깍지벌레는 자신이 분비한 밀랍으로 된 덮개 안에서 생활하고 부화약충과 수컷 성충이 이동태이다.

36

한국에 보고된 외래해충이 아닌 것은?

① 알락하늘소
② 미국선녀벌레
③ 소나무재선충
④ 갈색날개매미충
⑤ 버즘나무방패벌레

37

버즘나무방패벌레의 목, 과, 학명이 바르게 연결된 것은?

① *Diptera, Tingidae, Hyphantria cunea*
② *Hemiptera, Tingidae, Corythucha ciliata*
③ *Lepidoptera, Erebidae, Lymantria dispar*
④ *Hemiptera, Pseudococcidae, Corythucha ciliata*
⑤ *Orthoptera, Coccidae, Matsucoccus matsumurae*

38

곰팡이, 바이러스, 선충을 매개하는 곤충을 순서대로 나열한 것은?

① 갈색날개매미충 – 오리나무좀 – 솔수염하늘소
② 광릉긴나무좀 – 솔수염하늘소 – 목화진딧물
③ 광릉긴나무좀 – 목화진딧물 – 북방수염하늘소
④ 북방수염하늘소 – 솔껍질깍지벌레 – 복숭아혹진딧물
⑤ 오리나무좀 – 복숭아혹진딧물 – 벚나무사향하늘소

39

곤충을 기주범위에 따라 구분할 때 단식성 – 협식성 – 광식성 해충의 순서대로 바르게 나열한 것은?

① 황다리독나방 – 솔나방 – 솔잎혹파리
② 붉나무혹응애 – 갈색날개매미충 – 밤바구미
③ 큰팽나무이 – 미국흰불나방 – 목화진딧물
④ 회양목명나방 – 광릉긴나무좀 – 미국선녀벌레
⑤ 아카시잎혹파리 – 오리나무좀 – 광릉긴나무좀

40

진딧물류의 생태와 피해에 관한 설명으로 옳지 않은 것은?

① 복숭아가루진딧물의 여름 기주는 대나무이다.
② 목화진딧물의 겨울 기주는 무궁화나무이고 알로 월동한다.
③ 조팝나무진딧물은 기주의 신초나 어린잎을 가해한다.
④ 소나무왕진딧물은 소나무 가지를 가해하며 기주전환을 하지 않는다.
⑤ 복숭아혹진딧물의 겨울 기주는 복숭아나무 등이고 양성생식과 단위생식을 한다.

41

천공성 해충의 생태와 피해에 관한 설명으로 옳은 것은?

① 복숭아유리나방의 어린 유충은 암브로시아균을 먹고 자란다.
② 박쥐나방의 어린 유충은 초본류의 줄기 속을 가해한다.
③ 광릉긴나무좀 암컷은 수피에 침입공을 형성한 후에 수컷을 유인한다.
④ 벚나무사향하늘소 유충은 수피를 고리모양으로 파먹고 배설물 띠를 만든다.
⑤ 오리나무좀 성충은 외부로 목설을 배출하지 않기 때문에 피해를 발견하기 쉽지 않다.

42

종실 해충의 생태와 피해에 관한 설명으로 옳은 것은?

① 솔알락명나방은 잣 수확량을 감소시키는 주요 해충으로 연 1회 발생한다.
② 복숭아명나방은 밤의 주요 해충으로 알로 월동하며 밤송이를 가해한다.
③ 밤바구미는 성충으로 월동하며 유충은 과육을 가해하므로 피해 증상이 쉽게 발견된다.
④ 백송애기잎말이나방은 연 3회 발생하고 번데기로 월동하며 유충은 구과나 새 가지를 가해한다.
⑤ 도토리거위벌레는 성충으로 땅속에서 흙집을 짓고 월동하며 성충은 도토리에 주둥이로 구멍을 뚫고 산란한다.

43

식엽성 해충에 관한 설명으로 옳지 않은 것은?

① 솔나방은 5령 유충으로 월동하고 4월경부터 활동하면서 솔잎을 먹고 자란다.
② 오리나무잎벌레는 연 2~3회 발생하고 성충은 잎 하나당 한 개의 알을 낳는다.
③ 버들잎벌레는 연 1회 발생하며 성충으로 월동하고, 잎 뒷면에 알덩어리를 낳는다.
④ 회양목명나방은 연 2~3회 발생하며, 유충이 실을 분비하여 잎을 묶고 잎을 섭식한다.
⑤ 주둥무늬차색풍뎅이는 연 1회 발생하며, 주로 성충으로 월동하고 참나무 등의 잎을 갉아 먹는다.

44

천적의 특성에 관한 설명으로 옳지 않은 것은?

① 개미침벌은 솔수염하늘소의 내부 기생성 천적이다.
② 애꽃노린재는 총채벌레를 포식하는 천적이다.
③ 기생성 천적은 알을 기주 몸체 내부 또는 외부에 낳는다.
④ 칠성풀잠자리는 유충과 성충이 진딧물의 포식성 천적이다.
⑤ 기생성 천적은 대체로 기주특이성이 강하고 기주보다 몸체가 작다.

45

해충의 약제 방제 시기와 방법에 관한 설명으로 옳지 않은 것은?

① 솔껍질깍지벌레는 12월에 등록약제를 나무주사한다.
② 외줄면충은 충영 형성 전에 등록약제를 나무주사한다.
③ 밤나무혹벌은 성충 발생 최성기에 등록약제를 살포한다.
④ 갈색날개매미충은 알 월동기에 등록약제를 나무주사한다.
⑤ 미국선녀벌레는 어린 약충 발생 시기부터 등록약제를 살포한다.

46

해충의 개념적 범주와 방제 수준에 관한 설명으로 옳지 않은 것은?

① 돌발해충은 간헐적으로 대발생하여 밀도가 경제적 피해수준을 넘는 해충이다.

② 관건해충(상시해충)은 효과적인 천적이 없어서 인위적인 방제가 필수적이다.

③ 잠재해충은 유용천적이 다량 존재하여 자연적으로 발생이 억제되는 해충이다.

④ 응애나 진딧물과 같이 잎만 가해하는 해충은 과일을 가해하는 심식류 해충에 비하여 경제적 피해수준의 밀도가 낮다.

⑤ 경제적 피해허용수준의 밀도는 방제 수단을 사용할 수 있는 시간적 여유가 있어야 하므로 경제적 피해수준의 밀도보다 낮다.

47

수목해충의 방제에 관한 설명으로 옳지 않은 것은?

① 물리적 방제는 포살, 매몰, 차단 등의 방제 행위를 말한다.

② 생활권 도시림은 인간과 환경을 동시에 고려한 방제방법이 더욱 요구된다.

③ 법적 방제는 「식물방역법」, 「소나무재선충병 방제특별법」과 같은 법령에 의한 방제를 의미한다.

④ 생물적 방제는 천적이나 곤충병원성 미생물을 이용하여 해충 밀도를 조절하는 방법이다.

⑤ 행동적 방제는 곤충의 환경자극에 대한 반응과 이에 따른 행동반응을 응용하여 방제하는 방법이다.

48

수목해충학 (ㄱ)과 (ㄴ)에 해당하는 방제법은?

> (ㄱ) 솔잎혹파리 피해 임지에서 간벌을 하고, (ㄴ) 솔수염하늘소 유충이 들어 있는 피해목을 두께 1.5cm 이하로 파쇄한다.

	(ㄱ)	(ㄴ)
①	기계적 방제	물리적 방제
②	기계적 방제	임업(생태)적 방제
③	물리적 방제	행동적 방제
④	기계적 방제	생물적 방제
⑤	임업(생태)적 방제	기계적 방제

49

수목 해충의 예찰 이론에 관한 설명으로 옳지 않은 것은?

① 예찰이란 해충의 분포상황·발생시기·발생량을 사전에 예측하는 일을 말한다.

② 온도와 곤충 발육의 선형관계를 이용한 적산온도모형으로 발생시기를 예측한다.

③ 축차조사법은 해충의 밀도를 순차적으로 조사 누적하면서 방제여부를 판단하는 방법이다.

④ 연령생명표는 어떤 시점에 존재하는 개체군의 연령별 사망률을 추정한 것이지만 취약 발육단계를 구분하기는 어렵다.

⑤ 해충이 수목을 가해하는 특정 발육단계에 도달하는 시기와 발생량을 추정하기 위하여 환경조건과 기주범위 등에 대한 조사가 필요하다.

50

「산림보호법」에 의거 실시하는 산림 해충 모니터링 방법으로 옳지 않은 것은?

① 소나무재선충 매개충은 우화목을 설치하여 우화시기를 조사한다.

② 광릉긴나무좀은 유인목에 끈끈이트랩을 설치하여 유인수를 조사한다.

③ 오리나무잎벌레는 오리나무 50주에서 성페로몬을 이용하여 암컷 포획수를 조사한다.

④ 솔나방은 고정 조사지에서 가지를 선택하여 유충수를 조사하는 것을 기본으로 한다.

⑤ 솔잎혹파리는 고정 조사지에서 우화상을 설치하여 우화시기를 조사하고 신초에서 충영형성률을 조사한다.

제3과목 수목생리학

51

수목의 조직에 관한 설명으로 옳은 것은?

① 원표피는 1차 분열조직이며, 수(Pith)는 1차 조직이다.

② 뿌리 횡단면에서 내피는 내초보다 안쪽에 위치한다.

③ 줄기 횡단면에서 피층은 코르크층보다 바깥쪽에 위치한다.

④ 코르크형성층의 세포분열로 바깥쪽에 코르크피층을 만든다.

⑤ 관다발(유관속)형성층의 세포분열로 1차 물관부와 1차 체관부가 형성된다.

52

수목의 유세포에 관한 설명으로 옳은 것을 모두 고른 것은?

ㄱ. 원형질이 있으며, 세포벽이 얇다. ㄴ. 잎, 눈, 꽃, 형성층 등에 집중적으로 모여 있다. ㄷ. 1차 세포벽 안쪽에 리그닌이 함유된 2차 세포벽이 있다. ㄹ. 세포분열, 광합성, 호흡, 증산작용 등의 기능을 담당한다.

① ㄱ, ㄴ

② ㄱ, ㄷ

③ ㄷ, ㄹ

④ ㄱ, ㄴ, ㄹ

⑤ ㄴ, ㄷ, ㄹ

53

수목의 직경생장에 관한 설명 중 (ㄱ)~(ㄷ)에 해당하는 것을 순서대로 나열한 것은?

형성층 세포는 분열할 때 접선 방향으로 새로운 세포벽을 만드는 (ㄱ)에 의하여 목부와 사부를 만든다. 생리적으로 체내 식물호르몬 중 (ㄴ)의 함량이 높고 (ㄷ)이 낮은 조건에서 목부를 우선 생산하는 것으로 알려져 있다.

① 병층분열, 옥신, 지베렐린

② 병층분열, 지베렐린, 옥신

③ 수층분열, 옥신, 지베렐린

④ 수층분열, 지베렐린, 옥신

⑤ 수층분열, 지베렐린, 에틸렌

54

수고생장에 관한 설명으로 옳지 않은 것은?

① 도장지는 우세목보다 피압목에서, 성목보다 유목에서 더 많이 만든다.
② 느릅나무는 어릴 때의 정아우세 현상이 없어지면서 구형 수관이 된다.
③ 대부분의 나자식물은 정아지가 측지보다 빨리 자라서 원추형 수관이 된다.
④ 잣나무는 당년에 자랄 줄기의 원기가 전년도 가을에 동아 속에 미리 만들어진다.
⑤ 은행나무는 어릴 때 고정생장을 하는 가지가 대부분이지만, 노령기에는 거의 자유생장을 한다.

55

수목의 뿌리에 관한 설명으로 옳지 않은 것은?

① 측근은 내초세포가 분열하여 만들어진다.
② 건조한 지역에서 자라는 수목일수록 S/R율이 상대적으로 작다.
③ 소나무의 경우 토심 20cm 내에 전체 세근의 90% 정도가 존재한다.
④ 균근을 형성하는 소나무 뿌리에는 뿌리털이 거의 발달하지 않는다.
⑤ 온대지방에서는 봄에 줄기 생장이 시작된 후에 뿌리 생장이 시작된다.

56

태양광의 특성과 태양광의 생리적 효과에 관한 설명으로 옳지 않은 것은?

① 단풍나무 활엽수림 아래의 임상에는 적색광이 주종을 이루고 있다.
② 가시광선보다 파장이 더 긴 적외선은 CO_2와 수분에 흡수된다.
③ 효율적인 광합성 유효복사의 파장은 340~760nm이다.
④ 자유생장 수종은 단일조건에 의해 줄기생장이 정지되며 이는 저에너지 광효과 때문이다.
⑤ 뿌리가 굴지성에 의해 밑으로 구부러지는 것은 옥신이 뿌리 아래쪽으로 이동하여 세포의 신장을 촉진하고, 위쪽 세포의 신장을 억제하기 때문이다.

57

광수용체에 관한 설명으로 옳은 것은?

① 포토트로핀은 굴광성과 굴지성을 유도하고, 잎의 확장과 어린 식물의 생장을 조절한다.
② 크립토크롬은 식물에만 존재하는 광수용체로 야간에 잎이 접히는 일주기 현상을 조절한다.
③ 피토크롬은 암흑 조건에서 Pr이 Pfr형태로 서서히 전환되면서 Pfr이 최대 80%까지 존재한다.
④ 피토크롬은 암흑 속에서 기른 식물체 내에서 거의 존재하지 않으며, 햇빛을 받으면 합성이 촉진된다.
⑤ 피토크롬은 생장점 근처에 많이 분포하며, 세포 내에서는 세포질, 핵, 원형질막, 액포에 골고루 존재한다.

58

광합성 기작에 관한 설명으로 옳은 것은?

① 암반응은 엽록소가 없는 스트로마에서 야간에만 일어난다.

② 명반응에서 얻은 ATP는 캘빈회로에서 3-PGA에 인산기를 하나 더 붙여주는 과정에만 소모된다.

③ 암반응에서 RuBP는 루비스코에 의해 공기 중의 CO_2 한 분자를 흡수하여, 3-PGA 한 분자를 생산한다.

④ 물분자가 분해되면서 방출된 양성자(H^+)는 전자전달계를 거쳐 최종적으로 $NADP^+$로 전달되어 NADPH를 만든다.

⑤ CAM 식물은 낮에 기공을 닫은 상태에서 OAA가 분해되어 CO_2가 방출되면 캘빈회로에 의해 탄수화물로 전환된다.

59

수목의 호흡에 관한 설명으로 옳지 않은 것은?

① 형성층은 수피와 가깝기 때문에 호기성 호흡만 일어난다.

② 수령이 증가할수록 광합성량에 대한 호흡량이 증가한다.

③ 음수는 양수에 비해 최대 광합성량이 적고, 호흡량도 낮은 수준을 유지한다.

④ 밀식된 임분은 개체 수가 많고 직경이 작아 임분 전체 호흡량이 많아진다.

⑤ 잎의 호흡량은 잎이 완전히 자란 직후 가장 왕성하며, 가을에 생장을 정지하거나 낙엽 직전에 최소로 줄어든다.

60

탄수화물 대사에 관한 설명으로 옳지 않은 것은?

① 탄수화물은 뿌리에서 수(Pith), 종축방향 유세포와 방사조직 유세포에 저장된다.

② 수목 내 탄수화물은 지방이나 단백질을 합성하기 위한 예비화합물로 쉽게 전환된다.

③ 잎에서는 단당류보다 자당(Sucrose)의 농도가 높으며, 자당의 합성은 엽록체 내에서 이루어진다.

④ 낙엽수의 사부에는 겨울철 전분의 함량은 감소하고 자당과 환원당의 함량은 증가한다.

⑤ 자유생장수종은 수고생장이 이루어질 때마다 탄수화물 함량이 감소한 후 회복된다.

61

수목의 꽃에 관한 설명으로 옳지 않은 것은?

① 벚나무 꽃은 완전화이다.

② 가래나무과 꽃은 2가화이다.

③ 잡성화는 물푸레나무에서 볼 수 있다.

④ 자귀나무는 암술과 수술을 한 꽃에 모두 가진다.

⑤ 버드나무류는 암꽃과 수꽃이 각각 다른 그루에 달린다.

62

다음 중 다당류에 관한 설명으로 옳은 것을 모두 고른 것은?

> ㄱ. 점액질(Mucilage)은 뿌리가 토양을 뚫고 들어갈 때 윤활제 역할을 한다.
> ㄴ. 팩틴은 중엽층에서 이웃세포를 결합시키는 역할을 하지만, 2차 세포벽에는 거의 존재하지 않는다.
> ㄷ. 전분은 세포 간 이동이 안되기 때문에 세포 내에 축적되는데, 잎의 경우 엽록체에 직접 축적된다.
> ㄹ. 헤미셀룰로오스는 2차 세포벽에서 가장 많은 비율을 차지하나, 1차 세포벽에서는 셀룰로오스보다 적은 비율을 차지한다.

① ㄱ, ㄴ
② ㄷ, ㄹ
③ ㄱ, ㄴ, ㄷ
④ ㄴ, ㄷ, ㄹ
⑤ ㄱ, ㄴ, ㄷ, ㄹ

63

수목의 호흡기작에 관한 설명으로 옳은 것은?

① 포도당이 완전히 분해되면, 각각 2개의 CO_2 분자와 물분자를 생성시킨다.
② 해당작용은 포도당이 2분자의 피루브산으로 분해되는 과정으로 세포질에서 일어난다.
③ 크랩스 회로는 기질 수준의 인산화과정으로 CO_2, ATP, NADPH, $FADH_2$가 생성된다.
④ 전자전달계를 통해 일어나는 호흡은 혐기성 호흡으로 효율적으로 ATP가 생산된다.
⑤ 호흡을 통해 만들어진 ATP는 광합성 반응에서와 같은 화합물이며, 높은 에너지를 가진 효소이다.

64

질산환원에 대한 설명으로 옳은 것은?

① 질산환원효소에 의한 반응은 색소체(Plastid)에서 일어난다.
② 탄수화물의 공급 여부와는 관계없이 체내에서 쉽게 이루어지지 않는다.
③ 소나무류와 진달래류는 NH_4^+가 적은 토양에서 자라면서 질산환원 대사가 뿌리에서 일어난다.
④ 뿌리에서 흡수된 NO_3^-는 아미노산으로 합성되기 전 NH_4^+형태로 먼저 환원된다.
⑤ 질산환원효소는 햇빛에 의해 활력도가 낮아지기 때문에 효소의 활력이 밤에는 높고 낮에는 줄어든다.

65

수목의 지질에 관한 설명으로 옳은 것은?

① 카로티노이드는 휘발성으로 타감작용을 한다.
② 페놀화합물의 함량은 초본식물보다 목본식물에 더 많다.
③ (Wax)과 수베린은 휘발성화합물로 종자에 저장된다.
④ 리그닌은 토양 속에 존재하며, 식물 생장을 억제한다.
⑤ 팔미트산(Palmitic acid)은 불포화지방산에 속하며, 목본식물에 많이 존재한다.

66

수목의 수분흡수에 관한 설명 중 옳지 않은 것은?

① 대부분 수동흡수를 통해 이루어진다.
② 낙엽수가 겨울철 뿌리의 삼투압에 의해 수분을 흡수하는 것은 능동흡수이다.
③ 수목은 뿌리 이외에 잎의 기공과 각피층, 가지의 엽흔, 수피의 피목에서도 수분을 흡수할 수 있다.
④ 측근은 주변조직을 찢으며 자라기 때문에 그 열린 공간을 통해 수분이나 무기염이 이동할 수 있다.
⑤ 근압은 낮에 기온이 상승하여 수간의 세포간극과 섬유세포에 축적되어 있는 공기가 팽창하면서 압력이 증가하는 것을 의미한다.

67

수목의 뿌리에서 중력을 감지하는 조직은?

① 근 관　　② 피 층
③ 신장대　　④ 뿌리털
⑤ 정단분열조직

68

수목의 질소대사에 관한 설명으로 옳지 않은 것은?

① 잎에서 회수된 질소의 이동은 목부를 통하여 이루어진다.
② 잎에서 회수된 질소는 목부와 사부 내 방사 유조직에 저장된다.
③ 낙엽 직전의 질소함량은 잎에서는 감소하고 가지에서는 증가한다.
④ 수목의 질소함량은 변재보다 심재에서 더 적다.
⑤ 수목은 제한된 질소를 효율적으로 활용하기 위하여 오래된 조직에서 새로운 조직으로 재분배한다.

69

수목의 건조스트레스에 관한 설명으로 옳지 않은 것은?

① 건조스트레스를 받으면 체내에 프롤린(Proline)이 축적된다.
② 건조스트레스는 춘재에서 추채로 이행되는 것을 촉진한다.
③ 뿌리는 수목전체 부위 중에서 건조 스트레스를 가장 늦게 받는다.
④ 건조스트레스를 받으면 IAA를 생합성하며, 이는 기공의 크기에 영향을 미친다.
⑤ 강우량이 많은 해에는 건조한 해보다 춘재 구성 세포의 세포벽이 얇아진다.

70

수분 및 무기염의 흡수와 이동에 관한 설명으로 옳지 않은 것은?

① 카스파리대는 무기염을 선택적으로 흡수할 수 있도록 한다.
② 수분 이동은 통수저항이 적은 목부조직에서 이루어진다.
③ 수액의 이동 속도는 산공재 > 환공재 > 침엽수재 순이다.
④ 뿌리의 무기염 흡수는 원형질막의 운반체에 의해 선택적이며 비가역적으로 이루어진다.
⑤ 토양 비옥도와 인산 함량이 낮을 때에는 균근균을 통하여 무기염을 흡수할 수 있다.

71

옥신에 관한 설명으로 옳지 않은 것은?

① 뿌리에서 생산되어 목부조직을 따라 운반된다.
② IAA는 수목 내 천연호르몬이며, NAA는 합성호르몬이다.
③ 옥신의 운반은 수목의 ATP 생산을 억제하면 중단된다.
④ 줄기에서는 유세포를 통해 구기적(Basipetal)으로 이동한다.
⑤ 부정근을 유발하며, 측아의 생장을 억제 또는 둔화시킨다.

72

수목의 개화생리에 관한 설명으로 옳지 않은 것은?

① 과습하고 추운 날씨는 개화를 촉진한다.
② 가지치기, 단근, 이식은 개화를 촉진한다.
③ 자연상태에서 수목의 유생기간은 5년 이상이다.
④ 옥신은 수목의 개화에서 성을 결정하는 데 관여하는 호르몬이다.
⑤ 불규칙한 개화의 원인은 주로 화아원기 형성이 불량하기 때문이다.

73

수목의 스트레스 반응에 관한 설명으로 옳지 않은 것은?

① 고온은 과도한 증산작용과 탈수현상을 수반한다.
② 당 함량과 인지질 함량이 높다면 내한성이 증가된다.
③ 바람에 의해 기울어진 수간 압축이상재의 아래쪽에는 옥신 농도가 높다.
④ 세포간극의 결빙으로 인한 세포 내 탈수는 초저온에서 생존율을 높인다.
⑤ 한대 및 온대지방 수목은 일장에는 반응을 보이지 않고, 온도에만 반응을 보인다.

74

종자의 휴면과 발아에 관한 설명으로 옳지 않은 것은?

① 종자의 크기는 발아속도에 영향을 준다.
② 휴면타파에는 저온처리, 발아율 향상에는 고온처리가 효율적이다.
③ 건조한 종자는 호흡이 거의 없지만 수분흡수 후에는 호흡이 증가한다.
④ 종자가 수분을 흡수하면 지베레린 생합성은 증가되지만 핵산 합성은 억제된다.
⑤ 발아는 수분 흡수 → 식물 호르몬 생산 → 세포분열과 확장 → 기관 분화 과정을 거친다.

75

수목의 유성생식에 관한 설명으로 옳은 것은?

① 소나무와 전나무의 종자 성숙 시기는 같다.
② 수정 후에는 항상 배유보다 배가 먼저 발달한다.
③ 호두나무는 단풍나무에 비해 화분의 생산량이 적다.
④ 화아원기 형성부터 종자 성숙까지는 최대 2년이 소요된다.
⑤ 나자식물에서는 단일수정과 부계세포질유전이 이루어진다.

제4과목 산림토양학

76

화성암은 (   )의 함량에 따라 산성암, 중성암, 염기성암으로 구분된다. 빈칸에 들어갈 내용으로 옳은 것은?

① FeO
② SiO_2
③ TiO_2
④ Al_2O_3
⑤ Fe_2O_3

77

식물영양소의 공급기작에 관한 설명으로 옳은 것은?

① 인산과 칼륨은 집단류에 의해 공급된다.
② 뿌리가 발달할수록 뿌리차단에 의한 영양소 공급은 많아진다.
③ 확산에 의한 영양소의 공급은 온도가 높을 때 많이 일어난다.
④ 식물이 필요로 하는 영양소의 대부분은 뿌리차단에 의해 공급된다.
⑤ 확산에 의하여 식물이 흡수할 수 있는 영양소의 양은 토양 중 유효태 영양소의 1% 미만이다.

78

토양 생성작용 중 무기성분의 변화에 의한 것이 아닌 것은?

① 갈색화작용
② 부식집적작용
③ 점토생성작용
④ 초기토양생성작용
⑤ 철・알루미늄집적작용

79

홍적대지에 생성된 토양으로 야산에 주로 분포하며 퇴적상태가 치밀하고 토양의 물리적 성질이 불량한 토양은?

① 침식토양 ② 갈색산림토양
③ 암적색산림토양 ④ 적황색산림토양
⑤ 회갈색산림토양

80

기후와 식생의 영향을 받으면서 다른 토양생성인자의 영향을 받아 국지적으로 분포하는 간대성 토양은?

① 갈색토양 ② 테라 로사
③ 툰드라토양 ④ 포드졸토양
⑤ 체르노젬토양

81

토양 단면 조사 항목이 아닌 것은?

① 토 색 ② 토 심
③ 지위지수 ④ 토양구조
⑤ 토양 층위

82

부분적으로 또는 심하게 분해된 수생식물의 잔재가 연못이나 습지에 퇴적되어 형성된 토양목(Soil order)은?

① 안디졸(Andisols)
② 알피졸(Alfisols)
③ 엔티졸(Entisols)
④ 옥시졸(Oxisols)
⑤ 히스토졸(Histosols)

83

토양입자가 비교적 소형(2~5mm)으로 둥글며 유기물 함량이 많은 표토에서 발달하는 토양구조는?

① 괴상구조
② 벽상구조(Massive structure)
③ 입상구조
④ 주상구조
⑤ 판상구조

84

수목의 뿌리에 영향을 주는 토양의 물리적 특성에 관한 설명으로 옳지 않은 것은?

① 대공극이 많으면 뿌리 생장에 좋다.
② 견밀도가 큰 토양에서 뿌리 생장은 저해된다.
③ 토심이 얕으면 뿌리가 깊게 발달하지 못해 건조 피해를 받기 쉽다.
④ 온대 지방에서 뿌리의 생장은 토양온도가 높아지는 여름에 가장 왕성하다.
⑤ 소나무의 뿌리는 유기물이 적은 사질 토양이나 점토질 토양에서 생장이 나쁘다.

85

식물의 필수영양소와 식물체 내에서의 주요 기능을 바르게 짝지은 것은?

ㄱ. S - 산화효소의 구성요소
ㄴ. Mn - 광합성반응에서 산소 방출
ㄷ. P - 에너지 저장과 공급(ATP 반응의 핵심)
ㄹ. K - 효소의 형태 유지 및 기공의 개폐 조절
ㅁ. N - 아미노산, 단백질, 핵산, 효소 등의 구성요소

① ㄱ, ㄴ, ㄷ ② ㄱ, ㄷ, ㄹ
③ ㄴ, ㄷ, ㄹ ④ ㄴ, ㄹ, ㅁ
⑤ ㄷ, ㄹ, ㅁ

86

토양 유기물에 관한 설명으로 옳지 않은 것은?

① 이온 교환 능력을 증진한다.
② 식물과 미생물에 양분을 공급한다.
③ 토양 pH, 산화-환원전위에 영향을 미친다.
④ 임목과 동물의 사체는 유기물의 공급원이다.
⑤ 토양 입단에 포함된 유기물은 입단화 없이 토양 중에 있는 유기물보다 분해가 훨씬 빠르게 진행된다.

87

토양 미생물에 관한 설명 중 옳지 않은 것은?

① 종속영양세균은 유기물을 탄소원과 에너지원으로 이용한다.
② 조류(Algae)는 대기로부터 많은 양의 CO_2를 제거하고 O_2를 풍부하게 한다.
③ 세균의 수는 사상균보다 적지만 물질순환에 있어서 분해자로서 중요한 역할을 한다.
④ 균근균은 인산과 같이 유효도가 낮거나, 낮은 농도로 존재하는 양분을 식물이 쉽게 흡수할 수 있도록 도와준다.
⑤ 사상균은 유기물이 풍부한 곳에서 활성이 높고, 호기성 생물이지만 이산화탄소의 농도가 높은 환경에서도 잘 견딘다.

88

토양에서 일어나는 양이온 교환반응에 관한 설명으로 옳은 것은?

① 양이온 교환용량 30cmol$_c$/kg은 3meq/100g에 해당한다.
② 양이온 교환반응은 주변 환경의 변화에 영향을 받지 않으며, 불가역적이다.
③ 흡착의 세기는 양이온의 전하가 증가할수록, 양이온의 수화반지름이 작을수록 감소한다.
④ 한국의 토양은 유기물함량이 적고, 주요 점토광물이 Kaolinite여서 양이온 교환용량이 매우 낮은 편이다.
⑤ 토양입자 주변에 Ca^{2+}이 많이 흡착되어 있으면 입자가 분산되어 토양의 물리성이 나빠지는데, Na^{+}을 시용하면 토양의 물리성이 개선된다.

89

한국 비료공정규격에 따라 비료를 보통비료와 부산물비료로 구분할 때 나머지 넷과 다른 하나는?

① 어 박
② 지렁이분
③ 가축분퇴비
④ 벤토나이트
⑤ 토양미생물제제

90

토양입단에 관한 설명으로 옳은 것은?

① 입단의 크기가 작을수록 전체 공극량이 많아진다.
② 균근균은 큰 입단(Macroaggregate)을 생성하는데 기여한다.
③ Ca^{2+}은 수화도가 커서 점토 사이의 음전하를 충분히 중화시킬 수 없다.
④ 입단이 커지면 모세관공극량이 많아지기 때문에 통기성과 배수성이 좋아진다.
⑤ 동결-해동, 건조-습윤이 반복되면 토양의 팽창-수축이 반복되어 입단 형성이 촉진되며, 이는 옥시졸(Oxisols)에서 잘 일어난다.

91

한국 「토양환경보전법」에 따른 토양오염물질이 아닌 것은?

① 다이옥신
② 스트론튬
③ 벤조(a)피렌
④ 6가크롬화합물
⑤ 폴리클로리네이티드비페닐

92

점토광물에 관한 설명으로 옳지 않은 것은?

① Illite는 2:1층 사이의 공간에 K^+이 비교적 많아 습윤상태에서도 팽창이 불가능하다.
② Kaolinite는 다른 층상 규산염 광물에 비하여 음전하가 상당히 적고, 비표면적도 작다.
③ Vermiculite가 운모와 다른 점은 2:1층 사이의 공간에 K^+ 대신 Al^{3+}이 존재한다는 것이다.
④ Smectite 그룹에서는 다양한 동형치환현상이 일어나므로 화학적 조성이 매우 다양한 광물들이 생성된다.
⑤ Chlorite는 양전하를 가지는 brucite층이 위아래 음전하를 가지는 2:1층과의 수소결합을 통하여 강하게 결합하므로 비팽창성이다.

93

토양 pH를 높이는데 필요한 석회요구량에 영향을 주지 않는 요인은?

① 모 재
② 부식함량
③ 수분함량
④ 점토함량
⑤ 목표 pH

94

산불로 인한 토양 특성 변화에 관한 설명으로 옳지 않은 것은?

① 양분유효도는 일시적으로 증가한다.
② 염기포화도는 유기물 연소에 따른 염기 방출로 증가한다.
③ 유기물 연소와 토양 내 광물질의 변화로 양이온교환용량이 감소한다.
④ 유기인은 정인산염 형태로 무기화되며 휘산에 의한 손실이 매우 크다.
⑤ 토양 pH는 일반적으로 산불 발생 즉시 증가하고 수개월~수십 년의 기간을 거쳐 발생 이전 수준으로 돌아간다.

95

토양 공극에 관한 설명으로 옳지 않은 것은?

① 토양 공극량은 식토보다 사토에 더 많다.
② 토양 입단은 공극률에 큰 영향을 준다.
③ 자연상태에서 공극은 공기 또는 물로 채워져 있다.
④ 토양 내 배수와 통기는 대부분 대공극에서 이루어진다.
⑤ 극소 공극은 미생물도 생육할 수 없는 매우 작은 공극을 말한다.

96

토양수에 관한 설명으로 옳지 않은 것은?

① 흡습수는 비유효수분이다.
② 점토함량이 많을수록 포장용수량은 적어진다.
③ 토양의 미세공극에 존재하는 물을 모세관수라고 한다.
④ 중력수는 식물이 생육기간 동안 지속적으로 이용할 수 있는 물이 아니다.
⑤ 식물이 흡수할 수 있는 유효수분은 포장용수량과 영구위조점 사이의 토양수이다.

97

토양의 입단형성을 저해하는 것은?

① Al^{3+}
② Ca^{2+}
③ Fe^{2+}
④ Na^{+}
⑤ 부 식

98

토양 산도에 대한 설명으로 옳지 않은 것은?

① 토양 산도는 계절에 따라 달라진다.
② 같은 토양이라도 각 토양층 사이에서 산도는 상당한 차이가 있다.
③ 활산도는 토양미생물의 활동과 식물의 생장에 직접적인 영향을 준다.
④ 산림에서 낙엽의 분해로 발생하는 유기산은 토양의 산도를 증가시킨다.
⑤ 잔류산도는 토양 콜로이드에 흡착되어 있는 H^{+}과 Al^{3+}에 의한 산도이다.

99

양이온교환용량이 30cmol$_c$/kg인 토양의 교환성 양이온 농도가 다음과 같을 때 이 토양의 염기포화도는?

교환성 양이온	K^{+}	Na^{+}	Ca^{2+}	Cd^{2+}	Mg^{2+}	Al^{3+}
농도(cmol$_c$/kg)	2	2	3	2	3	3

① 11%
② 22%
③ 33%
④ 66%
⑤ 99%

100

산림토양에서 낙엽 분해에 관한 설명으로 옳은 것은?

① 침엽에 비해 활엽의 분해가 느리다.
② 분해 초기에는 진행이 느리지만 점차 빨라진다.
③ 온대지방에 비해 열대지방에서 느리게 진행된다.
④ C/N율이 높으면 미생물의 분해 활동에 유리하다.
⑤ 토양 미소동물은 낙엽을 잘게 부수어 미생물의 분해 활동을 촉진한다.

제5과목 수목관리학

101

식재 수목을 선정할 때, 우선적으로 고려할 사항이 아닌 것은?

① 적지적수(適地適樹)를 고려한다.
② 관리작업이 용이하여야 한다.
③ 유전적 특성을 이해하여야 한다.
④ 가지-줄기의 직경비가 높아야 한다.
⑤ 살아있는 수관비율(LCR)이 높아야 한다.

102

식재지 토양을 유기물로 멀칭할 때의 단점이 아닌 것은?

① 설치류의 은신처를 제공할 수 있다.
② 토양의 총 공극률이 감소할 수 있다.
③ 배수불량 토양에서 과습이 발생할 수 있다.
④ 아밀라리아뿌리썩음병 등이 발생할 수 있다.
⑤ 우드칩 멀칭은 수목에 질소결핍이 발생할 수 있다.

103

답압된 토양을 경운하기 위하여 사용하는 수목관리용 장비가 아닌 것은?

① 리퍼(Ripper)
② 심경기(Subsoiler)
③ 쇄토기(Rototiller)
④ 동력 오거(Power Auger)
⑤ 트리 스페이드(Tree Spade)

104

대형 수목 이식에 관한 설명을 옳게 나열한 것은?

ㄱ. 수목의 크기와 수종, 인력, 예산 등을 모두 고려하여야 한다.
ㄴ. 이식 성공은 이식 전 수준으로의 생장률 회복 여부로 판단한다.
ㄷ. 스트로브잣나무는 동토근분(凍土根盆)으로 이식할 때 위험성이 비교적 낮은 수종이다.
ㄹ. 온대지방 수목 중 낙엽활엽수는 낙엽 이후 초겨울, 침엽수는 초가을이나 늦봄, 야자나무류는 이른 봄이 이식적기이다.

① ㄱ, ㄴ
② ㄱ, ㄷ
③ ㄴ, ㄹ
④ ㄱ, ㄷ, ㄹ
⑤ ㄴ, ㄷ, ㄹ

105

균근균의 기주 정착에 관한 설명으로 옳지 않은 것은?

① 감염원의 밀도가 높아야 한다.
② 유전적 친화성이 높아야 한다.
③ 균근균이 침입할 수 있는 세포간극이 충분하여야 한다.
④ 고산과 툰드라 지역에서 생육하는 수목에는 균근균이 정착하지 못한다.
⑤ 송이버섯은 소나무림의 나이가 20~80년 정도로 활력이 가장 왕성할 때 공생관계를 형성한다.

106

건설 현장의 수목보호구역에 관한 설명 중 옳지 않은 것은?

① 울타리를 설치한다.
② 활력이 좋고 넓은 수관을 갖는 나무는 낙수선(Dripline)을 기준으로 설정한다.
③ 수간이 기울어져 수관이 한쪽으로 편향된 나무는 수고를 기준으로 설정한다.
④ 수목보호구역의 크기와 형태는 해당 수종의 충격 민감성, 뿌리와 수관의 입체적 형태 등을 고려한다.
⑤ 보호구역 안에서는 어떠한 공사활동, 자재 및 쓰레기의 야적, 모니터링을 위한 통로 등도 허용되지 않는다.

107

이식 후 지주를 설치한 수목을 자연상태의 수목과 비교한 설명으로 옳지 않은 것은?

① 근계가 더 커지기 쉽다.
② 결속이 풀리면 똑바로 서지 못할 수도 있다.
③ 수간 초살도가 낮아지거나 역전되기도 한다.
④ 결속으로 인한 마찰과 환상의 상처를 입을 가능성이 높다.
⑤ 결속 지점에서 횡단면적당 스트레스를 더 많이 받기 쉽다.

108

지구온난화에 관한 설명으로 옳은 것은?

① 각종 프레온 가스는 산업혁명 이전부터 존재해 왔다.
② 온실효과 가스로는 CO_2, CH_4, N_2O, CFCs 등이 있다.
③ 온실효과 가스 중 이산화탄소의 대기 중 농도는 현재 약 300ppm 정도이다.
④ 한국의 아한대 수종들은 기온 상승에 따라 급속도로 생육 범위가 넓어질 것이다.
⑤ 지구온난화로 열대·아열대의 해충 유입은 될 수 있으나 온대 지방에서는 월동이 어려워 발생하지 못한다.

109

나무 뿌리에 의한 배수관로의 막힘 현상을 예방할 수 있는 방법으로 옳지 않은 것은?

① $CuSO_4$ 용액을 배수관로 표면에 도포한다.
② $MgSO_4$ 1,000배 희석액을 토양 표면에 관주한다.
③ 토목섬유에 비선택성 제초제를 도포한 방근막으로 배수관로를 감싼다.
④ 관로 주변에 버드나무류 등 침투성 뿌리를 갖는 수종의 식재를 피한다.
⑤ 배수관로의 연결부위는 방수가 되고 탄력이 있는 이중관으로 설치한다.

110

수목의 위험평가에 관한 설명 중 옳지 않은 것은?

① 평가 방법은 정량적 평가와 정성적 평가가 있다.
② 정밀 평가 단계에서 정보 수집을 위해 망원경, 탐침 등을 사용한다.
③ 부지환경, 수목의 구조와 각 부분(수간, 수관, 가지, 뿌리)의 결함 유무를 종합적으로 판단한다.
④ 제한적 육안평가는 명백한 결함이나 특정한 상태를 확인하기 위해 신속하게 평가하는 것을 말한다.
⑤ 매몰된 수피, 좁은 가지 부착 각도, 상처와 공동(空洞) 등은 수목의 파손 가능성을 높이는 부정적 징후들이다.

111

전정 시기에 대한 설명으로 옳은 것은?

ㄱ. 수액 유출이 심한 나무는 잎이 완전히 전개된 이후 여름에 전정한다.
ㄴ. 전정 상처를 빠르게 유합시키기 위해서 휴면기 직전에 전정하는 것이 좋다.
ㄷ. 목련류, 철쭉류는 꽃이 진 직후 전정하면, 다음 해 꽃눈의 수가 감소한다.
ㄹ. 수간과 가지의 구조를 튼튼하게 발달시키기 위해서 어릴 때 전정을 시작한다.
ㅁ. 봄철 건조한 날에 전정하는 것이 비오는 날 전정하는 것보다 소나무 가지끝마름병으로부터 상처부위의 감염을 억제할 수 있다.

① ㄱ, ㄴ, ㄹ
② ㄱ, ㄷ, ㄹ
③ ㄱ, ㄹ, ㅁ
④ ㄴ, ㄷ, ㄹ
⑤ ㄴ, ㄹ, ㅁ

112

같은 장소에서 발견된 두 가지 생물종 사이의 상호작용이 나머지 네 개와 다른 것은?

① 동백나무 - 동박새
② 소나무 - 모래밭버섯
③ 오리나무 - *Frankia sp.*
④ 박태기나무 - *Rhizobium sp.*
⑤ 오동나무 - 담배장님노린재

113

수피 상처의 치료방법으로 옳지 않은 것은?

① 수피이식을 시도할 수 있다.
② 목재부후균의 길항미생물을 접종한다.
③ 교접(橋椄)으로 사부 물질의 이동통로를 확보한다.
④ 부후균 침입을 예방하기 위해 상처부위를 햇빛에 노출시킨다.
⑤ 살아있는 들뜬 수피는 발생 즉시 작은 못으로 고정하고 보습재로 덮은 후 폴리에틸렌 필름을 감아 준다.

114

벌목작업과 체인톱 취급에 관한 설명으로 옳지 않은 것은?

① 경사지에서의 벌도방향은 경사방향과 평행하게 하는 것이 좋다.
② 체인톱은 시동 후 2~3분, 정지하기 전에는 저속 운전한다.
③ 벌도목 수고의 1.5배 반경 안에는 작업자 이외 사람의 접근을 막는다.
④ 체인톱을 사용할 때 톱니를 잘 세우지 않으면 거치 효율이 저하되어 진동이 발생할 수 있다.
⑤ 근원직경 15cm 이하인 소경목은 수구와 추구 없이 20도 정도의 기울기로 가로자르기를 한다.

115

상렬(霜裂)의 피해에 대한 설명으로 옳은 것은?

① 추위가 심한 북서쪽 줄기 표면에 잘 일어난다.
② 피해는 흉고직경 15~30cm 정도의 수목에서 주로 발견된다.
③ 피해는 활엽수보다 수간이 곧은 침엽수에서 더 많이 관찰된다.
④ 초겨울 또는 초봄에 습기가 많은 묘포장에서 발생하기 쉽다.
⑤ 북쪽지방이 원산지인 수종을 남쪽지방으로 이식했을 경우에 피해를 입는다.

116

풍해에 관한 설명으로 옳지 않은 것은?

① 가문비나무와 낙엽송은 풍해에 약하다.
② 주풍은 10~15m/s, 강풍은 29m/s 이상의 속도로 부는 바람을 말한다.
③ 주풍의 피해로 침엽수는 상방편심을, 활엽수는 하방편심을 하게 된다.
④ 방풍림의 효과는 주풍 방향에 직각으로 배치하기보다는 비스듬히 배치하는 것이 더 좋다.
⑤ 유령목에 나타나는 강풍의 피해는 수간이 부러지는 피해보다 만곡이나 도복의 피해가 많다.

117

내화수림대(耐火樹林帶)를 조성하는 수종으로 바르게 나열된 것은?

① 은행나무, 아왜나무, 벚나무
② 가문비나무, 동백나무, 벚나무
③ 대왕송, 후피향나무, 고로쇠나무
④ 분비나무, 구실잣밤나무, 피나무
⑤ 잎갈나무, 참나무류, 아까시나무

118

토양수분이 과다할 때 수목에 나타나는 영향으로 옳지 않은 것은?

① 과습 토양에 대한 저항성은 주목이 낮으며 낙우송은 높은 편이다.
② 토양 내 산소 부족현상이 나타나서 세근의 생육을 방해할 수 있다.
③ 토양 과습의 초기 증상은 엽병이 누렇게 변하면서 아래로 처지는 현상을 나타낸다.
④ 지상부에 나타나는 후기 증상은 수관 아래부터 위로 가지가 고사되면서 수관이 축소된다.
⑤ 고산지 수종은 침수에 대한 내성이 거의 없어서 토양수분이 과다하게 되면 피해가 빠르게 나타난다.

119

2차 대기오염물질에 관한 설명으로 옳지 않은 것은?

① 오존과 PAN에 의한 피해는 햇빛이 강한 날에 잘 발생한다.
② 이산화질소와 불포화탄화수소의 광화학반응에 의하여 생성된 것은 PAN이다.
③ PAN에 의한 피해는 계속 성장하는 미성숙한 잎에서 심하게 발생한다.
④ 오존의 조직학적 가시장해의 특징은 기공에 가까운 해면조직이 피해를 받는다.
⑤ 느티나무, 중국단풍나무 등은 오존에 대한 감수성이 대체로 크며, 낙엽송은 이들 수목보다 내성이 있는 편이다.

120

강산성 토양에서 결핍되기 쉬운 무기양분으로 짝지어진 것은?

① 인 - 망간
② 인 - 칼슘
③ 망간 - 칼슘
④ 마그네슘 - 철
⑤ 마그네슘 - 아연

121

수목관리학 염해에 관한 설명으로 옳지 않은 것은?

① 해빙염의 피해는 낙엽수보다 상록수의 피해가 더 크다.
② 곰솔, 느티나무, 후박나무 등은 염해에 내성이 있다고 알려져 있다.
③ 토양 내 염류 물질이 적을수록 전기전도도는 높아지며 식물피해도 줄어든다.
④ 해빙염의 피해는 침엽수와 활엽수에서 서로 다른 수관 위치에서 나타날 수 있다.
⑤ 해빙염의 경우 상록수는 봄이 오기 전에 잎에 피해가 나타나고 낙엽수는 새싹이 생육한 후 나타난다.

122

농약 사용의 문제점과 관련된 내용으로 옳지 않은 것은?

① 농약 사용 증가로 인한 약제 저항성 증가
② 잔류 문제 해결을 위한 저 잔류성 농약 개발
③ 생태계 파괴문제 해결을 위한 선택성 농약 개발
④ 인축독성 문제 해결을 위한 고독성농약 등록 폐지
⑤ 농약 오염 문제 해결을 위한 Integrated Nutrient Management(INM) 실천

123

농약의 보조제에 관한 설명 중 옳지 않은 것은?

① 증량제에는 활석, 납석, 규조토, 탄산칼슘 등이 있다.
② 계면활성제는 음이온, 양이온, 비이온, 양성 계면활성제로 구분된다.
③ 협력제는 농약의 약효를 증진시킬 목적으로 사용하는 첨가제이다.
④ 계면활성제의 HLB 값은 20 이하로 나타나며, 낮을수록 친수성이 높다.
⑤ 유기용제는 원제를 녹이는데 사용하는 용매로 농약의 인화성과 관련된다.

124

살충제의 유효성분과 작용기작의 연결로 옳지 않은 것은?

① Bt 엔도톡신 - 해충의 중장 파괴
② 페니트로티온 - 아세틸콜린가수분해효소 저해
③ 디플루벤주론 - 전자전달계 복합체 Ⅱ 저해
④ 밀베멕틴 - 신경세포의 염소이온 통로 교란
⑤ 카탑 하이드로클로라이드 - 아세틸콜린수용체 통로 차단

125

디페노코나졸에 관한 설명으로 옳은 것은?

① 인지질 생합성을 저해한다.
② 광합성 명반응을 교란한다.
③ 곤충의 키틴 합성을 억제한다.
④ 세포막 스테롤 생합성을 교란한다.
⑤ 유기인계 농약으로 항균활성을 갖는다.

126

지방산 생합성 억제 작용기작을 갖는 제초제의 설명으로 옳지 않은 것은?

① Cyclohexanedione계 성분이 있다.
② Aryloxyphenoxypropionate계 성분이 있다.
③ Glufosinate는 지방산 생합성 억제제이다.
④ Cyhalofop-butyl은 협엽(단자엽) 식물에 선택성이 높다.
⑤ 아세틸 CoA 카르복실화효소(ACCase)의 저해작용을 갖는다.

127

농약의 품목에 관한 내용 중 옳은 것은?

① 유효성분명을 계통으로 분류한 것이다.
② '델타메트린 수화제'는 품목명이다.
③ 보조제 함량과 제제의 형태로 분류한 것이다.
④ 유효성분 계통과 보조제 성분이 동일한 농약이다.
⑤ 품목이 동일한 농약은 같은 상표명을 갖는다.

128

호흡과정 저해와 관련된 농약의 작용기작 설명이 옳지 않은 것은?

① Alachlor은 대표적인 호흡과정 저해제이다.
② 살충제 작용기작 분류기호 '20a'와 관련된다.
③ 살균제 작용기작 분류기호 '다1'과 관련된다.
④ 전자전달을 교란하거나 ATP 생합성을 억제한다.
⑤ 미토콘드리아 막단백질 복합체의 기능을 교란한다.

129

농약 제형을 만드는 목적에 관한 설명으로 옳지 않은 것은?

① 농약 살포자의 편의성을 향상시킨다.
② 최적의 약효 발현과 약해를 최소화 한다.
③ 유효성분의 물리화학적 안정성을 향상시킨다.
④ 소량의 유효성분을 넓은 지역에 균일하게 살포한다.
⑤ 유효성분 부착량 감소를 위한 다양한 보조제를 적용한다.

130

농약 제형에 관한 설명으로 옳지 않은 것은?

① 액상수화제 - 물과 유기용매에 난용성인 원제를 이용한 액상형태
② 액제 - 원제가 수용성이며 가수분해의 우려가 없는 원제를 물 또는 메탄올에 녹인 제형
③ 유제 - 농약원제를 유기용매에 녹이고 계면활성제를 첨가한 액체 제형
④ 캡슐제 - 농약원제를 고분자 물질로 피복하여 고형으로 만들거나 캡슐 내에 농약을 주입한 제형
⑤ 훈증제 - 낮은 증기압을 가진 농약 원제를 액상, 고상 또는 압축가스상으로 용기 내에 충진한 제형

131

농약의 안전사용기준에 관한 설명으로 옳지 않은 것은?

① 작물, 방제 대상, 살포 방법, 희석 배수 등이 표시되어 있다.
② 최종 살포시기와 살포 횟수를 명시하여 안전한 농산물을 생산할 수 있게 한다.
③ 안전사용기준 설정은 병해충 발생시기와 잔류허용기준을 동시에 고려해 설정한다.
④ 농약 사용 환경을 고려해야 하므로 농약 등록 후 경과 기간을 두고 설정하는 것이 원칙이다.
⑤ 농약 판매업자가 농약 안전사용기준을 다르게 추천하거나 판매하는 경우에는 500만 원 이하의 과태료가 부과된다.

132

소나무가 식재된 1ha의 임야에 살충제 이미다클로프리드 수화제(10%)를 500배 희석하여 10a당 100L의 양으로 살포하고자 한다. 소요 약량은?

① 0.2kg ② 0.5kg
③ 1kg ④ 2kg
⑤ 4kg

133

한국에서 시행 중인 농약의 독성관리제도에 관한 설명으로 옳지 않은 것은?

① 동일 성분의 경우 고체 제품보다는 액체 제품의 독성이 더 높게 구분되어 있다.
② ADI(1일 섭취허용량)는 농약잔류허용기준 설정의 근거가 된다.
③ 농약살포자의 농약 위해성 평가에 대한 중요한 요소는 노출량이다.
④ 농약제품의 인축독성은 경구독성과 경피독성으로 구분하여 관리하고 있다.
⑤ 농약제품의 독성은 I(맹독성), II(고독성), III(보통독성), IV(저독성)급으로 구분하고 있다.

134

농축된 상태의 액제 제형으로 항공방제에 사용되는 특수 제형이며 원제의 용해도에 따라 액체나 고체 상태의 원제를 소량의 기름이나 물에 녹인 형태의 제형은?

① 분의제 ② 분산성액제
③ 수면전개제 ④ 캡슐현탁제
⑤ 미량살포액제

135

농약의 잔류허용기준 제도에 관한 설명 중 옳지 않은 것은?

① 농약 및 식물별로 잔류허용기준은 다르다.
② 농약잔류허용기준은 「농약관리법」에 의하여 고시된다.
③ 일본과 유럽, 대만 등은 PLS 제도를 한국보다 앞서서 운영하고 있다.
④ 한국에서 잔류허용기준 미설정 농약은 불검출 수준(0.01mg/kg)으로 관리한다.
⑤ 적절한 사용법으로 병해충을 방제하는데 필요한 최소한의 양만을 사용하도록 유도한다.

136

소나무재선충병 예방나무주사 실행에 관한 설명으로 옳지 않은 것은?

① 약제 피해가 우려되는 식용 잣・송이 채취지역은 제외한다.
② 장기 예방나무주사는 보호수 등 보존가치가 높은 수목에 한하여 사용한다.
③ 선단지 등 확산우려 지역은 소나무재선충과 매개충 동시방제용 약제를 사용한다.
④ 예방나무주사 1, 2순위 대상지는 최단 직선거리 5km 이내에 소나무재선충병이 발생하였을 때 시행한다.
⑤ 선단지 및 소규모 발생지에 대하여 피해고사목 방제 후 벌채지 외곽 30m 내외의 건전목에 실행한다.

137

「산림병해충 방제규정」 제7조 산림병해충 발생밀도(피해도)조사 요령 중 병해충명과 구분방법의 연결로 옳지 않은 것은?

① 갈색날개매미충 – 약・성충 수
② 미국흰불나방 – 유충의 군서 개소
③ 미국선녀벌레 – 수관부의 피해 면적
④ 이팝나무 녹병 – 피해본수 및 피해잎수
⑤ 벚나무 빗자루병 – 피해본수 및 피해증상수

138

「산림보호법 시행령」 제36조 과태료 부과기준에 관한 설명으로 옳지 않은 것은?

① 나무의사가 보수교육을 받지 않은 경우 1차 위반 시 과태료 금액은 50만 원이다.
② 법 위반상태의 기간이 12개월 이상인 경우 과태료 금액의 1/2 범위에서 그 금액을 가중할 수 있다.
③ 위반행위가 고의나 중대한 과실에 의한 것으로 인정되는 경우 과태료 금액의 1/2 범위에서 그 금액을 가중할 수 있다.
④ 위반행위가 사소한 부주의나 오류에 의한 것으로 인정될 경우 과태료 금액의 1/2 범위에서 그 금액을 감경할 수 있다.
⑤ 나무의사가 정당한 사유 없이 처방전 등의 발급을 거부한 경우 2차 위반시 과태료 금액은 70만 원이다.

139

「산림보호법 시행령」 제7조의3에 따라 보호수 지정을 해제하려고 할 때 공고에 포함될 내용이 아닌 것은?

① 수 종
② 수 령
③ 소재지
④ 관리번호
⑤ 해제사유

140

「2022년도 산림병해충 예찰 · 방제계획」 내 외래 · 돌발 산림병해충 적기 대응에 관한 설명으로 옳지 않은 것은?

① 지역별 적기 나무주사를 실행하여 방제효과 제고 및 안전관리를 강화한다.
② 붉은불개미 등 위해(危害) 병해충의 유입 차단을 위한 협력체계를 구축한다.
③ 농림지 동시발생 병해충에 대한 공동협력 방제 강화로 피해를 최소화한다.
④ 예찰조사를 강화하여 조기발견 · 적기방제 등 협력체계를 정착시켜 피해를 최소화한다.
⑤ 대발생이 우려되는 외래 · 돌발병해충은 사전에 적극적으로 대응하여 국민생활의 안전을 확보한다.

2021년

제 6 회

나무의사 필기 기출문제해설

기출문제

제1과목 수목병리학

01

다음 나무병의 공통점으로 옳은 것은?

- 소나무 시들음병(소나무재선충병)
- 잣나무 털녹병
- 참나무 시들음병

① 방제 방법이 없다.
② 병원체는 주로 물관에 기생한다.
③ 병원체는 줄기나 가지를 감염한다.
④ 최근 발생이 급격히 증가하고 있다.
⑤ 병원체는 천공성 해충에 의해 전반된다.

02

곰팡이의 특성이 아닌 것은?

① 선 모
② 강 모
③ 하티그망
④ 꺾쇠연결
⑤ 탄소재순환

03

다음 병원균의 공통적 특성이 옳게 연결된 것은?

a. 역병균
b. 탄저병균
c. 흰가루병균
d. 떡병균
e. 녹병균
f. 목재청변병균

① a, e – 난균류
② d, f – 담자균류
③ b, d – 검은색 포자
④ e, f – 분생포자 형성
⑤ b, c – 잎과 가지 감염

04

CODIT 이론 설명으로 옳은 것은?

① 방어벽 3은 나이테 방향으로 만들어진다.
② CODIT 박사가 만든 부후균 생장 모델이다.
③ 방어벽 1이 파괴되면 CODIT 방어는 완전히 실패한 것이다.
④ 주된 내용은 부후재오하 건전재 경계에 방어벽을 형성하는 것이다.
⑤ 방어벽 4는 나무에 상처가 생긴 후 만들어진 조직(세포)에 형성된다.

05

나무병의 임업적 방제법으로 옳은 것은?

① 토양 배수환경을 개선하면 빗자루병 발생을 줄일 수 있다.
② 솎음전정으로 통풍환경을 개선하여 잎점무늬병 발생을 줄일 수 있다.
③ 무육작업은 발병을 줄이는 한편, 각종 병해 조기발견 기회를 감소시킨다.
④ 오동나무 임지의 탄저병은 돌려짓기(윤작)를 통해 발생을 줄일 수 있다.
⑤ 황산암모늄은 토양을 알칼리화하여 뿌리썩음병 발생이 증가하므로 과용하지 말아야 한다.

06

영지버섯속에 의한 뿌리썩음병의 설명으로 옳은 것은?

① 침엽수는 감염하지 못한다.
② 감염된 나무는 잎이 시들기도 한다.
③ 매개충은 알락하늘소로 알려져 있다.
④ 가장 먼저 나타나는 표징은 지표면에 발생한 자낭각이다.
⑤ 병원균은 심재를 감염하지만, 나무의 구조적 강도에는 큰 영향이 없다.

07

낙엽송 가지끝마름병에 대한 설명으로 옳은 것은?

① 고온건조한 곳에서 피해가 심하다.
② 디플로디아순마름병이라고 한다.
③ 명나방류 유충이 피해를 증가시킨다.
④ 초여름 감염과 늦여름 감염의 증상이 다르다.
⑤ 감염된 조직에서 수지가 흘러 나오지는 않는다.

08

염색반응과 영양원 이용 특성으로 동정할 수 있는 병원체는?

① 선 충
② 세 균
③ 곰팡이
④ 바이러스
⑤ 파이토플라스마

09

곰팡이의 영양기관으로만 짝지어진 것은?

> ㄱ. 포 자
> ㄴ. 자 낭
> ㄷ. 버 섯
> ㄹ. 균사판
> ㅁ. 흡 기
> ㅂ. 뿌리꼴균사다발

① ㄱ－ㄴ－ㄷ
② ㄱ－ㅁ－ㅂ
③ ㄴ－ㄷ－ㄹ
④ ㄷ－ㄹ－ㅁ
⑤ ㄹ－ㅁ－ㅂ

10

나무에 발생하는 불마름병에 대한 설명으로 옳지 않은 것은?

① 과실에서는 수침상 반점이 생긴다.
② 꽃은 암술머리가 가장 먼저 감염된다.
③ 잎에서는 가장자리에서 증상이 먼저 나타난다.
④ 늦은 봄에 어린 잎과 작은 가지 및 꽃이 갑자기 시든다.
⑤ 큰 가지에 형성된 병반으로부터 선단부의 작은 가지로 번져간다.

11

나무병에 대한 설명으로 옳지 않은 것은?

① 철쭉류 떡병은 잎과 꽃눈이 국부적으로 비대해진다.
② 버즘나무 탄저병이 초봄에 발생하면 어린싹이 검게 말라 죽는다.
③ 밤나무 가지마름병균이 뿌리를 감염하면 잎이 황변하며 고사한다.
④ 전나무 잎녹병은 당년생 침엽 뒷면에 담황색을 띤 여름포자퇴를 형성한다.
⑤ 소나무류 잎마름병은 침엽의 윗부분에 황색 반점이 생기고, 점차 띠모양을 형성한다.

12

나무병의 방제법에 대한 설명으로 옳은 것은?

① 장미 모자이크병은 항생제를 엽면살포한다.
② 뽕나무 오갈병 감염목은 벌채 후 훈증한다.
③ 아밀라리아뿌리썩음병은 감염목의 그루터기를 제거한다.
④ 회화나무 녹병은 중간기주인 일본잎갈나무를 제거한다.
⑤ 소나무 시들음병(소나무재선충병)은 살균제를 나무주사한다.

13

가지와 줄기에 발생하는 나무병의 병징으로 옳지 않은 것은?

① 향나무 녹병 - 가지 고사
② 밤나무 줄기마름병 - 줄기 터짐
③ Nectria 궤양병 - 윤문 형태의 궤양
④ 편백·화백 가지마름병 - 수지 분비
⑤ Scleroderris 궤양병 - 어린 수피에 자갈색 괴저

14

갈색 테두리를 가진 회백색 병반을 형성하는 탄저병은?

① 개암나무 탄저병
② 버즘나무 탄저병
③ 사철나무 탄저병
④ 오동나무 탄저병
⑤ 호두나무 탄저병

15

병원균의 속(Genus)이 다른 나무병은?

① 포플러 갈색무늬병
② 가중나무 갈색무늬병
③ 밤나무 갈색점무늬병
④ 오리나무 갈색무늬병
⑤ 자작나무 갈색무늬병

16

자낭반이 형성되는 나무병이 아닌 것은?

① 타르점무늬병
② 잣나무 잎떨림병
③ 리지나 뿌리썩음병
④ Scleroderris 궤양병
⑤ 낙엽송 가지끝마름병

17

시들음병에 대한 설명으로 옳은 것은?

① Verticillium 시들음병과 느릅나무 시들음병의 매개충은 나무좀류이다.
② 느릅나무 시들음병균의 균핵은 토양내에 존재하다가 뿌리상처를 통해 침입할 수 있다.
③ Verticillium 시들음병균에 감염된 느릅나무 가지는 변재부 가장자리가 녹색으로 변한다.
④ 광릉긴나무좀은 시들음병균이 신갈나무 수피 아래에 만든 균사매트의 달콤한 냄새에 유인된다.
⑤ 한국 참나무 시들음병균과 미국 참나무 시들음병균은 같은 속(Genus)이지만 종(Species)이 다르다.

18

다음 특성을 가진 나무 병원체에 대한 설명으로 옳지 않은 것은?

> • 구형 또는 불규칙한 타원형이다.
> • 세포벽을 가지지 않고 원형질막으로 둘러싸여 있다.
> • 세포질이 있고 리보솜과 핵물질 가닥이 존재한다.

① 주로 체관부에서 발견된다.
② 주로 매미충류에 의해 전염된다.
③ 대추나무 빗자루병균이 해당된다.
④ 페니실린계 항생물질에 감수성이다.
⑤ DAPI를 이용한 형광현미경 기법으로 진단한다.

19

나무병 진단에 사용되는 표징은?

① 궤 양　　② 균 핵
③ 더뎅이　　④ 점무늬
⑤ 암종(혹)

20

활엽수의 구멍병에 대한 설명으로 옳지 않은 것은?

① 세균 또는 곰팡이에 의한 증상이다.
② 나무 생장 저해 효과보다는 미관을 해치는 피해가 더 크다.
③ 병원균이 이층(떨켜)을 형성하여 조직을 탈락시킨 결과이다.
④ 병원균은 기주식물의 잎 이외에 열매나 가지를 감염하기도 한다.
⑤ 구멍은 아주 작은 것부터 수 mm에 이르는 것까지 크기가 다양하다.

21

가을 또는 이른 봄에 낙엽을 제거하여 예방할 수 있는 나무병은?

① 소나무 혹병
② 철쭉류 떡병
③ 붉나무 빗자루병
④ 포플러류 모자이크병
⑤ 단풍나무 타르점무늬병

22

나무줄기 상처치료에 대한 설명으로 옳지 않은 것은?

① 수피 절단면에 햇빛을 가려주면 유합조직 형성에 도움이 된다.
② 상처조직 다듬기에 사용하는 도구들은 100% 에탄올에 담가 자주 소독한다.
③ 상처 주변 수피를 다듬을 때는 잘 드는 칼로 모가 나지 않게 둥글게 도려낸다.
④ 상처에 콜타르, 아스팔트 등을 바르면 목질부의 살아있는 유세포가 피해를 볼 수 있다.
⑤ 물리적 힘에 의해 수피가 벗겨졌을 때는 즉시 제자리에 붙이고 작은 못이나 접착테이프로 고정한다.

23

다음 나무병의 매개충을 같은 분류군끼리 묶어 놓은 것은?

> 가. 대추나무 빗자루병
> 나. 소나무 목재청변병
> 다. 느릅나무 시들음병
> 라. 참나무 시들음병
> 마. 소나무 시들음병(소나무재선충병)

① (가), (나), (다, 라, 마)
② (가), (나, 다), (라, 마)
③ (가), (나, 다, 라), (마)
④ (가, 나), (다, 라), (마)
⑤ (가, 마), (나), (다, 라)

24

국내에서 큰 피해를 초래한 다음 나무병에 대한 설명으로 옳지 않은 것은?

① 소나무하늘소는 소나무재선충을 매개한다.
② 잣나무 털녹병균의 중간기주에 여름포자가 형성된다.
③ 담배장님노린재가 오동나무 빗자루병균을 매개한다.
④ 포플러류 녹병균의 중간기주는 낙엽송과 현호색류이다.
⑤ 참나무 시들음병은 국내에서는 2004년 처음 발견되었다.

25

병원체 형태 관찰을 위한 현미경의 연결이 옳지 않은 것은?

① 뿌리혹선충병 – 해부현미경
② 밤나무 줄기마름병 – 광학현미경
③ 벚나무 번개무늬병 – 형광현미경
④ 뽕나무 오갈병 – 투과전자현미경
⑤ 아밀라리아뿌리썩음병 – 주사전자현미경

제2과목 수목해충학

26

수목을 가해하는 소나무좀, 매미나방, 차응애가 모두 공유하는 특징은?

① 알로 월동한다.
② 표피가 키틴질이다.
③ Hexapoda에 속한다.
④ 먹이를 씹어 먹는다.
⑤ 협각(Chelicera)이 있다.

27

수목 해충의 분류학적 위치(종명 – 과명 – 목명)의 연결이 옳지 않은 것은?

① 솔잎혹파리 – Cecidomyiidae – Diptera
② 벚나무깍지벌레 – Cicadidae – Hemiptera
③ 소나무왕진딧물 – Aphididae – Hemiptera
④ 갈색날개매미충 – Ricaniidae – Hemiptera
⑤ 좀검정잎벌 – Tenthredinidae – Hymenoptera

28

흡즙성(Piercing and sucking) 해충이 아닌 것은?

① 뽕나무이
② 외줄면충
③ 개나리잎벌
④ 미국선녀벌레
⑤ 버즘나무방패벌레

29

곤충의 변태에 대한 설명 중 옳은 것은?

① 흰개미 - 완전변태
② 대벌레 - 완전변태
③ 풀잠자리 - 완전변태
④ 솔잎혹파리 - 불완전변태
⑤ 진달래방패벌레 - 완전변태

30

복숭아가루진딧물에 대한 설명으로 옳지 않은 것은?

① 산란형 암컷(Ovipara)은 무시형이다.
② 벚나무속 수목의 눈에서 알로 월동한다.
③ 양성(암/수)의 출현은 1차 기주로 돌아오는 가을철 세대에서만 나타난다.
④ 간모(Fundatrix)에서 태어난 유시형 암컷은 여름 기주인 감자 등 작물로 이동한다.
⑤ 짝짓기는 월동기주인 벚나무속 수목에서 산란형 암컷과 유시형 수컷에 의해 일어난다.

31

외래해충이 아닌 것은?

① 솔잎혹파리
② 미국선녀벌레
③ 솔수염하늘소
④ 이세리아깍지벌레
⑤ 버즘나무방패벌레

32

곤충의 기관계에 관한 설명으로 옳지 않은 것은?

① 체벽이 함입되어 생성된다.
② 기관(Trachea)은 외배엽성이다.
③ 내부기생봉의 유충은 개방기관계로 되어 있다.
④ 솔수염하늘소 기문은 몸마디 양측면에 위치한다.
⑤ 수분증발을 막기 위해 기문을 닫을 수 있도록 해주는 개폐장치가 있다.

33

곤충의 생식계에 관한 설명으로 옳지 않은 것은?

① 벌의 독샘은 부속샘이 변형된 것이다.
② 암컷의 부속샘은 알의 보호막이나 점착액을 분비한다.
③ 난소에 존재하는 난소소관의 수는 종에 관계없이 일정하다.
④ 암컷 저정낭(Spermatheca)은 교미 시 수컷으로부터 받은 정자를 보관한다.
⑤ 수컷의 저정낭(저장낭, Seminal vesicle)은 정소소관의 정자를 수정관을 통해 모으는 곳이다.

34

폭탄먼지벌레는 사마귀나 거미와 같은 천적을 만나면 독가스를 발산하여 쫓는다. 여기에 관여하는 타감물질은?

① 알로몬(Allomone)
② 시노몬(Synomone)
③ 카이로몬(Kairomone)
④ 아뉴몬(Apneumone)
⑤ 성페로몬(Sex pheromone)

35

곤충 A의 발육영점온도는 15℃이고, 유효적산온도를 300DD(Degree-Day)라고 하면, 평균 25℃ 조건에서 알에서 우화까지의 발육기간(일)은?

① 10　　② 15
③ 20　　④ 25
⑤ 30

36

갈색날개매미충과 미국선녀벌레의 생태에 관한 설명으로 옳지 않은 것은?

① 그을음병을 유발한다.
② 수목의 가지에 산란한다.
③ 밀납을 분비하여 미관을 해친다.
④ 알로 월동하고 연 1회 발생한다.
⑤ 7월 중순에 부화하여 수목의 가지에 피해를 준다.

37

솔껍질깍지벌레, 소나무재선충 및 광릉긴나무좀의 피해를 옳게 설명한 것은?

① 소나무재선충에 감염된 소나무는 수관하부부터 고사한다.
② 솔껍질깍지벌레는 소나무 잎을 가해하며 1년 안에 고사시킨다.
③ 소나무재선충병 고사목이 가장 많이 발생하는 시기는 5월이다.
④ 솔껍질깍지벌레에 피해받은 소나무잎은 우산처럼 아래로 처진다.
⑤ 광릉긴나무좀은 흉고직경 30cm가 넘는 대경목에 피해가 많이 발생하며, 수컷 성충이 먼저 침입하여 암컷을 유인한다.

38

월동태가 알과 성충 순으로 옳게 연결된 것은?

① 벚나무응애 – 루비깍지벌레
② 복숭아혹진딧물 – 외줄면충
③ 점박이응애 – 진달래방패벌레
④ 전나무잎응애 – 오리나무잎벌레
⑤ 사철나무혹파리 – 갈색날개노린재

39

해충의 종류와 가해 습성 및 흔적의 연결이 옳지 않은 것은?

① 회양목명나방 – 잎을 철하고 가해
② 붉나무혹응애 – 가지에 혹을 만들고 가해
③ 미국흰불나방, 천막벌레나방 – 거미줄이 있음
④ 잎응애류, 방패벌레류 – 잎의 반점 또는 갈변
⑤ 대추애기잎말이나방 – 잎을 묶거나 접고 그 속에서 가해

40

진딧물의 천적이 아닌 것은?

① 진디혹파리
② 칠성풀잠자리
③ 칠성무당벌레
④ 칠레이리응애
⑤ 콜레마니진디벌

41

해충별 기주, 월동장소, 월동태의 순으로 연결이 옳지 않은 것은?

① 알락하늘소 - 단풍나무 - 줄기 속 - 유충
② 황다리독나방 - 층층나무 - 줄기 - 알
③ 복숭아유리나방 - 벚나무 - 줄기 속 - 유충
④ 느티나무벼룩바구미 - 느티나무 - 수피 틈 - 성충
⑤ 도토리거위벌레 - 상수리나무 - 종실 속 - 유충

42

생물적 방제에 관한 설명으로 옳지 않은 것은?

① 기생벌의 유충은 육식성이다.
② 포식성 천적은 먹이를 직접 탐색하여 섭식한다.
③ 솔잎혹파리 천적으로 이용했던 기생벌은 솔잎혹파리먹좀벌과 굴파리좀벌이다.
④ 접종방사는 피해선단지에 매년 일정량의 천적을 방사하여 밀도를 높이는 방법이다.
⑤ 다포식기생(Polyparasitism)은 2마리 이상의 동종 개체가 한 마리의 기주에 기생하는 것을 칭한다.

43

곤충의 의사전달에 필요한 통신물질인 페로몬(Pheromone) 가운데 행동을 유발하는 것이 아닌 것은?

① 성페로몬
② 집합페로몬
③ 경보페로몬
④ 길잡이페로몬
⑤ 계급분화페로몬

44

지표면을 기어 다니는 절지동물(먼지벌레, 거미)의 예찰에 적합한 것은?

① 함정트랩(Pitfall trap)
② 수반트랩(Water trap)
③ 유아등트랩(Light trap)
④ 깔때기트랩(Funnel trap)
⑤ 말레이즈트랩(Malaise trap)

45

소나무에 기생하는 해충에 대한 설명으로 옳지 않은 것은?

① 소나무왕진딧물은 여름철 기주 전환을 하지 않는다.
② 솔나방은 연 1회 발생하고 5령 유충으로 월동한다.
③ 솔잎혹파리의 학명은 Thecodiplosis japonensis이다.
④ 솔껍질깍지벌레는 하면을 하며 수컷은 불완전변태를 한다.
⑤ 솔수염하늘소는 연 1회 혹은 2년 1회 발생하며, 목질부 속에서 유충으로 월동한다.

46

가해 습성 및 형태에 따른 해충의 구분으로 옳지 않은 것은?

① 충영형성 해충 - 솔잎혹파리, 외줄면충, 때죽납작진딧물
② 흡즙성 해충 - 버즘나무방패벌레, 미국선녀벌레, 회화나무이
③ 천공성 해충 - 느티나무벼룩바구미, 소나무좀, 솔수염하늘소
④ 종실, 구과 해충 - 밤바구미, 도토리거위벌레, 솔알락명나방
⑤ 식엽성 해충 - 큰이십팔점박이무당벌레, 주둥무늬차색풍뎅이, 호두나무잎벌

47

곤충의 혈림프는 혈장과 혈구로 구성되어 있다. 혈림프의 기능이 아닌 것은?

① 식균작용
② 응고작용
③ 신경호르몬 분비
④ 체온 및 체압 조절
⑤ 영양물의 저장과 분배

48

소나무좀에 대한 설명으로 옳지 않은 것은?

① 연 1회 발생하며, 성충으로 월동한다.
② 6월에 우화한 신성충은 신초를 가해하며, 늦가을에 월동처로 이동한다.
③ 암컷 성충은 쇠약한 나무에 구멍을 뚫고 침입하여 갱도에 산란한다.
④ 부화한 유충은 성충의 갱도와 거의 직각 방향으로 내수피를 섭식한다.
⑤ 유충은 5령기를 거치며, 성숙 유충이 수평갱도와 직각으로 번데기 방을 형성한다.

49

소나무재선충이 매개충인 솔수염하늘소의 기문으로 이동 시 발육단계(A)와 소나무재선충이 소나무로 침입하는 발육단계(B)가 옳은 것은?

① A : 증식형 제3기 유충
B : 분산형 제4기 유충
② A : 증식형 제4기 유충
B : 분산형 제3기 유충
③ A : 분산형 제3기 유충
B : 증식형 제4기 유충
④ A : 분산형 제4기 유충
B : 분산형 제4기 유충
⑤ A : 분산형 제3기 유충
B : 분산형 제4기 유충

50

수목해충의 방제 방법에 대한 설명으로 옳은 것은?

① 솔수염하늘소는 분산페로몬을 이용하여 대량포집한다.
② 미국흰불나방은 분산하기 전 어린 유충기에 방제하는 것이 효율적이다.
③ 북방수염하늘소의 유충을 구제하기 위하여 지제부에 잠복소를 설치한다.
④ 밤나무혹벌 유충이 가지에 출현하여 보행할 때 침투성 살충제를 처리한다.
⑤ 밤바구미는 배설물을 종실 밖으로 배출하므로 배설물이 보이지 않는 시기에 훈증한다.

제3과목 수목생리학

51

잎의 구조와 기능에 관한 설명으로 옳지 않은 것은?

① 기공은 2개의 공변세포로 이루어져 있다.
② 대부분의 피자식물에서 기공은 하표피에 분포한다.
③ 주목과 전나무의 침엽은 책상조직과 해면조직으로 분화되어 있지 않다.
④ 광합성이 왕성할 때 이산화탄소를 흡수하고 산소를 방출하는 장소이다.
⑤ 기공의 분포밀도가 높은 수종은 기공이 작고, 밀도가 낮은 수종은 기공이 큰 경향이 있다.

52

수목의 개화생리에 관한 설명으로 옳지 않은 것은?

① 진달래는 단일조건에서 화아 분화가 촉진된다.
② 무궁화는 장일처리를 하면 지속적으로 꽃이 핀다.
③ 결실 풍년에는 탄수화물이 고갈되어 화아 발달이 억제된다.
④ 소나무에서 암꽃은 질소 관련 영양상태가 양호할 때 촉진된다.
⑤ 소나무에서 암꽃 분화는 높은 지베렐린 함량에 의해 촉진된다.

53

탄수화물의 운반에 관한 설명으로 옳지 않은 것은?

① 주로 환원당 형태로 운반된다.
② 사부조직을 통하여 이루어진다.
③ 성숙한 잎의 엽육조직은 탄수화물의 공급원이다.
④ 열매, 형성층, 가는 뿌리는 탄수화물의 수용부이다.
⑤ 공급부와 수용부 사이의 압력 차이로 발생한다는 압류설이 유력하다.

54

지질의 종류와 기능을 연결한 것으로 옳지 않은 것은?

① 왁스 – 방수
② 인지질 – 내한성 증가
③ 리그닌 – 원형질막 구성
④ 탄닌(타닌) – 초식동물의 섭식 저해
⑤ 플라보노이드 – 병원균의 공격 억제

55

수목의 탄수화물에 관한 설명으로 옳지 않은 것은?

① 포도당, 과당은 단당류이다.
② 세포벽의 주요 구성 성분이다.
③ 전분, 셀룰로스, 펙틴은 다당류이다.
④ 에너지를 저장하는 주요 화합물이다.
⑤ 온대지방 낙엽수의 탄수화물 농도는 늦은 봄에 가장 높다.

56

수목의 무기이온 흡수 기작에 관한 설명으로 옳지 않은 것은?

① 세포벽 이동은 비가역적이며, 에너지를 소모한다.
② 뿌리 속 무기이온 농도는 토양 용액보다 높다.
③ 뿌리 호흡이 억제되면 무기이온 흡수가 감소된다.
④ 세포질 이동은 원형질막을 통과하면서 선택적 흡수를 가능하게 한다.
⑤ 무기이온의 흡수 경로는 세포벽 이동과 세포질 이동으로 구분한다.

57

무기양분의 일반적 결핍 현상에 관한 설명으로 옳지 않은 것은?

① 황의 결핍으로 어린잎이 황화된다.
② 인은 산성 토양에서 불용성이 되어 식물이 흡수하기 어렵다.
③ 칼슘은 체내 이동이 어려워 결핍 시 어린잎이 기형으로 변한다.
④ 알칼리성 토양에서 잎의 황화현상은 대부분 칼륨 부족 때문이다.
⑤ 유기물 분해로 주로 공급되는 질소는 결핍되기 쉽고 T/R율이 감소한다.

58

피자식물에는 있으나 나자식물에는 없는 목재의 구성 성분으로 짝지어진 것은?

① 도관, 목부섬유
② 도관, 수선유세포
③ 도관, 종축유세포
④ 가도관, 수지도세포
⑤ 가도관, 종축유세포

59

내음성이 강한 수종부터 나열한 순서가 옳은 것은?

① 목련 > 벚나무 > 단풍나무
② 주목 > 느티나무 > 서어나무
③ 회양목 > 버드나무 > 상수리나무
④ 사철나무 > 물푸레나무 > 자작나무
⑤ 개비자나무 > 아까시나무 > 전나무

60

다음 중 다량원소에 속하는 무기양분을 모두 고른 것은?

ㄱ. N
ㄴ. Fe
ㄷ. Mn
ㄹ. Mg
ㅁ. Cl
ㅂ. S

① ㄱ, ㄴ, ㅂ
② ㄱ, ㄷ, ㄹ
③ ㄱ, ㄹ, ㅁ
④ ㄱ, ㄹ, ㅂ
⑤ ㄱ, ㅁ, ㅂ

61

종자 발아에서부터 개화까지 식물생장의 전 과정에 관여하며 적색광과 원적색광에 반응을 보이는 광수용체는?

① 시토크롬
② 플로리겐
③ 피토크롬
④ 포토트로핀
⑤ 크립토크롬

62

생물학적 질소고정에 관한 설명으로 옳지 않은 것은?

① 아조토박터는 자유생활을 하는 질소고정 미생물이다.
② 소철과 공생하는 질소고정 미생물은 클로스트리듐이다.
③ 미생물에 의해 불활성인 N_2 가스가 환원되는 과정이다.
④ 아까시나무와 공생하는 질소고정 미생물은 리조비움이다.
⑤ 오리나무류와 공생하는 질소고정 미생물은 프랑키아이다.

63

균근에 관한 설명으로 옳지 않은 것은?

① 소나무과의 수목은 외생균근을 형성한다.
② 사과나무 등 과수류의 수목은 내생균근을 형성한다.
③ 어린뿌리가 토양에 있는 곰팡이와 공생하는 형태이다.
④ 내생균근의 균사는 내피 안쪽의 통도조직까지 들어간다.
⑤ 주기적으로 비료를 주는 관리토양에서는 균근의 형성률이 낮다.

64

소나무가 내건성이 높은 이유에 관한 설명으로 옳지 않은 것은?

① 뿌리가 심근성이다.
② 눈과 가지에 송진 함량이 높다.
③ 잎의 기공이 표피 안쪽으로 함몰되어 있다.
④ 수분 부족 시 T/R률이 증가하는 형태로 생장을 한다.
⑤ 잎이 바늘형으로 앞면과 뒷면이 모두 두꺼운 왁스층으로 싸여 있다.

65

수목 뿌리의 구조와 생장에 관한 설명으로 옳지 않은 것은?

① 세근의 내초에는 카스파리대가 있다.
② 근관은 분열조직을 보호하고 굴지성을 유도한다.
③ 점토질 토양보다는 사질 토양에서 근계가 더 깊게 발달한다.
④ 수분과 양분을 흡수하는 세근은 표토에 집중적으로 모여 있다.
⑤ 온대지방에서 뿌리의 생장은 줄기의 신장보다 먼저 시작되며 가을에 늦게까지 지속된다.

66

수목의 호흡에 관한 설명으로 옳지 않은 것은?

① 해당작용은 포도당이 분해되는 단계로 산소가 필요하다.
② 주로 탄수화물을 산화시켜 에너지를 발생시키는 과정이다.
③ 줄기의 호흡은 수피와 형성층 주변 조직에서 주로 일어난다.
④ 호흡기작은 해당작용, 크레브스회로, 전자전달계의 3단계로 이루어진다.
⑤ 호흡에서 생산되는 ATP는 광합성 광반응에서 생기는 ATP와 같은 형태의 조효소이다.

67

수고생장형에서 고정생장과 자유생장에 관한 설명으로 옳지 않은 것은?

① 참나무류, 은행나무는 자유생장을 하는 수종이다.
② 고정생장을 하는 수종은 여름 이후에는 키가 자라지 않는다.
③ 자유생장을 하는 수종은 춘엽과 하엽을 생산하여 이엽지를 만든다.
④ 자유생장을 하는 벚나무를 이식하면 수년간 고정생장에 그치는 경우가 많다.
⑤ 잣나무, 전나무와 같이 가지가 윤생을 하는 고정생장 수종은 줄기의 마디 수를 세어 수령을 추정할 수 있다.

68

기울어서 자라는 수목의 줄기가 형성하는 압축이상재에 관한 설명으로 옳지 않은 것은?

① 활엽수보다 침엽수에서 나타난다.
② 응력이 가해지는 아래쪽에 형성된다.
③ 가도관 세포벽에 두꺼운 교질섬유가 축적된다.
④ 가도관의 횡단면은 모서리가 둥글게 변형된다.
⑤ 신장이상재보다 편심생장 형태가 더 뚜렷하게 나타난다.

69

수목의 잎과 가지가 자연적으로 떨어져 나가는 탈리현상에 관한 설명으로 옳지 않은 것은?

① 에틸렌은 탈리현상을 촉진한다.
② 이층(떨켜)은 생장 중인 어린잎에서 미리 예정되어 있다.
③ 분리층의 세포벽이 분해되어 세포가 떨어짐으로써 탈리가 일어난다.
④ 탈리가 일어나기 전부터 보호층에 목전질(Suberin)이 축적되기 시작한다.
⑤ 이층 안의 분리층은 세포의 형태가 구형이고 크기가 팽창되어 있다.

70

수목이 토양수분을 흡수하여 잎에서 대기로 내보내는 수분이동경로의 수분퍼텐셜에 관한 설명으로 옳지 않은 것은?

① 엽육조직에는 압력퍼텐셜이 삼투퍼텐셜보다 더 낮다.
② 수분은 토양에서 대기까지 수분퍼텐셜이 낮은 방향으로 이동한다.
③ 줄기 목부도관의 수분퍼텐셜은 주로 압력퍼텐셜에 의해서 결정된다.
④ 뿌리 내초 세포의 수분퍼텐셜이 -0.7 MPa, 삼투퍼텐셜이 -1.8 MPa이라면, 압력퍼텐셜은 +1.1 MPa 이다.
⑤ 나무 체내의 수분이동경로에서 수분퍼텐셜에 기여하는 주요 요소는 압력퍼텐셜과 삼투퍼텐셜이다.

71

수목이 수분 스트레스에 대응하는 생리 · 생장 반응에 관한 설명으로 옳지 않은 것은?

① 엽육세포의 삼투압이 증가한다.
② 추재의 생장 감소율이 춘재보다 더 크다.
③ 식물호르몬인 ABA의 작용으로 기공이 폐쇄된다.
④ 조기 낙엽은 수분 손실을 감소시키는 효과가 있다.
⑤ 팽압 감소로 잎과 어린가지에 시들음 증상이 나타난다.

72

식물의 수분퍼텐셜에 관한 설명으로 옳지 않은 것은?

① 순수한 물은 삼투퍼텐셜이 0이다.
② 진공 상태에 있는 물은 압력퍼텐셜이 0이다.
③ 같은 높이에 있는 세포는 중력퍼텐셜의 차이가 0이다.
④ 물을 최대로 흡수한 팽윤세포는 수분퍼텐셜이 0이다.
⑤ 탈수로 원형질이 분리된 세포는 압력퍼텐셜이 0이다.

73

옥신의 합성과 이동에 관한 설명으로 옳지 않은 것은?

① IAA와 IBA는 천연 옥신이다.
② 트립토판은 IAA 합성의 전구물질이다.
③ 뿌리쪽 방향으로의 극성이동에 에너지가 소모되지 않는다.
④ 옥신 이동은 유관속 조직에 인접해 있는 유세포를 통해 일어난다.
⑤ 상처난 관다발 조직의 재생에서, 옥신의 공급부는 절단된 관다발의 위쪽 끝이다.

74

수목의 수피 조직에 관한 설명으로 옳지 않은 것은?

① 외수피는 죽은 조직이다.
② 2차 사부는 내수피에 속한다.
③ 코르크피층은 살아있는 조직이다.
④ 유관속 형성층을 기준으로 수피와 목질부를 구분한다.
⑤ 뿌리가 목질화될 때 발달하는 코르크층은 피층에서 발생한다.

75

수목의 생장에 관한 설명으로 옳지 않은 것은?

① 형성층에서 2차 생장이 일어난다.
② 정단분열조직은 줄기, 가지, 뿌리의 끝에 있다.
③ 생식생장이 영양생장을 억제하는 경우가 있다.
④ 원추형의 수관은 식물호르몬 옥신에 의한 정아우세의 결과이다.
⑤ 무한생장형 줄기에는 끝에 눈이 맺혀서 주지의 생장이 조절된다.

제4과목 산림토양학

76

농경지 토양과 비교한 산림토양의 특성으로 옳지 않은 것은?

① 토양습도는 균일하다.
② 수분 침투능력이 높다.
③ 미세기후의 변이가 적다.
④ 농경지 토양보다 토심이 깊다.
⑤ 토양 유기탄소의 함량이 적다.

77

암석의 평균 화학 조성 중 SiO_2 함량이 가장 낮은 암석은?

① 화강암
② 안산암
③ 현무암
④ 감람암
⑤ 석회암

78

조암광물의 풍화에 대한 저항력 크기순으로 나열한 것은?

① 석영 > 흑운모 > 각섬석 > 휘석
② 휘석 > 각섬석 > 흑운모 > 석영
③ 석영 > 흑운모 > 휘석 > 각섬석
④ 석영 > 휘석 > 각섬석 > 흑운모
⑤ 각섬석 > 석영 > 흑운모 > 휘석

79

토양발달에 필요한 시간이 가장 길게 소요되는 토양은?

① 흑색 토양
② 갈색 토양
③ 포드졸 토양
④ 그레이 토양
⑤ 적황색 토양

80

한국의 산림토양 분류 체계에 관한 설명으로 옳지 않은 것은?

① 성대성 - 간대성 - 비성대성 토양으로 구분한다.
② 산림토양 분류체계는 토양군 - 토양아군 - 토양형 순이다.
③ 한국 산지에 가장 널리 분포하는 토양은 갈색산림토양군이다.
④ 토양군은 생성작용이 같고 단면층위의 배열과 성질이 유사한 것으로 구분한다.
⑤ 토양형은 지형에 따른 수분환경을 감안한 층위발달 정도, 구조, 토색의 차이 등으로 구분한다.

81

산림토양 층위 중, 토양동물이나 미생물에 의한 분해작용으로 식물 유체가 파괴되고 그 원형을 잃었으나, 본래의 조직을 육안으로 확인할 수 있는 분해단계의 층위는?

① A층
② B층
③ H층
④ L층
⑤ F층

82

산림토양 조사에서 조사 야장에 기록하는 조사항목이 아닌 것은?

① 토 심
② 토 색
③ 토양층위
④ 토양산도
⑤ 토양구조

83

토양의 입자 중 표면적이 크고 콜로이드 성질이 강하며, 수분의 흡착 보유, 이온교환, 점착성 등 토양의 중요한 이화학성에 크게 영향을 미치는 것은?

① 조 사
② 점 토
③ 세 사
④ 미 사
⑤ 자 갈

84

토양을 구성하는 기본입자인 모래, 미사, 점토의 특성으로 옳지 않은 것은?

① 점토는 수분 및 물질의 흡착능력이 크다.
② 유기물의 분해 속도와 온도변화는 모래에서 가장 빠르다.
③ 모래는 비표면적이 작아 수분과 양분보유능력이 거의 없다.
④ 미사 입자는 습윤상태에서 점착성 또는 가소성을 갖지 않는다.
⑤ 바람에 의한 침식 정도는 입자 크기가 작은 점토에서 가장 높다.

85

토양의 투수성에 영향을 미치는 요인이 아닌 것은?

① 퇴적양식
② 공극의 종류
③ 토양 견밀도
④ 토양의 색깔
⑤ 토양구조의 발달 정도

86

다음 (　　)에 맞는 용어를 순서대로 나열한 것은?

> 토양의 모든 공극이 물로 채워진 것은 최대용수량, 대공극에 존재한 수분상태는 (㉠), 미세공극에 모세관 작용으로 존재하는 수분상태는 (㉡), 식물뿌리가 흡수할 수분이 없어 시들게 된 수분상태는 (㉢), 식물이 이용할 수 없는 수분상태는 (㉣)이다.

① ㉠ 중력수, ㉡ 용수량, ㉢ 흡습계수, ㉣ 위조점
② ㉠ 중력수, ㉡ 모관수, ㉢ 흡습계수, ㉣ 위조점
③ ㉠ 중력수, ㉡ 최대용수량, ㉢ 위조점, ㉣ 흡습계수
④ ㉠ 중력수, ㉡ 포장용수량, ㉢ 위조점, ㉣ 흡습계수
⑤ ㉠ 용수량, ㉡ 포장용수량, ㉢ 흡습계수, ㉣ 위조점

87

토양수분 조건에 따른 토양 상부층과 하부층에 나타나는 토양구조 특성에 관한 설명으로 옳은 것은?

① 약건토양 – 입상, 벽상구조
② 약습토양 – 입상, 견과상구조
③ 과건토양 – 세립상, 괴상구조
④ 적윤토양 – 단립(團粒)상, 괴상구조
⑤ 건조토양 – 단립(單粒)상, 괴상구조

88

토양 산성화의 문제점에 관한 설명으로 옳지 않은 것은?

① 양분 흡수 저해
② 효소 활성 저해
③ 인산 고정량 감소
④ 교환성 염기의 용탈
⑤ 독성화합물의 용해도 증가

89

특이산성토양의 특성에 대한 설명으로 옳지 않은 것은?

① 담수 상태는 황화물 산화를 억제할 수 있다.
② 황화수소(H_2S)의 발생으로 작물의 피해가 발생한다.
③ 토양의 pH가 4.0 이하로 낮아지며, 강한 산성을 나타낸다.
④ 환원형 황화물이 퇴적된 해안가 습지가 배수될 때 나타난다.
⑤ 소량의 석회 시용으로 교정되며 현장 개량법으로 많이 활용된다.

90

pH 5.0 이하의 산성토양 환경에서 발생하기 어려운 질소 순환과정은?

① 암모니아 휘산작용
② 토양 유기물의 무기화작용
③ 미생물에 의한 부동화작용
④ 오리나무속의 공생균에 의한 공중질소 고정작용
⑤ 강우와 함께 수증기에 용해된 질소산화물의 퇴적작용

91

토양의 교환성 양이온이 아래와 같은 경우, 염기포화도와 염기불포화도(산성양이온포화도)가 올바른 것은?

CEC = 20 $cmol_c$/kg
Ex.-K 3.5 $cmol_c$/kg
Ex.-Ca 7.5 $cmol_c$/kg
Ex.-Mg 3.2 $cmol_c$/kg
Ex.-Na 1.8 $cmol_c$/kg
Ex.-Al 1.5 $cmol_c$/kg
Ex.-H 2.5 $cmol_c$/kg

① 55%, 45%
② 60%, 40%
③ 80%, 20%
④ 70%, 30%
⑤ 85%, 15%

92

지렁이 개체 수가 증가될 경우 토양특성의 변화에 관한 설명으로 옳지 않은 것은?

① 토양구조를 개선시킨다.
② 토양의 통기성을 증가시킨다.
③ 양이온 교환용량을 개선시킨다.
④ 토양의 용적밀도를 증가시킨다.
⑤ 유기물의 무기화작용을 증가시킨다.

93

토양에 첨가된 유기물은 분해 과정 및 분해 산물에 의한 효과와 분해 후 부식에 의한 효과로 구분하는데 부식에 의한 효과로 옳은 것은?

① 토양 보수력 증가
② 양이온교환용량 증가
③ 식물성장촉진제의 공급
④ 토양미생물의 활성 증대
⑤ 사상균 균사에 의한 입단 발달

94

수목 생장에 양호한 영향을 미치는 토양 화학성이 아닌 것은?

① pH ② 염기포화도
③ 교환성 Ca ④ C/N 비율
⑤ 교환성 Na

95

토양의 완충능력을 부여하는 요인으로 옳지 않은 것은?

① 부식의 산기
② 인산염의 가수분해
③ 점토광물의 약산기
④ 중탄산염의 가수분해
⑤ 금속산화물의 가수분해

96

세계 주요 토양 중 간대성 토양은?

① 툰드라 ② 사막토
③ 갈색토 ④ 이탄토
⑤ 체르노젬

97

세포원형질의 핵산, 핵단백질 구성 성분이며, 뿌리의 분열조직에 가장 많이 함유되어있는 원소는?

① 인(P) ② 황(S)
③ 칼륨(K) ④ 칼슘(Ca)
⑤ 마그네슘(Mg)

98

오염토양 복원기술 중, 생물학적 처리 기술이 아닌 것은?

① Bioventing
② Vitrification
③ Land farming
④ Biodegradation
⑤ Phytoremidiation

99

폐광 지역의 광산 폐수가 강산성을 나타내는 원인 물질은?

① 염 산 ② 인 산
③ 질 산 ④ 초 산
⑤ 황 산

100

조림 지역에 질소시비량 50㎏ N/ha을 사용할 경우 복합비료(N=25%) 살포량은?(ha당)

① 100kg ② 150kg
③ 200kg ④ 250kg
⑤ 300kg

제5과목 수목관리학

101

뿌리외과수술에 대한 설명으로 옳지 않은 것은?

① 죽은 부위에서 절단하여 살아있는 조직을 보호해야 한다.
② 죽은 뿌리를 제거하거나 새로운 뿌리의 형성을 유도하기 위하여 실시한다.
③ 절단한 뿌리를 박피한 후 발근촉진제인 옥신을 분무하고 상처도포제를 발라 준다.
④ 수술 후 되메우기 시 퇴비는 총 부피의 10% 이상 되도록 하며 완숙된 퇴비를 사용해야 한다.
⑤ 뿌리 조사는 수관 낙수선 바깥에서 시작한 후 수간 방향으로 건전한 뿌리가 나올 때까지 실시한다.

102

도장지가 발생하는 부위로 옳은 것은?

① 잠 아 ② 정 아
③ 측 아 ④ 화 아
⑤ 부 정

103

수목 안전시설물에 대한 설명으로 옳지 않은 것은?

① 줄당김 유형은 관통형과 밴드형으로 나눌 수도 있다.
② 가지의 당김줄 설치 위치는 지지할 가지 길이의 기부로부터 1/3 지점이 좋다.
③ 쇠조임은 쇠막대기를 수간이나 가지에 관통시켜 약한 분지점을 보완하는 것이다.
④ 지지대는 지상부에 고정하기 전에 가지를 살짝 들어 올린 상태에서 설치한다.
⑤ 줄당김 설치 시 와이어로프 등을 팽팽하게 조이기 위하여 조임틀을 중간에 사용한다.

104

나무에 대한 지지방법 중 가장 최후의 수단으로 사용해야 하는 것은?

① 지지대
② 줄당김(Cabling)
③ 쇠조임(Bracing)
④ 당김줄(Guying)
⑤ 수목 대 수목 연결 시설

105

체인톱 취급 및 안전사항에 대한 설명으로 옳지 않은 것은?

① 시동 후 2~3분간 저속 운전한다.
② 정지시킬 때는 엔진 회전을 저속으로 낮춘 후에 끈다.
③ 톱니를 잘 세우지 않으면 거치효율이 저하되어 진동이 생긴다.
④ 사용 시간을 1일 2시간 이내로 하고 10분 이상 연속 운전을 피한다.
⑤ 연료에 대한 윤활유의 혼합비가 과다하면 엔진 내부 부품이 눌어붙을 염려가 있다.

106

토양 내 통기불량에 대한 설명으로 옳지 않은 것은?

① 토양이 과습하면 산소 확산이 저해된다.
② 유기물을 첨가하면 통기성을 개선할 수 있다.
③ 보행자의 답압으로 토양의 용적밀도가 감소한다.
④ 답압토양의 개선방법에는 천공법, 방사상 도랑 설치 등이 있다.
⑤ 경질 지층이 존재할 때 배수공과 유공관을 설치하여 개선할 수 있다.

107

대경목 이식 시 뿌리돌림에 관한 설명으로 옳지 않은 것은?

① 이식 2년 전에 뿌리돌림을 시작해야 한다.
② 뿌리직경 5cm 이상은 환상박피하는 것이 좋다.
③ 최종적인 분의 크기는 근원직경의 3~5배로 한다.
④ 뿌리돌림의 목적은 이식할 때 굴취를 쉽게 하기 위함이다.
⑤ 뿌리돌림 후 되메울 때 유기질 비료를 시용하면 발근에 도움이 된다.

108

식재 수목을 선정할 때 고려사항으로 옳지 않은 것은?

① 수목관리자의 관리능력을 고려한다.
② 식재 목적에 부합하는 수종을 선정한다.
③ 식재 부지의 지상과 지하 공간을 고려한다.
④ 수목의 유전적 생장 습성은 고려할 필요가 없다.
⑤ 복잡한 도시 환경에서는 미세기후가 중요할 수 있다.

109

생활환경림의 생육환경을 개선하기 위한 솎아베기 효과로 옳지 않은 것은?

① 고사목 발생 방지
② 하층식생 유입 효과
③ 임내 토양온도 상승
④ 옹이 없는 목재 생산
⑤ 임내 광환경 개선 효과

110

수목 내부의 부후 여부를 확인하는데 필요하지 않은 장비는?

① 드 릴
② 생장추
③ 나무망치
④ 캘리퍼스
⑤ 전기저항 측정기

111

방풍림에 대한 설명으로 옳지 않은 것은?

① 겨울철에는 한풍으로부터 어린 묘목을 보호해 준다.
② 방풍림은 주풍 방향에 직각으로 배치해야 효과적이다.
③ 해풍이나 염풍의 주풍 방향은 해안선에 주로 직각 방향이다.
④ 방풍림의 수종은 주로 심근성이고 지하고가 높은 수종이다.
⑤ 방풍림은 강한 상풍이나 태풍을 막아 묘목의 도복 손상을 감소시킨다.

112

포장된 지역 내 수목 관리의 문제점으로 옳지 않은 것은?

① 협소한 공간
② 토양 pH 상승
③ 근계 발달 저해
④ 토양의 통기성 불량
⑤ 토양의 양분 공급 부족

113

이식목의 지표면 보습을 목적으로 멀칭을 하고자 할 때 적당한 재료로 옳지 않은 것은?

① 볏 짚
② 솔 잎
③ 잔 디
④ 우드칩
⑤ 나무껍질

114

내화력이 강한 수종은?

① 굴거리나무, 편백, 벚나무
② 가시나무, 삼나무, 벽오동나무
③ 후피향나무, 분비나무, 녹나무
④ 가문비나무, 은행나무, 아왜나무
⑤ 사철나무, 개비자나무, 아까시나무

115

대기오염물질 중에서 오존에 대한 설명으로 옳지 않은 것은?

① 소나무는 오존에 민감하다.
② 피해를 받으면 잎 하부 표면이 청동색으로 변한다.
③ 오존의 피해증상은 잎의 책상조직 세포가 파괴되어 나타난다.
④ 오존의 일부는 자연적으로 성층권에서 생성되어 대류권으로 하강 유입된다.
⑤ 산화질소나 이산화질소 등 1차 오염물질과의 반응 산물인 2차 오염물질 중의 하나이다.

116

산성비에 관한 설명으로 옳지 않은 것은?

① pH 5.6 이하의 산성도를 나타내는 강우이다.
② 주요 원인물질은 황산화물과 질소산화물이다.
③ 지속적으로 내리는 강한 산성비는 토양을 산성화시켜 활성알루미늄을 생성시킨다.
④ 수목 잎 표면의 왁스층을 부식시켜서 잎에 물이 접촉할 때 생기는 습윤각을 증가시킨다.
⑤ 활엽수 수목의 수관층을 통과하여 지상으로 하강하는 강한 산성비는 잎 표면의 염에 의해 산도가 중화된다.

117

제설염 피해진단을 위한 염류농도를 측정하는 장비는?

① EC meter
② Shigometer
③ Chlorophyll meter
④ UV-spectrophotometer
⑤ Soil moisture tensiometer

118

엽소에 대한 설명이 옳지 않은 것은?

① 잎의 가장자리부터 마르기 시작하여 갈색으로 변한다.
② 칠엽수, 층층나무, 단풍나무 등에서는 피해가 나타나지 않는다.
③ 여름철 더운 날 주변의 통풍을 도모하여 기온의 상승을 막아준다.
④ 건강하게 뿌리를 잘 뻗은 나무는 치명적인 피해를 줄일 수 있다.
⑤ 아스팔트나 콘크리트 포장 대신 잔디를 입히거나 유기물 멀칭으로 토양의 복사열을 줄인다.

119

기상에 의한 피해 원인과 결과의 연결이 옳지 않은 것은?

① 저온피해(만상) – 위연륜 피해
② 저온피해(한상) – 조직 내 결빙
③ 고온피해(볕데기) – 남서방향 피해
④ 저온피해(조상) – 연약한 새 가지 피해
⑤ 고온피해(치묘의 열해) – 치묘의 근부 피해

120

주풍과 그 피해에 대한 설명으로 옳지 않은 것은?

① 주풍의 풍속은 대략 10~15m/s 정도의 속도이다.
② 주풍은 잎이나 줄기의 일부를 탈락하게 한다.
③ 주풍이 지속적으로 불면 임목의 생장이 저하된다.
④ 침엽수는 하방편심생장, 활엽수는 상방편심생장을 하게 된다.
⑤ 수목은 일반적으로 주풍 방향으로 굽게 되고, 수간 하부가 편심생장을 하게 된다.

121

산불과 수목의 화재에 대한 설명으로 옳지 않은 것은?

① 한국에서 지중화가 발생하는 경우는 극히 드물다.
② 대왕송과 분비나무는 내화력이 약한 수종이다.
③ 한국에서도 낙뢰로 인하여 산불이 발생한 경우가 있다.
④ 노령목이 될수록 수관화로 연결되는 산불의 위험도는 낮아진다.
⑤ 산불의 발생원인은 야영자, 산채 채취자 등 입산자 실화가 가장 많다.

122

내한성이 높은 수종으로 옳게 나열한 것은?

① 대나무, 사철나무, 잣나무
② 배롱나무, 소나무, 양버들
③ 느티나무, 살구나무, 백송
④ 호랑가시나무, 자목련, 주목
⑤ 배롱나무, 전나무, 회화나무

123

농약관리법에서 규정하고 있는 농약의 범주에 속하지 않는 것은?

① 고추 착색촉진제
② 제초제 저항성 GMO 작물
③ Bacillus thuringiensis 배양균
④ 가루깍지벌레의 천적 기생벌
⑤ 복숭아명나방 합성 성페로몬

124

등록이 취소된 농약의 취소사유가 옳지 않은 것은?

① DDT(살충제) – 난분해성
② PCP(제초제) – 토양잔류성
③ 파라티온(살충제) – 맹독성
④ 파라쿼트(제초제) – 환경호르몬
⑤ 우스플룬(염화메칠수은 ; 살균제) – 생물농축

125

솔껍질깍지벌레의 후약충 발생 초기에 살충제 작용 기작 기호 4a(네오니코티노이드계)를 나무주사하려고 한다. 이에 해당하는 약제는?

① 다이아지논 입제
② 페니트로티온 수화제
③ 람다사이할로트린 수화제
④ 에마멕틴벤조에이트 미탁제
⑤ 이미다클로프리드 분산성액제

126

보조제인 계면활성제의 역할에 대하여 옳지 않은 것은?

① 전착제로 사용된다.
② 유화제로 사용된다.
③ 농약액의 현탁성을 높여 준다.
④ 농약액의 표면장력을 낮추어 준다.
⑤ 농약액과 엽면 사이의 접촉각을 크게 해준다.

127

농약의 제형 중 액제에 대한 설명으로 옳지 않은 것은?

① 원제가 수용성이어야 한다.
② 원제가 극성을 띠는 이온성 화합물이다.
③ 보조제로서 동결방지제와 계면활성제를 넣는다.
④ 농약 살포액을 조제하면 하얀 유탁액으로 변한다.
⑤ 원제를 물이나 알코올(메탄올)에 녹여 제제한다.

128

농약의 안전사용기준에 설정되어 있지 않은 것은?

① 대상 작물 및 병해충
② 수확 전 최종 사용시기
③ 사용 제형 및 처리방법
④ 사용시기 및 최대 사용횟수
⑤ 전착제 사용 여부 및 사용량

129

제초제 저항성 잡초 관리방법으로 옳지 않은 것은?

① 종합적 방제를 실시한다.
② 제초제 사용량을 늘려서 자주 처리한다.
③ 작용기작이 유사한 제초제의 연용을 피한다.
④ 작용기작이 다른 제초제와의 혼합제를 사용한다.
⑤ 교차저항성이 없는 다른 제초제와 교호처리한다.

130

토양 중 농약의 동태에 관한 설명으로 옳은 것은?

① 볏짚 등 신선 유기물 첨가는 토양 중 농약의 분해를 늦춘다.
② 식양토에서 농약의 분해와 이동이 빨라지고 잔류는 적어진다.
③ 토양 중 농약의 분해는 주로 화학적 분해이고, 미생물 분해는 없다.
④ 부식함량이 높은 토양에서 농약 흡착이 많고, 분해가 늦어진다.
⑤ 농약의 토양흡착은 토성에 따라 다르고, 농약 제형의 영향은 없다.

131

벤조일유레아(Benzoylurea)계 살충제에 대한 설명으로 옳지 않은 것은?

① 곤충과 포유동물 사이에 높은 선택성을 가진다.
② 곤충의 표피를 구성하는 키틴(Chitin) 합성 저해제이다.
③ 유충단계에서 가해하는 나비목, 노린재목 방제에 사용된다.
④ 일부 약제에서 알의 비정상적인 탈피를 유도하여 살충효과를 나타낸다.
⑤ 이미다클로프리드, 아세타미프리드, 티아메톡삼 등의 약이 등록되어 있다.

132

살균제 작용기작 기호 사1에 대한 설명으로 옳지 않은 것은?

① 처리농도를 높였을 때 식물의 생장을 억제한다.
② 디페노코나졸, 헥사코나졸, 테부코나졸 등이 등록되어 있다.
③ 세포막 구성성분인 인지질의 생합성을 저해하는 약제이다.
④ 벚나무 갈색무늬구멍병 잎에 발생하는 진균병에 효과적이다.
⑤ 침투이행성으로서 예방제이나, 일부는 치료제 효과를 나타낸다.

133

살균제로 개발된 항생제 농약들에 관한 설명으로 옳지 않은 것은?

ㄱ. 스트렙토마이신
ㄴ. 가스가마이신
ㄷ. 옥시테트라사이클린
ㄹ. 바리다마이신

① ㄱ, ㄴ, ㄷ은 단백질 합성과정을 저해한다.
② ㄱ은 복숭아 세균구멍병과 같은 세균병에 효과를 나타낸다.
③ ㄴ은 여러 가지 진균병의 예방제 및 치료제로 사용된다.
④ ㄷ은 대추나무 빗자루병 등 많은 파이토플라스마병 방제에 등록되어 있다.
⑤ ㄹ은 잔디 갈색잎마름병에 연용하면 저항성이 출현하므로 주의해야 한다.

134

제초제 플루아지포프-P-뷰틸에 대한 설명으로 옳지 않은 것은?

① 벼과식물에는 강한 살초효과를 나타낸다.
② 식물체 내의 지질합성계 효소(ACCase)를 저해한다.
③ 철쭉, 소나무, 은행나무 등의 묘포장 잡초방제에 사용한다.
④ 여름철 주요 잡초인 환삼덩굴, 닭의 장풀의 방제에 사용한다.
⑤ 분열조직으로 이동하여 생장을 저해하므로 서서히 효과가 나타난다.

135

곤충의 신경전달과정에서 아세틸콜린에스테라아제의 작용을 저해하는 살충제가 아닌 것은?

① 카바릴
② 비펜트린
③ 카보퓨란
④ 페니트로티온
⑤ 클로르피리포스

136

「2021 산림병해충 시책」상 외래 및 돌발 산림병해충 적기 대응을 위한 기본방향 내용이 아닌 것은?

① 친환경 방제 추진으로 경관 및 건강한 자연생태계 유지
② 외래, 돌발병해충 발생 시 즉시 전면적 방제로 피해 확산 조기 저지
③ 지역별 방제 여건에 따라 방제를 추진할 수 있도록 자율성과 책임성 부여
④ 예찰조사를 강화하여 조기발견, 적기방제 등 협력 체계 정착으로 피해 최소화
⑤ 농림지 동시발생 병해충, 과수화상병, 아시아매미나방 등 부처 협력을 통한 공동 예찰·방제

137

「2021년도 산림병해충 시책」상 소나무재선충병 미감염확인증 발급 대상 수종이 아닌 것은?

① Pinus strobus
② Pinus koraiensis
③ Pinus parviflora
④ Pinus thunbergii
⑤ Pinus densiflora for. pendula

138

「산림보호법」상 나무의사 등의 자격 및 나무병원 등록에 관한 행정처분의 기준 중 1차 위반으로 자격 및 등록취소가 되지 않는 것은?

① 나무의사 등의 자격정지 기간에 수목진료를 행한 경우
② 거짓이나 부정한 방법으로 나무의사 등의 자격을 취득한 경우
③ 산림보호법 제21조의9 제5항을 위반하여 다른 자에게 등록증을 빌려준 경우
④ 산림보호법 제21조의9 제3항을 위반하여 부정한 방법으로 변경등록을 한 경우
⑤ 영업정지 기간에 수목진료 사업을 하거나 최근 5년간 3회 이상 영업정지 명령을 받은 경우

139

「소나무재선충병 방제 지침」상 소나무재선충병 관련 용어의 정의 설명이 옳지 않은 것은?

① "감염목"이란 재선충병에 감염된 소나무류
② "감염의심목"이란 재선충병에 감염된 것으로 의심되어 진단이 필요한 소나무류
③ "반출금지구역"이란 재선충병 발생지역으로부터 2km 이내에 포함되는 행정 동, 리의 전체구역
④ "비병징 감염목"이란 반출금지구역 내 소나무류 중 재선충병 감염여부 확인을 받지 아니한 소나무류
⑤ "점형선단지"란 감염목으로부터 반경 2km 이내에 다른 감염목이 없을 때 해당 감염목으로부터 반경 2km 이내의 지역

140

「2021년도 산림병해충 시책」상 산림병해충 발생예보 발령구분 세부기준에 대한 설명으로 옳지 않은 것은?

① 관심단계는 과거에 외래·돌발병해충이 발생한 시기, 지역 및 수목의 이상 징후가 있을 때

② 주의단계는 중국·일본 등 인접국가에서 대규모 발생한 병해충이 국내로 유입되었을 때

③ 경계단계는 외래·돌발병해충이 2개 이상의 시군으로 확산되거나 100ha 이상 피해발생 때

④ 관심단계는 지자체, 소속기관, 유관기관 및 민간신고 등 외래·돌발병해충 발생정보를 입수하였을 때

⑤ 심각단계는 병해충 발생 피해로 인하여 해당수목의 수급, 가격안정 및 수출 등에 중대한 영향을 미칠 징후가 있을 때

기출문제

제1과목 수목병리학

01
표징으로 육안진단할 수 없는 병은?

① 철쭉류 떡병
② 향나무 녹병
③ 벚나무 빗자루병
④ 붉나무 빗자루병
⑤ 잣나무 수지동고병

02
산불로 고사한 소나무에서 발생하는 백색부후균으로 옳은 것은?

① 한입버섯
② 해면버섯
③ 꽃구름버섯
④ 붉은덕다리버섯
⑤ 소나무잔나비버섯

03
인공배양이 쉬우며 본래는 부생적으로 생활하는 것이지만, 조건에 따라서는 기생생활을 할 수 있는 것은?

① 공생체
② 부생체
③ 임의기생체
④ 임의부생체
⑤ 절대기생체

04
아밀라리아뿌리썩음병의 표징으로 옳지 않은 것은?

① 자낭포자
② 뽕나무버섯
③ 부채꼴균사판
④ 뽕나무버섯부치
⑤ 뿌리꼴균사다발

05
세균에 의한 수목병으로 옳은 것은?

① 감귤 궤양병
② 소나무 잎녹병
③ 장미 모자이크병
④ 밤나무 줄기마름병
⑤ 배나무 붉은별무늬병

06
수목병과 진단방법의 연결이 옳지 않은 것은?

① 장미 모자이크병 – ELISA
② 호두나무 탄저병 – DAPI염색법
③ 뽕나무 오갈병 – 형광현미경기법
④ 사과나무 불마름병 – 그람염색법
⑤ 소나무 리지나뿌리썩음병 – 영양배지법

07

수목병의 병원체 잠복기로 옳지 않은 것은?

① 포플러 잎녹병 : 4일에서 6일
② 잣나무 털녹병 : 3년에서 4년
③ 소나무 혹병 : 9개월에서 10개월
④ 낙엽송 잎떨림병 : 1개월에서 2개월
⑤ 낙엽송 가지끝마름병 : 2개월에서 3개월

08

병원체의 침입방법에 대한 설명 중 옳지 않은 것은?

① 세균은 기공을 통해 침입할 수 있다.
② 선충은 식물체를 직접 침입할 수 있다.
③ 균류는 식물체의 표피를 통해 직접 침입할 수 있다.
④ 파이토플라스마와 바이로이드는 식물체를 직접 침입할 수 없다.
⑤ 바이러스는 상처나 매개생물 없이 식물체를 직접 침입할 수 있다.

09

새로운 병의 진단에 사용하는 코흐(Koch)의 원칙에 대한 설명으로 옳지 않은 것은?

① 복합감염된 병에는 적용할 수 없다.
② 병원체는 병든 부위에 존재해야 한다.
③ 분리한 병원체는 순수배양이 가능해야 한다.
④ 동종 수목에 접종했을 때, 병원체를 분리했던 병징이 재현되어야 한다.
⑤ 접종에 의해 재현된 병징에서 접종했던 병원체와 동일한 것이 분리되어야 한다.

10

파이토플라스마의 설명으로 옳지 않은 것은?

① 수목에 전신감염을 일으킨다.
② 세포 내에 리보솜이 존재한다.
③ 일반적으로 크기는 바이러스보다 작다.
④ 염색체 DNA의 크기는 530kb~1,130kb까지 다양하다.
⑤ Aniline blue를 이용한 형광염색법으로 검정이 가능하다.

11

수목 바이러스의 특징과 감염으로 인한 수목의 피해가 옳게 나열된 것은?

ㄱ. 절대기생성	a. 물관부 폐쇄
ㄴ. 기주특이성	b. 균핵 형성
ㄷ. DNA로만 구성	c. 잎의 기형
ㄹ. 세포로 구성	d. 모자이크 증상

① ㄱ, ㄹ - a, d
② ㄱ, ㄷ - b, c
③ ㄱ, ㄴ - c, d
④ ㄴ, ㄷ - b, d
⑤ ㄴ, ㄹ - a, c

12

수목병과 병원균의 구조물에 대한 연결이 옳지 않은 것은?

① Hyopxylon 궤양병 - 자낭각
② 밤나무 줄기마름병 - 자낭구
③ 벚나무 빗자루병 - 나출자낭
④ Scleroderris 궤양병 - 자낭반
⑤ 소나무류 피목가지마름병 - 자낭반

13

수목에 발생하는 녹병과 중간 기준의 연결이 옳은 것은?

ㄱ. 후박나무 녹병	a. 황벽나무
ㄴ. 포플러 잎녹병	b. 뱀고사리
ㄷ. 산철쭉 잎녹병	c. 까치밥나무
ㄹ. 소나무 혹병	d. 쑥부쟁이
ㅁ. 오리나무 잎녹병	e. 없음

① ㄱ - e
② ㄴ - b
③ ㄷ - a
④ ㄹ - c
⑤ ㅁ - d

14

수목 바이러스병의 진단방법으로 옳지 않은 것은?

① 전자현미경에 의한 진단
② 항혈청에 의한 면역학적 진단
③ 지표식물에 의한 생물학적 진단
④ 감염세포 내 봉입체 확인에 의한 진단
⑤ 16S rDNA 분석에 의한 분자생물학적 진단

15

한국의 참나무 시들음병에 대한 설명으로 옳지 않은 것은?

① 병원균은 인공배지에서 잘 자란다.
② 병원균은 *Raffaelea quercus-mongolicae*이다.
③ 참나무류 중 신간나무에서 주로 발생한다.
④ 피해가 심해지면 자낭반이 수피 틈을 뚫고 나온다.
⑤ 물관부의 주요 기능인 물과 무기양분의 이동을 방해한다.

16

지의류에 대한 설명으로 옳지 않은 것은?

① 아황산가스에 민감하다.
② 수피에 서식하면서 수목으로부터 양분으로 얻는다.
③ 외생성 지의류의 대부분은 남조류와 공생한다.
④ 균류와는 뚜렷하게 구별되는 엽상체를 형성한다.
⑤ 형태는 고착형, 엽형, 수지형의 세 가지로 나누어진다.

17

Fusarium속 병원균에 의해 발생하는 수목병으로만 나열한 것은?

ㄱ. 칠엽수 얼룩무늬병
ㄴ. 소나무류 피목가지마름병
ㄷ. 소나무류 수지궤양병
ㄹ. 소나무류 모잘록병
ㅁ. 오리나무 갈색무늬병
ㅂ. 밤나무 가지마름병

① ㄱ, ㄷ
② ㄴ, ㅁ
③ ㄷ, ㄹ
④ ㄹ, ㅁ
⑤ ㄹ, ㅂ

18

곰팡이 병원균의 분류군이 같은 수목병을 나열한 것은?

ㄱ. 소나무 혹병
ㄴ. 편백 가지마름병
ㄷ. 철쭉류 떡병
ㄹ. 배롱나무 흰가루병

① ㄱ, ㄴ
② ㄱ, ㄷ
③ ㄱ, ㄹ
④ ㄴ, ㄷ
⑤ ㄷ, ㄹ

19

수목병의 생물적 방제에 대한 설명으로 옳은 것은?

① 소나무재선충병 감염목을 벌채 후 훈증한다.
② 포플러 잎녹병 방제를 위해 저항성품종을 육종한다.
③ 항생제를 수간주입하여 대추나무 빗자루병을 방제한다.
④ 잣나무 털녹병 방제를 위해 중간기주인 송이풀을 제거한다.
⑤ 밤나무 줄기마름병 방제를 위해 병원균의 저병원성 균주를 이용한다.

20

자주날개무늬병에 대한 설명으로 옳게 나열한 것은?

ㄱ. 다범성 병해
ㄴ. 뿌리꼴균사다발 형성
ㄷ. 심재가 먼저 썩고 나중에 변재가 썩음
ㄹ. 균사망이 발달하여 자갈색의 헝겊 같은 피막 형성
ㅁ. 6~7월경에 균사층의 자낭포자가 많이 형성되어 흰가루처럼 보임

① ㄱ, ㄴ
② ㄱ, ㄹ
③ ㄴ, ㄷ
④ ㄷ, ㄹ
⑤ ㄹ, ㅁ

21

소나무 가지끝마름병에 대한 설명으로 옳지 않은 것은?

① 새 가지와 침엽은 수지에 젖어 있다.
② 병원균은 *Septobasidium bogoriense*이다.
③ 수피를 벗기면 적갈색으로 변한 병든 부위를 확인할 수 있다.
④ 6월부터 새 가지의 침엽이 짧아지면서 갈색 내지 회갈색으로 변한다.
⑤ 침엽 및 어린 가지의 병든 부위에는 구형 내지 편구형의 분생포자각이 형성된다.

22

다음 특징과 관련된 병원균이 일으키는 수목병에 대한 설명으로 옳지 않은 것은?

- 포자를 형성하고 격벽이 없는 다핵균사를 가진다.
- 세포벽의 주성분은 셀룰로오스와 글로칸이고, 키틴을 함유하지 않는다.
- 유주포자는 편모를 가진다.

① 참나무 급사병의 병원균이 속한다.
② *Rhizoctonia solani*는 묘목에 피해를 준다.
③ 파이토프토라뿌리썩음병은 병원균 우점형이다.
④ 밤나무 수피표면이 젖어 있고, 검은색의 액체가 흘러나온다.
⑤ 밤나무 잉크병 병원균의 장란기 표면이 울퉁불퉁하다.

23

병 발생에 관여하는 환경조건 개선방법으로 옳지 않은 것은?

① 밤나무 줄기마름병을 예방하기 위하여 배수를 개선한다.
② 오동나무 줄기마름병을 예방하기 위하여 간벌을 강하게 한다.
③ 소나무 피목가지마름병을 예방하기 위하여 덩굴류를 제거한다.
④ 일본잎갈나무 묘목은 뿌리썩음병을 예방하기 위하여 생장개시 전에 식재한다.
⑤ 미분해 유기물이 많은 임지에서는 자주날개무늬병 피해가 심하므로 석회를 처리한다.

24

뿌리썩이선충에 대한 설명으로 옳지 않은 것은?

① 성충은 감염된 뿌리 내에 산란한다.
② Meloidogyne속 선충으로 고착성 내부 기생성 선충이다.
③ 유충과 성충은 주로 뿌리의 피층조직 안을 이동하면서 양분을 흡수한다.
④ 선충의 침입 부위로 Fusarium 등 토양병원미생물이 쉽게 침입하게 된다.
⑤ Radopholus속 선충의 감염 부위에 공간이 생겨 뿌리가 부풀어 오르고 표피가 갈라진다.

25

리지나뿌리썩음병에 대한 설명이다. 옳은 것을 모두 고른 것은?

ㄱ. 병원균의 담자포자는 수목뿌리 근처의 온도가 45℃이면 발아한다.
ㄴ. 초기 병징은 땅가의 잔뿌리가 흑갈색으로 부패하고, 점차 굵은 뿌리로 확대된다.
ㄷ. 산성토양에서 피해가 심하므로 석회로 토양을 중화시키면 발병이 감소한다.
ㄹ. 뿌리의 피층이나 물관부를 침입하며, 감염된 세포는 수지로 가득차게 된다.

① ㄱ, ㄴ
② ㄱ, ㄷ
③ ㄴ, ㄷ
④ ㄴ, ㄹ
⑤ ㄷ, ㄹ

제2과목 수목해충학

26

곤충의 면역기능과 해독, 혈당조절 등을 담당하는 것은?

① 지방체
② 배상세포
③ 카디아체
④ 내분비세포
⑤ 부정형혈구

27

해충과 천적의 연결이 옳지 않은 것은?

① 솔나방 - 어비진디벌
② 솔수염하늘소 - 개미침벌
③ 점박이응애 - 긴털이리응애
④ 밤나무혹벌 - 남색긴꼬리좀벌
⑤ 솔잎혹파리 - 혹파리살이먹좀벌

28

수목 해충의 날개 발생과 가해 방식의 연결이 옳지 않은 것은?

① 대벌레 - 외시류 - 식엽성
② 외줄면충 - 내시류 - 충영형성
③ 대륙털진딧물 - 외시류 - 흡즙성
④ 소나무솜벌레 - 외시류 - 흡즙성
⑤ 오리나무잎벌레 -내시류 - 식엽성

29

소나무재선충병을 예방하기 위한 나무주사제로 적합한 약제는?

① 밀베멕틴 유제
② 뷰프로페진 수화제
③ 클로르프루아주론 유제
④ 메톡시페노자이드 수화제
⑤ 클로란트라닐리프롤 수화제

30

곤충 중앙신경계의 뇌는 3개 신경절이 연합되어 있다. 이 중 후대뇌가 관장하는 부위는?

① 더듬이 ② 내분비샘
③ 아랫입술 ④ 겹눈, 홑눈
⑤ 윗입술, 전위

31

곤충의 배자 발생 과정에서 중배엽성 세포가 분화된 기관으로 옳지 않은 것은?

① 근 육 ② 심 장
③ 내분비샘 ④ 말피기관
⑤ 정소, 난소

32

해충이 어떤 식물을 섭식하였을 때 유독물질이나 성장저해물질로 인하여 죽거나 발육이 지연되는 내충성 기작은?

① 감수성 ② 선호성
③ 항상성 ④ 항생성
⑤ 비선호성

33

곤충의 진화 계통상 같은 계열로 연결되지 않은 것은?

① 돌좀목 – 좀목
② 파리목 – 벼룩목
③ 강도래목 – 대벌레목
④ 하루살이목 – 잠자리목
⑤ 집게벌레목 – 딱정벌레목

34

성충으로 월동하는 곤충으로 바르게 나열된 것은?

① 솔수염하늘소, 밤바구미
② 회양목명나방, 솔잎혹파리
③ 거북밀깍지벌레, 복숭아명나방
④ 솔껍질깍지벌레, 버즘나무방패벌레
⑤ 느티나무벼룩바구미, 오리나무잎벌레

35

수목을 가해하는 해충의 발생세대수, 목명, 학명의 연결이 옳지 않은 것은?

① 목화진딧물 – 수회, Hemiptera, *Aphis gossypii*
② 버즘나무방패벌레 – 3회, Hemiptera, *Corythucha ciliata*
③ 미국흰불나방 – 2 · 3회, Lepidoptera, *Hyphantria cunea*
④ 밤바구미 – 1회, Coleoptera, *Curculio sikkimensis*
⑤ 미국선녀벌레 – 1회, *Lepidoptera, Metcalfa pruninosa*

36

벌목(Hymenoptera)에 대한 설명 중 옳지 않은 것은?

① 성충의 날개는 1쌍이며 막질이다.
② 천적이나 화분 매개자가 많이 포함되어 있다.
③ 잎벌아목의 곤충은 복부에 배다리(Proleg)를 가진다.
④ 꿀벌상과의 곤충은 노동분업 등 진화된 사회체계를 가진다.
⑤ 기생성 벌 중에는 발육을 완료하기 전까지 숙주를 죽이지 않는 것도 있다.

37

곤충의 탈피와 변태 과정에 대한 설명으로 옳지 않은 것은?

① 탈피호르몬은 앞가슴샘에서 분비되며, 탈피를 조절한다.
② 유약호르몬은 알라타체에서 분비되며, 유충의 탈피에 관여한다.
③ 무변태의 원시성 곤충은 성충이 되어도 계속 탈피를 한다.
④ 번데기 중 다리나 큰턱을 따로 움직일 수 없는 형태를 나용이라고 한다.
⑤ 곤충 성장저해제는 곤충 특유의 성장과정에 작용하므로, 포유류에 대한 독성이 낮다.

38

수목해충에 대한 설명으로 옳은 것은?

① 미국선녀벌레는 성충으로 월동한다.
② 외줄면충의 여름기주는 대나무류이다.
③ 소나무좀은 봄과 여름에 2번 가해하며, 연 2회 발생한다.
④ 솔나방은 연 3회 발생하며 주로 소나무류를 가해한다.
⑤ 광릉긴나무좀은 연 3회 발생하고, 참나무 시들음병의 병원균을 매개한다.

39

식식성 곤충의 먹이 범위에 관한 설명으로 옳지 않은 것은?

① 식물과 곤충의 공진화의 결과이다.
② 식물 1~2개 과(Family)를 가해하는 협식성 곤충은 솔나방이다.
③ 식물 한 종 또는 한 속을 가해하는 단식성 해충은 회양목명나방이다.
④ 먹이 범위는 식물의 영양, 곤충의 소화와 해독 능력에 의해 결정된다.
⑤ 식물 4개 과(Family) 이상을 먹이로 하는 광식성 해충은 황다리 독나방이다.

40

매미나방의 밀도억제 과정으로 옳지 않은 것은?

① 월동하는 번데기를 찾아서 제거한다.
② 기생벌류, 기생파리류의 일반평형, 밀도를 높인다.
③ 4 · 5월 저온과 잦은 강우는 유충 사망률을 높인다.
④ 곤충병원성인 바이러스, 세균, 곰팡이의 밀도를 높인다.
⑤ 피해가 심한 지역은 선택적으로 약제를 사용하여 관리한다.

41

해충의 화학적 방제에 관한 설명으로 옳지 않은 것은?

① 솔잎혹파리는 성충 우화기인 5~7월에 수관살포한다.
② 솔껍질깍지벌레는 후약충기인 7월에 나무에 살포한다.
③ 버즘나무방패벌레는 발생 초기인 5, 6월에 경엽처리한다.
④ 솔나방은 유충 가해기인 4~6월과 8, 9월에 경엽처리한다.
⑤ 미국흰불나방은 유충 발생 초기인 5월과 8월에 경엽처리한다.

42

수목해충 예찰조사의 시기와 방법에 관한 설명으로 옳지 않은 것은?

① 솔수염하늘소 : 4~8월에 우화목 대상우화 상황 조사
② 잣나무별납작잎벌 : 5월경 잣나무림 토양 내 유충수 조사
③ 복숭아유리나방 : 6월에 벚나무 잎 200개에서 유충 섭식 피해도 조사
④ 광릉긴나무좀 : 유인목에 끈끈이트랩을 설치하고 4~8월에 유인 개체수 조사
⑤ 오리나무잎벌레 : 5~7월에 상부 잎 100개, 하부 잎 200개에서 알덩어리와 성충밀도 조사

43

종합적 해충관리에 관한 설명으로 옳지 않은 것은?

① 일반평형밀도를 높여 방제 횟수를 줄인다.
② 예찰자료에 기반하여 방제 의사를 결정한다.
③ 경제적 피해허용수준 이하로 밀도를 관리한다.
④ 천적 등 유용생물에 영향이 적은 방제제를 사용한다.
⑤ 약제 저항성 발달 및 약제 잔류 등의 부작용을 최소화 한다.

44

해충의 발생 밀도 조사 방법에 대한 설명으로 옳지 않은 것은?

① 유아등 조사 : 주지성을 지닌 해충 조사
② 먹이 유인 조사 : 미끼에 끌리는 성질을 이용한 조사
③ 페로몬 조사 : 합성 페로몬에 유인되는 성질을 이용한 조사
④ 수반조사 : 물을 담은 수반에 유인되는 해충의 종류 및 발생 상황 조사
⑤ 공중 포충망 조사 : 공중에 망을 설치해 놓고 그 안에 들어오는 해충 조사

45

곤충의 외부구조에 대한 설명으로 옳지 않은 것은?

① 앞날개는 가운데 가슴에 붙어 있다.
② 파리나 모기의 뒷날개는 퇴화되어 있다.
③ 다리는 앞가슴, 가운데가슴, 뒷가슴에 한 쌍씩 붙어 있다.
④ 집게벌레의 미모는 방어나 교미 시 도움을 주는 집게로 변형되어 있다.
⑤ 입틀은 기본적으로 윗입술, 아랫입술, 한 쌍의 큰턱, 1개의 작은턱으로 구성되어 있다.

46

해충과 피해 특성의 연결로 옳지 않은 것은?

① 잎벌레류, 노린재류 : 잎을 갉아 먹는다.
② 하늘소류, 유리나방류 : 나무의 줄기를 가해한다.
③ 진딧물류, 깍지벌레류 : 흡즙하고, 감로를 배출한다.
④ 순나방류, 나무좀류 : 줄기나 새순에 구멍을 뚫는다.
⑤ 혹응애류, 혹파리류 : 식물 조직의 비대생장 또는 형성을 유발한다.

47

곤충 체벽의 구조와 기능에 대한 설명으로 옳지 않은 것은?

① 표피층은 외부와 접해있고 몸 전체를 보호한다.
② 외표피층은 곤충의 수분 증발을 억제하는 기능을 한다.
③ 원표피층은 키틴 당단백질로 구성되며 퀴논 경화를 통해 단단해진다.
④ 표피층은 바깥쪽에서부터 왁스층, 시멘트층, 외원표피, 내원표피 순으로 구성된다.
⑤ 표피층 아래 표피세포(Epidermis)는 단일 세포층으로 표피형성 물질과 탈피액 분비 등에 관여한다.

48

해충의 생태에 대한 설명으로 옳지 않은 것은?

① 자귀나무이는 잎 뒷면을 흡즙하고 끈적한 배설물을 분비한다.
② 회화나무이는 성충으로 월동하고 흡즙하여 잎을 말리게 한다.
③ 철쭉띠띤애매미충은 잎 앞면을 흡즙하며 검은 배설물을 많이 남긴다.
④ 뽕나무이는 잎, 줄기, 열매에 모여 흡즙하고 하얀 실 같은 밀납물질을 분비한다.
⑤ 전나무잎말이진딧물은 하얀 밀납으로 덮여 있고, 신초를 흡즙하여 잎을 말리게 한다.

49

식엽성 해충의 방제방법으로 옳지 않은 것은?

① 제주집명나방 : 벌레집을 채취하여 포살한다.
② 호두나무잎벌레 : 피해 잎에서 유충과 번데기를 제거한다.
③ 좀검정잎벌 : 볏집 등을 이용하여 유인한 후 제거한다.
④ 느티나무벼룩바구미 : 끈끈이트랩을 이용하여 성충을 제거한다.
⑤ 황다리독나방 : 줄기에서 월동 중인 알덩어리를 채취하여 제거한다.

50

어떤 곤충의 온도(x)에 따른 발육률(y)은 아래와 같이 추정되었다. 아래 그래프를 보고 유효적산온도(온일도)를 계산하시오.

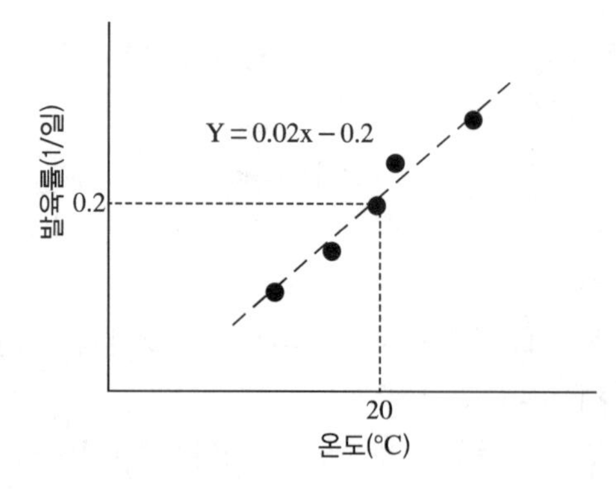

① 5 ② 10
③ 50 ④ 100
⑤ 200

제3과목 수목생리학

51

불활성 상태인 피토크롬을 활성 형태로 변환시키는 데 가장 효율적인 빛은?

① 녹색광 ② 자외선
③ 적색광 ④ 청색광
⑤ 원적색광

52

수분 후 수정 및 종자 성숙까지 소요되는 기간이 가장 긴 수목은?

① 벚나무 ② 전나무
③ 회양목 ④ 굴참나무
⑤ 가문비나무

53

알칼리성 토양에서 결핍이 일어나기 쉬운 원소는?

① 철 ② 황
③ 칼 륨 ④ 칼 슘
⑤ 마그네슘

54

부와 사부의 시원세포를 추가로 만들기 위해 횡단면상에서 접선방향으로 세포벽을 만드는 세포분열은?

① 병층분열 ② 수층분열
③ 시원분열 ④ 정단분열
⑤ 횡단분열

55

지아틴(Zeatin), 키네틴(Kinetin)과 같은 아데닌(Adenine) 구조를 가진 물질로 세포분열을 촉진하고 잎의 노쇠지연에 관여하는 식물호르몬은?

① 옥신(Auxin)
② 에틸렌(Ethylene)
③ 시토키닌(Cytokinin)
④ 지베렐린(Gibberellin)
⑤ 에브시식산(Abscisic acid)

56

식물의 호흡에 관한 설명으로 옳은 것은?

① 과실의 호흡은 결실 직후에 가장 적다.
② 눈이 휴면에 들어가면 호흡이 증가한다.
③ 호흡활동이 가장 왕성한 기관은 줄기다.
④ C-4식물은 C-3식물에 비해 광호흡이 많다.
⑤ 성숙한 종자는 미성숙한 것보다 호흡이 적다.

57

뿌리의 수분흡수에 관한 설명으로 옳은 것은?

① 일액현상은 수동흡수에 의해 나타나는 현상이다.
② 카스파리대는 물과 무기염의 자유로운 이동을 막는다.
③ 증산작용이 왕성한 잎에서 수분의 능동흡수가 나타난다.
④ 여름철에는 뿌리의 삼투압에 의해서만 수분흡수가 이루어진다.
⑤ 근압에 의한 수분이동은 수동흡수에 의한 것보다 빠르게 진행된다.

58

수목의 뿌리생장에 관한 설명으로 옳지 않은 것은?

① 뿌리의 분포는 토성의 영향을 많이 받는다.
② 소나무류는 일반적으로 뿌리털이 발달하지 않는다.
③ 겨울에 토양 온도가 낮아지면 뿌리생장이 정지된다.
④ 온대지방의 수목은 줄기보다 뿌리생장이 늦게 시작한다.
⑤ 수분과 양분을 흡수하는 세근은 표토에 집중되어 있다.

59

수목의 기공 개폐에 관한 설명으로 옳은 것은?

① 가시광선에 노출되면 기공이 닫힌다.
② 건조 스트레스가 커지면 기공이 열린다.
③ 온도가 35℃ 이상으로 높아지면 기공이 열린다.
④ 엽육 조직의 세포 간극 내 CO_2 농도가 낮으면 기공이 열린다.
⑤ 에브시식산(Abscisic acid) 농도가 증가하면 기공이 열린다.

60

봄과 가을의 수목 내 질소 이동과 관련된 설명으로 옳은 것은?

① 회수되는 질소의 이동은 목부를 통해 이루어진다.
② 질소 함량의 계절적 변화는 사부보다 목부가 더 크다.
③ 잎에서 회수된 질소는 줄기의 목부와 사부의 수선 유세포에 저장된다.
④ 엽병의 이층(Abscission layer) 세포는 다른 부위의 것에 비해 크고 세포벽이 얇다.
⑤ 봄이 되면 줄기나 가지 등에 있는 저장 단백질은 질산태질소 형태로 분해되어 이동된다.

61

수목의 호흡 단계(해당작용–크렙스회로–전자전달경로)에 관한 설명으로 옳은 것은?

① 기질이 환원되어 에너지가 발생한다.
② 호흡의 모든 단계는 미토콘드리아에서 일어난다.
③ 호흡의 모든 단계에서는 산소가 필수적으로 요구된다.
④ 전자전달경로는 해당작용에 비해 에너지 생산효율이 낮다.
⑤ 전자전달경로에서 NADH로 전달된 전자는 최종적으로 산소에 전달된다.

62

햇빛의 특성과 수목의 생리적 효과에 관한 설명으로 옳지 않은 것은?

① 명반응에서 ATP가 만들어진다.
② 햇빛을 향해 자라는 현상은 옥신의 재분배로 일어난다.
③ 중력작용 방향으로 자라는 현상은 옥신의 재분배로 일어난다.
④ 우거진 숲의 지면에서는 원적색광이 적색광보다 적어 종자 발아가 억제된다.
⑤ 청색광을 감지하여 햇빛 쪽으로 자라게 유도하는 색소는 크립토크롬(Cryptochrome)이다.

63

탄수화물 종류에 관한 설명으로 옳지 않은 것은?

① 리보오스(Ribose)는 핵산의 구성 물질이다.
② 수크로스(Sucrose)는 살아있는 세포 내에 널리 분포하고 있다.
③ 헤미셀룰로오스는 2차 세포벽에서 셀룰로오스 다음으로 많다.
④ 아밀로스(Amylose)는 포도당이 가지를 많이 친 사슬 모양을 하고 있다.
⑤ 펙틴은 1차 세포벽에는 있지만 2차 세포벽에는 거의 존재하지 않는다.

64

수목 내 질산환원에 대한 설명으로 옳지 않은 것은?

① 나자식물의 질산환원은 뿌리에서 일어난다.
② 질산환원효소에는 몰리브덴이 함유되어 있다.
③ NO_3^-가 NO_2^-로 바뀌는 반응은 세포질 내에서 일어난다.
④ 루핀(Lupinus)형 수종의 줄기 수액에는 NO_3^-가 많이 검출된다.
⑤ NO_2^-가 NH_4^+로 바뀌는 반응이 도꼬마리(Xanthium)형 수종에서는 엽록체에서 일어난다.

65

수지(Resin)와 수지구(Resin ducts)에 관한 설명으로 옳지 않은 것은?

① 수지는 수목에서 저장에너지 역할을 한다.
② 수지는 목질부의 부패를 방지하는 기능이 있다.
③ 수지를 분비하는 세포는 수지구의 피막세포이다.
④ 수지는 C10~C30의 탄소수를 가지고 있는 물질의 혼합체이다.
⑤ 침엽수가 나무좀의 공격을 받으면 목부의 유세포가 추가로 수지구를 만든다.

66

수목의 유형기와 성숙기의 형태적, 생리적 차이에 관한 설명으로 옳은 것은?

① 향나무의 비늘잎은 유형기의 특징이다.
② 서양담쟁이덩굴 잎의 결각은 성숙기의 특징이다.
③ 리기다소나무의 유형기는 전나무에 비해 길다.
④ 귤나무는 유형기보다 성숙기에 가시가 많이 발생한다.
⑤ 음나무의 환공재 특성은 유형기보다 성숙기에 잘 나타난다.

67

무기영양소에 관한 설명으로 옳지 않은 것은?

① 망간은 효소의 활성제로 작용한다.
② 마그네슘은 엽록소의 구성성분이다.
③ 칼륨은 삼투압 조절의 역할에 기여한다.
④ 엽면시비 시 칼슘은 마그네슘보다 빨리 흡수된다.
⑤ 식물조직에서 건중량의 0.1% 이상인 무기영양소는 대량원소, 0.1% 미만은 미량원소라 한다.

68

무기영양소의 수목 내 분포와 변화 및 요구도에 관한 설명으로 옳은 것은?

① 잎, 수간, 뿌리의 순서로 인의 농도가 높다.
② 수목 내 질소의 계절적 변화폭은 잎이 뿌리보다 크다.
③ 잎의 칼륨 함량 분석은 9월 이후에 실시하는 것이 적절하다.
④ 무기영양소에 대한 요구도는 일반적으로 침엽수가 활엽수보다 크다.
⑤ 잎의 성장기 이후에 잎의 질소 함량은 증가하고, 칼슘 함량은 감소한다.

69

수목의 수분이동에 관한 설명으로 옳은 것은?

① 수액 상승의 원리는 압력유동설로 설명된다.
② 용질로 인해 발생한 삼투퍼텐셜은 항상 양수(+) 값을 가진다.
③ 수목에서 물의 이동은 수분퍼텐셜이 점점 높아지는 토양, 뿌리, 줄기, 잎, 대기로 이동한다.
④ 수액 상승의 속도는 가도관에서 가장 느리고 환공재가 산공재보다 빠르다.
⑤ 도관 혹은 가도관에서 기포가 발생하였을 때 도관이 가도관보다 기포의 재흡수가 더 용이하다.

70

수목의 줄기 구조에 관한 설명으로 옳지 않은 것은?

① 심재는 변재 안쪽의 죽은 조직이다.
② 형성층은 안쪽으로 사부를 만들고 바깥쪽으로 목부를 만든다.
③ 춘재는 세포의 지름이 큰 반면, 추재는 세포 지름이 작다.
④ 전형성층은 속내형성층이 되고 피층의 일부 유조직은 속간형성층이 된다.
⑤ 분열조직은 위치에 따라 정단분열조직과 측방분열조직으로 나눌 수 있다.

71

수목의 뿌리 구조에 관한 설명으로 옳지 않은 것은?

① 근관은 세포분열이 일어나는 정단분열조직을 보호한다.
② 내피의 안쪽에 유관속조직이 있고 유관속조직 안쪽에 내초가 있다.
③ 원형질연락사는 세포벽을 관통하여 인접세포와 서로 연결하는 통로이다.
④ 정단분열조직으로부터 위쪽 방향으로 분열대, 신장대, 성숙대가 연속한다.
⑤ 습기가 많거나 배수가 잘 안되는 토양에서는 뿌리가 얕게 퍼지는 경향이 있다.

72

수목의 세포와 조직에 관한 설명으로 옳지 않은 것은?

① 유세포는 원형질을 가지고 있다.
② 후각세포는 원형질을 가진 1차벽이 두꺼운 세포이다.
③ 잎의 책상조직보다 해면조직에 더 많은 엽록체가 있다.
④ 후벽세포는 죽은 세포이며 리그닌이 함유된 2차벽이 있다.
⑤ 소나무류의 표피조직 안에는 원형의 수지구가 있어서 수지를 분비한다.

73

온대지방 수목의 수고생장에 관한 설명으로 옳지 않은 것은?

① 수고생장 유형은 수종 고유의 유전적 형질에 따라 결정된다.
② 고정생장을 하는 수목은 한 해에 줄기가 한 마디만 자란다.
③ 고정생장을 하는 수종으로는 소나무, 잣나무, 참나무류 등이 있다.
④ 자유생장을 하는 수종으로는 은행나무, 자작나무, 일본잎갈나무 등이 있다.
⑤ 자유생장을 하는 수목은 고정생장에 비해 한 해 동안 자라는 양이 적다.

74

수목의 광합성에 관한 설명으로 옳지 않은 것은?

① 엽록소는 그라나에 없으며 스트로마에 있다.
② 양수는 음수보다 높은 광도에서 광보상점에 도달한다.
③ 광보상점은 이산화탄소의 흡수량과 방출량이 같은 때의 광도이다.
④ 엽록소는 적색광과 청색광을 흡수하는 반면 녹색광은 반사하여 내보낸다.
⑤ 광포화점은 광도를 높여도 더 이상 광합성량이 증가하지 않는 상태의 광도이다.

75

수목 스트레스의 원인과 결과에 관한 설명으로 옳은 것은?

① 수분 부족 피해는 수관의 아래 잎에서 시작하여 위의 잎으로 이어진다.
② 냉해는 빙점 이하에서, 동해는 빙점 이상에서 일어나는 저온피해를 말한다.
③ 바람에 의해 수간이 기울어 질 때, 침엽수에서는 압축이상재가 활엽수에는 신장이상재가 생성된다.
④ 산림쇠퇴는 대부분 생물적 요인에 의해 시작된 후, 최종적으로 비생물적요인에 의해 수목이 고사한다.
⑤ 아황산가스 대기오염은 선진국에서, 질소산화물과 오존 대기오염은 후진국에서 발생하는 경우가 많다.

제4과목 산림토양학

76

마그마로부터 형성된 대표적 암석은?

① 석회암
② 혈 암
③ 점판암
④ 편마암
⑤ 현무암

77

토양의 수분퍼텐셜에 해당하지 않는 것은?

① 삼투퍼텐셜
② 압력퍼텐셜
③ 중력퍼텐셜
④ 모세관퍼텐셜
⑤ 매트릭퍼텐셜

78

다음 중 2차 점토광물인 것은?

① 석 영
② 장 석
③ 운 모
④ 방해석
⑤ 각섬석

79

입자밀도가 용적밀도의 2배일 때 고상의 비율(%)로 옳은 것은?

① 35%
② 40%
③ 45%
④ 50%
⑤ 55%

80

용적밀도 1.0g/cm^3, 입자밀도 2.65g/cm^3, 토양깊이 20cm, 면적 1ha일 때 토양의 총 중량은?

① 200톤
② 530톤
③ 2,000톤
④ 3,300톤
⑤ 5,300톤

81

양이온교환용량(CEC)을 증가시키는 요인이 아닌 것은?

① pH 증가
② 철산화물 증가
③ 동형치환 증가
④ 부식 함량 증가
⑤ 점토 함량 증가

82

토양의 입경분석에 대한 설명으로 옳지 않은 것은?

① 유기물을 제거한다.
② 입자를 분산시킨다.
③ 입자 지름이 0.002mm 이하는 점토이다.
④ 입경분석 결과에 따라 토양구조를 판단한다.
⑤ 토성 결정은 지름 2mm 이하의 입자만을 사용한다.

83

토양 중 인산의 특성에 대한 설명으로 옳지 않은 것은?

① 산성 토양에서는 철에 의해 고정된다.
② 토양의 pH에 따라 유효도가 제한적이다.
③ $H_2PO_4^-$, HPO_4^{2-} 형태가 식물에 주로 흡수 이용된다.
④ pH가 7 이상의 토양에서는 알루미늄에 의해 고정된다.
⑤ 인(P)의 유실은 주로 토양 침식에 동반하여 일어난다.

84

토양산성화의 원인으로 옳지 않은 것은?

① 황화철의 산화
② NH_4^+의 질산화작용
③ Na_2CO_3의 가수분해
④ 토양수에 이산화탄소의 용해
⑤ 뿌리의 칼륨, 칼슘 이온 흡수

85

pH에 대한 토양의 완충용량에 관련된 설명 중 옳지 않은 것은?

① 점토의 함량이 많을수록 크다.
② 양이온 교환용량이 클수록 크다.
③ 유기물이 많은 토양일수록 크다.
④ 완충용량이 클수록 pH 상승을 위한 석회 소요량이 적다.
⑤ 카올리나이트(Kaolinite)보다 몬모릴로나이트(Montmorillonite)가 크다.

86

균근균의 설명으로 옳지 않은 것은?

① 수목의 내병성을 증가시킨다.
② 소나무는 외생균근균과 공생한다.
③ 수목으로부터 탄수화물을 얻는다.
④ 수목의 한발에 대한 저항성을 증가시킨다.
⑤ 인산을 제외한 무기염의 흡수를 도와준다.

87

미국 농무부(USDA) 기준 촉감법에 의한 토성 분류 중 양질사토의 특징인 것은?

① 띠를 만들 수 없다.
② 띠의 길이가 2.5~5.0cm이다.
③ 띠의 길이가 5.0cm 이상이다.
④ 밀가루 같은 부드러운 느낌이 강하다.
⑤ 토양에 적당한 물을 첨가했을 때 공 모양으로 뭉쳐지지 않는다.

88

1ha당 100kg의 질소를 사용하기 위해 필요한 요소 [$(NH_2)_2CO$, (46-0-0)]의 양으로 옳은 것은?

① 100kg
② 217kg
③ 460kg
④ 500kg
⑤ 560kg

89

탈질작용에 대한 설명으로 옳지 않은 것은?

① 주로 배수가 불량한 토양에서 높게 나타난다.
② NO_3^-에서 N_2까지 환원되기 전 N_2O의 형태로도 손실된다.
③ 탈질균은 산소 대신 NO_3^-를 전자수용체로 이용한다.
④ pH가 낮은 산림토양에서 알칼리성 토양보다 많이 발생한다.
⑤ 쉽게 분해될 수 있는 유기물 함량이 많은 토양에서 잘 일어난다.

90

산림토양에서 유기물의 기능으로 옳지 않은 것은?

① 지온 상승
② 용적밀도 증가
③ 토양입단화 증가
④ 양이온교환용량 증가
⑤ 금속과 킬레이트 화합물 형성

91

산불 발생 후 초기 단계에서 토양의 물리 · 화학적 성질 변화에 대한 설명으로 옳지 않은 것은?

① 침식 증가
② 토양 pH 감소
③ 용적밀도 증가
④ 수분침투율 감소
⑤ 수분증발량 증가

92

오염토양의 생물학적 처리 기술이 아닌 것은?

① Bioventing
② Landfarming
③ Soil flushing
④ Biodegradation
⑤ Phytoremediation

93

토양 침식을 방지하는 방법으로 옳지 않은 것은?

① 목초 재배
② 완충대 설치
③ 등고선 재배
④ 지표면 피복
⑤ 작부관리인자 값 증가

94

〈지위지수곡선〉을 이용하여 임지의 생산력을 추정할 때 필요한 것은?

① 하층목(열세목 · 피압목)의 수고와 임령
② 상층목(우세목 · 준우세목)의 수고와 임령
③ 하층목(열세목 · 피압목)의 수관폭과 임령
④ 상층목(우세목 · 준우세목)의 수고와 흉고직경
⑤ 상층목(우세목 · 준우세목)의 흉고직경과 임령

95

건조 시료의 총 무게가 10g이고 이 중 자갈 2g, 모래 4g, 미사 2g일 때 토양의 구성비로 옳은 것은?

① 모래 : 40%, 미사 : 20%, 점토 : 20%
② 모래 : 40%, 미사 : 20%, 점토 : 40%
③ 모래 : 40%, 미사 : 25%, 점토 : 25%
④ 모래 : 50%, 미사 : 20%, 점토 : 20%
⑤ 모래 : 50%, 미사 : 25%, 점토 : 25%

96

토양에서 주로 확산에 의해 뿌리쪽으로 공급되는 양분으로 옳은 것은?

① K^+, $H_2PO_4^-$
② K^+, Ca^{2+}
③ NO_3^-, $H_2PO_4^-$
④ Ca^{2+}, Mg^{2+}
⑤ NO_3^-, Mg^{2+}

97

화살표로 표시한 토양색의 먼셀(Munsell)표기법으로 옳은 것은?

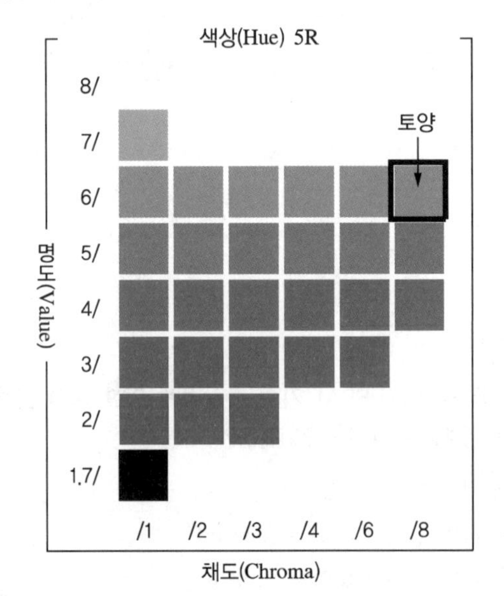

① 5R 8/6
② 5R 6/8
③ 6/8 5R
④ 8/6 5R
⑤ 8 5R 6

98

C/N비에 대한 설명으로 옳지 않은 것은?

① 가축분뇨의 C/N비는 톱밥보다 높다.
② C/N비는 탄소와 질소의 비율을 의미한다.
③ 유기물의 C/N비는 미생물에 의한 분해속도를 가늠하는 지표가 된다.
④ C/N비가 30인 유기물의 탄소 함량이 15%라면 질소 함량은 0.5%이다.
⑤ C/N비가 높은 유기물을 토양에 넣으면 식물의 일시적인 질소기아현상이 일어난다.

99

「토양환경보전법」 시행규칙에 대한 설명으로 옳지 않은 것은?

① 임야는 2지역에 해당한다.
② 우려기준과 대책기준으로 나누어 관리한다.
③ 페놀, 벤젠, 톨루엔에 대한 기준을 제시한다.
④ 카드뮴, 구리, 비소, 수은에 대한 기준을 제시한다.
⑤ 1지역에서 3지역으로 갈수록 기준 농도가 낮아진다.

100

토양단면 Ⅰ~Ⅴ 각각에 대한 설명 중 옳지 않은 것은?

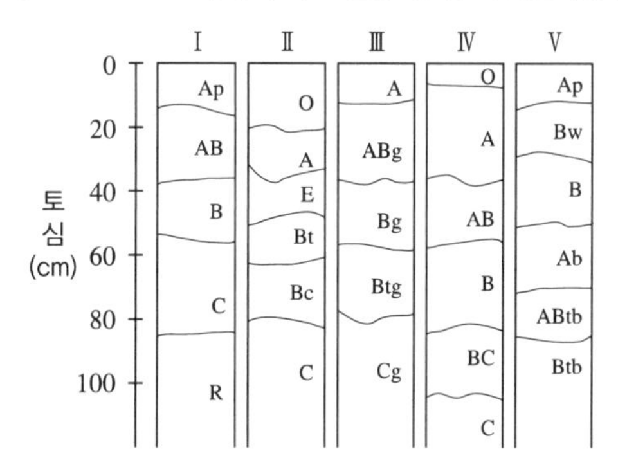

① Ⅰ : 경운 토양으로 A층이 B층으로 전환되는 전이(위)층이 있음
② Ⅱ : 용탈(세탈)층을 가진 토양
③ Ⅲ : 수분환경의 영향이 미약하여 강한 산화층이 발달한 토양
④ Ⅳ : 지표 유기물의 분해가 빠르고 비교적 표토가 발달한 토양
⑤ Ⅴ : 매몰 이력을 가진 경운 토양

제5과목 수목관리학

101

가지의 하중을 지탱하기 위하여 가지밑에 생기는 불룩한 조직으로, 목질부를 보호하기 위한 화학적 보호층을 가지고 있는 조직은?

① 맹 아
② 이 층
③ 지 륭
④ 형성층
⑤ 지피융기선

102

수목 식재지 토양의 답압피해 현상으로 옳지 않은 것은?

① 토양의 용적밀도가 낮아진다.
② 토양 내 공극이 좁아져 배수가 불량해진다.
③ 토양 내 산소부족으로 유해물질이 생성된다.
④ 토양의 투수성이 낮아져 표토가 유실된다.
⑤ 토양 내 공극이 좁아져 통기성이 불량해진다.

103

수피 상처치료 방법 중 피해 부위가 위아래로 넓을 때 사용하는 교접방법에 관한 설명 중 옳은 것은?

① 교접의 적기는 생장이 왕성한 여름이다.
② 접수는 실제 상처의 간격을 측정하여 같은 크기로 조제해야 한다.
③ 교접작업 시 사용하는 접수는 극성에 따른 생장의 차이가 크지 않다.
④ 교접은 잎에서 만든 탄수화물이 뿌리쪽으로 이동할 수 있는 통로를 만드는 것이다.
⑤ 교접작업에서 접수에 이미 싹이 나와 있으면 가지의 활력을 위하여 새순을 제거하지 않는다.

104

수목관리의 원칙으로 옳지 않은 것은?

① 수종 선정은 적지적수에 기반을 둔다.
② 수목관리는 장기간, 낮은 강도로 진행한다.
③ 수목관리는 일반 개념을 특정 유전자형에 적용하지 않는다.
④ 수목의 건강과 위해는 서로 관계가 있으나 일치하지는 않는다.
⑤ 수목은 시간이 경과하면서 생장하기 때문에 수목관리가 필요하다.

105

수목 외과수술의 순서로 맞는 것은?

ㄱ. 방수처리
ㄴ. 살균처리
ㄷ. 방부처리
ㄹ. 공동충전
ㅁ. 인공수피처리
ㅂ. 살충처리
ㅅ. 부후부제거

① ㅅ → ㄴ → ㅂ → ㄷ → ㄹ → ㄱ → ㅁ
② ㅂ → ㅅ → ㄷ → ㄴ → ㄹ → ㄱ → ㅁ
③ ㅂ → ㅅ → ㄷ → ㄹ → ㄱ → ㄴ → ㅁ
④ ㅅ → ㄴ → ㄷ → ㄹ → ㄱ → ㅁ → ㅂ
⑤ ㅅ → ㄷ → ㅂ → ㄴ → ㄹ → ㄱ → ㅁ

106

방풍용 수목의 기준에 대한 설명 중 옳은 것은?

① 천근성이고 지엽이 치밀하지 않은 것이 좋다.
② 낙엽활엽수는 상록침엽수에 비해 바람에 약하다.
③ 내풍력은 수관 폭, 수관 길이, 수고 등에 좌우된다.
④ 수목에 미치는 풍압은 풍속의 제곱에 반비례한다.
⑤ 척박지에서 자란 수목은 근계발달이 양호해 바람에 대한 저항성이 작다.

107

수목 진료와 관련된 용어 설명 중 옳지 않은 것은?

① 상처유합 : 상처 위로 유합조직과 새살을 형성하는 과정
② 자연표적전정 : 지륭과 지피융기선의 각도만큼 이격하여 가지를 절단하는 가지치기 이론
③ 두목전정 : 나무의 주간과 골격지 등을 짧게 남기고 전봇대 모양으로 잘라 맹아지만 나오게 하는 전정
④ 토양관주 : 약제주입기 등을 이용하여 약액을 토양에 주입하는 방법으로 약제처리나 관수에 이용하는 방법
⑤ 갈색부후균 : 목질부의 주성분인 리그니과 헤미셀롤로오스, 셀롤로오스 등 모든 성분을 분해하여 이용하는 곰팡이

108

수목의 이식에 대한 설명으로 옳지 않은 것은?

① 상대적으로 낙엽수보다 상록수, 관목보다 교목의 이식이 쉽다.
② 이식이 잘되는 나무로 은행나무, 광나무, 느릅나무, 배롱나무 등이 있다.
③ 이식 방법은 뿌리상태에 따라 나근법, 근분법, 동토법, 기계법으로 나눈다.
④ 온대지방 수목의 이식적기는 휴면하는 늦가을부터 새싹이 나오는 이른 봄까지이다.
⑤ 대경목 이식 시 2년 전부터 수간직경의 4배 되는 곳에 원형구덩이를 파고 뿌리돌림해 세근이 발달하도록 유도한다.

109

식재 후 수목관리에 대한 설명으로 옳지 않은 것은?

① 식물의 다량원소로서 질소, 인, 칼륨, 칼슘, 붕소, 황 등이 있다.
② 시비방법으로 표토시비법, 토양 내 시비법, 엽면시비법, 수간주사법 등이 있다.
③ 토양수분은 결합수, 모세관수, 자유수로 분류하는데 수목은 주로 모세관수를 이용한다.
④ 이식 후 지주목의 설치는 수고생장에 도움을 줄 뿐 아니라 뿌리 조직의 활착에 도움을 준다.
⑤ 이식 후 멀칭은 토양 수분과 온도조절, 토양의 비옥도 증진, 잡초의 발생억제 등 효과가 있다.

110

식재수목의 선정에 대한 설명으로 옳지 않은 것은?

① 만성적 대기오염의 피해는 침엽수보다도 활엽수가 높게 나타난다.
② 동백나무, 녹나무, 먼나무, 후박나무 등은 상록성으로 내한성이 약하다.
③ 침엽수는 대개 상록성이지만 일본잎갈나무, 낙우송, 메타세콰이아는 낙엽성이다.
④ 산림청 가로수 관리규정에 계수나무, 느티나무, 노각나무, 쉬나무 등은 시가지에 관장되는 것이다.
⑤ 어떤 개체가 변종으로서 다른 개체들과 다른 독특한 외형의 특징을 가지는 경우 종자로 번식시키면 그 특징을 그대로 유지할 수 없다.

111

침엽수에서 지나치게 자란 가지의 신장을 억제하기 위해 신초의 마디 간 길이를 줄여 수관이 치밀해지도록 전정하는 작업은?

① 적 아　　② 적 심
③ 아 상　　④ 정 아
⑤ 초 살

112

수목에 의한 구조물 손상에 대처하는 대안으로 옳지 않은 것은?

① 녹지를 멀칭한다.
② 구조물 기초 주위에 방근을 설치한다.
③ 물웅덩이를 만들어 적절한 지표배수를 확보한다.
④ 건조지역 아래까지 구조물의 기초를 보강 설계한다.
⑤ 주기적인 관수로 안정된 토양은 움직임을 최소화하여, 구조물의 피해가능성을 줄인다.

113

위험 수목의 부후를 탐지하는 방법에 사용되는 장비가 아닌 것은?

① 나무망치 ② 생장추
③ 마이크로 드릴 ④ 정적 견인실험
⑤ 음향측정장치

114

결핍증상이 수목의 어린잎에서 먼저 나타나는 원소들은?

① 철, 칼슘 ② 황, 질소
③ 칼륨, 아연 ④ 인, 몰리브덴
⑤ 마그네슘, 붕소

115

대기오염물질이 광반응으로 새롭게 형성된 것으로만 나열된 것은?

① 오존, 브롬
② 오존, PAN
③ 염소, 이산화황
④ 일산화탄소, PAN
⑤ 일산화탄소, 불화수소

116

절토에 의한 수목피해에 대한 설명으로 옳지 않은 것은?

① 외부의 충격으로 나무가 쉽게 넘어진다.
② 질소시비로 생육을 개선하여 피해를 줄인다.
③ 뿌리 생육을 돕는 인산시비로 피해를 줄인다.
④ 활엽수는 뿌리가 잘린 쪽의 수관에서 피해가 나타난다.
⑤ 침엽수는 뿌리가 잘린 쪽의 반대편 수관에서도 피해가 나타난다.

117

조경수에 비생물적 피해가 흔히 발생하는 원인으로 옳지 않은 것은?

① 본래 위치에서 다른 곳으로 이식된다.
② 인위적 작업으로 토양환경이 변형된다.
③ 장기간 정주하며 기상이변을 경험한다.
④ 인간의 생활권에 속하여 간섭을 받는다.
⑤ 유전적으로 이질적인 집단이 식재된다.

118

만상의 피해에 관한 설명으로 옳은 것은?

① 늦가을에 시비로 인한 잎의 피해
② 봄에 식물이 생장하기 전에 입는 피해
③ 생장 휴지기 전에 내리는 서리에 의한 피해
④ 가을에 갑작스러운 저온으로 잎이 변색되는 피해
⑤ 봄에 식물이 생장을 개시한 후 내리는 서리에 의한 피해

119

벋데기(피소)에 대한 설명이 옳지 않은 것은?

① 코르크층이 얇은 수목에서 발생한다.
② 가지치기, 주위 목 제거를 통해 예방한다.
③ 유관속을 파괴하여 물과 양분의 이동이 제한된다.
④ 가문비나무, 호두나무, 오동나무에서 잘 발생한다.
⑤ 가로수 또는 정원수 고립목에 피해가 잘 발생한다.

120

제초제에 의한 수목피해에 대한 설명으로 옳지 않은 것은?

① 가지치기, 인산시비로 피해가 더 나오지 않게 한다.
② 토양에 활성탄을 혼합하고 제독하여 피해를 줄인다.
③ 글리포세이트는 토양을 통해 뿌리에 피해를 주지 않는다.
④ 디캄바는 뿌리를 통해 흡수되어 철쭉류 지상부의 변형을 일으킨다.
⑤ 비호르몬계열인 2,4-D는 이행성이 강하여 잎에 피해가 나타난다.

121

수분부족에 의한 수목피해에 대한 설명으로 옳지 않은 것은?

① 낙엽성 수종은 만성적인 수분부족으로 단풍이 일찍 든다.
② 잎의 가장자리보다 주맥이 먼저 갈색으로 변한다.
③ 수분 요구도가 다른 수종을 동일 구역에 심으면 피해가 커진다.
④ 증발억제제를 잎과 가지 전체에 살포하여 피해를 줄인다.
⑤ 모래땅에 비이온계 계면활성제를 처리함으로써 보수력을 높여 피해를 줄인다.

122

저온에 의한 수목피해에 대한 설명으로 옳지 않은 것은?

① 냉해로 잎이 황화되고 심하면 가장자리 조직이 죽는다.
② 생육 후기에 시비하여 저온 저항성을 높여 피해를 줄인다.
③ 나무 전체의 꽃, 눈이 갈변되면 동해로 추정할 수 있다.
④ 세포 사이의 얼음으로 세포 내 수분함량이 낮아져 원형질이 분리된다.
⑤ 온도가 떨어지면 세포 사이의 물이 세포 내부의 물보다 먼저 동결된다.

123

염류에 의한 수목피해에 대한 설명으로 옳은 것은?

① 제설제에 의하여 잎과 가지의 끝에 괴저가 나타난다.
② 토양의 염류가 10dS/m 이상에서 민감한 식물에 피해가 나타나기 시작한다.
③ 제설제 피해는 수목 생장 초기에 토양습도가 높은 때 나타난다.
④ 염류가 포함된 토양용액의 삼투퍼텐셜이 높아 뿌리가 물을 흡수하기 어렵다.
⑤ 염류 집적으로 토양이 산성화되어 철, 망간, 아연 결핍증을 일으킨다.

124

휘감는 뿌리에 의한 수목피해에 대한 설명으로 옳지 않은 것은?

① 단풍이 일찍 들고 잎도 일찍 떨어진다.
② 장기화하면서 물과 양분의 이동이 방해된다.
③ 수간의 발달이 제한되어 풍해에 취약해 진다.
④ 협착이 일어나는 아랫부분의 수간이 위보다 더 굵어진다.
⑤ 조임을 당한 뿌리의 바로 위쪽 가지에서 증상이 가장 먼저 나타난다.

125

대기오염물질과 피해 증상을 옳게 나타낸 것은?

ㄱ. 오 존	a. 잎 표면의 광택화
ㄴ. PAN	b. 잎맥 사이의 괴사
ㄷ. 이산화황	c. 잎 전체의 작은 반점
ㄹ. 질소산화물	d. 잎 끝, 가장자리의 변색

① ㄱ – d　　② ㄴ – c
③ ㄷ – b　　④ ㄹ – a
⑤ ㄹ – d

126

한국의 농약관리법에서 규정하고 있는 농약에 해당하지 않는 것은?

① 살충제　　② 살서제
③ 전착제　　④ 유인제
⑤ 식물생장조절제

127

농약의 보조제 중 그 자체만으로는 약효가 없으나, 혼용하였을 때 농약 유효성분의 약효를 상승시키는 작용을 하는 것은?

① 전착제
② 증량제
③ 활성제
④ 협력제
⑤ 약해방지제

128

농약 제품의 포장지에 반드시 표기해야 하는 사항이 아닌 것은?

① 화학명
② 사용방법
③ 안전그림문자
④ 응급처치방법
⑤ 농약 유효성분 함량

129

곤충의 키틴 합성을 저해하여 탈피, 용화가 불가능하게 하므로 살충효과를 나타내는 계통은?

① 유기인계
② 카바메이트계
③ 디아마이드계
④ 벤조일우레아계
⑤ 피레스로이드계

130

국내에서 농약을 제조하여 판매하려면 품목별로 등록하여야 한다. 한국의 농약품목등록권자는 누구인가?

① 대통령
② 산림청장
③ 농촌진흥청장
④ 농림축산식품부 장관
⑤ 국립농산물품질관리원장

131

물에 용해되기 어려운 농약 원제를 물에 대한 친화성이 강한 특수용매를 사용하여 계면활성제와 함께 녹여 만든 제형은?

① 유 제
② 입 제
③ 유탁제
④ 분산성액제
⑤ 입상수화제

132

농약에 대한 저항성 해충의 관리 방안으로 옳지 않은 것은?

① 권장량으로 농약살포
② 정확한 예찰에 의한 적기 농약 살포
③ 작용기작이 서로 다른 약제의 혼용 혹은 교호 사용
④ 임업적, 생물학적방제 등을 활용한 종합적 방제
⑤ 해당 해충에 대하여 효과가 있는 농약만 계속 살포

133

농약 보조제로 사용되는 계면활성제의 종류와 계면활성제의 친수-친유 균형비(Hydro philic-Lipophilic Balance, HLB)로 바르게 나열된 것은?

① 양성 계면활성제, 3~6
② 음이온 계면활성제, 3~6
③ 양이온 계면활성제, 14~16
④ 비이온성 계면활성제, 10~14
⑤ 카르복실산염 계면활성제, 10~14

134

아바멕틴 미탁제(유효성분함량 1.8%, 주입량 원액 1ml/흉고직경 cm) 수간주사액(용기 용량 5ml)을 이용하여 흉고직경 20cm인 소나무에 주사하고자 한다. 용기 개수와 원액의 농도는?

① 1개, 1.8ppm
② 2개, 1,800ppm
③ 2개, 18,000ppm
④ 4개, 1,800ppm
⑤ 4개, 18,000ppm

135

아세페이트 캡슐제의 작용기작으로 표시된 1b의 의미는?

① Na 이온 통로 변조
② 라이아노딘(Ryanodine) 수용체 변조
③ GABA(γ-aminobutyric acid) 의존성 Cl 이온 통로 차단
④ 아세틸콜린에스테라제(Acetylcholinesterase, AChE) 저해
⑤ 니코틴(Nicotine) 친화성 ACh 수용체(Nicotine acetylcholine receptor, nAChR)의 경쟁적 변조

136

생물체 내에 침투된 무극성의 지용성 농약은 Phase Ⅰ 및 Phase Ⅱ 반응을 받아 수용성으로 변환되어 해독되고 배설된다. Phase Ⅰ 반응에 해당하지 않은 것은?

① 니트로(Nitro)기 환원반응
② 수산화(Hydroxylation)반응
③ 탈알킬화(Dealkylation)반응
④ 글루코오스 콘쥬게이션(Glucose conjugation)반응
⑤ 카르복실에스테라제(Carboxylesterase)에 의한 가수분해반응

137

산림병해충 방제용 드론과 관련된 설명 중 옳지 않은 것은?

① 무인헬기보다 장비의 휴대 및 관리가 용이하다.
② 무인헬기보다 농약 살포액의 탑재 용량을 많이 할 수 있어 작업이 효율적이다.
③ 날개가 회전하면서 생기는 하향풍이 살포 입자의 부착량에 영향을 미친다.
④ 표준희석 배수보다 높은 농도의 살포액을 사용해야 작업의 효율성을 높일 수 있다.
⑤ 기류가 안정된 시간대에 살포비행을 해야 하고 지상 1.5m에서 풍속이 3m/s를 초과할 경우 비행을 중지한다.

138

농약이 생태계에 잔류되어 생물체 내에 축적되는 생물농축 현상과 이를 계수로 나타낸 생물농축계수(Bioconcentration factor, BCF)에 대한 설명 중 옳지 않은 것은?

① 농약의 증기압과 수용성이 낮을수록 생물농축 경향이 강하다.
② 생물체 내에서 배설 속도가 느릴수록 생물농축 경향이 강하다.
③ BCF는 생물 중 농약의 농도를 생태계 중 농약의 농도로 나눈 것이다.
④ 수질 중 농약의 농도가 1이고 송사리 중 농도가 10이면 BCF는 10이다.
⑤ 농약이 옥타놀/물 양쪽에 분배되는 비율인 분배계수(LogP)가 높을수록 BCF는 낮아진다.

139

「산림보호법」상 나무의사의 자격취소 및 정지에 관한 행정처분의 기준으로 옳지 않은 것은?

① 수목진료를 고의로 사실과 다르게 한 경우 1차 위반으로 자격이 취소된다.

② 두 개 이상의 나무병원에 동시에 취업한 경우 1차 위반으로 자격이 취소된다.

③ 법 제21조의5에 따른 결격사유에 해당하게 된 경우 1차 위반으로 자격이 취소된다.

④ 거짓이나 부정한 방법으로 나무의사 자격을 취득한 경우 1차 위반으로 자격이 취소된다.

⑤ 나무의사 자격증을 빌려준 경우 1차 위반으로 자격정지 2년, 2차 위반으로 자격이 취소된다.

140

「2021년 산림병해충 예찰 · 방제계획」상 소나무림 보호지역별 소나무재선충병 예방나무주사 우선순위(1-2-3-4순위)가 바르게 배열된 것은?

① 문화재보호구역 – 국립공원 – 생태 숲 – 도시공원

② 산림문화자산 – 시험림 – 생태 숲 – 군립공원

③ 보호수 – 국립공원 – 수목원 · 정원 – 군립공원

④ 종자공급원 – 시험림 – 백두대간보호지역 – 경관보호구역

⑤ 천연기념물 – 문화재보호구역 – 도시림 · 생활림 · 가로수 – 도시공원

기출유사문제

본 내용은 수험생의 기억을 바탕으로 복원된 문제로, 시험을 치루기 전 어떤 문제들이 출제되는지, 어떤 방식으로 출제되는지 등을 파악하기 위해 수록합니다. 실제 출제된 문제와 다를 수 있으니 이점 양해바랍니다.

제1과목 수목병리학

01

벚나무 갈색무늬구멍병의 설명으로 옳지 않은 것은?

① 세균에 의한 구멍병이다.
② 장마철 이후에 급속히 발생한다.
③ 병원균은 자낭각 형태로 월동한다.
④ 건전부와의 경계에 이층이 형성된다.
⑤ 봄에 자낭포자를 형성하여 1차 전염원이 된다.

02

점무늬병의 특징으로 옳지 않은 것은?

① 실제 가해시기는 불완전세대이다.
② *Cercospora*류는 잎에서만 발병한다.
③ 세포의 괴사를 동반하며 발병한다.
④ 발병원인은 대개 자낭균과 불완전균이다.
⑤ *Colletotrichum*은 탄저병을 발생시킨다.

03

청변균에 대한 설명 중 옳지 않은 것은?

① 목재의 강도를 떨어트린다.
② 송진이 흐르는 중에도 감염이 된다.
③ 방사상유세포와 수직유세포를 공격한다.
④ 청변현상을 일으키는 균은 푸른곰팡이균이다.
⑤ 녹청균은 자낭균으로 활엽수를 분해한다.

04

부후균에 대한 설명 중 옳지 않은 것은?

① 백색부후균은 리그린까지도 분해한다.
② 구름버섯과 같은 민주름버섯은 연부후균이다.
③ 갈색부후균은 자낭균과 담자균류로 리그닌은 남긴다.
④ 갈색부후균은 섬유질을 분해하여 단단한 벽돌모양을 만든다.
⑤ 수분과 양분이 잘 공급되는 뿌리와 줄기의 경계부에서 잘 번성한다.

05

균근균에 대한 설명 중 옳지 않은 것은?

① VA내생균근은 합성배지에 배양이 되지 않는다.
② 흙냄새를 발생시키는 원인이기도 하다.
③ 균근은 현화식물의 95% 정도에서 나타난다.
④ 균근은 특히 인의 순환에 중요한 역할을 한다.
⑤ 침엽수의 경우, 균근성 곰팡이가 침입하면 뿌리가 부푼다.

06

뿌리혹병에 대한 설명 중 옳지 않은 것은?

① 지상부의 줄기나 가지에서도 발생한다.
② 세균병은 유조직병과 물관병 및 혹병으로 나눌 수 있다.
③ 병원균은 땅속에서 기주식물 없이 부생생활을 한다.
④ 그람양성세균인 *Agrobacterium*에 의해 발생한다.
⑤ 고온다습하며 알칼리성토양에서 자주 발생한다.

07

병을 발생시키는 전염원이 아닌 것은?

① 곰팡이 포자
② 휴면균사체
③ 뿌리꼴 균사다발
④ 세균의 세포벽
⑤ 곰팡이 후벽포자

08

흰가루병에 대한 설명으로 옳지 않은 것은?

① 가지마름을 발생시킨다.
② 전 생육기에 발생한다.
③ 자낭포자로 전염시킨다.
④ 침엽수에는 감염되지 않는다.
⑤ 흰색가루는 분생포자로 이루어져 있다.

09

겨울철 기온이 낮고 건조할 때 대발생하는 수목병은?

① 소나무 피목가지마름병
② 소나무 가지끝마름병
③ 낙엽송 가지끝마름병
④ 푸사리움 가지마름병
⑤ 오동나무 줄기마름병

10

세포벽을 갖지 않는 수목병으로만 이루어진 것은?

① 자낭균, 바이러스
② 세균, 바이러스
③ 담자균, 세균
④ 자낭균, 담자균
⑤ 바이러스, 파이토플라스마

11

코흐의 법칙이 성립되지 않는 것은?

① 병환부에서 병원체가 존재하였다.
② 배지상에서 순수 배양되지 않으며 성립되지 않는다.
③ 배양된 병원체를 접종하여 동일한 병을 발생시켰다.
④ 접종된 식물로부터 같은 병원체를 다시 분리하였다.
⑤ 이중감염된 것은 코흐의 법칙을 따르지 못한다.

12

오동나무 탄저병에 대해 바르게 설명한 것은?

① 주로 열매에 많이 발생한다.
② 병든 낙엽에서 자낭반으로 월동한다.
③ 주로 뿌리에 발생하여 뿌리를 썩게 한다.
④ 담자균이 균사 상태로 줄기에서 활동한다.
⑤ 어린 묘는 모잘록병과 비슷한 증상을 나타낸다.

13

어떤 병의 병원체를 입증하는 '코흐의 4원칙'이 아닌 것은?

① 미생물은 반드시 환부에 존재해야 한다.
② 미생물은 분리되어 배지상에서 순수배양 되어야 한다.
③ 순수 배양된 미생물을 분리하여 동정해야 한다.
④ 배양된 병원체를 접종하여 동일한 병을 발생시켜야 한다.
⑤ 피해부에서 접종한 미생물과 같은 성질을 가진 미생물이 재분리 되어야 한다.

14

소나무 피목가지마름병에 대하여 옳은 것은?

① 병원균은 자낭각 자낭포자를 가진다.
② 지제부에 송진이 많아 누출된다.
③ 자낭 내에 형성된 자낭포자 수가 4개이다.
④ 병든 부위에 수피를 벗기면 흰색 균사체를 쉽게 발견할 수 있다
⑤ 해충피해 기상변동 등 수세가 약해지면 집단발병한다.

15

***Pestalotiopsis*속에 대해 옳지 않은 것은?**

① 완전세대를 포함하는 속이 있다.
② 동백나무 겹둥근무늬병을 일으킨다.
③ 분생포자반 위에 짧은 분생포자경에 분생포자가 형성된다.
④ 병반 위에 육안으로 판단되는 검은 포자가 형성된다.
⑤ 분생포자는 부속사를 가지고 있는 대부분의 가운데 세포가 착색되어 있다.

16

벚나무 빗자루병에 대한 설명으로 옳지 않은 것은?

① 병원균이 자낭균이다.
② 병원균은 출아법으로 분생포자를 생성한다.
③ 꽃눈이 잎눈으로 바뀌는 엽화현상이 발생한다.
④ 4월 하순에 병든 부위의 잎 앞면에서 병원체가 형성된다.
⑤ 겨울부터 이른 봄 빗자루 모양의 가지를 잘라 태우고 상처도포제를 바른다.

17

감염환의 진전 단계로 옳은 것은?

① 접종 - 침입 - 기주인식 - 감염
② 침투 - 침입 - 기주인식 - 감염
③ 기주인식 - 침입 - 접종 - 감염
④ 기주인식 - 접종 - 침입 - 감염
⑤ 접종 - 기주인식 - 침입 - 감염

18

수목에 발생하는 화상병(불마름병)에 대한 설명으로 옳지 않은 것은?

① 모과나무, 호두나무에도 발생한다.
② 병원균은 그람양성균인 *Erwinia amylovora*이다.
③ 방제법으로 보르도액, 스트렙토마이신을 살포한다.
④ 2015년 안성에서 시작하여 전국으로 확산되었다.
⑤ 검역법 금지병으로 지정되어 농산물 수출입이 규제된다.

19

표징 중 번식기관에 속하지 않는 것은?

① 자 좌
② 버 섯
③ 병자각
④ 분생자퇴
⑤ 분생자병

20

다음 중 기공감염을 하는 병균은?

① 잿빛곰팡이균
② 소나무류 잎떨림병균
③ 포플러 줄기마름병균
④ 모잘록병균
⑤ 밤나무 줄기마름병균

21

밤나무 줄기마름병의 병원체에 대한 설명으로 옳지 않은 것은?

① 감염 3~6주 후에 자낭각이 형성된다.
② 분생포자는 빗물이나 곤충에 의해 전반된다.
③ 참나무에도 침입하여 사물기생을 한다.
④ pH 2.8 이하로 낮추는 옥살산을 분비한다.
⑤ 죽은 나무에서도 수년 동안 포자를 생성하여 전염시킨다.

22

수목의 흰가루병을 발생시키는 병원균의 속명이 다른 것은?

① 사철나무 흰가루병
② 목련 흰가루병
③ 쥐똥나무 흰가루병
④ 장미 흰가루병
⑤ 단풍나무 흰가루병

23

뿌리에 발생한 병에 대한 설명으로 옳지 않은 것은?

① 뿌리혹병의 병원균은 *Agrobacterium tumefacien*이다.
② 뿌리썩이 선충은 잔뿌리를 공격한다.
③ 뿌리혹선충은 *Meloidogyne*속 선충이다.
④ 뿌리혹병은 아까시아, 밤나무에 잘 발생한다.
⑤ 뿌리썩이선충은 세근이 검게 변화되는 특성을 보인다.

24

생물계가 다른 병원균에 의한 수목병은?

① 갈색고약병
② 회화나무 녹병
③ 밤나무 잉크병
④ 포도나무 피어스병
⑤ 리지나뿌리썩음병

25

세균의 자연개구를 통한 침입이 아닌 것은?

① 밀 선
② 수 공
③ 피 목
④ 기 공
⑤ 각 피

제2과목 수목해충학

26

날개에 대한 설명으로 옳은 것은?

① 날개에는 일부 근육이 존재한다.
② 날개갈고리형은 나비목에서 발견된다.
③ 앞가슴에 앞날개, 뒷가슴에 뒷날개가 있다.
④ 곤충의 시맥에는 신경이 분포하고 있지 않다.
⑤ 평균곤은 회전운동의 안정기 같은 역할을 한다.

27

성충 월동태가 다른 것을 고르시오.

① 오리나무잎벌레
② 주둥무늬차색풍뎅이
③ 느티나무벼룩바구미
④ 참긴더듬이잎벌레
⑤ 큰이십팔점박이무당벌레

28

완전변태하는 곤충이 아닌 것은?

① 풀잠자리
② 굴파리좀벌
③ 흰개미붙이
④ 아메리카잎굴파리
⑤ 버들하늘소

29

곤충의 산란횟수가 다른 것을 고르시오.

① 낙엽송잎벌
② 자귀뭉뚝날개나방
③ 장미등에잎벌
④ 버즘나무방패벌레
⑤ 대추애기잎말이나방

30

페로몬에 대한 설명으로 옳은 것은?

① 다른 종에게 정보를 전달하는 화합물질이다.
② 집합페로몬은 암수 특이성을 가지고 있지 않다.
③ 페로몬을 분비하는 외분비샘은 외배엽에서 생겼다.
④ 외분비샘은 구멍이 막힌 큐티클층으로 싸여 있다.
⑤ 길잡이페로몬은 효과의 지속시간이 매우 짧다.

31

타감물질에 대한 내용으로 옳지 않은 것은?

① 다른 종 개체의 성장, 생존, 번식에 영향을 준다.
② 카이로몬은 감지자에게 도움이 되는 물질이다.
③ 알로몬은 분비자에게 도움이 되는 물질이다.
④ 시노몬은 모두에게 도움이 되는 물질이다.
⑤ 타감물질은 내분비계 물질이다.

32

탈피과정에 대한 순서로 옳은 것은?

① 표피층 분리 – 탈피액 분비 – 내원표비 분해 – 원표피층 성장
② 탈피액 분비 – 표피층 분리 – 내원표비 분해 – 원표피층 성장
③ 내원표비 분해 – 탈피액 분비 – 표피층 분리 – 원표피층 성장
④ 원표피층 성장 – 탈피액 분비 – 내원표비 분해 – 표피층 분리
⑤ 탈피액 분비 – 표피층 분리 – 원표피층 성장 – 내원표비 분해

33

파이토플라스마의 생태에 대한 설명으로 옳은 것은?

① 매개충의 약충보다 성충에서 효과적으로 생장한다.
② 매개충이 어린 식물을 흡즙하였을 보독성이 높다.
③ 매개충이 병든 식물에서 흡즙을 한 후 바로 전염된다.
④ 유충에서 성충이 되어도 살아남고 경란전염을 시킨다.
⑤ 보독충이 되려면 반드시 병든 식물을 흡즙해야 한다.

34

솔수염하늘소와 선충의 공통점으로 옳은 것은?

① 생식방법이 동일하다.
② 휴면시기가 동일하다.
③ 알에서 1회 탈피한다.
④ 성충 입틀구조가 비슷하다.
⑤ 유충 탈피횟수가 동일하다.

35

애벌레과 성충이 식엽성인 해충으로 짝지어진 것은?

① 호두나무잎벌레 – 느티나무벼룩바구미
② 장미등에잎벌 – 느티나무벼룩바구미
③ 대벌레 – 주둥무늬차색풍뎅이
④ 남포잎벌 – 호두나무잎벌레
⑤ 두점알벼룩잎벌레 – 남포잎벌

36

발생횟수와 월동태로 옳지 않은 것은?

① 소나무좀 – 연 1회/성충
② 진달래방패벌레 – 연 4회/성충
③ 광릉긴나무좀 – 연 1회/노숙유충
④ 오리나무좀 – 연 2~3회/성충
⑤ 앞털뭉뚝나무좀 – 연 1회/성충

37

해외에서 유입된 외래해충을 유입순서대로 나열한 것은?

① 솔잎혹파리 – 미국흰불나방 – 소나무재선충 – 아까시잎혹파리
② 미국흰불나방 – 솔잎혹파리 – 소나무재선충 – 아까시잎혹파리
③ 솔잎혹파리 – 미국흰불나방 – 아까시잎혹파리 – 소나무재선충
④ 미국흰불나방 – 솔잎혹파리 – 소나무재선충 – 아까시잎혹파리
⑤ 아까시잎혹파리 – 솔잎혹파리 – 미국흰불나방 – 소나무재선충

38

월동태, 발생횟수가 올바르게 연결된 것은?

① 전나무잎응애 / 5~6회 / 알
② 조록나무혹진딧물 / 4회 / 알
③ 벚나무응애 / 5~6회 / 알
④ 점박이응애 / 8~10회 / 알
⑤ 회양목혹응애 / 8~10회 / 알

39

솔잎혹파리 방제방법으로 옳지 않은 것은?

① 피해지는 경쟁완화를 위해 솎아베기를 한다.
② 봄철에 지피물을 긁어서 토양을 건조시킨다.
③ 5월 하순경 디노테퓨란액제를 나무주사한다.
④ 4월 하순경 카보퓨란입제를 토양처리한다.
⑤ 4월에 비닐을 피복하여 월동처로 이동을 차단한다.

40

다음 중 해충의 특성으로 옳지 않은 것은?

① 소나무좀은 연 1회 발생하며 성충으로 월동한다.
② 진달래방패벌레는 연 3회 발생하며 성충으로 월동한다.
③ 광릉긴나무좀은 연 1회 발생하며 노숙유충으로 월동한다.
④ 버즘나무방패벌레는 연 3회 발생하며 성충으로 월동한다.
⑤ 오리나무좀은 연 2~3회 발생하며 성충으로 월동한다.

41

해충의 포살방법으로 옳지 않은 것은?

① 밀랍으로 덮인 깍지벌레는 솔로 문질러 제거한다.
② 복숭아명나방은 철사를 이용하여 찔러 죽인다.
③ 도토리거위벌레는 산란 후 떨어진 도토리를 수거한다.
④ 매미나방은 겨울철에 알덩어리를 대상으로 제거한다.
⑤ 미국흰불나방은 유충이 분산하기 전에 전정하여 제거한다.

42

음성주지성을 이용한 곤충조사 방법은?

① 먹이트랩
② 페로몬트랩
③ 황색수반트랩
④ 유아등
⑤ 말레이즈트랩

43

곤충의 휴면에 영향을 미치는 주요요인은?

① 온도 및 일장
② 습도 및 광도
③ 밀도 및 온도
④ pH 및 습도
⑤ 일장 및 광도

44

A라는 곤충은 발육영점온도가 10.2℃이다. 갓 부화한 약충을 25℃ 사육 조건에서 사육하였더니 15일 만에 우화하였다. 이 곤충의 유효적산온도?

① 158일도
② 222일도
③ 365일도
④ 120일도
⑤ 528일도

45

달리는데 적합한 가슴다리가 잘 발달한 곤충은?

① 방아벌레류
② 집파리류
③ 풍뎅이류
④ 소똥구리류
⑤ 풀잠자리류

46

중앙신경계에 대한 설명 중 옳은 것은?

① 중대뇌는 전위를 담당한다.
② 후대뇌는 시신경을 담당한다.
③ 전대뇌는 윗입술을 담당한다.
④ 전대뇌는 더듬이를 담당한다.
⑤ 식도하신경절은 윗입술을 제외한 나머지 입을 담당한다.

47

곤충의 배자층별 발육 운명에 대한 내용으로 옳은 것은?

① 외부생식계는 내배엽에서 분화한다.
② 호흡계는 중배엽에서 분화한다.
③ 뇌 및 신경계는 내배엽에서 분화한다.
④ 감각기관은 중배엽에서 분화한다.
⑤ 전장과 후장은 외배엽에서 분화한다.

48

아래에 설명하고 있는 곤충의 명칭은?

- 앞날개와 뒷날개의 두께가 같다.
- 앞날개가 뒷날개보다 현저하게 길고 넓다.
- 배 끝에 꼬리털이 없다. 앞날개는 여러 모양이다.
- 발목마디가 5마디이다. 몸이 단단하고 대체로 허리가 잘록하다.

① 벌 목
② 하루살이목
③ 날도래목
④ 파리목
⑤ 부채벌레목

49

야외에서 A곤충을 관찰한 야장의 일부이다. 이 곤충의 발육영점온도는 15.5℃라고 한다. 현재까지 기록된 A곤충의 유효적산온도는 얼마인가?

일 자	5월 1일	5월 2일	5월 3일	5월 4일	5월 5일	5월 6일	5월 7일
평균 온도	15.3	16.3	16.5	17.4	15.1	17.3	18.1

① 7.0DD
② 7.4DD
③ 73.5DD
④ 81.0DD
⑤ 8.1DD

50

솔껍질깍지벌레의 피해지역 확대와 관계가 깊은 충태는?

① 성 충
② 전성충
③ 후약충
④ 정착약충
⑤ 부화약충

제3과목 수목생리학

51

광합성과 광도에 대한 설명 중 옳지 않은 것은?

① 암흑상태에서 식물은 호흡작용만 하기 때문에 CO_2를 흡수하지 않는다.
② 광보상점은 호흡으로 방출되고 광합성으로 흡수하는 CO_2의 양이 일치할 때의 광도이다.
③ 소나무는 단풍나무보다 광보상점이 낮다.
④ 광포화점에서는 광도가 증가해도 광합성량이 증가하지 않는다.
⑤ 양수와 음수는 내음성의 정도에 따른 구분이다.

52

식물의 광호흡에 대한 설명으로 옳지 않은 것은?

① 산소의 농도가 줄어들면 광호흡이 감소한다.
② 광합성으로 고정한 탄수화물의 일부가 Peroxisome에서 분해되어 이산화탄소가 방출된다.
③ 광호흡 속도는 야간호흡 속도보다 2~3배 가량 더 빠르다.
④ RuBP carboxylase는 산소보다 이산화탄소와의 친화력이 강하다.
⑤ C-4식물은 C-3식물보다 광호흡량이 적다.

53

다음 중 형성층 자체의 세포 수를 증가시키기 위한 세포분열로 가장 알맞은 것은?

① 병층분열
② 수층분열
③ 감수분열
④ 정단분열
⑤ 측방분열

54

수목의 정아를 제거한 후에도 측아의 생장을 계속 억제하기 위해 처리할 수 있는 식물호르몬으로 가장 적당한 것은?

① 옥 신
② 지베렐린
③ 사이토키닌
④ 애브시스산
⑤ 에틸렌

55

C-3식물군과 C-4식물군의 3과 4에 해당하는 화합물을 바르게 나열한 것은?

① Ribulose bisphosphate와 3-Phosphoglyceric acid
② 3-Phosphoglyceric acid와 Malic acid
③ Malic acid와 Phosphoenolpyruvate
④ Oxaloacetic acid와 Ribulose bisphosphate
⑤ 3-Phosphoglyceric acid와 Oxaloacetic acid

56

호흡작용의 기본반응 중 크렙스 회로에서 생성되는 화합물이 아닌 것은?

① Oxaloacetic acid
② α-ketoglutarate
③ Citrate
④ Acetyl CoA
⑤ Succinate

57

산성인 산림토양에서 자라는 수목에 결핍되기 쉬운 원소로 가장 거리가 먼 것은?

① P
② Ca
③ Mg
④ B
⑤ Fe

58

엽록소를 보조하여 햇빛을 흡수함으로써 광합성 시 보조색소 역할을 하는 것은?

① Cryptochrome
② Phytochrome
③ Carotenoids
④ Flavonoids
⑤ Isoprenoids

59

다음 중 식물의 기공을 닫게 하는 조건이 아닌 것은?

① 햇빛을 비춰준다.
② CO_2의 농도를 높여준다.
③ 토양을 건조하게 한다.
④ 온도를 35℃ 이상으로 높여준다.
⑤ 잎의 수분퍼텐셜을 낮춰준다.

60

나자식물의 배 발달과정에 대한 설명 중 옳지 않은 것은?

① 전배단계에서 배가 핵분열을 시작하나 세포벽은 형성하지 않는다.
② 초기배단계에서 배세포층이 분열하여 2개의 배로 발달한다.
③ 분열다배현상은 한 개의 수정된 접합자가 여러 개의 배세포로 분열하여 여러 개의 배가 되는 현상이다.
④ 소나무는 수분이 되지 않으면 솔방울이 더는 자라지 않기 때문에 단위결과현상이 거의 관찰되지 않는다.
⑤ 후기배단계에서 배가 더 발달하여 자엽을 만든다.

61

소나무과 수목에서 암꽃과 수꽃에 대한 설명 중 옳지 않은 것은?

① 꽃의 성결정은 가지의 활력과 연관되어 있다.
② 가지의 영양상태에 따라 수꽃과 암꽃이 번갈아 달린다.
③ 꽃의 성결정에 옥신과 지베렐린이 관련되나 일반화하기는 어렵다.
④ 일반적으로 광합성이 활발한 수관 상부에 암꽃이 달린다.
⑤ 수꽃이 암꽃보다 먼저 형성된다.

62

〈보기〉는 광합성량과 광도와의 관계를 나타낸 그래프이다. A와 B의 광도에 해당하는 단어와 C와 D에 해당하는 식물을 상대적으로 구분하여 적절히 나열한 것을 고르시오.

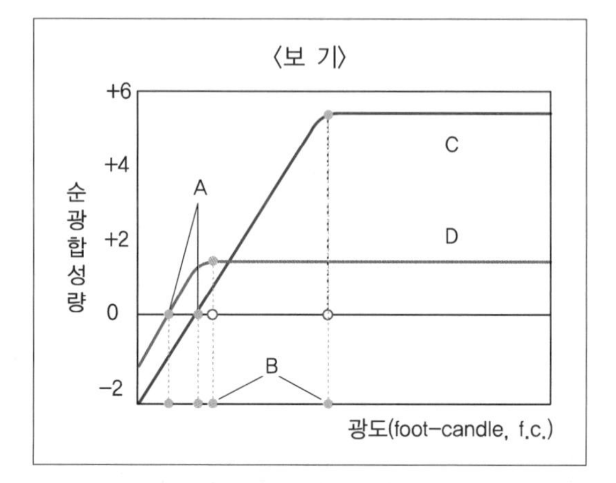

	A	B	C	D
①	광포화점	광보상점	양 수	음 수
②	광포화점	광보상점	음 수	양 수
③	광보상점	광포화점	양 수	음 수
④	광보상점	광포화점	음 수	양 수
⑤	광보상점	광호흡량	양 수	음 수

63

무기양분에 대한 설명으로 옳지 않은 것은?

① 미량원소는 식물체 내 0.1% 미만으로 존재하는 무기양분이다.
② 수목에서 양분성분이 가장 많은 부위는 잎이다.
③ 낙엽 전에 양분의 재분배를 통해 N, P, K, Ca가 수피로 회수되어 저장된다.
④ 마그네슘은 엽록소의 구성성분이고, 핵산 합성 효소의 활성제로 기능한다.
⑤ 소나무류가 척박한 토양에 자라는 것은 활엽수와의 경쟁에서 밀려났기 때문이다.

64

다음 수목 중 수고생장형이 나머지 4개와 가장 거리가 먼 것은?

① 소나무
② 참나무
③ 목 련
④ 동백나무
⑤ 은행나무

65

아미노산의 펩타이드 결합에 참여하는 2가지 작용기는?

① –COOH와 –CHO
② –COOH와 $-NH_2$
③ –CHO와 $-NH_2$
④ $-NH_2$와 –OH
⑤ –COOH와 –SH

66

수목의 수분생리에 대한 설명 중 옳지 않은 것은?

① Scholander의 압력통 실험은 나뭇가지의 수분퍼텐셜을 측정한 것이다.
② 증산작용 중인 수목의 가지를 자르면 도관벽은 안쪽으로 압축된다.
③ 엽육세포의 삼투압과 세포벽의 수화작용으로 도관에서 엽육세포로 수분이 이동한다.
④ 증산작용은 도관의 수분퍼텐셜을 낮추는데 기여한다.
⑤ 수목 내 수분의 이동에 있어 팽압과 삼투압은 반대 방향으로 작용한다.

67

다음 중 옥수수 종자에서 추출된 사이토키닌이 아닌 것은?

① Kinetin
② Zeatin
③ Dihyrozeatin
④ Benzyl adenine
⑤ Isopentenyl adenine

68

보기의 그림은 수분을 흡수하는 뿌리 단면의 모식도이다. 피층에 해당하는 것을 고르시오.

〈보 기〉

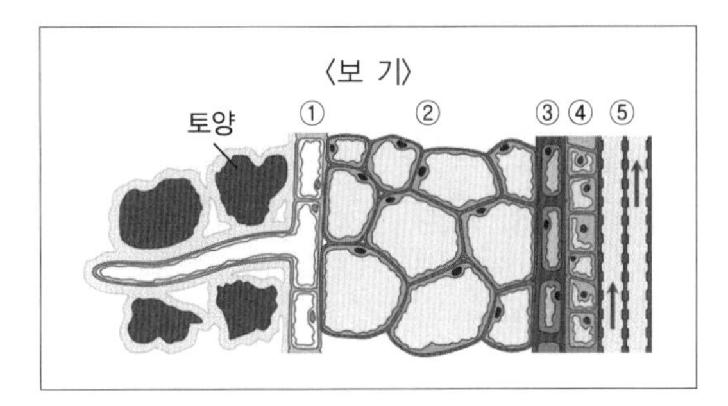

69

Phytochrome을 활성화시키는 빛의 파장은?

① 400~500nm
② 500~600nm
③ 600~700nm
④ 700~750nm
⑤ 750~800nm

70

목부수액과 사부수액에 대한 설명으로 옳지 않은 것은?

① 목부수액의 이동통로는 가도관과 도관이다.

② 사부수액은 주로 밑으로 이동한다.

③ 목부수액의 건중량이 사부수액의 건중량보다 작다.

④ 사부수액은 목부수액보다 pH가 낮다.

⑤ 사부수액의 주성분은 설탕이다.

71

리그닌에 대한 설명 중 옳지 않은 것은?

① 셀룰로오스 · 헤미셀룰로오스와 함께 수목의 대부분을 구성하는 탄수화물이다.

② 리그닌은 세포벽의 압축강도를 높여준다.

③ 분해가 어렵고 시간이 오래 걸려 토양유기물 축적에 기여도가 높다.

④ 백색부후균은 리그닌 분해효소를 가지고 있다.

⑤ 리그닌을 가수분해하면 Coniferyl, Sinapyl, Coumaryl Alcohol 등이 생긴다.

72

개화생리에 대한 설명 중 옳지 않은 것은?

① 탄수화물의 부족은 화아원기의 정상적인 발달을 저해한다.

② 사과나무는 2년에 한 번씩 풍작을 이루는 격년결실이 뚜렷하다.

③ 소나무와 측백나무에서 높은 옥신함량은 수꽃을 촉진한다.

④ 무궁화와 진달래는 광주기에 의해 화아분아가 촉진된다.

⑤ GA_3는 측백나무와 낙우송의 개화 촉진에 효과가 있다.

73

다음 중 산소와 결합하여 에틸렌으로 전환되는 화합물은?

① 1-amino-cyclopropane-1-carboxylic acid

② Methionine

③ S-adenosyl methionine

④ Ribose-adenine

⑤ 2-chloroethylphosphonic acid

74

수분스트레스가 식물의 대사작용에 끼치는 영향으로 옳지 않은 것은?

① Abscisic acid가 생산된다.

② Proline이 축적된다.

③ 당류의 함량이 증가한다.

④ 호흡량이 증가한다.

⑤ Protochlorophyll 합성이 증가한다.

75

식물의 수정에 관한 설명 중 옳지 않은 것은?

① 피자식물은 중복수정을 하고 나자식물은 단일수정을 한다.

② 피자식물과 나자식물 모두 배의 염색체수는 2n이다.

③ 피자식물의 배유는 염색체수가 3n이다.

④ 나자식물 종자의 영양저장조직은 염색체수가 3n이다.

⑤ 삼나무의 색소체 돌연변이에 의한 엽색변이는 부계유전된다.

제4과목 산림토양학

76

토양유기물층에 대한 설명으로 옳지 않은 것은?

① 무기물 토층 위에 위치한다.
② 초지에서는 쉽게 분해되어 무기물과 혼합되기 때문에 존재하지 않는다.
③ 산림토양의 임상에 해당한다.
④ Oi층은 지표층에 위치하며 거의 분해되지 않은 유기물층이다.
⑤ H층은 유기물의 분해가 어느 정도 진행되었으나 본래의 조직을 파악할 수 있다.

77

산림토양을 경작토양과 비교하여 설명한 것 중 옳지 않은 것은?

① 산림토양의 유기물함량이 경작토양에 비해 높다.
② 산림토양의 pH가 경작토양의 pH보다 높다.
③ 산림토양은 경작토양보다 점토함량이 적다.
④ 산림토양의 용적밀도가 경작토양에 비해 낮다.
⑤ 산림토양은 경작토양보다 배수성이 좋다.

78

산불이 토양에 미치는 영향에 대한 설명 중 옳지 않은 것은?

① 산불은 질소를 포함한 대부분의 양분함량을 일시적으로 증가시키는 효과가 있다.
② 산불이 일어난 직후 토양의 pH는 상승하지만 오래 지속되지 않는다.
③ 산불은 토양의 용적밀도를 증가시킨다.
④ 유기물 연소와 광물질의 변형으로 양이온 교환용량이 감소한다.
⑤ 산불은 토양침식을 증가시킨다.

79

다음 중 산성토양 개량을 위한 석회물질로 적합하지 않은 것은?

① 소석회 ② 탄산석회
③ 석회보르도액 ④ 석회고토
⑤ 돌로마이트

80

다음 중 양이온교환용량이 가장 낮을 것으로 예상되는 토양은? (단, 점토의 종류는 같은 것으로 가정한다)

① 유기물함량이 3%인 양질사토
② 유기물함량이 2%인 식양토
③ 유기물함량이 2%인 양질사토
④ 유기물함량이 1%인 양질사토
⑤ 유기물함량이 1%인 식양토

81

다음 4개의 토양목을 발달에 걸리는 기간이 오랜 순으로 바르게 배열한 것은?

	⬅ 짧다	토양 발달 기간		길다 ➡
①	Entisol	Inceptisol	Alfisol	Ultisol
②	Entisol	Ultisol	Inceptisol	Alfisol
③	Inceptisol	Entisol	Alfisol	Ultisol
④	Alfisol	Inceptisol	Entisol	Ultisol
⑤	Inceptisol	Alfisol	Ultisol	Entisol

82

토양의 색을 표현한 것 중 배수성이 가장 불량할 것으로 예상되는 것은?

① 10R 6/6 light red
② 5YR 7/6 reddish yellow
③ 10YR 5/6 yellowish brown
④ 7.5YR 4/1 dark gray
⑤ 2.5YR 6/8 light red

83

다음 중 토양공극에 대한 설명 중 옳지 않은 것은?

① 대공극은 공기의 통로가 되고 소공극은 물을 보유하는 기능을 갖는다.
② 모래가 많은 토양은 점토가 많은 토양에 비하여 공극률이 높다.
③ 미세공극에 잡혀 있는 물은 식물이 이용하지 못한다.
④ 공극률이 같더라도 투수성은 달라질 수 있다.
⑤ 유기물 분해 시 발생하는 가스에 의해 생성되는 공극은 생물공극에 속한다.

84

다음 중 식물의 필수영양소가 아닌 것은?

① K　　② Mg
③ Ca　　④ Na
⑤ Cu

85

토양이 답압되었을 때 나타나는 현상으로 옳지 않은 것은?

① 토양의 통기성이 불량해진다.
② 토양의 배수성이 불량해진다.
③ 수목의 뿌리 호흡에 불리한 환경이 조성된다.
④ 토양의 3상 중 고상의 비율이 증가한다.
⑤ 토양의 입자밀도가 증가한다.

86

토양수분퍼텐셜에 대한 설명 중 옳지 않은 것은?

① 토양수분의 매트릭퍼텐셜은 항상 (-)값을 갖는다.
② 과잉 시비는 토양수분의 삼투퍼텐셜을 증가시킨다.
③ 토양수분함량이 같을 때 토양수분퍼텐셜은 사양토에서보다 식양토에서 더 낮다.
④ 불포화토양에서의 수분이동은 주로 매트릭퍼텐셜의 영향을 받는다.
⑤ 습지에서 수면 아래에 놓인 포화토양에서 압력퍼텐셜은 항상 (+)값을 갖는다.

87

임해매립지나 간척지 토양의 Na을 침출시켜 황산염으로 전환하는데 적합한 물질을 고르시오.

① 생석회　　② 소석회
③ 탄산석회　　④ 고 토
⑤ 석 고

88

토양 pH가 7.5이고, EC가 5.1 dS/m이고, ESP가 17.4인 토양은 다음 중 어느 것으로 분류되는가?

① 염류토양
② 산성토양
③ 염류-나트륨성 토양
④ 알칼리토양
⑤ 나트륨성 토양

89

다음 〈보기〉의 인산 형태 중 식물이 흡수하는 형태를 고르시오.

〈보 기〉

ⓐ H_3PO_4
ⓑ $H_2PO_4^-$
ⓒ HPO_4^{2-}
ⓓ PO_4^{3-}

① ⓐ와 ⓑ
② ⓑ와 ⓒ
③ ⓒ와 ⓓ
④ ⓐ와 ⓓ
⑤ ⓑ와 ⓒ와 ⓓ

90

〈보기〉의 작용 중 질소순환에서 식물이 이용할 수 있는 토양 내 질소를 감소시키는 것으로 옳은 것을 모두 고른 것은?

〈보 기〉

ㄱ. 용탈 작용
ㄴ. 질산화 작용
ㄷ. 탈질 작용
ㄹ. 생물학적 질소고정 작용
ㅁ. 휘산 작용

① ㄷ, ㅁ
② ㄱ, ㄷ, ㅁ
③ ㄴ, ㄹ, ㅁ
④ ㄱ, ㄷ, ㄹ, ㅁ
⑤ ㄱ, ㄴ, ㄷ, ㅁ

91

다음 영양소 중 결핍증상이 황화현상이 아닌 것은?

① N
② Fe
③ P
④ Mn
⑤ S

92

토양침식에 대한 설명 중 옳은 것은?

① 유거수에 포함된 입자들은 침식을 가속한다.
② 경사의 길이가 길수록 침식이 심해지나, 경사의 넓이는 침식에 영향을 주지 않는다.
③ 토양침식에 가장 큰 영향을 주는 인자는 식생이다.
④ 토양 유실의 대부분은 협곡침식에 의해 일어난다.
⑤ USLE에서 토양관리활동이 있을 때의 토양보전인자 P의 값은 1이다.

93

토양수분에 대한 설명 중 옳지 않은 것은?

① 수분으로 포화된 토양에서 매트릭퍼텐셜이 중요하다.
② 중력수는 식물이 이용할 수 없는 비유효수분이다.
③ 포장용수량의 수분퍼텐셜은 위조점의 수분퍼텐셜보다 크다.
④ 습윤열은 토양입자 표면에 물이 흡착될 때 방출되는 열이다.
⑤ 물분자 사이의 강한 응집력에 의하여 표면장력이 생긴다.

94

토양환경보전법에 규정된 토양오염물질이 아닌 것은?

① 카드뮴
② 구 리
③ 납
④ 아 연
⑤ 알루미늄

95

공원토양을 부피 $100cm^3$의 Core로 채취한 후 Core를 제외한 토양의 무게가 150g이었고, 105℃에서 24시간 건조 후 토양의 무게는 130g이었다. 이때 토양의 입자밀도가 $2.6g/cm^3$이고, 물의 밀도가 $1.0g/cm^3$일 경우 용적수분함량(%)은?

① 20
② 25
③ 30
④ 40
⑤ 45

96

다음 중 외생균근균에 대한 설명에 해당하는 것은?

① 실험실에서 단독으로 기내배양할 수 있다.
② 대부분 접합균문으로 분류된다.
③ 균사가 뿌리세포의 내부조직까지 침투한다.
④ 분지된 나뭇가지 모양의 구조체인 Arbuscule을 형성한다.
⑤ 초본류 및 대부분의 수목과 공생한다.

97

도시토양에 대한 설명 중 옳지 않은 것은?

① 도시열섬현상은 토양 온도의 상승효과를 가져온다.
② 제설제는 가로수에 염소 독성을 야기한다.
③ 토양표면이 불투수성 재료에 의해 피복되어 있어 수분 침투량이 적다.
④ 도시숲 토양은 일반 산림토양에 비해 유기물함량이 낮다.
⑤ 건물과 도로 주변 토양은 산성화되고 있다.

98

다음 중 토양분류 시 토양수분상태를 나타내는 기호가 아닌 것은?

① Aquic
② Udic
③ Mesic
④ Ardic
⑤ Xeric

99

부식의 탄소 함량이 58%이고 질소 함량이 5.8%라고 할 때, 토양분석결과 탄소 20g이 나왔다면 부식의 양은 얼마인가?

① 약 20g
② 약 27g
③ 약 34g
④ 약 41g
⑤ 약 58g

100

다음 수분 특성의 토양에서 중력수, 모세관수, 유효수분 함량을 순서대로 바르게 나열한 것은?

수분 특성 인자	용적수분함량(%, V/V)
포화상태	50
포장용수량	45
위조점	15
흡습계수	5

① 5%, 35%, 30%
② 10%, 35%, 30%
③ 15%, 40%, 30%
④ 10%, 30%, 35%
⑤ 5%, 40%, 30%

제5과목 수목관리학

101

방풍식재에 대한 설명으로 옳지 않은 것은?

① 방풍림의 폭은 100~150m가 적당하다.
② 유령림은 바람에 의한 피해가 심하다.
③ 침엽수의 피해율이 활엽수보다 높다.
④ 방풍림으로 혼효림이 바람직하다.
⑤ 방풍림의 주풍에 직각으로 배치해야 한다.

102

전정방법에 대한 설명 중 옳지 않은 것은?

① 절단부위는 1년에 한 차례 도포제를 발라준다.
② 원줄기를 절단할 때는 수평의 가상선을 긋는다.
③ 죽은 가지자르기는 지피융기선을 표적으로 한다.
④ 지륭이 뚜렷하지 않을 때는 수직의 가상선을 긋는다.
⑤ 절단면에 수액이 나올 때는 완전히 마른 다음 도포제를 바른다.

103

체인톱 관리에 대한 안전사항, 사용시간 등 안전수칙으로 옳지 않은 것은?

① 연속운전은 10분을 넘기지 말아야 한다.
② 시동 시에는 체인브레이크를 작동시켜 두어야 한다.
③ 어깨 높이 위로는 기계톱을 사용하지 말아야 한다.
④ 톱날 주위에 1m 이상 이격거리를 유지해야 한다.
⑤ 가이드 바(안내판)의 끝으로 작업하는 것은 피하여야 한다.

104

내화성이 강한 수종은?

① 구실잣밤나무
② 아카시아나무
③ 벚나무
④ 벽오동
⑤ 고로쇠나무

105

상렬에 대한 예방으로 옳지 않은 것은?

① 배수를 철저히 하여야 한다.
② 성목보다는 치수를 보호해야 한다.
③ 낮과 밤에 대한 온도차를 줄여야 한다.
④ 차가운 바람이 임목에 닿지 않도록 한다.
⑤ 숲 내부보다는 임연부 지역을 보호해야 한다.

106

건조피해에 대한 증상으로 옳지 않은 것은?

① 나이테가 좁아진다.
② 건조피해가 심할 경우 위연륜이 생긴다.
③ 잎이 떨어지지 않고 직경생장은 감소한다.
④ 침엽수는 건조피해증상이 잘 나타나지 않는다.
⑤ 이식목 건조피해는 뿌리돌림으로 예방할 수 있다.

107

산불에 따른 피해에 대한 설명 중 옳지 않은 것은?

① 유령목과 수피는 지표화에도 고사하는 경우가 많다.
② 토양의 이화학적인 성질을 악화시킨다.
③ 지표수가 늘고 재로 인해 불투수 막을 형성한다.
④ 산불 후에는 부식질의 분해가 느려진다.
⑤ 인산, 칼륨 등의 광물질 성분이 유실되면서 척박해진다.

108

수목의 상렬에 대한 설명으로 옳지 않은 것은?

① 코르크형성층이 손상을 받는다.
② 토양 멀칭으로 피해를 줄일 수 있다.
③ 변재가 심재보다 더 수축하여 발생한다.
④ 침엽수보다 활엽수에서 더 자주 관찰된다.
⑤ 직경이 10cm 정도의 나무에서 주로 발생한다.

109

복토에 의한 피해에 대해서 상대적으로 민감한 수종이 아닌 것은?

① 단풍나무
② 튤립나무
③ 참나무
④ 소나무류
⑤ 느릅나무

110

대기오염피해에 대한 설명으로 옳지 않은 것은?

① 봄부터 여름까지 많이 발생한다.
② 낮보다는 밤에 피해가 심각하다.
③ 매우 높은 습도는 오히려 피해 감소한다.
④ 바람이 없고 상대습도가 높은 날에 피해가 크다.
⑤ 오염물질의 발생원에서 바람 부는 쪽으로 피해가 심하다.

111

대기오염물질에 대한 설명 중 옳지 않은 것은?

① 오존은 어린 잎보다 성숙 잎에 피해가 크다.
② PAN은 성숙 잎보다 어린 잎에 피해가 크다.
③ 소나무는 황산화물에 대한 저항성이 높다.
④ 황산화물은 1년생보다 다년생 식물에 피해가 심하다.
⑤ 불화수소는 어린잎의 선단과 주변부에 백화현상이 나타난다.

112

토양 내 통기불량으로 인한 수목 피해를 설명한 것으로 옳지 않은 것은?

① 보행자의 답압으로 토양의 용적 비중이 감소한다.
② 콘크리트 포장으로 토양의 산소 이동이 감소한다.
③ 토양 수분이 산소의 확산을 저해하므로 과습 피해가 발생한다.
④ 토양이 청회색 또는 검게 변하고 황을 함유한 기체가 발생한다.
⑤ 토양 온도가 낮을 때 호흡 감소로 산소의 부족 가능성이 낮아진다.

113

수간주사의 특징에 대해서 잘못 설명한 것은?

① 수간의 부패를 막기 위해 뿌리에 주사하는 것이 좋다.
② 구멍에 약액을 뿌려 공기를 제거 후 약액을 넣는다.
③ 활엽수보다 침엽수에 수간주사를 더 많이 꽂아야 한다.
④ 소나무는 에틸알코올로 송진을 녹인 후 약액을 주입한다.
⑤ 침엽수보다 활엽수가 주사 구멍이 썩기 쉽다.

114

내화성이 약한 수종은?

① 벚나무, 삼나무
② 회양목, 마가목
③ 굴참나무, 동백나무
④ 음나무, 가문비나무
⑤ 고로쇠나무, 은행나무

115

수액의 상승이 용이한 수종부터 바르게 나열한 것은?

① 참나무류 - 단풍나무류 - 침엽수
② 단풍나무류 - 참나무류 - 침엽수
③ 침엽수 - 참나무류 - 단풍나무류
④ 침엽수 - 단풍나무류 - 참나무류
⑤ 단풍나무류 - 침엽수 - 참나무류

116

수목의 뿌리 분포에 대한 설명으로 옳은 것은?

① 뿌리털의 수명은 1년 정도이다.
② 사토보다 식토에서 근계가 깊게 발달한다.
③ 건조한 지역에 자라는 수목의 T/R률이 높다.
④ 세근은 표토에 집중적으로 분포한다.
⑤ 소나무는 천근성, 밤나무는 심근성이다.

117

수목의 내음성에 대한 설명으로 옳지 않은 것은?

① 참나무류는 양수에 속한다.
② 수령이 어릴 때는 내음성에 약하다.
③ 수관밀도로서 내음성을 판단할 수 있다.
④ 너도밤나무, 주목은 대표적인 음수이다.
⑤ 수목의 잎의 분포를 보고 내음성을 판단할 수 있다.

118

이식적기에 대한 설명으로 옳은 것은?

① 상록수는 반휴면기가 시작되기 직전
② 활엽수는 2차 휴면기가 끝나는 직전
③ 상록수는 반휴면기가 끝난 직후
④ 활엽수는 1차 휴면기가 끝나기 직전
⑤ 침엽수는 동아가 싹트기 직전

119

수목의 외과수술에 대한 설명 중 옳지 않은 것은?

① 외과수술은 이른 봄에 실행하는 것이 좋다.
② 수분을 많이 함유하고 있는 수목은 외과수술의 효과가 적다.
③ CODIT에서 가장 약한 방어대는 나이테 의한 방어대이다.
④ 공동에 형성되어 있는 상처유합제가 다치지 않도록 하여야 한다.
⑤ 썩은 조직은 다소 남겨두더라도 단단한 조직은 되도록 다치지 않게 하여야 한다.

120

한해에 대한 설명 중 옳지 않은 것은?

① 소나무는 한해에 강하다.
② 천근성 수종의 피해가 크다.
③ 토양수분의 결핍이 발생한다.
④ 오리나무는 한해에 약하다.
⑤ 한해의 원인은 저온과 바람이다.

121

오존(O_3)에 의한 피해 징후의 설명으로 옳은 것은?

① 해면조직에 피해를 받는다.
② 성숙 잎보다 어린잎에서 발생하기 쉽다.
③ 책상조직이 선택적으로 파기되는 경우가 많다.
④ 오존의 피해는 소나무에서 잘 발생하지 않는다.
⑤ 줄기에서 뿌리로 이동하는 탄수화물의 양은 변화되지 않는다.

122

수목의 전정시기에 대한 설명으로 옳지 않은 것은?

① 수형을 다듬기에는 겨울전정이 적기다.
② 낙엽활엽수는 여름에 약전정을 실시한다.
③ 상록활엽수는 가을에 강전정을 실시한다.
④ 여름전정은 생육환경 개선을 위해 실시한다.
⑤ 낙엽활엽수는 휴면기인 겨울전정이 유리하다.

123

관설해에 대한 설명 중 옳지 않은 것은?

① 가늘고 긴 수간이 피해를 많이 받는다.
② 활엽수보다 침엽수가 피해를 많이 받는다.
③ 복층림의 하층목은 상층에 의해서 피해를 덜 받는다.
④ 눈이 많이 오는 지역에서 산림 설해는 관설해를 의미한다.
⑤ 경사를 따른 임목의 고밀한 배치에 의해서 피해가 심하다.

124

전정 시 상처유합이 잘 일어나지 않는 수종으로 묶은 것은?

① 감나무, 배나무
② 매화나무, 살구나무
③ 향나무, 소나무
④ 은행나무, 양버즘나무
⑤ 벚나무, 단풍나무

125

이식 후 목재칩 멀칭 효과로 옳지 않은 것은?

① 토양 내 유기물을 공급한다.

② 토양 내 수분 유지에 유리하다.

③ 여름에 토양온도를 상승시킨다.

④ 잡초의 발아와 생장을 억제한다.

⑤ 강우 시 표토의 유실을 방지한다.

126

농약의 화학구조 중 모핵화합물을 암시하면서 단순화시킨 명칭을 무엇이라 하는가?

① 화학명

② 일반명

③ 코드명

④ 상표명

⑤ 품목명

127

원제를 물 또는 메탄올에 녹이고 계면활성제나 동결방지제를 넣어 제조하는 농약의 제형은 무엇인가?

① 수화제

② 수용제

③ 유 제

④ 액 제

⑤ 분의제

128

경구독성에 의한 농약독성평가 시 고독성 기준에 해당하는 액상 농약의 LD_{50} 값은?

① 50mg/kg

② 150mg/kg

③ 250mg/kg

④ 350mg/kg

⑤ 450mg/kg

129

어독성 II급에 해당하는 LD_{50} 값은?

① 0.2mg/l

② 0.4mg/l

③ 1.4mg/l

④ 2.4mg/l

⑤ 3.4mg/l

130

농약 작용기작 표시기준에 따른 테부코나졸의 표시기호는?

① 다6

② 사1

③ 1a

④ 9b

⑤ C1

131

다음 농약 중 대추나무의 갈색날개매미충 방제에 등록되어있지 않은 것은?

① 델타메트린 유제
② 비펜트린 액상수화제
③ 아세타미프리드 수화제
④ 디노테퓨란 액제
⑤ 설폭사플로르 입상수화제

132

원제의 농도가 10%인 농약을 2,000배로 희석하여 400L의 살포액을 만들기 위해 필요한 농약량(L)은? (단, 이 농약의 비중은 1.0으로 한다)

① 100ml
② 200ml
③ 300ml
④ 400ml
⑤ 500ml

133

다음 중 키틴합성을 저해하는 살충제는?

① 뷰프로페진
② 카바메이트계
③ 니코틴
④ 아바멕틴계
⑤ 피리프록시펜

134

다음 중 제초제가 아닌 것은?

① 시마진
② 헥사지논
③ 프로파닐
④ 알라클로르
⑤ 말라티온

135

소나무 해충방제에 등록된 농약 중 응애 방제에 사용되는 것은?

① 페니트리온 유제
② 메탐소듐 액제
③ 아미트라즈 유제
④ 티아메톡삼 입상수화제
⑤ 아바멕틴·아세타미프리드 미탁제

136

회양목 묘포장 관리에 사용되는 제초제 오리잘린(Oryzalin)의 표시기호는?

① C1
② C2
③ C3
④ K1
⑤ K2

137

나무의사 자격증을 가진 자가 다음의 행위를 했을 때, 벌금 또는 과태료 상한이 가장 높은 것은?

① A는 동시에 두 개의 나무병원에 취업하였다.
② B는 나무병원을 등록하지 않고 수목을 진료하였다.
③ C 나무병원은 나무의사의 처방전과 다르게 농약을 사용하였다.
④ D는 나무의사 자격증을 E에게 빌려주었다.
⑤ F는 나무의사 보수교육을 받지 않았다.

138

나무의사가 진료부를 거짓으로 작성하였다가 처음 적발되었을 경우 과태료는 얼마인가?

① 30만 원
② 50만 원
③ 70만 원
④ 100만 원
⑤ 150만 원

139

소나무재선충병에 의한 피해고사목이 본수가 20,000 본인 시 · 군 · 구의 피해정도는 어디에 해당하는가?

① 극 심
② 심
③ 중
④ 경
⑤ 경 미

140

다음 중 나무의사가 될 수 없는 사유에 해당하지 않는 것은?

① 미성년자
② 피성년후견인
③ 피한정후견인
④ 산림보호법을 위반하여 징역의 실형을 선고받고 그 집행이 면제된 후 1년 6개월이 경과한 사람
⑤ 농약관리법을 위반하여 징역의 실형을 선고받고 그 집행이 종료된 후 2년 6개월이 경과한 사람

기출유사문제

본 내용은 수험생의 기억을 바탕으로 복원된 문제로, 시험을 치루기 전 어떤 문제들이 출제되는지, 어떤 방식으로 출제되는지 등을 파악하기 위해 수록합니다. 실제 출제된 문제와 다를 수 있으니 이점 양해바랍니다.

제1과목 수목병리학

01

세균성 구멍병에 대한 설명 중 옳지 않은 것은?

① 그람양성균이다.
② 병원균은 *Xanthomonas arboricola*이다.
③ 한 개의 극모를 가진 막대 모양의 세균이다.
④ 생육 최적온도는 24~28℃이다.
⑤ 생육 최전성기는 7월 하순경이다.

02

줄기에 발생하는 수목병에 대한 설명 중 옳지 않은 것은?

① 대부분 담자균에 의해 발생한다.
② 밤나무 줄기마름병은 분산형에 속한다.
③ 소나무류 수지궤양병은 마름궤양형에 속한다.
④ 궤양병은 과녁형, 분산형, 마름궤양형으로 나눈다.
⑤ 과녁형은 호두나무, 단풍나무, 사과나무 등에 병을 발생시킨다.

03

내부기생선충 중 이주성을 가진 선충은?

① 뿌리혹선충
② 뿌리썩이선충
③ 참선충목 선충
④ 콩시스터선충
⑤ 감귤선충

04

***Pestalotiopsis*속에 대해 옳지 않은 것은?**

① 완전세대가 아니다.
② 동백나무 불마름병을 일으킨다.
③ 분생포자반 위에 짧은 분생포자경에 분생포자가 형성된다.
④ 병반 위에 육안으로 판단되는 검은 포자가 형성된다.
⑤ 분생포자는 중앙 3개세포가 착색되어 있고 양쪽의 세포는 무색이며 부속사가 있다.

05

다음 중 진균에 의한 빗자루병이 아닌 것은?

① 벚나무 빗자루병
② 전나무 빗자루병
③ 대나무 빗자루병
④ 대나무 깜부기병
⑤ 밤나무 빗자루병

06

기온 및 토양환경에 따른 병의 발생에 대한 설명이다. 옳지 않은 것은?

① 세균성 뿌리혹병은 14~30℃에서 발병한다.
② 낙엽송가지끝마름병은 고온다습한 28~30℃에서 발병한다.
③ 리지나뿌리썩음병은 토양온도가 40~50℃에서 포자가 발아한다.
④ 소나무재선충은 20℃ 이하에서는 잘 발생하지 않는다.
⑤ *Fusarium*균에 의한 모잘록병은 비교적 습한 토양에서 잘 발생한다.

07

화상병에 대한 설명으로 옳지 않은 것은?

① 병든 부분은 초기에 물이 스며든 듯한 모양을 한다.
② 꽃은 꽃잎에서 처음 발생하여 꽃 전체가 시들고 흑갈색으로 변한다.
③ 병원균은 짧은 막대모양으로 4~6개의 주생편모를 갖는다.
④ 감염된 가지는 감염부위로부터 최소 30cm 이상 아래를 제거한다.
⑤ 가장 좋은 방제법은 감염된 나무를 발견 즉시 뽑아서 불태우거나 땅속에 묻는 것이다.

08

파이토플라스마에 대한 설명으로 옳지 않은 것은?

① 페니실린 등의 항생제에 대해서 감수성이다.
② 주로 식물의 체관 즙액 속에 존재한다.
③ 매미충류에 의해 전염되며 나무이와 멸구류에 의해서도 전염된다.
④ 온도에 따라 30℃에서 10일, 10℃에서는 45일의 증식기간을 거친 후 전염된다.
⑤ 파이토플라스마는 성충보다 약충에 잘 들어가며 경란전염은 하지 않는다.

09

선충에 대한 설명으로 옳은 것은?

① 창선충은 보통 식물선충보다 10배 이상 크다.
② 콩시스트선충은 침엽수 묘목에 피해를 준다.
③ 궁침선충은 사과나무, 뽕나무, 포도나무를 가해한다.
④ *Radopholus*는 전 세계 어느 지역에서나 분포하여 작물과 수목을 가해한다.
⑤ *Pratylenchus*는 열대, 아열대에 바나나 뿌리썩음병, 귤나무 쇠락증을 발생시킨다.

10

모잘록병을 발생시키는 균 중 난균류에 의한 것은?

① *Rhizoctonia*
② *Fusarium*
③ *Cylindrocladium*
④ *Sclerotium*
⑤ *Phytophthora*

11

자주날개무늬병에 대한 설명으로 옳지 않은 것은?

① 활엽수와 침엽수에 모두 발생하는 다범성 병해이다.
② 자실체가 일반버섯과는 달리 헝겊처럼 땅에 깔린다.
③ 사과나무 과수원에 잘 발생하며 약 5% 정도의 발생비율을 보인다.
④ 6~7월에 균사층의 표면에 담자포자가 많이 형성되어 노란색으로 보인다.
⑤ 뿌리표면에 자갈색의 균사가 끈모양의 균사다발로 휘감기고 균핵을 형성한다.

12

소나무재선충병(시들음병)의 설명 중 옳지 않는 것은?

① 소나무는 감수성이고 곰솔은 저항성이다.
② 소나무재선충의 길이는 약 0.8mm이다.
③ 병원체 *Bursaphelenchus xylophilus*이다.
④ 솔수염하늘소와 북방수염하늘소 병원체를 매개한다.
⑤ 소나무, 잣나무에 병을 일으키는 병원체는 같은 종이다.

13

모자이크병에 대한 설명이다. 옳지 않은 것은?

① 모자이크는 바이러스병의 대표적인 병징이다.
② Deltoides계통의 포플러는 바이러스에 저항성이다.
③ 포플러모자이크병은 40~50%까지 재적을 감소시킨다.
④ 장미모자이크병은 PNRSV, ApMV가 대표적인 바이러스이다.
⑤ 벚나무 번개무늬병은 주로 왕벚나무에 많이 발생한다.

14

동백나무 겹둥근무늬병을 발생시키는 병원균의 특징이 아닌 것은?

① 병반 위에 육안으로 검은 점이 나타난다.
② 양쪽의 끝세포는 무색이며 부속사를 가지고 있다.
③ 소나무 잎마름병, 삼나무 붉은마름병을 발생시킨다.
④ 대부분 잎가장자리에 잎마름증상으로 나타난다.
⑤ 분생포자 대부분 중앙의 3세포는 착색되어 있다.

15

소나무류 잎떨림병에 대한 설명으로 옳지 않은 것은?

① 유럽과 북미에서 피해가 크다.
② 15년생 이하의 어린 잣나무에서 많이 발생한다.
③ 소나무류 잎떨림병은 당년생 잎은 감염시키지 않는다.
④ 살균처리는 7~8월에 자낭포자가 비산하는 시기에 실시한다.
⑤ 소나무, 곰솔, 잣나무, 스트로브잣나무 등의 묘목과 조림목에 모두 발생한다.

16

코흐의 법칙을 설명한 것 중 옳지 않은 것은?

① 병원체가 분리되어 배지에서 순수배양되어야 한다.
② 병환부에 그 병을 일으키는 것으로 추정되는 병원체가 존재하여야 한다.
③ 배양한 병원체를 건전한 기주에 접종 시 동일한 병을 발생하여야 한다.
④ 흰가루병과 녹병과 같은 순활물기생체는 이 원칙을 그대로 적용시킬 수 없다.
⑤ 바이러스나 파이토플라스마는 적용이 어려우나 물관부국재성 세균과 원생동물은 적용된다.

17

목재부후균의 종류가 다른 것은?

① 말굽버섯 ② 치마버섯
③ 표고버섯 ④ 영지버섯
⑤ 콩버섯

18

소나무류 피목가지마름병에 대한 설명으로 옳은 것은?

① 1년생 가지에서 발생한다.
② 침엽은 기부에서 아래쪽으로 갈변되면서 떨어진다.
③ 여름철에 줄기의 피목에는 암갈색의 자낭각이 형성된다.
④ 해충피해, 이상건조 등에 의해 수세가 약해지면 발생한다.
⑤ 따뜻한 가을이 지나고 겨울철 기온이 높을 때 피해가 심하다.

19

확산형 궤양병에 대한 설명 중 옳지 않은 것은?

① 대표적인 확산형 궤양병은 밤나무 줄기마름병이다.
② 감염된지 몇 년 내에 환상박피가 발생한다.
③ 수목의 부피생장보다 더 빠르게 확장한다.
④ 확산형 궤양병은 주로 상처에 의해 발생한다.
⑤ 생장기간 동안 급속히 발달하여 유합조직이 전혀 없거나 거의 나타나지 않는다.

20

다음 중 윤문형의 궤양병을 발생시키는 병균은?

① Nectria 궤양병
② Hypoxylon 궤양병
③ Scleroderris 궤양병
④ 소나무 수지궤양병
⑤ 소나무 피목가지마름병

21

난균에 대한 설명으로 옳지 않은 것은?

① 단순격벽공으로 격벽이 없는 다핵균사이다.
② 세포벽은 글로칸(β-glucans)과 섬유소로 이루어져 있다.
③ 라이신생합성 경로나 스테롤 대사 등을 비교할 때 조류와 유사하다.
④ 무성생식의 유주포자는 2개의 편모를 가지고 있다.
⑤ 유성생식은 장란기와 장정기 사이에서 수정이 이루어지며 난포자라고 한다.

22

소나무 가지끝마름병의 병원균은?

① *Sphaeropsis sapinea*
② *Cenangium dieback*
③ *Fusarium circinatum*
④ *Mycosphaerella gibsonii*
⑤ *Lophodermium spp.*

23

녹병균에 대한 설명으로 옳지 않은 것은?

① 녹병균은 대부분 기주교대를 한다.
② 대부분의 녹병균은 세포 내로 들어가서 원형질막을 파괴한다.
③ 여름포자는 반복전염성 포자이고 녹병의 확산에 중용한 역할을 한다.
④ 잣나무 털녹병균은 5개의 녹병세대를 모두 가지고 있어 장세대종이라고 한다.
⑤ 여름포자세대만을 갖지 않는 녹병균을 중세대종이라고 한다.

24

무포자균강에 포함되는 균은?

① *Alternaria*
② *Aspergillus*
③ *Ascochyta*
④ *Macrophoma*
⑤ *Rhizoctonia*

25

유전자 특성에 따른 저항성에 대한 설명이다. 옳지 않은 것은?

① 수직저항성은 특정 병원체의 레이스에 대해서만 저항성을 나타난다.
② 수평저항성은 식물체가 대부분의 병원체 레이스에 대해서 나타나는 저항성을 말한다.
③ 병회피는 감수성인 식물체라도 발병조건이 갖추어지지 않을 때 나타나는 저항성이다.
④ 내병성은 감염되었더라도 병징이 약하거나 감염 전과 차이가 없는 경우를 말한다.
⑤ 수직저항성을 양적저항성, 다인자저항성이라고도 한다.

제2과목 수목해충학

26

방망이형(곤봉형) 더듬이를 가진 곤충은?

① 무당벌레류
② 바구미류
③ 딱정벌레류
④ 흰개미류
⑤ 집파리류

27

후뇌신경에서 담당하는 기관은?

① 시신경
② 더듬이
③ 전 위
④ 내분비기관
⑤ 호흡계

28

완전변태를 하는 곤충이 아닌 것은?

① 솔수염하늘소
② 장미등에잎벌
③ 대나무쐐기알락나방
④ 아카시아혹파리
⑤ 고마로브집게벌레

29

깍지벌레 분류군 중 암컷성충이 이동할 수 있는 것은?

① 깍지벌레과
② 왕공깍지벌레과
③ 공깍지붙이과
④ 테두리깍지벌레과
⑤ 가루깍지벌레과

30

해충의 가해 양상과 기주범위 연결이 옳지 않은 것은?

① 솔나방 - 식엽성 - 협식성
② 뽕나무이 - 흡즙성 - 단식성
③ 개나리잎벌 - 식엽성 - 단식성
④ 구기자혹응애 - 충영형성 - 협식성
⑤ 식나무깍지벌레 - 흡즙성 - 광식성

31

수목해충에 대한 설명으로 옳은 것은?

① 솔나방은 3회 발생한다.
② 외줄면충의 기주는 참나무류이다.
③ 미국선녀벌레는 성충으로 월동한다.
④ 소나무좀은 봄과 여름에 2번 가해하며, 연 2회 발생한다.
⑤ 참나무 시들음병 매개충인 광릉긴나무좀은 2004년에 발견되었다.

32

우리나라에 침입한 외래해충이 아닌 것은?

① 솔잎혹파리
② 미국흰불나방
③ 갈색날개매미충
④ 아까시잎혹파리
⑤ 진달래방패벌레

33

곤충과 응애의 공통점은?

① 변태를 한다.
② 다리가 6개이다.
③ 몸이 방사대칭형이다.
④ 외골격은 키틴질이다.
⑤ 환형동물문에 속한다.

34

진화의 관점에서 곤충의 날개와 관련된 유연관계가 다른 것은?

① 벼룩목
② 날도래목
③ 부채벌레목
④ 파리목
⑤ 다듬이벌레목

35

곤충의 배발생 중 중배엽에서 분화된 기관이 아닌 것은?

① 근육계
② 순환계
③ 내분비샘
④ 전장 및 후장
⑤ 정소와 난소

36

곤충의 타감물질에서 분비자에게는 도움이 되고, 인지한 개체에는 손해가 되는 물질은?

① 시노몬
② 알로몬
③ 페로몬
④ 호로몬
⑤ 카이로몬

37

다음 설명에 해당하는 수목해충은?

> • 유충은 여러 마리가 한 줄로 줄지어 잎을 갈아 먹는다.
> • 암컷 앞날개 중앙부는 반투명하다.
> • 노숙유충은 잎 뒷면에 고치를 만든다.

① 제주집명나방
② 노랑털알락나방
③ 벚나무모시나방
④ 큰붉은잎밤나방
⑤ 대나무쐐기알락나방

38

월동하는 충태가 다른 수목해충은?

① 버들잎벌레
② 오리나무잎벌레
③ 호두나무잎벌레
④ 참긴더듬이잎벌레
⑤ 주둥무늬차색풍뎅이

39

알, 약충, 성충으로 월동이 가능한 수목해충은?

① 구기자혹응애
② 밤나무혹응애
③ 붉나무혹응애
④ 회양목혹응애
⑤ 버드나무혹응애

40

곤충이 지구상에서 번성할 수 있는 요인들에 대한 설명으로 옳지 않은 것은?

① 유성생식을 통해 생식능력을 극대화하였다.
② 3억년 전에 비행능력을 습득하여 분산하였다.
③ 짧은 세대의 교번으로 저항성이 발현되었다.
④ 섭식 및 성장기능이 변태를 통해 뚜렷하게 진화하였다.
⑤ 유연하고 탄성이 있는 외골격으로 다양한 환경에 적응할 수 있었다.

41

곤충의 표피에 대한 설명으로 옳지 않은 것은?

① 기저막은 외골격과 체강을 구분한다.
② 상표피는 큐티클 단면에서 몸의 가장 바깥쪽에 위치한다.
③ 표피는 탈수방지와 탈피를 통해 성장에 중요한 역할을 한다.
④ 진피는 내원표피 아래에 위치하는 한 층의 단세포군이다.
⑤ 표피층은 상표피, 외원표피, 내원표피, 진피, 기저막으로 구성된다.

42

자귀뭉뚝날개나방에 대한 설명으로 옳지 않은 것은?

① 가해식물의 수피틈에서 월동한다.
② 월동태인 번데기를 늦가을부터 볼 수 있다.
③ 주엽나무가 감수성계통으로 알려져 있다.
④ 미국은 1940년 중국에서 유입되어 피해가 발생하였다.
⑤ 부화한 유충은 여러 개의 잎을 엮은 그물망 구조물 안에서 잎을 먹고 자란다.

43

이주는 잠재적 이점을 가진 곤충의 생존전략이다. 이에 대한 설명으로 옳지 않은 것은?

① 대체 기주식물로 분산한다.
② 경쟁을 감소하거나 과밀화를 경감한다.
③ 새로운 서식처를 점유한다.
④ 보다 유리한 양육조건을 찾는다.
⑤ 근친교배를 최대화하기 위한 유전자 급원의 재조합이 가능하다.

44

유리나방과의 설명으로 옳지 않은 것은?

① 날개의 일부분에는 인편가루가 없다.
② 도심지 대왕참나무에서 피해가 발생한다.
③ 성충은 벌과 유사하고, 밤에 비행하며 꽃에서 양분을 얻는다.
④ 복부는 황색과 같은 밝은 색과 검은 색의 호 모양으로 되는 경우가 많다.
⑤ 유충은 덩굴식물이나 수목에 잠입하며, 과수의 가지와 줄기부위 해충이 되는 경우가 많다.

45

곤충의 구조와 기능에 대한 설명 중 옳은 것은?

① 말피기관은 흡수기능을 한다.
② 화학감각기는 무공성 털이다.
③ 혈장과 혈구는 호흡기능이다.
④ 곤충의 순환계는 개방순환계이다.
⑤ 전장의 원주세포에서 소화효소를 분비한다.

46

다음은 솔껍질깍지벌레에 대한 설명이다. 옳지 않은 것은?

① 노린재목의 해충으로 흡즙성 해충이다.
② 해송에 피해가 심하나 소나무에도 피해를 준다.
③ 수컷은 완전 변태를, 암컷은 불완전 변태를 한다.
④ 후약충은 겨울에도 흡즙을 하여 피해를 준다.
⑤ 피해를 오래 받은 나무는 흡즙이 어렵도록 인피부가 적응되어 항생성을 나타낸다.

47

수목해충과 과명의 연결이 옳지 않은 것은?

① 미국선녀벌레 - Psyllidae
② 거북밀깍지벌레 - Coccidae
③ 진달래방패벌레 - Tingidae
④ 주홍날개꽃매미 - Fulgoridae
⑤ 갈색날개매미충 - Ricaniidae

48

곤충의 생식기관에 대한 설명 중 옳지 않은 것은?

① 암컷의 저장낭은 정충을 보관하는 곳이다.
② 정자는 저정낭을 통해 수정관으로 이동한다.
③ 난소는 4~8개의 난소소관으로 구성되어 있다.
④ 수컷의 부생식선은 암컷이 전달할 호르몬을 생산한다.
⑤ 암컷의 부생식선은 산란 시 알을 식물표면 등에 부착시키는 점액물질을 분비한다.

49

중간기주가 있는 수목 가해 진딧물의 기주 연결이 옳지 않은 것은?

① 목화진딧물 – 무궁화 – 쑥
② 때죽납작진딧물 – 때죽나무 – 나도바랭이새
③ 외줄면충 – 느티나무 – 대나무
④ 검은배네줄면충 – 느릅나무 – 벼과식물
⑤ 조팝나무진딧물 – 사과나무 – 명자나무

50

생물적 방제법에 대한 설명으로 옳지 않은 것은?

① 기생성 천적은 주로 맵시벌류와 잎벌류가 있다.
② 내부기생성 천적에는 먹좀벌, 진디벌 등이 있다.
③ 외부기생성 천적에는 기생침벌, 가시고치벌 등이 있다.
④ 해충방제에 사용되는 세균은 포자형성세균류이다.
⑤ 병원미생물은 바이러스, 곰팡이, 세균, 원생동물, 선충이 이용된다.

제3과목 수목생리학

51

세포벽을 구성하는 페놀화합물의 일종으로 분해가 잘 되지 않는 것은?

① 왁 스 ② 수 지
③ 셀룰로오스 ④ 펙 틴
⑤ 리그닌

52

종자발아단계에서 종자가 수분을 흡수하면 생산되는 효소는?

① Gibberellin
② Abscisic acid
③ Ethylene
④ Auxin
⑤ Salicylic acid

53

다음 중 탄수화물인 것은?

① 리그닌 ② 큐 틴
③ 펙 틴 ④ 수베린
⑤ 카로테노이드

54

다음 중 측근을 형성하는 조직은?

① 내 피 ② 내 초
③ 피 층 ④ 카스파리대
⑤ 코르크형성층

55

기공을 열기 위하여 칼륨이온과 함께 공변세포에 축적되는 유기산은?

① ABA
② IAA
③ Malate
④ OAA
⑤ PEP

56

목본식물에서 발견되는 당류 중 올리고당이 아닌 것은?

① Maltose
② Lactose
③ Cellobiose
④ Sucrose
⑤ Mannose

57

대기 중의 질소가 식물이 이용할 수 있는 상태로 변하는 과정을 무엇이라 하는가?

① 암모니아화 반응
② 질소고정
③ 질산환원
④ 질산화 작용
⑤ 환원적 아미노반응

58

소나무과 수목에서 암꽃이 달리는 영향 요인에 대한 설명 중 옳지 않은 것은?

① 수관의 상부에 위치한다.
② 가지의 활력이 크다.
③ 조직 내 옥신 농도가 낮다.
④ 무기영양상태가 양호하다.
⑤ 주변의 광합성량이 많다.

59

다음 중 수목의 생식기관이 아닌 것은?

① 눈
② 포
③ 배
④ 유 근
⑤ 과 육

60

녹병균이 잎을 감염시키면서 감염 부위의 엽록소만을 계속 유지하여 Green island를 만들 때 분비하는 식물호르몬은?

① 옥 신
② 지베렐린
③ 사이토키닌
④ 아브시스산
⑤ 에틸렌

61

식물의 무기영양소에 대한 설명 중 옳지 않은 것은?

① 결핍증상이 먼저 나타나는 곳의 차이는 무기영양소의 이동성에 기인한다.
② 이동이 용이한 원소의 결핍증상은 성숙잎에서 먼저 일어난다.
③ 칼슘, 철, 붕소, 마그네슘의 결핍증상은 어린잎에서 먼저 일어난다.
④ 무기영양소는 사부를 통해 이동한다.
⑤ 소나무에 인이 결핍하면 잎이 자주색을 띤다.

62

수목의 종자가 빛의 파장에 대해 반응을 나타내는 것과 관련된 색소는?

① Phytochrome
② Carotenoids
③ Cryptochrome
④ Chlorophyll a
⑤ Chlorophyll b

63

다음 광합성에 대한 설명 중 옳지 않은 것은?

① 광합성의 일변화는 광도, 온도, 수분관계로 설명될 수 있다.
② 광합성량에 직접적인 영향을 미치는 것은 광도이다.
③ 수분과다와 부족 모두 광합성을 감소시킨다.
④ 식물은 태양광선의 가시광선만을 광합성한다.
⑤ 생장속도가 빠른 품종을 선발할 때 광합성률을 사용한다.

64

다음 중 수목에 대한 설명으로 틀린 것은?

① 온대지방의 식물은 온도의 변화를 통해 계절의 변화를 감지한다.
② 수목의 개화에 영향을 미치는 기후 인자 중 태양 복사량과 강우량의 영향이 크다.
③ 식물호르몬 중 아브시스산과 에틸렌은 생장억제제로 분류된다.
④ 책상조직과 해면조직은 동화조직으로 분류된다.
⑤ 참나무류는 첫 해에 직근만 갖는다.

65

가도관과 도관에 대한 설명 중 옳지 않은 것은?

① 가도관과 도관 모두 죽어 있는 세포이다.
② 수분의 이동 역할을 하는 세포이다.
③ 가도관의 수분 이동 속도가 도관보다 빠르다.
④ 도관의 직경이 가도관보다 크다.
⑤ 가도관은 막공에 의해 연결된다.

66

다음 중 유형기 수목의 특징으로 옳지 않은 것은?

① 귤나무와 아까시나무는 유형기에 어린가지에서 가시가 왕성하게 발생한다.
② 유형기에 발근이 잘 되기 때문에 삽목이 용이하다.
③ 낙엽송은 유형기에 가지가 왕성하게 곧게 자라는 경향이 있다.
④ 참나무류의 어린나무는 가을에 낙엽이 지연된다.
⑤ 향나무의 유엽은 비늘처럼 생긴 비늘잎 혹은 인엽을 가진다.

67

장미과 식물의 사부 수액에 가장 많은 탄수화물은?

① Sorbitol ② Sucrose
③ Stachyose ④ Glucose
⑤ Raffinose

68

열매와 꽃이 붉은색을 가지게 하는 Anthocyanin은 어느 화합물에 속하는가?

① Isoprenoid ② Flavonoid
③ Steroid ④ Carotenoid
⑤ Terpenoid

69

탄수화물의 이동에 대한 설명 중 옳지 않은 것은?

① 사부조직을 통해 이동한다.
② 이동하는 탄수화물은 비환원당으로 구성되어 있다.
③ 가장 농도가 높고 흔한 탄수화물의 형태는 설탕이다.
④ 뿌리는 탄수화물 수용부로서의 강도가 가장 높다.
⑤ 압력유동설은 탄수화물 운반 원리를 설명하는 이론이다.

70

다음 중 수평방향으로의 물질이동을 담당하는 조직은?

① 도 관 ② 수 선
③ 피 목 ④ 가도관
⑤ 수지구세포

71

생물적 질소고정에 대한 설명 중 옳지 않은 것은?

① 연간 생물적 질소고정량은 산업적 질소고정량보다 많다.
② 녹조류나 고등식물 중에 생물적 질소고정을 하는 종이 있다.
③ 콩과식물의 뿌리혹 속에 Leghemoglobin은 산소의 공급을 조절한다.
④ 산림에서 고정되는 양이 경작토양보다 적다.
⑤ Frankia는 비콩과식물과 내생공생한다.

72

수목 세포의 수분퍼텐셜을 고려할 때 거의 0에 가까워 무시되는 것은?

① 삼투퍼텐셜 ② 중력퍼텐셜
③ 압력퍼텐셜 ④ 기질퍼텐셜
⑤ 운동퍼텐셜

73

다음 중 나무의 수액에 거의 존재하지 않는 것은?

① 질산태 질소 ② 글루타민
③ 아르기닌 ④ 설 탕
⑤ 무기염

74

페놀화합물과 탄닌류와 같은 물질로 다른 식물이나 미생물의 생장을 억제하는 효과를 무엇이라 하는가?

① 산림쇠퇴 ② 단위결과
③ 다배현상 ④ 타감작용
⑤ 길항작용

75

수목의 스트레스생리에 대한 설명 중 옳지 않은 것은?

① 풍해는 침엽수가 활엽수보다 크다.
② 오존은 NO_X와 탄화수소가 자외선에 의한 광화학산화반응으로 생성된다.
③ 스트레스 피해목은 병해충의 감염에 취약하다.
④ 내한성이 증가하면 식물체 내 당류도 증가한다.
⑤ 동해는 빙점 이하의 온도에서 나타나는 피해이다.

제4과목 산림토양학

76

우리나라의 산림토양 분류에 따른 갈색 적윤 산림토양에 해당하는 것은?

① B_3 ② R_1
③ DR_3 ④ Va_3
⑤ Li

77

토양의 생성에 대한 설명으로 옳지 않은 것은?

① 지형조건이 영향을 준다.
② 기후의 영향을 받아 생성된 토양을 간대성 토양이라 한다.
③ 토양은 모재의 풍화산물이다.
④ 초지에서 A층이 발달한다.
⑤ 강수량이 많은 지역에서 토양단면의 발달이 활발하다.

78

토양입자에 대한 설명 중 옳지 않은 것은?

① 자갈은 토양에 포함되지 않는다.
② 점토는 입자 지름이 0.002mm 이하이다.
③ 입경분석을 통해 토양구조를 판단한다.
④ 입자가 작아지면서 비표면적이 증가한다.
⑤ 입경분석법 중 침강법은 Stokes의 법칙을 이용한다.

79

양이온교환용량이 20cmol$_c$/kg인 토양의 Ca, Mg, K, Na의 농도가 각각 3, 2, 1, 1cmol$_c$/kg일 때 이 토양의 염기포화도는 얼마인가?

① 15% ② 20%
③ 25% ④ 30%
⑤ 35%

80

토양수분퍼텐셜에 대한 설명 중 옳지 않은 것은?

① 수분퍼텐셜이 높은 곳에서 낮은 곳으로 물이 이동한다.
② 압력퍼텐셜과 매트릭퍼텐셜은 동시에 작용하지 않는다.
③ 수분함량이 같을 때 식토의 수분퍼텐셜이 사토의 것보다 높다.
④ 삼투퍼텐셜은 토양과 식물 사이의 물의 이동에 중요하게 작용한다.
⑤ 기준점에서 중력퍼텐셜의 값은 0이다.

81

식물의 필수영양소에 대한 설명 중 옳지 않은 것은?

① 다량원소가 미량원소보다 중요하다.
② 식물은 영양소를 무기태로 흡수한다.
③ 칼슘과 마그네슘은 다량원소이지만 토양에서 잘 결핍되지 않는다.
④ 철이 결핍하면 새잎에서 먼저 황화현상이 일어난다.
⑤ 인산은 흡착과 고정되기 쉬어 토양용액 중 이온 농도가 매우 낮다.

82

토양구조 중 용적밀도가 크고 공극률이 급격히 낮아지며 대공극이 없어지는 것은?

① 구상구조 ② 각주상구조
③ 원주상구조 ④ 판상구조
⑤ 무형구조

83

어느 토양에서 30cm 깊이의 중량수분함량이 15%이고 용적밀도가 1.4g/cm^{3}일 때, 이 토양 1ha에 저장되어 있는 물의 양은 몇 m^{3}인가?

① 530 ② 600
③ 630 ④ 680
⑤ 730

84

토양의 물리성에 대한 설명 중 옳지 않은 것은?

① 수분함량이 많아지면 토양의 용적열용량이 높아진다.
② 토양 구성요소별 열전도도는 무기입자 > 물 > 부식 > 공기의 순이다.
③ 습윤한 토양이 건조한 토양보다 열전도도가 낮다.
④ 토양과 대기 사이의 기체화합물은 확산에 의해 교환된다.
⑤ 토양색으로 토양의 배수상태를 판단할 수 있다.

85

다음 중 비료에 대한 설명으로 옳지 않은 것은?

① 용성인비는 지효성 인산비료이다.
② 암모늄태 질소는 질산태 질소에 비해 토양에 잘 보유된다.
③ 마그네슘이 부족한 토양의 산도 교정에는 석회고토가 적합하다.
④ 해초류나 식물의 재를 칼리질비료로 이용할 수 있다.
⑤ 요소비료는 지효성 질소비료이다.

86

다음 중 토양방선균이 아닌 것은?

① Aspergillus
② Micromonospora
③ Nocardia
④ Streptomyces
⑤ Thermoactinomyces

87

토양생성작용 중 온도가 높고 비가 많이 내리는 지역에서 규산이 용탈되고 철 또는 알루미늄 산화물이 집적되어 표토의 규반비가 낮게 형성되는 작용은?

① Podzol화 작용
② Laterite화 작용
③ Glei화 작용
④ Salinization화 작용
⑤ Wet bleaching 작용

88

토양목을 풍화 정도가 큰 순서대로 바르게 나열한 것은?

① 엔티솔 < 알피솔 < 옥시솔
② 알피솔 < 엔티솔 < 옥시솔
③ 옥시솔 < 알피솔 < 엔티솔
④ 알피솔 < 옥시솔 < 엔티솔
⑤ 엔티솔 < 옥시솔 < 알피솔

89

다음은 토양의 성질에 영향을 미치는 각 요인들에 대한 토양입자 크기별 특성을 나타낸 것이다. ㉠~㉥에 들어갈 말을 바르게 연결한 것은?

구 분	모 래	미 사	점 토
압밀성	(㉠)	중 간	(㉡)
양분저장능력	(㉢)	중 간	(㉣)
유기물함량	(㉤)	중 간	(㉥)

	㉠	㉡	㉢	㉣	㉤	㉥
①	낮 음	높 음	높 음	낮 음	높 음	낮 음
②	낮 음	높 음	낮 음	높 음	낮 음	높 음
③	높 음	낮 음	낮 음	높 음	낮 음	높 음
④	높 음	낮 음	높 음	낮 음	높 음	낮 음
⑤	높 음	낮 음	높 음	낮 음	낮 음	높 음

90

토양색에 영향을 미치는 요인에 대한 설명으로 옳지 않은 것은?

① 철은 산화상태에서 붉은색을 띤다.
② 수분함량이 높아지면 짙은색을 띤다.
③ 망간은 산화상태에서 회색을 띤다.
④ 유기물이 많은 토양은 어두운 색을 띤다.
⑤ 토양을 구성하는 광물성분에 따라 달라진다.

91

안정적인 토양 입단 형성이 가장 불리한 경우는?

① 부식함량이 높고, 토양 용액 중 Ca^{2+} 농도가 높다.
② 부식함량이 낮고, 토양 용액 중 Ca^{2+} 농도가 높다.
③ 부식함량이 높고, 토양 용액 중 Na^{+} 농도가 높다.
④ 부식함량이 높고, 토양 용액 중 NH_4^{+} 농도가 높다.
⑤ 부식함량이 낮고, 토양 용액 중 Na^{+} 농도가 높다.

92

촉감법으로 토성을 결정할 때, 다음 중 옳은 것은?

토양 리본의 길이(cm)	촉 감	토성 결정
2.5 미만	모래와 같이 껄끄러운 느낌이 강함	㉠
2.5 이상 ~ 5 미만	껄끄럽고 부드러운 느낌이 중간 정도임	㉡
5 이상	밀가루 같이 부드러운 느낌이 강함	㉢

	㉠	㉡	㉢
①	사양토	식양토	미사질식토
②	사 토	양질사토	식 토
③	미사질양토	사질식양토	식 토
④	사양토	미사질식토	미사질식토
⑤	미사질양토	미사질식토	사실직토

93

토양의 산도에 대한 설명으로 옳지 않은 것은?

① 활산도는 토양용액 내 수소이온의 활동도에 의해 나타난다.
② 교환성 산도는 KCl과 NaCl 등의 염기성염을 가하여 측정한다.
③ 잔류산도는 유기물과 점토의 비교환성 자리에 결합된 수소와 알루미늄에 의해 나타난다.
④ 전산도에서 활산도가 차지하는 비율이 가장 크다.
⑤ 교환성 알루미늄과 교환성 수소이온은 토양산도의 주요 원인물질이다.

94

다음의 토양 중에서 pH를 4.5에서 6.5로 교정할 때, 석회시용이 가장 많이 필요한 토양은?

① 유기물의 함량이 2%이고, 점토의 함량이 30%인 Kaolinite 토양
② 유기물의 함량이 3%이고, 점토의 함량이 25%인 Kaolinite 토양
③ 유기물의 함량이 3%이고, 점토의 함량이 30%인 Kaolinite 토양
④ 유기물의 함량이 5%이고, 점토의 함량이 20%인 Vermiculite 토양
⑤ 유기물의 함량이 5%이고, 점토의 함량이 20%인 Chlorite 토양

95

토양 균근균(Mycorrhizal fungi)에 대한 설명으로 옳지 않은 것은?

① 균근균은 식물뿌리로부터 탄수화물을 직접 얻는다.
② 균근균의 균사에 감염된 식물뿌리는 양분흡수율이 높아진다.
③ 균근균에 의해 식물은 가뭄에 대한 저항성이 낮아진다.
④ 균근균의 균사는 토양의 입단화를 촉진시켜 통기성을 높인다.
⑤ 균근균은 식물의 인산 흡수를 돕는다.

96

토양-생물-대기 간의 질소순환에 대한 설명으로 옳지 않은 것은?

① 유기물 시용은 NH_4^+-N의 질산화를 촉진한다.
② 탈질작용은 산소 농도가 낮은 토양조건에서 일어난다.
③ 알칼리성 토양에 요소 시비는 NH_3-N의 휘산을 촉진한다.
④ NO_3^- -N는 용탈되어 지하수 오염의 원인이 된다.
⑤ 콩과식물은 질소고정균과 공생한다.

97

토양으로부터 식물체가 흡수하는 영양소의 형태를 바르게 나열한 것은?

① H_3BO_3, PO_4^{3-}
② NO_3^-, S_2^-
③ NH_4^+, MoO_4^{2-}
④ Mn_4^+, HCO_3^-
⑤ Cl^-, N_2

98

다음 중 토양유기물의 분해를 촉진하는 것은?

① 혐기성　② 질소 공급
③ 수분포화　④ 높은 리그닌 함량
⑤ 낮은 온도

99

다음 중 양분의 이용도를 높이는 토양세균으로 보기 어려운 것은?

① 황환원균　② 인산가용화균
③ 질소고정균　④ 질산화균
⑤ 황산화균

100

토양 내 질산태질소(NO_3^--N)의 동태에 대한 설명으로 옳지 않은 것은?

① 유아에게 일명 청색증이라고 하는 Methemog-lobinemia를 유발할 수 있다.
② 2:1형 점토광물에 특이적으로 흡착된 후 토양유실에 의해 하천수의 부영양화를 초래한다.
③ 강우와 함께 지하부위로 용탈되어 지하수 오염의 원인이 되고 있다.
④ 토양에 투입된 질소 성분은 호기적 조건에서 질산태질소로 전환된다.
⑤ 산소가 부족할 경우 환원되어 질소 기체로 전환된다.

제5과목 수목관리학

101
유기물 멀칭의 기대효과로 볼 수 없는 것은?

① 표토의 유실을 방지해 준다.
② 토양의 수분 증발을 감소시킨다.
③ 태양열 복사와 반사를 증가시킨다.
④ 토양의 입단화를 촉진하여 구조를 개선한다.
⑤ 토양의 동결을 방지하여 동해를 방지해 준다.

102
수목의 가뭄 피해를 막기 위한 방법으로 옳지 않은 것은?

① 관수는 하층토까지 충분히 한다.
② 나무 밑의 토양을 유기물로 멀칭한다.
③ 피해예상 지역에 내건성 수종을 식재한다.
④ 건조기에는 조금씩 여러 번 나누어 관수한다.
⑤ 건조기에 대규모 식재지에서 스프링클러 관수는 비효율적이다.

103
수목의 수간주사에 대한 설명 중 가장 부적절한 것은?

① 다량원소 결핍 시 수간주사를 실시한다.
② 5~9월의 맑은 날 낮에 실시하는 것이 좋다.
③ 수간주사지점 아랫부분인 뿌리에는 약제가 이동하지 않는다.
④ 약제의 이동속도는 활엽수(환공재) > 활엽수(산공재) > 침엽수이다.
⑤ 구멍의 깊이는 수피를 통과한 후 2cm가량 더 들어가야 한다.

104
여름에 개화하는 무궁화, 배롱나무, 금목서의 적정한 전정시기로 옳은 것은?

① 4월
② 6월
③ 8월
④ 9월
⑤ 10월

105
직근을 제외하고 뿌리가 아래쪽으로 자라면서 점차 굵어지는 뿌리형태의 명칭은?

① 지하경
② 측 근
③ 심장근
④ 개척근
⑤ 수평근

106
가로수의 전정시기에 대한 설명으로 옳지 않은 것은?

① 낙엽수는 7~8월과 11~3월이 적당하다.
② 침엽수는 10~11월이나 초봄에 1회 실시한다.
③ 상록수는 5~6월과 9~10월에 각각 1회 실시한다.
④ 1년생 가지에서 개화하는 수종은 가을에 실시한다.
⑤ 2년생 가지에서 개화하는 수종은 꽃이 진 후에 실시한다.

107
성숙잎의 엽맥 사이 조직에 결핍증을 나타내는 원소는?

① 인
② 질 소
③ 마그네슘
④ 칼 슘
⑤ 몰리브덴

108

수목의 상렬에 대한 설명으로 옳지 않은 것은?

① 코르크형성층이 손상을 받는다.
② 토양 멀칭으로 피해를 줄일 수 있다.
③ 변재가 심재보다 더 수축하여 발생한다.
④ 침엽수보다 활엽수에서 더 자주 관찰된다.
⑤ 직경이 10cm 정도의 나무에서 주로 발생한다.

109

기계톱 취급법에 관한 설명 중 옳지 않은 것은?

① 톱날을 빼 낼 때에는 비틀지 않아야 한다.
② 체인의 장력이 느슨해지면 바로 조정해야 한다.
③ 시동 후 최소 2~3분 간 저속운전하여 기관의 상태를 확인한다.
④ 톱니가 잘 세워지지 않은 것을 사용하면 나무가 불규칙하게 잘라진다.
⑤ 기계톱의 연속운전은 30분을 넘기지 말아야 한다.

110

비생물적 피해의 특징이 아닌 것은?

① 종특이성이 낮다.
② 1~2일 내에 급격히 진전되는 경우도 있다.
③ 여러 수종에서도 유사한 증상이 나타난다.
④ 한 지역 내에서 피해목이 불규칙적으로 분포한다.
⑤ 피해지의 거의 모든 나무에서 피해가 동시에 나타난다.

111

대기오염의 피해 및 방제에 대한 설명으로 옳지 않은 것은?

① 질소산화물은 잎 끝의 변색과 반점을 유발한다.
② 기공에 가까운 해면조직에 오존 피해가 심하다.
③ 빈번한 관수로 기공이 자주 열리면 황산화물로 인한 피해에 취약해 진다.
④ 아황산가스와 중금속은 엽맥사이 조직의 괴사를 유발한다.
⑤ 시비를 통해 황산화물질을 생성시켜 PAN피해에 대응한다.

112

전정 시 부후하기 쉬운 수종으로 옳지 않은 것은?

① 벚나무　② 오동나무
③ 목 련　④ 단풍나무
⑤ 향나무

113

수목의 이식에 대한 설명 중에서 옳지 않은 것은?

① 사전 뿌리 돌림은 2년 전부터 2회에 나누어 실시한다.
② 이식 적기는 겨울눈이 트기 직전에 실시하는 것이 좋다.
③ 이식 시에는 T/R율을 맞추기 위해 잎을 일부 제거하는 것이 바람직하다.
④ 분은 가는 뿌리를 많이 확보하기 위해서 옆으로 넓은 것이 바람직하다.
⑤ 이식 대상목은 2~3일 전에 충분한 관수를 실시하여 건조에 대비하여야 한다.

114

수목의 피소에 대한 설명으로 옳지 않은 것은?

① 매화나무, 목련, 배롱나무에서 자주 발생한다.
② 치마버섯류가 침입하여 상처가 확대될 수 있다.
③ 고온으로 인하여 1차 사부와 2차 사부가 파괴된다.
④ 양묘장에서 재배한 수목을 이식하여 단독으로 식재하는 경우 피해가 많이 발생한다.
⑤ 토양이 햇볕을 받아 표면 온도가 40℃를 넘으면 남서쪽의 수피가 피해를 입는다.

115

식재지에서의 수목에 대한 유독가스 피해와 관련된 설명으로 옳지 않은 것은?

① 잎이 작아지고 가지는 엉성하게 되고 갈변된다.
② 쓰레기 매립지에서는 주로 페놀, 암모니아가 배출된다.
③ 토양이 청회색이 되고 황 특유의 냄새가 난다.
④ 수분결핍, 뿌리썩음병과 유사한 피해증상이 나온다.
⑤ 배기관을 설치하고 산소공급을 촉진시켜 피해를 줄일 수 있다.

116

부후한 뿌리 수술에 관한 설명 중 옳은 것은?

① 살아있는 뿌리는 5~7cm폭으로 환상박피를 한다.
② 부패한 뿌리는 부위 면에서 절단하고 도포제를 도포한다.
③ 토양개량에 사용되는 퇴비는 총 부피의 20%이상 되도록 한다.
④ 수술 적기는 봄이지만 9월까지 자라므로 생육기간 중에는 실시할 수 있다.
⑤ 수간 바로 아래부터 시작하여 방사상으로 바깥을 향해 흙을 파서 들어간다.

117

토양 내 통기불량으로 인한 수목 피해를 설명한 것으로 옳지 않은 것은?

① 보행자의 답압으로 토양의 용적 비중이 감소한다.
② 콘크리트 포장으로 토양의 산소 이동이 감소한다.
③ 토양 수분이 산소의 확산을 저해하므로 과습 피해가 발생한다.
④ 토양이 청회색 또는 검게 변하고 황을 함유한 기체가 발생한다.
⑤ 토양 온도가 낮을 때 호흡 감소로 산소의 부족 가능성이 낮아진다.

118

수목의 동해에 대한 설명으로 옳지 않은 것은?

① 상록활엽수의 잎 가장자리 조직이 괴사하여 갈변된다.
② 세포 내 얼음 결정의 형성으로 세포소기관이 파괴된다.
③ 세포 간극에서 얼음 결정이 형성되어 세포벽이 파괴된다.
④ 침엽수 묘목의 잎이 붉게 변한 피해는 봄에 회복될 수도 있다.
⑤ 체내에 탄수화물을 축적하여 내한성을 증대시킴으로써 피해를 줄일 수 있다.

119

수목의 염해에 대한 설명으로 옳지 않은 것은?

① 염분이 축적되어 원형질막의 투과성이 변화된다.
② 침엽수의 해빙염 피해는 줄기의 여러 방향에서 나타난다.
③ 간척지에서는 성숙잎보다 어린잎에서 피해가 먼저 나타난다.
④ 전기전도도 4.0ds/m 이상 염류토양은 수목에 피해를 줄 수 있다.
⑤ 뿌리 주변에 염분이 축적되어 수분퍼텐셜을 저하시켜 수분결핍을 유발한다.

120

수목의 화재피해에 대한 설명으로 옳지 않은 것은?

① 활엽수 중에서 수수꽃다리, 고광나무, 참죽나무 등은 불에 강하다.
② 산불에 의한 잎의 치사온도는 52℃, 형성층의 치사온도는 60℃ 정도이다.
③ 화재 피해를 받은 부위는 생존여부를 확인한 후, 외과수술 실시 여부를 결정한다.
④ 분비나무, 잎갈나무, 가문비나무 등 침엽수는 다른 수종에 비해 불에 잘 견딘다.
⑤ 열의 강도와 지속시간, 수목 수피의 두께와 수분함량에 따라서 피해도가 달라진다.

121

알칼리성 토양에서 수목 생장에 부족하기 쉬운 원소는?

① 철, 아연, 망간
② 아연, 질소, 망간
③ 구리, 붕소, 몰리브덴
④ 망간, 몰리브덴, 아연
⑤ 마그네슘, 철, 알루미늄

122

관설해에 대한 설명 중 옳지 않은 것은?

① 가늘고 긴 수간이 피해를 많이 받는다.
② 활엽수보다 침엽수가 피해를 많이 받는다.
③ 복층림의 하층목은 상층에 의해서 피해를 덜 받는다.
④ 눈이 많이 오는 지역에서 산림 설해는 관설해를 의미한다.
⑤ 경사를 따른 임목의 고밀한 배치에 의해서 피해가 심하다.

123

아황산가스에 민감수종은?

① 사철나무
② 동백나무
③ 단풍나무
④ 졸참나무
⑤ 소나무

124

책상조직보다 해면조직에 피해를 주는 대기오염물질은?

① 오 존
② PAN
③ 이산화황
④ 질소산화물
⑤ 불화수소

125

지구온난화를 발생시키는 온실가스인 이산화탄소의 농도는?

① 약 200ppm
② 약 300ppm
③ 약 400ppm
④ 약 500ppm
⑤ 약 600ppm

126

다음 중 작물보호제의 주성분을 물과 섞일 수 있도록 계면활성제와 혼합하여 제조한 것이 아닌 것은?

① 수화제
② 액상수화제
③ 분산성액제
④ 입상수화제
⑤ 입 제

127

꽃매미류를 방제하기 위하여 에토펜프록스유제를 사용하려 한다. 2,000배액을 10L를 조제할 때 필요한 약제의 양은?

① 1ml ② 5ml
③ 10ml ④ 20ml
⑤ 50ml

128

소나무재선충병 방제에 사용되는 훈증제는?

① 메탐소듐
② 아바멕틴
③ 에마멕틴벤조에이트
④ 포스치아제이트
⑤ 베노밀

129

다음 농약에 사용되는 그림문자 중 고독성 농약 중 액체농약을 나타내는 것은?

① 

④ 

② 

④ 

⑤ 

130

아바멕틴의 농약 성분별 작용기작 분류 표시기호는?

① 6 ② C1
③ 가1 ④ A
⑤ 아3

131

유기인계 살충제에 대한 설명 중 옳지 않은 것은?

① 살충력이 강하고 적용 해충의 범위가 넓다.
② 식물체 및 동물체 내에서 분해가 빠르고 체내에 축적되지 않는다.
③ 약제 살포 후 광선에 의한 소실 위험이 적다.
④ 약제의 잔효성이 짧다.
⑤ 사람과 가축에 대한 급성독성은 일반적으로 강하나 만성독성은 낮다.

132

2019년 1월 1일부터 실시된 PLS제도에 의하여 등록되지 않은 농약에 대하여 일률적으로 적용되는 잔류허용기준은?

① 0.001ppm
② 0.01ppm
③ 0.1ppm
④ 1.0ppm
⑤ 10.0ppm

133

농약혼용의 장점에 대한 설명 중 옳지 않은 것은?

① 농약의 살포횟수를 줄여 방제비용을 절감할 수 있다.
② 서로 다른 병해충을 동시에 방제할 수 있다.
③ 같은 약제의 연용에 의한 내성을 억제할 수 있다.
④ 주성분의 물리적 성질을 개선시켜 약제의 효력을 증진시킬 수 있다.
⑤ 식물영양제와 혼용하면 비료효과를 동시에 볼 수 있다.

134

농약의 사용법에 대한 설명 중 옳지 않은 것은?

① 유제, 수화제, 액제는 물에 희석하여 살포한다.
② 사용에 필요한 양만을 구입한다.
③ 포장지(라벨) 표기사항을 반드시 숙지한다.
④ 유제와 수화제를 혼용할 때는 유제를 먼저 섞는다.
⑤ 바람을 등지고 살포한다.

135

농약 중독 원인과 방지책에 대한 설명 중 옳지 않은 것은?

① 피부 오염 시 약액이 묻은 옷을 벗기고 비눗물로 목욕을 한다.
② 음독에 의한 중독 시 따뜻한 소금물을 마시게 해서 토하게 한다.
③ 우유를 마시면 약물을 중화시킬 수 있다.
④ 피부염이 일어나면 항히스타민 연고를 바른다.
⑤ 흡입에 의한 중독 시 통기가 잘 되는 곳으로 옮겨 단추와 허리띠를 풀어 호흡을 돕는다.

136

제초제로 토양이 오염되었을 때의 대책으로 적합하지 않은 것은?

① 활성탄을 뿌려줘서 농약을 흡착시킨다.
② 제초제의 흡수를 막기 위해 물을 주지 않는다.
③ 무기양분을 토양관주하여 농약 대신 양분을 흡수하도록 유도한다.
④ 부엽토나 완숙퇴비를 섞어준다.
⑤ 겉흙을 걷어내고 신선한 토양으로 대체한다.

137

나무의사에 대한 100만 원 이하의 과태료 대상이 아닌 것은?

① 수목을 직접 진료하지 않고 처방전을 발급한 나무의사
② 정당한 사유 없이 처방전 발급을 거부한 나무의사
③ 보수교육을 받지 않은 나무의사
④ 동시에 두 개 이상의 나무병원에 취업한 나무의사
⑤ 진료부에 진료한 사항을 거짓으로 기록한 나무의사

138

소나무재선충병 방제지침에 관한 설명 중 옳지 않은 것은?

① 선단지는 재선충병 발생지역과 그 외곽의 확산우려 지역을 말한다.
② 매개충의 성충이 최초 우화하는 시기에 발생주의보를 발령한다.
③ 매개충 유인트랩은 설치 후 10일 간격으로 포획된 매개충을 수거・분석한다.
④ 최초 시료채취부터 국립산림과학원의 2차 최종 진단까지의 소요시간은 14일 이내로 한다.
⑤ 피해고사목 본수가 5만본 이상인 시・군・구는 "극심" 지역으로 구분한다.

139

산림보호법의 나무의사 관련 조항에 대해 잘못 기술한 것은?

① 산림보호법에 따른 나무의사 자격을 보유한 자가 아니면 나무의사 또는 이와 유사한 명칭을 사용하지 못한다.
② 한국나무의사협회는 법인으로 한다.
③ 나무병원에 종사하는 나무의사는 보수교육을 정기적으로 받아야 한다.
④ 나무의사는 자기가 직접 진료하지 아니하고는 처방전 등을 발급해서는 아니 된다.
⑤ 진료부와 처방전 등의 서식은 산림청장이 정한다.

140

나무의사가 과실로 수목진료를 사실과 다르게 행하는 위반행위를 몇 번 이상 하면 자격이 취소되는가?

① 1차 위반
② 2차 위반
③ 3차 위반
④ 4차 위반
⑤ 5차 위반

2019년 제 1 회

나무의사 필기 기출문제해설

기출유사문제

본 내용은 수험생의 기억을 바탕으로 복원된 문제로, 시험을 치루기 전 어떤 문제들이 출제되는지, 어떤 방식으로 출제되는지 등을 파악하기 위해 수록합니다. 실제 출제된 문제와 다를 수 있으니 이점 양해바랍니다.

제1과목 수목병리학

01

벚나무 빗자루병에 대한 설명으로 옳지 않는 것은?

① 병원균은 자낭균이다.
② 병원균은 나출자낭을 형성하는 자낭균으로 출아법으로 분생포자를 형성한다.
③ 병원균은 세포간극에서 수년간 살면서 가지를 굵게 한다.
④ 4월 하순~5월 하순 병든 부위 잎 앞면에서 병원체를 형성한다.
⑤ 겨울부터 이른 봄 사이에 빗자루 모양의 가지 전체를 잘라 태우고 자른 부위에 상처도포제를 바른다.

02

바이러스병에 대한 설명으로 옳지 않은 것은?

① 최초 발견된 바이러스는 담배모자이크바이러스이다.
② 바이러스는 경란전염이 되지는 않는다.
③ 감염되어도 병징이 없는 식물을 보독식물이라고 한다.
④ 바이러스는 광학현미경으로 봉입체를 관찰할 수 있다.
⑤ 종류는 2,000여 종이 넘으며 식물에서는 절반 정도가 발견되었다.

03

토양선충 중에서 외부기생성 선충은?

① 뿌리혹선충
② 뿌리썩이선충
③ 참선충목선충
④ 콩시스터선충
⑤ 감귤선충

04

밤나무 줄기마름병에 대하여 옳은 것은?

① 병원균은 *Cryphonectria endothia*이다.
② 서유구의 행포지에 기술되어 있다.
③ 저병원성 균주는 dsRNA바이러스를 가지고 있다.
④ 병반 위에 육안으로 판단되는 검은 포자가 형성된다.
⑤ 1900년경 북미에서 건너온 병원균은 아시아에서 밤나무림을 황폐화시켰다.

05

소나무 피목가지마름병에 대하여 옳은 것은?

① 병원균은 자낭각 자낭포자를 가진다.
② 지제부에 송진이 많이 누출된다.
③ 자낭 내에 형성된 자낭포자수가 4개이다.
④ 병든 부위에 수피를 벗기면 흰색 균사체를 쉽게 발견할 수 있다.
⑤ 해충피해, 기상변동 등 수세가 약해지면 집단발병한다.

06

수목병의 화학적 방제의 설명으로 옳지 않는 것은?

① 보르도액은 보호살균제이다.
② 상처도포제로 톱신페스트와 클로르피크린을 사용한다.
③ 몰리큐트에 의한 병은 테트라사이클린으로 방제가 가능하다.
④ 리기다소나무 푸사리움가지마름병은 테부코나졸 나무주사로 방제한다.
⑤ 병원균의 균사억제와 사멸이 가능한 약제로 테부코나졸, 베노밀이 있다.

07

모잘록병에 관한 설명 중 옳지 않은 것은?

① *Rhizoctonia solani*는 큰 수목에도 피해를 준다.
② 병원체로 작용할 때는 병원성과 균사융합형이 된다.
③ *Pythium.spp*와 *Rhizoctonia solani*는 불완전균류이다.
④ *Rhizoctonia solani*는 습한 곳과 비교적 건조한 곳에서도 발병한다.
⑤ *Pythium*은 환경이 좋지 않지 못한 상태에서는 난포자로 휴면한다.

08

수목 병원체에 대한 설명으로 옳지 않는 것은?

① 식물기생선충은 구침을 가지고 있으며 바이러스를 매개하기도 한다.
② 자낭균, 담자균은 격벽이 있으며 유성세대가 알려져 있다.
③ 기생식물은 부착기로 양분과 수분을 흡수하고 겨우살이와 새삼이 있다.
④ 파이토플라스마는 체관 속에 존재하고 세포벽을 갖지 않는 원핵생물이다.
⑤ 바이러스의 유전정보는 핵산에 있고 최초로 발견된 것은 담배모자이크 바이러스이다.

09

아밀라리아뿌리썩음병에 대한 설명으로 옳지 않은 것은?

① 기주우점병이다.
② 근상균사속과 부채꼴균사판을 형성한다.
③ 수목에는 피해를 주나 초본류에는 피해를 주지 않는다.
④ 잣나무는 *Armillaria solidipes*에 가장 민감한 기주이다.
⑤ 아밀라리아는 백색부후 곰팡이이며 부후된 부분에서 대선을 볼 수 있다.

10

벚나무 갈색무늬구멍병의 방어기작으로 옳은 것은?

① 왁스층의 형성
② 전충체 형성
③ 파이토알렉신
④ Gum물질 축적
⑤ 이층의 형성

11

병원균에 대한 설명으로 옳지 않은 것은?

① 식물바이러스는 선충에 의해 옮겨지기도 한다.
② 파이토플라스마의 대표적인 병은 대추나무 빗자루병이다.
③ 바이러스는 핵산과 단백질 껍질로 이루어져 있다.
④ 세균은 핵막이 없고 DNA가 세포질에 퍼져 있다.
⑤ 파이토플라스마는 테트라사이클린과 페니실린에 감수성이다.

12

참나무 시들음병에 대한 설명으로 옳지 않은 것은?

① 매개충은 광릉긴나무좀이다.
② 피해수종은 주로 신갈나무, 졸참나무이다.
③ 매개충의 유충은 균사를 섭식하며 자란다.
④ 주로 참나무 중 허약한 어린나무에서 발병한다.
⑤ 병원균은 *Raffaelea quercus-mongolicae*이다.

13

잎녹병의 병원균과 기주와 중간기주가 옳게 연결된 것은?

① *Coleosporium asterum* : 소나무 – 넓은 잔대
② *Coleosporium eupatorii* : 잣나무 – 골등골나물
③ *Coleosporium campanulae* : 소나무 – 과꽃
④ *Coleosporium phellodendri* : 소나무 – 개미취
⑤ *Coleosporium plectranthi* : 곰솔 – 개쑥부쟁이

14

***Entomosporium*균이 일으키는 잎에 발생하는 수목병은?**

① 홍가시나무 점무늬병
② 모과나무 점무늬병
③ 느티나무 흰별무늬병
④ 소나무 잎떨림병
⑤ 칠엽수 얼룩무늬병

15

흰가루병에 대한 설명으로 옳지 않은 것은?

① *Uncinula*균의 부속사는 직선형이다.
② *Sphaerotheca*균의 자낭수는 여러 개이다.
③ *Erysiphe*균의 부속사는 굽은 일자형으로 자낭수가 여러 개이다.
④ *Podosphaera*균의 부속사는 덩굴형으로 자낭수는 1개이다.
⑤ *Phyllactinia*균의 부속사는 직선형이다.

16

***Pseudocercospora*균에 대한 설명으로 옳지 않은 것은?**

① 소나무 잎마름병을 발생시키는 병균이다.
② 포플러나무의 갈반병을 발생시킨다.
③ 느티나무 갈반병을 발생시킨다.
④ 무궁화 점무늬병을 발생시킨다.
⑤ 동백나무 겹둥근무늬병을 발생시킨다.

17

밤나무 줄기마름병에 대한 설명으로 옳지 않은 것은?

① 길이 방향으로 균열이 생긴다.
② 자낭포자와 분생포자에 의해서 감염이 된다.
③ 자낭반이 수피 밑에 형성되며 수피의 갈라진 틈으로 돌출한다.
④ 병든 부위의 수피를 떼어내면 황색의 두툼한 균사판이 나타난다.
⑤ 분생포자는 주로 빗물이나 곤충에 의해 전반이 된다.

18

목재부후균에 대한 설명이다. 옳지 않은 것은?

① 백색부후균은 대부분이 담자균이다.
② 백색부후균은 리그린까지도 분해한다.
③ 백색부후균은 변재부를 나이테모양으로 남긴다.
④ 갈색부후균은 콩버섯, 콩꼬투리버섯 등을 만든다.
⑤ 갈색부후균은 벽돌모양으로 금이 가면서 쪼개짐을 발생시킨다.

19

다음 중 병원균우점병이 아닌 것은?

① 모잘록병
② 리지나뿌리썩음병
③ 아밀라리아뿌리썩음병
④ 파이토프토라뿌리썩음병
⑤ 사과나무 줄기밑동썩음병

20

흰날개무늬병에 대한 설명으로 옳지 않은 것은?

① 담자균에 의해서 발생한다.
② 병원균은 꼬투리버섯목에 속한다.
③ 10년 이상된 과수원에서 자주 발생한다.
④ 나무뿌리는 흰색의 균사막으로 싸여 있다.
⑤ 부채모양의 균사막과 실모양의 균사다발을 확인할 수 있다.

21

곰팡이의 동정과정에서 사용하는 방법으로 옳지 않은 것은?

① 그람염색법을 이용하여 관찰한다.
② ITS부위를 PCR증폭하여 염기서열을 분석한다.
③ 포자는 일반적으로 고배율 광학현미경으로 형태를 관찰한다.
④ 포자형성이 잘되지 않을 때는 근자외선이나 형광등을 쬐어 준다.
⑤ 병징이나 표징이 잘 나타나지 않을 때에는 습실처리하여 병반부위에 형성된 포자를 관찰한다.

22

식물병원성 세균에 대한 설명으로 옳지 않은 것은?

① 단세포 생물로 원핵생물이다.
② 식물세균병으로 입증된 최초의 병은 핵과류 세균성 구멍병이다.
③ 방선균은 격막이 있는 실모양의 균사형태로 자라고 내생포자를 형성한다.
④ 뿌리혹병을 일으키는 *Agrobacterium*은 그람음성균으로 Ti-plasmid를 가지고 있다.
⑤ 선모를 통해 한쪽 세균의 DNA가 다른 쪽 세균으로 옮겨가는 것을 형질도입이라고 한다.

23

수목에 발생하는 화상병에 대한 설명으로 옳지 않은 것은?

① 모과나무에서도 발생한다.
② 병원균은 그람음성균인 *Erwinia amylovora*이다.
③ 방제법으로 보르도액, 스트렙토마이신을 살포한다.
④ 국내에서는 2015년 안성, 안동에서 피해가 처음 확인되었다.
⑤ 검역금지병으로 지정되어 있어 농산물 수출입 시 엄격히 규제된다.

24

수병에 대한 기록을 빠른 순으로 옳게 나열한 것은?

① 배나무 붉은별무늬병, 잣나무 털녹병, 포플러 잎녹병, 소나무재선충병, 소나무 송진가지마름병
② 잣나무 털녹병, 배나무 붉은별무늬병, 포플러 잎녹병, 소나무 송진가지마름병, 소나무재선충병
③ 배나무 붉은별무늬병, 포플러 잎녹병, 소나무재선충병, 잣나무 털녹병, 소나무 송진가지마름병
④ 잣나무 털녹병, 배나무 붉은별무늬병, 소나무 송진가지마름병, 포플러 잎녹병, 소나무재선충병
⑤ 소나무 송진가지마름병, 배나무 붉은별무늬병, 잣나무 털녹병, 소나무재선충병, 포플러 잎녹병

25

기주우점병이 아닌 것은?

① 흰날개무늬병
② 자주날개무늬병
③ 아밀라리아뿌리썩음병
④ Annosum뿌리썩음병
⑤ 리지나뿌리썩음병

제2과목 수목해충학

26

해충방제법으로 옳지 않은 것은?

① 광릉 긴나무좀은 끈끈이트랩 1.5m 이내 설치한다.
② 미국흰불나방은 5월 상순~8월 중순에 알덩어리를 소각한다.
③ 솔잎혹파리는 나무주사를 피해도 "중" 이상에서 사전에 예방한다.
④ 미국선녀벌레 산림방제 시 농림지와 생활권 수목 등도 같이 방제한다.
⑤ 솔껍질깍지벌레, 재선충이 혼합 발생한 경우 소나무재선충 방제에 준하여 방제한다.

27

성충의 입을 옳게 연결한 것은?

① 아까시혹파리 – 씹는 입
② 동양하루살이 – 빨아먹는 입
③ 벚나무 깍지벌레 – 빠는관입형
④ 벚나무 모시나방 – 뚫어빠는 입
⑤ 볼록총채벌레 – 줄쓸어빠는 입

28

외래해충이 아닌 것은?

① 솔잎혹파리
② 미국흰불나방
③ 갈색날개매미충
④ 아까시잎혹파리
⑤ 진달래방패벌레

29

밤바구미에 대한 설명 중 옳지 않은 것은?

① 배설물을 배출하지 않는다.
② 밤은 만생종보다 조생종이 피해가 많다.
③ 주둥이는 암컷성충이 수컷보다 길어 산란활동에 유리하다.
④ 1년에 1회 발생하지만 2년에 1회 발생하는 개체도 있다.
⑤ 노숙유충으로 토양 속 18~36cm 깊이에서 흙집을 짓고 월동한다.

30

이동을 하는 흡즙성 해충은?

① 왕공깍지벌레
② 식나무깍지벌레
③ 벚나무깍지벌레
④ 가루깍지벌레
⑤ 느티나무알락진딧물

31

생식기관의 명칭과 기능 중 옳지 않은 것은?

① 저장낭은 수컷의 알을 저장한다.
② 저정낭은 암컷의 난자를 보관한다.
③ 암컷의 부속샘은 알의 보호막, 점착액을 분비한다.
④ 수컷의 부속샘은 정자가 이동하기 쉽게 돕는다.
⑤ 정소는 여러 개의 정소소관이 모여 하나의 낭 안에 있다.

32

해충의 직접조사 방식에 대한 설명이다. 조사방식은 무엇인가?

- 해충의 밀도조사를 순차적으로 추적하면서 방제여부를 결정하는 방법
- 곤충의 개체군 조사방법 중 표본의 크기가 정해져 있지 않고 관측지 합계가 미리 구분된 계급에 속할 때까지 표본추출하는 방법

① 원격탐사　② 전수조사
③ 축차조사　④ 생명표이용
⑤ 피해지수 조사

33

다음은 어떤 해충에 대한 설명인가?

- 노숙유충의 몸길이는 35mm
- 유충이 실을 토해 잎을 말고 그 속에서 가해
- 연 2~3회 발생하며 유충으로 월동

① 개나리잎벌　② 황다리독나방
③ 회양목명나방　④ 노랑털알락나방
⑤ 벚나무모시나방

34

곤충이 번성하게 된 원인이 아닌 것은?

① 비행능력 – 개체군이 새로운 서식지로 빠르게 확장한다.
② 번식능력 – 수컷이 전혀 없는 종도 있으며 무성생식도 한다.
③ 변태 – 완전변태는 곤충강 27목 중 20개목으로 환경에 유리하다.
④ 작은몸집 – 생존과 생식에 필요한 최소한의 자원으로 유지한다.
⑤ 외부골격 – 골격이 몸의 외부에 있는 키틴으로 되어 있다.

35

기주범위에 따른 해충을 구분한 것 중 옳지 않은 것은?

① 오리나무좀 – 광식성
② 줄마디가지나방 – 단식성
③ 벚나무깍지벌레 – 협식성
④ 뽕나무깍지벌레 – 협식성
⑤ 느티나무벼룩바구미 – 단식성

36

더듬이형태와 곤충이 맞게 연결된 것은?

① 팔굽모양(슬상) – 무당벌레
② 실모양(사상) – 흰개미
③ 가시털모양(자모상) – 집파리
④ 톱니모양(거치상) – 매미류
⑤ 아가미모양(새상) – 밑빠진벌레

37

기생성 천적에 대한 설명 중 옳지 않은 것은?

① 먹좀벌류은 외부기생성 천적이다.
② 개미침벌은 외부기생성 천적이다.
③ 가시고치벌은 외부기생성 천적이다.
④ 진디벌류는 내부기생성 천적이다.
⑤ 솔수염하늘소는 개미침벌, 가시고치벌이 기생성 천적이다.

38

해충분류군(목명 – 과명 – 속명) 연결로 옳은 것은?

① 대벌레 : Acarina – Phasmatidae – Ramulus
② 회양목명나방 : Lepidoptera – Crambidae – Glyphodes
③ 솔나방 : Lepidoptera – Lasiocampidae – Dendrolimus
④ 진달래방패벌레 : Hemiptera – Tingidae – Stephanitis
⑤ 밤바구미 : Coleptera – Curculionidae – Curculio

39

배다리가 있는 곤충은?

① 칠성무당벌레
② 주둥무늬차색풍뎅이
③ 풀잠자리
④ 솔잎혹파리
⑤ 벚나무모시나방

40

솔껍질깍지벌레에 대한 설명으로 옳지 않은 것은?

① 국내에서는 1963년 전남 고흥에서 최초 발생하였다.
② 피해수준은 7년 이상 22년 이하의 수령에서 가장 높다.
③ 후약충으로 겨울을 보내지만 겨울에도 수액을 빨아 먹어 피해를 준다.
④ 1년에 1회 발생하며 암컷은 불완전변태, 수컷은 완전변태를 한다.
⑤ 방제방법은 2~5월경 페로몬트랩을 설치하여 암컷 성충을 유인한다.

41

다음 설명 중 옳지 않은 것은?

① 곤충은 기온 및 먹이자원에 따라 휴면과 휴지를 한다.
② 휴지는 대사활동과 발육이 진행되지 않는다.
③ 휴지는 환경이 좋아지면 즉시 정상상태로 회복된다.
④ 휴면은 내분비계에 의해 발육이 정지된 상태를 말한다.
⑤ 휴면은 환경이 좋아져도 곧바로 발육을 할 수 없다.

42

곤충의 소화계의 명칭과 기능이 잘못 연결된 것은?

① 전장 : 음식물의 섭취와 임시보관을 한다.
② 중장 : 소화액을 통한 소화 및 흡수를 담당한다.
③ 후장 : 음식물 찌꺼기와 말피기소관을 통해 흡수된 오줌을 배설한다.
④ 편도세포 : 탈피호르몬을 생산한다.
⑤ 말피기관 : 영양물질의 저장장소의 역할을 한다.

43

다음 중 중간기주가 있는 수목 가해 진딧물을 연결한 것이다. 옳지 않은 것은?

① 목화진딧물 – 오이, 고추
② 외줄면충 – 대나무
③ 검은배네줄면충 – 벼과식물
④ 복숭아가루진딧물 – 억새, 갈대
⑤ 사사키혹진딧물 – 나도바랭이새

44

해충의 주된 피해수목이 옳지 않은 것은?

① 줄마디가지나방 – 회화나무
② 별박이자나방 – 쥐똥나무
③ 남포잎벌 – 굴참나무
④ 극동등애잎벌 – 철쭉류
⑤ 자귀뭉뚝날개나방 – 자귀나무

45

진달래방패벌레에 대한 설명 중 옳지 않은 것은?

① 1년에 4~5회 발생한다.
② 온도와 습도가 높을 경우 피해가 많이 나타난다.
③ 성충은 낙엽사이나 지피물 밑에서 월동한다.
④ 주변지역과 동시에 방제를 실시하는 것이 바람직하다.
⑤ 발생초기에 디노테퓨란, 티아메톡삼 입상수화제 등을 잎의 뒷면에 살포한다.

46

곤충의 개체군은 대부분 집중 분포한다. 그 이유에 대한 설명으로 옳지 않은 것은?

① 서식처가 이질적이기 때문
② 유충의 이동력이 작기 때문
③ 개체 간 배타성이 있기 때문
④ 대체로 알을 난괴로 낳기 때문
⑤ 무리를 지어 살면 생존률이 높기 때문

47

곤충의 암수생식기에 대한 설명으로 옳지 않은 것은?

① 암컷은 정자를 받음으로써 성적으로 성숙한다.
② 배자발육단계에서 생식기관은 내배엽에서 기원한다.
③ 암컷은 수컷의 정자를 받아 저장하는 수정낭이 있다.
④ 곤충의 생식기는 유충단계에서 어느 정도 형태가 갖추어진다.
⑤ 수컷도 정자를 생산하여 일시적으로 모아두는 저정낭이 있다.

48

동기주와 하기주로 분류하지 않는 해충은?

① 느티나무외줄면충
② 오배자면충
③ 오갈피나무이
④ 때죽납작진딧물
⑤ 팽나무이

49

꽃매미에 대한 설명 중 옳지 않은 것은?

① 감로에 의해 그을음병을 유발한다.
② 1년에 1회 발생하고 알상태로 월동한다.
③ 2006년 이후 전국에 급속히 퍼지고 있다.
④ 3령충까지는 붉은색이나 4령충 이후에 검은색이 된다.
⑤ 잎이나 새로 자라는 가지에서 약충과 성충이 흡즙한다.

50

곤충의 지방체를 설명한 것으로 옳지 않은 것은?

① 지방체는 사람의 간과 같은 역할을 한다.
② 지방체는 글리코겐, 지방, 단백질 등을 저장한다.
③ 지방체에서 발견되는 세포유형은 영양세포이다.
④ 지방체는 탄수화물, 지질, 질소화합물의 대사작용에 관여한다.
⑤ 지방체는 매우 작아 해부 시 찾기가 매우 어렵다.

제3과목 수목생리학

51

다음 중 단당류인 것은?

① Fructose
② Maltose
③ Sucrose
④ Cellulose
⑤ Lactose

52

다음 중 코르크층의 2차 세포벽에 많이 존재하는 물질은?

① 리그닌
② 수베린
③ 펙 틴
④ 큐 틴
⑤ 수 지

53

다음 중 광호흡에 대한 설명 중 옳지 않은 것은?

① 잎에서 광조건하에서만 일어난다.
② 엽록소, Peroxisome, 미토콘드리아가 광호흡에 관여하는 세포내 소기관이다.
③ RuBP carboxylase가 이산화탄소보다 산소에 대한 친화력이 강하기 때문에 일어난다.
④ C-4 식물이 C-3 식물보다 광호흡량이 적다.
⑤ 낮에 일어나는 광호흡은 야간에 일어나는 호흡에 비해 빠른 속도로 진전된다.

54

수목의 질소대사에 대한 설명 중 옳지 않은 것은?

① 식물은 필수아미노산을 자체적으로 합성할 수 있다.
② 질산환원은 질산태 형태로 흡수된 질소가 암모늄태 질소로 환원되는 과정이다.
③ 소나무류는 잎에서 질산환원이 일어나는 도꼬마리형이다.
④ 암모늄 이온은 환원적 아미노반응과 아미노기 전달반응을 통해 아미노산 생산에 사용된다.
⑤ 광호흡과정에서 발생하는 암모늄 이온은 엽록체에서 고정된다.

55

다음 중 지방 분해와 관련된 소기관으로 바르게 이루어진 것은?

① Oleosome, Glyoxysome, Mitochondria
② Chloroplast, Glyoxysome, Peroxisome
③ Mitochondria, Gloyoxysome, Peroxisome
④ Ribosome, Oleosome, Mitochondria
⑤ Peroxisome, Glyoxysome, Oleosome

56

다음 중 낙엽과 낙지 등에 의한 토양 피복의 효과가 아닌 것은?

① 강우에 의한 표토의 침식과 유실을 막는다.
② 토양수분의 증발을 막아 보습력을 증대시킨다.
③ 표토의 온도를 조절하여 토양 미생물상을 보호한다.
④ 투수성과 보수성이 높아져 표토를 과습하게 하여 뿌리발달을 방해한다.
⑤ 토양에 유기물을 공급하여 나무의 생장을 돕는다.

57

잎의 기공개폐에 대한 설명 중 옳지 않은 것은?

① 고산지대로 갈수록 기공의 밀도가 증가하는 경향이 있다.
② 200년 전과 비교할 때 이산화탄소의 농도가 높아지면서 기공의 밀도가 감소하였다.
③ 공변세포에 칼륨이 들어오면 삼투퍼텐셜이 높아져 기공이 열린다.
④ 수분부족현상이 계속되면 Abscisic acid가 만들어진다.
⑤ 기공이 열리는 데 필요한 광도는 전광의 1/1000~1/30 가량이다.

58

엽록체의 구조 중 광반응과 암반응이 일어나는 곳을 바르게 짝지은 것은?

① 그라나 – 스트로마
② 스트로마 – 그라나
③ 그라나 – 리보좀
④ 스트로마 – 리보좀
⑤ 그라나 – 미토콘드리아

59

종자발아의 첫 단계로 알맞은 것은?

① 효소 생산
② 수분흡수
③ 식물호르몬 생산
④ 세포분열
⑤ 저장물질의 분해

60

고정생장과 자유생장에 대한 설명 중 옳지 않은 것은?

① 고정생장은 전년도에 줄기의 원기가 형성된다.
② 자유생장은 춘엽과 하엽의 이엽지를 만든다.
③ 소나무류 중에서 테다소나무와 대왕송은 자유생장을 한다.
④ 고정생장을 하는 나무는 수간의 마디수로 나무의 나이를 추정할 수 있다.
⑤ 고정생장을 하는 나무가 자유생장을 하는 나무보다 빨리 자란다.

61

CAM 식물군에 대한 설명 중 옳지 않은 것은?

① 밤에 기공을 열고 이산화탄소를 흡수한다.
② C-4 경로와 C-3 경로를 모두 거쳐 광합성을 완성한다.
③ 고정된 이산화탄소는 Oxaloacetic acid로 전환되어 액포에 저장된다.
④ 주로 사막지방과 염분지대에 자라는 다육식물들이 CAM 식물군에 속한다.
⑤ 수분환경이 좋아지면 C-3 식물과 마찬가지로 광합성을 한다.

62

다음 중 형성층에 대한 설명 중 옳지 않은 것은?

① 유관속형성층은 2차 목부와 2차 사부를 생산한다.
② 사부조직이 목부조직보다 먼저 만들어진다.
③ 형성층에 의한 뿌리의 2차 생장은 첫 해 혹은 둘째 해에 시작한다.
④ 뿌리의 형성층은 봄에 깊은 부분에서 시작하여 토양표면 가까이로 파급된다.
⑤ 뿌리의 코르크형성층은 내초 세포의 분열로 시작하여 형성된다.

63

식물의 색소 중 파이토크롬이 반응하는 광은?

① 청색광 ② 적색광
③ 남색광 ④ 녹색광
⑤ 황색광

64

수목의 부위 중 수분퍼텐셜이 가장 높은 부위는?

① 뿌 리 ② 잎
③ 줄 기 ④ 가 지
⑤ 열 매

65

식물의 호흡과정에 대한 설명 중 옳지 않은 것은?

① 세포 기관 중 미토콘드리아에서 일어난다.
② 포도당에 저장된 에너지가 ATP 형태로 저장된다.
③ 해당작용은 산소를 요구하는 단계이다.
④ Krebs 회로에서 이산화탄소와 함께 NADH를 생산한다.
⑤ 말단전자전달경로에서 산소가 환원되면서 물이 생산된다.

66

다음 중 내음성이 가장 큰 수종은?

① 낙엽송 ② 호랑가시나무
③ 버드나무 ④ 붉나무
⑤ 자작나무

67

수목의 수분 스트레스에 대한 설명 중 옳지 않은 것은?

① 수분 스트레스는 광합성에 영향을 미친다.
② 자유생장을 하는 수종은 고정생장을 하는 수종에 비해 수분 스트레스 영향이 길다.
③ 도시열섬 현상은 수목의 증발량과 증산량을 증가시킨다.
④ 지구온난화는 겨울철 건조 스트레스를 유발한다.
⑤ 수분부족으로 체내 수분함량이 줄어들면 수분퍼텐셜은 증가한다.

68

다음 고광도반응에 대한 설명 중 옳지 않은 것은?

① 암흑에서 자란 수수의 붉은 색소 합성과 관계한다.
② 파이토크롬 색소보다 최소 100배 가량의 고광도를 요구한다.
③ 적색광과 원적색광에 의해 상호환원된다.
④ 청색, 적색, 원적색 부근에 1개 이상의 흡광정점을 가진다.
⑤ 종자발아, 줄기의 생장억제, 잎의 신장생장에 관여한다.

69

생식생장과 영양생장에 대한 설명 중 옳지 않은 것은?

① 일반적으로 생식생장은 영양생장을 억제한다.
② 수목의 영양분 불균형은 불규칙결실을 초래한다.
③ 성장하는 사과나무 과실의 종자는 지베렐린을 생산하여 화아 생성을 촉진한다.
④ 수분스트레스로 개화를 촉진시킬 수 있다.
⑤ 자라고 있는 열매는 영양분을 독점적으로 이용하는 강력한 수용부이다.

70

식물호르몬에 대한 설명으로 옳지 않은 것은?

① 에틸렌은 바나나와 파인애플의 개화를 촉진한다.
② 사이토키닌은 식물의 세포분열을 촉진하고 잎의 노쇠를 지연시킨다.
③ 아브시스산은 목부와 사부를 통해 이동한다.
④ Amo-1618과 CCC(Cycocel)은 지베렐린의 합성을 방해하는 생장억제제이다.
⑤ 옥신은 줄기의 마디생장을 촉진한다.

71

수목의 내한성에 대한 설명 중 옳지 않은 것은?

① 수목은 내한성을 증가시키기 위해 체내 탄수화물과 지질의 함량을 증가시킨다.
② 세포내 수분함량을 증가시켜 원형질의 빙점을 낮춘다.
③ 수용성 단백질은 세포내 자유수를 감소시켜 세포내 결빙현상을 억제한다.
④ 인지질 함량이 증가하여 세포막의 고체겔화를 방지한다.
⑤ 전분을 가수분해시켜 당류의 함량을 증가시킨다.

72

다음 중 산림쇠퇴의 원인 중 식물체 무기영양소의 용탈과 가장 관계가 깊은 것은?

① 산성비
② 알루미늄 독성
③ 세근의 파괴
④ 뿌리썩음병균
⑤ 영양불균형

73

일반적으로 알칼리성 토양에서 자라는 수목에서 흔히 관찰되는 황화현상은 어느 영양소의 결핍에 의한 것인가?

① 인
② 칼 륨
③ 몰리브덴
④ 염 소
⑤ 철

74

대기오염물질에 의한 수목 피해에 대한 설명 중 옳지 않은 것은?

① 오존 - 잎에 주근깨 반점이 생김
② 아황산가스 - 물에 젖은 듯한 모양
③ PAN - 잎 뒷면에 광택이 나면서 청동색으로 변함
④ 질소산화물 - 침엽수 잎의 고사부위와 건강부위의 경계가 모호함
⑤ 불소 - 가장 독성이 크고 체내에 계속적으로 축적됨

75

다음 중 수목 내 지질의 기능이 아닌 것은?

① 세포의 구성성분
② 저장물질
③ 보호층 조성
④ 저항성 증진
⑤ 세포막의 선택적 흡수

제4과목 산림토양학

76

용적밀도가 1.25g/cm^{3}이고 중량수분함량이 20%인 토양의 기상은 몇 %인가? (단, 이 토양의 입자밀도는 2.50g/cm^{3}으로 한다)

① 15%
② 20%
③ 25%
④ 30%
⑤ 35%

77

토양의 유효수분을 계산하기 위해 필요한 것은?

① 흡습수와 위조점
② 포장용수량과 중력수
③ 중력수와 위조점
④ 포장용수량과 위조점
⑤ 위조점과 흡습수

78

다음 중 알칼리성 토양을 개량하기 위한 물질로 적당하지 않은 것은?

① 황
② 석 고
③ 석 회
④ 유기물
⑤ 카올리나이트

79

우리나라 산림토양 분류에 대해 잘못 기술된 것은?

① 8개 토양군, 11개 토양아군, 28개 토양형으로 분류된다.
② 적황색 산림토양의 분포비율이 가장 높다.
③ 수분형은 건조, 약건, 적윤, 약습으로 구분하고 숫자 1, 2, 3, 4로 나타낸다.
④ 침식토양은 약침식, 강침식, 사방지토양으로 구분된다.
⑤ 암적색 산림토양군은 석회암을 모재로 한다.

80

지각의 구성원소를 함유량 순으로 옳게 나열한 것은?

① 규소 - 철 - 나트륨 - 마그네슘
② 철 - 규소 - 마그네슘 - 나트륨
③ 나트륨 - 마그네슘 - 철 - 규소
④ 규소 - 마그네슘 - 나트륨 - 철
⑤ 규소 - 철 - 마그네슘 - 나트륨

81

다음 중 화산회를 모재로 하는 토양은?

① Oxisols ② Andisols
③ Spodosols ④ Vertisols
⑤ Aridsols

82

다음 중 2:1형 규산염 점토광물이 아닌 것은?

① Kaolinite ② Smectite
③ Illite ④ Vermiculite
⑤ Montmorillonite

83

다음의 식물필수영양소 중 다량원소가 아닌 것은?

① S ② N
③ Ca ④ Fe
⑤ K

84

토양생성작용 중 토양이 환원상태에 놓일 때 일어나는 현상과 관련이 가장 깊은 것은?

① 회색화작용
② 라테라이트화작용
③ 포드졸화작용
④ 염류화작용
⑤ 갈색화작용

85

다음 중 양이온교환용량에 대한 설명 중 옳지 않은 것은?

① 유기물함량이 많아지면 양이온교환용량이 증가한다.
② 카올리나이트가 버미큘라이트보다 크다.
③ 일반적으로 사양토보다는 식양토에서 크다.
④ 토양 pH가 높아지면 양이온교환용량도 커진다.
⑤ 점토광물을 분쇄하여 분말도를 높이면 양이온교환용량이 증가한다.

86

토양에서 유기물분해에 대한 설명 중 옳지 않은 것은?

① 탄질률이 높으면 분해가 어려워진다.
② 리그닌이 셀룰로스보다 분해가 어렵다.
③ 탄질률이 낮은 유기물은 질소기아현상을 유발할 수 있다.
④ 수분이 적당하고 온도가 높고 통기가 잘 되는 토양에서 유기물이 집적되기 어렵다.
⑤ 새로운 유기물이 가해지면 발효형 미생물의 개체수가 급격히 증가한다.

87

토양에서 질소순환에 대한 설명 중 옳지 않은 것은?

① 탈질작용은 배수가 불량한 곳에서 일어난다.
② 유기물의 C/N율이 30 이상일 때 고정화 반응이 우세하다.
③ 질산화작용은 토양 중에서 질소의 이동성을 증가시킨다.
④ 콩과식물에 질소질비료를 주면 질소고정능력이 증가한다.
⑤ 토양 pH가 7 이상이고 온도가 높으면 질소가 휘산되기 쉽다.

88

칼륨과 함께 기공의 개폐에 관여하는 미량원소는?

① Fe　　② Mn
③ Mo　　④ Si
⑤ Cl

89

산림토양과 경작지 토양에 대한 설명으로 옳지 않은 것은?

① 산림토양의 온도가 경작지 토양에 비해 낮다.
② 산림토양의 석력 함량이 높다.
③ 산림토양의 유기물함량이 높다.
④ 산림토양의 배수성이 양호하다.
⑤ 산림토양에서 지표유출수량이 많다.

90

용적밀도 $1.2g/cm^3$와 입자밀도 $2.6g/cm^3$인 토양이 있다. 이 토양의 면적이 1ha이고 깊이가 50cm일 때 토양의 무게는 얼마인가?

① 600톤　　② 1,200톤
③ 1,300톤　　④ 6,000톤
⑤ 13,000톤

91

토양유기물에 대한 설명 중 옳지 않은 것은?

① 유기물의 분해산물이다.
② 토양 pH의 변화에 완충작용을 한다.
③ 지온을 상승시킨다.
④ 침엽수의 잎이 활엽수의 잎보다 분해가 어렵다.
⑤ 부식은 Al, Cu, Pb 등과 킬레이트화합물을 형성하여 독성을 증가시킨다.

92

토양반응에 대한 설명 중 옳지 않은 것은?

① 농경지에서 작물을 수확하여 제거하는 것은 토양 산성화의 원인이 될 수 있다.
② 토양이 산성화되면 철과 알루미늄의 독성이 증가한다.
③ 토양용액에 해리되어 있는 H 이온과 Al 이온에 의한 산도를 활산도라 한다.
④ 토양의 산성화는 질산화균의 활성을 촉진한다.
⑤ 토양의 산성화는 몰리브덴의 유효도를 감소시킨다.

93

토양수분에 대한 설명 중 옳지 않은 것은?

① 수분으로 포화된 토양에서 매트릭퍼텐셜이 중요하다.
② 중력수는 식물이 이용할 수 없는 비유효수분이다.
③ 포장용수량의 수분퍼텐셜은 위조점의 수분퍼텐셜보다 크다.
④ 습윤열은 토양입자 표면에 물이 흡착될 때 방출되는 열이다.
⑤ 물분자 사이의 강한 응집력에 의하여 표면장력이 생긴다.

94

토양의 특성에 따라 배수성을 비교할 때 옳지 않은 것은?

① 사양토 > 식양토
② 입상구조 > 판상구조
③ 용적밀도 $1.7g/cm^3$ > 용적밀도 $1.2g/cm^3$
④ 높은 지하수위 < 낮은 지하수위
⑤ 평지 < 경사지

95

토양의 pH 완충 작용과 가장 거리가 먼 것은?

① 유기물함량
② 수분함량
③ 점토함량
④ 양이온 교환용량
⑤ 염기성 양이온

96

균근균에 대한 설명 중 옳지 않은 것은?

① 내생균근균은 식물 뿌리에 침투하여 하티그망을 형성한다.
② 균근균은 인산의 유효도를 증가시킨다.
③ 송이버섯은 외생균근균에 속한다.
④ 균근균은 병원체로부터 나무의 뿌리를 보호한다.
⑤ 균근균에 감염된 소나무와 참나무류는 세근을 형성하지 않는다.

97

토양의 이온교환에 대한 설명 중 옳지 않은 것은?

① 수소이온의 흡착세기가 칼슘이온보다 크다.
② 하나의 칼슘이온은 두 개의 칼륨이온과 교환된다.
③ 양이온은 배위자교환에 의해 토양교질에 흡착된다.
④ 음이온은 산성토양에서 흡착이 증가한다.
⑤ Ca, Mg, K, Na 등은 교환성 염기이다.

98

토양침식에 대한 설명 중 옳지 않은 것은?

① 강우강도가 강우량보다 토양침식에 대한 영향이 크다.
② 건조한 토양은 풍식을 받기 쉽다.
③ 팽창성 점토광물은 강우의 토양 침투율을 높여준다.
④ 식물의 뿌리는 토양의 보수능력을 증가시킨다.
⑤ 피복이 지표면과 가까울수록 토양유실방지효과가 커진다.

99

식물영양소 중 Cysteine과 Methionine의 구성성분인 것은?

① 황 ② 철
③ 붕 소 ④ 망 간
⑤ 염 소

100

다음 중금속 중 산화조건에서 불용화되는 것은?

① 카드뮴 ② 철
③ 구 리 ④ 아 연
⑤ 크 롬

제5과목 수목관리학

101

광환경에 따른 수목의 생장 특성으로 옳지 않은 것은?

① 양수는 음수보다 광포화점이 높다.
② 음수는 양수보다 광보상점이 낮다.
③ 양엽은 광포화점이 높고 엽육이 두껍다.
④ 양수는 낮은 광도에서 음수보다 광합성 효율이 낮다.
⑤ 음수는 높은 광도에서 양수보다 광합성 효율이 높다.

102

수목의 종자결실을 촉진시키기 위한 방법으로 옳지 않은 것은?

① C/N율 조절 ② 수광량 조절
③ N,P,K 시비 ④ 환상박피
⑤ NAA(옥신계) 살포

103

수목이식 후 실시하는 목재칩 멀칭에 대한 효과로 옳지 않은 것은?

① 겨울에 토양동결을 방지한다.
② 토양 내 수분유지에 유리하다.
③ 여름에 토양온도를 상승시킨다.
④ 잡초의 발아와 생장을 억제한다.
⑤ 강우 시 표토의 유실을 막는다.

104

수목 식재지 토양의 답압피해 현상으로 옳지 않은 것은?

① 토양의 용적비중이 낮아진다.
② 토양의 침투능이 낮아 표토가 유실된다.
③ 토양 내 공극이 좁아져 배수가 불량해진다.
④ 토양 내 공극이 좁아져 통기성이 불량해진다.
⑤ 토양 내 산소부족으로 유해물질이 생성된다.

105

식재지 토양의 물리성을 판단하는 인자로 옳지 않은 것은?

① 토 성 ② 통기성
③ 토양공극 ④ 토양산도
⑤ 토양의 삼상

106

수목의 전정시기에 대한 설명으로 옳지 않은 것은?

① 수형을 다듬기에는 겨울전정이 적기다.
② 낙엽활엽수는 여름에 약전정을 실시한다.
③ 상록활엽수는 가을에 강전정을 실시한다.
④ 여름전정은 생육환경 개선을 위해 실시한다.
⑤ 낙엽활엽수는 휴면기인 겨울전정이 유리하다.

107

임목밀도가 과밀한 임분의 특성에 대한 설명으로 옳지 않은 것은?

① 토양구조의 발달이 불량하다.
② 수고에 비해 수간직경이 작다.
③ 높은 임목밀도로 사면안정성이 높다.
④ 임내가 어둡고 하층식생이 빈약하다.
⑤ 바람이나 눈 등으로 인한 기상재해에 약하다.

108

기계톱을 사용할 때 지켜야 할 안전수칙에 대한 설명으로 옳지 않은 것은?

① 연속운전 시간은 10분을 넘기지 않는다.
② 체인브레이크(안전장치)를 작동시켜 둔다.
③ 작업자의 어깨 높이 위에서 작업하지 않는다.
④ 작업자로부터 3m 이상의 이격거리를 유지한다.
⑤ 킥백현상을 막기 위해 안전판 끝을 사용한다.

109

전정 시 주의사항으로 옳지 않은 것은?

① 눈이 많은 곳은 눈이 녹은 후에 실시하는 것이 좋다.
② 상록활엽수는 대체로 추위에 약하므로 강전정은 피한다.
③ 추운지역에서는 가을에 전정 시 동해를 입을 수 있음으로 이른 봄에 실시한다.
④ 늦은 봄에서 초가을까지는 수목 내에 탄수화물이 적고 부후균이 많아 상처치유가 어렵다.
⑤ 단풍나무는 수액이 흐르는 4~6월은 전정을 피한다.

110

식물의 미성숙 노화, 꽃과 열매의 수량 감소, 식물 내 자가촉진을 유발하는 대기오염물질은?

① 오 존　　② 에틸렌
③ 불화수소　　④ 이산화황
⑤ 이산화질소

111

내화성이 약한 수종은?

① 벚나무, 삼나무
② 회양목, 마가목
③ 굴참나무, 동백나무
④ 음나무, 가문비나무
⑤ 고로쇠나무, 은행나무

112

방풍림을 조성하는데 부적합한 수종은?

① 편백, 자작나무
② 비자나무, 칠엽수
③ 소나무, 회화나무
④ 은행나무, 팽나무
⑤ 전나무, 후박나무

113

수목의 양분 흡수 시 상호작용에 의해 결핍이 발생하는 조합으로 옳지 않은 것은?

① 철 - 인
② 구리 - 질소
③ 구리 - 칼슘
④ 칼슘 - 붕소
⑤ 마그네슘 - 인

114

엽소와 피소에 취약한 수종을 순서대로 나열한 것은?

① 버즘나무, 단풍나무
② 칠엽수, 소나무
③ 사철나무, 곰솔
④ 잣나무, 졸참나무
⑤ 물푸레나무, 사철나무

115

저온피해에 대한 설명으로 옳지 않은 것은?

① 배롱나무, 오동나무가 취약하다.
② 수소 이온의 세포막 이입이 증가한다.
③ 잎의 가장자리가 괴사하고 갈색이 된다.
④ 사부조직을 파괴시키는 상렬도 있다.
⑤ 피해 가지에서 잠아가 발생할 수 있다.

116

염해의 예방 또는 사후대책으로 옳지 않은 것은?

① 토양에 활성탄을 투입한다.
② 줄기에 미량원소를 주입한다.
③ 오염된 토양을 물로 세척한다.
④ 도랑을 만들어 배수를 개선한다.
⑤ 염해에 강한 낙우송, 칠엽수를 식재한다.

117

관설해의 피해목이 아닌 것은?

① 복층림의 하층목
② 다양한 수종의 혼효림
③ 활엽수보다는 침엽수
④ 가늘고 긴 수간을 가진 수목
⑤ 경사를 따른 임목의 고밀한 배치

118

내건성 – 내습성 식물이 바르게 짝지워진 것은?

① 곰솔 – 낙우송
② 노간주나무 – 벚나무
③ 느릅나무 – 주목
④ 층층나무 – 아까시나무
⑤ 삼나무 – 오리나무

119

수목외과수술의 단계를 바르게 나열한 것은?

① 살균, 살충, 방부처리 – 부패부 제거 – 내부건조 및 방수처리 – 충전제 사용 – 가장자리형성층 노출
② 부패부 제거 – 내부건조 및 방수처리 – 살균, 살충, 방부처리 – 충전제 사용 – 가장자리형성층 노출
③ 내부건조 및 방수처리 – 부패부 제거 – 살균, 살충, 방부처리 – 충전제 사용 – 가장자리형성층 노출
④ 부패부 제거 – 살균, 살충, 방부처리 – 내부건조 및 방수처리 – 가장자리형성층 노출 – 충전제 사용
⑤ 부패부 제거 – 내부건조 및 방수처리 – 살균, 살충, 방부처리 – 가장자리형성층 노출 – 충전제 사용

120

외과수술에 대한 설명으로 옳지 않은 것은?

① 변색부를 깨끗하게 도려낸다.
② 살충제로 스미치온과 다이아톤을 사용한다.
③ 살균제로 70% 에틸알코올이 가장 효율적이다.
④ 외과수술의 적기는 형성층이 쉽게 분리되지 않는 여름철이다.
⑤ 방수처리는 공동충전 이후에 하나 공동충전 이전에 실시할 수 있다.

121

가지보호대에 대한 설명으로 옳지 않은 것은?

① 보호지대는 가지의 기부 안쪽에 형성되어 있다.
② 세포에 의해 만들어진 전분 및 기름 등 화학물질로 채워져 있다.
③ 가지보호대는 지륭의 끝부분에 있으며 이를 전정에 활용한다.
④ 가지보호대는 줄기와 만나는 지점으로 가지에서 줄기로 병원균의 확산을 막는다.
⑤ 가지보호대의 물질은 침엽수는 페놀 성분으로 되어 있다.

122

양분요구도가 높은 수목으로 연결된 것은?

① 금송 - 감나무
② 낙우송 - 등나무
③ 측백나무 - 오리나무
④ 노간주나무 - 느티나무
⑤ 향나무 - 단풍나무

123

어린잎에서 먼저 결핍증상이 나타나는 원소들은?

① 철, 칼슘
② 황, 질소
③ 칼륨, 염소
④ 인, 몰리브덴
⑤ 마그네슘, 붕소

124

방화식재와 관련된 설명 중 옳지 않은 것은?

① 침엽수의 수림이나 열식은 활엽수에 비해 방화효과가 크다.
② 생육기의 은행나무의 방화효과는 대단히 높다.
③ 상층목만 식재하는 것보다는 하층목을 함께 식재하는 것이 효과가 크다.
④ 일정한 너비로 고르게 수목을 식재한 수림대보다는 그 중앙부에 공지가 있는 것이 바람직하다.
⑤ 단순림보다는 혼효림을 식재하는 것이 더 바람직하다.

125

동계건조에 대한 설명으로 옳지 않은 것은?

① 이른 봄에 가장 많이 발생한다.
② 활엽수보다 침엽수의 피해가 심하다.
③ 토양이 얼어 있어 수분이 공급되지 않기 때문에 발생한다.
④ 건조현상이 심한 북서쪽에서 피해가 더 자주 발생한다.
⑤ 방풍림을 설치하여 증산작용을 최소화하여 피해를 줄일 수 있다.

126

물에 녹지 않는 원제를 증량제와 계면활성제와 섞어서 만든 분말 형태의 제제를 무엇이라 하는가?

① 유 제
② 수화제
③ 분 제
④ 입 제
⑤ 훈증제

127

느티나무벼룩바구미를 방제하기 위하여 메프유제를 살포하고자 한다. 800배액 160L를 조제할 때 필요한 약제의 양은?

① 20ml
② 40ml
③ 80ml
④ 120ml
⑤ 200ml

128

약제를 살포하였을 때 식물체나 곤충의 표면을 적시는 성질을 무엇이라 하는가?

① 확전성
② 유화성
③ 습윤성
④ 부착성
⑤ 현수성

129

농약허용물질목록관리제도(PLS)에 대한 설명으로 옳지 않은 것은?

① 잔류허용기준이 설정되지 않은 농약의 사용을 금지한다.
② 잔류허용기준이 설정되지 않은 농약에 대해서는 잠정기준을 적용한다.
③ 미등록 농약의 경우 일률적으로 0.01ppm 기준을 적용한다.
④ 같은 해충도 작물이 다르면 농약의 사용기준을 다시 평가해서 등록해야 한다.
⑤ 우리나라에서는 2019년 1월 1일부터 전면시행되었다.

130

농약의 포장지에 표기해야 할 사항이 아닌 것은?

① 화학명
② 농약제조 모집단의 일련번호
③ 유효성분의 일반명
④ 포장단위
⑤ 사용량

131

살충제의 저항성에 대한 설명 중 옳지 않은 것은?

① 동일한 약제를 동일 개체군 방제에 계속 이용할 경우 발생 가능성이 높다.
② 저항성은 후천적 적응에 의해 생겨난다.
③ 작용기작이 서로 다른 2종 이상의 약제에 대한 저항성을 복합저항성이라 한다.
④ 생태적 저항성은 행동습관의 변화로 인한 저항성이다.
⑤ 살충제 저항성의 대책으로 종합적 방제가 요구된다.

132

농약 작용기작별 분류의 표시 기호 중 살균제에 해당하는 것은?

① 1a ② 6
③ C1 ④ 라1
⑤ L

133

아미노산의 생합성을 저해하고 뿌리까지 이행하여 잡초를 완전히 고사시키는 특징을 가진 약제는?

① 시마진
② 글리포세이트
③ 그라목손
④ 2,4-D
⑤ 파라쿼트

134

피레스로이드계 살충제의 작용기작은?

① Acetylcholinesterase 활성 저해
② 시냅스 후막의 신경전달물질 수용체 저해
③ 신경축색 전달 저해
④ 키틴합성 저해
⑤ SH기를 가진 효소의 활성 저해

135

다음 중 작용기작이 다른 살충제는?

① 히드라메틸논 ② 아세퀴노실
③ 플루아크리피림 ④ 비페나제이트
⑤ 사이로마진

136

살균제에 대한 설명 중 옳지 않은 것은?

① 보호살균제는 포자 발아를 저지하고 식물이 병원균에 대한 저항을 갖도록 한다.
② 사용목적에 따라 종자소독제, 경엽처리제, 과실방부제, 토양소독제 등으로 구분한다.
③ 직접살균제는 병원균을 살멸시키는 살균 역할을 한다.
④ 비침투성살균제는 잎 표면에 집적되어 접촉독으로 균사를 죽인다.
⑤ 무기구리제는 경엽, 토양처리 또는 종자처리 등 직접살균제로 사용된다.

137

소나무재선충병 방제지침에 대한 설명으로 옳지 않은 것은?

① 미발생 지역 예찰에서 발견된 모든 감염의심목에서 시료를 채취한다.
② 재선충병 발생지역 내의 선단지에서 발견된 모든 감염의심목에서 시료를 채취한다.
③ 감염의심목의 시료는 별도하여 채취하는 것이 원칙이다.
④ 시료는 채취 후 3일 이내에 1차 진단기관에 송부한다.
⑤ 조경수 및 분재의 경우 상품가치와 상관없이 별도하여 시료를 채취한다.

138

산림보호법령에 의한 산림의 건강 및 활력도 조사기준에 해당하지 않는 것은?

① 식물의 생장 정도
② 토양의 산성화 정도
③ 대기오염에 의한 산림의 피해 정도
④ 산불의 발생과 이로 인한 피해 정도
⑤ 산림생태계의 다양성 정도

139

나무의사가 수목을 직접 진료하지 않고 처방전을 발급하였을 때의 과태료는 얼마인가?

① 100만 원 이하
② 200만 원 이하
③ 500만 원 이하
④ 1,000만 원 이하
⑤ 2,000만 원 이하

140

우리나라 보호수 중 가장 많은 수종은?

① 느티나무
② 팽나무
③ 은행나무
④ 소나무
⑤ 버드나무

기출문제
정답 및 해설

우리가 해야할 일은 끊임없이 호기심을 갖고
새로운 생각을 시험해보고 새로운 인상을 받는 것이다.

– 월터 페이터 –

2023년 제9회

나무의사 필기 기출문제해설

기출문제 정답 및 해설

1	2	3	4	5	6	7	8	9	10
③	②	①	⑤	③	⑤	②	②	①	④
11	12	13	14	15	16	17	18	19	20
⑤	①	①	②	③	③	④	⑤	⑤	③
21	22	23	24	25	26	27	28	29	30
④	①, ④	③	⑤	④	②	①	①	③	①
31	32	33	34	35	36	37	38	39	40
①	④	⑤	⑤	③	①	③	③	②	⑤
41	42	43	44	45	46	47	48	49	50
④	④	①	②	⑤	②	⑤	①	②	⑤
51	52	53	54	55	56	57	58	59	60
②	④	②	②	⑤	④	③	③	④	①
61	62	63	64	65	66	67	68	69	70
⑤	④	④	①	④	⑤	⑤	④	⑤	⑤
71	72	73	74	75	76	77	78	79	80
②	③	②	⑤	③	⑤	①	①	⑤	②
81	82	83	84	85	86	87	88	89	90
⑤	④	⑤	⑤	③	①	②	③	②	④
91	92	93	94	95	96	97	98	99	100
②	③	②	②	③	②	④	②	②	③
101	102	103	104	105	106	107	108	109	110
③	③	③	④	모두정답	④	③	⑤	②	②, ⑤
111	112	113	114	115	116	117	118	119	120
①	②	②, ③	①	④	①	⑤	①	③	②
121	122	123	124	125					
⑤	①	④	④	④					

01
바이러스는 전자현미경으로 관찰하여야 한다.

02
영양기관은 균사체, 균사막, 뿌리꼴균사다발, 자좌, 균핵, 흡기 등이며 번식기관은 버섯, 자낭구, 분생포자좌, 분생포자층, 자낭각 등이 있다.

03
모자이크무늬는 바이러스의 병징으로 바이러스는 순활물기생체(절대기생체)로서 잎의 뒤틀림, 잎자루와 주맥에 괴사반점, 기형이 되는 잎들은 조기 낙엽, 잎에 불규칙한 모양의 퇴록반점이 나타나며 잎의 황화현상은 고사된 상태이다.

04
백색부후균은 일반적으로 활엽수에, 갈색부후균은 침엽수에 많이 나타나며, 암황색, 갈색의 벽돌모양의 금이 생기는 형태는 갈색부후균의 특징이다.

05
붉나무 모무늬병은 잠복기가 있으며 전신병 병해이다. 나머지는 자낭균에 의해서 발생하며 병든부분과 건전부분에 경계가 발생한다.

06
생장추와 저항기록드릴은 심재까지 상처를 주고 이로 인해 심재부후균의 침입이 발생할 가능성이 매우 높으며, 음파단층 이미지 분석으로 상처를 최소화할 수 있다.

07
포플러 갈색무늬병은 유성세대가 발견되어 자낭각을 형성한다는 것을 밝혀냈으며, 포플러 갈색무늬병(자낭각), 벚나무 갈색무늬병(자낭각), 모과나무 점무늬병(위자낭각)은 유성세대가 발견되었다.

08
사과나무 불마름병은 세균병으로 스트렙토마이신, 테트라사이클린계 농약이 항생제이며 테부코나졸은 살균제이므로 곰팡이 발생에 살포하는 약제이다.

09
대추나무 빗자루병을 발생시키는 파이토플라스마는 월동 시 뿌리 쪽으로 이동하였다가 초봄에 줄기, 가지로 이동하는 전신병이다.

10
느티나무 흰별무늬병은 조기낙엽을 발생시키지 않는다.

11
Marssonina속에 속하는 병은 포플러 점무늬잎떨림병, 참나무 갈색둥근무늬병, 장미 검은무늬병, 호두나무 갈색무늬병 등이 있으며 분생포자반을 형성한다. 분생포자는 격벽이 하나이며 두 개의 세포로 되어 있으며, 은백양은 포플러 점무늬잎떨림병에 저항성이 있다.

12
원핵생물계는 세균 또는 파이토플라즈마이며 세포벽이 없으니 파이토플라즈마를 의미한다. 또한 파이토플라즈마는 체관부에서 기생한다.

13
사철나무 탄저병이 등록되어 있다.

14
밤나무 가지마름병은 배수가 불량한 장소와 수세가 약한 경우에 피해가 심하며, 가지치기나 인위적 상처를 가했을 때 또는 초기 병반이 발생하였을 때에는 병든 부위를 도려내고 도포제를 발라야 한다. 또한, 저항성 품종인 이평, 은기를 식재하고 옥광은 피해야하며 오동나무 줄기마름병의 경우에는 오동나무 단순림을 식재하지 말고 오리나무 등과 혼식하면 예방효과가 있다.

15
버즘나무 탄저병은 초봄에 발생하게되면 어린 싹이 까맣게 말라 죽고 잎이 전개된 이후에 발생하면 잎맥을 중심으로 갈색무늬가 형성되며 조기 낙엽을 일으킨다. 잎맥 주변에는 작은 점이 무수히 나타나는데 이는 병원균의 분생포자반이다.

16
회색고약병균은 초기에는 깍지벌레와 공생하며 분비물로부터 양분을 섭취하여 번식하지만 차틈 균사를 통하여 수피에서 영양분을 취한다.

17

감염 부위에서 누출된 수지가 굳어 흰색으로 변한다.

18

회화나무녹병은 기주교대를 하지 않는 동종기생성이며 잎, 가지, 줄기에 발생한다. 잎에는 7월 초순쯤부터 뒷면에 표피를 뚫고 황갈색의 가루덩이(여름포자)들이 나타나며 여름포자는 전반되고 잎과 어린가지에 반복감염을 시킨다. 8월 중순부터는 황갈색의 여름포자는 사라지고 흑갈색의 가루덩이(겨울포자)로 겨울을 나며 줄기와 가지에는 껍질이 갈라져 방추형의 혹이 생긴다. 또한, 회화나무녹병은 녹병정자, 녹포자 세대가 없다.

19

Agrobacterium tumefaciens, A. radiobacter K84은 뿌리혹병을 방제하기 생물학적 방제균이다.

20

우리나라에서도 발견되기도 하였으며 후지검은나무좀에 의해서 병이 전반되고 뿌리접목으로 전염되기도 한다.

21

밤나무잉크병은 *Phytophthora katsurae*, 참나무급사병은 *Phytophthora ramorum*, 포플러잎마름병은 *Septotis populiperda*, 삼나무잎마름병, 철쭉류 잎마름병, 동백나무 겹둥근무늬병은 *Pestalotiopsis*속 병균이다.

22

흰날개무늬병, 리지나뿌리썩음병은 자낭균문에 속하고 흰날개무늬병이 발병한 나무 뿌리는 흰색의 균사막으로 싸여 있으며 굵은 뿌리의 표피를 제거하면 목질부에 부채모양의 균사막과 실모양의 균사다발을 확인할 수 있다.

23

소나무 가지끝마름병의 병징은 6월부터 새 가지의 침엽이 짧아지면서 갈색 내지 회갈색으로 변하고 어린가지는 말라죽어 밑으로 처진다. 수피를 벗기면 적갈색으로 변한 병든 부위를 확인할 수 있으며 새 가지와 침엽은 수지에 젖어 있고 수지가 흐르고 굳으면 병든 가지가 쉽게 부러지게 되며, 침엽 및 어린 가지의 병든 부위에는 구형 내지 편구형의 분생포자각이 형성된다.

24

자주날개무늬병, 아밀라리아뿌리썩음병, 파이토프토라뿌리썩음병은 다범성 병해라고 할 수 있으며 흰날개무늬병은 활엽수, 리지나뿌리썩음병과 안노섬뿌리썩음병은(적송과 가문비나무) 침엽수에 발생한다.

26

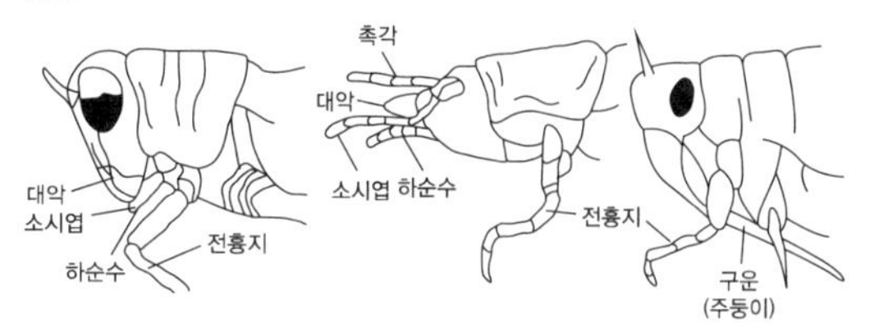

구기(입틀)의 유형

A : 하구식, B : 전구식, C : 후구식

구 분	내 용	종 류
전구식	소화관이 놓인 몸의 방향과 동일한 방향으로 놓인 입틀	딱정벌레과
하구식	소화관이 놓인 몸의 방향과 직각방향인 입틀	메뚜기류
후구식	소화관이 놓인 몸의 방향과 예각인 방향의 입틀	노린재목

27

매미나방은 나비목, Erebidae 독나방아과(Lymantriinae)이며 학명은 *Lymantria dispar*이다.

28

- 벼룩목 : 미성숙충은 씹는 입틀을 성충은 빠는 입틀을 가지고 있다.
- 나비목 : 유충은 씹는 입틀을 성충은 흡관구형으로 코일과 같이 감긴 긴 관으로 되어 있다.
- 파리목 : 미성숙충은 입갈고리(Mouth hook)로 되어 있으며 성충은 빠는 형으로 되어 있다.

29

회양목명나방은 단식성으로 회양목만을 가해한다.

30

정자를 보관하는 기관은 저장낭(수정낭)이다. 곤충의 생식기관의 분비물은 알의 보호막이나 점착액을 분비하여 알을 감싸고 벌의 경우에는 독침으로 변형되기도 한다.

31

연모를 가지고 있는 대표적인 해충으로는 총채벌레가 있는데 총채벌레는 좁은 날개의 가장자리에 술 형태의 연모가 있으며, 날지 못하는 것이 특징이다.

32

옆홑눈은 완전변태류 유충과 일부 성충(예 톡토기목, 좀목, 벼룩목, 부채벌레목)의 유일한 시각기관이다. 나방의 기문은 가슴과 배 부위에 위치하고 있으며, 곤충의 다리는 가슴에 부착되어 있고 날개는 중간가슴과 뒷가슴에 각 1쌍씩 있다.

33

말피기관은 막혀있는 맹관으로 체강에 고정되지 않은 유리된 상태로 움직이면서 체강 내의 불순물을 제거하여 후장으로 전달한다.

구 분	내 용
말피기관 (Malpighan tubule)	• 가늘고 긴 맹관으로 체강 내에 유리된 상태로 존재 • 분비작용을 하는 과정에서 칼륨이온이 관내로 유입 • 액체가 후장을 통과하면서 수분과 이온류의 재흡수

34

유약호르몬은 애벌레시기에는 유충형질을 유지시키며, 성충 시에는 알의 성숙촉진에 주된 작용을 한다.

35

갈색날개매미충은 연 1회 발생하며 가지를 찢고 두 줄로 알을 낳으며 밀랍으로 덮어 보온하여 겨울을 날 수 있도록 한다.

구 분	발생횟수	월동태	월동지역
몸큰가지나방	연 2회 발생	번데기로 월동	지표면의 낙엽 밑이나 흙 속
독나방	연 1회 발생	유충으로 월동	잡초, 낙엽 사이에 천막을 만들고 그 속에서 월동
극동등에잎벌	연 3~4회 발생	유충으로 월동	고치를 짓고 그 안에서 월동
이세리아깍지벌레	연 2~3회 발생	성충 또는 약충 월동	–

36

두 해충의 발육영점온도는 같으나 유효적산온도는 해충 A는 100DD, 해충 B는 50DD가 필요하여 해충B의 발육이 더 빠르게 나타남

발육영점온도는 'y=0'일때 온도

> 해충 A : 0 = 0.01x − 0.1, x = 10℃
> 해충 B : 0 = 0.02x − 0.2, x = 10℃

발육완료에 필요한 적산온도(Degree day, 일도)는 기울기의 역수

> 해충 A : 1/0.01 = 100온일도(Degree day)
> 해충 B : 1/0.02 = 50온일도(Degree day)

37

소나무재선충, 솔껍질깍지벌레는 겨울철 약제 처리를 실시한다.

구 분	방제 시기	방제 방법	내 용
소나무재선충	2~3월	수간주사	아바멕틴, 에마멕틴벤조에이트 유제
솔껍질깍지벌레	11~2월	수간주사	에마멕틴벤조에이트 유제, 이미다클로르리드 분산성 액제, 티아메톡삼 분산성 액제 등의 적용 약제 사용
	2~3월	지상살포	뷰프로페진 액상수화제, 아세타미프리드 등 적용약제 사용

38

구 분	관련 해충
단식성 (Monophagous)	느티나무벼룩바구미(느티나무), 팽나무벼룩바구미, 줄마디가지나방(회화나무), 회양목명나방(회양목), 개나리잎벌(개나리), 밤나무혹벌 및 혹응애류, 자귀뭉뚝날개나방(자귀나무, 주엽나무), 솔껍질깍지벌레, 소나무가루깍지벌레, 소나무왕진딧물, 뽕나무이, 향나무잎응애, 솔잎혹파리, 아까시잎혹파리, 큰팽나무이, 붉나무혹응애
협식성 (Oligophagous)	솔나방(소나무속, 개잎갈나무, 전나무), 방패벌레류, 소나무좀, 애소나무좀, 노랑애소나무좀, 광릉긴나무좀, 벚나무깍지벌레, 쥐똥밀깍지벌레, 소나무굴깍지벌레

광식성 (Polyphagous)	미국흰불나방, 독나방, 매미나방, 천막벌레나방, 목화진딧물, 조팝나무진딧물, 복숭아혹진딧물, 뿔밀깍지벌레, 거북밀깍지벌레, 뽕나무깍지벌레, 전나무잎응애, 점박이응애, 차응애, 오리나무좀, 알락하늘소, 왕바구미, 가문비왕나무좀

39

해충은 온도에 따라 발생률이 달라지기도 하는데 제주도의 경우, 소나무재선충병이 가장 심각한 지역이다.

40

솔잎혹파리는 9월에서 다음해 1월경까지(최성기 11월 중순) 솔잎에 있던 유충이 탈출하여 지면으로 떨어지며 토양 속으로 이동하는데 성충이 월동처로 이동하는 것이 아니라 유충이 이동을 하며, 이를 차단하기 위해 지표면에 비닐을 피복하기도 한다.

41

밤바구미는 보통 1년에 1회 발생하지만 2년에 1회 발생하는 개체도 있으며 노숙유충으로 토양 속에서 흙집을 짓고 월동을 한다. 월동유충은 7월 중순부터 토양 속에서 번데기가 되고 8월 상순부터 우화하며 우화최성기는 9월 상중순이다. 암컷성충은 주둥이로 종피까지 구멍을 뚫은 후 산란관을 꽂아 과육과 종피사이에 1~2개의 알을 낳는다.

42

솔잎혹파리의 천적은 솔잎혹파리먹좀벌, 혹파리살이먹좀벌, 혹파리등뿔먹좀벌, 혹파리반뿔먹좀벌이 있으며 이들은 유충에 내부기생하는 특징이 있다.

43

지문의 내용은 광릉긴나무좀에 대한 설명이다. 일부 딱정벌레류 성충(풍뎅이류 · 무당벌레류 · 잎벌레류 · 바구미류 · 하늘소류 곤충 등)은 진동을 통해 낙하하는 습성이 있으나 광릉긴나무좀은 천공성 해충으로 목질부내에서 생활함으로 진동법에 의한 방제법은 옳지 않다.

44

물푸레면충은 흡즙성 해충으로 성충과 약충이 이른 봄에 잎과 어린 가지에서 집단으로 수액을 빨아먹어 잎이 오그라드는 증상을 보인다.

45

살충제는 대상해충뿐만 아니라 **천적과 경쟁자까지 제거**하여 약제 살포 후 해충의 밀도 회복 속도가 빨라지고 약제 처리 전보다 밀도가 높아지거나 2차 해충의 피해가 발생하여 피해가 증대되는 격발현상(Resurgence)을 유발한다.

46

황색수반트랩은 노란색을 칠해 놓은 평평한 그릇에 물을 담아 놓는 방법이다. 수반에 떨어지는 곤충은 우연히 떨어진 것도 있고, 수면의 반사광에 이끌린 것도 있지만, 대개는 수반의 색깔에 유인되어 떨어진다. 해충이 떨어진 황색수반에 계면활성제를 사용하면 해충이 물속에 가라앉아 채집 및 조사가 가능하며, 주로 총채벌레나 진딧물류 조사에 사용된다.

47

버즘나무방패벌레와 진달래방패벌레는 잎의 뒷면에서 생활하며 잎에 탈피각, 배설물을 부착하고 잎 뒷면 조직에 1개씩 산란하는 공통점을 보인다. 차이점으로는 진달래방패벌레는 날개를 접었을 때 X자형 무늬가 보이나 버즘나무방패벌레는 무늬가 뚜렷하지 않으며, 버즘나무방패벌레는 수피틈 사이, 진달래방패벌레는 낙엽사이나 지피물에서 성충으로 월동하는 특성을 가지고 있다.

48

벚나무모시나방, 황다리독나방, 느티나무벼룩바구미는 잎을 가해하며 주둥무늬차색풍뎅이 유충은 뿌리를 가해하는 해충이다.

49

구 분	해충 종류
흡즙성 해충	돈나무이, 자귀나무이
종실 가해 해충	밤바구미, 백송애기잎말이나방(잣 피해), 솔알락명나방, 복숭아명나방
천공성 해충	박쥐나방, 복숭아유리나방, 솔알락명나방

50

- 물리적 방제 : 온도, 습도, 음파, 전기, 압력, 색깔 등을 이용하여 해충을 제거한다.
- 기계적 방제 : 포살, 유살, 소각, 매몰, 박피, 파쇄, 제재, 진동, 차단법으로 방제한다.

51

목부조직에 따른 수종

- 환공재 : 낙엽성 참나무류, 음나무, 물푸레나무, 느티나무, 느릅나무, 팽나무, 회화나무, 아까시나무, 이팝나무, 밤나무
- 산공재 : 단풍나무, 피나무, 양버즘나무, 벚나무, 플라타너스, 자작나무, 포플러, 칠엽수, 목련, **상록성 참나무류**(방사공재)
- 반환공재 : 가래나무, 호두나무, 중국굴피나무

52

- 뿌리 조직의 배치 순서 : 유관속조직(목부와 사부) – 내초 – 내피(카스파리대 위치) – 표피(일부 뿌리털로 발달)

53

- 잎에 두 개의 유관속을 가진 수종 : 소나무류
- 잎에 한 개의 유관속을 가진 수종 : 은행나무, 주목, 전나무, 미송 등

54

자귀나무는 꽃잎, 꽃받침, 암술, 수술을 모두 가진 완전화이다.

55

- 뿌리는 줄기생장 전에 생장을 시작해서 줄기생장이 정지된 후에도 계속 생장한다. 따라서 고정생장을 하는 수종의 경우 이른 여름에 수고생장이 정지하는 반면 뿌리 생장은 가을까지 계속되기 때문에 지상부와 지하부 생장 기간의 차이가 커진다.
- 뿌리 생장은 봄철 왕성하다가 한여름에 감소하고 가을에 다시 왕성해지고 토양온도가 떨어지는 겨울이 오면 정지한다.
- 나무 이식 시기는 뿌리발달을 시작하기 전인 봄철 겨울눈이 트기 2~3주 전이 좋다.

56

봄철 사부가 목부보다 먼저 만들어진다.

- 환공재의 경우 사부는 목부와 비슷한 시기 또는 약간 먼저 생산된다.
- 산공재나 침엽수는 환공재보다 훨씬 앞서 사부를 생산한다.

57

가을이 되면 수목은 낙엽 전에 잎에 있는 양분을 재분배한다.

- N, P, K : 이동이 용이한 양분으로 낙엽 전에 수피로 회수되어 저장함 (농도 감소)
- Ca : 이동이 어려운 양분으로 잎에 남게 됨 (농도 증가)
- Mg : 비슷한 수준 유지 (농도 비슷)

58

- 뿌리가 무기염을 흡수하는 과정은 선택적이고 비가역적이며, 에너지를 소모한다. 따라서 호흡이 중단되면 무기염의 흡수가 중단된다.
- 뿌리의 세포벽에 의하여 연결된 체계를 통해 무기염이 자유로이 들어오는 공간을 자유공간이라 하며, 자유공간을 통한 이동을 세포벽 이동이라 한다. 세포질 이동은 원형질막을 통과하여 원형질연락사를 통해 이웃 세포로 이동하는 것을 말한다.
- 세포벽 이동은 카스파리대가 위치하는 내피에서 중단된다.
- 세포벽 이동은 무기염이 확산과 집단유동에 의해 자유롭게 이동하는 것으로 비선택적이고 가역적이다. 따라서 뿌리는 에너지를 소모하지 않는다.

59

햇빛을 받으면 공변세포막에 있는 H^+ ATPase 효소가 활성화되어 H^+을 밖으로 방출하고, 전하의 불균형을 해소하기 위해 세포막에 있는 K^+-채널을 통해 K^+가 공변세포로 유입된다.

60

- 아쿠아포린 : 비극성인 인지질의 이중막을 극성인 물이 빠르게 통과하게 하는 단백질
  - 세포와 세포 간, 세포 내에서 수분의 이동을 조절하는 기능 담당
  - 액포의 액포막에 존재하는 아쿠아포린은 삼투압을 조절하는 기능 발휘
- 토양용액의 무기이온 농도가 높아지면 삼투퍼텐셜이 낮아지기 때문에 뿌리의 수분흡수가 어려워진다.
- 수동흡수는 증산작용에 의해 수분이 집단유동하는 것을 의미한다.
- 이른 봄 고로쇠나무에서 수액을 채취할 수 있는 것은 수간압 때문이다.
  - 근압 : 식물이 증산작용을 하지 않을 때 뿌리의 삼투압에 의해 능동적으로 수분을 흡수함으로써 나타나는 뿌리 내의 압력 (자작나무, 포도나무 수액 채취)
  - 수간압 : 수간의 세포간극과 섬유세포에 축적되어 있는 공기가 팽창하여 압력이 증가하면서 생기는 압력 (설탕단풍, 야자나무, 아가베, 고로쇠나무 수액 채취)
- 일액현상은 온대지방에서 목본식물보다 초본식물에서 흔하게 관찰되며, 이는 근압을 해소하기 위해 일어나는 현상이다.

61

- 광수용체 : 피토크롬, 포토트로핀, 크립토크롬
- 광합성색소 : 엽록소 a(청록색), 엽록소 b(황록색), 카로티노이드

62

- 바람에 자주 노출된 수목 : 수고생장 감소, 직경생장과 뿌리생장이 촉진된다.
- 수분스트레스는 춘재에서 추재로 이행되는 것을 촉진하여 춘재의 비율이 적어진다.
- 대기오염 물질에 의해 노출되면 탄소동화물질이 주로 해독작용에 쓰이기 때문에 뿌리로 이동하지 않아 뿌리의 발달이 현저히 둔화되고, 호흡량이 감소하며, 균근의 형성을 감소시킨다.
- 북부산지 품종은 동아 형성이 이르기 때문에 가을에 첫 서리 피해를 적게 받는다.

63

- 뿌리호흡의 95%가 세근에서 이루어지며, 특히 균근을 형성하고 있는 뿌리는 전체 뿌리의 5% 정도의 세근에서만 형성되지만, 호흡량은 뿌리 전체 호흡량의 25%를 차지한다.
- 형성층 조직은 외부와 직접 접촉하지 않기 때문에 산소의 공급이 부족하여 혐기성 호흡이 일어나는 경향이 있다.
- 음수는 양수에 비해 최대 광합성량이 적지만, 호흡량도 낮은 수준을 유지함으로써 효율적으로 그늘에서 살아갈 수 있다.
- 어린 숲은 성숙한 숲에 비하여 엽량이 많고 살아있는 조직이 많기 때문에 대사활동이 왕성하다. 이로 인하여 단위 건중량당 호흡량이 증가한다.

64

수액의 성분

	목부수액 (Xylem sap)	사부수액 (Phloem sap)
정 의	증산류를 타고 상승하는 도관 또는 가도관 내의 수액	사부를 통한 탄수화물의 이동액
상대적 농도	묽 음	진 함
pH	산성(pH 4.5~5.0)	알칼리성(pH 7.5)

65

피자식물과 나자식물의 수분 비교

피자식물	• 주두(암술머리)에서 세포외 분비물이 분비되어 화분의 화합성을 감지 • 화합성이 있는 화분은 발아하여 화분관을 형성하여 자라남 • 화분관은 화주의 중엽층에 있는 펙틴을 녹이면서 자방을 향해 자라 내려감
나자식물	• 배주 입구에 있는 주공에서 수분액을 분비하여 화분이 부착되기 쉽게 함 • 주공 안으로 수분액이 후퇴할 때 화분이 함께 빨려 들어감

66

- 말단전자전달경로에서 최종 전자수용체는 산소이다. 그래서 호기성 호흡이라고도 한다.
- 피루브산은 호흡작용의 첫 단계인 해당작용에서 포도당이 분해되어 생성된다.

67

수종별 종자에 저장되는 에너지 물질

- 밤나무, 참나무류 : 탄수화물 비율이 가장 높음
- 소나무류 : 단백질과 지방 함량이 높음
- 잣나무, 개암나무, 호두나무 : 지방 비율이 가장 높음

68

세포벽의 성분과 함유량

- 셀룰로오스 : 1차벽의 9~25%, 2차벽의 41~45%(탄수화물 다당류)
- 헤미셀룰로오스 : 1차벽의 25~50%, 2차벽의 30%(탄수화물 다당류)
- 펙틴 : 1차벽의 10~35%, 2차벽에는 거의 없음(탄수화물 다당류)
- 리그닌 : 셀룰로오스의 미세섬유 사이를 충진(지질 페놀화합물)

69

사부조직을 통해 운반되는 물질

- 탄수화물은 비환원당으로 구성(환원당은 수송 중에 분해되거나 반응하기 때문)
- 탄수화물 중 설탕(2당류)의 농도가 가장 높으며, 올리고당인 라피노즈(3당류), 스타키오스(4당류), 버바스코스(5당류)가 발견됨
- 사부수액에서 탄수화물인 당류의 농도는 20% 가량으로 매우 진함
- 탄수화물 이외에 아미노산과 K, Mg, Ca, Fe 등의 무기이온이 있음

사부수액에 함유된 당의 종류에 따른 수목 구분

1그룹	설탕이 대부분이고 약간의 라피노즈 함유
2그룹	• 설탕과 함께 상당량의 라피노즈 함유 • 능소화과, 노박덩굴과 수목
3그룹	• 설탕과 함께 상당량의 당알코올 함유 • 물푸레나무속 – 만니톨 다량 함유 • 장미과 – 소르비톨을 설탕보다 더 많이 함유 • 노박덩굴과 – 둘시톨 함유 • 그 밖의 당알코올로 갈락티톨과 미오이노시톨 발견

※ 자당 = 설탕 = 수크로스 = Sucrose

70

- 정아우세현상 : 정아가 생산한 옥신이 측아의 생장을 억제하거나 둔화시키는 현상
- 뿌리가 장기간 침수되면 물 때문에 에틸렌이 뿌리 밖으로 나가지 못하고 줄기로 이동하여 독성을 나타나게 된다. 이는 산소부족으로 인하여 에틸렌의 전구물질인 ACC가 축적되고, 축적된 ACC가 줄기로 이동하여 줄기에서 산소를 공급받아 에틸렌으로 바뀌기 때문이다.
- 아브시스산(ABA)은 휴면을 유도하는 호르몬이다.
- 브라시노스테로이드의 특성
  - 옥신과 함께 작용하여 세포신장, 통도조직 분화 촉진
  - 낙화, 낙과, 부정아 발생 억제(지베렐린과 유사)
  - 감염, 저온, 열 쇼크, 건조, 염분, 제초제 피해 등의 스트레스에 대한 저항성 증진
  - 세포벽 합성과 신장에 관여하는 유전자 발현 유도하며, 2차벽 형성에 관여

71

질산환원으로 생산된 암모늄태 질소가 아미노산 합성에서 사용되기 위해서는 탄수화물과 결합하여야 하기 때문에 광합성으로 탄수화물이 충분히 공급되어야 한다. 따라서 질산환원 속도는 광합성 속도와 정(+)의 상관관계를 갖는다.

72

사부조직은 주로 살아 있는 내수피를 의미하며, 줄기와 뿌리의 목부조직보다는 사부조직에 주로 질소를 저장하기 때문에 줄기 내 질소함량의 계절적 변화는 사부조직에서 더 크게 나타난다.

73

지방은 분해된 후 말산염(Malate) 형태로 세포기질(Cytosol)로 이동되고, 역해당작용에 의해 설탕으로 합성된 후, 에너지가 필요한 곳으로 이동한다.

74

- 나무좀의 공격을 받으면 목부의 유세포가 추가로 수지도를 만들어 수지의 분비를 촉진하여 나무좀의 피해를 적게 해준다.
- 목본식물 내 지질의 종류

종 류	예
지방산 및 지방산 유도체	포화지방산(라우르산, 미리스트산, 팔미트산, 스테아르산), 불포화지방산(올레산, 리놀레산, 리놀렌산), 단순지질(지방, 기름), 복합지질(인지질, 당지질), 납(Wax), 큐틴(Cutin, 각피질), 수베린(Suberin, 목전질)
이소프레노이드 화합물	정유, 테르펜, 카로티노이드(β-카로틴, 루테인), 고무, 수지, 스테롤
페놀화합물	리그닌, 타닌, 플라보노이드(안토시아닌, 이소플라본)

75

- 성숙잎은 세포당 더 많은 엽록체 수, 두꺼운 잎, 두꺼운 책상조직, 높은 탄소동화율, 높은 루비스코 효소의 활성으로 어린잎보다 단위면적당 광합성량이 많다.
- 이른 아침은 수분 관계가 하루 중 가장 유리하지만 낮은 광도와 온도 때문에 광합성량은 적다.
- 일중침체 현상 : 오전 동안 수목이 수분을 어느 정도 잃어버리면 일시적인 수분부족 현상으로 기공을 닫게 되는 현상

76

- 화성암의 구분

구 분	산성암 (SiO_2 〉 66%)	중성암 (SiO_2 66~52%)	염기성암 (SiO_2 〈 52%)
심성암	화강암	섬록암	반려암
반심성암	석영반암	섬록반암	휘록암
화산암 (분출암)	유문암	안산암	현무암

- 산성암은 규산함량이 많아 밝은색을 띠는 반면, 염기성암은 유색 광물의 함량이 많아 검은색을 띠며 무겁다.
- 우리나라 중부지방에서 가장 흔히 볼 수 있는 암석은 화강암과 화강암의 변성암인 화강편마암이다.
- 산성암은 염기성암보다 풍화에 대한 내성이 강하다.

77

토양구조의 종류

토양구조	특 징
구상 구조	• 입상 구조라고도 함 • 유기물이 많은 표층토에서 발달함 • 입단의 결합이 약하며 쉽게 부서지는 특성을 지님
괴상 구조	• 배수와 통기성이 양호하며 뿌리의 발달이 원활한 심층토에서 발달함 • 입단의 모양이 불규칙하지만 대개 6면체로 되어 있음 • 입단 간 거리가 5~50mm 가량 • 각이 있으면 각괴, 각이 없으면 아각괴로 구분함
각주상 구조	• 건조 또는 반건조지역의 심층토에서 주로 지표면과 수직한 형태로 발달함 • 지름이 대개 150mm 이상 • 습윤지역의 배수가 불량한 토양이나 팽창성 점토가 많은 토양에서도 나타남
원주상 구조	• 각주상 구조와 달리 수평면이 둥글게 발달한 주상 구조 • Na이온이 많은 토양의 B층에서 많이 관찰됨 • 우리나라에서는 하성 또는 해성 퇴적물을 모재로 하는 논토양의 심층토에서 많이 나타남

판상 구조	• 접시 모양 또는 수평배열의 토괴로 구성된 구조 • 토양생성과정 중 발달하거나 인위적인 요인에 의하여 만들어짐 • 모재의 특성을 그대로 간직하고 있으며, 물이나 빙하의 아래에 위치하기도 함 • 우리나라 논토양에서 많이 발견 – 약 15cm 깊이 아래에 형성되는 압밀경반층(용적밀도가 크고 공극률이 급격히 낮아지며 대공극이 없어짐) • 깊이갈이(심경)로 경반층의 판상 구조를 부술 수 있음
무형 구조	• 낱알구조 또는 덩어리 형태의 구조 • 풍화과정 중에 있는 C층에서 주로 발견됨

78

토성삼각도 읽기

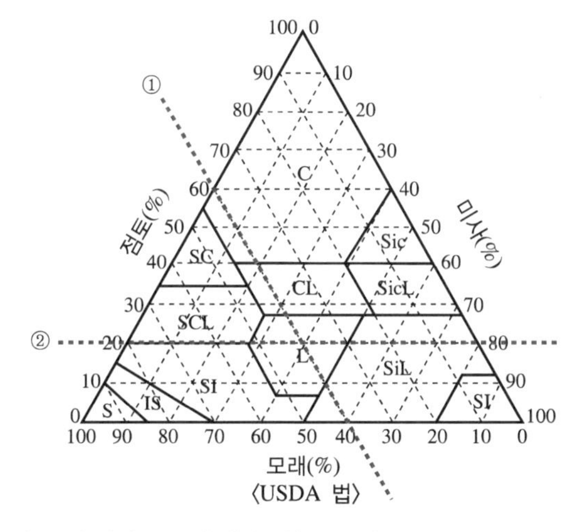

① 모래 함량(40%)에 맞춰 선을 긋는다.
② 점토 함량(20%)에 맞춰 선을 긋는다.
→ 두 선의 교점이 속하는 영역의 토성을 읽는다.
※ 유의점 : 모래 함량에서 선을 그을 때 사선의 방향(↘)으로 긋는다.

79

• 규산염 점토광물의 CEC 크기 비교
카올리나이트 · 할로이사이트 〈 일라이트 · 클로라이트 〈 스멕타이트 〈 버미큘라이트
※ 할로이사이트 : 카올리나이트와 같은 1:1형 점토광물이지만, 1:1층과 1:1층 사이에 1~2개의 물분자층을 가지고 있음
• 주요 점토광물의 비표면적과 양이온교환용량(CEC)

구분		비표면적 (m^2/g)	양이온 교환용량 (cmolc/kg)
Kaolinite	1:1형	7~30	2~15
Montmorillonite	2:1형	600~800	80~150
Dioctahedral vermiculite	2:1형	50~800	10~150
Trioctahedral vermiculite	2:1형	600~800	100~200
Chlorite	2:1:1형	70~150	10~40
Allophane	무정형	100~800	100~800

80

• 가장 널리 분포하는 토양은 갈색산림토양군이다.
• 산림토양형과 토양 분류 연계성

산림토양형		Soil Taxonomy	World Reference Base for Soil Resources
갈색건조 산림토양형	B1	Inceptisols	Cambisols
갈색약건 산림토양형	B2	Inceptisols	Cambisols
갈색적윤 산림토양형	B3	Inceptisols, Alfisols, Ultisols	Umbrisols
갈색약습 산림토양형	B4	Inceptisols, Alfisols, Ultisols	Umbrisols
적색계갈색건조 산림토양형	rB1	Alfisols, Ultisols	Acrisols
적색계갈색약건 산림토양형	rB2	Alfisols, Ultisols	Acrisols
적색건조 산림토양형	R1	Alfisols, Ultisols	Acrisols
적색약건 산림토양형	R2	Alfisols, Ultisols	Acrisols
황색건조 산림토양형	Y	Alfisols, Ultisols	Acrisols
암적색건조 산림토양형	DR1	Alfisols, Inceptisols	Luvisols

암적색약건 산림토양형	DR2	Alfisols, Inceptisols	Luvisols
암적색적윤 산림토양형	DR3	Alfisols	Luvisols
암적갈색건조 산림토양형	DRb1	Inceptisols, Alfisols	Cambisols
암적갈색약건 산림토양형	DRb2	Inceptisols, Alfisols	Cambisols
회갈색건조 산림토양형	GrB1	Inceptisols, Alfisols	Cambisols, Leptosols
회갈색약건 산림토양형	GrB2	Inceptisols, Alfisols	Cambisols, Leptosols
화산회건조 산림토양형	Va1	Andisols	Andosols
화산회약건 산림토양형	Va2	Andisols	Andosols
화산회적윤 산림토양형	Va3	Andisols	Andosols
화산회습윤 산림토양형	Va4	Andisols	Andosols
화산회성적색건조 산림토양형	Va–R1	Inceptisols, Andisols	Andosols
화산회성적색약건 산림토양형	Va–R2	Inceptisols, Andisols	Andosols
화산회자갈많은 산림토양형	Va–gr	Andisols	Andosols, Leptosols
약침식 토양형	Er1	Entisols	Leptosols
강침식 토양형	Er2	Entisols	Leptosols
사방지 토양형	Er–c	Entisols	Regosols
미숙 토양형	Im	Entisols	Regosols
암쇄 토양형	Li	Entisols	Letosols

81

- Cambic : 변화 발달 초기의 약한 B층(약간 농색 및 구조)
- Umbric : 염기 결핍(염기포화도 〈 50%), 암색 표층

82

광물의 풍화내성

풍화내성	1차광물	2차광물
강	–	침철광(철 산화물) 적철광(철 산화물) 깁사이트(알루미늄 산화물)
↑	석 영	–
↑	–	규산염 점토광물
↑	백운모	
	미사장석	
	정장석	
	흑운모	
	조장석	
	각섬석	
↓	휘 석	
↓	회장석	
↓	감람석	
약	–	백운석(탄산염 광물) 방해석(탄산염 광물) 석고(황산염 광물)

83

- 마그네슘은 NH_4^+와 K^+과 흡수 경쟁하는 길항관계이다.
- 마그네슘은 엽록소 분자의 구성원소이기 때문에 결핍되면 잎에서 엽맥 사의 황화현상이 뚜렷하게 나타난다.

84

토양 유실은 대부분 가시적으로 확실히 구별되는 협곡침식보다 면상침식이나 세류침식에 의하여 일어난다.

85

질산화균 : 자급영양세균

1단계	2단계
암모니아산화균 ($NH_4^+ \rightarrow NO_2^-$)	아질산산화균 ($NO_2^- \rightarrow NO_3^-$)
Nitrosomonas Nitrococcus Nitrosospira	Nitrobacter Nitrocystis

86

염류집적토양의 분류

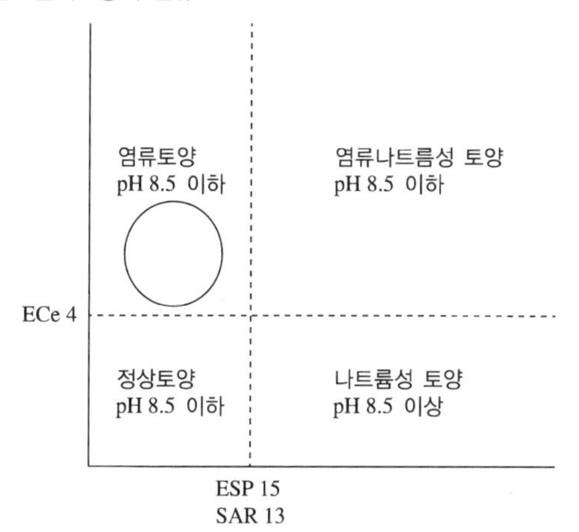

87

균근균은 인산과 같이 유효도가 낮거나 적은 농도로 존재하는 토양양분을 식물이 쉽게 흡수할 수 있도록 도와주고, 과도한 양의 염류와 독성 금속이온의 흡수를 억제한다.

88

토양의 양이온 교환용량이 클수록 완충용량이 커지며, 양이온 교환용량은 점토함량과 유기물함량이 높을수록 커진다.

89

- 입단구조 붕괴, 재에 의한 공극 폐쇄, 점토입자 분산 등으로 토양 용적밀도가 증가한다.
- 양이온 교환능력은 유기물 손실량에 비례하여 감소한다.

90

코발트와 몰리브덴은 질소고정에 필수적인 영양소이다.

- 코발트 : Leghaemoglobin의 생합성에 필요
- 몰리브덴 : Nitrogenase의 보조인자로 작용

91

유기물의 구성요소 중 리그닌과 페놀화합물은 유기물의 분해속도를 느리게 한다.

92

- 토양에서 영양소의 확산속도 : NO_3^- · Cl^- · SO_4^{2-} 〉 K^+ 〉 $H_2PO_4^-$
- 확산에 의해 주로 공급되는 영양소 : 칼륨, 인산
- 접촉교환설의 뒷받침을 받는 기작은 뿌리차단이다.
- 뿌리가 발달할수록 많은 토양과 접촉하며, 영양소 또한 더 많이 공급받을 수 있다.

93

- 붕소의 기능
  - 주로 잎의 끝과 테두리에 축적
  - 새로운 세포의 발달과 생장에 필수적인 원소
  - 당을 비롯한 생체물질들의 이동, 단백질 합성, 탄수화물 대사, 콩과작물의 뿌리혹 형성 등에 관여
  - 식물 효소의 보조인자로 관여하는 경우는 거의 없음
- 붕소의 결핍증상
  - 생장점과 어린잎의 생장 저해, 심하면 고사
  - 줄기의 마디가 짧아지며, 잎자루가 비정상적으로 굵어짐
  - 꽃과 과실이 쉽게 떨어지는 현상
  - 근채류의 경우 근경의 정수리부분이나 중심부분이 썩는 현상

94

석회물질의 중화력 비교

화학식	$CaCO_3$	$Ca(OH)_2$	CaO
이 름	탄산석회 (탄산칼슘)	소석회	생석회
분자량	40+12+16×3 = 100	40+(16+1)×2 = 74	40+16 = 56
상대적 소요량	100	74	56
중화력	100%	135%	179%
반응 속도	지효성	속효성	속효성

※ 중화를 위해 소요되는 석회물질의 칼슘 함유량 차이로 발생

95

- 입자밀도는 토양의 고유값으로 인위적인 요인으로 변하지 않는다.
- 답압은 고상의 비율을 증가시키므로 공극이 줄어들고 작아져 수분 침투와 공기 확산이 불량해지고 용적밀도는 증가한다.

96

- 토양산성은 토양용액 중 H^+농도의 증가와 토양입자의 H · Al 및 Al복합체의 농도가 높아지기 때문에 나타나는 특성이다.
- Al이온은 흡착되었던 것 이외에 $Al(OH)_3$의 용해에 의해서도 생성되며, 이는 가수분해되어 H^+과 몇 가지 *Hydroxyl aluminium* 복합체를 형성하기 때문에 pH를 낮추게 된다.

97

- 중량수분함량 = 수분무게 / 건조토양무게
  수분무게를 x라 하고 건조토양무게 150을 대입하면,
  0.2 = x / 150
  x = 30
- 수분무게가 30g이고 물의 밀도가 $1.0g/cm^3$이므로 물의 부피는 $30cm^3$
  그리고 토양 코어 부피가 $100cm^3$이므로 용적수분함량은 30%
- 용적수분함량 = 중량수분함량 × 용적밀도
  용적밀도 = 30 / 20 = 1.5
- 공극률 = 1 − 용적밀도/입자밀도
  = 1 − 1.5 / 3.0
  = 0.5 = **50%**

98

- 관개를 충분히 하거나 또는 비가 많이 내려 토양이 물로 포화된 후 토양에 따라서 하루 또는 사흘이 지나면 대공극의 물은 중력에 의해 다 빠지지만 소공극의 물은 그대로 남아있게 된다. 이때의 토양수분함량을 포장용수량이라 한다.
- 포장용수량에서의 매트릭포텐셜은 토양에 따라 약간씩 다르나 −10~−30kPa이다.
- 포장용수량은 대공극의 물이 빠져나가 뿌리의 호흡을 좋게 하면서도 소공극에는 식물이 이용할 수 있는 충분한 양의 물이 아직 있는 상태이므로 식물이 생육하기에 가장 좋은 수분조건이다.

99

용적밀도와 공극률은 반비례 관계이다.

100

- 토양 A층의 무게 = 면적 × 깊이 × 용적밀도
  = $10,000m^2$ × 0.1m × $1.0Mg/m^3$
  = 1,000Mg = 1,000ton
- 토양무게의 0.2%가 질소농도이므로 질소 저장량은 2톤이 된다.

※ 1ha = 10,000
※ $1g/cm^3$ = $1Mg/m^3$ = $1ton/m^3$

101

수목은 기존환경에서 오랜시간 적응할수록 이식성공률이 낮아지며, 교목보다 관목의 이식성공률이 높다. 교목의 식재 시 향후 생장속도를 고려하여 성숙목의 경우의 수관크기를 고려하여야 한다.

102

천근성 수종은 측근이 수평으로 자라서 지표 가까이에 넓고 얕게 분포하는 뿌리를 가지고 있으며 대체로 바람에 약하며, 근맹아를 발생시키기도 한다. 또한, 천근성수종이 답압이나 수분부족, 양분부족 시에는 뿌리가 융기하는 경우가 있다.

103

수관축소는 성숙한 나무가 필요 이상으로 자라거나 뿌리에 비해 상부가 비대할 경우, 크기를 줄여 생리적 문제와 구조적인 문제를 해결하고자 할 때 실시한다.

수관 축소 시 유의사항
전체 수관의 25% 이상 절대 제거하지 말 것 : 수관 또는 나뭇잎의 25%

- 두절 절대 금지하고 수목 크기 줄여야 할 경우에는 수관 축소(Reduction) 실시
- 두절 또는 자연재해에 의해 손상 입은 뒤는 회복 가지치기(Restoration Pruning)
- 죽은 가지, 부러진 가지 등 일반관리를 위한 수관 청소(Crown Cleaning) 방법 적용
- 환경에 맞는 수형을 만들 때는 구조 가지치기(Structure Pruning) 실시

104

층층나무 잎은 어긋나기가 특징임

층층나무속 식물	잎	꽃	열 매
산딸나무 (Cornus kousa)	마주나기잎, 측맥 4~5쌍	두상꽃차례	붉은색
말채나무 (C. walteri)	마주나기잎, 측맥 4~5쌍	취산꽃차례	검은색
산수유 (C. officinalis)	마주나기잎, 측맥 5~6쌍	산방꽃차례	붉은색
층층나무 (C. controversa)	어긋나기잎, 측맥 6~9쌍	산방꽃차례	검은색
곰의말채나무 (C. macrophylla)	마주나기잎, 측맥 6~10쌍	취산꽃차례	검은색

105

시행처에서 명확한 설명 없이 모두 정답 처리되었다.

106

쇠조임을 위한 줄기 관통구멍은 빗물이 들어가지 않도록 쇠조임 막대의 두께크기로 한다.

107

잡초는 암발아종자와 광발아종자로 나누어진다.

잡초 구분		잡초 종류
일년생잡초	하 계	바랭이, 피, 쇠비름, 명아주
	동 계	뚝새풀, 냉이 등
다년생잡초		쑥, 쇠뜨기, 질경이, 띠, 소리쟁이, 개밀, 민들레, 갈대, 애기수영 등

108

두절로 인한 피해는 뿌리 생장이 위축되며, 맹아지가 과도하게 발생한다. 절단된 부분의 면적이 크면 클수록 부후가 쉬우며 잎과 가지를 발생시키기 위한 에너지의 소모가 많아진다.

109

우박의 피해는 하늘에서 떨어지면서 잔가지 수피의 위쪽에만 상처를 만들기 때문에 가지 전체에 퍼지는 줄기마름병이나 동고병과 구별할 수 있다.

110

- 낙뢰피해를 받은 나무는 노출된 상처를 부직포나 비닐로 덮어서 건조를 막아주어야 한다.
- 낙뢰의 피해가 많은 나무는 거목일수록 피해 확률이 높으며 피해가 많은 수종은 참나무, 느릅나무, 소나무, 튤립나무, 포플러, 물푸레나무이며 피해가 적은 수종 자작나무, 마로니에 등이 있다.

111

기생성병은 표징이 존재할 수 있지만 비기생성병은 표징이 존재하지 않는다.

기생성병	비기생성병
• 동일 종이나 속 혹은 과에 속하는 유사 수종에서만 제한되어 나타남(기주 특이성) • 동일 수종 내에서도 개체의 건강상태에 따라 발병 정도가 다름	• 피해 장소 내의 거의 모든 나무에서 동일한 병징이 나타남 • 특수한 환경(경사, 고도, 방위, 바람, 토양 등)에서 발병한 경우가 많음

112

EC가 4.5dS/m이므로 염해가 발생할 수 있는 환경이며 염해의 피해는 아래와 같다.

- 피해부위와 건전부위의 경계선이 뚜렷하며, 성숙 잎이 어린잎보다 피해가 크다.
- 수목의 가장 먼 부분인 잎의 끝 쪽에서 수분이 빠져나가 황화현상을 보이게 된다.
- 오래된 잎은 염분이 많아져 어린잎보다 피해가 심하다.
- 토양의 염류가 3dS/m을 초과하면 염도성으로 간주하며, 이 수준부터 민감한 식물이 피해를 입기 시작한다.

113

고온피해는 엽소피해와 피소피해로 나눠지며 목련, 배롱나무, 버즘나무, 오동나무, 벚나무, 단풍나무, 매화나무는 피소에 민감하다. 엽소피해는 성숙잎에서 더 잘 나타난다.

114

유효인산의 적정범위는 100~200mg/kg 정도다.

구 분	개략 적정 범위
유효인산	100~200mg/kg
교환성 칼륨	0.25~0.50cmolc/kg
교환성 칼슘	2.5~5.0cmolc/kg
교환성 마그네슘	1.5cmolc/kg 이상

115

- 농약의 명칭 뒤에 따라붙는 수화제, 유제, 액제 등의 표기는 제품의 형태를 나타내며, 이렇게 표기하는 이름을 품목명이라 한다.
- 농약 원제가 같더라도 제품의 형태가 달라지면 품목명이 다른 제품이 된다.

116

분산성 액제	• 친수성이 강한 특수용매를 사용하여 물에 용해되기 어려운 농약원제를 계면활성제와 함께 녹여 만든 제형 • 살포용수에 희석하면 서로 분리되지 않고 미세입자로 수중에 분산 • 액제와 특성이 비슷하나 고농도의 제제를 만들 수 없는 것이 단점

액상 수화제	• 물과 유기용매에 난용성인 원제를 액상 형태로 조제한 것 • 수화제에서 분말의 비산 등의 단점을 보완한 제형 • 증량제로 물을 사용하고 액상의 보조제와 혼합하여 유효성분을 물에 현탁(유효성분이 가수분해에 대하여 안정해야 함) • 증량제가 물이기 때문에 독성 측면에서 유리하고 수화제보다 약효가 우수함 • 제조공정이 까다롭고 점성 때문에 농약용기에 달라붙는 것이 단점
입상 수화제	• 수화제 및 액상수화제의 단점을 보완하기 위하여 과립 형태로 제제 • 농약원제 함량이 높고 증량제 비율은 상대적으로 낮음 • 수화제에 비하여 비산에 의한 중독 가능성이 작음 • 액상수화제에 비하여 용기 내에 잔존하는 농약의 양이 적음 • 생산설비에 대한 투자비용이 높은 제형
캡슐 현탁제	• 미세하게 분쇄한 농약원제의 입자에 고분자물질을 얇은 막 형태로 피복하여 만든 제형 • 유효성분의 방출제어가 가능하므로 약제의 효율이 높아 적은 유효성분으로 약효가 우수 • 약제 손실이 적고 독성 및 약해 경감효과가 있는 효율적 제형 • 고도의 제제기술이 필요하고 제조비용이 비싼 것이 단점

117

분무법	• 가장 일반적인 사용방법 • 물로 적정 배수에 맞게 희석한 후 살포기로 연무 형태로 살포 • 살포기의 압력이 일정하지 않아 균일 살포를 위해서는 희석배수를 크게 한 후 상대적으로 많은 양의 살포액을 조제하여 살포해야 함
살분법	• 분제와 같이 고운 가루 형태의 농약을 살포하는 방법 • 분무법에 비해 작업이 간편하고 노력이 적게 들며, 희석용수가 필요 없음
연무법	• 살포액의 물방울 크기가 미스트보다 더 작은 연무질(에어로졸) 형태로 살포 • 식물이나 곤충 표면에 대한 부착성 우수하나, 비산성이 크므로 바람이 없는 시간대에 살포해야 함 • 열과 풍압 또는 풍압만으로 작은 입자로 만드는 방법과 끓는점이 낮은 용매(Chlorofluorocarbon 또는 Methyl chloride)에 농약의 유효성분 및 윤활유와 같은 비휘발성의 기름을 용해시켜 철제용기에 가압 충전한 것도 있음
훈증법	• 저장곡물이나 종자를 창고나 온실에 넣고 밀폐시킨 후 약제를 가스화하여 방제하는 방법 • 우리나라에서는 수입 농산물의 방역용으로 주로 사용(재배 중인 농작물에 사용하지 않음)

118

여러 가지 독성시험

구 분	종 류	설 명
급성독성	급성경구 독성	최소 1일 1회 경구 투여, 14일 관찰, LD_{50} 산출
	급성경피 독성	피부에 도포, 24시간 후 제거, 14일 이상 관찰, LD_{50} 산출
	급성흡입 독성	최소 1일 1회 4시간 흡입 투여, 14일 이상 관찰, LD_{50} 산출
아급성독성	아급성 독성	90일간 1일 1회, 주 5회 이상 투여, 제 증상 관찰
만성독성	만성독성	장기간(6개월~1년) 먹이와 함께 투여, 최대무작용량 결정
변이원성	복귀돌연변이 시험	Salmonella typhimurium 돌연변이 균주에 처리한 후 항온배양하여 나타나는 복귀돌연변이(정상세균) 조사
	염색체 이상시험	인위 배양한 포유류 세포에 처리 후 1.5 정상 세포주기 경과 시에 염색체 이상 검정
	소핵 시험	생쥐에 복강 또는 경구 투여, 18~72시간 사이 골수 채취하여 소핵을 가진 다염성 적혈구 빈도 검사
지발성 신경독성	지발성 신경독성	닭에 유기인제 농약 1회 투여, 21일간 보행이상, 효소활성억제, 병리조직학적 이상 여부 검사
자극성	피부자극성 시험	주로 토끼 피부에 도포하고 4시간 노출 후 72시간까지 홍반, 부종 등 이상 여부 조사
	안점막자극성 시험	토끼 눈에 처리하고 24시간 후 멸균수로 닦아낸 후 72시간 동안 관찰
	피부감작성 시험	기니피그 피부에 주사 또는 도포하여 4주간 알러지 반응 검사
특수독성	발암성	흰쥐(24개월) 또는 생쥐(18개월)에 먹이와 함께 투여, 암의 발생 유무와 정도 파악
	최기형성	임신된 태아 동물의 기관 형성기에 투여, 임신 말기 부검하여 검사
	번식독성 시험	실험동물 암수에 투여, 교배 후 얻은 1세대에 투여, 2세대 검사

119

작용기작 구분	표시 기호	계통 및 성분	해당농약	
28. 라이아노딘 수용체 조절	28	디아마이드계	사이안트라닐리프롤, 사이클라닐리프롤, 클로란트라닐리프롤, 테트라닐리프롤, 플루벤디아마이드	Cyantraniliprole, Cyclaniliprole, Chlorantraniliprole, Tetraniliprole, Flubendiamide

120

- 계 산
  - 4,000배 희석한 최종 희석액의 양이 500L이므로 500L를 4,000으로 나눈 0.125L(=125ml)가 소요되는 약량이 된다.
  - 유효성분 농도는 4,000배 희석되기 때문에 40%를 4,000으로 나누면 0.01%이 되고, 이는 100ppm과 같다. (※ 1% = 10,000ppm)
- 플루오피람 액상수화제
  - 살균제 : 잿빛곰팡이병, 흰가루병, 균핵병 등 방제에 사용
  - 다2(복합체 II의 숙신산(호박산염) 탈수소효소 저해), 인축독성 4급, 어독성 3급
  - 수목 관련 등록현황 : 배롱나무 흰가루병, 복숭아 잿빛무늬병, 뽕나무 오디균핵병, 양버즘나무 흰가루병, 포도 잿빛곰팡이병
  - 같은 기작의 약제 : 메프로닐, 보스칼리드, 사이클로뷰트리플루람, 아이소페타미드, 아이소피라잠, 옥시카복신, 카복신, 티플루자마이드, 펜티오피라드, 펜플루펜, 푸라메트피르, 플루오피람, 플루인다피르, 플루톨라닐, 플룩사피록사드, 피디플루메토펜, 피라지플루미드

121

아바멕틴 미탁제

- 살충제 : 차먼지응애, 점박이응애, 아메리카잎굴파리, 담배나방, 꽃노랑총채벌레, 오이총채벌레, 소나무재선충, 미국흰불나방 등 방제에 사용
- 6(Cl 통로 활성화), 인축독성 3급, 어독성 1급
- 수목 관련 등록현황 : 벚나무 벚나무응애(원액 0.5ml/흉고직경cm), 소나무·잣나무 소나무재선충(원액 1ml/흉고직경cm), 양버즘나무 미국흰불나방(원액 0.5ml/흉고직경cm)
- 같은 기작의 약제 : 레피멕틴, 밀베멕틴, 아바멕틴, 에마멕틴벤조에이트

122

테부코나졸 유탁제

- 살균제 : 탄저병, 흰가루병, 갈색점무늬병, 흑색썩음균핵병, 푸사리움가지마름병, 겹무늬썩음병, 흰가루병, 덩굴마름병 등 방제에 사용
- 사1(막에서 스테롤 생합성 저해 〉 탈메틸 효소 기능 저해), 인축독성 4급, 어독성 2급
- 수목 관련 등록현황 : 리기다소나무 푸사리움가지마름병(원액 5ml/흉고직경10cm), 소나무·잣나무 소나무재선충(원액 1ml/흉고직경cm), 양버즘나무 미국흰불나방(원액 0.5ml/흉고직경cm)
- 같은 기작의 약제 : 뉴아리몰, 디니코나졸, 디페노코나졸, 마이클로뷰타닐, 메트코나졸, 메펜트리플루코나졸, 비터타놀, 사이프로코나졸, 시메코나졸, 에폭시코나졸, 이미벤코나졸, 이프코나졸, 테부코나졸, 테트라코나졸, 트리아디메놀, 트리아디메폰, 트리티코나졸, 트리포린, 트리플루미졸, 페나리몰, 펜뷰코나졸, 펜코나졸, 프로클로라즈, 프로클로라즈망가니즈, 프로클로라즈 코퍼 클로라이드, 프로피코나졸, 플루실라졸, 플루퀸코나졸, 플루트리아폴, 헥사코나졸

123

잔류성에 의한 농약 등의 구분

- 작물잔류성농약 등 : 농약 등의 성분이 수확물 중에 잔류하여 식품의약품안전처장이 농촌진흥청장과 협의하여 정하는 기준에 해당할 우려가 있는 농약 등
- 토양잔류성 농약 등 : 토양 중 농약 등의 반감기간이 180일 이상인 농약 등으로서 사용결과 농약 등을 사용하는 토양(경지를 말한다)에 그 성분이 잔류되어 후작물에 잔류되는 농약 등
- 수질오염성 농약 등 : 수서생물에 피해를 일으킬 우려가 있거나 「수질 및 수생태계 보전에 관한 법률」에 따른 공공수역의 수질을 오염시켜 그 물을 이용하는 사람과 가축 등에 피해를 줄 우려가 있는 농약 등

124

소나무재선충병 방제특별법 시행령 [별표] 과태료의 부과기준

특별법 조항	내 용	과태료 금액 (단위 : 만 원)		
		1차 위반	2차 위반	3차 이상 위반
제3조 제3항	피해 산림의 연접 토지소유자는 재선충병 피해방제를 위한 산림소유자 등의 토지 출입에 응하여야 한다.	30	50	100
제3조 제4항	산림소유자 등은 국가 및 지방자치단체가 재선충병 방제를 위해 필요한 조치를 할 경우 협조하여야 한다.	30	50	100

제12조 제2항	산림소유자는 모두베기 방법에 의한 감염목 등의 벌채작업을 한 경우에는 사전 전용허가를 받은 경우를 제외하고는 농림축산식품부령이 정하는 바에 따라 그 벌채지제 조림을 하여야 한다. 다만, 천연갱신이 가능하다고 인정되는 경우에는 그러하지 아니한다.	해당 조림 비용 전액		
제13조 제1항	산림청장 및 시장·군수·구청장은 감염목 등을 인위적으로 이동시켜 재선충병 피해를 확산시키는 것을 방지하기 위하여 소나무류를 취급하는 업체에 대하여 관련 자료를 제출하게 할 수 있으며, 소속 공무원에게 사업장 또는 사무소 등에 출입하여 장부·서류 등을 조사·검사하게 하거나 재선충병 감염 여부 확인에 필요한 최소량의 시료를 무상으로 수거하게 할 수 있다.	50	100	150
제13조 제3항	소나무류를 취급하는 업체는 소나무류의 생산·유통에 대한 자료를 작성·비치하여야 한다.	50	100	200
제13조 제4항	누구든지 제10조(반출금지구역에서의 소나무류 이동 금지 조항) 및 제10조의2(반출금지구역이 아닌 지역에서의 소나무류의 이동)를 위반한 소나무류를 취급하여서는 아니 된다.	100	150	200
제13조 제5항	산림청장 및 시장·군수·구청장은 소속 공무원에게 자동차·선박 등 교통수단으로 소나무류를 운송하는 자에 대하여 운송정지를 명하고, 제10조 및 제10조의2를 위반하였는지 여부를 확인하게 할 수 있다.	50	100	150

125

솔잎혹파리 피해 안정화를 위한 기본 방향

- 특별관리체계 확립을 통해 발생지에 대한 책임방제 및 관리강화
- 소나무재선충병 발생 유무에 따른 솔잎혹파리 방제방법 차별화
- 피해도 "중" 이상 지역, 중점관리지역, 주요 지역 등 임업적 방제 후 적기 나무주사 시행
- 솔잎혹파리 천적(기생봉)을 이용한 친환경 방제 추지

2022년 제8회

나무의사 필기 기출문제해설

기출문제 정답 및 해설

1	2	3	4	5	6	7	8	9	10
①	④	④	②	④	②	①	⑤	③	④
11	12	13	14	15	16	17	18	19	20
⑤	②	④	모두정답	②	⑤	③	⑤	⑤	④
21	22	23	24	25	26	27	28	29	30
③	③	①	②	③	④	②	⑤	③	①
31	32	33	34	35	36	37	38	39	40
⑤	⑤	③	②	⑤	②	③	⑤	④	③
41	42	43	44	45	46	47	48	49	50
④	③	①	④	④	①	⑤	①	⑤	②
51	52	53	54	55	56	57	58	59	60
③	②	①	④	②	①	②	③	⑤	①
61	62	63	64	65	66	67	68	69	70
②	①	③	①	⑤	⑤	③	①	④	⑤
71	72	73	74	75	76	77	78	79	80
①	①	⑤	①	③	②	①	④	③	③
81	82	83	84	85	86	87	88	89	90
①	④	④	④	④	③	①	②	⑤	①
91	92	93	94	95	96	97	98	99	100
①	③	①	②	④	⑤	③	④	②	③
101	102	103	104	105	106	107	108	109	110
⑤	④	⑤	③	①	③	②	⑤	①	⑤
111	112	113	114	115	116	117	118	119	120
④	③	②	①	④	①	③	①	⑤	④
121	122	123	124	125					
③	①	①	⑤	③					

01

20세기에 발생한 밤나무 줄기마름병, 느릅나무 시들음병, 잣나무 털녹병은 세계 3대 수목병으로 가장 문제가 되었던 수목병이다.

02

궤양, 암종, 위축, 더뎅이는 나무에 나타나는 이상 증상으로 병징이며, 자좌는 병징에 나타난 병원체로 표징이다.

03

참나무 시들음병은 길항미생물(*Streptomyces blastmyceticus*)과 살균제(Alamo)를 예방제와 치료제로 주입한 처리에서 모두 방제효과가 인정되었다.

목재청변균의 생물적 방제에 Ophiostoma piliferum의 멜라닌 결핍 균주를 활용한다.

04

빗자루 증상은 곰팡이, 파이토플라스마에 의한 병해와 제초제 의한 생리적 장애, 흡즙성 해충에 의한 충해에 의해 발생할 수 있다.

05

분자생물학적 진단(Molecular detection)방법은 DNA를 추출한 후 PCR을 이용하여 병원균의 특정 유전자 또는 DNA부위를 증폭시키고 이를 DNA데이타베이스에 등록된 유전자 또는 DNA염기서열과 비교하여 동정하는 방법이다.

- 세균 : 16S Rrna 유전자
- 곰팡이 : Internal Transcribed Spacer(ITS)
- 식물 : 엽록체의 rbcL, matK 유전자

06

*Pestalotiopsis*균의 분생포자는 대부분 중앙의 3세포는 착색되어 있으며, 양쪽의 세포는 무색이고, 부속사를 가지고 있으며, 대부분 잎마름증상을 보인다. 은행나무 잎마름병, 삼나무 잎마름병, 동백나무 겹둥근무늬병, 철쭉류 잎마름병이 대표적이다.

07

세균의 세포벽은 펩티도글리칸(Peptidoglycan)이 포함되어 있으며, 대표적인 세균병은 흑병, 불마름병, 잎가마름병, 세균성 구멍병, 감귤 궤양병 등이 있다.

구 분	곰팡이	세 균	파이토 플라스마	바이러스
핵 막	있 음	없 음	없 음	없 음
세포벽	있음(키틴) *난균 : 글로칸과 섬유소	있음(펩티도글리칸)	없 음	없 음
세포막	있 음	있 음	있 음	없 음
미토콘드리아	있 음	없 음	없 음	없 음
리보솜	있 음	있 음	있 음	없 음
기타 특징	유성 및 무성생식	플라스미드 보유	체관부에 존재	병원체는 외가닥 RNA

08

소나무의 외생균근은 담자균문에 의해 발생하며 균투와 하티그망을 형성한다. 베시클(Vesicle)과 나뭇가지 모양의 아뷰스큘(Arbuscule)을 형성하는 것은 내생균근이다.

외생균근(Ectomycorrhiza)	내생균근(Endomycorrhiza)
• 자낭균, 담자균에 의해 형성 • 뿌리의 크기를 증가시킴 • 뿌리털이 사라짐 • 균투를 형성함(Fungal mantle) • 세포 간에 하티그망을 형성 • 영양분의 흡수를 증가시킴 (선택적 흡수) • 성장률을 증가시킴 • 건조에 대한 저항성을 증가시킴 • 뿌리에 발생하는 병원균으로부터 저항성을 증가시킴	• 격벽이 없는 접합균류에 의해 형성(VA 내생균근) • 격벽이 있는 균사는 난초형과 철쭉형이 있음 • 배지에 배양이 되지 않음 • 뿌리의 크기를 증가시킴 • 소포상수지상체를 형성함 • 낭상체와 포자를 형성함 • 영양분 흡수를 증가시킴(특히 인) • 생존률을 높임 • 성장비율을 증가시킴 • 뿌리에 발생하는 병원균으로부터 저항성을 증가시킴

09

참나무 시들음병은 광릉긴나무좀, 대추나무 빗자루병은 마름무늬매미충, 화상병은 꿀벌 등 수분매개곤충, 소나무 청변균은 나무좀이 매개충이 된다. 그을음병은 침입으로 발생하는 것이 아니라 잎의 표면에서 그을음병균이 생활한다.

10

난포자, 담자포자, 자낭포자는 유성포자이고 분생포자, 유주포자, 후벽포자는 무성포자이다.

11

Rhizotonia solani 및 *Pythium debaryanum*균에 의한 침엽수의 모잘록병은 습도가 높을 때 피해가 크다. 반면에 *Fusarium*균에 의한 병은 비교적 건조한 토양에서 잘 발생한다.

12

잎에 발생하는 병원균에 대한 설명으로 잎에 발생하는 곰팡이병은 낙엽에서 월동을 하는 경우가 많으므로 잦은 병 발생을 줄이기 위해서는 낙엽을 수거하여 소각하거나 매몰시킨다.

13

일반적으로 심재부후가 먼저 발생하고 후에 변재가 썩는다.

14

시행처에서 모두정답으로 정정되었다.

Rhizotonia solani 및 *Pythium debaryanum*균에 의한 침엽수의 모잘록병은 습도가 높을 때 피해가 크다. 반면에 *Fusarium*균에 의한 병은 비교적 건조한 토양에서 잘 발생한다. 따라서 *Fusarium*균에 의한 병은 건조하지 않게 유지하여야 한다.

15

수목병을 발생시키는 병원체는 아래와 같다.

병원균		수목병
곰팡이	담자균	철쭉류 떡병, 사과나무 자주날개무늬병, 소나무 혹병
	자낭균	벚나무 빗자루병, 밤나무 가지마름병
세 균		호두나무 근두암종병
파이토플라스마		대추나무 빗자루병, 뽕나무 오갈병

16

장마철 이후부터 발생하며, 주로 수관의 아랫잎부터 시작되며 위쪽으로 전진된다. 심하면 8월부터 잎이 누렇게 변하면서 낙엽지기 시작하여 9월 중순에는 어린잎만 앙상하게 남는다. 처음에는 작고 검은 점무늬로 시작되어 차츰 확대되면서 동심윤문이 옅게 나타난다. 잎의 주맥이나 측맥에 의한 병반의 확대가 제한되는 경우가 많아 부분만 누렇게 변하지만, 이내 잎 전체가 누렇게 변하면서 떨어진다.

17

밤나무 잉크병은 *Phytophthora*에 의한 병으로 난균에 의해 발생한다. 난균에 대한 특성을 살펴보면 다음과 같다.

- 균사는 잘 발달되어 있으며, 격벽이 없는 다핵균사임
- 유성포자를 난포자, 무성포자를 유주포자라고 함
- 2개의 편모를 가지며 하나는 민꼬리형, 하나는 털꼬리형을 가짐
- 편모 운동을 하는 유주자를 형성하므로 조류와 유연관계가 있는 것으로 추정
- 세포벽의 성분은 ß-glucan과 섬유소(Cellulose)임(균류의 세포벽 성분은 키틴질)
- 700종이 알려져 있으며 대부분 부생성이지만 식물병원균도 포함됨
- 난균의 중요한 식물병으로 감자역병, 포도의 노균병, 모잘록병 등 발생
- 뿌리썩음병(*Aphanomyces, Pythium*), 역병(*Phytophthora*), 노균병(*Bremia, bremiella* 등)

18

- 호두나무 검은(돌기)가지마름병은 호두나무와 가래나무에 발병하며 10년 이상의 나무에서 통풍과 채광이 부족한 수관 내의 2~3년생 가지나 웃자란 가지에서 발생한다.
- 병징은 가지가 회갈색 내지 회백색으로 죽고 약간 함몰되므로 건전 부위와는 뚜렷이 구분된다. 죽은 가지는 세로로 주름이 잡히고 수피 내에 돌기가 많이 형성되나 성숙하면 수피를 뚫고 포자가 다량 누출되어 검은색 덩이가 보인다. 포자는 빗물에 씻겨 수피로 흘러내리면 마치 잉크를 뿌린 듯이 눈에 잘 보인다.

19

자낭과는 자낭반으로 자실층에 자낭이 나열되어 배열된 구조인 것은 반균강이다.

- 반자낭균강 : 자낭과를 형성하지 않음. 자낭은 병반 위에 나출(*Saccharomyces, Taphrina*)
- 부정자낭균강 : 자낭과는 자낭구를 형성(*Penicillium, Aspergillus*)
- 각균강 : 자낭과는 자낭각으로 위쪽에 머릿구멍이 있거나 없음(흰가루병, 탄저병, 수지동고병, 밤나무 줄기마름병, 포플러 줄기마름병 등 대부분의 수목병)
- 반균강 : 자낭과는 자낭반으로 자실층에 자낭이 나출되어 배열(소나무 잎떨림병, 타르점무늬병, 리지나뿌리썩음병, 소나무 피목가지마름병 등)
- 소방자낭균강 : 자낭과는 자낭자좌를 가지며 자낭은 2중벽(더뎅이병, 검은별무늬병, 그을음병)

20

핵상이 2n인 포자가 형성되는 시기는 겨울포자세대이다. 겨울포자세대의 기주는 향나무 녹병균은 향나무, 소나무 혹병균은 참나무류, 산철쭉 잎녹병균은 산철쭉, 전나무 잎녹병균은 뱀고사리이다.

21

잎가장자리부터 둥근 갈색 반점이 나타나기 시작해 회갈색으로 변하면서 확대되고, 건전부와 병반의 경계는 진한 갈색 띠로 구분된다. 어린 가지도 회갈색으로 말라 죽는 경우가 많다. 잎 양면 병반과 변색된 어린 가지에 작고 검은 점(분생포자각)이 다수 나타나고, 다습하면 유백색 분생포자덩이가 솟아오른다.

22

안노섬뿌리썩음병(말굽버섯), 아밀라리아뿌리썩음병(뽕나무버섯)은 자실체인 버섯을 만들고, 자주날개무늬병은 자갈색의 헝겊 같은 피막을 만들며, 소나무류 피목가지마름병은 자낭반이 피목에 형성된다. 가장 작은 자실체는 배롱나무 흰가루병이 자낭과인 자낭각을 형성한다.

23

우리나라에서는 1970~1980년대에 선발육종을 통해 포플러에 조기낙엽을 일으켜 생장에 큰 피해를 주는 잎녹병에 대한 저항성인 이태리포플러 1호와 2호를 육성하여 실용화하는데 성공하였다. 밤나무혹벌에 저항성 품종인 은기, 옥광, 밤나무 줄기마름병에 대한 내병성 품종은 이평, 은기를 보급하고 있다.

25
목재변색균에 의한 병은 목재의 질을 저하시키지만 목재부후균과 달리 목재의 강도에는 영향을 미치지 않는다. 우리나라에서는 소나무좀과 소나무줄나무좀이 매개하는데 멜라닌 색소를 함유한 균사가 침엽수 목재의 방사유조직에 침입하여 생장하면서 푸른색으로 변색하게 된다.

26
곤충은 외골격을 가지고 있어 외부의 공격으로부터 방어할 수 있다.

곤충의 번성원인 중 외골격
- 골격이 몸의 외부에 있는 외골격(키틴)으로 되어 있음
- 외골격의 건조를 방지하는 왁스층으로 되어 있음
- 체벽에 부착된 근육을 지렛대처럼 이용하여 체중의 50배까지 들어 올림

27
고시군에는 하루살이목, 잠자리목이 포함되어 있으며, 좀목과 돌좀목은 무시류에 속한다. 노린재목, 사마귀목, 메뚜기목은 외시류에 포함되며 벌목, 파리목, 딱정벌레목은 내시류에 속한다.

28
- 곤충 골격의 대부분을 차지하는 것은 원표피이며, 다른 각도로 얇은 박막층을 이루는 여러 층이 중첩된 형태이다. 원표피가 경화된 바깥쪽의 외원표피와 부드러운 안쪽의 내원표피로 이루어졌다.
- 외골격의 화학적 주요 구성성분은 키틴이지만 양적으로 적으나 생리적으로 중요한 성분들도 있다. 레실린(Resilin)은 탄성단백질로 일종의 엘라스틴과 비슷하여 고무와 같은 탄성을 갖고 있다. 그 밖에 아스로포딘(Arthropodin)은 표피에 유연성을 부여하고 스클러로틴(Sclerotin)은 외원표피에 주로 분포하며 표피를 단단하게 만들어 색깔을 띠게 한다.

29
딱정벌레목
- 곤충의 40%를 차지하는 큰 곤충그룹으로 외골격(초시)이 발달하였고, 씹는 입틀을 가지고 있으며 입은 아래로 향하고 있는 하구식 또는 앞으로 향하고 있는 전구식이다. 날개는 앞날개(초시)는 두껍고 단단하며 날개맥이 없다.
- 유충의 다리는 가슴다리가 3쌍이 일반적이다. 딱정벌레목의 유충을 다리가 있는 형태로 구분하면 굼벵이형, 좀붙이형, 방아벌레형에 해당된다.
- 식육아목, 식균아목, 원시딱정벌레아목, 풍뎅이아목으로 구분할 수 있다.
- 길앞잡이, 물방개는 식육아목에 해당한다.

30
감간체(Rhabdom)는 광수용색소인 로돕신 분자들이 결합되어 있는 미세융모집단이라고 할 수 있으며 빛을 감지하는 부분이라고 할 수 있다. 곤충은 사람과 달리 편광되지 않은 빛과 편광된 빛을 구별할 수 있다. 또한 짧은 파장쪽으로 변환된 스펙트럼 영역에 높은 민감도를 보이며 사람이 볼 수 없는 자외선 영역의 빛을 볼 수 있다. 반면 곤충은 인간이 볼 수 있는 적색 끝에 있는 파장을 감지할 수 없다. 그러나 꿀벌과 나비는 진정한 색각을 가지고 있다.

31
말피기관은 체강 내에 유리된 상태로 있으며 개수는 보통 2배수이고 다양하게 존재한다. 곤충의 배설은 말피기관과 후장이 주요 역할을 수행하고 있으며 말피기관의 분비작용을 하는 과정에서 많은 칼륨이온이 관내로 유입되고 뒤따라 다른 염류와 수분이 이동한다(삼투압현상). 말피기관 내에 들어온 액체가 후장을 통과하는 동안에 수분과 이온류의 재흡수가 일어난다. 흡즙성 해충인 진딧물은 여과실을 통해 물을 재흡수할 수 있다.

32
성충이 되는 과정은 유약호르몬(JH)과 탈피호르몬(Ecdyson)의 농도와 관계가 있는데 유약호르몬이 많은 상태에서는 애벌레시기가 길어지며, 유약호르몬이 적어지면 번데기기간을 거쳐 성충이 되면 유약호르몬이 없어진다. 성충이 되었을 때 앞가슴선이 없어지게 되고 탈피호르몬의 분비가 일어나지 않는다. 메토플렌은 탈피호르몬의 유사체가 아니라 유약호르몬의 유사체로 해충 방제제로 사용된다.

33
흔들마디(팔굽마디)에는 소리감지 및 속도를 측정하는 존스톤기관이 있다.

34
카이로몬은 타종 간에 발생하는 것으로 생산자에게 불리하나 수용자에게 유리한 타감물질(Allelopathy)이다. 동종 간의 복숭아유리나방의 암컷과 수컷의 교신물질은 페로몬이다.

타감물질	내 용
알로몬	생산자에게 유리, 수용자에게 불리
카이로몬	생산자에게 불리, 수용자에게 유리
시노몬	생산자와 수용자 모두에게 유리하게 작용

35
진딧물류는 알로 월동하고 방패벌레류와 잎벌레류는 성충으로 월동한다. 미국흰불나방은 번데기로 월동한다.

36

줄마디가지나방은 자나방과에 속하는 나방으로 배다리가 배의 끝부분에 2쌍 정도가 존재한다.

37

총채벌레는 3mm 이하의 작은 곤충이며 대부분 식물체의 조직을 섭식하지만 일부 종은 응애류와 다양한 소형곤충류를 잡아먹기도 한다. 총채벌레는 불완전변태류이며 줄쓸어빠는 비대칭 입틀을 가지고 있다. 또한 날개는 촘촘한 긴 털의 술장식이 달린 가느다란 막대모양으로 일반적으로 날지 못하나 매우 빠르게 움직인다.

38

신경계를 구성하는 신경세포인 뉴런은 수상돌기와 축삭으로 구성되어 있으며 뉴런 사이는 신경연접(Synapse)에 의해 연결된다. 감각뉴런은 외부자극에 반응하여 신호를 전달하고, 운동뉴런은 근육과 신경연접을 이루어 운동 정보를 제공하며 그사이에 뉴런과 뉴런을 잇는 연합뉴런이 있다.

39

구 분	내 용	비 고
유아등	자외선 근처의 스펙트럼(320~400nm)이 많이 사용하며 형광 블랙라이트가 가장 효과적임	대부분의 나방류 및 딱정벌레류 등
유인목	먹이트랩으로 미끼를 이용하여 해충을 포획하는 방법이라고 할 수 있음	나무좀류, 바구미류 등
황색수반	황색수반에 날아드는 해충을 채집하는 방법으로 물에 계면활성제를 섞어 곤충을 확인함	진딧물, 총채벌레 등
말레이즈	곤충이 날아다니다 텐트 형태의 벽에 부딪히면 위로 올라가는 습성을 이용하여 높은 지점에 수집용기를 부착하여 곤충을 포획	벌, 파리 등

40

수목해충의 예찰은 수목을 가해하는 시기보다 이전 발육단계의 발생상황, 생리상태, 기후조건 등을 조사하여 해충의 분포상황, 발생시기, 발생량을 사전에 예측하는 일을 말한다.

41

경제적 피해허용수준(ET) 이상이 되지 않도록 해충의 밀도를 낮추는 방제를 실시하고, 경제적 피해수준(EIL)을 초과해서는 안 된다. 일반평행밀도(GEP)는 자연상태의 개체수를 의미하며 천적의 개체수를 높여 해충의 일반평행밀도를 낮추는 것이 필요하다.

42

성페로몬 트랩은 유충이 아닌 성충을 유인 포살하는 방법이다.

43

밤나무혹벌의 천적으로는 중국긴꼬리좀벌, 남색긴꼬리좀벌, 노란꼬리좀벌, 큰다리남색좀벌, 배잘록꼬리좀벌, 상수리좀벌과 기생파리류 등이 있다.

44

발육영점온도는 곤충의 발육에 필요한 최저온도로 직선회귀식으로부터 발육률이 0이 되는 온도를 추정한다. 따라 10℃가 발육영점 온도이다. 유효적산온도는 기울기의 역수이므로 1/0.05가 되고 20DD가 1회 발생하는 유효적산온도가 되므로 7, 8월의 60일 동안의 유효적산온도인 120DD은 1회 발생하는 유효적산온도의 6배임으로 총 6회 발생한다.

45

광릉긴나무좀의 성충과 유충은 끈끈이롤트랩을 설치하여 제거하거나 유인목을 설치하여 제거하는 방법이 유효하다.

46

광릉긴나무좀은 참나무 시들음병의 매개충이며 외줄면충은 느티나무에 벌레혹을 만든다.

47

종실가해 해충

- 바구미과 : 밤바구미, 도토리바구미
- 명나방과 : 복숭아명나방, 점노랑들명나방, 솔알락명나방, 큰솔알락명나방, 애기솔알락명나방
- 잎말이나방과 : 밤애기잎말이나방, 백송애기잎말이나방, 솔애기잎말이나방
- 심식나방과 : 복숭아심식나방
- 뿌리혹벌레과 : 밤송이진딧물
- 거위벌레과 : 도토리거위벌레

48

② 솔나방 – *Lepidoptera* – *Lasiocampidae*
③ 오리나무잎벌레 – *Coleoptera* – *Chrysomelidae*
④ 갈색날개매미충 – *Hemiptera* – *Ricaniidae*
⑤ 벚나무깍지벌레 – *Hemiptera* – *Diaspididae*

49

갈색날개매미충	미국선녀벌레
• 연 1회 발생 알로 월동(가지를 찢고 2줄로 20개 정도 산란) • 꼬리에 밀납물질을 부채살 모양으로 형성	• 연 1회 발생 알로 월동(수피, 가지 사이에 하나씩 90개 정도 산란) • 하얀 밀랍 물질을 덮고 있음

51

개화 후 종자의 성숙 시기

- 개화 직후 : 사시나무, 미루나무, 버드나무, 은백양, 황철나무, 떡느릅나무
- 개화한 해 가을 : 삼나무, 편백, 낙엽송, 전나무, 가문비나무, 자작나무, 오동나무, 오리나무, 떡갈나무, 졸참나무, 신갈나무, 갈참나무
- 개화한 다음 해 : 소나무류, 상수리나무, 굴참나무, 잣나무

52

1차목부는 상표피 쪽에, 1차사부는 하표피 쪽에 있다.

53

세포벽과 목부를 통한 수분 이동은 모세관현상에 의한 것이다.

54

- 측근은 주근의 내초세포에서 병층분열로 시작하여 병층분열을 거듭하면서 발달한다.
- 뿌리는 줄기생장 전에 시작해서 줄기생장이 정지된 후에도 계속된다.
- 뿌리털은 뿌리의 표면적을 확대하기 위해 변형된 것이며, 외생균근이 형성된 수목에서는 뿌리털을 만들지 않기도 한다.

55

- 느티나무는 기본적으로 자유생장형 수목
- 유한생장 : 정아가 줄기의 생장을 조절하면서 제한하는 생장
- 정아우세 현상은 옥신에 의해 나타나는 현상
- 도장지 발생 정도 : (활엽수 > 침엽수), (유목 > 성숙목), (소목 > 대목), (강벌 > 약벌), (임연부 > 내부)

56

양수는 광포화점이 높아 광도가 강한 환경에서 광합성이 효율적이고, 음수는 광포화점과 광보상점이 낮아 광도가 약한 그늘에서 자랄 수 있다.

57

질소고정 미생물

생활형태	미생물	기주식물
자유생활(비공생)	*Azotobacter*(호기성)	–
	Clostridium(혐기성)	–
외생공생	*Cyanobacteria*	곰팡이와 지의류 형성, 소철
내생공생	*Rhizobium*	콩과식물, 느릅나무과
	Frankia	오리나무류, 보리수나무, 담자리꽃나무, 소귀나무과

58

원적색광이 적색광보다 많을 때 줄기 생장이 억제된다.

59

수고생장이 정지한 후에도 형성층의 활동은 지속된다.

60

식물의 호흡량과 기계적 손상 및 물리적 자극과의 관계

- 수목의 잎을 만지거나 문지르거나 구부리면 호흡량이 크게 증가한다.
- 상처를 만들면 호흡이 증가한다(상처를 복구하는 대사가 시작되기 때문).

61

탄수화물의 저장 형태는 주로 전분이며, 이동 또는 이용을 위해서 설탕으로 전환된다.

62

겨울철에 전분의 함량이 감소하고 환원당의 함량이 증가하는 이유는 세포액의 농도를 높여 가지의 내한성을 증가시키기 위함이다.

63

식물호르몬 중 ABA, 지베렐린, 에틸렌은 질소를 포함하지 않고, 옥신과 시토키닌은 질소를 포함한다.

64

② 소나무류는 뿌리에서 질산환원이 일어나는 루핀형이다.
③ 산성토양에서는 암모늄태 질소가 축적된다.
④ 암모늄 이온은 독성이 있기 때문에 축적되지 않고 아미노산 형태로 전환된다.
⑤ 질산이 아질산으로 전환되는 것은 환원반응이다.

65

가을 낙엽을 대비하여 어린잎에서부터 엽병 밑부분에 이층(떨켜)을 사전에 형성한다.

66

고무와 스테롤은 Isoprenoid 화합물이고, 큐틴은 지방산 유도체이다.

67

- 엽록소는 마그네슘을 함유하는 광합성 색소이다.
- 월동기간 수목 내 지질함량은 에너지 저장과 내한성을 위해 증가한다.
- 콩꼬투리와 느릅나무 내수피 주변에서 분비되는 검과 점액질은 Mucilage로 다당류이다.

68

잎차례는 수종의 고유 특성으로 원기가 형성될 때 정해진다.

69

수선조직은 병층분열로 발생한다.

70

칼로스는 세포벽에서 분비되는 스트레스 반응 물질로서 탄수화물 중 다당류이다.

71

근압은 삼투압에 의하여 흡수된 수분에 의해 발생된 뿌리 내의 압력이며, 근압을 해소하기 위하여 잎의 엽맥 끝부분에 물방울이 맺히는 현상을 일액현상이라 한다.

72

외생균근을 형성하는 수종

과 명	속 명	대표적인 종명
소나무과	소나무속	소나무, 곰솔, 리기다소나무, 백송, 잣나무류
	전나무속	전나무, 구상나무, 분비나무
	가문비나무속	가문비나무, 종비나무, 독일가문비나무
	잎갈나무속	잎갈나무, 일본잎갈나무
	개잎갈나무속	개잎갈나무
	솔송나무속	솔송나무
버드나무과	버드나무속	버드나무, 왕버들, 능수버들
	사시나무속	사시나무, 양버들, 황철나무, 미루나무
자작나무과	자작나무속	자작나무, 거제수나무, 사스래나무, 박달나무
	오리나무속	오리나무, 물오리나무, 물갬나무
	서어나무속	서어나무, 까치박달, 소사나무
	개암나무속	개암나무, 참개암나무
참나무과	참나무속	상수리나무, 굴참나무, 갈참나무, 신갈나무
	밤나무속	밤나무, 약밤나무
	너도밤나무속	너도밤나무
피나무과	피나무속	피나무, 염주나무, 보리자나무

73

수분 스트레스를 받는 뿌리는 생장이 둔화 또는 정지된다.

74

세포의 수분함량이 증가하여 팽윤하게 되면 팽압은 증가하고 삼투압은 감소한다.

75

Paclobutrazol은 GA의 생합성을 방해하여 줄기 생장을 억제하는 생장억제제이다.

76

나트륨이온은 점토입자들을 분산시켜 입단화를 방해한다.

77

수목 하부의 낙엽과 낙지는 멀칭 효과와 함께 점차 분해되어 토양의 유기물함량을 높여준다.

78

중력퍼텐셜은 임의로 설정된 기준점보다 상대적 위치가 높을수록 커진다.

79

부식은 점토보다 비표면적이 크고, 양이온교환용량이 커서 토양의 완충용량을 증가시킨다.

80

- 토양층위 중 유기물층인 O층은 산림토양에서 주로 발견되는 층으로 산림분야에서는 임상이라고 한다.
- 방선균은 유기물을 분해하고 생육하는 부생성 생물이다.

81

염기포화도가 증가한다는 것은 수소이온의 양이 감소한다는 것을 의미한다.

82

뿌리와 미생물이 에너지를 생성하는 과정은 호흡 과정이다. 따라서 산소가 줄어드는 만큼 이산화탄소가 증가한다.

83

염기포화도 = 교환성 염기의 총량 / 양이온교환용량
= (3+3+3+3) / 16 = 0.75

84

- 주요 1차 광물의 풍화내성 : 석영 > 백운모・정장석 > 사장석 > 흑운모・각섬석・휘석 > 감람석
- 주요 2차 광물의 풍화내성 : 침철광 > 적철광 > 깁사이트 > 규산염점토 > 백운석・방해석 > 석고

85

산림토양은 농경지토양에 비해 토성이 거칠고 공극이 많아 통기성과 배수성이 좋다.

86

단면 밖으로 튀어나오는 뿌리 부분은 단면 표면에 맞춰 잘라준다.

87

- 진토층(Solum) : A층 ~ B층
- 전토층(Regolith) : A층 ~ C층

88

Alfisol - 염기포화도 35% 이상, Aridsol - 염기포화도 50% 이상

89

툰드라는 지하에 일년내내 녹지 않는 영구 동토가 있고 강수량이 적은 지역이다. 주로 러시아의 시베리아 등 고위도 한대 지역에 있다. 툰드라는 '고지대' 혹은 '나무 없는 산지대'를 의미한다.

90

한국 산림토양은 8개 토양군, 11개 토양아군, 28개 토양형으로 구분된다.

91

- 식물이 흡수하는 인의 형태 : $H_2PO_4^-$, HPO_4^{2-}
- 철・알루미늄(산성 조건)과 칼슘(알칼리 조건)은 인산과 결합하여 불용화시킴

92

- 토양의 부피가 200cm^{3}이고, 건조토양의 무게가 260g이므로 토양의 용적밀도는 260g/200cm^3 = 1.3g/cm^{3}이다.
- 건조하면서 줄어든 시료의 무게 = 물의 무게 = 40g = 40cm^3(물의 비중 = 1.0)
- 공극률 = 1 - 용적밀도/입자밀도 = 1 - 1.3/2.6 = 0.5 = 50%
- 공극률이 50%이므로 고상 50%
- 물은 전체 부피 200cm^3 중에 40cm^3 이므로 20%
- 공극 50% 중 나머지 30%가 기상 액상 20%, 기상 30%

93

교질물은 콜로이드성 입자들로서, 점토와 부식이 이에 해당한다.

94

낙엽과 같은 유기물은 분해 과정에서 유기산을 만들기 때문에 토양의 pH가 낮아진다.

95

탈질작용과 휘산작용은 질소성분이 토양에서 대기 중으로 방출되는 작용이고, 질소고정작용은 대기 중의 질소가 생체 내로 고정되는 작용이다.

96

균근은 수목의 한발 저항성을 향상시킨다.

97

비료의 반응

- 화학적 반응 : 비료 자체가 가지는 반응(물에 녹이면 비료의 화학조성에 따라 용액의 반응이 나타남)
- 생리적 반응 : 식물이 음・양이온을 흡수하는 속도가 고르지 않기 때문에, 토양에 사용한 비료의 성분 중 어떤 성분은 많이 남고, 어떤 성분은 적은 양만 남아 있어 토양반응이 어느 편으로 치우쳐 나타나는 반응

98

배수하여 통기성이 좋아지면 황화합물이 산화되어 산성이 되고, 담수상태에서는 환원 상태가 조성되어 pH는 중성을 띠고 황화수소가 발생한다.

99

pH 증가, 유기물 감소, 용적밀도 증가, 교환성 양이온 증가

100

탄질비가 높은 낙엽은 분해속도가 느리다. 따라서 양분 방출 속도도 느리다.

101

미상화서(尾狀花序)

- 화축이 하늘로 향하지 않고 밑으로 처지는 꽃차례로 꽃잎이 없고 포로 싸인 단성화
- 버드나무과, 참나무과, 자작나무과가 이에 해당
- 무리져 피는 모든 꽃들이 수꽃이든가, 암꽃 1가지로만 이루어져 있음
- 암술과 수술은 한 꽃에 나타나지 않음

102

일부 수목이 만들어 내는 휘발성 유기화합물(VOC ; Volatile Organic Compounds)은 대기 중으로 쉽게 휘발하는 특성을 가진 탄화수소류로, 강한 햇빛이나 높은 기온(30℃ 이상)에 의해 질소산화물(NOx)과 반응해 오존을 발생시킨다.

103

종합적병해충관리(IPM) 개념을 조경수 관리에 응용하기 위해 개발된 것이 식물건강관리(PHC ; Plant Health Care) 프로그램이다. PHC는 수목과 그리고 관련된 스트레스만을 다루는 것이 아니며, 특별히 문제가 되는 수종의 파악, 그 지역에서 발생하는 중요한 스트레스의 유형, 수목의 역사, 민원 등을 고려하여 종합적인 현황조사(Site inventory)로부터 시작된다.

104

근분의 크기는 수간의 직경에 따라 결정한다. 그러나 근분의 높이를 정할 경우 대부분의 뿌리가 표토로부터 75cm 깊이 이내에 존재(세근을 중심으로)하기 때문에 근분의 높이를 근분의 직경에 비례하여 제작할 필요가 없다.

105

자작나무, 단풍나무는 2~4월에는 수액유출이 심하므로 전정을 피해야 한다.

전정 시 주의할 사항	수 종	비고
부후하기 쉬운 수종	벚나무, 오동나무, 목련 등	
수액유출이 심한 수종	단풍나무류, 자작나무 등	전정 시 2~4월은 피함
가지가 마르는 수종	단풍나무류	
맹아가 발생하지 않는 수종	소나무, 전나무 등	
수형을 잃기 쉬운 수종	전나무, 가문비나무, 자작나무, 느티나무, 칠엽수, 후박나무 등	
적심을 하는 수종	소나무, 편백, 주목 등	적심은 5월경에 실시

106

부후된 가지는 수간으로 침입하는 병원균을 막기 위해 지륭과 지피융기선을 잇는 선에서 제거하는 것이 바람직하다.

107

참느릅나무의 뿌리는 심근성이며 매우 질기다. 또한 메타세콰이어, 느릅나무, 느티나무, 양버즘나무 등은 배수관로에 침입비율이 높은 수종이다.

108

조상은 가을에 첫 번째 오는 서리에 의해서 나타나는 피해로 수목이 생장하면서 아직 내한성을 가지지 못하였을 때 나타난다. 또한 산악지역에서 찬공기가 지상 1~3m 높이에서 정체되는 분지(Frost Pocket)에서 가끔 나타난다. 키가 3m보다 작은 나무에 큰 피해를 주며 병징은 새순과 잎에서 나타난다. 소나무의 경우 잎의 기부가 피해를 입어 잎이 밑으로 쳐진다. 조상은 모든 새순이 죽어서 그 후유증이 1~2년간 지속되어 만상보다 더 심각하게 나무의 모양을 훼손시켜 나무가 왜성 혹은 관목형으로 되기도 한다.

109

토양에 수분결핍이 시작되면 가지 끝부분부터 수분부족 현상이 시작된다. 건조에 의한 피해는 활엽수와 침엽수가 서로 다르게 나타난다. 활엽수의 경우 어린잎과 줄기의 시들음 현상이 나타나고 남서향의 바람에 노출된 부분부터 영향을 먼저 받는다. 침엽수의 경우에는 초기에 증상이 잘 나타나지 않지만 잎이 쪼그라들고 녹색이 퇴색하여 연녹색으로 되는 후기 증상이 나타날 때에는 고사직전을 나타내는 것이다.

110

강풍에 의한 피해는 활엽수보다 인장강도가 약한 침엽수가 크며 특히, 천근성인 가문비나무와 낙엽송이 바람에 약하다. 바람에 피해가 많은 나무는 수관이 빽빽하고 아주 좁은 각도 혹은 아주 넓은 각도로 뻗은 가지, 병든 가지, 그리고 수간에 공동이 있는 경우에 피해가 크다. 수목은 초살도가 크면 무게중심이 아래쪽에 있어 피해가 적다.

주풍의 방향에 따라 수목은 외부환경으로 인해 세포분열이 한쪽으로 집중되는 편심생장을 하는데 바람이 부는 반대쪽에서 세포분열이 왕성해지면서 부피생장이 많아진다.

111

수분퍼텐셜은 높은 곳에서 낮은 곳으로 가기 때문에 토양의 수분퍼텐셜이 높아지면 식물이 물과 영양분을 충분히 흡수할 수 있다. 그러나 제설염에 의해 삼투압퍼텐셜이 낮아지면 식물이 양분을 흡수하기 어려워진다.

112

녹나무와 구실잣밤나무는 내화력이 약한 수목에 해당한다.

구 분	내화력이 강한 수종	내화력이 약한 수종
침엽수	은행나무, 잎갈나무, 분비나무, 가문비나무, 개비자나무, 대왕송	소나무, 해송, 삼나무, 편백
상록활엽수	아왜나무, 굴거리나무, 후피향나무, 붓순, 협죽도, 황벽나무, 동백나무, 사철나무, 가시나무, 회양목	녹나무, 구실잣밤나무
낙엽활엽수	피나무, 고로쇠나무, 마가목, 고광나무, 가중나무, 네군도단풍, 난티나무, 참나무, 사시나무, 옴나무, 수수꽃다리	아까시나무, 벚나무, 능수버들, 벽오동나무, 참죽나무, 조릿대

113

오존의 피해는 주로 어린 잎에서 먼저 나타나며, 책상조직을 가해하여 주근깨 같은 점을 만든다. 오존에 대해서 감수성인 수종은 당느릅나무, 느티나무, 중국단풍, 소나무 등이다.

114

산성비는 질산과 황산이 원인물질이며 토양을 산성화시킨다. 산성화된 토양에서는 철과 알루미늄이 녹게 되고 이로 인해 수용성인산이 불용성으로 바뀌게 되며, 산성토양에서의 세균의 활동을 저하시키는 역할을 한다. 또한 잎의 왁스층을 용해시켜 내수성을 상실시키고, 칼슘, 칼륨, 마그네슘 등을 용탈시킨다.

115

침투성 살충제(Systemic Insecticide)

약제를 식물의 뿌리(일부는 잎)에 처리하여 식물체 내로 흡수, 이행시켜 약제를 처리하지 않은 부위에도 분포하게 함으로써 흡즙성 해충을 방제하는 것으로, 대부분의 입제 형태 살충제(토양해충 방제제 제외)가 이 범주에 속한다.

- 카바메이트계 : 벤퓨라카브, 카보퓨란 등
- 합성피레스로이드계 : 에토펜프록스
- 네오니코티노이드계 : 디노테퓨란, 아세타미프리드, 티아메톡삼 등

116

비펜트린 : 합성피레스로이드계 살충제, Na 통로 조절(표시기호 3a)

117

보호살균제는 병원균의 포자가 발아하여 침입하는 것을 방지하는 약제이다.

118

토양의 pH 변화와 관련 없다.

119

액제의 살포액은 투명하다.

120

벤타존 : 벤조티아디아지논계의 선택성 제초제로 화본과 잡초를 제외한 일년생 및 다년생 광엽잡초와 사초과 잡초에 효과(표시기호 C3, 광합성 저해)

121

디플루벤주론은 O형 키틴합성을 저해한다.

122

마이크로뷰타닐과 테부코나졸의 작용기작 구분에 의한 표시기호는 사1(막에서 스테롤 생합성 저해 - 탈메틸 효소 기능 저해)이다.

123

집단발생지 및 재선충병 확산이 우려되는 지역은 방제작업을 실시한다.

124

산림병해충 방제규정 제53조(약제선정 기준)

① 방제용 약종은 「농약관리법」에 따라 등록된 약제 중에서 다음의 기준에 따라 약제를 선정한다.
  1. 예방 및 살충·살균 등 방제효과가 뛰어날 것
  2. 입목에 대한 약해가 적을 것
  3. 사람 또는 동물 등에 독성이 적을 것
  4. 경제성이 높을 것
  5. 사용이 간편할 것
  6. 대량구입이 가능할 것
  7. 항공방제의 경우 전착제가 포함되지 않을 것

② 「농림축산식품부 소관 친환경농어업 육성 및 유기식품 등의 관리·지원에 관한 법률 시행규칙」에 따라 유기농업자재로 공시·품질 인증된 제품은 다음의 기준을 모두 충족하는 제품을 사용한다.
  1. 적용대상 수목 및 병해충에만 사용할 것
  2. 약효시험 결과 50% 이상 방제효과가 인정될 것
  3. 기준량 및 배량 모두에서 약해가 없을 것
  4. 항공방제의 경우 전착제가 포함되지 않을 것

125

나무병원이 나무의사의 처방전 없이 농약을 사용하거나 처방전과 다르게 농약을 사용한 경우, 1차 위반 150만 원, 2차 위반 300만 원, 3차 위반 500만 원의 과태료가 부과된다.

2022년 나무의사 필기 기출문제해설

제7회 기출문제 정답 및 해설

1	2	3	4	5	6	7	8	9	10
③	⑤	②	③	①	②	③	⑤	①	③
11	12	13	14	15	16	17	18	19	20
④	②	④	④	④	③	①	④	②	③
21	22	23	24	25	26	27	28	29	30
④	⑤	④	⑤	①	②, ④	⑤	①	③	⑤
31	32	33	34	35	36	37	38	39	40
⑤	⑤	①	⑤	⑤	①	②	③	④	①
41	42	43	44	45	46	47	48	49	50
②	①	②	①	④	④	①	⑤	④	③
51	52	53	54	55	56	57	58	59	60
①	④	①	⑤	⑤	①, ⑤	①	⑤	①	③
61	62	63	64	65	66	67	68	69	70
②	③	②	④	②	⑤	①	①	④	③
71	72	73	74	75	76	77	78	79	80
①	①	⑤	④	⑤	②	②	②	④	②
81	82	83	84	85	86	87	88	89	90
③	⑤	③	④	⑤	⑤	③	④	④	②
91	92	93	94	95	96	97	98	99	100
②	③	③	④	①	②	④	⑤	③	모두정답
101	102	103	104	105	106	107	108	109	110
④	②	⑤	②	④	⑤	①	②	②	②
111	112	113	114	115	116	117	118	119	120
③	⑤	④	①	모두정답	④	③	④	④	②
121	122	123	124	125	126	127	128	129	130
③	⑤	④	③	④	③	②	①	⑤	⑤
131	132	133	134	135	136	137	138	139	140
④	④	①	⑤	②	④	③	②	②	①

01

아밀라리아뿌리썩음병은 방제가 상당히 어렵다. 일반적으로 스트레스를 받은 수목에 병이 발생할 확률이 높기 때문에 토양의 수분관리, 간벌, 비배관리, 해충방제 등을 통해서 임분을 건강하게 관리하도록 한다. 저항성 수종식재, 그루터기 제거, 석회를 이용한 병의 확산방지 등의 방법을 활용할 수 있다.

02

대추나무 빗자루병은 파이토플라스마, 벚나무 번개무늬병과 포플러 모자이크병은 바이러스병, 소나무 피목가지마름병과 배롱나무 흰가루병은 곰팡이병이다. 파이토플라스마와 바이러스는 분리배양이 되지 않으며, 곰팡이병 중에서도 흰가루병, 노균병, 녹병 등은 분리배양이 어렵다.

03

흰가루병은 수종에 따라서 어린줄기와 열매에도 발생한다. 병원균의 균사체는 주로 기주 표면에 존재하므로 광합성을 방해하며, 균사 일부가 표피를 뚫고 침입하여 기주조직에 흡기를 형성하여 양분을 탈취한다. 이때 감염된 세포는 죽지 않으며 계속해서 양분을 탈취당한다는 사실은 이 병원균이 절대기생체라는 사실을 말해준다.

04

근권에 존재하는 *Agrobacterium tumefaciens*는 식물 뿌리에서 방출되는 양분에 의존하여 생존한다. 식물이 손상을 입게 되면 Chemotaxis세포로부터 화학물질이 방출되어 *Agrobacterium*이 유인되며, 이로 인해 Ti plasmid의 한 부분인 T-DNA영역이 숙주식물의 유전자에 통합된다. *Agrobacterium*을 매개로 하여 유전자를 도입하는 방법은 가장 널리 이용되는 형질전환 방법이며, 특히 쌍자엽 식물을 형질전환 시키고자 할 때 보편적으로 사용하고 있다.

05

뽕나무 오갈병과 붉나무 빗자루병은 파이토플라스마, 장미 모자이크병은 바이러스병이다. 버즘나무 탄저병과 벚나무 빗자루병, 동백나무 겹둥근무늬병은 곰팡이병이다.

06

바이러스는 세포 내에 존재하며 모자이크, 잎맥투명, 번개무늬, 퇴록둥근무늬, 꽃얼룩무늬, 목부천공 등의 병징이 나타난다.

07

향나무 녹병은 여름포자가 없는 중세대형이며, 살균제처리는 향나무의 경우 3~4월과 7월에, 중간기주인 장미과 식물에는 4월 중순부터 6월까지 10일 간격으로 적용약제를 살포한다.

08

비생물적 원인에 의한 병은 수목 전체에 나타나며 기생성 병인 생물적 원인에 의한 병해는 세균병과 바이러스병이 전신병이기는 하나 그 증상이 일부에서 나타나며 점점 확대되는 현상을 보인다.

09

기생성 종자는 새삼, 겨우살이, 열당과의 더부살이 등이 기생식물이나 칡은 콩과의 낙엽덩굴성 목본식물이다.

10

병원균은 병든 잎에서 자낭반으로 월동하고 자낭포자가 1차 전염원이 된다.

장미 검은무늬병은 장미의 전 생육기를 통해 묘목과 성목에 모두 많이 발생하며, 장마철 이후에 피해가 심하나 봄비가 잦은 해에는 5~6월에도 피해가 심하게 나타난다. 흑갈색의 원형 내지 부정형의 병반은 표피 아래에서 형성되어 표피를 찢고 노출된 분생포자반인데, 습한 때 분생포자가 다량 형성되면 흰 점질물의 포자덩이가 되어 희게 보인다. 곤충이나 빗물에 의해서도 전염되며, 건조한 상태에서는 주로 공기로 전염된다. 병든 낙엽은 긁어모아 태우거나 땅속에 묻고 5월경에는 10일 간격으로 살균제를 3~4회 살포한다.

11

선충, 파이토플라스마, 바이러스의 경우에는 세포벽이 없고, 식물과 곰팡이, 세균은 세포벽이 있다.
벚나무 번개무늬병 : 바이러스

12

현재까지 개발된 세균 동정(Identification)법으로는 세균배양법, Ribotyping법, DNA-DNA hybridization, DNA fingerprinting, DNAprobe, 16S 또는 23S 라이보솜 RNA(rRNA) 유전자 염기서열 결정법, 중합효소연쇄반응법 등이 있다. 최근에는 세균이 가지고 있는 지방산, 다당류, 그리고 단백질 등의 조성성분을 분석하는 화학적 분석법을 이용하는 세균 동정방법이 증가하는 추세이다.

13

주사전자현미경은 세균, 진균, 식물의 표면정보를 얻기 위해 이용되며 포자 표면의 돌기, 무늬 등을 관찰할 수 있다.

14

병든 잎은 외견상 흰가루를 뿌려 놓은 듯한데, 이는 분생포자경과 분생포자를 집단으로 형성하기 때문이다.

15

주로 바람과 빗물에 의해 전반되는 병은 밤나무 흰가루병, 단풍나무 타르점무늬병이며 토양전반이 되는 것은 소나무 리지나뿌리썩음병이다.

16

말라죽은 침엽의 표피를 뚫고 나온 적갈색의 병든 부위를 확인하면 암갈색의 구형 내지 편구형의 분생포자각이 형성되어 있어 낮은 배율에서도 관찰이 가능하다.

17

티오파네이트메틸은 상처치유를 위한 살균제를 포함한 것이다. 나무주사는 예방목적으로도 활용이 되며 잣나무 털녹병 방제를 위해서는 송이풀을 제거하여야 한다. 보르도액과 석회유황합제는 지속시간이 길어 예방방제제로 활용되고 있다.

18

어린 묘목은 모잘록병에 걸리기 쉬우며, 뿌리썩음병의 원인은 곰팡이균이다. 또한 리지나뿌리썩음병균은 자낭균문에 속하며, 아밀라리아뿌리썩음병균은 담자균문에 속한다.

19

주로 발생하는 수종은 갈참나무, 신갈나무 등이다.

20

dsDNA가 아니라 dsRNA이다.

21

① 뽕나무 오갈병 - 마름무늬매미충
② 참나무 시들음병 - 광릉긴나무좀
③ 느릅나무 시들음병 - 유럽느릅나무좀, 미국느릅나무좀
⑤ 소나무 시들음병(소나무재선충병) - 솔수염하늘소

22

칠엽수 얼룩무늬병은 어린잎에 작고 희미한 점무늬가 나타나며 차츰 갈색으로 변하고 이것이 점점 커져서 적갈색 얼룩무늬를 형성한다. 성숙한 병반 위에는 까만 점들이 다수 나타나는데 이것은 분생포자각이며 미성숙한 위자낭각의 상태로 겨울을 난 다음에 자낭포자가 성숙하는데 봄비를 맞으면 자낭포자가 방출되면서 1차 전염이 된다. 이후 여름부터는 병든 잎에 형성된 분생포자각에서 형성된 분생포자가 2차 전염원이 된다. 대부분 빗물에 의해 병이 확산되는 특징을 보인다.

23

호두나무 갈색썩음병은 세균성 병해로 *Xanthomonas*속에 의한 병해이다.

24

1936년 Takaki Goroku가 경기도 가평군에서 처음으로 발견한 병은 잣나무 털녹병으로 *Cronatrium ribicola*에 의한 피해를 확인하였다.

25

포플러 잎녹병을 일으키는 대부분의 피해는 *Melampsora larici-populina*에 의해서 발생한다. 우리나라에 분포하는 포플러 잎녹병균은 *Melampsora larici-populina*와 M. *magnusiana*의 두 종으로 각각 일본잎갈나무와 현호색을 중간기주로 한다.

26

곤충은 절지동물문 곤충강에 속하며 현재 곤충종수는(2017년 12월 31일 기준) 약 83만종으로 기록되어 있다.

27

더듬이 종류	형 태	곤 충
실 모양	가늘고 긴 더듬이	딱정벌레류, 바퀴류, 실베짱이류, 하늘소류
짧은털 모양 (강모상)	마디가 가늘어지고 짧음	잠자리류, 매미류
방울 모양 (구간상)	끝쪽 몇마디가 폭이 넓어짐	밑빠진벌레, 나비류
구슬 모양 (염주상)	각 마디가 둥근형태의 더듬이	흰개미류
톱니 모양 (거치상)	마디 한쪽이 비대칭으로 늘어남	방아벌레류
방망이 모양 (곤봉상)	끝으로 갈수록 조금씩 굵어짐	송장벌레류, 무당벌레류
아가미 모양 (새상)	얇은 판이 중첩된 모양	풍뎅이류
빗살 모양 (즐치상)	머리빗을 닮은 더듬이	홍날개류, 잎벌류, 뱀잠자리류
팔굽 모양 (슬상)	두 번째 마디가 짧고 옆으로 꺾임	바구미류 및 개미류
깃털 모양 (우모상)	각 마디에 강모가 발달하여 깃털모양	일부 수컷의 나방류, 모기류
가시털 모양 (자모상)	납작한 세 번째 마디에 가시털	집파리류

28

좀목과 돌좀목 등 무시류에서 잠자리, 하루살이목의 유시류가 3.5억년 전 석탄기 때 최초로 등장하였다.

29

- 장미등에잎벌은 연 3회 발생하며, 땅속에서 번데기로 월동한다. 번데기는 유백색으로 황회색의 고치를 만든다. 5월경에 1세대 성충이 나타나며, 성충은 줄기에 직선으로 상처를 낸 뒤 그 안에 나란히 산란한다. 산란부위에는 갈색의 산란흔이 남고, 부화유충은 처음에는 잎 뒷면에 모여 생활하지만 점차 분산한다. 초여름과 8월 말~9월 초에 발생이 많다.
- 개미귀신은 풀잠자리목[脈翅目] 명주잠자리과의 유충으로 모래밭에 절구 모양의 둥지인 개미지옥을 만들고, 그 밑의 모래 속에 숨어 있다가 미끄러져서 떨어지는 개미 등의 작은 곤충을 큰턱으로 물어 소화액을 넣은 다음 녹여 체액을 빨아먹는다.

- 부채벌레 수컷은 날개가 퇴화되었으며 작은 평균곤 모양으로 변형되어 있다. 뒷날개는 기능적인 막질의 날개로 크며, 몇 개의 시맥이 있다. 부채벌레의 암컷은 다 크면 날개, 다리, 눈과 더듬이가 없는 채로 마치 구더기처럼 생겼으며 유충이 몸 밖에서 나갈 때까지 다른 곤충의 피부층에 기생해서 살아간다.
- 밑들이의 배 끝 세 마디는 수컷의 경우 전갈 꼬리처럼 되어있고 위를 향해 말려있다. 암컷은 그에 비해 단순히 배 끝이 위로 살짝 들어올려진 형태. 사실 수컷의 배 끝에 달린 전갈 꼬리는 생식 보조기이며 생식보조기가 위치한 부위는 꼬리 끝 공 모양의 부위 안에 있다.

30

칼륨 경화를 통해 강화된다. 탈피액(Molting fluid)은 탄산수소칼륨($KHCO_3$)으로 무기염으로 구성되어 있다.

31

메뚜기의 큰턱은 먹이를 분쇄하거나 갈기 위한 1쌍의 떡으로 아래위로 움직이지 않고 좌우로 움직이며 작동한다. 작은턱은 밑마디, 자루마디, 바깥조각, 안조각으로 나눌 수 있으며 자루마디는 감각수염을 지지하는 중앙경피판으로 되어있다.

32

구 분	발육 운명
외배엽	표피, 외분비샘, 뇌 및 신경계, 감각기관, 전장 및 후장, 호흡계, 외부생식기
중배엽	심장, 혈액, 순환계, 근육, 내분비샘, 지방체, 생식선(난소와 정소)
내배엽	중 장

알껍질(Chorion)은 내부가 그물 모양이고 공기가 채워져 있으며 공기구멍을 통해 외부와 통한다. 곤충들은 부적당한 계절을 알의 상태로 보낸다. 특히 톡토기 가운데 스민투루스(Sminthurus)속과 메뚜기목의 몇몇 곤충의 알은 바짝 말라 오그라진 상태로 여름철의 가뭄을 견디며, 수분이 많아지면 다시 발생을 시작한다. 모기의 바짝 마른 알은 발생이 완성된 후에 휴면기로 들어가는데, 물에 놓이면 신속히 부화한다.

33

소리는 효과적인 의사소통 방식으로 주파수, 진폭, 주기성을 통해 소리를 표현하며, 대부분의 곤충은 복부(메뚜기, 나방류)나 앞다리 종아리마디(귀뚜라미류, 여치류)에 있는 고막으로 소리를 감지한다. 마찰음으로 소리를 만드는 곤충은 귀뚜라미, 땅강아지, 여치 등이 있으며 막의 진동으로 소리를 만드는 곤충은 매미류, 날개진동은 모기, 기생 고치벌, 꿀벌이 있다.
빗살수염벌레는 딱정벌레목 > 빗살(살짝)수염벌레과 > 꼬마수염진딧물속이다.

34

휴지막전위가 아닌 탈분극과 재분극을 통한 활동전위를 통해 전달한다.

35

- 흡즙성 곤충은 여과실이라는 특수한 기관이 있다. 식물 즙액은 영양분이 적고 수분이 많아 체내로 수분이 다량흡수가 되면 혈림프의 농도가 낮아져 삼투압 유지에 문제가 발생할 수 있어 중장의 앞과 뒷부분 및 후장의 앞부준에 겹쳐져 있는 얇은 막으로 된 여과실을 생성하여 수분을 흡수하여 몸 밖으로 배설할 수 있도록 해준다.
- 사람이나 다른 동물의 피를 빨아먹고 사는 육식성 곤충으로 모든 종류의 이·빈대·벼룩류와 일부 노린재류(흡혈노린재), 대부분의 파리류(모기·등에·등에모기·침파리)가 이에 속한다.
- 노린재아목 : 앞가슴등판은 보통 크고 사다리꼴이거나 둥그스름하고, 삼각형의 소순판은 앞가슴등판 아래에 있다.
- 매미아목 : 매미·멸구·매미충을 대표하는 매미아목(Auchenorrhyncha)과 진딧물·깍지벌레를 대표하는 진딧물아목(Stermorrhyncha)으로 구분한다. 매미아목의 모든 종은 찌르고 빠는 입틀이 있으며, 관속식물로부터 즙액을 빨아 섭취한다.

36

미국선녀벌레는 2009년, 소나무재선충 1988년, 갈색날개매미충 2009년. 버즘나무방패벌레는 1995년에 유입되었다.

학 명	원산지	피해수종	가해습성
솔잎혹파리	일본(1929)	소나무, 곰솔	충영형성
미국흰불나방	북미(1958)	버즘나무, 벚나무 등 활엽수 160여종	식엽성
솔껍질깍지벌레	일본(1963)	곰솔, 소나무	흡즙성
소나무재선충	일본(1988)	소나무, 곰솔, 잣나무	-
버즘나무방패벌래	북미(1995)	버즘나무, 물푸레	흡즙성
아까시잎혹파리	북미(2001)	아까시나무	충영형성
꽃매미	중국(2006)	대부분 활엽수	흡즙성
미국선녀벌레	미국(2009)	대부분 활엽수	흡즙성
갈색날개매미충	중국(2009)	대부분 활엽수	흡즙성

37

버즘나무방패벌레(*Corythucha ciliata*)는 노린재목, 방패벌레과에 속한다.

- *Hyphantria cunea* : 미국흰불나방
- *Lymantria dispar* : 매미나방
- *Matsucoccus matsumurae* : 솔껍질깍지벌레
- *Diptera* : 파리목
- *Hemiptera* : 노린재목
- *Lepidoptera* : 나비목
- *Orthoptera* : 메뚜기목
- *Tingidae* : 방패벌레과
- *Erebidae* : 태극나방과
- *Pseudococcidae* : 가루깍지벌레과
- *Coccidae* : 밀깍지벌레과

38

광릉긴나무좀(참나무 시들음병 – 곰팡이병), 목화진딧물(바이러스병), 북방수염하늘소(재선충)을 매개한다.

39

구 분	내 용	관련 해충
단식성	한 종의 수목만 가해하거나 같은 속의 일부 종만 기주로 하는 해충	• 느티나무벼룩바구미(느티나무), 팽나무벼룩바구미 • 줄마디가지나방(회화나무), 회양목명나방(회양목) • 개나리잎벌(개나리), 밤나무혹벌 및 혹응애류 • 자귀뭉뚝날개나방(자귀나무, 주엽나무) • 솔껍질깍지벌레, 소나무가루깍지벌레, 소나무왕진딧물 • 뽕나무이, 향나무잎응애, 솔잎혹파리, 아까시잎혹파리
협식성	기주 수목이 1~2개 과로 한정되는 해충	• 솔나방(소나무속, 개잎갈나무, 전나무), 방패벌레류 • 소나무좀, 애소나무좀, 노랑애소나무좀, 광릉긴나무좀 • 벚나무깍지벌레, 쥐똥밀깍지벌레, 소나무굴깍지벌레
광식성	여러 과의 수목을 가해하는 해충	• 미국흰불나방, 독나방, 매미나방, 천막벌레나방 등 • 목화진딧물, 조팝나무진딧물, 복숭아혹진딧물 등 • 뿔밀깍지벌레, 거북밀깍지벌레, 뽕나무깍지벌레 등 • 전나무잎응애, 점박이응애, 차응애 등 • 오리나무좀, 알락하늘소, 왕바구미, 가문비왕나무좀

40

복숭아가루진딧물은 살구나무, 매실나무, 복숭아나무, 벚나무속에 피해를 주며 배설물로 인해 끈적거리며, 피해 잎은 세로로 말리는 것이 특징이다. 여름기주인 억새와 갈대에서 벚나무속 수목에서 알로 월동한다.

해충명	발생/월동	특 징
복숭아가루진딧물 (*Hyalopterus pruni*)	수 회/알	• 살구나무, 매실나무, 복숭아나무, 벚나무 속에 피해를 줌 • 배설물로 인해 끈적거리며, 피해 잎은 세로로 말림 • 여름기주인 억새와 갈대에서 벚나무속 수목에서 알로 월동
목화진딧물 (*Aphis grossypii*)	최대 24회/알, 남부는 성충	• 이른 봄에 무궁화에 피해가 심함 • 여름기주는 오이, 고추 등, 겨울기주는 무궁화, 개오동임 • 겨울눈, 가지에서 알로 월동하나 남부는 성충 월동도 함
조팝나무진딧물 (*Aphis spiraecola*)	수 회/알, 남부는 성충	• 조팝나무류, 모과나무, 명자나무, 벚나무, 산사나무 등 가해 • 사과나무, 배나무, 귤나무 등의 과수를 가해하는 주요 해충임 • 여름기주(명자나무, 귤나무)에서 겨울기주(조팝나무 등)로 이동
소나무왕진딧물 (*Cinara pinidensiflorae*)	3~4회/알	• 소나무, 곰솔 등을 가해하며 부생성 그을음병을 유발 • 약충은 이른 봄부터 2년생 가지를 가해하며 6월 밀도가 높음
복숭아혹진딧물 (*Myzus persicae*)	수 회/알	• 복숭아나무, 매실나무, 벚나무류 등 많은 수목에 피해를 줌 • 피해 잎은 세로방향으로 말리며 갈색으로 변함 • 부생성 그을음병이 발생되고 각종 바이러스를 매개함

41

해충명	발생/월동	특 징
복숭아유리나방 (*Synanthedon bicingulata*)	1회/유충 줄기나 가지	• 유충이 수피 밑의 형성층 부위를 식해 • 가해부는 적갈색의 굵은 배설물과 함께 수액이 흘러나옴 • 성충의 날개는 투명하나 날개맥과 날개끝은 검은색임 • 우화최성기는 8월 상순이며 암컷이 성페로몬을 분비 • 침입구멍에 철사를 넣고 찔러 죽이거나 페로몬 트랩설치
박쥐나방 (*Endoclyta excrescens*)	1회/알 지표면	• 2년에 1회 발생할 경우 피해목 갱도에서 유충으로 월동 • 5월에 부화하여 지피물 밑에서 초목류 가해 • 3~4령기 이후에는 나무로 이동하여 목질부 속을 가해 • 산란은 지표면에 날아다니면서 알을 떨어트림 • 임내 잡초를 제거하고 지면에 적용 액제를 살포
광릉긴나무좀 (*Platypus koryoensis*)	1회/노숙 유충 성충, 번데기 목질부	• 참나무 중 특히 신갈나무에 피해가 심함 • 쇠약한 나무나 큰 나무의 목질부를 가해하고 목설 배출 • 수컷성충이 먼저 침입하고 페로몬을 분비하여 암컷 유인 • 침입부위는 줄기 아래쪽부터 위쪽으로 확산되는 특징 • 유충은 분지공을 형성하고 병원균은 *Raffaelea quercus*
벚나무사향하늘소 (*Aromia bungii*)	2년 1회/유충 줄기	• 매실, 복숭아, 살구, 자두나무 등 가해. 벚나무속 피해가 큼 • 유충은 목질부를 갉아 먹고 목설 및 수액이 배출됨 • 목설은 가루 및 길이가 짧고 넓은 우드칩모양을 배출
오리나무좀 (*Xylosandrus germanus*)	2~3회/성충 목질부	• 기주식물이 150종 이상의 잡식성 해충임 • 성충이 목질부에 침입하여 갱도에서 암브로시아균 배양 • 외부로 목설을 배출하기 때문에 쉽게 발견됨 • 건강한 나무를 집단 공격하여 고사시키는 경우도 있음

42

② 복숭아명나방 : 유충이 나무줄기의 수피 틈의 고치 속에서 월동한다.

③ 밤바구미 : 노숙 유충이 땅속에서 흙집을 짓고 월동하며, 종피와 과육 사이에 산란된 알에서 부화한 유충이 과육을 먹고 자라는데 밤나방, 복숭아명나방과 같이 똥을 밖으로 배출하지 않으므로 밤을 수확해 밤을 쪼개 보거나 또는 유충이 탈출하기 전까지는 피해를 식별하기가 어렵다.

④ 백송애기잎말이나방 : 연 1회 발생하고 노숙 유충은 마른 가지와 낙엽, 잡초 사이에 실을 토해 고치를 만들어 번데기가 된 후 월동한다.

⑤ 도토리거위벌레 : 노숙 유충이 땅속에서 흙집을 짓고 월동하며 성충은 도토리에 주둥이로 구멍을 뚫고 산란한다.

구 분	해충명	발 생	가해특성
바구미과	밤바구미	1회	똥이 밖으로 배출되지 않음
	도토리바구미	1회	밤바구미와 흡사
명나방과	복숭아명나방	2회	똥과 거미줄이 겉으로 보임
	점노랑들명나방		꽃망울과 씨방 가해
	솔알락명나방	1회	구과와 새순을 가해
	큰솔알락명나방	1회	구과와 새 가지를 가해
	애기솔알락명나방	–	구과와 새 가지를 가해
잎말이나방과	밤애기잎말이나방	1회	똥이 밖으로 배출됨
	백송애기잎말이나방	1회	구과와 새 가지 가해
	솔애기잎말이나방	2~3회	구과와 새 가지 가해
심식나방과	복숭아심식나방	1~3회	똥을 배출하지 않음
뿌리혹벌레과	밤송이진딧물	1회	작은 밤송이가 조기낙과
거위벌레과	도토리거위벌레	1회	도토리에 산란 후 가지 절단

43

해충명	발생/월동	특 징
주둥무늬차색풍뎅이 (*Adoretus tenuimaculatus*)	1회/성충	• 활엽수를 가해하는 광식성 해충으로 잎맥을 남기고 식해함 • 유충은 땅속에서 뿌리를 가해하며 특히, 잔디피해가 심함 • 5월 하순경 흙 속에 알을 낳으며, 유아등을 설치하여 방제
버들잎벌레 (*Chrysomela vigintipunctata*)	1회/성충	• 황철나무, 오리나무, 사시나무, 버드나무류 가해 • 성충과 유충이 잎을 가해. 어린나무와 묘목에 피해가 심함 • 5월 상순부터 노숙유충이 잎 뒷면에서 번데기가 됨
오리나무잎벌레 (*Agelastica coerulea*)	1회/성충 지피물 토양 속	• 오리나무, 박달나무류, 개암나무류 등 가해 • 2~3년간 지속적인 피해를 받으면 고사하기도 함 • 수관 아래에서 위로 가해함으로 수관 아래쪽 피해가 심함
회양목명나방 (*Glyphodes perspectalis*)	2~3회/유충	• 회양목에 피해를 주며 유충이 실을 토해 잎을 묶음 • 알은 투명하다가 시간이 지나면 유백색으로 변함 • 페로몬 트랩으로 성충을 유인하여 유살할 수 있음

44

• 해충의 몸에 산란하고 성장하여 기주인 해충을 죽이는 곤충으로 해충 밀도 조절에 이용되며 기생벌류, 기생파리류 등이 있다.

해 충	기생성 천적
솔잎혹파리	혹파리등뿔먹좀벌, 혹파리반뿔먹좀벌, 솔잎혹파리먹좀벌, 혹파리살이 먹좀벌
솔수염하늘소	개미침벌, 가시고치벌

• 내부 기생성 천적 : 기주의 체내에 알을 낳고 부화한 유충은 기주의 체내에서 기생(먹좀벌, 진디벌 등)
• 외부 기생성 천적 : 기주의 체외에서 영양을 섭취하여 기생하는 곤충(개미침벌, 가시고치벌 등)

45

갈색날개매미충의 알 월동기 방제방법은 11월에 가지를 찢고 2줄로 산란하여 밀랍으로 덮여 있는 가지를 제거하여 소각하거나 매몰하는 임업적 방제가 효과적이다.

46

응애와 진딧물은 가해는 밀도가 높은 것이 특징이며 이에 따라 경제적 피해수준의 밀도가 높게 나타난다.

구 분	특 징	해 충
주요해충 (관건 해충)	• 매년 지속적으로 심한 피해 발생 • 경제적 피해수준 이상이거나 비슷함 • 인위적인 방제를 실시	솔잎혹파리, 솔껍질깍지벌레 등
돌발해충	• 일시적으로 경제적 피해수준을 넘어섬 • 특히 외래종의 경우에 피해가 심함	• 매미나방류, 잎벌레류, 대벌레 및 외래종 • 꽃매미, 미국선녀벌레, 갈색날개매미충 등
2차해충	• 생태계의 균형이 파괴됨으로 발생 • 특히 천적과 같은 밀도제어 요인이 없어졌을 때 급격히 증가하여 해충화함	• 응애류, 진딧물류 등 • 소나무좀, 광릉긴나무좀
비경제 해충	• 피해가 경미하여 방제가 필요치 않음 • 환경의 변화로 해충화 될 가능성이 있음 • 그룹을 잠재해충이라고 함	–

47

물리적 방제는 온도, 습도, 이온화에너지, 음파, 전기, 압력, 색깔 등을 이용하여 해충을 직접적으로 없애거나 유인, 기피하여 방제하는 방법이며 포살, 매몰, 차단 등은 기계적 방제에 포함된다.

48

• 법적 방제 : 식물방역법, 소나무재선충병 방제특별법 등 법령에 의한 방제
• 물리적 방제 : 온도, 습도, 이온화에너지, 음파, 전기, 압력, 색깔을 이용하여 해충을 직접적으로 없애거나 유인기피하여 방제하는 방법
• 기계적 방제
  – 손이나 간단한 기구를 이용하여 해충을 방제하는 방법
  – 포살법, 유살법, 소각법, 매몰법, 박피법, 파쇄, 제재법, 진동법, 차단법 등이 있음
• 생태적 방제(임업적 방제/경종적 방제/재배적 방제)
  – 생태계의 균형을 해치지 않으면서 해충의 생존에 필요한 먹이, 교미, 산란장소, 은신처 등의 필수적인 조건을 변화 또는 교란시키거나 수목의 생육조건을 개선하여 해충의 밀도를 감소시키는 방법
  – 내충성 품종, 생육환경개선, 숲가꾸기 등

• 생물적 방제 : 해충의 밀도를 감소시키기 위해서 곤충병원성 미생물이나 포식성 천적, 기생성 천적과 같은 생물적 요인을 이용하여 자연계의 평형을 유지시키는 방제법
• 화학적 방제 : 화학물질을 사용하여 해충을 방제하는 방법

49

곤충은 연령생명표 Ⅲ형에 해당하며 연령별 사망률을 추정할 수 있다.

연령생명표
• Ⅰ형 : 연령이 어린 개체들의 사망률이 낮은 경우(인간, 대형동물 등)
• Ⅱ형 : 사망률이 연령에 관계없이 일정
• Ⅲ형 : 어린 연령의 개체수들의 사망률이 매우 높은 경우(곤충 등)

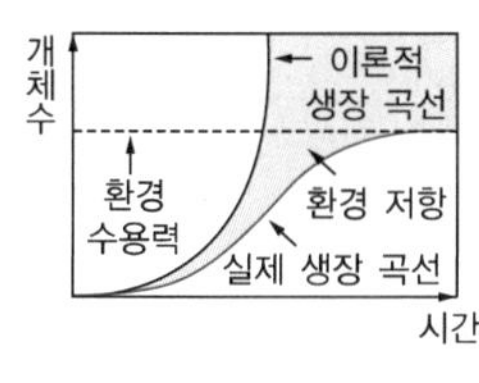

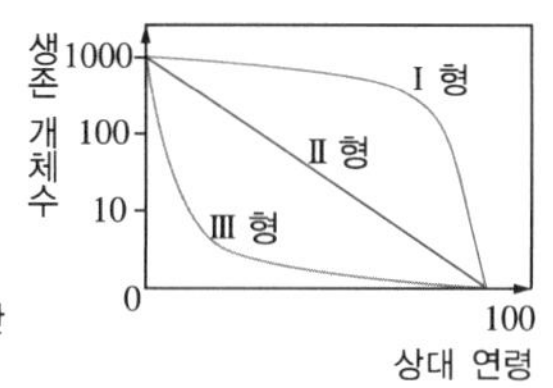

50

오리나무잎벌레에 대한 예찰조사는 5월과 7월에 전국의 고정조사지에서 30본의 조사목을 선정한 후, 각 조사목의 수관을 상부와 하부로 구분하여 상부 100개의 잎, 하부 200개의 잎에서의 알덩어리와 성충 밀도를 매년 조사하여 밀도변화를 확인한다.

51

1차 목부와 1차 사부는 유관속 안의 형성층 세포로 만들어진다. 수목은 초본과 달리 유관속 안의 형성층이 속간형성층으로 이어져 원형의 유관속형성층을 갖추고 난 후 분열하면서 2차 목부와 2차 사부를 형성하여 부피 생장을 하게 된다.

52

유세포는 얇은 1차 세포벽을 갖는다.

53

병층분열 - 접선 방향, 수층분열 - 방사선 방향

54

은행나무는 기본적으로 자유생장한다.

55

뿌리는 줄기생장 전에 시작해서 줄기생장이 정지된 후에도 계속 생장한다.

56

뿌리가 굴지성에 의해 밑으로 구부러지는 것은 옥신이 뿌리 아래쪽으로 이동하여 세포의 신장을 억제하고, 위쪽 세포의 신장을 촉진하기 때문이다.

57

피토크롬(Phytochrome)
색소단백질로 적색광을 흡수하면 활성형인 Pfr형으로 전환되고 근적외광을 흡수하면 불활성형인 Pr형으로 변하는 가역적 반응을 통해 종자발아 및 줄기의 분지, 신장 등에 영향을 미친다.
② 크립토크롬은 동물에도 존재하며, 철새는 이것으로 자기장을 감지한다.
⑤ 피토크롬은 세포 내에서는 세포질과 핵 속에 존재하며, 세포소기관이나 원형질막, 액포 내에는 존재하지 않는다.

58

암반응은 햇빛이 없어도 일어나는 반응이기 때문에 붙여진 이름이지 한밤중에만 일어난다는 말은 아니다.

59

형성층 조직은 외부와 직접 접촉하지 않아 산소 공급이 부족하여 혐기성 호흡이 일어나는 경향이 있다.

60

자당(Sucrose, 설탕)의 합성은 세포질에서 이루어진다.

61

가래나무과 꽃은 암꽃과 수꽃이 한 나무에 피는 1가화이다.

62

헤미셀룰로오스는 1차 세포벽에서 가장 많은 비율을 차지하나, 2차 세포벽에서는 셀룰로오스보다 적은 비율을 차지한다.

63

포도당이 완전히 분해되면 각각 6개의 CO_2 분자와 물분자가 생성된다.
크랩스 회로는 아세틸기는 분해되어 2개의 이산화탄소를 생성하고 4번의 산화가 일어나 3분자의 NADH와 1분자의 FADH2(플라빈 아데닌 디뉴클레오티드(FAD ; Flavin Adenine Dinucleotide)의 환원된 형태)가 생성되고, 기질수준의 인산화로 1분자의 ATP가 생성된다.

64

- 질산환원이란 질산태로 흡수된 질소가 암모늄태 질소로 환원되는 과정이다.
- 소나무류와 진달래류가 자라는 산성토양에서는 토양 내 질산화세균의 활성이 떨어져 NO_3^-의 함량이 낮다.
- 질산환원효소에 의한 반응은 세포질에서 일어난다.
- 질산환원효소는 햇빛에 의해 활력도가 높아진다.

65

페놀화합물인 리그닌은 지구상에서 두 번째로 풍부한 유기물이다.

66

수간압은 낮에 기온이 상승하여 수간의 세포간극과 섬유세포에 축적되어 있는 공기가 팽창하면서 압력이 증가하는 것을 의미한다.

67

뿌리골무(근관)는 굴지성을 유도한다.

68

수목 내 질소는 사부를 통해 이동하며, Arginine은 질소의 저장과 이동에서 가장 중요한 아미노산이다.

69

건조스트레스를 받으면 뿌리에서 ABA(Abscisic acid)가 생산되어 잎으로 전달되어 증산작용을 억제한다.

70

수액의 이동 속도는 환공재 > 산공재 > 침엽수재 순이다.

71

옥신은 목부나 사부가 아닌 유관속 조직에 인접한 유세포를 통해 이동한다. 옥신의 이동은 대단히 느리고 에너지를 소모하며 극성을 갖는다.

72

개화가 많이 이루어지기 위한 전년도 기후 조건

- 태양 복사량이 많음
- 봄부터 이른 여름까지 강우량이 풍부
- 한여름에는 온도가 높으면서 강우량이 적어야 함

73

한대 및 온대지방 수목은 온도보다는 일장에 반응을 보인다.

74

수분 흡수로 Gibberellin이 생산되어 효소 및 핵산 생산이 촉진된다.

75

- 풍매화(호두나무)는 충매화(단풍나무)보다 화분 생산량이 많다.
- 단일수정 : 자성배우체는 수정되지 않고 난자만 수정된다.
- 부계세포질유전 : 정핵이 난자를 수정시키면 난세포 내 소기관이 소멸하고, 화분관에서 배출된 웅성배우체의 세포질 내 소기관(색소체, 미토콘드리아 등)이 분열하여 대체된 신세포질(Neocytoplasm)이 된다.

76

화성암은 규산함량이 많아질수록 밝은색을 띠는 산성암이 된다.

77

① 인산과 칼륨은 확산에 의해 주로 공급된다.
③ 온도가 높아지면 증산작용이 활발해지기 때문에 집단류에 의한 공급이 많아진다.
④ 대부분의 영양소는 주로 집단류에 의하여 공급되고, 뿌리차단에 의한 영양소 공급은 매우 적다(유효태 영양소의 1% 미만).

78

부식집적작용은 유기물의 분해산물인 부식(Humus)의 집적을 말한다.

79

적황색산림토양은 주로 화성암 및 변성암을 모재로 하며 해안가에 나타난다.

80

테라 로사(Terra rossa)는 석회암의 풍화작용으로 생성되는 붉은색의 간대성 토양이다.

81

지위지수는 특정 수종의 실제적·잠재적 산림생산력의 측정치로 정의되며 임목 생장이나 수확 모델의 중요한 매개변수이기 때문에 산림생산력 판정의 대용으로 널리 이용된다.

82

히스티졸은 유기물의 퇴적으로 생성된 유기질 토양으로 유기물 함량이 20~30% 이상이고, 유기물 토양층의 두께가 40cm 이상이다.

83

입상구조는 구상구조라고도 하며, 입단의 결합이 약해 쉽게 부서진다.

84

온대 지방에서 뿌리는 봄에 줄기생장이 시작되기 전에 자라기 시작하여 왕성하게 자라다가, 여름에 생장속도가 감소하다가 가을에 다시 생장이 왕성해지며, 겨울에 토양온도가 낮아지면 생장을 정지한다.

85

ㄱ. S - 황 함유 아미노산(Cysteine, Methionine) 구성요소
ㄴ. Mn - 탈수소효소, 카르보닐효소의 구성요소

86

토양 입단에 포함된 유기물은 미생물의 접근이 제한적이어서 분해 속도가 느려진다.

87

세균의 크기는 사상균보다 작지만 물질순환에 있어서 분해자로서 중요한 역할을 한다.

88

① 양이온교환용량 $30cmol_c/kg$은 30meq/100g에 해당한다.
② 양이온교환반응은 가역적이다.
③ 흡착의 세기는 양이온의 전하가 증가할수록, 양이온의 수화반지름이 작을수록 증가한다.
⑤ 토양입자 주변에 Na^+이 많이 흡착되어 있으면 입자가 분산되어 토양의 물리성이 나빠지는데, Ca^{2+}을 시용하면 토양의 물리성이 개선된다.

89

벤토나이트는 광물질이며, 보통비료에 속한다.

90

옥시졸은 열대지방에서 만들어지는 토양이다.

91

토양환경보전법 시행규칙에 적용된 토양오염물질
카드뮴, 구리, 비소, 수은, 납, 6가크롬, 아연, 니켈, 불소, 유기인화합물, 폴리클로리네이티드비페닐, 시안, 페놀, 벤젠, 톨루엔, 에틸벤젠, 크실레, 석유계총탄화수소(TPH), 트리클로로에틸렌(TCE), 테트라클로로에틸렌(PCE), 벤조(a)피렌, 1,2-디클로로에탄

92

버미큘라이트가 운모와 다른 점은 2:1층과 2:1층 사이의 공간에 K^+ 대신 Mg^{2+} 등의 수화된 양이온들이 자리잡고 있는 점이다.

93

- 부식과 점토함량이 증가할수록 석회요구량이 증가함
- 수분함량은 석회요구량 계산과 상관없음

94

무기화된 인은 토양 중의 철 또는 알루미늄에 흡착되어 유효도가 감소한다.

95

토양 공극량은 사토보다 식토에 더 많다. 따라서 사토보다 식토의 용적밀도가 작다.

96

점토함량이 많아질수록 포장용수량은 공극의 공간적 한계로 곡선적으로 증가한다.

97

Na^+은 수화반지름이 커서 점토입자를 분산시킨다.

98

잔류산도는 석회물질 또는 완충용액으로 중화되는 산도이다.

99

- 염기포화도 = 양이온교환용량에 대한 교환성 염기의 양
  = (K + Na + Mg + Ca) / CEC
- 교환성 염기 : Ca, Mg, K, Na

100

시행처에서 모두정답으로 정정되었다.

101

가지와 줄기는 직경의 차이가 많이 발생하지 않도록 하여야 한다. 수목의 전정이 강할수록 가지-줄기의 직경비율이 높게 나타난다.

102

미생물에 의한 유기물분해는 토양의 입단화를 촉진시킬 수 있으며, 이로 인해 공극이 확보될 수 있다.

103

Tree spade는 수목의 이식장비로 유압을 이용하여 뿌리분을 조성할 수 있다.

104

이식의 성공여부는 수종과 해당 수목의 이식 전 생육상태 회복으로 판단하는 것이 바람직하다.

105

균근(Mycorrhiza)이란 식물의 어린뿌리가 토양 중에 있는 곰팡이와 공생(Symbiosis)하는 형태를 의미한다. 곰팡이는 기주식물에게 무기염을 대신 흡수하여 전달해 주고, 기주식물은 곰팡이에게 탄수화물을 전해줌으로써 공생관계를 유지한다. 균근은 고등육상식물의 약 97%에서 발견될 만큼 흔하게 존재하며, 산림생태계와 같이 무기양분의 함량이 낮은 토양에서는 균근의 도움으로 수목이 생존해갈 수 있다. 북극의 툰드라 지역이나 고산지대와 같이 생육환경이 나쁜 곳에서는 특히 균근이 중요한 역할을 한다.

106

일반적으로 공사 때 보호될 구역은 수관폭에 상당하는 낙수선을 기준으로 하며, 수목보호구역 내 굴착이 불가피하여 이를 축소해야 하는 경우가 발생할 때에는 수목의 건강과 안전을 위해 임계뿌리구역(CRZ ; Critical Root Zone)을 설정하여 작업하는 것이 바람직하다(공사 시 수목보호구역에 대한 내용은 영국과 미국 기준).

107

이식 시 뿌리분조성을 위한 뿌리절단은 직근과 측근 등 굵은 뿌리를 절단하게 되고 절단된 부위의 형성층에서 세근이 발생함으로 기존의 뿌리보다 축소되는 현상을 볼 수 있다.

108

산업혁명 이전의 이산화탄소 농도는 대략 260ppm 정도이며, 현재는 약 400ppm 이상이다. 이러한 온실효과를 가스로는 CO_2, CH_4, N_2O, CFCs 등이 있으며, 이로 인해 우리나라의 아한대 수종은 생육 범위가 좁아지고 아열대성 해충의 생육 범위는 점점 넓어지고 있다.

109

황산마그네슘은 수용성이므로 양분유효도(養分有效度)가 높으며 관주 시에는 생장에 필요한 양분을 제공하게 된다.

110

수목의 위험평가에 있어 육안, 고무망치, 탐침, 삽을 이용하여 기초조사를 실시할 수 있고, 기초조사에서 위험도가 높게 나타나는 수목에 대해서는 정밀조사(부후탐지, 활력도조사)를 실시한다.

111

ㄴ. 전정 상처가 빠르게 유합되기 위해서는 휴면기, 특히 겨울이 지난 초봄(싹트기 2주 전)에 실시하는 것이 좋다.

ㄷ. 봄에 꽃이 피는 수종의 경우에는 꽃이 진 직후인 한 달 이내에 전정하는 것이 꽃눈을 제거하지 않게 되어 다음 해에 많은 꽃을 볼 수 있다.

112

오동나무와 담배장님노린재는 파이토플라스마병의 기주와 매개충의 관계이며, 오리나무(*Frankia sp.*), 박태기나무(*Rhizobium sp.*)는 내생공생관계이다.

113

수피 상처 시에는 상처부위의 형성층에 건조현상이 발생하므로 햇빛에 노출시키지 말아야 한다. 형성층의 건조현상이 심하면 유합조직이 발생하지 않아 치료가 되지 않는다.

수피이식 방법

1. 상처부위를 깨끗하게 청소
2. 상처 위아래 2cm 가량 살아있는 수피 제거
3. 격리된 상하 상처부위에 다른 곳에서 벗겨온 비슷한 두께의 신선한 수피를 이식
4. 약 5cm 길이로 잘라서 연속적으로 밀착하여 부착 후 작은 못으로 고정
5. 이식이 끝나면 젖은 천과 비닐로 덮고 건조하지 않게 그늘을 만들어 줌

※ 늦은 봄에 실시할 경우 성공률이 높음

114

가파른 경사지에서의 벌도는 최소 45도 이상으로 하는 것이 좋다.

위로 베기	크게 베기	밑으로 베기
• 평평하거나 약간 경사진 지형 • 방향베기 각도는 45~70도 유지	• 평평하거나 경사진 지형 • 방향베기 각도 70도 유지 • 절단 위치에서 밑으로 각을 만듦	• 가파른 경사의 직경이 큰 나무 • 방향베기 각도는 최소 45도 이상
• 그루터기 높이가 낮음 • 경첩부가 찢어질 우려가 있음	• 경첩부가 찢어지지 않음 • 그루터기 높이가 높음	• 잘 찢어지는 수종이 적합 • 그루터기 높이가 가장 낮음

115

시행처에서 모두정답으로 정정되었다.

상렬현상의 특징

- 겨울철 수간이 동결되는 과정에서 발생
- 변재부위와 심재부위의 수축과 팽창의차이에 의한 장력의 불균형으로 발생

- 낮과 밤의 온도차가 심하여 밤에 수축률이 높아짐으로써 발생(남서쪽)
- 치수보다는 성숙목, 침엽수보다는 활엽수가 상렬피해가 심함
- 15~30cm 가량 되는 나무에서 주로 발생

116

방풍림의 특징
- 주풍, 폭풍, 조풍, 한풍의 피해를 방지 및 경감
- 풍상측은 수고의 5배, 풍하측은 10~25배의 거리까지 영향을 미침
- 수고는 높게, 임분대 폭은 넓게 하면 바람영향의 감소효과가 커짐
- 임분대의 폭은 대개 100~150m가 적당(바람에 직각방향으로 설치)
- 방풍림의 수종은 침엽수와 활엽수를 포함하는 혼효림이 적당
- 활엽수보다는 인장강도가 낮은 침엽수가 바람에 약함
- 천근성인 가문비나무와 낙엽송, 편백이 바람에 약함

117

구 분	내화력이 강한 수종	내화력이 약한 수종
침엽수	은행나무, 잎갈나무, 분비나무, 가문비나무, 개비자나무, 대왕송	소나무, 해송, 삼나무, 편백
상록활엽수	아왜나무, 굴거리나무, 후피향나무, 붓순, 협죽도, 황벽나무, 동백나무, 사철나무, 가시나무, 회양목	녹나무, 구실잣밤나무
낙엽활엽수	피나무, 고로쇠나무, 마가목, 고광나무, 가중나무, 네군도단풍, 난티나무, 참나무, 사시나무, 옴나무, 수수꽃다리	아까시나무, 벚나무, 능수버들, 벽오동나무, 참죽나무, 조릿대

118

과습으로 인한 피해는 뿌리썩음과 호흡곤란으로 세근이 고사하게 되며 이로 인해 수분의 공급이 어려워지며 뿌리에서 가장 먼 지역에서 피해가 발생한다.
- 저항성이 낮아져서 *Phytophthora*병균에 의하여 뿌리가 썩고 메탄가스가 발생함
- 에틸렌을 분비하여 엽병이 누렇게 변하고 아래로 쳐지며, 시간 경과에 따라 잎이 탈락
- 뿌리의 목질부와 수피부위가 분리되는 현상을 보임
- 5일 동안 침수될 시에는 나무가 고사할 수 있음
- 산소농도 10% 이하에서는 호흡곤란이 발생하며, 3% 이하에서는 성장이 멈춤
- 구엽이 일찍 떨어지며, 잎의 뒤쪽에 물혹(수종 : Edema)이 생기기도 함

119

오존은 기공을 통해 흡수되면 책상조직에서 머물게 되며 책상조직을 산화시켜 피해를 주게 된다.

120

강산성 토양에서는 철과 알루미늄이 쉽게 용해되며 이로 인해 수용성 인은 철, 알루미늄과 결합하여 불용성이 되어 부족현상이 발생하며, 또한 토양에 치환되지 않는 양이온인 수소량이 많아짐에 따라 치환성 양이온(칼슘, 칼륨, 마그네슘, 나트륨)의 부족현상이 발생한다.

121

염류가 적을수록 전기전도도(EC)는 낮고 식물피해가 적다. 또한 이 증상 이외에도 염해에 의한 피해 증상은 아래와 같다.
- 피해부위와 건전부위의 경계선이 뚜렷하며, 성숙 잎이 어린잎보다 피해가 큼
- 수목의 가장 먼 부분인 잎의 끝쪽에서 수분이 빠져나가 황화현상을 보이게 됨
- 오래된 잎은 염분이 많아져 어린잎보다 피해가 심함
- 토양염류가 3dS/m을 초과하면 민감한 식물이 피해를 입기 시작함

122

- 농약 오염 문제 해결을 위한 Best Management Practices(BMP) 실천
- 작물양분종합관리(INM ; Integrated Nutrition Management) : 소득증대와 환경보전을 목적으로 비료 자재를 최소로 투입하면서 경제성 있는 산물을 생산하는 체계

123

계면활성제의 HLB 값은 20 이하로 나타나며, 높을수록 친수성이 높다.

124

디플루벤주론 – O형 키틴합성 저해제

125

디페노코나졸 : 막에서 스테롤 생합성 저해 – 탈메틸 효소 기능 저해(표시기호 사1)

126

Glufosinate는 글루타민 합성효소를 저해한다.

127

품목명은 유효성분의 제제화에 따라 붙여진 이름으로 우리나라에서만 사용된다.

128

Alachlor : 클로로아세타마이드계 제초제, 장쇄지방산 합성을 저해하여 세포분열을 저해하는 약제(표시기호 K3)

129

유효성분 부착량 증가를 위한 다양한 보조제를 적용한다.

130

훈증제는 증기압이 높은 원제를 용기에 충진한 것이다.

131

안전사용기준이 설정된 후 농약 등록이 이루어진다.

132

1ha = 100a이므로 500배 희석액 1,000L를 사용해야 한다. 따라서 1,000L를 희석배수 500으로 나누어 소요 약량을 구하면 2kg이 된다.

134

미량살포액제는 균일한 살포를 위해 정전기 살포법과 같은 기술이 필요하다.

135

농약잔류허용기준은 「식품위생법」에 의하여 고시된다.

136

소나무재선충병 예방나무주사 우선순위

- 1, 2순위 : 최단 직선거리로 10km 이내
- 3, 4순위 : 최단 직선거리로 5km 이내
- 5순위 : 최단 직선거리로 2km 이내

137

미국선녀벌레는 약충과 성충의 수로 구분한다.

138

법 위반상태의 기간이 12개월 이상이 아닌 6개월 이상인 경우에 과태료 금액의 1/2 범위에서 그 금액을 가중할 수 있다.

139

보호수 지정 해제 시 공고해야 할 사항 : 관리번호, 수종, 소재지, 사유, 이의신청기간

140

지역별 방제여건에 따라 방제를 추진할 수 있도록 자율성과 책임성을 부여한다.

2021년

제 6 회

나무의사 필기 기출문제해설

기출문제 정답 및 해설

1	2	3	4	5	6	7	8	9	10
③	①	⑤	①, ⑤	②	②	④	②	⑤	⑤
11	12	13	14	15	16	17	18	19	20
④	③	⑤	③	①	⑤	③	④	②	③
21	22	23	24	25	26	27	28	29	30
⑤	②	③	①	③	②	②	③	③	④
31	32	33	34	35	36	37	38	39	40
③	③	③	①	⑤	⑤	⑤	④	②	④
41	42	43	44	45	46	47	48	49	50
⑤	③	⑤	①	④	③	③	⑤	④	②
51	52	53	54	55	56	57	58	59	60
③	⑤	①	③	⑤	①	④	①	④	④
61	62	63	64	65	66	67	68	69	70
③	②	④	④	①	①	①	③	⑤	①
71	72	73	74	75	76	77	78	79	80
②	②	③	⑤	⑤	⑤	⑤	①	①	①
81	82	83	84	85	86	87	88	89	90
⑤	④	②	⑤	④	④	④	③	⑤	①
91	92	93	94	95	96	97	98	99	100
③	④	②	⑤	⑤	④	①	②	⑤	③
101	102	103	104	105	106	107	108	109	110
①	①	②	①	⑤	③	④	④	④	④
111	112	113	114	115	116	117	118	119	120
④	전부정답	③	④	②	④	①	②	②	④
121	122	123	124	125	126	127	128	129	130
②	③	②	④	⑤	⑤	④	⑤	②	④
131	132	133	134	135	136	137	138	139	140
⑤	③	④	④	②	①	①	③	④	③

01

병원체는 줄기나 가지에 감염시키고 잣나무 털녹병은 감소세에 있다.

구 분	병원체의 위치	발병 현황	병원체의 매개
소나무 시들음병	물관에 기생	1988년부터 증가	솔수염하늘소, 북방수염하늘소
잣나무 털녹병	가지와 줄기의 수피	1936년에 처음발견	바람에 의한 비산
참나무 시들음병	물관에 기생	2004년 이후 증가	광릉긴나무좀

02

선모(Pili)는 많은 박테리아의 표면에서 발견되는 비나선형, 머리카락 모양의 부속물이다. 불완전균 등은 포자층에서 분생포자와 강모를 형성하기도 하며 하티그망은 외생균근의 특징이라고 할 수 있다. 꺾쇠연결은 담자균류에서 일차균사끼리 체세포접합으로 발생한 2핵성 이차균사의 세포에서 볼 수 있는 특수한 구조로 균사가 세포분열과 핵분열한 후 한 개의 핵이 옆의 세포로 이동하는 통로이다. 또한 곰팡이는 유기물을 분해하여 유기탄소를 이산화탄소 전환시키면서 탄소재순환의 역할을 수행한다.

03

탄저병균과 흰가루병은 잎과 가지 및 열매를 감염시킨다.

구 분	분 류	내 용
역병균	난균류	• 편모균류의 피티아균과(Pythiaceae)에 속하는 *Phytophthora*속 균류의 총칭 • 감자, 가지, 토마토, 무화과나무, 담배 등을 침해하는 식물병원균
탄저병균	불완전균류	• 탄저병균은 잎, 어린줄기, 과실의 병원균으로 잘 알려져 있음 • 기주에서 움푹 들어가고 흑갈색의 병반을 형성하는 것이 특징
흰가루병균	자낭균	• 흰가루병은 수목의 치명적인 병은 아니지만 전 생육기를 통해 발생하며 장마철이후 급격히 심해짐 • 주로 잎에 발생하지만 어린 줄기와 열매에도 발생
떡병균	담자균	• 감염된 조직은 이상비대 현상을 보이며 담자기와 담자포자가 밀생하여 흰가루로 뒤덮인 듯 • 햇볕이 쬐는 면은 안토시아닌 색소가 발달하며 핑크빛으로 변함
녹병균	담자균	• 전 세계적으로 150속 6,000여 종 • 살아 있는 식물조직 내에서만 살아갈 수 있는 순활물기생체 또는 절대기생체
목재청변병균	목재 변색균	• 주로 색소를 함유한 균사가 침엽수 목재의 방사유조직에 침입 • 생장하면서 푸른색으로 변색

04

'방어벽 2'는 나이테를 따라 만든 방어벽이며, '방어벽 3'은 나이테를 따라 둘레방향으로 전진하는 것을 막는 방어대이다. '방어벽 4'는 상처가 난 이후에 형성된 조직에 부후균이 침범하는 것을 막는다.

05

황산암모늄은 토양을 산성화하여 토양전염병의 피해를 증가시키고, 인산질 비료와 칼륨 비료는 전염병의 발생을 감소시킨다. 오동나무 임지의 탄저병은 돌려짓기를 통해 발생을 줄일 수 있다. 4번도 정답으로 간주할 수 있다.

06

활엽수와 일부 침엽수의 뿌리와 하부 줄기가 감염되며, 병원균은 심재를 침입하여 병이 진전되며 기주 수목의 구조적인 강도가 약해져서 강풍이 불 때 뿌리가 뽑히거나 부러지게 된다. 단풍나무와 참나무 등이 감수성이며 황화현상, 시들음, 소엽, 가지고사 등이 나타나고 변재의 부후가 진전됨에 따라 수목의 활력이 감소된다.

07

낙엽송 가지끝마름병은 수피 아래에 구형의 자낭각이 단독 또는 집단으로 형성되며, 주로 10년생 내외의 일본잎갈나무에서 피해가 심하며 고온 다습하고 강한 바람이 마주치는 임지에서 특히 심하다. 새로 나온 잎이나 가지가 감염되며, 감염부위는 약간 퇴색, 수축되며 흘러내린 수지로 희게 보인다. 6~7월에 감염되면 수관의 위쪽만 남기고 낙엽되어 가지 끝이 아래로 처지고 8~9월에 감염되면 가지는 꼿꼿이 선 채로 말라 죽는다.

08

그람염색법은 세균염색법의 일종으로 C. Gram(1884)이 창안하였다. 그리고 형태적 특성과 영양원을 이용하는 생리적 특성 등에 따라 동정하고 있다.

09

곰팡이는 균사, 균사체 등 영양기관을 가지며 균사층(Mycelial Mat), 균사속(Mycelial Strands), 근상균사속(Rhizomorph), 자좌(Stroma), 균핵(Sclerotium) 등과 같은 균사체가 모인 균사조직을 형성한다. 또한 포자로는 난포자(Oospore), 접합포자(Zygospore), 자낭포자(Ascospore), 담자포자(Basidiospore) 등 생식기관을 가진다.

10

불마름병은 늦은 봄에 어린잎과 꽃, 작은 가지들이 갑자기 시든다. 병든 부분은 처음에는 물이 스며든 듯한 모양을 보이나 곧 빠른 속도로 갈색, 그리고 검은 색으로 변하며 마치 불 탄 듯

보인다. 꽃은 암술머리에서 처음 발생하여 꽃 전체가 시들고 흑갈색으로 변한다.
과실은 수침상의 반점이 생겨 점차 암갈색으로 변하며 선단의 작은 가지에서 시작하여 피층의 유조직이 침해되어 가지의 아랫부분으로 번져나가 큰 가지에 움푹 파인 궤양을 만든다.

11

전나무 잎녹병은 당년생 침엽에 옅은 녹색을 띤 작은 반점이 나타나고, 뒷면에는 녹병정자를 함유한 점액이 맺힌다.

12

아밀라리아뿌리썩음병은 방제가 매우 어려워 토양의 수분관리, 간벌, 비배관리, 해충방제 등을 통해서 임분을 건강하게 관리하는 것이 우선이다. 특히 저항성 수종을 식재하거나 그루터기를 제거하여 병의 확산속도를 늦출 수 있으며 토양의 산성화를 방지하는 것도 하나의 방법이 될 수 있다.

13

Scleroderris 궤양병은 병이 진전되기 전에는 진단이 어려운 병해로 소나무와 방크스소나무가 감수성이다. 감염된 가지의 침엽 기부가 노랗게 변하고 형성층과 목재조직이 연두색을 띠게 되며 심한 경우에는 수목이 고사한다.

14

사철나무 탄저병은 회백색의 병반이 확대됨에 따라 병반의 바깥쪽은 짙은 갈색의 띠가 형성되고 안쪽은 회백색이 되며 드문드문 검은 돌기가 형성된다.

15

유각균강의 불완전균류 *Septoria*속에 의한 병은 자작나무 갈색무늬병, 오리나무 갈색무늬병, 느티나무 흰별무늬병, 밤나무 갈색무늬병, 가중나무 갈색무늬병 등이며, 포플러 갈색무늬병은 총생균강의 *Cercospora*속에 의한 병이다.

16

낙엽송 가지끝마름병은 수피 아래에 구형의 자낭각이 단독 또는 집단으로 형성한다.

17

Verticillium에 의한 시들음병은 토양전염원과 뿌리접촉을 통하여 감염되며 국내는 농작물에서 발견, 수목에서는 보고되지 않았다. 단풍나무와 느릅나무에서 가장 심하게 발생하며 감염 시 목부에 녹색이나 갈색의 줄무늬가 생긴다.

18

파이토플라스마는 세포벽이 없어 일정한 모양이 없으며, 원핵생물로 일종의 원형질막으로 둘러싸여 있다. 파이토플라스마는 감염된 수목의 체관부(사부)에만 존재하고 인공배양되지 않으며 테트라사이클린계의 항생물질로 치료한다.

19

수목병의 진단의 표징으로는 균사체, 균사매트, 뿌리꼴균사다발, 자좌, 균핵, 흡기, 포자, 분생포자경, 포자낭, 분생포자반, 분생포자좌 분생포자각, 자낭반, 자낭, 자낭각, 자낭구, 담자기, 버섯 등이 있다.

20

곰팡이에 의한 구멍병은 동심원상으로 확대되면서 건전부와의 경계에 이층이 생계 변환부가 탈락하여 발생하며 세균성 구멍병은 부정형 백색병반이 나타나서 담갈색 또는 자갈색으로 변하고, 병반에 구멍이 생기며 심하면 낙엽이 되는 형태이다.

21

단풍나무 타르점무늬병의 방제법은 병든 낙엽을 긁어모아 태우거나 땅속에 묻는 것이다.

22

수피 절단면은 형성층이 마르지 않도록 젖은 패드로 덮어주거나 햇빛이 직접 닿지 않도록 하여야 하며, 상처치료를 위한 칼은 70% 에틸알코올 용액에 자주 담가 소독한다.

23

나, 다, 라는 나무좀으로 분류군을 묶을 수 있다.
- 대추나무 빗자루병 - 마름무늬매미충
- 소나무 목재청변병 - 소나무좀
- 느릅나무 시들음병 - 유럽느릅나무좀, 미국느릅나무좀,
- 참나무 시들음병 - 광릉긴나무좀
- 소나무 시들음병 - 북방수염하늘소, 솔수염하늘소

24

소나무재선충의 매개충은 북방수염하늘소, 솔수염하늘소이다.

25

형광현미경(螢光顯微鏡)은 자외선을 광원으로 하여 세포 내의 형광물질을 관찰하는 현미경으로 단백질이나 박테리아처럼 그 자체가 형광을 발하는 시료일 경우, 그리고 형광물질을 시료에 흡착시킬 수 있는 경우에 적용한다.

26

절지동물문에 속하는 대부분의 곤충강 및 주형강의 표피는 키틴질로 이루어져 있다.

구 분	월동태	분 류	특 징
소나무좀	성 충	육각아문 (Hexapoda)	1년 1회 발생하며 성충으로 지체부 월동
매미나방	알	육각아문 (Hexapoda)	성충은 7~8월에 연 1회 발생하는데 주로 낮에 활동
차응애	암컷성충	협각아문 (Chelicerata)	연 수 회 발생하고 암컷 성충으로 월동

27

깍지벌레는 깍지벌레아목 또는 진딧물아목(Sternorrhyncha) 계통의 깍지벌레(상)과(Coccoidea) 곤충을 통틀어 이르는 말이다.

28

매미목에 속하는 뽕나무이, 외줄면충, 버즘나무방패벌레는 흡즙성이며, 벌목에 속하는 유충은 대부분 식엽성이다.

29

완전변태에 속하는 목은 나비목, 날도래목, 풀잠자리목, 밑들이목, 파리목, 딱정벌레목, 벌목, 약대벌레목이다. 따라서 흰개미와 대벌레, 방패벌레는 불완전변태이다.

30

복숭아가루진딧물은 눈에서 알로 월동한다. 일반적으로 진딧물은 산란형 암컷과 유시형 수컷이 교미하여 간모로 월동하고 간모에서 태어난 암컷은 무시충이다.

31

① 솔잎혹파리는 1929년 일본에서 유입되었다.
② 미국선녀벌레는 2009년 미국에서 유입되었다.
④ 이세리아깍지벌레는 1910년 미국과 대만에서 유입되었다.
⑤ 버즘나무방패벌레는 1995년 북미에서 유입되었다.

32

기관계는 무시류 곤충을 제외하고 대부분의 다른 곤충에서 기관은 보통 큰 기관지 줄기와 연결되어 단일한 기문으로 전체 조직에 공기를 공급시킨다. 일부 톡톡이는 기관계가 전혀 없어 피부호흡을 하며, 수중생활을 하는 유충은 기관아가미가 발달하여 호흡한다. 기관계는 체벽이 내부로 함입하여 생기고 기관아가미는 체벽이 늘어나서 생긴다.

33

③ 난소에 존재하는 난소소관은 난모세포를 포함하고 있으며 난소소관의 수는 곤충 종마다 몸 크기와 생식전략에 따라 매우 다양하다. 난소당 단 하나의 난소소관을 가지고 있는 무시형 곤충도 있으며 난소당 1,000개 이상의 난소소관을 가진 사회성 곤충들도 있다.
① 부속샘은 벌의 경우 흔히 독샘으로 변형되어 있고 체체파리는 젖샘으로 발달하기도 한다.

34

다른 종 개체의 성장, 생존, 번식 등에 영향을 주는 생물적 현상을 타감작용(Allelopathy)이라고 하며 타감물질은 분비자와 감지자에게 주는 영향에 따라 구분된다.
① 알로몬 : 분비자에게 도움이 되지만, 감지자에게 불리
② 시노몬 : 분비자와 감지자 모두에게 유리
③ 카이로몬 : 분비자에게는 해가되나, 감지자에게 유리

35

유효적산온도 = (발육기간 중의 평균온도 - 발육영점온도) × 경과일수

$300DD = (25 - 15) \times x$

$x = 30$

36

갈색날개매미충은 5월 중순에서 6월 상순에 부화하며 미국선녀벌레는 4월 하순경 부화한다.

37

⑤ 광릉긴나무좀은 대경목의 피해가 많이 발생하며, 신갈나무, 갈참나무에 피해가 심하다. 수컷 성충이 구멍을 뚫고 암컷을 유인한다.
① 소내무재선충에 감염된 소나무는 수령과 관계없이 갑자기 침엽이 변색하여 나무 전체가 말라 죽는 증상을 보인다.
② 솔껍질깍지벌레의 피해 증상은 3~5월 수관 하부 가지의 잎부터 갈색으로 변색되며 최초 침입 후 4~5년이 경과한 후에 피해가 심해진다.

38

벚나무응애는 암컷성충, 루비깍지벌레 암컷성충, 복숭아혹진딧물은 알, 외줄면충은 알, 점박이응애는 암컷성충, 진달래방패벌래는 성충, 전나무잎응애는 알, 오리나무잎벌레는 성충, 사철나무혹파리는 유충, 갈색날개노린재는 성충으로 월동한다.

39

붉나무혹응애는 잎 뒷면에 기생하며, 잎 앞면에 사마귀모양 혹을 형성하고, 벌레혹은 봄에는 녹색이나 늦여름 이후 붉게 변한다. 1년에 수 회 발생하며 자세한 생활사는 알려지지 않았다.

40

진딧물의 천적으로는 콜레마니진디벌(머미발생), 진디좀벌, 진디혹파리, 칠성풀잠자리, 어리줄풀잠자리, 무당벌레, 꽃등에 등이 있다. 또한 잎응애의 천적으로는 칠레이리응애가 가장 우수한 것으로 알려졌다.

41

도토리거위벌레와 밤바구미는 노숙유충으로 땅속에서 만든 흙집에서 월동한다.

42

솔잎혹파리의 천적

- 솔잎혹파리먹좀벌(Inostemma seoulis)
- 혹파리살이먹좀벌(Platygaster matsutama)
- 혹파리등뿔먹좀벌(Inostemma hockpari)
- 혹파리반뿔먹좀벌(Inostemma matsutama)

43

페로몬(Pheromone)은 동일 종의 한 개체가 다른 개체에게 정도를 전달하는 화학물질로 페로몬을 감지할 수 있는 감각모가 잘 발달되어 있다. 페로몬의 종류에는 성페로몬, 집합페로몬, 분산페로몬, 길잡이페로몬, 경보페로몬, 계급분화페로몬이 있다. 계급분화페로몬은 직접 행동을 좌우하지는 않지만, 내분비에 영향을 주어 대사활동을 변화시키고 나아가 중추신경계를 통해 행동까지 영향을 주는 물질로서 사회성 곤충에서는 매우 중요하다.

44

지표면을 기어 다니는 절지동물은 함정트랩을 이용할 수 있다. 또한 기동력이 있는 곤충은 쿼드렛조사를 통해서 확인한다.

지상에 서식곤충 예찰	내 용
미끼트랩	당분이나 미끼를 이용하여 유인, 채집하여 조사하는 방법
넉다운 조사 (Knock-down)	나무에 살충제를 뿌려 떨어지는 곤충을 조사
핏폴트랩 (Pitfall trap)	땅속에 함정을 만들어 그 속에 떨어지는 곤충을 조사
쿼드렛 (Quadrats)	이동성이 큰 곤충을 조사, 사각형 조사구를 설치
토양표본	토양에 서식하는 곤충을 채집하는 방식
스위핑 (Sweeping net)	포충망을 휘둘러서 포획되는 곤충을 채집하는 방식
비팅 (Beating)	천을 대고 가지를 두드려 떨어지는 곤충을 채집하는 방법

45

솔껍질깍지벌레의 완전변태수컷은 알-부화약충-정착약충-후약충-전성충-번데기-성충을 거치는 완전변태를 하며, 암컷은 알-부화약충-정착약충-후약충-암컷성충이 되는 불완전변태를 한다.

46

느티나무벼룩바구미는 느티나무, 비술나무를 가해하며, 성충과 유충이 잎살을 가해하는데, 성충은 주둥이로 잎 표면에 구멍을 뚫어 가해하고 유충은 잎의 가장자리부터 터널을 형성하며 갉아먹는다. 유충은 2회 탈피하여 잎의 조직 속에서 번데기집을 만들고 번데기가 된다.

47

혈액은 혈장과 혈구세포로 이루어져 있으며 혈장은 85%가 수분으로 되어 있다. 혈장은 수분의 보존, 양분의 저장, 영양물질과 호르몬(유약)의 운반 기능, 방한(Cold protection)과 관련된 분자를 축적되는 곳이기도 하며 혈구세포는 탐식작용, 혈림프의 응고반응, 영양물의 저장과 분배작용을 한다.

48

1년에 1회 발생하며 성충으로 지체부 부근에서 월동한다. 월동한 성충은 3월 하순부터 월동처에서 나와 구멍을 뚫고 침입한다. 암컷성충이 앞서서 구멍을 뚫고 들어가면 뒤따라 수컷이 들어가 교미한다. 약 60개의 알을 낳으며 부화한 유충은 모갱과 직각으로 내수피를 갉아 먹으며 2회 탈피하고 노숙유충이 되면 갱도 끝에 타원형의 번데기집을 만든다. 새로운 성충은 6월 상순부터 밖으로 나오며 당년생 가지에 구멍을 뚫고 들어가 후식을 하며 후식피해는 수관의 하부보다는 상부, 측아지보다 정아지의 피해가 높다.

49

25℃ 조건에서 알 상태로 지나는 기간은 30시간이며 부화한 2기 유충은 곧바로 섭식활동을 한다. 2기 유충에서 분산형 3기 유충으로 탈피하게 된다. 25℃ 조건에서 1세대 기간은 약 5일이며 1쌍의 재선충이 20일 후 20여만 마리 이상으로 증식한다. 소나무 재선충이 소나무로 침입하는 시기는 분산형 4기 유충시기이다.

50

미국흰불나방은 1화기 유충 5령기부터 흩어져서 엽맥만 남기고 7월 하순까지 가해함으로 5령기 이전에 방제하는 것이 효율적이다.

51
주목, 전나무, 은행나무, 미송의 침엽은 책상조직과 해면조직으로 분화되어 있다. 반면에 소나무류는 미분화되어 있다.

52
높은 옥신 함량은 암꽃을 촉진한다.

53
비환원당의 형태로 운반된다. 비환원당은 다른 물질을 환원시킬 수 없는 당류로 효소에 의해 잘 분해되지 않고 화학반응성이 작아 장거리 수송에 적합하다.

54
리그닌은 세포벽을 구성하며, 인지질이 원형질막의 주요 구성물질이다.

55
낙엽수의 탄수화물 농도는 가을 낙엽 시기에 가장 높고, 늦은 봄에 가장 낮다. 반면에 상록수는 겨울까지 탄수화물을 축적하고, 줄기생장을 하는 4~7월에 가장 낮다.

56
뿌리 표면의 세포벽 사이의 공간은 무기염 등의 확산과 이동이 가역적인 자유공간이다.

57
알칼리성 토양에서 잎의 황화현상은 대부분 철 부족 때문이다.

58
피자식물과 나자식물의 목재 구성 성분
- 피자식물 : 도관, 가도관, 목부섬유, 종축유세포, 수선유세포
- 나자식물 : 가도관, 종축유세포, 수지구세포, 수선가도관, 수선유세포

59
내음성 : 그늘에서 견딜 수 있는 정도

구 분	침엽수종	활엽수종
극음수	개비자나무, 금송, 나한백, 주목	굴거리나무, 백량금, 사철나무, 식나무, 자금우, 호랑가시나무, 황칠나무, 회양목
음 수	가문비나무, 솔송나무, 전나무	너도밤나무, 녹나무, 단풍나무, 서어나무, 송악, 칠엽수, 함박꽃나무
양 수	낙우송, 메타세쿼이아, 삼나무, 소나무, 은행나무, 측백나무, 향나무, 히말라야시다	가죽나무, 과수류, 느티나무, 라일락, 모감주나무, 무궁화, 밤나무, 배롱나무, 백합나무, 벚나무, 산수유, 아까시나무, 오동나무, 오리나무, 위성류, 이팝나무, 자귀나무, 주엽나무, 층층나무, 플라타너스
극양수	낙엽송, 대왕송, 방크스소나무, 연필향나무	두릅나무, 버드나무, 붉나무, 예덕나무, 자작나무, 포플러

60
필수원소를 식물체 구성함량에 따라 다량원소와 미량원소로 구분한다.
- 다량원소(건중량의 0.1% 이상) : C, H, O, N, P, K, Ca, Mg, S
- 미량원소(건중량의 0.1% 이하) : Fe, Zn, Cu, Mn, B, Mo, Cl, Ni

61
② 플로리겐(Florigen) : 개화호르몬
④ 포토트로핀(Phototropin) : 식물의 청색광수용체 단백질의 일종

62
소철과 공생하는 질소고정 미생물은 *Cyanobacteria*이다. *Cyanobacteria*는 세균이지만 Blue green algae(남조류)로도 불리기 때문에 조류로 착각하지 않도록 주의한다.

63
내생균근의 균사는 피층세포까지 생장하고, 내피 안쪽으로는 들어가지 않는다. 따라서 통도조직을 범하지 않는다.

64
수분 부족 시 지상부 생장이 감소하기 때문에 T/R률은 감소한다.

65
세근의 내초 안쪽에는 유관속조직이 있다. 카스파리대는 내피에 형성된다.

66
해당작용(Glycolysis)은 산소를 요구하지 않는 단계이며, 효모균의 알코올 발효도 식물과 같은 해당작용을 거친다.

67
참나무류는 고정생장형 수종이다.

68
• 교질섬유의 축적은 신장이상재의 해부학적 특징이다.
• 극단적인 형태의 편심생장은 Cypress(측백나무과)에서 볼 수 있다.

69
이층(Abscission layer)과 탈리현상
• 어린잎에서부터 엽병 밑부분에 형성된다.
• 이층의 세포는 다른 부위의 세포에 비해 작고 세포벽이 얇다.
• 가을에 분리층이 떨어져 나가고 표면에 Suberin, Gum 등 분비, 보호층 형성 → 탈리현상

70
엽육조직은 용액의 농도가 높아 삼투퍼텐셜이 (-)값을 가지며, 이로 인해 엽육조직으로 물이 들어와 팽창하기 때문에 팽압에 의해 압력퍼텐셜은 증가하여 (+)값을 갖게 된다.

71
춘재의 생장 감소율이 추재보다 더 크다.

72
진공 상태에 있는 물은 압력퍼텐셜이 (-)값을 갖는다.

73
옥신의 이동은 에너지를 소모하기 때문에 ATP 생산 억제제를 처리하면 옥신 운반이 중단된다.

74
뿌리가 목질화될 때 발달하는 코르크층은 내초의 세포가 분열을 시작하여 만든 코르크형성층에 의해 형성된다.

75
무한생장형 줄기에는 정아가 죽거나 없어 맨 위의 측아가 정아 역할을 한다.

76
산림토양은 낙엽 등이 지속적으로 공급되고 축적되기 때문에 유기물 함량이 높다.

77
화성암은 SiO_2의 함량에 따라 산성암(66% 초과), 중성암(52~66%), 염기성암(52% 미만)으로 구분한다. 화강암은 산성암이고, 안산암은 중성암이고, 현무암은 염기성암이다. 감람암은 SiO_2의 함량이 45% 이하인 초염기성암이다. 석회암은 탄산칼슘($CaCO_3$)으로 구성된 퇴적암이다.

78
광물의 풍화내성
침철광 > 적철광 > 깁사이트 > 석영 > 규산염점토 > 백운모·정장석 > 사장석 > 흑운모·각섬석·휘석 > 감람석 > 백운석·방해석 > 석고

79
유기물이 축적된 토양의 색은 흑색을 띤다. 이렇게 유기물이 축적되기 위해서는 장기간 안정적 상태를 유지해야 한다.

80
소련의 토양분류
• 성대성 토양
  - 기후나 식생과 같이 넓은 지역에 공통적으로 영향을 끼치는 요인에 의하여 생성된 토양
  - 풍적 Loess, 사막 Steppe, Chernozem, 활엽수림(회색삼림토), 초지 Podzol, Tundra
• 간대성 토양
  - 좁은 지역 내에서 토양종류의 변이를 유발하는 지형과 모재의 영향을 주로 받아 형성된 토양
  - 염류토양, Rendzina형(부식탄산염질), 점토질 소택형
• 비성대성 토양
  충적토양, 하곡 이외에 있는 미숙토와 암쇄토

81
유기물층의 구분
• 미부숙 유기물층 : Oi = L층(낙엽층)
• 중간 정도 부숙된 유기물층 : Oe = F층(발효층)
• 잘 부숙된 유기물층 : Oa = H층(부식층)

82
토양산도는 시료를 채취해 실험실에서 측정한다.

83
점토는 주로 2차 광물로 구성되며, 교질(콜로이드)의 특성과 표면전하를 갖는다.

84

풍식에 대한 감수성은 모래보다 작으면서 점토와 달리 점착성이 없는 미사가 가장 크다.

85

토양의 색깔은 배수성을 반영한다.

86

포장용수량과 위조점 사이의 수분을 유효수분이라 한다.

87

산림토양의 토양구조 구분 및 기준(국립산림과학원)

구 분	기 준
세립상	• 미세한 토양입자(1~2mm)가 단독 배열되거나, 균사가 달라붙어 있는 상태 • 매우 건조한 토양에서 발달
입 상	• 토양입자가 비교적 소형(2~5mm)으로 둥긂 • 유기물 함량이 많은 표토에서 발달
홑 알	• 응집력이 없는 토양입자(모래)가 단독으로 배열 • 매우 건조한 토양에서 발달
떼 알	• 토양입자가 수 mm 정도의 입단(Ped)을 이룬 상태로 수분이 많아 감촉이 부드럽고 쉽게 분쇄됨 • 유기물 함량이 많은 표토에서 발달
견과상	• 모서리의 각이 비교적 뚜렷하고 단단하며, 1~3mm 크기 • 건조한 토양의 하층에서 발달
괴 상	• 감자와 유사하게 둥글둥글하며(지름 1cm 이상) • 적윤한 토양의 심토에서 발달
판 상	수평형태로 발달하여 판으로 분리되고 답압이 심한 지역에서 발달
무구조	응집력이 있는 토양입자가 서로 분리되어 있어 어떤 형태의 배열도 없는 구조

88

토양이 산성화되면 철과 알루미늄에 의한 인산고정량이 증가한다.

89

석회를 시용하여 중화시키는 것은 경제성이 낮음 → 일반적인 산성토양에 비해 20배 이상 석회가 소요되기 때문

90

암모니아 휘산작용은 중성 또는 알칼리성 토양에서 발생한다.

91

염기포화도 = (교환성 K + Ca + Mg + Na) / CEC = 16 / 20 = 0.8 = 80%

염기불포화도 = (교환성 Al + H) / CEC = 4 / 20 = 0.2 = 20%

92

지렁이는 토양 속에 수많은 통로, 즉 생물공극을 만들고 토양의 입단화를 촉진시키기 때문에 토양의 용적밀도는 감소한다.

93

유기물의 분해산물인 부식은 교질(콜로이드)의 특성을 가진 비결정질의 암갈색 물질로서 보통 점토입자에 결합된 상태로 존재하고, 점토광물보다 비표면적과 흡착능이 커서 토양의 양이온교환용량을 증가시킨다.

94

교환성 Na는 수목의 필수영양소가 아니다.

95

- 토양이 pH에 대한 완충능력을 가질 수 있는 이유
- 탄산염, 중탄산염 및 인산염과 같은 약산계 보유
- 점토와 교질복합체에 산성기를 보유
- 토양교질물이 해리된 수소이온과 평형을 이룸

96

이탄토는 점토질 소택형에 해당한다.

소련의 토양분류

- 성대성 토양
  - 기후나 식생과 같이 넓은 지역에 공통적으로 영향을 끼치는 요인에 의하여 생성된 토양
  - 풍적 Loess, 사막 Steppe, Chernozem, 활엽수림(회색삼림토), 초지 Podzol, Tundra
- 간대성 토양
  - 좁은 지역 내에서 토양종류의 변이를 유발하는 지형과 모재의 영향을 주로 받아 형성된 토양
  - 염류토양, Rendzina형(부식탄산염질), 점토질 소택형
- 비성대성 토양 : 충적토양, 하곡 이외에 있는 미숙토와 암쇄토

98

Vitrification(유리화법)

굴착된 오염토양 및 슬러지를 전기적으로 용융시킴으로써 용출특성이 매우 적은 결정구조로 만드는 방법

99

폐광 지역의 광산 폐수 → 산성갱내수(AMD, Acid Mine Drainage)

100

복합비료의 질소함유량이 25%이므로 질소 50kg을 주려면 복합비료는 200kg이 되어야 한다. 복합비료 200kg의 25%인 50kg이 질소이기 때문이다.

101

뿌리외과수술은 살아있는 뿌리에 박피를 실시함으로써 새로운 뿌리 발달을 촉진하는 것으로 토양을 개량하여 양분 흡수를 용이하게 하도록 한다. 수술적기는 봄이지만 9월까지는 뿌리가 자라므로 무방하다. 뿌리외과수술 시에는 죽은 부위에서 절단하지 않고 건전부위 안쪽을 절단하여야 한다.

102

정아(頂芽), 측아(側芽), 액아(腋芽) 등은 정해진 위치인 절(節, Node)에서 발생하여 존재하지만, 도장지는 잠아에서 발생하고, 부정아는 상처난 부위나 일반적으로 눈을 형성하지 않는 부위에서 발생한다.

103

당김줄 고정장치(Anchor) 방향은 지상의 고정장치 방향으로 설치하여야 하며 고정장치의 높이는 수고의 1/2 이상을 기준으로 하되, 주변 여건과 설치대상 수간의 강도를 고려하여 조정하여야 한다.

104

지지대는 수목 전체 또는 가지나 줄기가 파손되거나 쓰러지는 위험을 줄이고 가지를 지면이나 구조물과의 거리 유지하기 위해 설치한다.

105

체인톱 연료에 대한 윤활유의 혼합비가 과다하면 출력저하나 시동불량의 현상이 발생한다. 휘발유에 대한 윤활유의 혼합비가 부족하면 피스톤, 실린더, 및 엔진 각 부분에 눌러붙을 수 있다. 휘발유와 윤활유를 20:1~25:1의 비율로 혼합하나, 체인톱 전용 윤활유를 사용하는 경우 40:1로 혼합하기도 한다.

106

용적밀도는 고상을 구성하는 고형 입자의 무게(Ms)를 전체 용적으로 나눈 것이며, 단위는 g/cm^3 또는 mg/cm^3로 나타낸다. 답압으로 인한 단위부피당 질량이 증가함으로 용적밀도는 증가한다고 할 수 있다.

107

뿌리돌림은 이식이 곤란한 수종 또는 안전한 활착을 요할 경우, 이식 부적기에 이식 및 거목을 이식하고자 할 경우에 실시하며 굵은 뿌리(측근 등)가 나무를 지탱할 수 있도록 남겨 두고 굵은 뿌리는 환상박피 및 구간박피(부분박피)를 실시하며 뿌리는 깨끗하게 절단하고 발근제를 처리한다.

108

수목선정은 식재 목적을 달성하기 위해 부지의 환경과 수목의 특성을 고려하여 적합한 수종을 선택하는 과정이다(적지적수).

109

생활환경림은 도시와 생활권 주변의 경관 유지, 쾌적한 생활환경의 유지를 위한 산림으로 고사목 제거, 솎아베기, 천연갱신 등의 작업이 필요하다.

110

수목의 부후도는 나무망치, 마이크로드릴, 생장추, 전기저항 측정기, 음향측정장치 등으로 측정이 가능하다. 캘리퍼스는 공작에서, 자로 재기 힘든 물체의 두께, 지름 따위를 재는 기구이다.

111

주풍, 폭풍, 조풍, 한풍의 피해를 방지 및 경감하기 위해 방풍림을 설치하며, 풍상측은 수고의 5배, 풍하측은 10~25배의 거리까지 영향을 미친다. 방풍림은 수고는 높게, 임분대 폭은 넓게 하면 바람의 영향의 감소 효과가 커지며 임분대의 폭은 대개 100~150m가 적당하다. 방풍림의 수종은 침엽수와 활엽수를 포함하는 혼효림이 적당하며 심근성이면서 지하고가 낮은 수종이 방풍효과가 크다.

113

잔디는 잘 썩지 않고, 병충해의 발생의 원인이 되기도 한다. 하지만 잔디라고 하더라도 멀칭방법에 따라 달라질 수는 있다.

114

내화성 수종의 특징은 수지가 적으며, 물관에 수분을 많이 함유하고 있고, 엽 내의 수분함량이 높은 상록활엽수종 등이 있다.

구 분	내화력이 강한 수종	내화력이 약한 수종
침엽수	은행나무, 잎갈나무, 분비나무, 가문비나무, 개비자나무, 대왕송	소나무, 해송, 삼나무, 편백
상록활엽수	아왜나무, 굴거리나무, 후피향나무, 붓순, 협죽도, 황벽나무, 동백나무, 사철나무, 가시나무, 회양목	녹나무, 구실잣밤나무
낙엽활엽수	피나무, 고로쇠나무, 마가목, 고광나무, 가증나무, 네군도단풍, 난티나무, 참나무, 사시나무, 음나무, 수수꽃다리	아까시나무, 벚나무, 능수버들, 벽오동나무, 참죽나무, 조릿대

115

오존의 피해는 일반적으로 그 강력한 산화 작용에 의한 것으로 엽의 표면에 한정되며 오존의 피해수종은 책상조직이 붕괴되면서 잎에 검은색 반점이 생긴다.

오존에 강한 수종

- 침엽수 : 삼나무, 해송, 편백, 화백, 서양측백, 은행나무
- 활엽수 : 버즘나무, 굴참나무, 졸참나무, 누리장나무, 개나리, 사스레피나무, 금목서, 녹나무, 광나무, 돈나무, 협죽도, 태산목

116

산성비는 각종 공장이나 자동차 등에서 배출되는 가스상 오염물질이 대기 중에 있는 수분과 결합되어 생성되는 pH가 5.6 이하로 떨어지는 비를 말하며 산성비의 주된 원인 물질은 황산화물과 질소산화물이다. 산성비는 왁스층을 부식시켜 습윤각을 감소시키며, Ca, Mg, K 같은 체내의 양료 성분을 용탈시켜 양료 결핍을 초래하기도 한다.

117

EC meter는 전기전도도를 측정하는 장비로 염분은 잘 녹기 때문에 전기전도도가 높게 나타난다.

장비명	내 용
EC meter	전기전도도 측정장비
Shigometer	수목활력도 측정 장비
Chlorophyll meter	엽록소 측정 장비
UV-spectrophotometer	시료의 흡광도를 측정하는 장비로 분광광도계
Soil moisture tensiometer	토양수분 측정 장비

118

칠엽수, 층층나무, 단풍나무는 엽소현상이 잘 발생하는 나무이다.

119

한상(Chilling damage)은 냉해(Chilling injury)와 같이 수목의 생장기에 서늘하고 기상조건이 지속되면 수목의 생장에 장애를 일으키며, 특히 0℃ 이상에서 피해를 입는 경우를 말한다.

120

주풍이란 풍속 10~15m/s 정도의 속도로 장기간 같은 풍향으로 부는 바람을 의미하며 잎, 줄기의 일부가 탈락하거나 임목의 생장이 저하된다. 임목은 주풍방향으로 굽게 되며 수간 하부가 편심생장을 하게 되는데 활엽수는 하방편심, 침엽수는 상방편심 현상이 발생한다.

121

대왕송은 내화력이 강하며 음수인 가문비나무, 분비나무, 전나무 등은 임내에 습기가 많고 잎도 비교적 타기 어려워 위험도가 낮다.

122

- 내한성 수종 : 자작나무, 오리나무, 사시나무, 버드나무, 소나무, 잣나무, 전나무
- 비내한성 수종 : 삼나무, 편백, 곰솔, 금송, 히말라야시다, 배롱나무, 피라칸사스, 자목련, 사철나무, 벽오동, 오동나무

123

GM작물은 충 저항성(BT toxin 기반과 Non-BT toxin 기반으로 구분), 병 저항성(바이러스 저항성과 균 저항성으로 구분), 제초제 저항성(Glyphosate, Glufosinate, 기타로 구분)이 있다.

124

파라쿼트(Parquat)는 그라목손(Gramoxone)으로도 알려져 있는 제초제이다. 제초효과뿐만 아니라 인체에도 독성이 강해 음독 사망사고가 많아 2012년부터 사용이 전면 금지되었다.

125

네오니코티노이드계 살충제는 신경계 저해 살충제로서 세부적인 작용기작은 니코틴 친화성 아세틸콜린 수용체의 경쟁적 변조이다. 약제에 노출된 해충은 원하지 않는 신경 자극을 계속해서 전달받아 죽게 된다. 이미다클로프리드(Imidacloprid), 티아메톡삼(Thiametoxam), 클로티아니딘(Clothianidin), 티아클로플리드(Thiacloprid), 아세타미프리드(Acetamiprid), 디노테푸란(Dinotefuran) 등이 있다.

126
계면활성제는 농약제제에서 유화제, 분산제, 전착제, 가용화제 등의 용도로 사용되고 있다. 계면활성제는 농약액과 엽면 사이의 접촉각을 작게 하여 습윤성과 확전성을 높여 준다.

127
액제의 살포액은 투명하다.

128
농약의 안전사용기준은 수확 농산물 중 잔류농약 최소화를 통한 소비자 보호와 농작업자의 농약 중독 예방 등을 위한 사용자가 준하여야 할 최소한의 기준이다.

129
사용량과 사용가능횟수를 준수하여 사용한다.

130
- 농약 성분이 토양의 부식 또는 점토에 흡착되면 미생물의 작용이 제한되기 때문에 분해가 늦어진다.
- 유제나 수화제와 같이 액상으로 살포하는 경우 분제나 입제와 같이 고상으로 처리하는 경우보다 빠르게 토양입자에 흡착한다.

131
이미다클로프리드, 아세타미프리드, 티아메톡삼은 네오니코티노이드계 살충제이다.

132
기호 사1의 작용기작 : 막에서 스테롤 생합성 저해하는 약제이다.

133
- 옥시테트라사이클린칼슘알킬트리메틸암모늄 수화제(라5)는 작물에 따라 궤양병, 세균무늬병, 무름병, 검은점무늬병, 세균줄무늬병, 세균열매썩음병, 화상병 등에 등록되어 있으며, 파이토플라스마에 의한 빗자루병으로는 대추나무에만 등록되어 있다.
- 병원균의 단백질 합성을 저해하는 농업용 항생제(세균성 병 방제)

종 류	방선균 (Actinomycetes)	용 도	작용점 (단계)
Blasticidin-S	*S. griseochromogenes*	살 균	리보솜 (종결단계)
Kasugamycin	*Streptomyces kasugaensis*	살균, 살세균	리보솜 (개시단계)
Oxytetracyclin	*Streptomyces rimosus*	살세균	리보솜 (신장단계)
Streptomycin	*Streptomyces griseus*	살세균	리보솜 (종결단계)

134
Fluazifop-P-butyl(제초제 표시기호 A)
- Aryloxyphenoxypropionic acid계
- 지질합성효소(ACCase, acetyl CoA carboxylase) 저해
- 광엽작물에 안전하고 화본과 잡초에 강한 살초 작용
- 일명 'Graminicide'

135
비펜트린(3a) : 합성피레스로이드계, 신경축색의 Na 이온 통로 변조 유기인계와 카바메이트계는 작용기작은 같지만, 표시기호는 다르다.

작용기작	표시기호	계통 및 성분	살충제 종류
아세틸콜린에스터라제 기능 저해	1a	카바메이트계	Carbaryl, Fenobucarb, Carbofuran, Benfuracarb, Methomyl, Alanycarb, Thiodicarb
	1b	유기인계	Parathion, Fenitrothion, Fenthion, Chlorpyrifos, EPN, Dichlorvos, Fonofos, Flupyrazofos, Phoxim

136
「2021 산림병해충 시책」 외래 및 돌발 산림병해충 적기 대응을 위한 기본방향
- 예찰조사를 강화하여 조기발견・적기방제 등 협력체계 정착으로 피해 최소화
- 외래・돌발병해충이 발생되면 즉시 전면적 방제로 피해확산 조기 저지
- 대발생이 우려되는 외래・돌발해충 사전 적극 대응을 통한 국민생활 안전 확보
- 돌발해충 대발생 시 각 산림관리 주체별로 예찰・방제를 실시하고, 광범위한 복합피해지는 부처협력을 통한 공동 방제로 국민생활 불편 해소 및 국민 삶의 질 향상에 최선
- 지역별 방제여건에 따라 방제를 추진할 수 있도록 자율성과 책임성 부여
- 농림지 동시발생병해충, 과수화상병, 아시아매미나방(AGM), 붉은불개미 등 부처 협력을 통한 공동 예찰・방제
- 밤나무 해충 및 돌발해충 방제를 위한 항공방제 지원

138

다른 자에게 등록증을 빌려준 경우 1차 위반은 자격정지 2년이고, 2차 위반으로 자격취소가 된다.

139

- 감염우려목 : 반출금지구역 내 소나무류 중 재선충병 감염여부 확인을 받지 아니한 소나무류
- 비병징 감염목 : 재선충병에 감염되었으나 잎의 변색이나 시들음, 고사 등 병징이 감염당년도에 나타나지 않고 이듬해부터 나타나는 소나무류

140

경계단계(Orange)는 외래・돌발병해충이 2개 이상의 시군으로 확산되거나 50ha 이상 피해발생 때의 발령이다.

2021년 제5회

기출문제 정답 및 해설

1	2	3	4	5	6	7	8	9	10
④	①	③	①	①	②	⑤	⑤	①	③
11	12	13	14	15	16	17	18	19	20
③	②	①	⑤	④	②	③	②	⑤	②
21	22	23	24	25	26	27	28	29	30
②	②	②	②	③	①	①	②	①	⑤
31	32	33	34	35	36	37	38	39	40
④	④	⑤	⑤	⑤	①	④	②	⑤	①
41	42	43	44	45	46	47	48	49	50
②	③	①	①	⑤	①	④	③	③	③
51	52	53	54	55	56	57	58	59	60
③	④	①	①	③	⑤	②	④	④	③
61	62	63	64	65	66	67	68	69	70
⑤	④	④	④	①	⑤	④	②	④	②
71	72	73	74	75	76	77	78	79	80
②	③	⑤	①	③	⑤	④	④	④	③
81	82	83	84	85	86	87	88	89	90
②	④	④	③	④	⑤	①	②	④	②
91	92	93	94	95	96	97	98	99	100
②	③	⑤	②	⑤	①	②	①	⑤	③
101	102	103	104	105	106	107	108	109	110
③	①	④	③	①	③	⑤	①	①	①, ④
111	112	113	114	115	116	117	118	119	120
②	③	④	①	②	②	⑤	⑤	②	⑤
121	122	123	124	125	126	127	128	129	130
②	②	①	④	③, ⑤	②	④	①	④	③
131	132	133	134	135	136	137	138	139	140
④	⑤	④	⑤	④	④	②	⑤	②	⑤

01

곰팡이병은 표징이 관찰될 수 있으나, 파이토플라스마에 의한 병은 표징을 확인할 수 없다.

구 분	표 징
철쭉류 떡병	담자기와 담자포자가 밀생하여 흰가루
향나무 녹병	분생포자경과 분생포자가 집단으로 흰가루
벚나무 빗자루병	잎의 뒷면의 나출자낭인 회백색의 가루
잣나무 수지동고병	감염부 아래에 형성되는 분생포자각 및 갈색의 분색포자 덩이

02

한입버섯은 담자균, 구멍장이버섯목, 잔나비버섯과에 속하는 백색부후균으로 산불 피해 고사목에서 발생하는 것이 특징이다. 해면버섯, 꽃구름버섯, 붉은덕다리버섯, 소나무잔나비버섯은 갈색부후균에 속한다.

구 분	종 류
갈색부후균	꽃구름버섯, 말굽잔나비버섯, 미로버섯, 붉은 덕다리버섯, 소나무잔나비버섯, 조개버섯, 해면버섯
백색부후균	구름버섯속, 운지버섯, 구멍장이버섯, 말굽버섯, 뽕나무버섯, 붉은진흙버섯, 시루뻔버섯, 아까시재목버섯, 영지버섯, 줄버섯, 진흙버섯, 차가버섯, 치마버섯, 한입버섯, 흰구멍버섯
연부후균	콩버섯, 콩꼬투리버섯

03

임의기생체(Facultative parasite)는 대부분의 시간을 죽은 유기물에서 생활하는 사물기생균이라고 할 수 있으나 어떤 조건에서는 살아있는 식물체에 침입한다.

04

아밀라리아뿌리썩음병은 담자균에 의해 발생하며 침엽수 및 활엽수를 모두 가해하는 병으로 표징으로는 뽕나무버섯, 뿌리꼴균사다발, 부채꼴균사판 등이 나타난다.

05

- 감귤 궤양병은 *Xanthomonas axonopodis* pv. citri로 의해서 발생하는 병으로 간균의 형태를 가지고 있다. 과실, 잎 그리고 잔가지에 괴사병징이 나타내며, 과실의 품질 및 수량을 감소시키며 미성숙 과실이 떨어지는 피해가 나타난다.
- 소나무 잎녹병은 담자균, 장미 모자이크병은 바이러스, 배나무 붉은별무늬병은 담자균에 의해서 발생한다.

06

파이토플라스마는 형광염색소(DAPI)염색법으로 체관에 존재하는 것을 형광현미경으로 관찰할 수 있다.

07

낙엽송 가지끝마름병는 주로 10년생 내외의 일본잎갈나무에서 피해가 심하며 고온다습하고 강한 바람이 마주치는 임지에서 특히 심하게 발생한다. 6~7월에 감염되면 수관의 위쪽만 남기고 낙엽이 되어 가지 끝이 아래로 처지고, 8~9월에 감염되면 가지는 꼿꼿이 선 채로 말라 죽는다.

기주와 병명	잠복기간
포플러 잎녹병 (Melampsora larici-populina)	4~6일
낙엽송 가지끝마름병 (Guignardia laricina)	10~14일
낙엽송 잎떨림병 (Mycosphaerella larici-leptolepis)	1~2개월
소나무 재선충병 (Bursaphelenchus xylophilus)	1~2개월
소나무 혹병 (Cronartium quercuum)	9~10개월
소나무 잎녹병 (Coleosporium asterum)	10~22개월
잣나무 털녹병 (Cronartium ribicola)	3~4년

08

직접적인 침입이 가능한 것은 선충과 곰팡이라고 할 수 있다. 상처 또는 자연개구부를 통해서는 대부분의 병원체가 침입가능하다.

09

코흐의 법칙(Koch's postulate)

- 의심받는 병원체는 반드시 조사된 모든 병든 기주에 존재해야 한다.
- 의심받는 병원체는 기주로부터 분리되어야 하고 순수배지에서 자라야 한다.
- 순수배지에 의심받는 병원체를 감수성인 기주에 접종하였을 때 특정 병을 나타내어야 한다.
- 감염된 기주로부터 같은 병원체가 다시 획득되어야 한다.

※ 일부 병원체, 즉 바이러스, 파이토플라스마, 유관속국재성세균, 원생동물 등에 대하여는 코흐의 원칙을 따를 수 없다(흰가루병, 녹병 포함).

10

파이토플라스마는 전신감염을 일으키며 리보솜이 존재한다. 크기는 세균보다는 작지만, 바이러스보다 크다. 파이토플라스마 관찰을 위해서는 전자현미경, Toluidline blue의 조직염색에 의한 광학현미경 기법, 형광색소인 아닐린블루(Aniline blue)염색법, Dienes염색법 등 형광염색소를 이용한 현광현미경기법이 있다. 곰팡이 > 세균 > 파이토플라스마 > 바이러스의 크기순이다.

구 분	곰팡이	세 균	파이토플라스마	바이러스
생물분류	진핵생물	원핵생물	원핵생물	세포 없음
생물크기	사상균 형태	1~3μm	0.3~1.0μm	150~2,000nm
생물형태	균사, 자실체, 버섯	공, 나선, 막대, 곤봉모양	다형성	핵산과 (외피)단백질
번식방법	포자번식 (유성, 무성)	이분법 번식	이분법 번식	복제 번식
감염형태	국부감염	국부감염	전신감염	전신감염
주요감염	직접, 개구부, 상처	개구부, 상처	매개충, 접목	매개충, 즙액, 접목 꽃가루, 종자, 경란전염
증식장소	세포간극 및 세포	세포간극	세포 내(체관)	세포 내

12

밤나무 줄기마름병은 수피 밑에 자좌가 형성이 되며 갈라진 수피 틈으로 긴 목을 가진 플라스크 모양의 자낭각이 다수 형성된다.

수목병	병원균의 구조물
Hyopxylon 궤양병	백양나무 등에 발생, 자낭각 내의 자낭포자로 전염
밤나무 줄기마름병	플라스크 모양의 자낭각이 다수 형성
벚나무 빗자루병	잎 뒤쪽의 나출자낭 형성
Scleroderris 궤양병	소나무와 방크스소나무에 발생하며 자낭반 형성
소나무류 피목가지마름병	피목에서 암갈색 자낭반이 형성

13

일반적으로 녹병은 기주와 중간기주를 가지는 이종기생균이지만 후박나무 녹병과 회화나무 녹병은 동종기생균이다. 포플러 잎녹병은 일본잎갈나무, 현호색, 소나무 혹병은 참나무, 오리나무 잎녹병은 일본잎갈나무, 산철쭉 잎녹병은 가문비나무가 중간기주이다.

14

- 바이러스병의 진단은 전자현미경, Dip method을 이용한 면역전자현미경, 초박절편법, 효소결합항체법(ELISA)을 응용한 진단법, 지표식물에 의한 진단법 등이 있다.
- 16S rDNA 분석에 의한 분자생물학적 진단은 세균을 구별하는 염기서열을 가진 세균 유전체 16S 리보솜 유전자 부위를 NGS로 분석하여 감염 원인균의 종류와 비율을 파악하는 검사법이다.

15

참나무 시들음병의 병원균(*Raffaelea quercus-mongolicae*)은 변재에서 생장하며 목재를 변색시킨다.

16

지의류는 균류와 조류와의 공생체이며 엽상체의 모습을 하고 있다. 1,5000여 종에 달하며 아황산가스와 불소에 약하다는 특성을 가지고 있다. 기질에 따라 고정형, 엽형, 수지형으로 구분되며 외생성 지의류는 남조류와 공생하며 질소를 고정하는 역할을 수행한다.

17

소나무류 수지궤양병은 *Fusarium circinatum*에 의해 발생하며, 소나무류 모잘록병은 *Pythium, Phytophthora* 등 난균과 *Rhizoctonia, Fusarium* 등 불완전균류에 의해서 발생한다.

18

소나무 혹병과 철쭉류 떡병은 담자균에 의해서 발생하며, 편백 가지마름병은 불완전균, 배롱나무 흰가루병은 자낭균에 의해서 발생한다.

19

생물적 방제는 천적 곤충, 천적 미생물, 길항미생물 등의 생물적 수단을 사용하여 병해충을 구제하는 것으로 저병원성 균주를 이용하는 것도 생물적 방제이다.

20

자주날개무늬병은 담자균에 의해 발생하며 침엽수와 활엽수에 모두 발생하는 다범성 병해이다. 토양주변에 균사망을 만들고, 헝겊 같은 피막을 형성하고, 자실체가 일반 버섯과는 달리 헝겊처럼 땅에 깔린다.

21

병원균은 *Sphaeropsis sapinea*이며, 6월부터 새 가지의 침엽이 짧아지면서 갈색 내지 회갈색으로 변하고, 어린 가지는 말라 죽어 밑으로 처진다. 분생포자각이 수피나 침엽조직 내에 단독 또는 집단으로 형성되어 나중에 기주조직을 뚫고 나온다. 수피를 벗기면 적갈색으로 변한 병든 부위를 확인할 수 있다. 피해를 입은 새 가지와 침엽은 수지에 젖어 있고 수지가 흐르며, 수지가 굳으면 병든 가지가 쉽게 부러진다.

22

내용은 난균강에 대한 설명이다. *Rhizoctonia solani*는 불완전균류이다.

참나무 급사병 (*Phytophthora ramorum*)	밤나무 잉크병 (*Phytophthora katsurae*)
• 난균강 • 다양한 식물(기주) • 참나무류 지제부로부터 줄기 위 3m 높이 – 적갈색, 흑색의 점액이 누출 – 점액누출궤양 형성 • 감염 후 1~2년 이내에 고사 • 고사 후 잎이 1년 동안 매달려 있기도 함	• 난균강 • 밤나무림 • 배수불량, 습한 환경 • 뿌리 → 줄기 → 검고 움푹한 궤양 형성 • 궤양 속 검은색 액체 • 목질부 변색 → 수간 전염, 잔뿌리 전체 고사

23

오동나무 줄기마름병은 가지치기 후에 생긴 상처, 죽은 잔가지 및 얼어 터진 상처 등을 통해 병원균이 침입하여 발생하고, 부란병으로 널리 알려져 있으며 방제를 위해서는 줄기와 가지에 발생한 상처를 빨리 치유하는 것이 가장 중요하다.

24

식물선충은 절대활물기생체로 대부분 식물의 뿌리에 기생하며, 지상부를 가해하는 선충은 제한적이다. 뿌리썩이선충은 내부기생성 선충으로 *Pratylenchus*와 *Radopholus*속의 선충이 대표적이다.

25

리지나뿌리썩음병은 자낭균으로 침엽수에 발생한다. 온도가 45℃이면 발아하며 산성토양에서 피해가 심하므로 석회로 토양을 중화시키면 발병이 감소한다. 잔뿌리가 흑갈색으로 부패하고 점차 굵은 뿌리로 확대되어 나중에는 뿌리 전체가 갈색으로 변한다. 감염된 뿌리에서 분비되는 수지가 토양입자와 섞여 딱딱한 덩어리가 된다.

26

지방체는 내부에 액포와 여러 가지 함유물로 이루어진 기관으로 영양물질의 저장장소의 역할과 식균작용을 하기도 한다.

27

- 기생성 천적의 종류로는 맵시벌상과(上科)와 수중다리좀벌상과(上科)에 속하는 기생봉류와 참파리과(科)에 속하는 기생파리류 등이 있으며, 솔나방 방제는 송충알벌 및 백강균을 이용한다.
- 솔수염하늘소는 개미침벌과 가시고치벌 등 외부기생성 천적을 이용하고 있으며, 솔잎혹파리는 혹파리등뿔먹좀벌, 혹파리반뿔먹좀벌, 솔잎혹파리먹좀벌, 혹파리살이먹좀벌 등이 있다.

28

외줄면충은 매미목에 속하는 불완전변태를 하는 종으로 외시류이다.

29

예방 나무주사 약제로는 밀베멕틴 2% 유제, 아바멕틴, 에마멕틴벤조에이드와 매개충 나무주사 약제로는 티아메톡삼이 있다. 수관살포약제로는 아세타미프리드, 클로티아니딘, 티아메톡삼, 티아클로프리드, 페니트로티온, 플루피라디퓨론이 있다.

30

뇌는 3개의 신경절이 연합된 것으로 전대뇌, 중대뇌, 후대뇌로 구분된다. 전대뇌는 겹눈과 홑눈의 시신경을 담당하고, 중대뇌는 더듬이, 후대뇌는 윗입술과 전위를 담당한다. 뇌의 바로 뒤에 있는 식도하신경절은 윗입술을 제외한 입의 나머지 신경을 담당한다.

31

난자가 수정되는 시기로부터 부화까지의 과정을 배자발육이라고 한다. 말피기관은 가늘고 긴 맹관으로 끝은 체강 내에 유리된 상태로 후장이 소화 배설물에서 수분을 재흡수할 수 있어 체내 수분 유지에 도움을 준다. 외배엽에서 분화된 기관이다.

곤충의 배자 층별 발육

구 분	발육 운명
외배엽	표피, 외분비샘, 뇌 및 신경계, 감각기관, 전장 및 후장, 호흡계, 외부생식기
중배엽	심장, 혈액, 순환계, 근육, 내분비샘, 지방체, 생식선(난소와 정소)
내배엽	중 장

32

④ 항생성은 곤충의 정상적인 생장 및 번식을 억제하는 능력으로 해충의 공격을 차단, 억제하는 물리적 방어기능 또는 곤충에 독소로 작용하는 물질을 가지는 화학적 방어기능이다.
⑤ 비선호성은 주로 수목이 해충을 유인하는 화학물질을 발산하지 않거나 발산하더라도 다른 화학물질로 그 냄새를 덮어버림으로써 해충의 공격을 피하는 성질이다.

33

무시아강인 돌좀목, 좀목과 유시아강의 고시류인 하루살이목, 잠자리목, 신시류중 내시류인 딱정벌레목, 외시류인 강도래목, 대벌레목, 집게벌레목에 대한 구분이다.

34

솔껍질깍지벌레는 후약충, 거북밀깍지벌레는 암컷 성충, 솔잎혹파리, 복숭아명나방, 회양목명나방은 유충으로, 느티나무벼룩바구미, 오리나무잎벌레는 성충으로 월동한다.

35

미국선녀벌레

- 노린재목(Hemiptera) 매미아목 선녀벌레과의 곤충으로, 성충의 몸길이가 5mm 정도이다.
- 연 1회 발생하며 가지에서 알로 월동한다.
- 3~4월 중순에 부화한 약충은 잎과 가지로 이동해 가해한다.
- 성충은 6~10월에 나타나고, 9월경부터 가지나 줄기의 갈라진 틈에 산란한다.

36

벌목은 절지동물문, 육각아문, 곤충강, 신시류, 완전 변태군에 속하는 한 목(Order)이다. 곤충의 목들 중에서 딱정벌레, 파리, 나비류에 이어 종다양성이 네 번째로 높으며, 날개가 퇴화된 경우들을 제외한다면, 두 쌍의 막질의 날개를 지닌다. 원시적인 벌류인 잎벌아목(Symphyta)의 유충들은 대부분 뚜렷한 두부, 세 개의 가슴마디와 9~10개의 복부마디를 가진다. 이들은 언듯 보기에 나비류의 유충과 비슷하고 강한 큰 턱, 세 쌍의 다리 그리고 복부에 6쌍 또는 8쌍의 전각(Proleg)을 지닌다.

38

① 미국선녀벌레는 알로 월동한다.
③·④·⑤ 소나무좀, 솔나방, 광릉긴나무좀은 연 1회 발생한다.

39

곤충은 식물의 독성을 해독하면서 공진화하였으며, 먹이에 따른 습성에 따라 식식성(Herbivore), 육식성(Carnivore), 부식성(Scavenger) 그리고 2가지 이상의 식성을 가진 잡식성(Omnivore)으로 구분한다.

구 분	내 용	관련 해충
단식성 (Monophagous)	한 종의 수목만 가해하거나 같은 속의 일부 종만 기주로 하는 해충	• 느티나무벼룩바구미(느티나무), 팽나무벼룩바구미 • 줄마디가지나방(회화나무), 회양목명나방(회양목) • 개나리잎벌(개나리), 밤나무혹벌 및 혹응애류 • 자귀뭉뚝날개나방(자귀나무, 주엽나무) • 솔껍질깍지벌레, 소나무가루깍지벌레, 소나무왕진딧물 • 뽕나무이, 향나무잎응애, 솔잎혹파리, 아까시잎혹파리
협식성 (Oligophagous)	기주 수목이 1~2개 과로 한정되는 해충	• 솔나방(소나무속, 개잎갈나무, 전나무), 방패벌레류 • 소나무좀, 애소나무좀, 노랑애소나무좀, 광릉긴나무좀 • 벚나무깍지벌레, 쥐똥밀깍지벌레, 소나무굴깍지벌레
광식성 (Polyphagous)	여러 과의 수목을 가해하는 해충	• 미국흰불나방, 독나방, 매미나방, 천막벌레나방 등 • 목화진딧물, 조팝나무진딧물, 복숭아혹진딧물 등 • 뿔밀깍지벌레, 거북밀깍지벌레, 뽕나무깍지벌레 등 • 전나무잎응애, 점박이응애, 차응애 등 • 오리나무좀, 알락하늘소, 왕바구미, 가문비왕나무좀

40

방제방법으로는 유충발생 초기에 페니트로티온 유제(50%), 클로르플루아주론 유제(5%) 2,000배액 살포하거나 성충시기인 7월 유아등이나 유살등을 이용하여 제거하고, 4월 이전에 줄기에 산란된 난괴를 채취하여 소각하거나 땅에 묻는 방법이 있다.

41

솔껍질깍지벌레 방제방법으로는 후약충 말기인 2월 하순~3월 중순에 뷰프로페진 액상수화제(40%)를 50배로 희석하여 ha당 100L씩 항공 살포하거나 후약충 가해시기인 12월에 이미다클로프리드 분산성액제(20%), 포스파미돈 액제(50%)을 원액 주입한다.

42

연 1회 발생하는 것이 보통이며 일부는 2년에 1회 발생하기도 한다. 5월 하순~7월 중순에 번데기가 되고, 6월 중순~8월 상순에 우화하며, 우화 최성기는 7월 상순~하순으로 지역에 따라 임지 환경에 따라 차이가 있다. 나무 위에서의 유충 기간은 20일 정도이며 4회 탈피한다. 노숙한 유충은 7월 중순~8월 하순에 땅 위로 떨어져 흙 속으로 들어가 흙집을 짓고 월동한다.

43

일반 평행밀도(GEP)는 일반적인 환경조건에서의 해충의 평균밀도로 이를 방제하기 위해서는 방제 횟수를 늘려야 한다.

44

수목해충의 밀도를 육안으로 직접조사하는 방법으로 전수조사, 표본조사, 축차조사, 원격탐사가 있다.

비행하는 곤충의 예찰	내 용
끈끈이트랩 (Sticky trap)	비행하는 곤충이 접착제로 처리된 표면에 잡히는 방식
유아등 (Light trap)	곤충의 주광성을 이용해 비행하는 곤충을 채집하는 방식
말레이즈트랩 (Malaise trap)	음성주지성, 즉 높은 곳으로 기어가는 습성을 이용한 방식
페로몬트랩 (Pheromone trap)	곤충의 페로몬을 이용하며 끈끈이트랩과 병행하여 사용
흡입트랩 (Suction trap)	인위적인 바람에 의해서 채집하는 방식
수반트랩 (Water trap)	총채벌레나 진딧물을 포함한 곤충의 채집

45

작은 턱은 밑마디, 자루마디, 바깥조각 및 안조각으로 이루어져 있으며, 쌍으로 이루어진 부속지이다.

46

노린재는 흡즙성 해충이다.

47

표 피

- 외표피와 원표피로 구분
- 외표피 : 시멘트층, 왁스층 및 단백질성 외표피
- 원표피 : 다량의 키틴질 함유, 외원표피, 중원표피, 내원표피
- 순서 : 시멘트층 – 왁스층 – 외원표피 – 중원표피 – 내원표피 – 표피세포

48

철쭉띠띤애매미충(*Naratettix rubrovittatus*)은 노린재목 매미충과로 성충과 약충이 주로 잎 뒷면에서 수액을 빨아 먹어 잎 앞면이 퇴색하고, 피해가 심하면 잎이 일찍 떨어진다.

49

좀검정잎벌은 피해 초기에 유충이 집단으로 잎을 가해하므로 유충발생 초기에 잡아 죽이거나 적용 약제 살포해 방제한다.

50

온도와 발육률의 직선식(회귀식)이 y=0.02x−0.2이라고 할 때, 발육영점온도는 'y=0'일 때 온도를 구하면 되므로, 발육영점온도는 0.2/0.02=1°C가 된다. 또한 발육완료에 필요한 총 온도의 양(적산온도, 즉 온량, Thermal constant)은 추정한 회귀식 기울기의 역수로 추정한다. 따라서 발육완료에 필요한 적산온도는 1/0.02=50DD(Degree Day, 일도)가 된다.

51

피토크롬은 적색광에 활성화되고 원적색광에 불활성화된다.

52

목본식물에서 수분 후 수정 및 종자성숙까지 소요되는 시간

수 종	개화시기	수분~수정 소요시간	수분~종자성숙 소요시간
회양목	4월 초	–	3개월
배나무, 사과나무	4월	1~2일	5개월
개암나무	3월	3~4개월	6개월
졸참나무 (White oak류)	5월	5주	5개월
상수리나무 (Black oak류)	5월	13개월	17개월
가문비나무	5월	3~5일	5개월
미 송	4월	3주	5개월
히말라야시다 (개잎갈나무)	10월	9개월	12개월
적송, 잣나무	5월	13개월	16~17개월

• 상수리나무류(Red or Black oak) : 종자가 다음 해에 익는 참나무류 - 상수리, 굴참
• 갈참나무류(White oak) : 종자가 당년에 익는 참나무류 - 갈참, 졸참, 신갈, 떡갈

53
철은 산성에서 용해도가 증가하는 성질을 가지고 있어 심한 산성 토양에서는 독성을 나타낼 수 있으나, 알칼리성이 되면 용해도가 크게 감소하여 결핍증상이 일어난다. 결핍증상은 어린잎의 황화 또는 백화이다.

54
접선방향 → 병층분열, 방사선방향 → 수층분열

55
녹병 곰팡이는 시토키닌을 생산하여 감염 부위만 엽록소를 유지한다. 이런 현상을 Green island라 한다.

56
잎은 수목 전체 중량의 일부이지만 호흡은 가장 왕성하다.

57
카스파리대는 내피의 방사단면과 횡단면 세포벽에 형성되는 수베린으로 된 띠이다.

58
뿌리생장은 줄기생장 전에 시작해서 줄기생장이 정지된 후에도 계속된다.

59
엽육조직의 세포간극은 이산화탄소 농도가 낮으면 기공을 열고, 높으면 닫는다. 기공을 여는 것은 광합성의 원료인 이산화탄소를 얻기 위함이고, 이로 인해 식물은 수분을 잃게 된다.

60
수간의 질소함량은 비교적 낮은 편이며, 특히 심재에서 극히 낮다. 변재는 형성층에 가까울수록 질소함량이 증가한다. 수피에도 비교적 많은 질소가 함유되어 있으며, 특히 내수피는 살아있는 사부조직으로 구성되어 있어서 잎과 비슷한 질소함량을 보인다. 겨울철에 수피가 야생동물의 먹이로 이용되는 이유이다.

61
• 광합성(산소 생산) → 환원반응, 호흡(산소 소비) → 산화반응
• 호흡작용의 기본 반응

단 계		주요 내용
1단계	해당작용	• 포도당이 분해되는 단계(세포질에서 일어남) • Glucose(C_6) → $2C_3$ → $2C_2$ + $2CO_2$ • 산소를 요구하지 않는 단계(※ 효모균의 알코올 발효) • 2개의 ATP 생산(에너지 생산효율이 낮음)
2단계	Krebs회로	• TCA(Tricarboxylic acid) cycle 또는 Citric acid cycle • Acetyl CoA(C_2)가 Oxaloacetate(C_4)와 축합하여 Citrate(C_6)가 형성되면서 사이클이 시작함 • 4개의 CO_2를 발생시키면서 NADH를 생산하는 단계
3단계	말단전자전달경로	• NADH로 전달된 전자와 수소가 최종적으로 산소(O_2)에 전달되어 물(H_2O)로 환원되는 경로 • 효율적으로 ATP를 생산하는 과정 • 산소가 소모되기 때문에 호기성 호흡이라고도 함

※ C_2는 탄소원자 2개로 구성된 탄소화합물을 나타냄, 즉 C는 탄소, 2는 탄소의 숫자

62
우거진 숲의 지면에서는 적색광이 적어 종자발아가 억제된다.

63
전분(Strach)의 종류 - 포도당의 결합 형태로 구분
• Amylopectin : 가지를 많이 친 사슬 모양
• Amylose : 직선의 사슬 모양

64
루핀형 수종(나자식물, 진달래, Proteaceae)은 뿌리에서 질산환원이 일어나기 때문에 줄기 수액에는 아미노산과 Ureides가 주로 검출된다.

65
수지는 Isoprenoid 화합물로서 지방산, 왁스, 테르펜 등의 혼합체이다.

66

유형기는 수목이 영양생장만을 하는 단계이고, 수목이 개화하는 상태에 달하면 성숙단계에 들어선 것이다. 이러한 변화과정을 단계변화라 한다.

67

엽면시비 시 양전하를 가진 영양소 흡수속도 비교 : Na > Mg > Ca

68

엽분석 적정시기는 잎이 성숙한 다음 비교적 변화폭이 적은 7월 말 ~ 8월이다.

69

수액 상승의 원리는 응집력설이다.

70

형성층은 안쪽으로 목부를 만들고 바깥쪽으로 사부를 만든다.

71

- 근관은 뿌리골무이다.
- 내피의 안쪽에 내초가 있고, 내초 안쪽에 유관속조직이 있다.

72

잎의 해면조직보다 책상조직에 더 많은 엽록체가 있다.

73

자유생장을 하는 수목은 가을 늦게까지 줄기생장이 이루어지기 때문에 고정생장을 하는 수목보다 수고생장속도가 빠르다.

74

엽록체의 구성

- 그라나(Grana) : 엽록소 함유 부분 → 광반응
- 스트로마(Stroma) : 엽록소 없는 부분 → 암반응

75

아황산가스는 석탄을 연소할 때 대량으로 발생하고, 질소산화물은 주로 자동차 배기가스에서 유래하며 대기권에서 자외선에 의해 산화되면 오존이 발생한다.

76

화성암 : 마그마로부터 형성된 암석

77

총수분퍼텐셜은 삼투퍼텐셜, 압력퍼텐셜, 중력퍼텐셜, 매트릭 퍼텐셜의 합이다.

78

Calcite = 방해석, Gypsum = 석고

79

공극률 = 1 − 용적밀도/입자밀도
= 1 − 1/2 = 0.5 = 50%

공극률이 50%이므로 고상의 비율은 50%가 된다.

80

토양의 무게 = 토양의 부피 × 용적밀도
= $(10,000m^2 \times 0.2m) \times 1.0Mg/m^3 = 2,000Mg$

$(1ha = 10,000m^2,\ 1g/cm^3 = 1Mg/m^3,\ 1Mg = 1ton)$

81

철, 알루미늄, 망간 등의 금속산화물은 영구음전하가 없어 양이온을 보유하는 기능이 없다.

82

입경분석 결과로는 모래, 미사, 점토의 구성비만을 알 수 있다.

83

산성 토양에서는 주로 철과 알루미늄에 의해 고정되고, 알칼리성 토양에서는 주로 칼슘에 의해 고정된다.

84

$Na_2CO_3 + H_2O \rightarrow 2Na^+ + HCO_3^- + OH^-$

Na_2CO_3의 가수분해는 OH^-가 생성되는 알칼리화 반응이다.

85

완충용량이 클수록 pH 상승을 위한 석회 소요량이 많아진다.

86

인산을 포함한 무기염의 흡수를 도와준다.

87

양질사토는 손바닥 안에서 뭉쳐지지만 띠를 만들 수 없다.

88
요소비료의 46%가 질소이므로 요소비료의 양을 A라 하고 질소의 양을 B라 하면, B = A × 0.46이 된다.
A = B/0.46 = 100/0.46 = 약 217

89
알칼리성 토양에서 pH가 낮은 산림토양보다 많이 발생한다.

90
유기물은 토양의 용적밀도를 감소시킨다.

91
재로 인해 산불 초기에는 토양의 pH가 상승한다.

92
Soil flushing(토양세정법)은 물리・화학적 처리방법으로 오염물 용해도를 증대시키기 위하여 첨가제를 함유한 물 또는 순수한 물을 토양 및 지하수에 주입하여 오염물질을 침출 처리하는 방법이다.

93
토양침식량은 각각의 요인을 곱해서 계산하기 때문에 작부관리인자 값이 증가하면 토양침식량이 증가하게 된다.

94
용어해설(산림청)
- 지위 : 산림생산능력을 말하는 것으로 임지가 가지고 있는 잠재적 생산능력을 평가하는 기준이 된다.
- 지위지수 : 지위를 사정하는 몇 가지 방법 중에서 가장 대표적인 방법으로 지위를 수치로 표현하는 방법이다. 상층목의 수고는 임분밀도에 영향을 적게 받으면서도 임분이 가지고 있는 생산능력을 잘 표현하기 때문에 종종 임분 내의 기준령에서 우세목과 준우세목의 평균수고로 지위를 표현한다. 우리나라는 기준령을 20년으로 규정하고 있다.
- 지위지수곡선 : 지위지수에 따라 임령과 수고의 관계를 나타낸 곡선이다. 우세목과 준우세목의 평균수고를 구한 후 각 영급별로 정리하여 그 평균을 구하고, 이를 방안지에 표시하여 각 영급별 수고곡선인 평균지위지수곡선을 그리고, 이 평균지위지수곡선을 기초로 지위지수곡선을 얻는다.

95
토성은 모래, 미사, 점토함량에 의해 구분된다. 따라서 모래, 미사, 점토함량의 비는 100%가 되어야 한다. 문제에서 시료의 총 무게 10g 중 자갈이 2g이므로 모래+미사+점토의 무게는 8g이므로 모래, 미사, 점토의 구성비는 각각 50%, 25%, 25%이다.

96
확산은 인산과 칼륨의 주된 공급기작이다.

97
토양색 표기법 : 색상 명도/채도

98
유기물 구성성분 중 단백질과 같이 질소 함유 성분이 많을수록 그 유기물의 탄질률(C/N)은 낮아진다.

99
1지역(예 농지)에서 2지역(예 임야), 3지역(예 공장용지)으로 갈수록 기준 농도가 높아진다.

100
토양단면 기호의 의미
- 토양단면 Ⅰ의 Ap는 장기간 경운으로 교란된 토층임을 나타낸다.
- 토양단면 Ⅱ의 E는 용탈층을 나타낸다.
- 토양단면 Ⅲ의 종속토층에 표기된 g는 강한 환원층일 때 사용하는 기호이다.
- 토양단면 Ⅳ의 O는 유기물층을 나타낸다.
- 토양단면 Ⅴ의 Ab, ABtm, Btb의 b는 매몰을 의미한다.

101
지릉(枝隆, Branch collar)은 가지조직(Branch tissue)이 수간조직(Trunk tissue) 안쪽에서 자라 가지조직을 둘러싸고 있는 부분이 볼록해지면서 지릉이 형성한다.

102
용적밀도는 일정한 용적의 건조 토양의 무게를 그 부피로 나눈 값. 흙 속에는 공기나 수분이 포함되어 있으므로 보통 흙의 입자밀도보다 낮은 값을 보인다. 그러나 답압에 의해서 공극이 좁아지면 공극을 토양으로 채우기 때문에 용적밀도는 높아진다.

103
수피이식은 상처부위를 깨끗하게 청소한 다음 상처 위아래 2cm 가량 살아있는 수피를 제거하고 격리된 상하 상처부위에 다른 곳에서 벗겨 온 비슷한 두께의 신선한 수피를 이식한다. 이식이 끝나면 젖은 천과 비닐로 덮고 건조하지 않게 그늘을 만들어 주며, 늦은 봄에 실시할 경우 성공률이 높다.

105
수목 외과수술의 순서
부후부제거 → 살균처리 → 살충처리 → 방부처리 → 공동충전 → 방수처리 → 인공수피처리

106

방풍림은 심근성이며 지엽이 치밀한 것이 좋으며 내풍력은 수관폭, 수관길이, 수고 등에 좌우된다. 활엽수보다는 인장강도가 낮은 침엽수가 바람에 약하며 천근성인 가문비나무와 낙엽송, 편백이 바람에 약하다.

107

갈색부후균은 노후가 진행되면서 목재가 적갈색으로 되고 뚜렷하게 약해지는 목재부후를 말한다. 목재 주요 성분 중 셀룰로오스가 리그닌보다도 빨리 부후균에 의해 분해되고 리그닌량이 상대적으로 증가한다. 잔존하는 리그닌도 미변질이 아니고, 건전 목재의 그것과는 성상을 달리한다. 리그린을 분해하는 부후균은 백색부후균이다.

108

교목보다는 관목의 이식이 용이하며, 이식 방법으로는 나근묘, 용기묘, 근분묘, 동토법, 기계작업, 박스작업 등이 있다. 수목의 이식시기는 늦가을부터 이른 봄까지 수목이 휴면상태에 있는 기간으로 휴면기에 실시하는 것이 좋으나 동해의 위험성이 있는 수종은 겨울이 지나고 이른 봄에 실시하는 것이 바람직하다.

109

식물체의 건중량의 0.1% 이상이면 다량원소이며, 0.1% 미만이면 미량원소라고 하며 수목의 다량원소는 질소, 인산, 칼륨, 마그네슘, 칼슘, 황이다.

110

만성피해는 비교적 저농도 오염물질이 장시간에 걸쳐 피해를 입힘으로써 결국에는 가시적 장해가 발생하는 것을 의미하는 것으로 활엽수는 대기오염에 대한 병징을 일찍 나타내나 침엽수는 몇 년에 걸쳐 쇠락한다.

111

생육 중인 수목의 줄기 또는 가지의 선단 생장점을 잘라주어 신초의 마디간 길이를 줄이거나 분지수를 늘이는 작업을 적심(순자르기)라고도 한다.

112

물고임현상은 지하구조물의 부식 및 누수를 야기할 수 있어 물웅덩이를 조성하는 것은 바람직하지 않다.

113

부후를 탐지하는 방법은 나무망치, 생장추, 마이크로 드릴, 음향측정장치 등이 있다.

114

식물체내 이동에 따라 결핍현상이 먼저 나타나는 곳이 다르다.

구 분	내 용
이동이 용이한 원소	N, P, K, Mg은 결핍증이 성숙 잎에서 먼저 나타남
이동이 어려운 원소	Ca, Fe, B는 결핍증이 생장점, 열매, 자라는 어린잎에 발생
이동성 중간 원소	S, Zn, Mn, Cu, Mo

115

이산화질소가 빛을 받아 광분해하여 산소 원자를 생성하고 이는 오존을 생성시키게 되며 2차 오염물질로서 대기 중에서 질소산화물(NOx)와 탄화수소가 자외선에 의한 촉매반응으로 옥시던트(Oxidant) 현상에 의해 PAN이 생성된다.

116

지면을 들어내면 뿌리가 마르게 되고 심하면 지탱이 힘들어지며 활엽수는 도관이 수간을 따라 곧게 올라가기 때문에 뿌리가 잘린 쪽으로 침엽수의 가도관은 나선상으로 올라가는 경향(나선상목리)이 있어 뿌리가 잘리지 않는 쪽에 피해가 발생한다. 또한 질소질 비료는 상처지역의 병원균을 활성화시킴으로 사용을 자재하는 것이 좋다.

117

유전적으로 이질적일 경우, 수목의 영향인자에 대한 반응 및 생장의 차이가 발생함으로 상호경쟁을 줄일 수 있다.

118

만상은 수목의 생육이 시작되는 이른 봄에 서리에 의해서 발생하는 현상이다.

119

피소현상은 여름철 강한 햇빛과 증발산량의 과다로 인해 줄기에 물 공급이 원활하지 않아 수피가 타면서 형성층까지 파괴하는 현상으로 특히 수피가 얇은 종인 벚나무, 단풍나무, 목련, 매화나무, 물푸레나무, 오동나무, 가문비나무, 호두나무에서 다수 발생한다. 독립수로 존재하는 수목의 경우가 더 잘 발생하며, 주위목이 있거나 수관폭이 넓을 경우, 햇빛이 줄기에 닿지 않기 때문에 피해를 줄일 수 있다.

120

2,4-D는 이행성으로 호르몬 계열이다.

구 분		약 제	내 용
발아전처리제		Simazine, Dichlobenil	독성이 약하여 나무에 별 다른 피해가 없음
경엽 처리형	호르몬	2,4-D, 2,4,5-T, Dicamba, MCPA	• 잎 말림, 잎자루 비틀림, 가지와 줄기 변형 등 비정상적 생장을 유도함 • 생리적인 불균형을 초래하고 식물을 고사시킴
	비호르몬	글리포세이트	아미노산인 트립토판, 페닐알라닌, 티로신 등의 합성에 관여하는 EPSP합성효소의 활성을 억제하며, 아미노산들이 합성되지 않음으로 식물은 단백질을 하지 못하고 고사
		메코프로프 (MCPP)	페녹시 지방족산계 제초제로 핵산대사와 세포벽을 교란함
		Flazasulfuron	침투이행성이며 체관을 통한 이행성이 좋음
접촉제초제		Paraquart	접촉한 부분에만 피해를 일으키고 괴저반점이 생김
토양소독제		Methyl bromide	휘발성 액제와 기체로서 오래 잔존하지 않고 처리됨

121

수분부족에 의한 수목피해는 잎의 가장자리에서부터 잎이 마르기 시작하여 갈색으로 변하며, 엽맥에서 가장 먼 지역으로부터 수분부족 현상이 발생한다. 특히 장마기간 후 저항성이 약한 잎에서 엽소현상 자주 발생한다.

122

가을에 따뜻한 날씨가 지속되어 수목의 생장이 지속될 경우 내한성을 가지고 있지 않을 때 첫서리에 의해서 피해가 발생하기도 한다. 특히 생육 후기인 늦여름의 시비는 신초를 발생하여 피해가 커지므로 시비를 자제하도록 하여야 한다.

123

토양에 제설염이 축적이 되면 잎의 생장이 줄어들고 잎이 누렇게 변하며, 더 심해지면 잎이 괴저되거나 떨어지게 된다. 오래된 잎은 염분이 많아져 어린잎보다 피해가 심하다. 토양의 염류가 3dS/m을 초과하면 염도성으로 간주하며, 이 수준부터 민감한 식물이 피해를 입기 시작한다.

124

조임현상이 발생하면 체관에서 이동하는 양분이 뿌리쪽으로 내려가지 못하게 되며, 이로 인해 휘감는 뿌리의 상부지역이 굵어지는 현상을 보이게 된다.

125

아황산가스에 의한 피해는 침엽수에서는 주로 잎끝마름으로 나타나고 활엽수에서는 주로 잎맥 사이의 황화나 괴저로 나타난다. 오존은 잎 윗면의 작고 많은 점무늬가 특징이며, PAN에 의한 피해는 잎 뒷면이 광택화 되면서 은회색 또는 청동색으로 변한다.

126

살서제는 쥐약으로 농약관리법상의 농약에 해당되지 않는다.

127

천연 식물성 농약 Pyrethrin에 첨가되면 살충력이 증대되는 협력제로 Sesamin, Sesamolin, Egonol, Hinokinin, Piperonyl Butoxide 등이 있다.

128

농약, 원제 및 농약활용기자재의 표시기준을 확인한다.

129

벤조일우레아(Benzoylurea)계는 요소를 기본으로 한 화합물로 키틴 생합성을 저해한다.

130

농약의 국내 제조품목, 원제, 수입농약, 농약활용기자재는 농촌진흥청장에게 등록한다.

131

분산성액제는 액제와 유사하나 고농도 제제가 불가능하다.

132

농약에 대한 해충의 저항성 발달을 방지하기 위하여 과도한 사용과 동일 약제의 연속사용을 피해야 한다.

133

비이온성 계면활성제가 농약 보조제로 많이 사용된다. HLB값은 주로 비이온성 계면활성제에 이용하며, 범위는 0~20이다. HLB값이 커짐에 따라 계면활성제의 특성이 친유성(0~6) → 수중분산성(6~11) → 친수성(11~20)으로 변한다.

134

- 단위 환산 : 1% = 10,000ppm
- 용기 개수 : 주입량 원액 1ml/흉고직경cm = 20ml/20cm, 용기 용량이 5ml이므로 4개 용기에 해당

135

'아세틸콜린에스터라제 기능 저해'의 작용기작을 가진 살충제는 카바마이트계(1a)와 유기인계(1b)가 있다.

136

각종 콘쥬게이션 반응은 Phase Ⅱ에 해당한다.

137

무인 헬리콥터와 무인 멀티콥터(드론)는 고농도 약제를 하향풍을 이용하여 살포한다. 항공방제이다보니 농약 비산에 유의해야 한다. 무인항공살포기의 안전사용 매뉴얼(농림축산식품부, 농촌진흥청, 산림청)을 숙지한다.

138

옥탄올/물 분배계수(LogP)가 높을수록 농축 가능성이 높아진다.

139

법 제21조의4 제4항을 위반하여 동시에 두 개 이상의 나무병원에 취업한 경우, 1차 위반은 자격정지 2년이고, 2차 위반은 자격취소이다.

140

소나무림 보호지역별 예방나무주사 우선순위

우선순위	구 분
1	보호수
	천연기념물
	유네스코 생물권보전지역
	금강소나무림 등 특별수종육성권역
	종자공급원(채종원, 채종림 등)
	산림보호구역(산림유전자원보호구역)
	시험림
2	수목원 · 정원
	산림문화자산
	문화재보호구역
3	백두대간보호지역
	국립공원
	도시림 · 생활림 · 가로수
	생태숲
4	역사 · 문화적 보존구역
	도시공원
	산림보호구역(경관보호구역)
	군립공원
5	기 타

2020년 제4회 기출유사문제 정답 및 해설

1	2	3	4	5	6	7	8	9	10
①	②	①	②	②	④	④	③	①	⑤
11	12	13	14	15	16	17	18	19	20
⑤	⑤	③	⑤	①	④	①	②	①	②
21	22	23	24	25	26	27	28	29	30
①	④	④	④	⑤	⑤	④	③	②	②·③
31	32	33	34	35	36	37	38	39	40
⑤	①	②·⑤	⑤	①	⑤	①	①	⑤	②
41	42	43	44	45	46	47	48	49	50
②	⑤	①	②	⑤	⑤	⑤	①	⑤	⑤
51	52	53	54	55	56	57	58	59	60
③	②	②	①	⑤	④	⑤	③	①	②
61	62	63	64	65	66	67	68	69	70
②	③	③	⑤	②	②	①	②	③	④
71	72	73	74	75	76	77	78	79	80
①	③	①	⑤	④	⑤	②	①	③	④
81	82	83	84	85	86	87	88	89	90
①	④	②	④	⑤	②	⑤	③	②	②
91	92	93	94	95	96	97	98	99	100
③	①	①	⑤	①	①	⑤	③	③	⑤
101	102	103	104	105	106	107	108	109	110
②	③	④	⑤	②	③	④	⑤	⑤	②
111	112	113	114	115	116	117	118	119	120
③	①	③	①	①	④	②	④	③	⑤
121	122	123	124	125	126	127	128	129	130
③	③	③	⑤	③	②	④	②	③	②
131	132	133	134	135	136	137	138	139	140
④	②	①	⑤	③	④	④	②	③	⑤

01

벚나무 갈색무늬구멍병은 5~6월경부터 나타나기 시작하여 장마철 이후에 급속히 나타난다. 건전부와 경계부에 이층이 생겨 변환부가 탈락하여 구멍이 뚫리며 세균성 구멍병과는 달리 병반이 다소 부정형이며, 옅은 동심윤문이 생긴다. 병원균은 자낭각의 형태로 월동한다.

02

*Cercospora*류의 곰팡이는 대부분 잎의 병원체이며 어린 줄기도 침입한다.

03
청변균은 침엽수에서는 송진이 흐르는 중에도 감염이 되며, 재목의 색깔을 변하게 하여 미관상 질을 떨어뜨리지만, 목재의 강도에는 크게 변화가 없다.

04
백색부후균은 주로 구름버섯과 같은 민주름버섯의 담자균으로 헤미셀롤로스와 셀롤로스 및 리그린까지 모두 분해하여 목부조직이 밝은색으로 변하고 조직이 연하고 견고성이 전혀 없어 부서진다.

05
토양에서의 흙냄새의 원인은 세균에 포함되는 방선균에 의해서 발생한다.

06
뿌리혹병을 발생시키는 균은 *Agrobacterium tumefaciens*이며 막대모양이고 그람음성세균이다.

07
전염원은 병을 퍼뜨리는 근원이 되는 생체로서 균사, 휴면균사체, 뿌리꼴 균사다발, 균핵, 후벽포자, 선충의 성충 또는 알, 바이러스, 세균 자체가 전염원이 된다.

08
흰가루병은 분생포자로 감염이 확산된다.

09
오동나무 줄기마름병은 추운 지방에서 서리나 동해에 의해 수세가 약해질 때 피해가 심하며, 낙엽송 가지끝마름병은 10년생 내외로 고온 다습하고 강한 바람이 마주하는 임지에서 발생한다. 소나무 피목가지마름병은 온도차가 매우 심하고 건조현상이 발생할 경우에 대발생한다.

10
곰팡이균과 세균은 세포벽을 가지고 있다. 곰팡이의 세포벽은 키틴으로 되어 있으나, 난균의 경우에는 글루칸과 섬유소로 되어 있고, 세균은 펩티드글루칸으로 이루어져 있다.

11
이중감염된 식물은 병환부를 확인하고 병원체를 증식할 때 각각을 분리 배양하여 코흐의 법칙에 따른다.

12
주로 어린 실생묘의 묘포에서 발생, 모잘록병과 같은 증상을 나타내며 분생포자에 의해 감염된다. 병든 낙엽에서 분생포자반으로 월동하고 이듬해 봄에 1차 전염원이 된다.

13
배지상에서 분리 배양된 미생물은 동일한 식물체에 접종한다.

14
일반적으로 피해가 경미하지만, 수세가 약해지면 넓은 면적에 발생하기도 한다. 따뜻한 가을이 지나고 겨울철 기온이 매우 낮을 때 피해가 심하다. 우리나라에서는 1988년 가을과 겨울 건조현상 이후에 남부에는 소나무와 곰솔이, 중부에는 잣나무에 피해가 심하다. 병원균은 *Cenangium ferruginosum*로, 자낭반과 자낭포자를 형성하고 수피를 벗기면 건전 부위와 병든 부위의 경계가 뚜렷하고, 경계 부위에서는 송진이 약간 나오지만 병든 부위에서는 거의 나오지 않는다.

15
*Pestalotiopsis*속은 잎마름병을 일으키고, 불완전균아문 유각균강 분생포자반균목에 속한다. 분생포자반에 병렬된 짧은 분생포자경 위에 분생포자가 형성된다. 분생포자반은 표피 밑에 형성되며 대개 표피는 찢어지지 않는데, 다습하거나 비가 오면 표피조직이 찢어지면서 분생포자가 포자덩이로 분출한다. 분생포자는 독특한 모양으로 대부분 중앙의 세 세포가 착색되어 있고 양쪽의 세포는 무색이며 부속사를 가진다. 중앙 세 세포의 착색 상태와 부속사의 특징에 따라 분류된다. 우리나라에서는 은행나무 잎마름병, 삼나무 잎마름병, 동백나무 겹둥근무늬병을 일으킨다. *Pestalotiopsis*속은 대부분 잎을 침해하는데 대개 잎의 가장자리를 포함하여 큰 병반을 형성하므로 잎마름 증상으로 나타난다. 병반 위에는 육안으로도 관찰할 수 있는 검은점이 나타나는데, 이는 병원균의 분생포자에 갈색 내지 암갈색의 분생포자 덩이가 집단적으로 나타나기 때문이다.

16
빗자루모양의 가지에 붙어 있는 잎의 뒷면에는 회백색의 가루(나출자낭)로 뒤덮이고 가장자리가 흑갈색으로 변하면서 말라 죽는다.

17
전염원에서부터 접촉되어 침입, 침투를 거쳐 감염되면 병징, 표징이 발현된다.

18
*Erwinia amylovora*는 그람음성균이며 간균으로 Amylovorin이라는 독소를 생성하여 병을 일으킨다.

19

영양기관은 균사체, 균사속, 근상균사속, 산상균사, 균핵, 자좌, 흡기 등이며 생식(번식) 기관은 포자, 분생자병, 분생자퇴, 포자낭, 병자각, 자낭각, 포자각, 버섯 등이 있다.

20

소나무류 잎떨림병균은 기공을 통해서 감염시킨다.

21

밤나무 줄기마름병은 감염 3~6주 후에 분생포자각이 형성되고 무수한 분생포자가 형성되어 빗물로 불어나면 실덩어리모양의 포자덩굴이 빠져나온다. 이 포자는 빗물, 곤충, 새 등에 의해서 전파된다.

22

장미 흰가루병은 *Podosphaera*에 의한 병이며, 나머지는 *Erysiphe*에 의한 병이다.

23

뿌리에 발생하는 병의 비교

뿌리혹병	뿌리썩이선충	뿌리혹선충
• 병균 : *Agrobacterium tumefacien* (세균) • 병징 : 혹이 커지면서 암갈색 • 피해 : 장미과 / 묘목에 잘 걸림	• 병균 : *Pratylenchus*속 선충 • 병징 : 잔뿌리에 발생 / 검게 변화함 • 피해 : 묘목에 잘 걸림	• 병균 : *Meloidogyne*속 선충 • 병징 : 뿌리에 수많은 작은 혹 • 피해 : 밤나무, 아까시, 오동 묘목에 발생

24

포도나무 피어스병은 *Xylella fastidiosa*가 원인으로 매미충과 거품벌레에 의해 매개되는 세균에 의한 병이며 나머지는 곰팡이에 의한 병이다.

25

자연개구부에 의한 침입은 기공, 밀선, 수공, 피목에 의한 것이다. 각피침입은 곰팡이가 발아관을 통해 흡기하면서 침입하는 방식이다.

26

날개는 가슴의 등판이 좌우로 평평하게 돌출하여 확장되어 생긴 것으로 날개에는 근육이 없다. 날개가시형과 날개걸이형은 나비목에서 날개갈고리형은 벌목에서 발견된다.

27

참긴더듬이잎벌레는 알로 월동하며 나머지는 성충으로 월동한다.

28

흰개미붙이는 불완전변태를 한다.

29

자귀뭉뚝날개나방은 연 2회 발생하며 나머지는 연 3회 발생한다.

30

페로몬은 동종 간의 정보 전달 화합물질로 외분비샘은 외배엽에서 생겨났으며, 집합페로몬은 암수 특이성이 없고, 길잡이페로몬은 효과의 지속시간이 긴 편이다.

31

타감물질은 외분비계 물질이다.

32

탈피과정

1. 탈피 이전의 표피
2. 표피층 분리, 표피층을 표피세포로부터 분리하여 탈피간극을 형성
3. 탈피간극에 불활성의 탈피액을 분비
4. 오래된 내원표피층을 분해하고 새로운 표피층을 분비
5. 원표피층과 외표피층의 지속적 성장
6. 허물벗기, 오래된 표피층을 버림

33

성숙한 식물보다 어린 식물을 흡즙하였을 때 보독이 잘 되며, 병든 식물에서 흡즙을 한 후 바로 전염시키지는 못한다(30℃에서 10일, 10℃에서 45일 필요). 또한 경란전염이 되지 않는다.

34

알에서 1회 탈피하는 것은 선충의 특징이며, 솔수염하늘소와 선충은 4령충이 노숙유충이다.

35

잎벌레 종류와 느티나무벼룩바구미, 대벌레는 애벌레와 성충이 모두 식엽성이다.

36

앞털뭉뚝나무좀은 연 1회 발생하며 번데기로 월동한다.

37

해외에서 유입된 외래해충

학 명	원산지	피해수종	가해습성
솔잎혹파리	일본(1929)	소나무, 곰솔	충영형성
미국흰불나방	북미(1958)	버즘나무, 벚나무 등 활엽수 160여 종	식엽성
밤나무혹벌	일본(1958)	밤나무	충영형성
솔껍질깍지벌레	일본(1963)	곰솔, 소나무	흡즙성
소나무재선충	일본(1988)	소나무, 곰솔, 잣나무	–
버즘나무방패벌레	북미(1995)	버즘나무, 물푸레	흡즙성
아까시잎혹파리	북미(2001)	아까시나무	충영형성
꽃매미	중국(2006)	대부분 활엽수	흡즙성
미국선녀벌레	미국(2009)	대부분 활엽수	흡즙성
갈색날개매미충	중국(2009)	대부분 활엽수	흡즙성

38

② 조록나무혹진딧물 / 4회 / 성충
③ 벚나무응애 / 5~6회 / 암컷성충
④ 점박이응애 / 8~10회 / 암컷성충
⑤ 회양목혹응애 / 2~3회 / 주로 성충

39

솔잎혹파리는 9월 하순(최전성기 11월)~다음 해 1월에 벌레혹에서 탈출하여 땅에 떨어지며 특히 비 오는 날에 많이 낙하한다. 이때 토양 내로 침입하지 못하도록 비닐을 피복하여 차단하고 제거한다.

40

진달래방패벌레는 연 4~5회 발생한다.

41

철사를 이용하여 찔러 죽이는 방법은 복숭아명나방이 아니라 복숭아유리나방에 대한 설명이다.

42

곤충이 날아다니다 텐트형태의 벽에 부딪히면 위로 올라가는 습성을 이용하여 가장 높은 지점에 수집용기를 부착하여 곤충을 포획하는 방법이 말레이즈트랩이다.

43

휴면에 관여하는 환경요인은 광, 온도, 습도, 밀도, 기주의 영양상태 등이며, 이 중에서 중요하게 작용하는 것은 일장변화와 온도이다.

44

평균온도에서 영점온도를 빼면 14.8도이며, 일수를 곱하여 계산한다.

- 발육영점온도(Developmental Threshold Temperature) : 곤충이 발육하는데 필요한 최저온도(해충 종마다 다름)
- 유효적산온도(Effective Accumulated Temperature) : 생물이 발육을 완료하기까지 소요되는 적산 온도로 일도로 표시(해충 종마다 다르고 령기마다 차이가 있음)
- 일도(Degree-Days) : {(일중 평균온도 – 발육영점온도)×일수}로 해충 종마다 다름

45

무당벌레류 및 풀잠자리류는 길고 납작한 목으로 돌출된 더듬이와 꼬리돌기를 지니고 있으며 가슴다리는 달리는 데 적합하게 형성되어 있다.

46

전대뇌는 시신경, 중대뇌는 더듬이, 후대뇌는 윗입술과 전위를 담당하며 식도하신경절은 윗입술을 제외한 나머지 입을 담당한다.

47

곤충의 배자 층별 발육

구 분	발육 운명
외배엽	표피, 외분비샘, 뇌 및 신경계, 감각기관, 전장 및 후장, 호흡계, 외부생식기
중배엽	심장, 혈액, 순환계, 근육, 내분비샘, 지방체, 생식선(난소와 정소)
내배엽	중 장

48

보기에서 설명한 곤충은 벌목의 특징에 해당한다.

49

(–)는 0으로 계상, 0+0.8+1+1.9+0+1.8+2.6 = 8.1DD

50

피해 확대와 관계가 깊은 충태는 알과 부화약충이다.

51

양수와 음수 간에는 광보상점에 큰 차이가 있다. 양수인 소나무류는 음수인 단풍나무류보다 10배가량 높은 광도에서 광보상점에 도달한다.

52

광호흡은 잎에서 광조건하에서만 일어나는 호흡작용으로 엽록체에서 광합성으로 고정한 탄수화물의 일부가 산소를 소모하면서 다시 분해되어 Mitochondria에서 이산화탄소가 방출되는 과정이다. 광호흡과 관련된 세포 내 소기관은 엽록체, Peroxisome, Mitochondria이다. 광호흡 과정에서 NH_4^+도 동시에 발생하게 되며, 이때 발생한 NH_4^+는 Gluatamate와 결합하여 Glutamine으로 고정되는데, 이 과정을 광호흡 질소순환이라고 한다. 따라서 광호흡 질소순환에 관련된 세포소기관은 엽록체, Peroxisome, Mitochondria로 광호흡 관련된 세포 내 소기관과 같다.

53

• 형성층의 세포분열

병층분열	• 횡단면상에서 접선 방향으로 세포벽을 만드는 세포분열 • 목부나 사부의 시원세포를 추가로 만듦
수층분열	• 나무의 직경이 굵어짐에 따라 모자라게 되는 형성층 세포 수를 증가시킴 • 방사선 방향으로 세포벽을 만드는 세포분열

• 감수분열 : 생식세포를 만들어낼 때의 세포분열로서 염색체 수가 반감된 4개의 딸세포가 만들어짐
• 정단분열 : 가지 끝과 뿌리 끝의 생장점에서 일어나는 세포분열
• 측방분열 : 수목의 부피생장을 이끄는 세포분열로 병층분열과 수층분열로 구분됨

54

대부분의 수목에서 정아는 측아의 생장을 억제하여 수고생장을 촉진하게 되는데, 이는 정아에서 생산되는 옥신이 영양분의 이동을 정아쪽으로 유도하여 측아의 발달을 둔화시키기 때문이라고 알려져 있다.

55

광합성 암반응에서 CO_2를 고정하는 방식에 따른 식물 구분
• C-3식물군 : 탄소 하나인 CO_2가 탄소 5개인 Ribulose bisphosphate(약칭 RuBP)와 결합한 후 둘로 쪼개져 탄소 3개인 3-Phosphoglyceric acid(약칭 3-PGA)가 된다. 이를 탄소수로 나타내면 1+5 = 3+3이 된다.
• C-4식물군 : 탄소 하나인 CO_2가 탄소 3개인 Phosphoenolpyruvate(약칭 PEP)와 결합하여 탄소 4개인 Oxaloacetic acid(약칭 OAA)가 된다. 이를 탄소수로 나타내면 1+3 = 4가 된다.
• CAM식물군 : CO_2를 고정하는 것은 C-4식물군과 거의 동일하지만, 낮과 밤에 따라 양상이 달라지는 식물군으로 선인장과 돌나물 등의 다육식물 중에 많다.

56

Acetyl CoA는 해당작용에서 생성되는 최종 화합물로 OAA와 반응하면서 크렙스 회로를 시작한다.

57

철은 알칼리성 토양에서 결핍현상이 자주 나타나는 원소이다.

58

Carotenoids는 뿌리, 줄기, 잎, 꽃, 열매 등의 색소체에 존재하며, Carotene과 Xanthophyll로 구분된다. 엽록체에 가장 많이 존재하는 Carotenoids는 β-carotene과 Lutein이다.

59

기공개폐와 관련된 환경요인은 햇빛, CO_2, 수분퍼텐셜, 온도 등이 있다.

60

나자식물의 배 발달과정 3단계
• 전배(Proembryo)단계 : 배가 핵분열을 시작, 세포벽 형성하지 않음, 다핵 상태로 됨
• 초기배(Early embryo)단계 : 배병 형성, 배세포층 분열, 4개의 배로 발달
• 후기배(Late embryo)단계 : 배가 더 발달, 줄기-뿌리의 축 형성, 자엽을 만드는 단계

61

소나무류에서 수꽃과 가지의 활력
• 수꽃은 봄에 새로 나온 가지의 아래쪽에 달린다.
• 수꽃의 숫자만큼 잎의 숫자가 없어지기 때문에 수꽃이 많이 달린 가지는 활력이 감소한다.
• 전년도에 수꽃이 달린 가지는 세력이 약화되어 계속해서 수꽃만을 생산하는 열세의 가지로 전환된다.

62

생리학적으로 양수는 음수보다 광포화점이 높기 때문에, 광도가 높은 환경에서는 양수가 햇빛을 효율적으로 이용하여 광합성을 더 많이 함으로써 음수보다 생장속도가 빠르다. 반면에 낮은 광도에서는 음수보다 광합성량이 저조하다.

63

꽃이 피고 난 후 잎에서 무기양분의 변화
• 질소, 인, 칼륨의 함량은 어린잎에서 제일 높았다 감소한다.
• 겨울에 접어들면서 질소와 인의 함량이 급감하며 칼륨도 감소한다.
• 마그네슘은 비슷한 수준을 유지한다.
• 칼슘의 함량은 낙엽 전까지 계속 증가한다.

• 엽분석으로 수목의 영양사태를 진단하는 시기는 변화의 폭이 작은 7월 초순(개화 후 80일경)이 적기이다.

64

수고생장은 크게 고정생장과 자유생장으로 구분된다.

구분	수종
대표적인 고정생장형 수목	소나무, 잣나무, 전나무, 가문비나무, 참나무, 목련, 너도밤나무, 동백나무
대표적인 자유생장형 수목	은행나무, 낙엽송, 포플러, 자작나무, 플라타너스, 버드나무, 아까시나무, 느티나무, 사철나무, 회양목, 쥐똥나무

65

유기화합물의 주요 작용기

구 분		일반식	구조식
알코올	Hydroxyl	R–OH	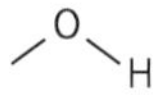 –O–H
티 올	Thiol	R–SH	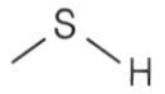 –S–H
케 톤	Carbonyl	R–CO–R'	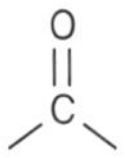 –C(=O)–
알데히드	Aldehyde	R–CHO	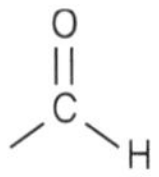 –C(=O)–H
카르복실산	Carboxyl	R–COOH	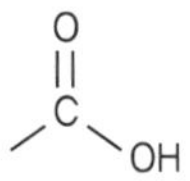 –C(=O)–OH
에테르	Ether	R–O–R'	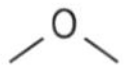 –O–
에스테르	Ester	R–COO–R'	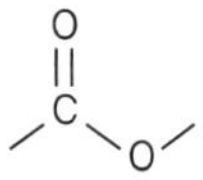 –C(=O)–O–
아미드	Amide	R–CON–R_2	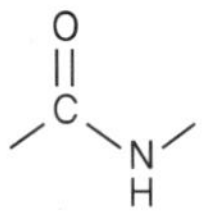 –C(=O)–N(H)–
아 민	Amine	R–NH_2	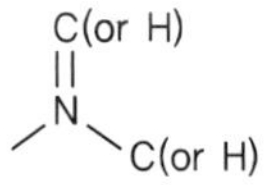 C(or H)–N–C(or H)

아미노산은 아미노기와 카르복실기가 같은 탄소에 부착되어 있는 유기물을 의미하며, 두 개의 아미노산은 한쪽의 아미노기(–NH_2)와 다른 쪽의 카르복실기(–COOH)가 결합하여 연결된다.

66

증산작용 중인 수목의 도관은 장력하에 놓이기 때문에 도관벽은 안쪽으로 압축된다. 하지만 가지를 자르면 장력이 사라지기 때문에 도관벽은 바깥쪽으로 확장되고 물기둥은 안쪽으로 퇴각하게 된다.

67

Kinetin은 합성된 사이토키닌으로 세포분열을 촉진하는 특성이 있어 조직배양에 널리 쓰이고 있다.

68

① 표피(Epidermis)
② 피층(Cortex)
③ 내피(Endodermis)와 카스파리대(casparian strip)
④ 내초(Pericycle)
⑤ 목부(Xylem)

69

Phytochrome은 적색광(660nm)을 비추면 P_r 형태(Cis형)에서 P_{fr} 형태(Trans형)로 바뀌며, 원적색광(730nm)을 비추면 다시 P_r 형태로 바뀐다. P_{fr}이 생리적으로 활성을 띠는 형태이다.

70

목부수액의 pH는 4.5~5.0으로 산성을 띠고, 사부수액의 pH는 7.5 정도로 약한 알칼리성을 띤다.

71

리그닌은 타닌과 플라보노이드와 함께 방향족 고리를 갖는 페놀 화합물에 속하며, 이들 화합물은 탄수화물이 아닌 지질 화합물이다.

72

소나무와 측백나무에서 높은 옥신함량은 암꽃을 촉진한다.

73

식물의 뿌리가 장기간 침수되면 산소부족으로 인하여 에틸렌의 전구물질인 ACC가 축적되며, 축적된 ACC는 줄기로 이동하여 줄기에서 산소를 공급받아 에틸렌으로 전환된다. 이때 ACC는 1–Amino–Cyclopropane–1–Carboxylic acid의 약자이다.

74

수분스트레스가 식물의 대사작용에 끼치는 영향

• 감소 영향 : 세포 신장, 세포벽 합성, 단백질 합성, Protochlorophyll 합성, Nitrate reductase 활성, 기공 열림, 광합성, 목부의 전도능력
• 증가 영향 : ABA 합성, 호흡, Proline 축적, 당류 함량

75

나자식물은 수정 직전에 만들어진 두 개의 정핵 중 큰 정핵(n)은 장란기 안의 난자(n)와 결합하여 2n의 배를 형성하고, 자성배우체(n)는 수정하지 않는 단일수정을 한다. 자성배우체는 독자적으로 자라서 피자식물의 배유에 해당하는 양분저장조직 역할을 한다.

76

유기물층의 구분

유기물층은 O층으로 표기되며, 유기물의 분해 정도에 따라 i, e, a를 붙여 구분한다.

Oi	L(Litter)층	지표층에 위치, 거의 분해되지 않은 낙엽, 낙지와 초본 유체로 구성
Oe	F(Fermentation)층	분해작용에 의해 그 원형은 잃었으나, 본래의 조직을 육안으로 파악할 수 있을 정도
Oa	H(Humus)층	육안으로는 원래의 조직을 판별할 수 없을 정도로 분해된 유기물층

77

산림토양은 낙엽의 분해로 생성되는 휴믹산으로 인해 pH가 낮다.

78

산불은 질소의 손실을 야기하지만, 대부분의 다른 양분의 함량은 일시적으로 급속히 증가한다.

79

석회보드도액은 생석회와 황산구리의 혼합물로서 보호용 살균제로 사용된다. 병원균 포자의 발아를 억제하는 특성을 가지고 있어 예방효과는 우수하나 치료효과는 미미하므로 병 발생 전에 살포하는 것이 좋다.

산성토양 개량용 석회물질

석회물질		사용 빈도	중화력
CaO	생석회	–	179%
$Ca(OH)_2$	소석회	농용석회로 주로 사용	135%
$CaCO_3$	탄산석회	농용석회로 주로 사용	100%
MgO	고 토	최근에 많이 사용	
$CaMg(CO_3)_2$	석회고토 백운석 (Dolomite)	중화 대상 토양에 Mg이 부족할 때 사용	

80

양이온교환용량은 점토의 종류 및 함량과 유기물함량에 의해 크게 영향을 받는다. 양질사토는 식양토에 비해 점토함량이 낮으므로 양질사토이면서 유기물함량이 가장 낮은 토양의 양이온교환용량이 가장 낮을 것으로 예상된다.

81

토양목과 주요 토양통

Entisol (미숙토)	Inceptisol (반숙토)	Alfisol (완숙토)	Ultisol (과숙토)
하상지에서와 같이 퇴적 후 경과시간이 짧거나 산악지와 같은 급경사지는 침식이 심하여 층위의 분화 발달 정도가 극히 미약한 토양	우리나라에서 가장 흔한 토양으로서 침식이 심하지 않은 대부분의 산악지와 농경지로 쓰이고 있는 대부분의 충적토, 붕적토	오랜 기간 동안 안정 지면을 유지하여 집적층이 명료하게 발달한 토양으로서 저구릉지, 홍적단구, 오래된 충적토	성숙토가 더욱 용탈작용을 받아 심토까지 염기가 유실된 토양으로 주로 서남해안부에 분포하며, 현재는 생성되지 않는 화석토양
관악통, 낙동통	삼각통, 지산통	평창통, 덕평통	봉계통

82

배수불량한 토양의 기본 특성은 산소부족에 의한 환원현상으로 토양이 회색화된다. 회색화는 토양 중 Fe과 Mn이 환원형으로 전환되기 때문에 일어나는 현상이다.

83

일반적으로 토양이 사질에서 식질로 갈수록 공극률은 증가한다.

84

나트륨은 염생식물에게는 필요한 영양소이지만, 일반 식물에게는 필요하지 않기 때문에 필수영양소에 포함되지 않는다.

85

입자밀도는 토양의 고유한 값으로 답압에 의해 변하지 않지만, 용적밀도는 답압에 의해 증가하게 된다.

86

과잉 시비는 토양수분의 농도를 증가시키기 때문에 삼투퍼텐셜을 낮추게 된다.

87

석고의 화학식이 $CaSO_4 \cdot 2H_2O$이기 때문에 Ca과 황산이온을 가지고 있다.

소석회	$Ca(OH)_2$	석회고토	$CaCO_3 \cdot MgCO_3$
석회석	$CaCO_3$	생석회	CaO

88

염류집적토양의 분류 기준

구 분	ECe (dS/m)[1]	ESP[2]	SAR[3]	pH[4]
정상 토양	< 4.0	< 15	< 13	< 8.5
염류토양	> 4.0	< 15	< 13	< 8.5
나트륨성 토양	< 4.0	> 15	> 13	> 8.5
염류나트륨성 토양	> 4.0	> 15	> 13	< 8.5

1) ECe : 포화침출액(토양 공극이 포화될 정도의 물을 가하여 반죽한 후 뽑아낸 토양용액)의 전기전도도, 단위는 dS/m → 용액의 이온농도가 클수록 큰 값을 나타냄
2) ESP : 교환성 나트륨퍼센트(Exchangeable Sodium Percentage), 토양에 흡착된 양이온 중 Na^+가 차지하는 비율(Exchangeable Sodium Ratio, ESR)을 %로 나타낸 것
3) SAR : 나트륨흡착비(Sodium Adsorption Ratio), 토양용액 중의 Ca^{2+}, Mg^{2+}에 대한 Na^+의 농도비, 관개용수의 나트륨 장해를 평가하는 지표로도 사용됨
4) pH : 수소이온 농도의 (-)대수값

89

인의 유효도

- 식물이 흡수하는 인의 형태 : $H_2PO_4^-$, HPO_4^{2-}
- 토양용액의 pH에 의하여 인의 형태별 양이 변함(pH 7.22에서 $H_2PO_4^-$와 HPO_4^{2-}의 농도가 같아지고, pH 7.22 이하에서는 $H_2PO_4^-$가 많고, pH 7.22 이상에서는 HPO_4^{2-}가 많음)
- 식물체의 HPO_4^{2-} 흡수는 $H_2PO_4^-$ 흡수보다 매우 느림

90

식물이 이용할 수 있는 토양 내 질소를 감소시키는 작용 : 휘산, 탈질, 용탈, 흡착고정 등

91

유칼립투스 잎의 양분결핍증상

구 분	영양소	증 상
성숙 잎	N	잎의 색은 균일, 황색에서 녹색, 소형 적색 반점이 2차적으로 발생할 수 있음
	P	잎의 색은 균일, 붉은 병반, 자색 또는 붉은 색 잎
	K	잎의 색에 패턴, 잎 가장자리가 마르거나 잎맥 괴사
	Mg	잎의 색에 패턴, 잎맥에 황화현상
어린 잎	Ca	줄기 정단부가 마름, 절간 생장 정상, 손상된 잎 가장자리와 뒤틀린 잎
	S	담녹색 잎에서 황색 잎으로 바뀜
	Fe	초록색 잎맥과 황색 잎
	Zn	잎의 왜소화와 총생
	Mn	잎 가장자리 황화현상 및 반문, 잎에 작은 괴사 반점
	Cu	줄기 정단부 마름, 절간 생장 확대, 잎 가장자리 불규칙 또는 파상형, 잎맥에 황화현상
	B	줄기 정단부 마름, 절간 생장 확대, 잎의 주맥에 코르크 생성, 정단부 황화현상, 잎 가장자리 기형

92

② 경사의 길이가 길고, 넓이가 넓을수록 침식이 심해진다.
③ 토양침식에 가장 큰 영향을 주는 인자는 강우특성이다.
④ 토양 유실의 대부분은 면상침식과 세류침식에 의해 일어난다.
⑤ USLE에서 토양관리활동이 없을 때의 토양보전인자 P의 값은 1이고, 관리가 들어가면 1보다 작아진다.

93

매트릭퍼텐셜은 불포화상태에서의 수분 보유와 이동에 가장 크게 기여한다.

94

토양환경보전법에 규정된 토양오염물질

카드뮴, 구리, 비소, 수은, 납, 6가 크롬, 아연, 니켈, 불소, 유기인화합물, 폴리클로리네이티드비페닐, 시안, 페놀, 벤젠, 톨루엔, 메틸벤젠, 크실렌, 석유계총탄화수소(TPH), 트리클로로에틸렌(TCE), 테트라클로로에틸렌(PCE), 벤조(a)피렌, 1,2-디클로로에탄

95

풀이에 필요한 공식
- 용적밀도 = 건조토양무게 / 토양부피
- 중량수분함량 = (습윤토양무게 - 건조토양무게) / 건조토양무게
- 용적수분함량 = 물의 부피 / 토양부피 = 중량수분함량 × 용적밀도

96

②~④는 내생균근균에 대한 설명이다.

97

건물과 도로 주변의 토양은 건축자재에 포함된 석회물질에 의해 알칼리화되고, 도시숲 토양은 산성 강하물에 의해 산성화된다.

98

토양온도를 나타내는 기호

구 분	연평균온도 (℃)	구 분	연평균온도 (℃)
Pergelic	< 0	Mesic	8~15
Cryic	0~8	Thermic	15~22
Frigid	< 8	Hyperthermic	> 22

토양수분상태를 나타내는 기호

구 분	토양수분조건
Aquic	연중 일정기간 포화상태 유지, 환원상태 주로 유지
Udic	연중 대부분 습윤한 상태
Ustic	udic과 aridic의 중간 정도의 수분상태
Aridic	연중 대부분 건조한 상태
Xeric	지중해성 수분조건, 겨울에 습하고 여름에 건조함

99

비례식을 세워 계산한다.
부식을 1이라고 할 때, 부식의 탄소는 0.58에 해당하므로 $1 : 0.58 = x : 20$ 따라서 $x = 34.48$이 된다. 그러므로 부식의 양은 34.48g이다.

100

- 중력수 = 포화상태 - 포장용수량
- 모세관수 = 포장용수량 - 흡습계수
- 유효수분 = 포장용수량 - 위조점

101

유령림의 경우 지표에 가까울수록 풍속이 약해지고 수간에 탄력이 있기 때문에 병균이나 충해에 침입이 없는 한 가지나 잎과 수피에 상처가 나는 정도에 그치고 큰 피해를 받지 않는다.

102

죽은 가지자르기는 지피융기선을 표적으로 하지 않고, 지륭을 표적으로 하여 지륭의 끝에서 자른다.

103

체인톱 사용 시 톱날 주위에서 3m 이상 이격거리를 유지해야 한다.

104

내화성이 강한 낙엽활엽수에는 피나무, 고로쇠나무, 마가목, 고광나무, 가죽나무, 네군도단풍나무, 참나무, 난티나무, 사시나무, 음나무, 수수꽃다리 등이 있다.

105

상렬피해는 치수가 아닌 성목의 수간에 주로 발생하며 고립목이나 임연부에서 주로 발생한다.

106

남서향의 가지와 바람에 노출된 부분부터 증산작용이 빨라져 피해증상이 나타나며 건조피해가 심해지면 낙엽이 진다.

107

산불이 부식질을 소각시킬 정도로 심하지 않더라도 산불에 의하여 수관이 완전히 개방되면 직사광선이 임지에 들어가서 부식질이 빨리 분해된다.

108

수목의 상렬현상은 치수보다는 성숙목이 침엽수보다는 활엽수가 많이 발생하며, 직경이 15~30cm 정도의 나무가 가장 많이 발생한다.

109

복토에 대한 상대적인 반응정도

피해정도	나무 종류
민 감	단풍나무, 튤립나무, 참나무, 소나무류
보 통	은행나무, 느티나무, 자작나무
둔 감	버즘나무, 느릅나무, 포플러, 아까시나무

110

수목은 광합성작용 및 증산작용을 낮에 함으로써 기공으로 유입되는 공기가 많아지는 낮에 피해가 심각하다.

111

황산화물에 대한 감수성은 소나무, 히말라야시다, 백양나무, 느티나무가 높게 나타난다.

112

답압으로 인해 용적밀도는 높아진다. 토양공극과 용적밀도는 반비례관계이다.

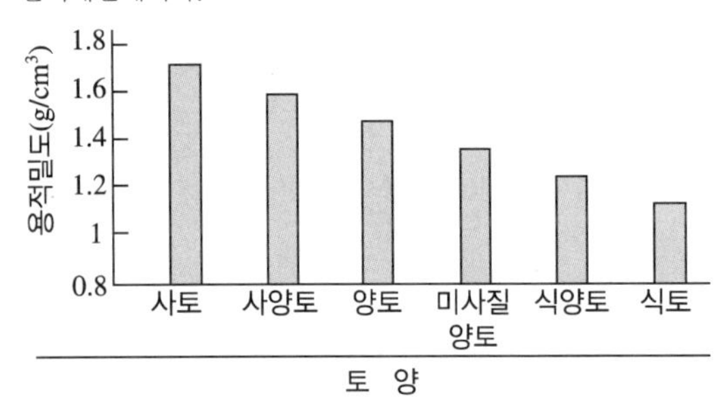

113

뿌리가 줄기보다 상처치유가 빠르기 때문에 뿌리에 주사하는 게 좋으며, 침엽수는 나선상목리의 형태로 물이 골고루 퍼지나 활엽수는 물관이 위로 올라가는 성질이 있어 수간주사를 더 많이 꽂아야 한다.

114

내화력이 약한 수종과 강한 수종은 아래와 같다.

구 분	침엽수	상록활엽수	낙엽활엽수
내화력이 약한 수종	소나무, 해송, 삼나무, 편백나무	녹나무, 구실잣밤나무	아까시나무, 벚나무, 벽오동, 참죽나무, 조릿대
내화력이 강한 수종	은행나무, 잎갈나무, 분비나무, 가문비나무, 개비자나무, 대왕송	아왜나무, 굴거리나무, 후피향나무, 협죽도, 황벽나무, 동백나무, 사철나무, 가시나무, 회양목	피나무, 고로쇠, 마가목, 고광나무, 가죽나무, 참나무류, 사시나무, 음나무, 수수꽃다리

115

참나무는 환공재이며, 단풍나무는 산공재이다. 침엽수는 가도관을 가지고 있어 수액의 상승이 매우 느리다.

116

일반적으로 세근은 지표면 15cm 이내에 대부분(90% 정도)이 존재한다.

117

수령이 어릴 때는 내음성이 강하여 한시적인 생존이 가능하다. 또한 수관밀도 및 잎의 분포에 따라 내음성을 판단할 수 있다. 주목은 중용수이나 대표적인 음수이기도 하다.

118

상록수는 반휴면기가 끝나기 직전이 가장 좋으며, 활엽수는 1차 휴면기가 끝나기 직전이 가장 좋다.

119

CODIT 이론의 경계(Wall) 중 가장 약한 방어대는 제1방어대(Wall 1)로 도관이나 가도관을 막는 전충체(Tylose)의 형성이다.

120

건조피해를 한해(Drought injury)라고도 하며 수분이 물, 온도, 바람 등 환경조건의 이상 때문에 뿌리로부터의 흡수가 극단적으로 저하되거나 잎으로부터 증산이 억제되는 현상이다. 수분이 점차로 감소하여 쇠약해지며 2차 피해에 대한 저항성도 약해진다.

121

손상을 입은 책상조직 상부 표피세포나 공변세포는 상당한 기간 동안 피해를 입지 않고 견디며, 유관속 조직은 가장 저항성이 커서 주위 조직들이 모두 죽기 전에는 피해를 입지 않는다.

122

활엽수의 강전정은 수목의 가지와 줄기에 물이 이동하기 직전에 실시하는 것이 바람직하다.

123

관설해는 가늘고 긴 수간, 경사를 따른 임목의 고밀한 배치, 복층림의 하층목이 있을 경우에 피해가 크다.

124

벚나무, 단풍나무는 상처부위가 부후하기 쉬운 수종이다.

126

농약의 명칭

화학명	화학물질 이름
일반명	국제표준화기구에서 권장하여 통용되는 이름
품목명	농약을 형태를 첨가하여 표기하는 이름
상품명	제조사가 판매를 위해 붙인 이름

127

농약의 유효성분에 적절한 보조제를 첨가하여 실용상 적합한 형태, 즉 제형(Formulation)으로 가공하는 것을 농약의 제제라 고 한다.

구 분	형 태	제 형
희석살포 제형	가루 형태	수용제, 수화제, 수화성미분제
	모래 형태	입상수용제(수용성입제), 입상수화제
	바둑알~장기알 형태	정제상수화제
	액체 형태	미탁제, 분산성액제, 액상수화제, 액제, 오일제, 유제, 유상수화제, 유탁제, 유현탁제, 캡슐현탁제
	미생물제제용 제형	고상제, 액상제, 액상현탁제, 유상현탁제
직접살포 제형	가루 형태	미립제, 미분제, 분의제, 분제, 저비산분제, 종자처리수화제
	모래 형태	세립제, 입제
	바둑알~장기알 형태	대립제, 수면부상성입제, 직접살포정제, 캡슐제
	액체 형태	수면전개제, 종자처리액상수화제, 직접살포액제
특수제형	특수 형태	과립훈연제, 도포제, 마이크로캡슐훈증제, 비닐멀칭제, 연무제, 판상줄제, 훈연제, 훈증제

128

급성독성 정도에 따른 농약 등의 구분

구 분	시험동물의 반수를 죽일 수 있는 양 (mg/kg 체중)			
	급성경구		급성경피	
	고 체	액 체	고 체	액 체
Ⅰ급 (맹독성)	5 미만	20 미만	10 미만	40 미만
Ⅱ급 (고독성)	5 이상 50 미만	20 이상 200 미만	10 이상 100 미만	40 이상 400 미만
Ⅲ급 (보통독성)	50 이상 500 미만	200 이상 2,000 미만	100 이상 1,000 미만	400 이상 4,000 미만
Ⅳ급 (저독성)	500 이상	2,000 이상	1,000 이상	4,000 이상

129

어류에 대한 독성 정도에 따른 농약 등의 구분

구분	반수를 죽일 수 있는 농도(mg/l, 48시간)
Ⅰ급	0.5 미만
Ⅱ급	0.5 이상 2 미만
Ⅲ급	2 이상

130

테부코나졸은 탈메틸 효소의 기능을 저해하는 기작으로 작용하는 살균제이며, 감나무 탄저병, 배나무 검은별무늬병, 사과나무 갈색무늬병, 잔디 라이족토니아마름병 등의 방제에 사용된다.

131

디노테퓨란 액제는 소나무 솔잎혹파리 방제에 등록되어있는 농약으로 성충우화기에 나무주사용으로 사용된다.

132

농약의 희석배수와 원제의 희석배수는 같기 때문에 따로 구분할 필요가 없다. 400L/2,000 = 0.2L이므로 살포액통에 농약 200ml를 넣고 물을 부어 400L를 맞춰서 조제한다.

133

② 카바메이트계 : 아세틸콜린에스터라제 기능 저해
③ 니코틴 : 신경전달물질 수용체 차단
④ 아버멕틴계 : Cl 통로 활성화
⑤ 피리프록시펜 : 유약호르몬 작용

134

말라티온 : 살충제, 1b

135

소나무 해충방제에 등록된 농약

해 충	농 약
솔수염하늘소	페니트로티온 유제, 메탐소듐 액제, 티아클로프리드 액상수화제, 마그네슘포스파이드 판상훈증제, 아세타미프리드 액제, 클로티아니딘 액제, 아세타미프리드·뷰프로페진 유제, 아바멕틴·아세타미프리드 미탁제, 아세타미프리드·에마멕틴벤조에이트 분산성액제 등
솔잎혹파리	아세타미프리드 액제, 페니트로티온 유제, 이미다클로프리드 입제, 다이아지논 이베, 아바멕틴 유제, 카보퓨란 입제, 아세타미프리드·에마멕틴벤조에이트 액제, 티아메톡삼 액제 등
솔껍질깍지벌레	뷰프로페진 액상수화제, 에마멕틴벤조에이트 유제, 티아메톡삼 분산성액제, 이미다클로프리드 분산성액제 등
솔나방	클로르피리포스 수화제, 펜토에이트 유제, 비티쿠르스타키 수화제, 페니트로티온 유제, 테플루벤주론 액상수화제, 아바멕틴 유제, 디플로벤주론 수화제 등

※ 작물과 병해충에 따라 등록된 농약 검색 사이트 : 농촌진흥청 농약안전정보시스템 www.psis.rda.go.kr

136

광합성 저해	C1	광화학계 II 저해(트리아진, 트리아지논, 트리아졸리논, 우라실, 피리다지논, 페닐-카바메이트계)
	C2	광화학계 II 저해(요소, 아미드계)
	C3	광화학계 II 저해(니트릴, 벤조티아디아지논, 페닐-피리다진계)
	D	광화학계 I 저해(비피리딜리움계)
세포분열 저해	K1	미소관 조합 저해
	K2	유사분열/미소관 형성 저해
	K3	장쇄 지방산 합성저해

137

나무의사의 자격증을 빌리거나 빌려주거나 이를 알선한 자는 1년 이하의 징역 또는 1천만 원 이하의 벌금에 처해진다.

138

1차 위반 시 50만 원, 2차 위반 시 70만 원, 3차 이상 위반 시 100만 원

139

소나무재선충병 발생지역 피해정도 구분(단위 : 본/시·군·구)

피해정도 구분	피해고사목 본수
"극심"지역	5만본 이상
"심"지역	3만본 이상 5만본 미만
"중"지역	1만본 이상 3만본 미만
"경"지역	1천본 이상 1만본 미만
"경미"지역	1천본 미만

140

나무의사 등의 결격 사유

- 미성년자
- 피성년후견인 또는 피한정후견인
- 「산림보호법」, 「농약관리법」 또는 「소나무재선충병 방제특별법」을 위반하여 징역의 실형을 선고받고 그 집행이 종료(집행이 종료된 것으로 보는 경우를 포함한다)되거나 면제된 날부터 2년이 지나지 아니한 사람

2019년

나무의사 필기 기출문제해설

제2회 기출유사문제 정답 및 해설

1	2	3	4	5	6	7	8	9	10
①	①	②	②	⑤	⑤	②	①	①	⑤
11	12	13	14	15	16	17	18	19	20
④	①	②	③	③	⑤	⑤	④	⑤	①
21	22	23	24	25	26	27	28	29	30
①	①	②	⑤	⑤	①	③	⑤	⑤	④
31	32	33	34	35	36	37	38	39	40
⑤	⑤	④	⑤	④	②	⑤	④	④	①
41	42	43	44	45	46	47	48	49	50
②	②	⑤	③	④	⑤	①	②	①	①
51	52	53	54	55	56	57	58	59	60
⑤	①	③	②	③	⑤	②	③	①	③
61	62	63	64	65	66	67	68	69	70
③	①	⑤	①	③	⑤	①	②	④	②
71	72	73	74	75	76	77	78	79	80
②	④	①	④	②	①	②	③	⑤	③
81	82	83	84	85	86	87	88	89	90
①	④	③	③	⑤	①	②	①	②	③
91	92	93	94	95	96	97	98	99	100
⑤	①	④	④	③	①	③	②	①	②
101	102	103	104	105	106	107	108	109	110
③	⑤	①	①	③	④	③	⑤	⑤	④
111	112	113	114	115	116	117	118	119	120
②	⑤	②	⑤	②	④	①	③	③	①
121	122	123	124	125	126	127	128	129	130
①	③	⑤	②	③	⑤	②	①	⑤	①
131	132	133	134	135	136	137	138	139	140
③	②	⑤	④	③	②	④	②	⑤	④

01

세균성 구멍병은 1개의 극모를 가진 막대모양의 세균이며 배지에서 노란색을 띠고 호기성균으로 그람음성반응을 나타낸다.

02

가지와 줄기에 발생하는 병은 대부분 자낭균에 의해서 발생하나, 일부 큰 줄기에서는 담자균도 병을 발생시킨다.

03

토양의 외부기생선충 및 내부기생선충의 분류

구 분	이동성	종 류
외부기생선충	이주성	토막뿌리병, 참선충목의 선충, 균근과 관련된 뿌리병
내부기생선충	고착성	뿌리혹선충, 시스트선충, 콩시스트선충, 감귤선충
	이주성	뿌리썩이선충

04

*Pestalotiopsis*는 불완전균아문 유각균강에 속하며 완전세대는 자낭균아문 각균강에 속하는 *Lepteutypa*와 *Broomella*속이다. 병으로는 동백나무 겹둥근무늬병, 은행나무 잎마름병, 삼나무 잎마름병, 철쭉류 잎마름병을 발생시킨다.

05

밤나무 빗자루병은 파이토플라스마에 의한 병이다.

06

*Fusarium*균에 의한 모잘록병은 비교적 건조한 토양에서 잘 발생한다.

07

꽃은 암술머리에서 처음 발생하여 꽃 전체로 시들고 흑갈색으로 변한다.

08

파이토플라스마는 테트라사이클린에는 감수성이나 세포벽 형성을 저해하는 페니실린에는 저항성이다(파이토플라스마는 세포벽이 없다).

09

선충은 아래와 같이 구분할 수 있다.

구 분		종 류	내 용
외부기생선충	이주성	토막뿌리병	• 창선충은 보통 식물선충보다 10배 이상 크고 식도형 구침이 있으며 바이러스 매개 • 피해 받은 뿌리는 부풀어 오르거나 코르크화
			• 궁침선충은 침엽수 묘목에 피해를 줌 • 잔뿌리가 없어지고 뿌리 끝이 뭉툭해지며 검어짐
		참선충목의 선충	• 토양에서 생활하면서 뿌리를 가해하나 간혹 내부 침투 • *Ditylenchus*와 *Tylenchus*가 가장 많음
		균근과 관련된 뿌리병	• 식균성 토양선충으로 균근균을 가해하여 식물의 무기물의 흡수, 동화 등 수목의 정상적인 생리에 지장을 초래함 • *Aphelenchoides spp, Aphelenchus avenae*가 균근균과 관련이 있음
내부기생선충	고착성	뿌리혹선충	• 따뜻한 지역이나 온실에서 피해가 심함 • 작물생산의 5%의 피해를 줌 • 침엽수와 활엽수 모두 가해하나 주로 밤나무, 아까시나무, 오동나무 등 활엽수에 피해가 심함
		시스트선충	자작나무시스트선충이 있음
		콩시스트선충	사과나무, 뽕나무, 포도나무를 가해함
		감귤선충	감나무, 라일락, 올리브나무 (우리나라 미발견) 가해
	이주성	뿌리썩이선충	*Pratylenchus*는 전 세계 어느 지역에서나 분포하여 작물과 수목 가해
			*Radopholus*는 열대, 아열대에 바나나 뿌리썩음병, 귤나무 쇠락증

10

모잘록병균은 난균류와 불완전균류로 구분된다.

구 분	모잘록병균
난균류	*Pythium, Phytophthora*
불완전균류	*Rhizoctonia, Fusarium, Cylindrocladium, Sclerotium*

11

자주날개무늬병은 담자균에 의해 발생하며 균사층은 담자포자가 형성되면 흰가루처럼 보인다.

12

소나무재선충병은 북방수염하늘소와 솔수염하늘소가 병원체인 *Bursaphelenchus xylophilus*를 매개하여 전염시킨다.

소나무재선충병	내 용
감수성	적송, 곰솔, 잣나무 등
저항성	리기다소나무, 테다소나무, 리기테다소나무 등

13

바이러스병의 특징 및 전염방법

바이러스병	특 징	전염방법
포플러 모자이크병	• 건전나무에 비해 40~50% 재적 감소를 초래 • Deltoides 계통의 포플러에 많이 발생 • 불규칙한 퇴록반점이 다수 나타나며 모자이크 증상을 보임 • 잎자루와 주맥에 괴사반점이 생기면 잎이 뒤틀리면서 모양이 일그러짐	• 주로 감염된 모수에서 채취한 삽수를 통해 전염됨 • 종자전염이 되지 않음
장미 모자이크병	• 꽃의 품질과 수량이 떨어지며 수세가 약화됨 • 4종류의 바이러스가 모자이크 증상을 유발 • PNRSV, ApMV가 대표적인 바이러스임 • 모자이크무늬, 번개무늬, 그물무늬 등 발생	• 접목전염을 하며 매개충은 알려지지 않음 • PNRSV는 꽃가루와 종자에 의해서도 전반됨
벚나무 번개무늬병	• 왕벚나무를 비롯해 벚나무류에서 자주 발생 • American plum line pattern virus는 벚나무외에도 매실나무, 자두나무, 복숭아나무, 살구나무에서도 비슷한 증세를 보임 • 5월쯤 중앙맥과 굵은 지맥을 따라 번개무늬모양으로 황백색 줄무늬병반이 생김	접목에 의한 전염

14

동백나무 겹둥근무늬병은 불완전균류이며 유각균인 *Pestalotiopsis*에 의해 발생하고, 소나무 잎마름병과 삼나무 붉은마름병은 *Cercospora*에 의해 발생한다.

15

*Lophodermium*은 대부분 병원성이 매우 약하거나 죽은 잎에 서식하는 부생균이며, *L. seditiosum*만 유일하게 소나무류의 당년생 잎을 감염하는 병원성이 있다.

16

바이러스, 파이토플라스마, 물관부국재성 세균, 원생동물, 녹병, 흰가루병, 노균병 등은 적용하기가 어렵다.

17

말굽버섯, 치마버섯, 표고버섯, 영지버섯은 백색부후균이며, 콩버섯류는 연부후균이다.

18

소나무류 피목가지마름병은 2~3년생 가지에 발생하며 침엽은 기부에서 위쪽으로 갈변되면서 떨어진다. 늦은 봄부터 여름까지 죽은 가지 및 줄기의 피목에는 암갈색의 자낭반이 형성되며 따뜻한 가을이 지나고 겨울철 온도가 매우 낮을 때 피해가 심해진다.

19

궤양마름은 둥글거나 타원형의 궤양을 형성하고 생장기간 동안 급속히 발달되며, 유합조직이 전혀 없거나 거의 나타나지 않는다. 병원균은 아주 급속히 발달하므로 가지나 수목전체가 1~2년 내에 죽기도 한다.

20

대부분의 궤양병은 윤문형, 확산형 및 궤양마름형으로 나누어진다.

Nectria 궤양병(Nectria galligena)

- 전형적인 다년생 윤문을 형성함
- 봄에 유합조직을 형성하면 늦여름~겨울에 형성층 파괴
- 활엽수에 일반적인 병해로 서리나 눈에 의한 상처 침입
- 호두나무, 배나무, 자작나무 등에 발생

21

자낭균은 단순격벽공을 가지고 있으며 담자균은 자낭균보다 복잡한 유연공격벽이다.

22

② 소나무 피목가지마름병
③ 소나무 수지궤양병
④ 소나무 잎마름병
⑤ 소나무 잎떨림병

23

대부분의 녹병균은 기주의 형성층과 체관부의 세포간극에 침입한 후 흡기를 내어 세포벽을 뚫고 세포 내로 들어가지만 원형질막을 파괴하지 않으므로 기주세포는 살아있게 된다.

24

불완전균류의 구분 및 종류

구 분	설 명	종 류
유각균강	분생포자과의 안쪽에 형성	*Ascochyta, Macrophoma, Phoma, Phomopsis, Septoria, Collectotrichum Marssonina, Pestalotiopsis* 등
총생균강	분생포자과를 형성하지 않고 균사조직인 분생포자좌, 분생포자경다발 위에서 분생포자 형성	*Alternaria, Aspergillus, Botrytis, Cercospora, Fusarium, Cladosporium Corynespora* 등
무포자균강	분생포자를 형성하지 않고 균사만 있음	*Rhizoctonia, Sclerotium*

25

유전자 특성에 따른 저항성

구 분	종 류	내 용
진정 저항성	수직저항성	• 특정 병원체의 레이스에 대해서만 나타내는 저항성 • 병원체의 유전자가 변하면 저항성 상실 • 질적 저항성, 소수인자저항성이라고도 함
	수평저항성	• 식물체가 대부분의 병원체 레이스에 대하여 나타내는 저항성 • 완전하지 못하나 병의 전파를 감소시키고 큰 병으로 진전을 막음 • 양적 저항성, 다인자저항성이라고도 함
외견상 저항성	병회피	감수성인 식물체라도 발병조건이 갖추어지지 않았을 때 나타나는 저항성
	내병성	감염되었더라도 병징이 약하거나 감염 전과 별 차이가 없는 경우를 말함

26

곤충 더듬이 종류

더듬이 종류	곤 충
실모양	딱정벌레류, 바퀴류, 실베짱이류, 하늘소류
짧은털모양(강모상)	잠자리류, 매미류
방울모양(구간상)	밑빠진벌레, 나비류
구슬모양(염주상)	흰개미류
톱니모양(거치상)	방아벌레류
방망이모양(곤봉상)	송장벌레류, 무당벌레류
아가미모양(새상)	풍뎅이류
빗살모양(즐치상)	홍날개류, 잎벌류, 뱀잠자리류
팔굽모양(슬상)	바구미류 및 개미류
깃털모양(우모상)	일부 수컷의 나방류, 모기류
가시털모양(자모상)	집파리류

27

전대뇌는 시신경, 중대뇌는 더듬이, 후대뇌는 윗입술과 전위, 식도하신경절은 윗입술을 제외한 입의 나머지 신경, 내장신경계는 장, 내분비기관, 생식기관, 호흡계를 담당한다.

28

고마로브집게벌레는 집게벌레목에 속하며 번데기기간이 없다.

29

이동이 가능한 암컷성충은 도롱이깍지벌레과, 짚신깍지벌레과, 가루깍지벌레과 등이 있다.

30

구기자혹응애는 단식성이다.

구 분	내 용	관련 해충
단식성 (Monophagous)	한 종의 수목만 가해하거나 같은 속의 일부 종만 기주로 하는 해충	• 느티나무벼룩바구미(느티나무), 팽나무벼룩바구미 • 줄마디가지나방(회화나무), 회양목명나방(회양목) • 개나리잎벌(개나리), 밤나무혹벌 및 혹응애류 • 자귀뭉뚝날개나방(자귀나무, 주엽나무) • 솔껍질깍지벌레, 소나무가루깍지벌레, 소나무왕진딧물 • 뽕나무이, 향나무잎응애, 솔잎혹파리, 아까시잎혹파리
협식성 (Oligophagous)	기주 수목이 1~2개 과로 한정되는 해충	• 솔나방(소나무속, 개잎갈나무, 전나무), 방패벌레류 • 소나무좀, 애소나무좀, 노랑애소나무좀, 광릉긴나무좀 • 벚나무깍지벌레, 쥐똥밀깍지벌레, 소나무굴깍지벌레
광식성 (Polyphagous)	여러 과의 수목을 가해하는 해충	• 미국흰불나방, 독나방, 매미나방, 천막벌레나방 등 • 목화진딧물, 조팝나무진딧물, 복숭아혹진딧물 등 • 뿔밀깍지벌레, 거북밀깍지벌레, 뽕나무깍지벌레 등 • 전나무잎응애, 점박이응애, 차응애 등 • 오리나무좀, 알락하늘소, 왕바구미, 가문비왕나무좀

31

솔나방은 1년에 1회 발생하며, 외줄면충은 느티나무를 가해한다. 미국선녀벌레는 알로 월동하며 소나무좀은 1년에 1회 발생한다.

32

외래해충의 특징

학 명	원산지	피해수종
솔잎혹파리	일본(1929)	소나무, 곰솔
미국흰불나방	북미(1958)	버즘나무, 벚나무 등 활엽수 160여종
솔껍질깍지벌레	일본(1963)	곰솔, 소나무
소나무재선충	일본(1988)	소나무, 곰솔, 잣나무
버즘나무방패벌래	북미(1995)	버즘나무, 물푸레
아까시잎혹파리	북미(2001)	아까시나무
꽃매미	중국(2006)	대부분 활엽수
미국선녀벌레	미국(2009)	대부분 활엽수
갈색날개매미충	중국(2009)	대부분 활엽수

33

거미는 변태를 하지 않으며 다리는 8개, 몸은 좌우대칭형이다. 방사대칭형은 해면동물・강장동물・극피동물 등이며 곤충과 거미는 마디가 있는 절지동물에 속한다.

34

다듬이벌레목은 외시류의 노린재형이다.

35

배자발육의 구분

구 분	발육 운명
외배엽	표피, 외분비샘, 뇌 및 신경계, 감각기관, 전장 및 후장, 호흡계, 외부생식기
중배엽	심장, 혈액, 순환계, 근육, 내분비샘, 지방체, 생식선(난소와 정소)
내배엽	중 장

36

이종 간 통신물질을 타감물질이라고 한다.

구 분	내 용
카이로몬	분비자에게는 해가 되나 감지자에게 유리
알로몬	분비자에게 도움이 되지만, 감지자에게 불리
시노몬	분비자와 감지자 모두에게 유리

37

대나무쐐기알락나방은 여러 마리가 한 줄로 줄지어 잎을 갈아먹으며 노숙유충은 식엽량이 많고 피해 잎은 마치 칼로 자른 듯한 흔적이 남아있다. 노숙유충은 잎의 뒷면 또는 돌멩이 아래 등에서 고치를 만들어 번데기가 된다.

38

버들잎벌레, 오리나무잎벌레, 주둥무늬차색풍데이는 성충으로 월동하며 참긴더듬이잎벌레는 알로 겨울눈, 가지에서 월동한다.

39

구기자혹응애, 밤나무혹응애, 버드나무혹응애는 암컷성충으로 월동하며 붉나무혹응애의 생활사는 잘 알려져 있지 않다. 회양목혹응애는 주로 성충으로 월동하지만 알, 약충으로 월동하기도 한다.

40

대부분의 암컷은 저장낭에 수개월 또는 수 년 동안 정자를 저장할 수 있으며 수컷이 전혀 없는 종도 있고 무성생식의 과정으로 자손을 생산하였다.

41

외표피층 가장 안쪽은 내부 외표피층이 차지하고, 시멘트층은 외표피층의 가장 바깥쪽에 있으며, 피부샘에서 분비하는 단백질과 지질로 구성되고 왁스층을 보호하는 역할을 한다.

구 분	내 용
외표피	• 수분손실을 줄이고 이물질을 차단하는 기능 • 외표피의 가장 안쪽 층을 표피소층이라고 함 • 리포단백질과 지방산 사슬로 구성되어 있음 • 방향성을 가진 왁스층이 표피소층 바로 위에 놓임
원표피	• 키틴과 단백질로 구성되어 있고, 표피층의 대부분을 차지함 • 새로운 표피층을 만들 때 표피세포에 흡수된 후 다시 사용됨 • 단백질 분자들이 퀴논 등으로 서로 연결된 3차원 구조임 • 경화반응이 일어나는 부위로서 매우 단단하고 안정된 구조임
진 피	• 주로 상피세포의 단일층으로 형성된 분비조직임 • 외골격을 이루는 물질과 탈피액을 분비함 • 내원표피의 물질을 흡수하고 상처를 재생시킴 • 진피세포의 일부가 외분비샘으로 특화되어 화합물(페로몬, 기피제) 생성
기저막	• 부정형의 뮤코다당류 및 콜라겐 섬유의 협력적인 이중층 • 물질의 투과에 관여하지는 않으나 표피세포의 내벽 역할을 함 • 외골격과 혈체강을 구분지어 줌

42

1년에 2회 발생하며 번데기로 가해식물의 수피 틈이나 나무 밑의 지피물에서 월동한다. 2세대 성충은 8월에 나타나며, 월동태인 번데기를 늦여름부터 볼 수 있다.

43

이주는 생존전략으로 다음과 같은 이점을 가지고 있다.

- 천적으로부터 피신
- 보다 유리한 양육조건을 찾음
- 경쟁을 감소하거나 과밀화를 경감
- 새로운 서식처를 점유
- 대체 기주식물로 분산
- 근친교배를 최소화하기 위한 유전자급원의 재조합 가능

44

유리나방의 날개는 적어도 일부분에 인편가루가 없고, 복부는 오랜지색이나 황색과 같은 밝은색과 검은색의 호 모양으로 되는 경우가 많다. 성충은 벌과 매우 유사하고, 낮에 비행하며 꽃에 날아드는 경우도 있다. 벚나무류에서 복숭아유리나방의 피해가 매우 심한 편이며, 최근에는 도심지에 식재된 대왕참나무에서 밤나무장수유리나방의 피해가 증가하고 있다.

45

원주세포는 중장에 위치하고 있으며 소화효소를 분비하고 소화물질을 흡수하는 세포로 장의 안쪽을 향하여 많은 융모를 내고 있다. 또한 곤충의 말피기관은 직장과 함께 염과 수분의 균형을 조절하는 중요한 역할을 담당한다. 배설은 체액이 몸 밖으로 배출되기 전에 먼저 말피기관에 의해 다량의 일차배설물이 흡수된 후 배설하므로 물과 이온을 흡수하기도 합니다.

47

미국선녀벌레는 매미목(Homoptera)의 선녀벌레과(Flatidae)에 속한다.

49

중간기주가 있는 수목가해 주요 진딧물류의 종류

해충명	가해수종	중간기주
목화진딧물	무궁화, 석류나무 등	오이, 고추 등
복숭아혹잔딧물	복숭아, 매실나무 등	무, 배추 등
때죽납작진딧물	때죽나무	나도바랭이새
사사키잎혹진딧물	벚나무류	쑥
외줄면충	느티나무	대나무
조팝나무진딧물	사과나무, 조팝나무	명자나무, 귤나무
일본납작진딧물	때죽나무	조릿대, 이대
검은배네줄면충	느릅나무, 참느릅나무	벼과 식물
벚잎혹진딧물	벚나무류	억새, 갈대 등

50

기생성 천적은 주로 기생벌류와 기생파리류가 있다.

51

리그닌은 페놀화합물로서 여러 가지 방향족 알코올이 복잡하게 연결된 중합체이다. 목본식물의 15~25% 가량을 차지하며, 셀룰로스 다음으로 지구상에서 두 번째로 흔한 유기화합물이다.

52

종자가 수분을 흡수하면 Gibberellin이 생산되어 효소생산을 촉진한다. 전분을 함유한 종자에서는 Amylase가, 지방의 함량이 높은 종자에서는 Lipase가 합성된다.

53

세포벽을 구성하는 탄수화물에는 셀룰로스, 헤미셀룰로스, 펙틴이 있다.

54

측근은 주근의 내피 안쪽에 있는 내초(Pericycle)세포가 분열하여 만들어진다. 세포분열능력이 왕성하여 병층분열을 시작하면서 접선 방향으로 세포벽을 새로 추가하여 새로운 세포를 만들면서 불룩 튀어나오기 시작하고 수층분열을 통해 세포의 숫자가 증가하면서 내피와 피층을 뚫고 주근 밖으로 튀어나와 측근이 된다.

55

ABA와 IAA는 식물호르몬이다. 공변세포의 엽록소에 의해 고정된 이산화탄소는 PEP와 결합하여 OAA가 되고, OAA는 Malic acid로 전환된다. Malic acid가 해리되어 생성되는 음이온이 Malate이다.

56

Mannose는 Glucose, Fructose와 함께 6탄당인 단당류이다.

57

① 유기물이 분해되면서 암모니아태 질소가 생성되는 반응
③ 질산태 질소가 암모늄태 질소로 환원되는 과정
④ 암모늄태 질소가 질산태 질소로 산화되는 과정
⑤ 식물체 내의 암모늄 이온이 Glutamic acid와 결합하여 Glutamine으로 전환되고, Glutamine은 α-ketoglutaric acid과 결합하여 두 분자의 Glutamic acid를 만드는 반응

58

소나무류에서 옥신을 많이 생산하는 수관상부의 역지에 암꽃이 달리고, 측백나무에서 역지 위에서 아래로 내려가면서 옥신의 농도구배가 형성되고 암꽃에서 수꽃으로 전환되는 사례로 보아 높은 옥신 함량은 암꽃을 촉진한다.

59

눈은 영양기관인 줄기의 조직, 포는 생식기관인 꽃의 조직, 배와 유근은 생식기관인 종자의 조직, 과육은 생식기관인 열매의 조직이다.

60

사이토키닌은 주변으로부터 영양분을 모아들이는 능력이 있어 잎의 노쇠를 방지할 수 있다.

61

마그네슘은 질소, 인, 칼륨과 함께 이동이 쉬운 원소에 속한다.

62

파이토크롬은 P_r형과 P_{fr}형으로 존재하는 단백질이다. 종자가 천연광이나 적색광을 받으면 활성이 있는 P_{fr}형으로 바뀌어 발아가 촉진되지만, 원적색광을 받으면 불활성의 P_r형으로 바뀌어 발아가 억제된다.

63

광합성률을 생장이 우수한 가계를 조기선발하기 위한 방편으로 사용하는 것은 적합하지 않다. 광합성률은 연중 두세 번에 걸쳐서 잠깐 측정하지만, 생장률은 전체 생육기간 동안 광합성률뿐만 아니라, 엽면적, 광합성 기간, 기타 여러 요인의 영향을 받기 때문이다.

64

온대지방의 식물은 낮의 길이 변화를 통해 계절의 변화를 감지한다.

65

나자식물의 목부는 가도관과 수선유세포의 두 가지 종류의 세포로 구성되어 있어 매우 단순한 구조를 가진 반면, 피자식물의 목부는 도관, 가도관, 수선유세포, 목부섬유의 네 가지 종류의 세포로 구성되어 있어 훨씬 더 복잡한 구조를 가진다.

66

담쟁이덩굴의 유엽은 잎이 셋으로 갈라진 삼출엽이고 성엽은 하나로 되어 있다. 향나무의 유엽은 바늘잎 또는 침엽인 반면 성엽은 비늘잎 또는 인엽이다.

67

일반적으로 수목의 사부 수액에서 발견되는 탄수화물 중에 가장 농도가 높고 흔한 것은 설탕(Sucrose)이며, 그 다음이 올리고당인 Raffinose(3탄당)와 Stachyose(4당류)이며, Verbascose(5탄당)도 발견된다. 환원당인 포도당(Glucose)은 설탕 등으로 전환되기 때문에 사부를 통해 이동하지 않는다. 장미과 식물에는 설탕보다 Sorbitol 함량이 더 많은데, 배나무아과의 사과나무속, 벚나무속, 배나무속, 마가목속, 그리고 조팝나무속 등이 있다.

68

Steroid, Carotenoid, Terpenoid는 Isoprenoid 화합물이고, flavonoid는 phenol 화합물이다. Flavonoid는 수용성이며 꽃잎에서 붉은색, 보라색, 노란색 등의 화려한 색깔을 만든다. Anthocyanin은 2,000여 가지 Flavonoid 중의 하나인 색소이다.

69

수목의 여러 부위별로 수용부로서의 상대적 강도

열매·종자 > 어린잎·줄기끝의 눈 > 성숙한 잎 > 형성층 > 뿌리 > 저장조직

70

피자식물이나 나자식물 모두 수평방향으로의 물질이동은 수선을 통해 이루어진다. 수선은 원형질을 가지고 있는 살아 있는 세포로서 탄수화물을 저장하기도 하고, 필요할 때에는 세포분열을 재개할 수 있다.

71

생물적 질소고정은 원핵생물(전핵생물, Prokaryotic organism)만이 가지고 있는 독특한 과정으로서, 녹조류나 고등식물은 이 기능이 없다.

72

삼투퍼텐셜은 항상 (−)값을 가지며, 압력퍼텐셜은 (+, 0, −) 모두 가능하고, 기질퍼텐셜은 거의 0에 가까워 무시된다.

73

질산태 질소는 뿌리에서 질산환원작용이 일어나기 때문에 목본식물의 수액에서 거의 발견되지 않는다.

75

오존은 NO_X가 자외선에 의해 산화될 때 생성되고, PAN은 NO_X와 탄화수소가 자외선에 의한 광화학산화반응으로 생성된다.

76

우리나라 산림토양분류의 기호 체계

- 알파벳 : 갈색(B), 적색(R), 적색계갈색(rB), 적황색(R·Y), 황색(Y), 암적색(DR), 암적갈색(DRb), 회갈색(GrB), 화산회(Va), 침식토양(Er), 미숙토양(Im), 암쇄토양(Li)
- 숫자 : 건조(1), 약건(2), 적윤(3), 약습(4)

77

기후의 영향을 받아 생성된 토양을 성대성 토양이라 하고 기후보다는 국지적인 환경의 영향을 받아 생성된 토양을 간대성 토양이라 한다.

78

입경분석을 통해 토성을 판단한다.

79

염기포화도(%) = (Ca + Mg + K + Na)/CEC × 100
(※ 이온의 농도가 아닌 전하량으로 계산)

80

점토가 많아질수록 매트릭퍼텐셜이 낮아진다. 따라서 식토는 사토보다 매트릭퍼텐셜이 낮다.

81

필수영양소 중 어느 하나라도 결핍하면 식물이 살 수 없다.

82

판상구조가 생기면 수분의 하향이동이 불가능해지고 뿌리가 밑으로 자랄 수 없게 된다.

83

- 용적수분함량 = 중량수분함량 × 용적밀도 = 15 × 1.4 = 21
- 토양의 부피 = 면적 × 깊이 = $10{,}000m^2$ × 0.3m = $3{,}000m^3$
- 토양부피의 21%가 물이므로 $3{,}000m^3$ × 0.21 = $630m^3$

84

물은 공기보다 열전도도가 높다. 따라서 건조한 토양보다 습윤한 토양의 열전도도가 높다.

85

요소비료는 토양 중에서 쉽게 무기화되는 속효성이어서 유실되기 쉽다.

86

토양사상균으로 가장 일반적인 4종 : Penicillium, Mucor, Fusarium, Aspergillus

87

라테라이트 토양은 건기와 우기가 반복되는 열대나 습윤 열대지방에서 흔한 적색 토양이다. 심한 용탈로 비옥도가 낮은 산성토양이고 양이온교환용량도 낮다.

88

- Entisol : 미숙토
- Inceptisol : 반숙토
- Alfisol : 완숙토
- Ultisol : 과숙토
- Oxisol : 과분해토

89

모래는 압밀성이 낮아 건축자재로 활용되지만, 비표면적이 작고 전하를 띠지 않기 때문에 양분저장능력이 적으며 통기성이 좋아 유기물분해가 빠르므로 유기물이 축적되지 않는다.

90

망간은 산화상태에서는 붉은색을 나타내고, 환원상태에서는 어두운색을 나타낸다.

91

입단형성요인에는 양이온, 유기물, 미생물, 기후, 토양개량제 등이 있다. 양이온 중에서 Ca^{2+}, Fe^{2+}, Al^{3+} 등의 다가 이온은 점토입자들의 응집현상을 강하게 유발하지만 Na^{+}, K^{+}, NH_4^{+}는 수화반지름이 커서 토양을 분산시키는 효과를 나타낸다.

92

사토는 탁구공 모양으로 뭉쳐지지 않으며, 양질사토는 리본(또는 띠)이 생기지 않는다.

토양 리본의 길이(cm)	촉 감		
	매우 거침	중 간	매우 부드러움
2.5 미만	사(질)양토	양 토	미사질양토
2.5 이상 ~ 5 미만	사질식양토	식양토	미사질식양토
5 이상	사질식토	식 토	미사질식토

93

토양용액에 녹아 있는 수소이온은 토양산도 전체(전산도)로 보면 극히 소량이며, 1/100~1/100,000 수준이다. 그러나 토양용액은 식물의 뿌리나 미생물 활동의 중요한 환경이므로 활산도는 매우 중요하다.

94

양이온교환용량이 클수록 석회시용량이 증가하게 된다. 양이온교환용량은 유기물함량과 점토의 종류 및 함량에 의해 변화된다.

95

균근균에 의해 식물은 수분스트레스가 줄어든다.

96

유기물에 포함된 유기태 질소는 토양미생물에 의해 NH_4^+-N로 무기화된다.

97

- 인 : $H_2PO_4^-$, HPO_4^{2-}
- 황 : SO_4^{2-}, SO_2
- 질소 : NH_4^+, NO_3^-

98

질소 공급은 C/N율을 낮추기 때문에 유기물 분해를 촉진시킨다.

99

황의 환원은 산소가 부족한 환경에서 일어나며 황화수소와 같은 독성물질을 생성하게 된다. 또한 황환원균은 수은을 무독화하는 기작을 가지고 있어 먹이사슬을 통한 수은의 생물농축을 일으킨다.

100

토양과 함께 유실되어 하천수의 부영양화를 초래하는 것은 인산이다.

101

토양 멀칭은 토양의 입단구조를 개선해 주고, 공극과 통기성을 향상시키며 토양온도의 변화를 완화시켜준다. 또한 토양의 보수력을 증가시키며 토양유실을 막아주는 역할을 한다.

102

스프링클러는 대규모 식재지에 효율적인 관수방식이다.

103

수간주사는 미량원소 결핍 및 병해충방제를 위한 약제주사에 적합하다.

104

여름에 개화하는 무궁화, 배롱나무, 금목서는 5~7월에 꽃눈이 형성됨으로 4월에 전정하는 것이 좋다.

105

직근을 제외하고 뿌리가 아래쪽으로 자라면서 굵어지는 뿌리는 심장근이다.

106

그해에 새로 나온 가지에 개화하는 수종은 봄철인 4월경에 하는 것이 좋다.

107

마그네슘은 엽록소의 구성성분으로 성숙잎에서 먼저 황화현상이 나타나며, 엽맥과 엽맥사이 조직에서 먼저 황화현상이 발생한다.

108

수목의 상렬현상은 치수보다는 성숙목이 침엽수보다는 활엽수가 많이 발생하며, 직경이 15~30cm 정도의 나무가 가장 많이 발생한다.

109

기계톱의 연속운전시간은 10분을 넘기지 말아야 한다.

110

한 지역 내에서 피해목이 불규칙적으로 분포하는 것은 생물적 피해(기생성 병)의 특징이다.

111

오존피해는 책상조직의 피해를 유발한다. 해면조직의 피해는 PAN에 의해서 발생한다. 책상조직과 해면조직 모두를 파괴시키는 것은 이산화황에 의해 발생하는 경우가 많다.

112

전정 시 주의 할 사항	수 종	비 고
부후하기 쉬운 수종	벚나무, 오동나무, 목련 등	-
수액유출이 심한 수종	단풍나무류, 자작나무 등	전정 시 2~4월은 피함
가지가 마르는 수종	단풍나무류	-
맹아가 발생하지 않는 수종	소나무, 전나무 등	-
수형을 잃기 쉬운 수종	전나무, 가문비나무, 자작나무, 느티나무, 칠엽수, 후박나무 등	-
적심을 하는 수종	소나무, 편백, 주목 등	적심은 5월경에 실시

113
이식 적기는 겨울눈이 트기 2~3주 전인 뿌리가 움직이기 전에 실시하는 것이 좋다.

114
표면온도가 60℃가 넘으면 남서쪽의 수피가 피해를 입는다.

115
쓰레기 매립지에서는 주로 메탄가스와 탄산가스가 분출한다.

116
환상박피는 3cm폭으로 하고, 부분박피는 7~10cm로 한다. 부패한 뿌리는 살아있는 부분에서 예리하게 제거한다. 퇴비의 부피는 총 토양부피의 10% 이상으로 한다. 토양은 수관아래쪽부터 파기 시작하여 안쪽으로 들어간다.

117
답압으로 인해 용적밀도는 높아진다. 토양공극과 용적밀도는 반비례관계이다.

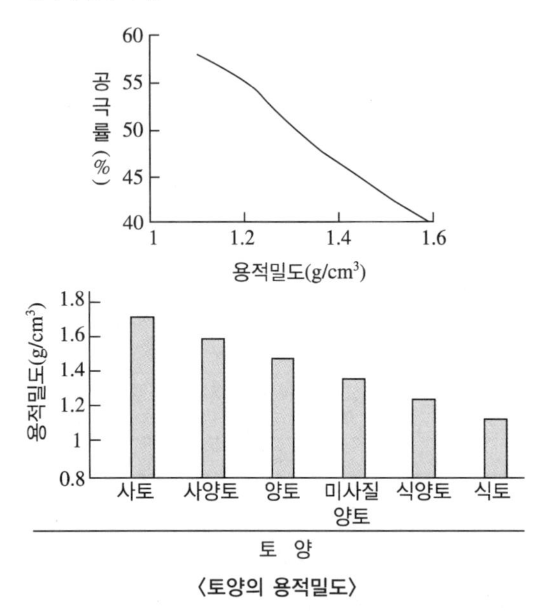

〈토양의 용적밀도〉

118
세포 내 얼음 결정의 형성으로 원형질막이 파괴된다.

119
간척지에서는 어린잎에서 보다 성숙잎에서 피해가 먼저 나타난다.

120
참죽나무는 고온에 약하다.

121
알칼리성 토양에서는 철, 망간, 구리, 아연, 코발트 등이 부족하기 쉽다. 또한 인산의 경우 알칼리에서는 불용성으로 변화됨으로 부족현상이 나타난다.

122
관설해를 입기 쉬운 조건은 가늘고 긴 수간, 경사를 따른 임목의 고밀한 배치, 복층림의 하층목이 있을 경우에 피해가 크다.

123
소나무는 아황산가스와 오존으로 인한 피해를 쉽게 받는다.

124
오존에 의해서는 책상조직의 파괴가 나타나며 반대로 PAN에 의해서는 해면조직이 위축되고 탈수되기 때문에 세포간극에 공기가 채워져 잎의 뒷면이 은회색으로 보인다. 이산화황의 경우에는 해면조직과 책상조직 모두를 파괴한다.

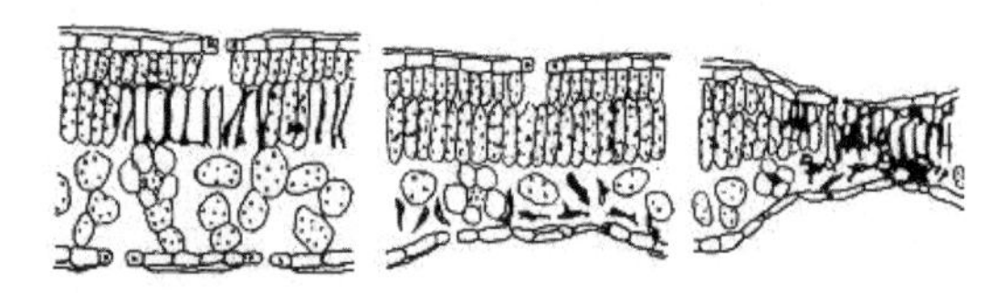

〈O_3에 의한 피해〉 〈PAN에 의한 피해〉 〈SO_2에 의한 피해〉

125
온실가스는 산업혁명 이후 급격히 늘어나서 이산화탄소의 농도는 400ppm을 넘어서고 있다.

126
입제는 원제를 모래에 피복하거나 규조토 또는 제올라이트 등에 흡착 또는 압출조립식으로 제조한다.

127

1 : 2000 = x : 10

128

아바멕틴 분산성 유제(살선충제), 에마멕틴벤조에이트 유제(살선충제), 포스치아제이트액제(소나무재선충 방제를 위한 토양관주 약제), 베노밀수화제(포플러 잎녹병)

129

고독성 농약	꿀벌 독성 농약	보통 독성 농약	누에 독성 농약	고독성 농약 중 액체농약

130

아바멕틴은 살충제이므로 (숫자 + 알파벳 소문자)로 표기된다. 알파벳 소문자는 같은 작용기작 안에서의 분류를 나타내므로 하나만 있을 경우 알파벳 소문자는 쓰지 않는다.

131

약제 살포 후 광선이나 기타 요인에 의하여 소실이 빠른 편이다.

132

PLS 제도는 안전성이 입증되지 않은 수입농산물을 차단하고 미등록 농약의 오남용을 방지하기 위한 제도로서 등록되지 않은 농약에 대하여 일률적으로 0.01ppm의 잔류허용기준을 적용한다.

133

다종혼용을 피하고 2종 혼용을 하며 식물영양제 등과는 혼용하지 않는다.

134

유제를 섞으면 우윳빛을 띠기 때문에 추가되는 약제의 용해를 확인할 수 없다.
제제에 따른 희석 순서 : 수용제 > 수화제, 액상수화제 > 유제

135

우유는 장에서 농약성분 흡수를 빠르게 하므로 마시게 하면 안 된다.

136

제초제는 보통 반감기가 90일 이상 되므로 피해는 2년간 지속되기도 한다. 토양에 잔류하고 있는 농약이 뿌리로 흡수되어 피해를 일으킬 경우에는 관수로 잔류 농약을 씻어낸다.

137

동시에 두 개 이상의 나무병원에 취업한 나무의사는 500만 원 이하의 벌금에 해당한다.

138

매개충 발생 예보는 발생주의보와 발생경보 구분하여 발령된다.

- 발생주의보 : 매개충의 애벌레가 번데기로 탈바꿈을 시작하는 시기
- 발생경보 : 매개충의 성충이 최초 우화하는 시기

139

진료부와 처방전 등의 서식, 기재사항, 보존기간 및 보존방법, 그 밖에 필요한 사항은 농림축산식품부령으로 정한다.

140

위반행위	1차 위반	2차 위반	3차 위반	4차 이상 위반
과실로 수목진료를 사실과 다르게 행한 경우	자격정지 2개월	자격정지 6개월	자격정지 12개월	자격취소

기출유사문제 정답 및 해설

1	2	3	4	5	6	7	8	9	10
④	②	③	③	⑤	②	③	③	③	⑤
11	12	13	14	15	16	17	18	19	20
⑤	④	②	①	②	⑤	③	④	③	①
21	22	23	24	25	26	27	28	29	30
①	②	④	①	⑤	③	⑤	⑤	②	④
31	32	33	34	35	36	37	38	39	40
②	③	③	③	④	③	①	①	⑤	⑤
41	42	43	44	45	46	47	48	49	50
②	⑤	⑤	③	②	③	②	⑤	④	⑤
51	52	53	54	55	56	57	58	59	60
①	②	③	③	①	④	③	①	②	⑤
61	62	63	64	65	66	67	68	69	70
③	④	②	①	③	②	⑤	③	③	⑤
71	72	73	74	75	76	77	78	79	80
②	①	⑤	④	⑤	③	④	⑤	②	①
81	82	83	84	85	86	87	88	89	90
②	①	④	①	②	③	④	⑤	⑤	④
91	92	93	94	95	96	97	98	99	100
⑤	④	①	③	②	①	③	③	①	②
101	102	103	104	105	106	107	108	109	110
⑤	④	③	①	④	③	③	⑤	⑤	②
111	112	113	114	115	116	117	118	119	120
①	①	⑤	①	②	②	②	①	④	①
121	122	123	124	125	126	127	128	129	130
⑤	①	①	①	④	②	⑤	③	②	①
131	132	133	134	135	136	137	138	139	140
②	④	②	③	⑤	⑤	⑤	④	①	①

01

벚나무 빗자루병은 특히 왕벚나무에 피해가 크며 병원균은 자낭균인 *Taphrina wiesneri*이다. 병이 발생한 첫 해에는 잔가지가 많지 않기 때문에 눈에 잘 띄지 않지만 1~2년이 지나면 뚜렷한 빗자루모양을 이룬다. 병든 가지는 매년 잎만 피다가 4~5년이 지나면 가지 전체가 말라 죽는다. 병든 가지의 잎은 갈색으로 변해 서서히 말라 죽으면서 잎 뒷면에 회백색 가루가 나타난다.

02

바이러스는 경란전염이 되는 것도 있다.

03

토양의 외부기생선충과 내부기생선충의 분류는 아래와 같다.

구 분	이동성	종 류
외부기생선충	이주성	토막뿌리병, 참선충목의 선충, 균근과 관련된 뿌리병
내부기생선충	고착성	뿌리혹선충, 시스트선충, 콩시스트선충, 감귤선충
	이주성	뿌리썩이선충

04

병원균은 *Cryphonectria parasitica*로서 락타아제효소, 셀룰로스 분해효소, 옥살산을 분비하여 밤나무 세포를 죽이며 1900년경 아시아에서 건너간 병원균은 미국과 유럽의 밤나무를 황폐화시켰다.

05

병원균의 자낭반은 늦은 봄부터 여름까지 죽은 가지와 줄기의 피목에서 생기며 영양불량, 해충피해, 이상건조 등으로 수세가 약할 때 넓은 면적에서 발생하기도 한다.

06

클로로피크린은 살충 살균제로서 중요하며, 곡물용 훈증제, 건조 과실, 신선 과실, 종자의 훈증, 토양 훈증제로서 사용한다.

07

*Rhizoctonia solani*는 불완전균류이며 *Pythium.spp*는 난균류이다.

08

기생식물은 부착기가 아닌 흡기(Haustorium)라는 특이한 구조를 가지고 있으며, 이것을 다른 나무의 조직 내부로 집어 넣고 수분과 양분을 흡수하여 살아간다.

09

아밀라리아뿌리썩음병은 침엽수와 활엽수 모두에 가장 큰 피해를 주는 산림병해 중 하나이며 목본류뿐만 아니라 딸기, 감자를 포함한 초본식물에도 병을 발생시킨다.

10

갈색무늬구멍병은 5~6월경부터 나타나기 시작하여 장마철 이후에 심해진다. 처음에는 작은 점무늬가 생기고 이어 동심원상으로 확대되면서 건전부와의 경계에 이층이 생겨 병환부가 탈락하여 구멍이 뚫린다.

11

페니실린은 세포벽 형성을 못하게 하는 물질로서 파이토플라스마는 세포벽이 없고 세포질막으로 싸여 있기 때문에 펩티도글리칸 합성 저해물질에 대해 저항성을 가지고 있다.

12

참나무 시들음병은 2004년에 성남에서 처음 발견되었으며 국내는 주로 신갈나무, 일본은 졸참나무, 물참나무 등 허약한 나무나 대경목에 대한 피해가 크다.

13

소나무류 잎녹병의 기주와 중간기주

기 주	병원균	중간기주
소나무, 잣나무	*C. asterum*	참취, 개미취, 과꽃, 개쑥부쟁이
잣나무	*C. eupatorii*	골등골나물, 등골나물
소나무	*C. campanulae*	금강초롱꽃, 넓은잔대
	C. phellodendri	넓은잎황벽나무, 황벽나무
곰 솔	*C. plectranthi*	산초나무

14

*Entomosporium*균은 분생포자의 모양이 곤충과 흡사하여 붙여진 이름이며 점무늬를 발생시킨다. 대표적인 병은 홍가시나무 점무늬병과 채진목 점무늬병이다.

15

흰가루병을 발생시키는 병원균의 종류와 형태

흰가루병균(속)	발병 수목	부속사	자낭수
Uncinula	배롱나무, 포플러나무, 물푸레나무류, 옻나무, 붉나무	갈고리형	다 수
Erysiphe	사철나무, 목련, 쥐똥나무류, 인동, 꽃댕강나무, 양버즘나무, 단풍나무류, 배롱나무, 꽃개오동, 참나무류	굽은 일자형	여러 개
Sphaerotheca	장미, 해당화	굽은 일자형	1개
Phyllactinia	물푸레나무, 산수유, 진달래, 포플러, 오리나무류, 철쭉, 가죽나무류, 오동나무류	직선형	다 수
Podosphaera	장미, 조팝나무류, 벚나무류	덩굴형	1개
Microsphaera	사철나무, 가래나무, 호두나무, 오리나무류, 개암나무, 밤나무, 참나무류, 매자나무류, 아까시나무, 수수꽃다리, 인동덩굴	–	다 수

16

동백나무 겹둥근무늬병은 *Pestalotiopsis guepini*균에 의해서 발생한다.

병원균	병 명
Pseudocercospora	소나무 잎마름병, 포플러 갈색무늬병, 느티나무 갈색무늬병, 벚나무 갈색무늬구멍병, 명자꽃 점무늬병, 무궁화 점무늬병
Pestalotiopsis	철쭉류 잎마름병, 동백나무 겹둥근무늬병, 은행나무 잎마름병, 삼나무 잎마름병 등

17

밤나무 줄기마름병은 자좌가 수피 밑에 형성이 되며 수피의 갈라진 틈으로 돌출한다. 좌자의 아래쪽에는 가늘고 긴 목을 가진 플라스크 모양의 자낭각이 다수 형성된다. 자낭각의 목은 수피를 뚫고 돌출하여 황갈색 자좌 위에 형성된 구멍처럼 보인다.

18

연부후균이 콩버섯, 콩꼬투리버섯을 만든다.

19

병원균우점병과 기주우점병은 아래와 같이 구분할 수 있다.

구 분	종 류
병원균우점병	모잘록병, Phytophthora 뿌리썩음병, 리지나뿌리썩음병
기주우점병	아밀라리아뿌리썩음병, Annosum 뿌리썩음병, 자주날개무늬병, 흰날개무늬병, 구멍장이버섯

20

흰날개무늬병은 자낭균에 의해서 발생한다. 병원균은 *Rosellinia necatrix*로 자낭균문 꼬투리버섯목에 속한다.

21

그람염색방법은 세균의 동정에 사용되는 방법이다.

22

세균이 식물병원균이라는 사실은 1878년 미국의 Burrill이 사과나무 불마름병(화상병)을 관찰하는 과정에서 처음 알려졌다.

23

화상병은 1990년대 후반부터 배나무에서 유사 가지마름병이 발생하였고, 이후 2015년에는 경기도 안성을 시작으로 천안, 제천 등에서 병이 확인되었다.

24

수목병해의 기록

병 명	연 도	병 명	연 도
배나무 붉은별무늬병	조선후기	리지나뿌리썩음병	1982년
오동나무 빗자루병	–	소나무재선충	1988년
잣나무 털녹병	1936년	소나무 송진가지마름병	1996년
포플러 잎녹병	1956년	참나무 시들음병	2004년

25

뿌리병해의 종류는 병원균우점병과 기주우점병으로 구분할 수 있으며 병원균우점병은 주로 미성숙한 조직을 침입하여 수목을 조기에 말라죽게 하며 기주우점병은 수목은 빨리 죽지 않으며 일종의 만성적인 병으로 기주 수목은 생장이 지연되거나 결실률이 저하된다.

26

솔껍질깍지벌레는 피해도 '심' 이상이고 수종갱신이 필요한 지역은 모두베기를 실시하고, 피해도 '중' 이상 지역은 나무주사를 실시하여 피해를 사전에 예방한다.

27

곤충의 입틀구조는 크게 씹는 형과 빠는 형으로 구분할 수 있다.

입틀 형태		종 류
씹는 형		딱정벌레류, 메뚜기, 잠자리, 사마귀 등 많은 완전변태류 곤충의 미성숙 단계(유충시기)
빠는 형	찔러 빠는 입	노린재, 진딧물, 멸구, 매미충류
	탐침하여 마시는 입	나비, 나방류
	썰어 빠는 입	등에류, 총채벌레류
	흡수하여 핥는 입	파리류

28

솔잎혹파리, 미국흰불나방, 갈색날개매미충, 아까시잎혹파리는 외래해충이다.

학 명	원산지	피해수종
솔잎혹파리	일본(1929)	소나무, 곰솔
미국흰불나방	북미(1958)	버즘나무, 벚나무 등 활엽수 160여 종
솔껍질깍지벌레	일본(1963)	곰솔, 소나무
소나무재선충	일본(1988)	소나무, 곰솔, 잣나무
버즘나무방패벌레	북미(1995)	버즘나무, 물푸레
아까시잎혹파리	북미(2001)	아까시나무
꽃매미	중국(2006)	대부분 활엽수
미국선녀벌레	미국(2009)	대부분 활엽수
갈색날개매미충	중국(2009)	대부분 활엽수

29

밤바구미는 밤나무, 종가시나무, 참나무류의 종실을 가해하며, 종피와 과육 사이에 낳은 알에서 부화한 유충이 과육을 먹고 자라고, 배설물을 밖으로 내보내지 않아 피해 확인이 어렵다. 밤나무 품종에 따라 피해율이 차이가 있어 조생종보다는 중생종, 만생종에 피해가 많고 밤송이의 가시 밀도가 높은 품종에서 피해가 낮은 경향이 있다.

30

깍지벌레과에 속하는 깍지벌레는 이동하지 않으나, 주머니깍지벌레과, 밀깍지벌레과, 가루깍지벌레과 등은 다리가 있으며 보행할 수 있다.

31

구 분	생식기관	내 용
수 컷	정소 (정집)	여러 개의 정소소관이 모여 하나의 낭 안에 있음
	수정관	수정소관은 수정관으로 연결됨
	저장낭 (저정낭)	정소소관의 정자는 수정관을 통해서 저장낭으로 모임
	부속샘	정액과 정자주머니를 만들어 정자가 이동하기 쉽게 도움
암 컷	난소소관 (알집)	초기난모세포가 난소소관의 증식실과 난황실을 거쳐 알 형성
	부속샘	알의 보호막, 점착액 분비
	저장낭 (수정낭)	교미 시 수컷으로부터 건네받은 정자 보관
	수란관	난소소관은 수란관으로 연결됨

32

축차조사는 1945년 대면적의 산림해충조사에서 처음으로 적용되었으며 이후에는 농업분야의 해충조사를 위해 사용하였다. 우리나라에서는 솔나방과 오리나무잎벌레 해충에 대한 축자조사방법의 연구가 이루어졌다.

33

회양목명나방은 노숙유충의 몸길이가 35mm이며 1년에 2~3회 발생하며 유충으로 월동한다. 유충이 실을 토하여 잎을 묶고 그 속에서 잎의 표피와 잎살을 먹으므로 잎이 반투명해진다.

34

완전변태는 곤충강 27개목 중 9개목이지만, 모든 곤충의 약 86%를 차지하고 유충과 성충이 다른 유형의 환경, 먹이, 서식지를 점유할 수 있다.

35

구 분	관련 해충
단식성 (Monophagous)	• 느티나무벼룩바구미(느티나무), 팽나무벼룩바구미 • 줄마디가지나방(회화나무), 회양목명나방(회양목) • 개나리잎벌(개나리), 밤나무혹벌 및 혹응애류 • 자귀뭉뚝날개나방(자귀나무, 주엽나무) • 솔껍질깍지벌레, 소나무가루깍지벌레, 소나무왕진딧물 • 뽕나무이, 향나무잎응애, 솔잎혹파리, 아까시잎혹파리

협식성 (Oligophagous)	• 솔나방(소나무속, 개잎갈나무, 전나무), 방패벌레류 • 소나무좀, 애소나무좀, 노랑애소나무좀, 광릉긴나무좀 • 벚나무깍지벌레, 쥐똥밀깍지벌레, 소나무굴깍지벌레
광식성 (Polyphagous)	• 미국흰불나방, 독나방, 매미나방, 천막벌레나방 등 • 목화진딧물, 조팝나무진딧물, 복숭아혹진딧물 등 • 뿔밀깍지벌레, 거북밀깍지벌레, 뽕나무깍지벌레 등 • 전나무잎응애, 점박이응애, 차응애 등 • 오리나무좀, 알락하늘소, 왕바구미, 가문비왕나무좀

36

더듬이 종류	곤 충
실모양	딱정벌레류, 바퀴류, 실베짱이류, 하늘소류
짧은털모양(강모상)	잠자리류, 매미류
방울모양(구간상)	밑빠진벌레, 나비류
구슬모양(염주상)	흰개미류
톱니모양(거치상)	방아벌레류
방망이모양(곤봉상)	송장벌레류, 무당벌레류
아가미모양(새상)	풍뎅이류
빗살모양(즐치상)	홍날개류, 잎벌류, 뱀잠자리류
팔굽모양(슬상)	바구미류 및 개미류
깃털모양(우모상)	일부 수컷의 나방류, 모기류
가시털모양(자모상)	집파리류

37

내부기생성 천적은 진딧벌, 먹좀벌류이며 외부기생성 천적은 개미침벌, 가시고치벌류이다.

38

대벌레목은 Phasmida이며 Acarina는 응애목이다.

39

배다리를 가지고 있는 유충형태는 나비유충형이다.

유충형태	특 징	종 류	형 태
나비유충형 (나비목 유충)	몸은 원통형으로 짧은 가슴다리와 2~10쌍의 육질형 배다리를 가짐	나비류 나방류	
좀붙이형 (기는 유충)	길고 납작한 몸으로 돌출된 더듬이와 꼬리돌기를 지님. 가슴다리는 달리는 데 적합	무당벌레류 풀잠자리류	
굼벵이형 (풍뎅이 유충)	몸은 뚱뚱하고 C자 모양으로 배다리는 없고 가슴다리는 짧음	풍뎅이류 소똥구리류	
방아벌레형 (방아벌레 유충)	몸은 길고 매끈한 원통형으로 외골격이 단단하고, 가슴다리는 매우 짧음	방아벌레류 거저리류	
구더기형 (파리류 유충)	몸은 살찐 지렁이형으로 머리덮개나 보행지가 없음	집파리류 쉬파리류	

40

방제방법 중 하나는 이동성이 있는 수컷성충을 페로몬트랩으로 유인한다.

41

곤충은 기온 및 먹이자원이 부족할 경우 종족을 유지하기 위해 발육 중 어느 시기를 일시 정지한다. 휴지는 곤충의 대사나 발육이 느린 속도로 진행되거나 일시 정지하였다가 환경이 좋아지면 즉시 정상상태로 회복하는 것을 말하며 휴면은 추위가 올 것 같으면 미리 대비하여 내분비의 지배를 받아 발육이 정지되는 현상으로 환경이 좋아져도 곧바로 발육을 하지 않는다.

42

내부에 액포와 여러 가지 함유물이 들어 있는 기관으로 영양물질의 저장장소의 역할을 하는 것은 지방체이다.

43

진딧물류의 일부는 세대의 완성을 위해서 중간기주를 필요로 하므로 이러한 중간기주를 제거하면 해충의 밀도를 낮출 수 있다.

해충명	중간기주	가해수종
목화진딧물	오이, 고추 등	무궁화, 석류나무 등
복숭아혹진딧물	무, 배추 등	복숭아나무, 매실나무 등
때죽납작진딧물	나도바랭이새	때죽나무
사사키잎혹진딧물	쑥	벚나무류
외줄면충	대나무	느티나무

조팝나무진딧물	명자나무, 귤나무	사과나무, 조팝나무
일본납작진딧물	조릿대, 이대	때죽나무
검은배네줄면충	벼과 식물	느릅나무, 참느릅나무
복숭아가루진딧물	억새, 갈대 등	벚나무류
벚잎혹진딧물	쑥	벚나무류

44

남포잎벌은 신갈나무, 떡갈나무를 가해하는 해충이며 감수성은 밤나무는 낮은 편이고 굴참나무를 가해하지 않는다.

45

나무를 고사시킬 정도의 피해를 주지는 않지만, 밀도가 높을 경우 황백색으로 변색된 잎이 서서히 갈변하여 경관을 헤치고 수세가 쇠약해진다. 특히 고온건조 시에 피해가 많이 나타난다.

46

곤충은 기주식물이 있고, 유충 시 이동성이 적고, 무리지어 살면 생존에 유리하다.

47

배자발육단계 생식기관은 외배엽이 기원이다.

구 분	발육 운명
외배엽	표피, 외분비샘, 뇌 및 신경계, 감각기관, 전장 및 후장, 호흡계, 외부생식기
중배엽	심장, 혈액, 순환계, 근육, 내분비샘, 지방체, 생식선(난소와 정소)
내배엽	중 장

48

- 오배자면충 → 이끼, 붉나무 / 느티나무외줄면충 → 대나무, 느티나무
- 오갈피나무이 → 이끼, 오갈피나무 / 때죽납작진딧물 : 바랭이 → 때죽나무

49

꽃매미는 1~3령충까지 검은색이나 4령충 이후에는 붉은색으로 변한다.

50

지방체는 곤충 몸 전체에 있다.

51

Fructose는 Glucose, Mannose와 함께 6탄당의 단당류이다.

52

수베린은 목본식물 수피의 코르크세포를 둘러싸고 있어 수분의 증발을 억제하며, 가지에서 가을에 낙엽이 진 후 형성되는 이층에 축적되어 상처를 보호한다. 또한 어린뿌리의 카스파리대는 수베린으로 이루어져 있다.

53

RuBP carboxylase는 산소보다 이산화탄소에 대한 친화력이 훨씬 강하지만 주변에 산소 농도(20%)가 이산화탄소 농도(0.03%)보다 훨씬 높기 때문에 광호흡이 일어난다. 따라서 산소 농도를 낮춰주면 광호흡량을 줄일 수 있다.

54

질산환원이 일어나는 장소에 따라 뿌리에서 일어나는 Lupine형과 잎에서 일어나는 도꼬마리형으로 나눈다. 산성토양에서 잘 견디는 소나무류와 진달래류는 NO_3^-가 적은 토양에서 자라면서 질산환원 대사가 뿌리에서 일어난다.

55

지방은 Oleosome에서 Lipase(지방분해효소)에 의해 Glycerol과 지방산으로 분해되고, 지방산은 Glyoxysome으로 이동하여 베타 산화되고 Glyoxylate cycle과 Mitochondria의 Krebs cycle을 거치며 분해된다.

56

투수성과 보수성이 높아졌다는 것은 토양의 모세관공극과 비모세관공극이 조화롭게 잘 발달되었다고 볼 수 있으므로 과습보다는 적습 상태로 뿌리발달이 양호하게 된다.

57

공변세포에 칼륨이 들어오면 이온 농도가 높아지기 때문에 삼투퍼텐셜이 낮아진다.

58

엽록체는 박테리아보다 약간 더 큰 크기로서 엽록소를 함유하고 있는 부분인 그라나(Grana)와 엽록소가 없는 부분인 스트로마(Stroma)로 구분된다. 광반응은 그라나에서, 암반응은 스트로마에서 일어난다.

59

종자가 발아하는 생리적 단계

수분흡수 → 식물호르몬 생산 → 효소 생산 → 저장물질의 분해와 이동 → 세포분열과 확장 → 기관 분화

60

자유생장을 하는 수종은 가을 늦게까지 줄기생장이 이루어지기 때문에 고정생장 수종보다 수고생장속도가 빠르다.

61

흡수한 이산화탄소는 PEP(Phosphoenolpyruvate)에 고정되어 OAA(Oxaloacetic acid)로 되고, OAA는 다시 Malic acid로 전환되어 액포에 저장된다.

62

뿌리형성층은 봄에 토양표면 가까이에 있는 뿌리에서부터 시작하여 토양 깊숙이 있는 뿌리까지 파급된다.

63

파이토크롬은 적색광과 원적색광에 반응한다.

64

수분퍼텐셜의 크기

토양 > 뿌리 > 줄기 > 가지 > 잎 > 대기

65

해당작용은 호흡작용의 첫 단계로서 포도당이 분해되는 단계이다. 산소를 요구하지 않는 단계이기 때문에 고등식물뿐 아니라 효모균이 발효에 의해 알코올을 생산할 때도 일어나는 반응이다.

66

극음수	전광의 1~3%에서 생존 가능	개비자나무, 금송, 나한백, 주목	굴거리나무, 백량금, 사철나무, 식나무, 자금우, 호랑가시나무, 황칠나무, 회양목
극양수	전광의 60% 이상에서 생존 가능	낙엽송, 대왕송, 방크스소나무, 연필향나무	두릅나무, 버드나무, 붉나무, 예덕나무, 자작나무, 포플러

67

수분부족으로 체내 수분함량이 적어지면 팽압이 감소하게 되어 수분퍼텐셜이 낮아진다.

68

고광도반응은 파이토크롬과 달리 적색광과 원적색광에 의해 상호환원되지 않는다.

69

성장하는 사과나무 과실의 종자는 지베렐린을 생산하여 화아 생성을 억제하며, 올리브나무의 과실 내 종자는 옥신을 생산하여 화아 형성을 억제한다.

70

옥신은 주광성, 굴지성, 정아우세 현상을 만들고 뿌리의 생장과 부정근의 형성을 촉진하여 발근촉진제로 사용된다. 지베렐린은 잎의 신장, 줄기의 마디생장을 촉진하여 키가 커지게 하며, 종자 발아를 촉진한다.

71

내한성이 발달되는 과정에서 세포내 수분함량이 감소하고, 원형질의 빙점이 낮아지면서 기후순화가 일어난다.

72

산성비로 인하여 잎의 왁스층이 붕괴하고 오존 등이 세포막을 파괴함으로써 잎에서 K, Mg, Ca 등이 용탈된다.

73

산림에서 미량원소의 결핍은 철분을 제외하고는 흔히 관찰되지 않는 현상이다. 라디아타소나무의 경우 아연이 결핍하면 눈 근처에서 수지가 흘러나온다.

74

침엽수의 경우 질소산화물과 불소로 인한 고사부위는 건강부위와 뚜렷한 경계선을 갖는다.

75

단백질의 기능

원형질의 구성성분{세포막의 선택적 흡수, 광에너지 흡수(엽록소, Cartotenoid)}, 모든 효소는 단백질, 저장물질, 전자전달 매개체(Cytochrome, Ferredoxin)

76

- 공극률 = 1 − 용적밀도/입자밀도
- 용적수분함량 = 중량수분함량 × 용적밀도

77

유효수분 = 포장용수량 − 위조점

78
카올리나이트는 1:1형 비팽창성 규산염 점토광물로서 알칼리성 토양 개량과는 관계가 없다.

79
우리나라 산림토양의 대부분은 화강암과 화강편마암을 모재로 한 갈색산림토양으로 분류된다. 이로 인해 모래함량이 많은 사양토와 산성 토양의 특성을 나타낸다.

80
산소(O) – 규소(Si) – 알루미늄(Al) – 철(Fe) – 칼슘(Ca) – 나트륨(Na) – 칼륨(K) – 마그네슘(Mg)

81
우리나라 제주도와 울릉도 등에 분포한다.

82
Kaolinite는 1:1형 규산염 점토광물이다.

83
- 1차 다량원소 : N, P, K
- 2차 다량원소 : Ca, Mg, S
- 미량원소 : Fe, Mn, Zn, Cu, B, Mo, Ni, Cl

84
갈색화작용은 화학적 풍화작용에 의하여 규산염광물이나 산화물광물로부터 유리된 철이온이 산소나 물 등과 결합하여 가수산화철이 되어 토양을 갈색으로 착색시키는 과정이다.

85
규산염점토광물 중 카올리나이트는 동형치환이 거의 일어나지 않아 음전하가 상당히 적고, 1:1층 사이의 표면이 노출되지 않기 때문에 비표면적이 작다.

86
유기물의 탄질률이 높으면 토양미생물이 유기물을 분해하면서 부족한 질소를 토양에서 흡수하기 때문에 식물에게 질소기아현상이 일어나게 된다.

87
콩과식물이 질소고정에 의한 질소이용효율을 높이기 위해서는 질소질비료 시용량을 줄여야 한다.

88
염소의 기능
- 망간과 함께 광합성 과정 중 물이 분해되어 전자가 방출되는 과정인 Hill 반응에 관여
- 칼륨과 함께 기공의 개폐에 관여
- 액포막의 ATPase의 활성화에 관여
- 결핍하면 햇빛이 강한 조건에서 잎이 시드는 현상과 함께 황화현상이 나타남

89
산림토양은 경작지 토양에 비해 토성이 거칠고 표면에 유기물층이 발달하기 때문에 강우의 침투율이 커서 지표유출수량이 줄어든다.

90
- 단위 환산 : $1g/cm^3 = 1Mg/m^3$, $1Mg = 1,000,000g = 1,000kg = 1ton$, $1ha = 10,000m^2$
- 토양의 부피 = 토양의 면적 × 깊이 = $10,000m^2 \times 0.5m = 5,000m^3$
- 토양의 무게 = 토양의 부피 × 용적밀도 = $5,000m^3 \times 1.2Mg/m^3 = 6,000Mg = 6,000ton$

91
부식은 Al, Cu, Pb 등과 킬레이트화합물을 형성하거나 독성 유기화합물을 흡착함으로써 그 독성을 경감시킨다.

92
질산화작용은 토양 pH 4.5~7.5 범위에서 잘 일어나며, 매우 산성화된 토양에서는 Ca과 Mg 등의 영양소 부족이나 Al의 독성으로 인하여 질산화작용이 저해된다. 산림토양의 낮은 pH는 질산화작용을 저해한다.

93
매트릭퍼텐셜은 불포화상태에서의 수분의 보유와 이동에 가장 크게 기여한다.

94
용적밀도가 클수록 공극율이 작아지므로 배수성 또한 불량해진다.

95
양이온 교환용량이 클수록 완충능력도 증가한다. 양이온 교환용량은 유기물함량과 점토의 종류 및 함량에 의해 변화된다.

96

하티그망과 균투는 외생균근균의 특징이다.

97

배위자교환은 OH기와 배위자 사이의 교환이 이루어지는 것으로 반응 후 pH가 증가한다. F^-, $H_2PO_4^-$, HPO_4^{2-} 등 반응성이 강한 음이온의 흡착 방식으로 비가역적이기 때문에 음이온고정 또는 음이온특이흡착이라고도 한다.

98

팽창성 점토는 물을 만나면 팽창하기 때문에 공극을 막게 되어 강우의 토양침투를 방해한다.

99

식물체내 황의 90% 이상이 단백질에 존재한다. Cysteine과 Methionine은 단백질을 구성하는 아미노산의 종류이다.

100

중금속의 용해도

- 일반적으로 중금속의 용해도는 토양의 pH가 낮아질수록 증가한다(단 몰리브덴은 예외).
- 철과 망간은 산화조건에서 불용화되는 반면 카드뮴, 구리, 아연, 크롬은 환원조건에서 불용화된다.
- 크롬은 산화상태에서 독성이 증가하고, 비소는 환원상태에서 독성이 증가한다.

101

음수는 높은 광도에서 양수보다 광합성 효율이 낮다.

102

환상박피는 뿌리의 세근을 형성하기 위한 방법으로 사용한다.

103

목재칩 멀칭은 분해가 어려워 미생물의 활동이 적어 발열이 적고, 여름에 토양온도를 유지하여 준다.

104

수목 식재지 토양의 답압은 용적비중을 높여 토양공극이 감소하는 현상을 보인다.

105

토양산도는 토양의 화학성을 판단하는 인자이다.

106

활엽수의 강전정은 외형적으로 볼 때 수목의 가지와 줄기에 물이 이동하기 직전인 제2휴면기인 겨울에 실시하는 것이 바람직하다.

107

과밀한 임분은 기상재해에 취약하며 사면안정성에도 문제가 발생할 수 있다.

109

단풍나무의 수액이 흐르는 2~4월에는 전정을 피하는 것이 좋다.

110

에틸렌은 식물의 성숙과 노화 및 열매의 결실에 관여하는 호르몬이다.

111

내화력이 약한 수종과 강한 수종은 아래와 같다.

구 분	침엽수	상록활엽수	낙엽활엽수
내화력이 약한 수종	소나무, 해송, 삼나무, 편백나무	녹나무, 구실잣밤나무	아까시나무, 벚나무, 벽오동, 참죽나무, 조릿대
내화력이 강한 수종	은행나무, 잎갈나무, 분비나무, 가문비나무, 개비자나무, 대왕송	아왜나무, 굴거리나무, 후피향나무, 협죽도, 황벽나무, 동백나무, 사철나무, 가시나무, 회양목	피나무, 고로쇠, 마가목, 고광나무, 가죽나무, 참나무류, 사시나무, 음나무, 수수꽃다리

112

방풍림에 적합한 수종은 심근성 수종이다.

구 분	침엽수	활엽수
심근성	곰솔, 나한송 소나무류, 비자나무, 은행나무, 잣나무류, 전나무, 주목	가시나무, 구실잣밤나무, 굴거리나무, 녹나무, 느티나무, 단풍나무류, 동백나무, 마가목, 모과나무, 목력류, 벽오동, 생달나무, 참나무류, 칠엽수, 튤립나무, 팽나무, 호두나무, 회화나무, 후박나무
천근성	가문비나무, 낙엽송, 눈주목, 독일가문비나무, 솔송나무, 편백	매화나무, 밤나무, 버드나무, 아까시나무, 자작나무, 포플러류

113

길항작용 및 상승작용

성 분	길항작용	상승작용
질소(N)	질소 → 칼륨(K), 붕소(B)	질소 → 마그네슘
인(P)	인산 → 칼륨, 철, 구리 황산(SO_4)	인산 → 마그네슘, 몰리브덴
칼륨(K)	칼륨 → 질소(벼), 칼슘, 마그네슘, 붕소	칼륨 → 철, 몰리브덴, 망간
칼슘(Ca)	칼슘 → 칼륨, 마그네슘, 아연, 철, 망간	–
마그네슘(Mg)	마그네슘 → 칼륨, 칼슘	마그네슘 → 칼슘, 인산
철(Fe)	철 → 인, 요소(NH_4), 몰리브덴 철 ↔ 망간(상호길항성)	–
구리(Cu)	구리 → 철, 몰리브덴	–
망간(Mn)	망간 → 몰리브덴	–
아연(Zn)	아연 → 철	–
황산(SO_4)	황산 → 몰리브덴	–
요소(NH_4)	요소 → 몰리브덴	–
규산(Si)	규산 → 칼슘, 요소	규산 → 마그네슘
염소(Cl)	염소 → 붕소	–
붕소(B)	다른 원소로부터 영향을 받을 뿐, 자기는 아무런 영향을 주지 못함	
몰리브덴(Mo)	붕소(B)와 마찬가지로 다른 원소로부터 흡수의 영향을 받음	

114

엽소에 강한 수종은 참나무류, 소나무류이며 피소에 강한 수종은 사철나무, 동백나무류이다.

구분	강한 수종	약한 수종
피 소	사철나무, 동백나무 등	단풍나무, 층층나무, 물푸레나무, 칠엽수, 느릅나무, 주목, 잣나무, 젓나무, 자작나무
엽 소	참나무류, 소나무류 등	버즘나무, 배롱나무, 가문비나무, 오동나무, 벚나무, 단풍나무, 매화나무 등

115

당류는 저온유기 탈수기간에 지질분자에서 수소결합을 유지하는데 물 분자를 대체하여 식물세포막을 보호한다.

내한성 수종	비내한성 수종
자작나무, 오리나무, 사시나무, 버드나무, 소나무, 잣나무, 전나무	삼나무, 편백, 곰솔, 금송, 히말라야시다, 배롱나무, 피라칸사스, 자목련, 사철나무, 벽오동, 오동나무

116

염해에 강한 수목

내염성	침엽수	활엽수
강 함	곰솔, 낙우송, 노간주나무, 리기다소나무, 주목, 측백나무, 향나무	가중나무, 감탕나무, 굴거리나무, 녹나무, 느티나무, 능소버들, 동백나무, 때죽나무, 모감주나무, 무궁화, 벽오동, 사철나무, 식나무, 아까시나무, 보리수, 아왜나무, 자귀나무, 주엽나무, 참나무류, 칠엽수, 팽나무, 후박나무, 회양목
약 함	가문비나무, 낙엽송, 삼나무, 소나무, 스트로브잣나무, 은행나무, 젓나무, 히말라야시다	가시나무, 개나리, 단풍나무류, 목련류, 벚나무, 피나무

117

관설해로 피해를 보는 수목은 활엽수보다 침엽수이며, 가늘고 긴 수간, 경사를 따른 임목의 고밀한 배치, 복층림의 하층목에서 피해서 심하게 나타난다.

118

내건성 및 내습성 수목

구 분		침엽수	활엽수
내건성	높 음	곰솔, 노간주나무, 눈향나무, 섬잣나무, 소나무, 향나무	가중나무, 물오리나무, 보리수나무, 사시나무, 사철나무, 아까시나무, 호랑가시나무, 회화나무
	낮 음	낙우송, 삼나무	느릅나무, 능수버들, 단풍나무, 동백나무, 물푸레나무, 주엽나무, 층층나무, 황매화
내습성	높 음	낙우송	단풍나무류(은단풍, 네군도, 루부룸), 물푸레나무, 버드나무류, 버즘나무류, 오리나무류, 주엽나무, 포플러류
	낮 음	가문비나무, 서양측백나무, 소나무, 주목, 향나무류, 해송	단풍나무류(설탕, 노르웨이), 벚나무류, 사시나무, 아까시나무, 자작나무류, 층층나무

119

외과수술은 가장자리형성층을 노출 후 충전제를 처리한다.

120

외과수술 시 수목이 방어대를 형성하고 있는 목질부가 단단하게 남아 있는 변색부위는 그대로 두고 실시한다.

121

가지보호대의 물질은 침엽수는 테르펜 성분으로 되어 있고, 활엽수는 페놀계 성분으로 되어 있다.

122

양분요구도는 아래와 같다.

양분요구도	침엽수	활엽수
높 음	금송, 낙우송, 독일가문비, 삼나무, 주목, 측백나무	감나무, 느티나무, 단풍나무, 대추나무, 동백나무, 매화나무, 모과나무, 물푸레나무, 배롱나무, 벚나무, 오동나무, 이팝나무, 칠엽수, 튤립나무, 피나무, 회화나무, 버즘나무
중 간	가문비나무, 잣나무, 전나무	가시나무류, 버드나무류, 자귀나무, 자작나무, 포플러
낮 음	곰솔, 노간주나무, 대왕송, 방크스소나무, 소나무, 향나무	등나무, 보리수나무, 소귀나무, 싸리나무, 아까시나무, 오리나무, 해당화

123

성숙잎에 결핍증상이 먼저 나타나는 원소는 질소, 인산, 칼륨, 마그네슘이고, 어린잎에 결핍증상이 우선하여 나타나는 원소는 철, 붕소, 칼슘이다.

124

침엽수림보다 활엽수가 산불에 더 강하다.

125

지반의 해토를 촉진하거나 방풍림을 설치하여 증산작용을 최소화하여 피해를 줄일 수 있다.

126

조경수에 사용하는 약품으로 베노밀수화제, 디프수화제, 만코지수화제 등이 있다.

127

$1:800 = x:160$

128

- 확전성 : 식물이나 곤충의 체표면에 부착한 약액의 입자가 잘 퍼지게 하는 성질
- 부착성 : 살포한 약제가 식물체나 곤충체 표면에 잘 달라붙는 성질
- 습전성 : 습윤성과 확전성을 합친 말

129

잔류허용기준이 설정되지 않은 농약에 대해서는 0.01ppm 기준을 적용한다.

130

농약을 구입하는 경우 포장지 라벨에 적혀 있는 권고사항, 주의사항, 취급제한 기준을 꼼꼼히 살펴보아야 한다.

131

저항성은 후천적 적응이 아닌 선천적인 단일 유전자에 의한 것이다.

132

농약 작용기작 표시 기준의 기호 체계

구 분	작용기작 구분	표시기호
살균제	가, 나, 다, 라, …	가1, 나1, 다7 등으로 표시
살충제	1, 2, 3, …	1a, 5, 8b 등으로 표시
제초제	A, B, C, …	A, C1, M 등으로 표시

133

글리포세이트(Glyphosate)는 비선택성 제초제로서 처리 후 6시간 정도 이내에 경엽을 통하여 체내에 흡수되어 체관을 따라 지하부로 이동하여 방향족 아미노산 생합성을 저해하여 살초한다.

134

피레스로이드계 살충제는 축색에 위치한 나트륨 이온 통로의 개폐를 저해하여 축색말단에 계속적으로 자극을 전달하여 살충효과를 나타낸다.

135

- 히드라메틸논, 아세퀴노실, 플루아크리피림, 비페나제이트 : 전자전달계 복합체Ⅲ 저해
- 사이로마진 : 파리목 곤충 탈피 저해

136

무기구리제는 경엽, 토양처리 또는 종자처리 등 보호살균제로 사용된다.

137

조경수 및 분재의 경우에는 상품가치 등을 고려하여 상단부 1개소에서 시료를 채취할 수 있다.

138

산림의 건강 · 활력도의 조사기준(산림보호법 시행령 제10조 제1항)

- 식물의 생장 정도
- 토양의 산성화 정도 등 토양 환경의 건전성 정도
- 대기오염 또는 산림병해충 등에 의한 산림의 피해 정도
- 산림생태계의 다양성 정도
- 그 밖에 산림의 건강에 영향을 미치는 요인

139

100만 원 이하의 과태료(산림보호법 제57조 제3항)

- 진료부를 갖추어 두지 아니하거나, 진료한 사항을 기록하지 아니하거나 또는 거짓으로 기록한 나무의사
- 수목을 직접 진료하지 아니하고 처방전 등을 발급한 나무의사
- 정당한 사유 없이 처방전 등의 발급을 거부한 나무의사
- 보수교육을 받지 아니한 나무의사

140

느티나무 > 소나무 > 팽나무 > 은행나무 > 버드나무 > 회화나무 > 향나무 > 기타

인생이란 결코 공평하지 않다. 이 사실에 익숙해져라.

– 빌 게이츠 –

부록

2024년 제10회 기출문제

우리는 삶의 모든 측면에서 항상 '내가 가치있는 사람일까?'
'내가 무슨 가치가 있을까?'라는 질문을 끊임없이 던지곤 합니다.
하지만 저는 우리가 날 때부터 가치있다 생각합니다.

- 오프라 윈프리 -

2024년 나무의사 필기 기출문제해설

제 10 회 기출문제

제1과목 수목병리학

01

전염원이 바람에 의해 직접적으로 전반되는 수목병으로 옳지 않은 것은?

① 잣나무 털녹병
② 동백나무 탄저병
③ 은행나무 잎마름병
④ 사철나무 흰가루병
⑤ 사과나무 불마름병

02

봄에 향나무 잎과 줄기에 형성된 노란색 또는 오렌지색 구조체에 생성되는 것은?

① 녹포자
② 유주포자
③ 겨울포자
④ 여름포자
⑤ 녹병정자

03

병원균의 분류군(속)이 나머지와 다른 것은?

① 소나무 잎마름병
② 회양목 잎마름병
③ 명자나무 점무늬병
④ 느티나무 갈색무늬병
⑤ 배롱나무 갈색점무늬병

04

표징을 관찰할 수 없는 것은?

① 회화나무 녹병
② 뽕나무 오갈병
③ 벚나무 빗자루병
④ 배나무 붉은별무늬병
⑤ 단풍나무 타르점무늬병

05

무성생식으로 생성되는 포자를 모두 고른 것은?

ㄱ. 자낭포자	ㄴ. 담자포자
ㄷ. 난포자	ㄹ. 분생포자
ㅁ. 유주포자	ㅂ. 후벽포자

① ㄱ, ㅁ
② ㄱ, ㅂ
③ ㄴ, ㅂ
④ ㄷ, ㄹ
⑤ ㄹ, ㅁ

06

수목병과 병원균이 형성하는 유성세대 구조체의 연결로 옳지 않은 것은?

① 밤나무 잉크병 – 자낭자좌
② 밤나무 줄기마름병 – 자낭각
③ 벚나무 빗자루병 – 나출자낭
④ 단풍나무 흰가루병 – 자낭구
⑤ 소나무 피목가지마름병 – 자낭반

07

수목 병원성 곰팡이에 관한 설명으로 옳지 않은 것은?

① 빗자루병을 일으킬 수 있다.
② Biolog 검정법을 통해 동정할 수 있다.
③ 기공과 피목을 통해 식물체 내부로 침입할 수 있다.
④ 휴면 월동 구조체인 균핵과 후벽포자는 전염원이 될 수 있다.
⑤ 탄저병을 일으키는 *Colletotrichum*속은 강모(Setae)를 형성하기도 한다.

08

병의 진단에 사용하는 코흐(Koch)의 원칙에 관한 설명으로 옳지 않은 것은?

① 병원체는 반드시 병든 부위에 존재해야 한다.
② 재분리한 병원체의 유성생식이 확인되어야 한다.
③ 병반에서 분리한 병원체는 순수배양이 가능해야 한다.
④ 순수 분리된 병원체를 동종 수목에 접종했을 때 동일한 병징이 재현되어야 한다.
⑤ 병징이 재현된 감염 조직에서 접종했던 병원체와 동일한 것이 재분리되어야 한다.

09

병원체와 제시된 병명의 연결이 모두 옳은 것은?

ㄱ. 벚나무 빗자루병
ㄴ. 뽕나무 자주날개무늬병
ㄷ. 감귤 궤양병
ㄹ. 소나무 혹병
ㅁ. 호두나무 근두암종병
ㅂ. 배나무 붉은별무늬병
ㅅ. 쥐똥나무 빗자루병
ㅇ. 소나무 재선충병

① 선충 – ㅁ, ㅇ
② 세균 – ㄷ, ㄹ
③ 곰팡이 – ㄴ, ㄹ
④ 바이러스 – ㄴ, ㅂ
⑤ 파이토플라스마 – ㄱ, ㅅ

10

포플러 잎녹병에 관한 설명으로 옳지 않은 것은?

① 중간기주로 일본잎갈나무(낙엽송) 등이 알려져 있다.
② 한국에서는 대부분 *Melampsora larici –populina*에 의해 발생한다.
③ 한국에서도 포플러 잎녹병에 대한 저항성 클론이 개발・보급되었다.
④ 월동한 겨울포자가 발아하여 생성된 담자포자가 포플러 잎을 감염한다.
⑤ 여름포자는 핵상이 n+n이며 기주를 반복 감염하여 피해를 증가시킨다.

11

병원체에 관한 설명으로 옳은 것은?

① 곰팡이는 자연개구로 침입할 수 없다.
② 식물기생선충은 구침을 가지고 있지 않다.
③ 바이러스는 식물체에 직접 침입할 수 있다.
④ 세균은 수목의 상처를 통해서만 침입할 수 있다.
⑤ 파이토플라스마는 새삼이나 접목을 통해 전반될 수 있다.

12

바이러스에 관한 설명으로 옳지 않은 것은?

① 세포 체제를 가지고 있지 않다.
② 절대기생성이며 기주특이성이 없다.
③ 복제 시 핵산에 돌연변이가 발생할 수 있다.
④ 식물체 내 원거리 이동통로는 주로 체관이다.
⑤ 유전자 발현은 기주의 단백질 합성기구에 의존한다.

13

파이토플라스마에 관한 설명으로 옳지 않은 것은?

① 세포벽을 통해 양분흡수와 소화효소 분비를 조절한다.
② 매개충을 통해 전반되며 수목에 전신감염을 일으킨다.
③ 16S rRNA 유전자 염기서열 분석으로 동정할 수 있다.
④ 오동나무 빗자루병, 붉나무 빗자루병 등의 병원체이다.
⑤ 병든 나무는 벌채 후 소각하거나 옥시테트라사이클린 나무주사로 치료한다.

14

수목병의 표징에 관한 설명으로 옳지 않은 것은?

① 호두나무 탄저병 : 병반 위에 분생포자덩이를 형성한다.
② 회화나무 녹병 : 줄기와 가지에 길쭉한 혹이 만들어진다.
③ 삼나무 잎마름병 : 분생포자덩이가 분출되어 마르면 뿔 모양이 된다.
④ 아밀라리아뿌리썩음병 : 주요 표징 중 하나는 뿌리꼴균사다발이다.
⑤ 호두나무 검은(돌기)가지마름병 : 분생포자덩이가 빗물에 씻겨 수피로 흘러내리면 잉크를 뿌린 듯이 보인다.

15

수목병 진단기법에 관한 설명으로 옳은 것은?

① 바이러스 봉입체는 전자현미경으로만 관찰된다.
② 그람염색법으로 소나무 혹병의 병원균을 동정한다.
③ 사철나무 대화병은 병환부를 습실처리하여 표징 발생을 유도한다.
④ 오동나무 빗자루병은 Toluidine Blue를 이용한 면역학적 기법으로 진단한다.
⑤ 향나무 녹병 진단을 위해 병원균 DNA ITS의 부위를 PCR로 증폭하여 염기서열을 분석한다.

16

수목병을 관리하는 방법에 관한 설명으로 옳지 않은 것은?

① 배롱나무 흰가루병 : 일조와 통기 환경을 개선한다.
② 소나무 잎녹병 : 중간기주인 뱀고사리를 제거한다.
③ 소나무 가지끝마름병 : 수관 하부를 가지치기한다.
④ 대추나무 빗자루병 : 옥시테트라사이클린을 나무 주사한다.
⑤ 벚나무 갈색무늬구멍병 : 병든 잎을 모아 태우거나 땅속에 묻는다.

17

비기생성 원인에 의한 수목병의 일반적인 특성으로 옳은 것은?

① 기주특이성이 높다.
② 병원체가 병환부에 존재하고 전염성이 있다.
③ 수목의 모든 생육단계에서 발생할 수 있다.
④ 환경조건이 개선되어도 병이 계속 진전된다.
⑤ 미기상 변화에 직접적인(Microclimate) 영향을 받지 않는다.

18

제시된 특징을 모두 갖는 병원균에 의한 수목병은?

- 분생포자를 생성한다.
- 세포벽에 키틴을 함유한다.
- 균사 격벽에 단순격벽공이 있다.

① 철쭉 떡병
② 동백나무 흰말병
③ 오리나무 잎녹병
④ 사과나무 흰날개무늬병
⑤ 느티나무 줄기밑둥썩음병

19

***Ophiostoma*속 곰팡이에 관한 설명으로 옳지 않은 것은?**

① 토양 속에 균핵을 형성한다.
② 천공성 해충의 몸에 붙어 전반된다.
③ 느릅나무 시들음병의 병원균이 속한다.
④ 멜라닌 색소를 합성하여 목재 변색을 일으킨다.
⑤ 변재부의 방사유조직에서 생장하여 감염 부위가 나타난다.

20

수목 뿌리에 발생하는 병에 관한 설명으로 옳은 것은?

① 파이토프토라뿌리썩음병균은 유주포자낭을 형성한다.
② 안노섬뿌리썩음병균은 아까시흰구멍버섯을 형성한다.
③ 리지나뿌리썩음병균은 자낭반 형태의 뽕나무버섯을 형성한다.
④ 모잘록병은 기주 우점병이며 주요 병원균으로는 *Pythium*속과 *Rhizoctonia solani* 등이 있다.
⑤ 뿌리혹선충은 뿌리 내부에 침입하여 세포와 세포 사이를 이동하는 이주성 내부기생 선충이다.

21

소나무 가지끝마름병에 관한 설명으로 옳지 않은 것은?

① 피해 입은 새 가지와 침엽은 수지에 젖어 있다.
② 감염된 어린 가지는 말라 죽으며, 아래로 구부러진 증상을 보인다.
③ 침엽 및 어린 가지의 병든 부위에는 구형 또는 편구형 분생포자각이 형성된다.
④ 가뭄, 답압, 과도한 피음 등으로 수세가 약해진 나무에서는 굵은 가지에도 발생한다.
⑤ 병원균은 *Guignardia*속에 속하며 병든 낙엽, 가지 또는 나무 아래의 지피물에서 월동한다.

22

한국에서 발생하는 참나무 시들음병에 관한 설명으로 옳지 않은 것은?

① 주요 피해 수종은 신갈나무이다.
② 감염된 나무는 변재부가 변색된다.
③ 병원균은 유성세대가 알려지지 않은 불완전균류이다.
④ 물관부의 수분 흐름이 감소되어 나무 전체가 시든다.
⑤ 병원균은 기주수목의 방어반응을 이겨 내기 위해 체관 내에 전충체(Tylose)를 형성한다.

24

벚나무 번개무늬병에 관한 설명으로 옳지 않은 것은?

① 접목에 의한 전염이 가능하다.
② 병원체는 *American plum line pattern virus* 등이 있다.
③ 봄에 나온 잎의 주맥과 측맥을 따라 황백색 줄무늬가 나타난다.
④ 병징은 매년 되풀이되어 나타나며 심할 경우 나무는 고사한다.
⑤ 감염된 잎의 즙액을 지표식물에 접종하면 국부병반이 나타나고, ELISA로 진단할 수 있다.

23

수목에 기생하는 겨우살이에 관한 설명으로 옳지 않은 것은?

① 진정겨우살이는 침엽수에 피해를 준다.
② 기주식물에 흡기를 만들어 양분과 수분을 흡수한다.
③ 수간이나 가지의 감염 부위는 부풀고 강풍에 쉽게 부러질 수 있다.
④ 방제를 위해 감염된 가지를 전정한 후 상처도포제를 처리하는 것이 좋다.
⑤ 진정겨우살이는 광합성을 할 수 있으나 수분과 무기양분은 기주식물에 의존한다.

25

버즘나무 탄저병에 관한 설명으로 옳지 않은 것은?

① 병원균의 유성세대는 *Apiognomonia*속에 속한다.
② 병원균은 무성세대 포자형성기관인 분생포자각을 형성한다.
③ 감염된 낙엽과 가지를 제거하면 추가 감염을 예방하는 효과가 있다.
④ 봄에 잎이 나온 후 비가 자주 내릴 때 많이 발생하며, 어린 잎과 가지가 말라 죽는다.
⑤ 잎이 전개된 이후에 감염되면 엽맥을 따라 번개 모양의 갈색 병반을 보이며 조기 낙엽을 일으킨다.

제2과목 수목해충학

26

곤충이 번성한 이유에 관한 설명으로 옳지 않은 것은?

① 외골격은 가볍고 질기며 수분 투과를 막는다.
② 식물과 공진화하여 먹이 자원에 대한 종특이성이 발달하였다.
③ 크기가 작아 소량의 먹이로도 살아갈 수 있고 공간 요구도가 낮다.
④ 이동분산 능력을 증대시키는 날개가 있어 탐색활동이나 교미활동에 유리하다.
⑤ 세대 간 간격이 짧아 도태나 돌연변이가 일어나지 않아 종 다양성이 증가하였다.

27

곤충의 기원과 진화에 관한 설명으로 옳은 것은?

① 데본기에 날개가 있는 곤충이 출현하였다.
② 무시류 곤충은 캄브리아기에 출현하였다.
③ 근대 곤충 목(目, Order)은 대부분 삼첩기에 출현하였다.
④ 다리가 6개인 절지동물류는 모두 곤충강으로 분류한다.
⑤ 곤충강에 속하는 분류군은 입틀이 머리덮개 안으로 함몰되어 있다.

28

곤충 성충의 외부형태적 특징에 관한 설명으로 옳지 않은 것은?

① 홑눈은 낱눈 여러 개로 채워져 있다.
② 날개는 체벽이 신장되어 생겨난 것이다.
③ 더듬이의 마디는 밑마디, 흔들마디, 채찍마디로 되어 있다.
④ 입틀은 큰턱과 작은턱이 각각 1쌍이고 윗입술, 아랫입술, 혀로 구성되어 있다.
⑤ 다리의 마디는 밑마디, 도래마디, 넓적마디, 종아리마디, 발목마디로 되어 있다.

29

곤충의 특징에 관한 설명으로 옳은 것은?

① 외표피는 키틴을 다량 함유한다.
② 메뚜기류의 고막은 앞다리 넓적마디에 있다.
③ 중추신경계는 뇌와 앞가슴샘이 신경색으로 연결되어 있다.
④ 순환계는 소화관의 아래쪽에 위치하며, 대동맥과 심장으로 되어 있다.
⑤ 기관계에서 바깥쪽 공기는 기문을 통해 곤충 몸 안으로 들어가고, 기관지와 기관소지를 통해 세포까지 공급된다.

30

곤충분류학 용어에 관한 설명으로 옳지 않은 것은?

① 속명과 종명은 라틴어로 표기한다.
② 계–문–강–목–과–속–종의 체계로 이루어져 있다.
③ 명명법은「국제동물명명규약」에 규정되어 있다.
④ 신종 기재 시에는 1개체만 완모식표본으로 설정한다.
⑤ 종결어미는 과명에서 '–inae'이고 아과명에서는 '–idae' 이다.

31

제시된 특징의 곤충 분류군(목)은?

- 잎을 가해하고 간혹 대발생한다.
- 주로 단위생식을 하며 독립생활을 한다.
- 수관부를 섭식하며 알을 한 개씩 지면으로 떨어뜨린다.
- 앞가슴마디가 짧고, 가운데가슴마디와 뒷가슴마디가 길다.

① 벌목(Hymenoptera) ② 대벌레목(Phasmida)
③ 나비목(Lepidoptera) ④ 메뚜기목(Orthoptera)
⑤ 딱정벌레목(Coleoptera)

32

해충 개체군의 특징에 관한 설명으로 옳은 것은?

① 어린 유충기의 집단생활은 생존율을 낮춘다.
② 어린 유충기에 집단생활을 하는 종으로 솔잎벌이 있다.
③ 환경저항이 없는 서식처에서 로지스틱(Logistic) 성장을 한다.
④ 생존곡선에서 제3형(C형)은 어린 유충기에서 죽는 비율이 높다.
⑤ 서열(경합)경쟁은 종간경쟁의 한 종류이며, 생태적 지위가 유사한 종간에 발생한다.

33

곤충의 신경계에 관한 설명으로 옳지 않은 것은?

① 신경계에서 호르몬이 분비된다.
② 뇌에 신경절 2쌍이 연합되어 있다.
③ 말초신경계는 운동신경과 체벽에 분포한 감각신경을 포함한다.
④ 신경계는 감각기를 통해 환경자극을 전기에너지로 전환한다.
⑤ 내장신경계는 내분비기관, 생식기관, 호흡기관 등을 조절한다.

34

곤충의 내분비계에 관한 설명으로 옳지 않은 것은?

① 알라타체는 유약호르몬을 분비한다.
② 탈피호르몬은 뇌호르몬의 자극을 받아 분비된다.
③ 앞가슴샘은 유충과 성충에서 탈피호르몬을 분비하는 내분비기관이다.
④ 내분비계에는 앞가슴샘, 카디아카체, 알라타체, 신경분비세포가 있다.
⑤ 카디아카체는 뇌의 신경분비세포에서 신호를 받은 후에 저장된 앞가슴샘자극호르몬을 방출한다.

35

곤충과 온도의 관계에 관한 설명으로 옳은 것은?

① 온대지역에서 고온치사임계온도는 35℃이다.
② 적산온도법칙은 고온임계온도를 초과한 높은 온도에도 적용한다.
③ 발육속도는 해당 온도구간에서 발육기간(일)의 역수로 계산한다.
④ 유효적산온도는 [(평균온도–발육영점온도)÷발육기간(일)]로 계산한다.
⑤ 발육영점온도는 실험온도와 발육속도의 직선회귀식으로 얻은 기울기를 Y절편 값으로 나눈 것이다.

36

딱정벌레목과 벌목의 특징에 관한 설명으로 옳지 않은 것은?

① 바구미과는 나무좀아과와 긴나무좀아과를 포함한다.
② 딱정벌레목의 다식아목에는 하늘소과, 풍뎅이과, 딱정벌레과가 포함된다.
③ 비단벌레과는 금속 광택이 특징이며 유충기에 수목의 목질부를 가해한다.
④ 잎벌아목 성충의 산란관은 톱니 모양으로 발달하여 잎이나 줄기를 절개하고 산란한다.
⑤ 벌목의 잎벌아목과 벌아목은 뒷가슴과 제1배마디가 연합된 자루마디의 유무로 구분된다.

37

곤충의 주성에 관한 설명으로 옳지 않은 것은?

① 양성주광성은 빛이 있는 방향으로 이동하려는 특성이다.
② 양성주풍성은 바람이 불어오는 방향으로 이동하려는 특성이다.
③ 양성주지성은 중력에 반응하여 식물체 위로 기어올라가는 특성이다.
④ 양성주화성은 특정 화합물이 있는 방향으로 이동하려는 특성이다.
⑤ 주촉성은 자신의 몸을 주변 물체에 최대한 많이 접촉하려는 특성이다.

38

곤충의 적응과 휴면(Diapause)에 관한 설명으로 옳지 않은 것은?

① 암컷 성충만 월동하는 곤충도 있다.
② 적산온도법칙은 휴면기간 중에도 적용한다.
③ 휴면 유도는 이전 발육단계에서 결정되는 경우가 많다.
④ 휴면이 일어나는 발육단계는 유전적으로 정해져 있다.
⑤ 휴면을 결정하는 여러 요인 중에서 광주기가 중요한 역할을 한다.

39

곤충의 성페로몬과 이용에 관한 설명으로 옳지 않은 것은?

① 단일 혹은 2개 이상의 화합물로 구성된다.
② 신경혈액기관에서 생성되어 체외로 방출된다.
③ 개체군 조사, 대량유살, 교미교란에 이용된다.
④ 유인력 결정에는 화합물의 구성비가 중요하다.
⑤ 한쪽 성에서 생산되어 반대쪽 성을 유인한다.

40

천공성 해충과 충영형성 해충을 옳게 나열한 것은?

	천공성 해충	충영형성 해충
①	박쥐나방 알락하늘소	돈나무이 외발톱면충
②	개오동명나방 광릉긴나무좀	외줄면충 자귀나무이
③	복숭아유리나방 벚나무사향하늘소	외발톱면충 큰팽나무이
④	솔수염하늘소 큰솔알락명나방	벚나무응애 때죽납작진딧물
⑤	소나무좀 목화명나방	공깍지벌레 복숭아가루진딧물

41

제시된 생태적 특징을 지닌 해충으로 옳은 것은?

- 장미과 수목의 잎을 가해한다.
- 연 1회 발생하며 유충으로 월동한다.
- 유충의 몸에는 검고 가는 털이 있다.
- 유충의 몸은 연노란색이고 검은 세로줄이 여러 개 있다.

① 노랑쐐기나방
② 복숭아명나방
③ 황다리독나방
④ 노랑털알락나방
⑤ 벚나무모시나방

42

해충의 외래종 여부 및 원산지의 연결이 옳은 것은?

	해충명	외래종 여부 (O, X)	원산지
①	매미나방	X	한국, 일본, 중국, 유럽
②	솔잎혹파리	X	한국, 일본
③	밤나무혹벌	O	유 럽
④	별박이자나방	O	일 본
⑤	갈색날개매미충	O	미 국

43

벚나무류 해충의 가해 및 피해 특징에 관한 설명으로 옳지 않은 것은?

① 사사키잎혹진딧물 : 잎이 뒷면으로 말리고 붉게 변한다.
② 뽕나무깍지벌레 : 가지, 줄기에 집단으로 모여 흡즙한다.
③ 갈색날개매미충 : 1년생 가지에 산란하면서 상처를 유발한다.
④ 남방차주머니나방 : 유충이 잎맥 사이를 가해하여 구멍을 뚫는다.
⑤ 복숭아유리나방 : 유충이 수피를 뚫고 들어가 형성층 부위를 가해한다.

44

해충별 과명, 가해 부위 및 연 발생, 세대 수의 연결이 옳지 않은 것은?

① 외줄면충 : 진딧물과 - 잎 - 수회
② 솔잎혹파리 : 혹파리과 - 잎 - 1회
③ 소나무왕진딧물 : 진딧물과 - 가지 - 3~4회
④ 루비깍지벌레 : 깍지벌레과 - 줄기, 가지, 잎 - 1회
⑤ 뿔밀깍지벌레 : 밀깍지벌레과 - 가지, 잎 - 1회

45

제시된 해충의 생태에 관한 설명으로 옳지 않은 것은?

> • 소나무류를 가해한다.
> • 학명은 *Tomicus piniperda*이다.

① 성충으로 지제부 부근에서 월동한다.
② 연 1회 발생하며 월동한 성충이 봄에 산란한다.
③ 신성충은 여름에 새 가지에 구멍을 뚫고 들어가 가해한다.
④ 쇠약한 나무에서 내는 물질이 카이로몬 역할을 하여 월동한 성충이 유인된다.
⑤ 봄에 수컷 성충이 먼저 줄기에 구멍을 뚫고 들어가면 암컷이 따라 들어가 교미한다.

46

해충의 가해 및 월동 생태에 관한 설명으로 옳은 것은?

① 뽕나무이 : 성충으로 월동하며 열매에 알을 낳는다.
② 벚나무응애 : 잎 뒷면에서 흡즙하고 가지 속에서 알로 월동한다.
③ 사철나무혹파리 : 유충은 1년생 가지에 파고 들어가 충영을 만든다.
④ 아까시잎혹파리 : 땅속에서 번데기로 월동 후 우화하여 잎 앞면 가장자리에 알을 낳는다.
⑤ 식나무깍지벌레 : 잎 뒷면에 집단으로 모여 가해하며, 암컷이 약충 또는 성충으로 가지에서 월동한다.

47

종합적 해충방제 이론에서 약제방제를 해야 하는 시기로 옳은 것은?

① 일반 평형밀도에 도달 전
② 일반 평형밀도에 도달 후
③ 경제적 가해수준에 도달 후
④ 경제적 피해 허용수준에 도달 전
⑤ 경제적 피해 허용수준에 도달 후

48

곤충의 밀도조사법에 관한 설명으로 옳지 않은 것은?

① 함정트랩 : 지표면을 배회하는 곤충을 포획한다.
② 황색수반트랩 : 꽃으로 오인하게 하여 유인한 후 끈끈이에 포획한다.
③ 털어잡기 : 지면에 천을 놓고 수목을 쳐서 아래로 떨어지는 곤충을 포획한다.
④ 우화상 : 목재나 토양에서 월동하는 곤충류가 우화탈출할 때 포획한다.
⑤ 깔때기트랩 : 수관부에 설치하고 비행성 곤충이 깔때기 아래 수집통으로 들어가게 하여 포획한다.

49

해충과 천적의 연결이 옳지 않은 것은?

① 솔잎혹파리 – 솔잎혹파리먹좀벌
② 복숭아유리나방 – 남색긴꼬리좀벌
③ 붉은매미나방 – 독나방살이고치벌
④ 황다리독나방 – 나방살이납작맵시벌
⑤ 낙엽송잎벌 – 낙엽송잎벌살이뾰족맵시벌

50

해충의 예찰과 방제에 관한 설명으로 옳은 것은?

① 솔잎혹파리는 집합페로몬트랩으로 예찰하여 방제시기를 결정한다.
② 광릉긴나무좀 성충의 침입을 차단하기 위해 끈끈이롤트랩을 줄기 하부에서 상부 방향으로 감는다.
③ 미국흰불나방 유충 발생 초기에 곤충생장조절제인 람다사이할로트린 수화제를 5월 말에 경엽처리한다.
④ 「농촌진흥청 농약안전정보시스템」에 따르면 솔껍질깍지벌레는 정착약충기에 약제로 방제하는 것이 효과적이다.
⑤ 「농촌진흥청 농약안전정보시스템」에 따르면 양버즘나무에 발생하는 버즘나무방패벌레는 겨울에 아세타미프리드 액제를 나무주사하여 방제한다.

제3과목 수목생리학

51

줄기 정단분열조직에 의해서 만들어진 1차 분열조직으로 옳은 것만을 나열한 것은?

① 수, 피층, 전형성층
② 주피, 내초, 원표피
③ 엽육, 원표피, 1차물관부
④ 원표피, 전형성층, 기본분열조직
⑤ 피층, 유관속형성층, 기본분열조직

52

수목의 수피에 관한 설명으로 옳지 않은 것은?

① 주피는 코르크형성층에서 만들어진다.
② 수피는 유관속형성층 바깥에 있는 조직이다.
③ 코르크형성층은 원표피의 유세포로부터 분화된다.
④ 코르크 세포의 2차벽에 수베린(Suberin)이 침착된다.
⑤ 성숙한 외수피는 죽은 조직이지만 내수피는 살아 있는 조직이다.

53

C3 식물의 광호흡이 일어나는 세포소기관으로 옳은 것만을 나열한 것은?

① 엽록체, 소포체, 퍼옥시솜
② 액포, 리소좀, 미토콘드리아
③ 소포체, 리보솜, 미토콘드리아
④ 리보솜, 엽록체, 미토콘드리아
⑤ 엽록체, 퍼옥시솜, 미토콘드리아

54

수목의 뿌리생장에 관한 설명으로 옳지 않은 것은?

① 세근은 주로 표토층에 분포하며 수분과 양분을 흡수한다.
② 내생균근을 형성한 뿌리에는 뿌리털이 발달하지 않는다.
③ 근계는 점토질토양보다 사질토양에서 더 깊게 발달한다.
④ 측근은 주근의 내피 안쪽에 있는 내초세포가 분열하여 만들어진다.
⑤ 온대지방에서 뿌리의 생장은 줄기보다 먼저 시작하고, 줄기보다 늦게까지 지속된다.

55

줄기의 2차생장에 관한 설명으로 옳지 않은 것은?

① 생장에 불리한 환경에서는 목부 생산량이 감소한다.
② 만재는 조재보다 치밀하고 단단하며 비중이 높다.
③ 정단부에서 시작되고, 수간 밑동 부근에서부터 멈추기 시작한다.
④ 고정생장 수종은 수고생장이 멈추기 전에 직경생장이 정지한다.
⑤ 일반적으로 수종이나 생육환경에 상관없이 사부보다 목부를 더 많이 생산한다.

56

명반응과 암반응이 함께 일어나야 광합성이 지속될 수 있는 이유로 옳은 것은?

① 명반응 산물인 O_2가 암반응에 반드시 필요하기 때문이다.
② 명반응에서 만들어진 물이 포도당 합성에 이용되기 때문이다.
③ 명반응 산물인 ATP와 NADPH가 암반응에 이용되기 때문이다.
④ 암반응 산물인 포도당이 명반응에서 ATP 생산에 이용되기 때문이다.
⑤ 명반응이 일어나지 않으면 그라나에서 CO_2를 흡수할 수 없기 때문이다.

57

수목의 줄기생장에 관한 설명으로 옳지 않은 것은?

① 정아를 제거하면 측아 생장이 촉진된다.
② 연간 생장한 마디의 길이는 1차생장으로 결정된다.
③ 고정생장 수종은 정아가 있던 위치에 연간 생장 마디가 남는다.
④ 자유생장 수종은 겨울눈이 봄에 성장한 직후 다시 겨울눈을 형성한다.
⑤ 고정생장 수종의 봄에 자란 줄기와 잎의 원기는 겨울눈에 들어 있던 것이다.

58

수목의 내음성에 관한 설명으로 옳지 않은 것은?

① 양수가 그늘에서 자라면 뿌리 발달이 줄기 발달보다 더 저조해진다.
② 내음성은 낮은 광도조건에서 장기간 생육을 유지할 수 있는 능력이다.
③ 음수는 낮은 광도에서 광합성 효율이 높아 그늘에서 양수보다 경쟁력이 크다.
④ 음수는 성숙 후에 내음성 특성이 나타나 나이가 들수록 양지에서 생장이 둔해진다.
⑤ 음수는 양수보다 광반에 빠르게 반응하여 짧은 시간 내에 광합성을 하는 능력이 있다.

59

수목의 호흡작용에 관한 설명으로 옳은 것만을 모두 고른 것은?

ㄱ. O_2는 환원되어 물 분사로 변한다.
ㄴ. 해당작용은 산화적 인산화를 통해 ATP를 생산한다.
ㄷ. 기질이 환원되어 CO_2분자로 분해된다.
ㄹ. TCA 회로에서는 아세틸 CoA가 C4 화합물과 반응하여 피루빈산이 생산된다.
ㅁ. TCA 회로는 미토콘드리아에서 일어난다.

① ㄱ, ㄹ
② ㄱ, ㅁ
③ ㄴ, ㄷ
④ ㄷ, ㄹ
⑤ ㄹ, ㅁ

60

수목 내의 탄수화물에 관한 설명으로 옳지 않은 것은?

① 포도당은 물에 잘 녹고 이동이 용이한 환원당이다.
② 세포벽에서 섬유소가 차지하는 비율은 1차벽보다 2차벽에서 크다.
③ 전분은 불용성 탄수화물이지만 효소에 의해 쉽게 포도당으로 분해된다.
④ 잎에서 자당(Sucrose)은 엽록체 내에서 합성되고, 전분은 세포질에 축적된다.
⑤ 펙틴은 세포벽의 구성성분이며, 구성 비율은 1차벽보다 2차벽에서 더 크다.

61

수목 내 질소의 계절적 변화에 관한 설명으로 옳은 것은?

① 가을철 잎의 질소는 목부를 통하여 회수된다.
② 질소의 계절적 변화량은 사부보다 목부에서 크다.
③ 잎에서 회수된 질소는 목부와 사부의 방사유조직에 저장된다.
④ 봄에 저장단백질이 분해되어 암모늄태 질소로 사부를 통해 이동한다.
⑤ 저장조직의 연중 질소함량은 봄철 줄기 생장이 왕성하게 이루어질 때 가장 높다.

62

페놀화합물에 관한 설명으로 옳지 않은 것은?

① 수용성 플라보노이드는 주로 액포에 존재한다.
② 이소플라본은 병원균의 공격을 받은 식물의 감염부위 확대를 억제한다.
③ 리그닌은 주로 목부조직에서 발견되며, 초식동물로부터 보호하는 역할을 한다.
④ 타닌(Tannin)은 목부의 지지능력을 향상해 수분이동에 따른 장력에 견딜 수 있도록 한다.
⑤ 초본식물보다 목본식물에 함량이 많으며, 리그닌과 타닌은 미생물에 의한 분해가 잘 안 된다.

63

수목의 지질대사에 관한 설명으로 옳지 않은 것은?

① 종자에 있는 지질은 세포 내 올레오솜에 저장된다.
② 지방은 분해된 후 글리옥시솜에서 자당으로 합성된다.
③ 지질은 탄수화물에 비해 단위 무게당 에너지 생산량이 많다.
④ 가을이 되면 내수피의 인지질 함량이 증가하여 내한성이 높아진다.
⑤ 지방 분해는 O_2를 소모하고 에너지를 생산하는 호흡작용에 해당한다.

64

수목의 질소화합물에 관한 설명으로 옳지 않은 것은?

① 엽록소, 피토크롬, 레그헤모글로빈은 질소를 함유한 물질이다.

② 효소는 단백질이며, 예로 탄소 대사에 관여하는 루비스코가 있다.

③ 원형질막에 존재하는 단백질은 세포의 선택적 흡수 기능에 기여한다.

④ 핵산은 유전정보를 가지고 있는 화합물이며, 예로 DNA와 RNA가 있다.

⑤ 알칼로이드 화합물은 주로 나자식물에서 발견되며, 예로 소나무의 타감물질이 있다.

65

수목의 호흡에 관한 설명으로 옳지 않은 것은?

① 형성층 조직에서는 혐기성 호흡이 일어날 수 있다.

② Q_{10}은 온도가 10℃ 상승함에 따라 나타나는 호흡량 증가율이다.

③ 균근이 형성된 뿌리는 균근이 미형성된 뿌리보다 호흡량이 증가한다.

④ 종자를 낮은 온도에서 보관하는 것은 호흡을 줄이는 효과가 있다.

⑤ 눈비늘(아린)은 산소를 차단하여 호흡을 억제하므로 눈의 호흡은 계절적 변동이 없다.

66

나자식물의 질산환원 과정이다. (ㄱ), (ㄴ), (ㄷ)에 들어갈 내용을 순서대로 옳게 나열한 것은?

NO_3^- —질산환원효소 (ㄱ)→ (ㄴ) —아질산환원효소 (ㄷ)→ NH_4^+

	(ㄱ)	(ㄴ)	(ㄷ)
①	엽록체	NO_2^-	액 포
②	색소체	NO^-	세포질
③	액 포	NO_2^-	색소체
④	세포질	NO_2^-	색소체
⑤	액 포	NO^-	엽록체

67

무기양분에 관한 설명으로 옳은 것은?

① 철은 산성토양에서 결핍되기 쉽다.

② 대량원소에는 철, 염소, 구리, 니켈 등이 포함된다.

③ 질소와 인의 결핍증상은 어린잎에서 먼저 나타난다.

④ 식물 건중량의 1% 이상인 대량원소와 그 미만인 미량원소로 나눈다.

⑤ 칼륨은 광합성과 호흡작용에 관여하는 다양한 효소의 활성제 역할을 한다.

68

수목의 균근 또는 균근균에 관한 설명으로 옳지 않은 것은?

① 균근 형성률은 토양의 비옥도가 낮을 때 높다.
② 균근은 토양에 있는 암모늄태 질소의 흡수를 촉진한다.
③ 내생균근은 세포의 내부에 하티그 망(Hartig Net)을 형성한다.
④ 외생균근을 형성하는 곰팡이는 담자균과 자낭균에 속하는 균류이다.
⑤ 외생균근은 균사체가 뿌리의 외부를 둘러싸서 균투(Fungal Mantle)를 형성한다.

69

수액 상승에 관한 설명으로 옳은 것은?

① 교목은 목부의 수액 상승에 많은 에너지를 소비한다.
② 목부의 수액 상승은 압력유동설로 설명한다.
③ 수액의 상승 속도는 대체로 환공재나 산공재가 가도관재보다 빠르다.
④ 산공재는 환공재에 비해 기포에 의한 도관폐쇄 위험성이 상대적으로 더 크다.
⑤ 수액이 나선 방향으로 돌면서 올라가는 경향은 가도관재보다 환공재에서 더 뚜렷하다.

70

생식과 번식에 관한 설명으로 옳지 않은 것은?

① 수령이 증가할수록 삽목이 잘된다.
② 수목은 유생기(유형기)에는 영양생장만 한다.
③ 화분 생산량은 일반적으로 풍매화가 충매화보다 많다.
④ 봄에 일찍 개화하는 장미과 수종의 꽃눈 원기는 전년도에 생성된다.
⑤ 수목의 품종 특성을 그대로 유지하기 위해서는 무성번식으로 증식한다.

71

꽃눈원기 형성부터 종자가 성숙할 때까지 3년이 걸리는 수종은?

① 소나무
② 배롱나무
③ 신갈나무
④ 가문비나무
⑤ 개잎갈나무

72

수목의 수분퍼텐셜에 관한 설명으로 옳은 것은?

① 수분퍼텐셜은 항상 양수이다.
② 삼투퍼텐셜은 항상 0 이하이다.
③ 삼투퍼텐셜은 삼투압에 비례하여 높아진다.
④ 살아 있는 세포의 압력퍼텐셜은 항상 0 이하이다.
⑤ 물은 수분퍼텐셜이 낮은 곳에서 높은 곳으로 흐른다.

73

식물호르몬에 관한 설명으로 옳은 것은?

① 옥신 : 탄소 2개가 이중결합으로 연결된 기체이며 과실 성숙을 촉진한다.
② 에틸렌 : 최초로 발견된 호르몬으로 세포신장, 정아우세에 관여한다.
③ 아브시스산 : 세스퀴테르펜의 일종으로 외부 환경 스트레스에 대한 반응을 조절한다.
④ 시토키닌 : 벼의 키다리병을 일으킨 곰팡이에서 발견되었으며, 줄기생장을 촉진한다.
⑤ 지베렐린 : 담배의 유상조직 배양연구에서 밝혀졌으며, 세포분열을 촉진하고 잎의 노쇠를 지연시킨다.

74

종자에 관한 설명으로 옳은 것을 모두 고른 것은?

ㄱ. 배는 자엽, 유아, 하배축, 유근으로 구성되어 있다.
ㄴ. 두릅나무와 솔송나무는 배유종자를 생산한다.
ㄷ. 배휴면은 배 혹은 배 주변의 조직이 생장억제제를 분비하여 발아를 억제하는 것이다.
ㄹ. 콩과식물의 휴면타파를 위한 열탕처리는 낮은 온도에서 점진적으로 온도를 높이면서 진행한다.

① ㄱ, ㄴ
② ㄱ, ㄹ
③ ㄴ, ㄷ
④ ㄴ, ㄹ
⑤ ㄷ, ㄹ

75

제시된 설명의 특성을 모두 가진 식물호르몬은?

- 사이클로펜타논(Cyclopentanone) 구조를 가진 화합물로, 불포화지방산의 일종인 리놀렌산에서 생합성된다.
- 잎의 노쇠와 엽록소 파괴를 촉진하고, 루비스코 효소 억제를 통한 광합성 감소를 유발한다.
- 환경 스트레스, 곤충과 병원균에 대한 저항성을 높인다.

① 폴리아민(Polyamine)
② 살리실산(Salicylic acid)
③ 자스몬산(Jasmonic acid)
④ 스트리고락톤(Strigolactone)
⑤ 브라시노스테로이드(Brassinosteroid)

제4과목 산림토양학

76

제시된 특성을 모두 가지는 점토광물로 옳은 것은?

- 비팽창성 광물이다.
- 층 사이에 Brucite라는 팔면체층이 있다.
- 기저면 간격(Interlayer Spacing)은 약 1.4nm이다.

① 일라이트(Illite)
② 클로라이트(Chlorite)
③ 헤마타이트(Hematite)
④ 카올리나이트(Kaolinite)
⑤ 버미큘라이트(Vermiculite)

77

산림토양과 농경지토양의 차이점을 비교한 내용으로 옳은 것만을 고른 것은?

	비교시항	산림토양	농경지토양
ㄱ.	토양온도의 변화	크 다	작 다
ㄴ.	낙엽 공급량	적 다	많 다
ㄷ.	토양 동물의 종류	많 다	적 다
ㄹ.	미기상의 변동	작 다	크 다

① ㄱ, ㄴ
② ㄱ, ㄷ
③ ㄴ, ㄷ
④ ㄴ, ㄹ
⑤ ㄷ, ㄹ

78

USDA의 토양분류체계에 따른 12개 토양목 중 제시된 토양목을 풍화정도(약→강)에 따라 옳게 나열한 것은?

Alfisols(알피졸)	Entisols(엔티졸)
Oxisols(옥시졸)	Ultisols(울티졸)

① Alfisols → Entisols → Ultisols → Oxisols
② Entisols → Alfisols → Oxisols → Ultisols
③ Entisols → Alfisols → Ultisols → Oxisols
④ Oxisols → Entisols → Alfisols → Ultisols
⑤ Oxisols → Ultisols → Alfisols → Entisols

79

면적 1ha, 깊이 10cm인 토양의 탄소저장량(Mg=ton)은? (단, 이 토양의 용적밀도, 탄소농도, 석력함량은 각각 1.0g/cm^3, 3%, 0%로 한다.)

① 0.3　　② 3
③ 30　　④ 300
⑤ 3,000

80

토양의 수분 침투율에 관한 설명으로 옳지 않은 것은?

① 다져진 토양은 침투율이 낮다.
② 동결된 토양에서는 침투현상이 거의 일어나지 않는다.
③ 입자가 큰 토양은 입자가 작은 토양보다 침투율이 높다.
④ 식물체가 자라지 않던 토양에 식생이 형성되면 침투율이 감소한다.
⑤ 침투율은 강우 개시 후 평형에 도달할 때까지 시간이 지남에 따라 감소한다.

81

입단 형성에 관한 설명으로 옳지 않은 것은?

① 응집현상을 유발하는 대표적인 양이온은 Na^+이다.
② 균근균은 균사뿐 아니라 글로멀린을 생성하여 입단 형성에 기여한다.
③ 토양이 동결-해동을 반복하면 팽창-수축이 반복되어 입단 형성이 촉진된다.
④ 유기물이 많은 토양에서 식물이 가뭄에 잘 견딜 수 있는 것은 입단의 보수력이 크기 때문이다.
⑤ 토양수분 공급과 식물의 수분흡수에 따라 토양의 젖음-마름 상태가 반복되면 입단 형성이 촉진된다.

82

토성이 식토, 식양토, 사양토, 사토 순으로 점점 거칠어질 때 토양특성의 변화가 옳게 연결된 것은?

	보수력	비표면적	용적밀도	통기성
①	감 소	감 소	감 소	감 소
②	감 소	감 소	증 가	증 가
③	감 소	감 소	감 소	증 가
④	증 가	증 가	증 가	변화 없음
⑤	증 가	감 소	감 소	변화 없음

83

5개 공원 토양의 수분보유곡선이 그림과 같을 때 유효수분 함량이 가장 많은 곳은?

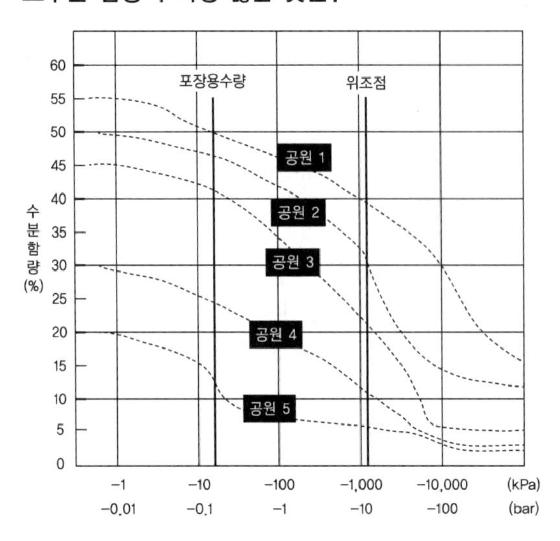

① 공원 1
② 공원 2
③ 공원 3
④ 공원 4
⑤ 공원 5

84

토양의 화학적 특성에 관한 설명으로 옳지 않은 것은?

① Fe^{3+}는 산화되면 Fe^{2+}로 된다.
② 풍화가 진행될수록 pH가 낮아진다.
③ 점토는 모래보다 양이온교환용량이 크다.
④ 산이나 염기에 의한 pH 변화에 대한 완충능을 갖는다.
⑤ 산성 토양에 비해 알칼리성 토양에서 염기포화도가 높다.

85

「농촌진흥청고시」 제2023-24호 제5조(비료의성분)에 따른 비료(20-10-10) 100kg 중 K의 무게(kg)는? (단, K, O의 분자량은 각각 39g/mol, 16g/mol이다. 소수점은 둘째 자리에서 반올림하여 소수점 첫째 자리까지 구한다.)

① 4.4
② 5.0
③ 8.3
④ 10.0
⑤ 20.0

86

산림토양 산성화의 원인으로 옳은 것을 모두 고른 것은?

ㄱ. 황화철 산화
ㄴ. 질산화작용
ㄷ. 토양유기물 분해로 인한 유기산 생성
ㄹ. 토양호흡으로 생성되는 CO_2의 용해
ㅁ. 식물 뿌리의 양이온 흡수로 인한 H^+ 방출

① ㄱ
② ㄱ, ㄴ
③ ㄱ, ㄴ, ㄷ
④ ㄱ, ㄴ, ㄷ, ㄹ
⑤ ㄱ, ㄴ, ㄷ, ㄹ, ㅁ

87

제시된 설명과 1차광물의 연결로 옳은 것은?

> ㄱ. 가장 간단한 구조의 규산염광물이며, 결정구조가 단순하기 때문에 풍화되기 쉽다.
> ㄴ. 전기적으로 안정하고 표면의 노출이 적어 풍화가 매우 느리며, 토양 중 모래 입자의 주성분이다.

	ㄱ	ㄴ
①	각섬석	휘 석
②	감람석	석 영
③	휘 석	장 석
④	감람석	휘 석
⑤	각섬석	석 영

88

화산회로부터 유래한 토양에 많이 함유되어 있으며 인산의 고정력이 강한 점토광물은?

① 알로판(Allophane)
② 돌로마이트(Dolomite)
③ 스멕타이트(Smectite)
④ 벤토나이트(Bentonite)
⑤ 할로이사이트(Halloysite)

89

화학적 반응이 중성인 비료는?

① 요 소
② 생석회
③ 용성인비
④ 석회질소
⑤ 황산암모늄

90

토양유기물 분해에 영향을 미치는 설명으로 옳은 것을 모두 고른 것은?

> ㄱ. 유기물 분해속도는 토양 pH와 관계없이 일정하다.
> ㄴ. 페놀화합물이 유기물 건물량의 3~4% 포함되어 있으면 분해속도가 빨라진다.
> ㄷ. 탄실비가 200을 초과하는 유기물도 외부로부터 질소를 공급하면 분해속도가 빨라진다.
> ㄹ. 리그닌 함량이 높은 유기물은 리그닌 함량이 낮은 유기물보다 분해가 느리다.

① ㄱ, ㄴ
② ㄱ, ㄷ
③ ㄴ, ㄷ
④ ㄴ, ㄹ
⑤ ㄷ, ㄹ

91

A, B 두 토양의 소성지수(Plastic Index)가 15%로 같다. 두 토양의 액성한계(Liquid limit)에서의 수분함량이 각각 40%, 35%라면 두 토양의 소성한계(Plas tic Limit)에서의 수분함량(%)은?

	A	B
①	15	15
②	25	20
③	40	35
④	50	55
⑤	55	50

92

균근에 관한 설명으로 옳지 않은 것은?

① 토양 중 인의 흡수를 촉진한다.
② 상수리나무에서 수지상체를 형성한다.
③ 병원균이나 선충으로부터 식물을 보호한다.
④ 강산성과 독성 물질에 의한 식물 피해를 경감한다.
⑤ 균사가 뿌리세포에 침투하는 양상에 따라 분류한다.

93

유기물질을 퇴비로 만들 때 유익한 점만을 모두 고른 것은?

ㄱ. 퇴비화 과정 중 발생하는 높은 열로 병원성 미생물이 사멸된다.
ㄴ. 유기물이 분해되는 동안 CO_2가 방출됨으로써 부피가 감소되어 취급이 편하다.
ㄷ. 질소 외 양분의 용탈 없이 유기물을 좁은 공간에서 안전하게 보관할 수 있다.
ㄹ. 퇴비화 과정에서 방출된 CO_2 때문에 탄질비가 높아져 토양에서 질소기아가 일어나지 않는다.

① ㄱ, ㄴ
② ㄱ, ㄷ
③ ㄱ, ㄹ
④ ㄴ, ㄷ
⑤ ㄴ, ㄹ

94

필수양분과 주요 기능의 연결로 옳지 않은 것은?

① Mg : 엽록소 구성원소
② Mo : 기공의 개폐 조절
③ P : 에너지 저장과 공급
④ Zn : 단백질 합성과 효소 활성
⑤ Mn : 과산화물제거효소의 구성성분

95

제시된 설명에 모두 해당하는 오염토양 복원 방법은?

- 비용이 많이 소요된다.
- 현장 및 현장 외에 모두 적용할 수 있다.
- 전기적으로 용융하여 오염물질 용출이 최소화된다.
- 유기물, 무기물, 방사성 폐기물 등에 모두 적용할 수 있다.

① 소각(Incineration)
② 퇴비화(Composting)
③ 유리화(Vitrification)
④ 토양경작(Land Farming)
⑤ 식물복원(Phytoremediation)

96

간척지 염류토양 개량방법으로 옳은 것을 모두 고른 것은?

ㄱ. 내염성 식물을 재배한다.
ㄴ. 유기물을 시용한다.
ㄷ. 양질의 관개수를 이용하여 과잉염을 제거한다.
ㄹ. 효과적인 토양배수체계를 갖춘다.
ㅁ. 석고를 시용한다.

① ㄱ
② ㄱ, ㄴ
③ ㄱ, ㄴ, ㄷ
④ ㄱ, ㄴ, ㄷ, ㄹ
⑤ ㄱ, ㄴ, ㄷ, ㄹ, ㅁ

97

산불발생지 토양에서 일어나는 변화로 옳지 않은 것은?

① 토색이 달라진다.
② 침식량이 증가한다.
③ 수분 증발량이 증가한다.
④ 수분 침투율이 증가한다.
⑤ 토양층에 유입되는 유기물의 양이 감소한다.

98

제시된 식물 생육 반응곡선을 따르지 않는 것은?

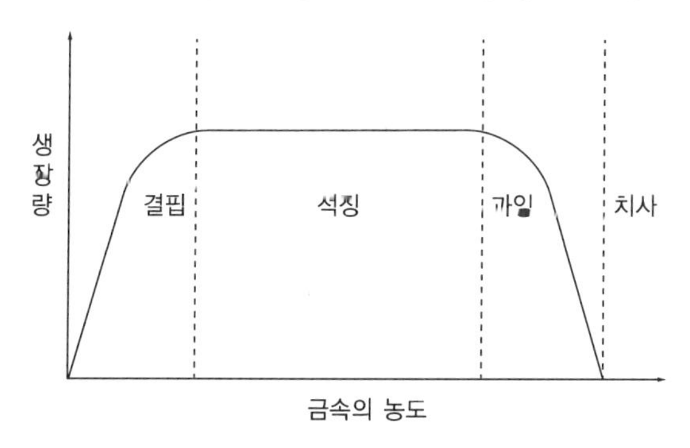

① Cd ② Cu
③ Fe ④ Mo
⑤ Zn

99

「토양환경보전법 시행규칙」 제1조의2(토양오염물질)에 규정된 토양오염물질로만 나열되지 않은 것은?

① 구리, 에틸벤젠
② 카드뮴, 톨루엔
③ 철, 벤조(a)피렌
④ 아연, 석유계총탄화수소
⑤ 납, 테트라클로로에틸렌

100

현장에서 임지생산능력을 판정하기 위한 간이산림토양조사 항목이 아닌 것은?

① 방 위
② 지 형
③ 토 성
④ 견밀도
⑤ 경사도

제5과목 수목관리학

101

수목의 상처 치유 및 치료에 관한 설명으로 옳은 것은?

① 내수피가 보존되어 있어야 유합조직이 형성될 수 있다.
② 긴 상처에 부착할 수피 조각은 못으로 고정하고 건조시킨다.
③ 오염을 방지하기 위해 상처 면적의 두 배 이상 수피를 제거한다.
④ 들뜬 수피는 제자리에 고정하고 햇빛이 비치게 투명 테이프로 감싼다.
⑤ 새순이 붙어 있는 건강한 가지를 이용하여 넓게 격리된 수피를 연결한다.

102

토목공사장에서 수목을 보전하는 방법에 관한 설명으로 옳지 않은 것은?

① 바람 피해가 예상되면 수관을 축소한다.
② 햇볕 피해를 예방하기 위해 그늘에 있던 줄기는 마대로 감싼다.
③ 부득이하게 중장비가 이동하는 곳에서는 지표면에 설치한 유공철판을 제거한다.
④ 차량이 수관폭 내부로 접근하지 못하도록 보전할 수목의 주변에 울타리를 설치한다.
⑤ 보전할 수목에 도움이 안 되는 주변의 수목은 밑동까지 바짝 자르거나 뿌리까지 제거한다.

103

수목의 상태에 따른 피해 발생에 관한 설명으로 옳은 것은?

① 밑동을 휘감는 뿌리가 있으면 바람 피해의 가능성이 적다.
② 줄기의 한 곳에 가지가 밀생하면 가지 수피가 함몰될 가능성이 크다.
③ 가지가 줄기에서 둔각으로 자라면 겨울에 찢어질 가능성이 크다.
④ 수간에 큰 공동이 있으면 수간 하중 감소로 바람 피해의 가능성이 적다.
⑤ 음파로 줄기를 조사하여 음파가 목재를 빠르게 통과하는 부위가 많으면 부러질 가능성이 크다.

104

제시된 수종 중 양수 2종을 고른 것은?

ㄱ. 낙우송	ㄴ. 녹나무
ㄷ. 회양목	ㄹ. 느티나무
ㅁ. 비자나무	ㅂ. 사철나무

① ㄱ, ㄹ
② ㄴ, ㄷ
③ ㄷ, ㅁ
④ ㄹ, ㅁ
⑤ ㅁ, ㅂ

105

느티나무 가지를 길게 남겨 전정하였는데 남은 가지에서 시작되어 원줄기까지 부후되고 있다. 이 현상의 원인에 관한 설명으로 옳은 것은?

① 전정 상처가 유합되지 않았기 때문이다.
② 남겨진 가지에 지의류가 발생하였기 때문이다.
③ 전정 시 가지밑살(지륭)이 제거되었기 때문이다.
④ 원줄기의 지피융기선이 부후균에 감염되었기 때문이다.
⑤ 수목의 과민성반응에 의하여 가지와 원줄기의 세포들이 사멸했기 때문이다.

106

수목의 다듬기 전정 시기에 관한 설명으로 옳지 않은 것은?

① 향나무는 어린 가지를 여름에 전정해도 된다.
② 무궁화는 4월에 전정하여도 당년에 꽃을 볼 수 있다.
③ 측백나무는 당년지를 늦봄에 잘라서 크기를 조절한다.
④ 백목련은 등(나무) 개화기 전에 전정하면 다음해에 꽃을 볼 수 없다.
⑤ 중부지방에서는 소나무의 적심을 잎이 나오기 전인 5월 중하순경에 실시한다.

107

제시된 내용 중 수목의 이식성공률을 높이는 방법을 모두 고른 것은?

ㄱ. 어린나무를 이식한다.
ㄴ. 지주목을 5년 이상 유지한다.
ㄷ. 생장이 활발한 시기에 이식한다.
ㄹ. 용기묘는 휘감는 뿌리를 절단한다.
ㅁ. 굴취 전에 수간을 보호재로 피복한다.

① ㄱ, ㄴ, ㄷ
② ㄱ, ㄴ, ㄹ
③ ㄱ, ㄹ, ㅁ
④ ㄴ, ㄷ, ㅁ
⑤ ㄷ, ㄹ, ㅁ

108

과습에 대한 저항성이 큰 수종으로만 나열한 것은?

① 낙우송, 벚나무, 사시나무
② 전나무, 오리나무, 버드나무
③ 곰솔, 아까시나무, 층층나무
④ 낙우송, 물푸레나무, 오리나무
⑤ 가문비나무, 버드나무, 양버즘나무

109

수목에 필요한 무기양분 중 철에 관한 설명으로 옳지 않은 것은?

① 엽록소 생성과 호흡과정에 관여한다.
② 토양에 과잉되면 수목에 인산이 결핍될 수 있다.
③ 결핍 현상은 알칼리성 토양에서 자라는 수목에서 흔히 나타난다.
④ 결핍되면 침엽수와 활엽수 모두 잎에 황화 현상이 나타난다.
⑤ 체내 이동성이 낮아 성숙한 잎에서 먼저 결핍 증상이 나타난다.

110

대기오염물질인 오존(O_3)과 PAN에 관한 설명으로 옳은 것은?

① 오존과 PAN은 황산화물과 탄화수소의 광화학 반응으로 발생한다.
② 오존은 해면조직에, PAN은 책상조직에 가시적인 피해를 일으킨다.
③ 오존은 성숙한 잎보다 어린잎이, PAN은 어린잎보다 성숙한 잎이 감수성이 크다.
④ 느티나무와 왕벚나무는 오존 감수성 수종이며, 은행나무와 삼나무는 오존 내성 수종이다.
⑤ 오존의 피해 증상은 엽록체가 파괴되어 백색 반점이 나타나면서 괴사되나 황화현상은 나타나지 않는다.

111

제설염 피해에 관한 설명으로 옳지 않은 것은?

① 상록수는 수관 전체 잎의 90% 이상 피해를 받으면 고사할 수 있다.
② 낙엽활엽수에서 잎 피해는 새싹이 자라면서 봄 이후에 증상이 나타난다.
③ 제설염을 뿌리기 전에 수목 주변의 토양표면을 비닐로 멀칭해 주면 예방효과가 있다.
④ 상록수는 겨울철에 증산억제제를 평소보다 적게 뿌려 줌으로써 피해를 줄일 수 있다.
⑤ 수액이 위로 곧게 상승하는 수종은 흡수한 뿌리와 같은 방향에서 피해증상이 나타난다.

112

산불에 관한 설명으로 옳은 것은?

① 산불의 3요소는 연료, 공기, 바람이다.
② 산불 확산 속도는 평지가 계곡부보다 훨씬 빠르다.
③ 내화수림대 조성에 적합한 수종은 황벽나무, 굴참나무, 가시나무, 동백나무 등이다.
④ 산불은 지표화, 수간화, 수관화, 지중화로 구분되며 한국에서 피해가 가장 큰 것은 수간화이다.
⑤ 산불로 인한 재는 질소 성분이 많고, 인산석회와 칼륨 등이 있어 토양척박화를 막아 준다.

113

토양경화(답압)에 의해 발생하는 현상이 아닌 것은?

① 용적밀도 감소
② 가스 교환 방해
③ 뿌리 생장 감소
④ 토양공극률 감소
⑤ 수분침투율 감소

114

수목 생장에 필수인 미량원소만 나열한 것은?

① 아연, 구리, 망간
② 카드뮴, 납, 구리
③ 구리, 수은, 비소
④ 납, 아연, 알루미늄
⑤ 알루미늄, 카드뮴, 망간

115

다음 ( ) 안에 들어갈 명칭이 옳게 연결된 것은?

구조식	(2,6-difluorobenzoyl–NH–CO–NH–4-chlorophenyl 구조식: F, O, O, N, H, N, H, F, Cl)
(ㄱ)	1-(4-Chlorophenyl)-3-(2,6-Difluorobenzoyl) urea
(ㄴ)	디플루벤주론 수화제
(ㄷ)	Diflubenzuron
(ㄹ)	디밀린

	ㄱ	ㄴ	ㄷ	ㄹ
①	상표명	화학명	일반명	품목명
②	일반명	품목명	상표명	화학명
③	품목명	일반명	화학명	상표명
④	화학명	상표명	품목명	일반명
⑤	화학명	품목명	일반명	상표명

116

농약 사용 방법에 관한 설명으로 옳지 않은 것은?

① 농약 살포 방법은 분무법, 미스트법, 미량살포법 등 다양하다.
② 농약의 작물부착량은 제형, 살포액의 농도, 작물의 종류에 따라서 달라진다.
③ 농약의 효과는 살포량에 비례하기 때문에 많은 양을 살포할수록 효과는 계속 증가한다.
④ 무인멀티콥터로 농약을 살포할 때 기류의 영향을 크게 받기 때문에 주변으로 비산되는 것을 주의해야 한다.
⑤ 희석살포용 농약의 경우 정해진 희석배율로 조제하여 살포하지 않으면 약효가 저하되거나 약해가 유발될 수 있다.

117

제제의 형태가 액상이 아닌 것은?

① 액 제
② 유 제
③ 미탁제
④ 수용제
⑤ 액상수화제

118

농약 안전사용기준 설정 과정의 모식도이다. (　　) 안에 들어갈 용어로 옳게 연결된 것은? (단, ADI : 1일 섭취허용량, MRL : 농약잔류허용기준, NOEL : 최대무독성용량이다.)

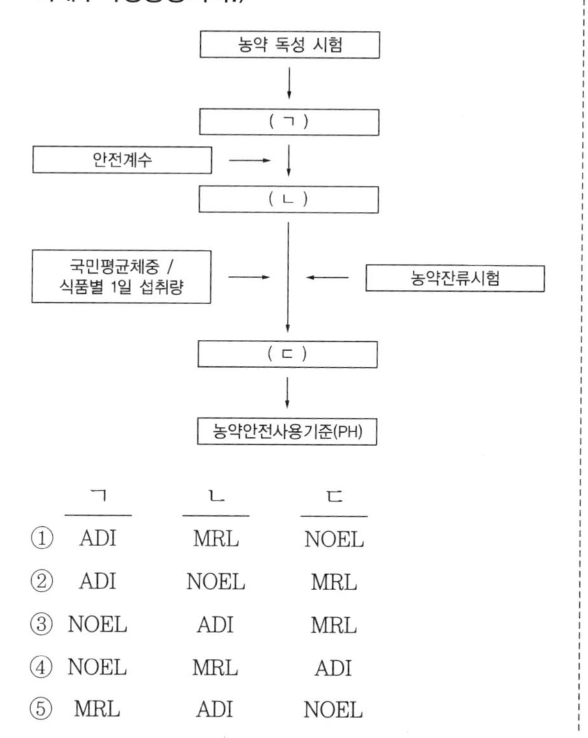

	ㄱ	ㄴ	ㄷ
①	ADI	MRL	NOEL
②	ADI	NOEL	MRL
③	NOEL	ADI	MRL
④	NOEL	MRL	ADI
⑤	MRL	ADI	NOEL

119

에르고스테롤 생합성저해 작용기작을 지닌 살균제가 아닌 것은?

① 메트코나졸(Metconazole)
② 테부코나졸(Tebuconazole)
③ 펜피라자민(Fenpyrazamine)
④ 마이클로뷰타닐(Myclobutanil)
⑤ 피라클로스트로빈(Pyraclostrobin)

120

살충제 설폭사플로르(Sulfoxaflor)의 작용 기작은?

① 키틴합성 저해(15)
② 라이아노딘 수용체 변조(28)
③ 신경전달물질 수용체 변조(4c)
④ 현음기관 TRPV 통로 변조(9b)
⑤ 아세틸콜린에스테라제 저해(1a)

121

글루포시네이트암모늄 + 티아페나실 액상수화제의 유효성분별 작용기작을 옳게 나열한 것은?

① 엽록소 생합성 저해(H14) + 광계 II 저해(H05)
② 글루타민 합성효소 저해(H10) + 광계 II 저해(H05)
③ 글루타민 합성효소 저해(H10) + 엽록소 생합성 저해(H14)
④ 아세틸 CoA 카르복실화 효소 저해(H01) + 글루타민 합성효소 저해(H10)
⑤ 엽록소 생합성 저해(H14) + 아세틸 CoA 카르복실하 효소 저해(H01)

122

농약의 대사과정 중 복합기능 산화효소(Mixed Function Oxidase)가 관여하는 반응이 아닌 것은?

① 에폭시화
② *O*-탈알킬화
③ 방향족 수산화
④ 니트로기의 아민 변환
⑤ 산소 원자의 황 원자 치환

123

「소나무재선충병 방제지침」 소나무류 보존 가치가 큰 산림 중 '소나무 보호·육성을 위한 법적 관리지역'에 포함되지 않는 것은?

① 국립공원 내 소나무림
② 소나무 문화재용 목재생산림
③ 소나무 종자공급원(채종원, 채종림)
④ 산림유전자원보호구역 내 소나무림
⑤ 금강소나무림 등 특별수종육성권역

124

「산림보호법 시행령」 제12조의10에 따른 나무병원 등록의 취소 또는 영업정지의 세부기준에 관한 설명으로 옳지 않은 것은?

① 부정한 방법으로 나무병원 등록을 변경한 경우 등록이 취소된다.
② 나무병원 등록 기준에 미치지 못하는 경우 3차 위반 시 등록이 취소된다.
③ 나무병원의 등록증을 다른 자에게 빌려준 경우 1차 위반 시 영업정지 6개월, 2차 위반 시 등록이 취소된다.
④ 위반행위의 횟수에 따른 행정처분 기준은 최근 5년 동안 같은 위반행위로 행정처분을 받은 경우에 적용한다.
⑤ 위반행위가 고의나 중대한 과실이 아닌 사소한 부주의나 오류로 인한 것으로 인정되는 영업정지인 경우 그 처분의 2분의 1 범위에서 감경할 수 있다.

125

「산림보호법 시행규칙」 제19조의9(진료부·처방전 등의 서식 등)에 따라 나무의사가 작성하는 진료부에 명시되지 않은 항목은?

① 생육환경
② 진단결과
③ 수목의 표시
④ 수목의 상태
⑤ 처방·처치 등 치료방법

부록

정답 및 해설

2024년 제10회 기출문제 정답 및 해설

작은 기회로부터 종종 위대한 업적이 시작된다.

- 데모스테네스 -

2024년 나무의사 필기 기출문제해설

제10회 기출문제 정답 및 해설

01	02	03	04	05	06	07	08	09	10
⑤	③	②	②	⑤	①	②	②	③	④
11	12	13	14	15	16	17	18	19	20
⑤	②	①	②	⑤	②	③	④	①	①
21	22	23	24	25	26	27	28	29	30
⑤	⑤	①	④	②	⑤	③	①	⑤	⑤
31	32	33	34	35	36	37	38	39	40
②	④	②	③	③	②	③	②	②	③
41	42	43	44	45	46	47	48	49	50
⑤	①	①	④	⑤	⑤	⑤	②	②	②
51	52	53	54	55	56	57	58	59	60
④	③	⑤	②	④	③	④	④	②	④
61	62	63	64	65	66	67	68	69	70
③	④	②	⑤	⑤	④	⑤	③	③	①
71	72	73	74	75	76	77	78	79	80
①	모두정답	③	①	③	②	⑤	③	③	④
81	82	83	84	85	86	87	88	89	90
①	②	③	①	③	⑤	②	①	①	⑤
91	92	93	94	95	96	97	98	99	100
②	②	①	②	③	⑤	④	①	③	①
101	102	103	104	105	106	107	108	109	110
①	③	②	①	①	④	③	④	⑤	④
111	112	113	114	115	116	117	118	119	120
④	③	①	①	⑤	③	④	③	⑤	③
121	122	123	124	125					
③	④	①	③	①					

01

바람에 의한 전염은 곰팡이병이다. 사과나무 불마름병은 매개충에 의한 전염이 심하다.

02

향나무 녹병은 겨울포자와 담자포자가 향나무에서 녹병정자, 녹포자는 장미과식물에서 생활한다. 특히, 겨울포자가 빗물에 의해 부풀어 오르면서 오렌지색의 구조체를 형성하고, 이후 담자포자가 되며 장미과식물로 이동한다.

03

회양목 잎마름병은 *Macrophoma candollei*에 의한 병이며 나머지는 *Cercospora*에 의한 병이다.

병원균	특 징	종 류
Cercospora	• 잎의 병원체이며 어린 줄기도 침입함 • 병반 위에는 많은 분생포자경과 분생포자가 밀생 • 긴막대형으로 집단적으로 나타날 경우는 융단같이 보임	삼나무 붉은마름병 포플러 갈색무늬병 때죽나무 점무늬병 느티나무 갈색무늬병 모과나무 점무늬병 두릅나무 뒷면모무늬병 벚나무 갈색무늬구멍병 소나무 잎마름병 무궁화 점무늬병 명자꽃 점무늬병 배롱나무 갈색무늬병 쥐똥나무 둥근무늬병

04

뽕나무 오갈병은 파이토플라스마에 의한 병으로 표징을 관찰할 수 없다.

05

유성생식포자는 자낭포자, 담자포자, 난포자이며 무성생식포자는 분생포자, 유주포자, 후벽포자 등이 있다.

06

밤나무 잉크병은 *Phytophthora Katsurae* 등에 의한 병으로 난균이다. 유주포자가 뿌리를 가해하고 감염시킨 후 줄기로 번져나가면서 검고 움푹 가라앉는 궤양을 형성하며, 유성세대는 난포자이다.

07

생리화학적 진단(Physiological and Biochemical Method) 중 Biolog 분석은 세균이 용액에 있는 탄소원을 이용, 흡광도를 측정하여 균이 용액에 있는 탄소를 얼마나 이용하는지 확인하여 분석하는 방법이다.

08

② 재분리한 병원체는 동일한 병을 나타내어야 한다.

코흐의 원칙

- 의심받는 병원체(세균 또는 다른 미생물)는 반드시 조사된 모든 병든 기주에 존재해야 한다.
- 의심받는 병원체는 반드시 병든 기주로부터 분리되어야 하고 순수배지에서 자라야 한다.
- 순수배지의 의심받는 병원체를 감수성인 기주에 접종하였을 때 특정 병을 나타내야 한다.
- 실험적으로 접종하여 감염된 기주로부터 같은 병원체가 다시 획득되어야 한다.

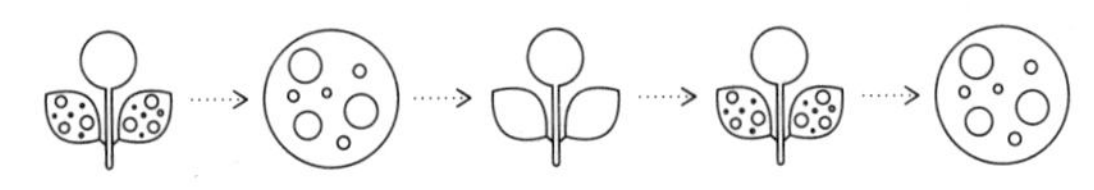

09

병과 병원체의 종류

구 분	종 류
곰팡이병	벚나무 빗자루병, 뽕나무 자주날개무늬병, 소나무 혹병, 배나무 붉은별무늬병
세균병	감귤 궤양병, 호두나무 근두암종병
파이토플라스마	쥐똥나무 빗자루병
선 충	소나무 재선충병

10

낙엽송에서 녹병정자, 녹포자세대가 형성되고 포플러에서는 여름포자, 겨울포자, 담자포자가 형성된다. 따라서 녹포자가 포플러에 옮겨지면서 감염이 되고 녹포자는 여름포자를 형성하여 반복감염을 시킨다.

11

곰팡이는 상처침입, 자연개구부침입, 직접침입 모두 가능하며, 식물기생선충은 구침을 가지고 있다. 또한, 바이러스는 주로 매개충에 의해 침입하며, 세균은 자연개구부와 상처로 침입이 가능하다.

12

바이러스의 기주특이성 특징

- 바이러스는 핵산과 단백질 껍질로만 되어 있는 비세포 단계이다.
- DNA나 RNA 중 한 종류의 핵산을 가지고 있다.
- 수목병을 발생시키는 바이러스는 대부분 외가닥 RNA이다.
- 스스로 증식하지 못하고 숙주의 물질대사 기구를 이용하여 증식한다.
- 바이러스는 변이가 심해 항바이러스제의 개발이 어렵다.
- 이웃세포의 이동통로는 원형질연락사이며 원거리 이동통로는 체관부이다.

13

파이토플라스마는 세포벽이 없으며 아래와 같은 특성을 가지고 있다.

- 단위막(Unit Membrane)으로 둘러싸여 있다.
- 공 모양, 타원형, 불규칙한 관 또는 실 모양(다형성)이다.
- 인공배양이 불가능하며 식물의 체관 즙액에 존재한다.
- 접목이나 매미충에 의하여 매개하며 종자전염 및 즙액 전염은 되지 않는다.
- 황화, 위축, 빗자루 모양, 쇠락 등의 병징이 발현된다.

14

회화나무 녹병은 줄기와 가지에 길쭉한 혹이 만들어지는데 이는 표징이 아니라 병징이라고 할 수 있다.

15

바이러스 봉입체는 광학현미경으로도 관찰이 가능하며 그람염색법은 세균을 동정할 때 사용한다. 대화병의 원인이 정확하게 밝혀진 바 없으므로 표징이 발생되지 않으며, Toluidine Blue는 조직을 염색하는 것으로 광학현미경으로 관찰하여 진단한다.

16

나무 잎녹병의 중간기주는 다양하나, 배고사리는 전나무 잎녹병의 중간기주이다.

기 주	병원균	중간기주
소나무, 잣나무	*C. asterum*	참취, 개미취, 과꽃, 개쑥부쟁이
잣나무	*C. eupatorii*	골등골나물, 등골나물
소나무	*C. campanulae*	금강초롱꽃, 넓은잔대
소나무	*C. phellodendri*	넓은잎황벽나무, 황벽나무
곰 솔	*C. plectranthi*	산초나무

17

비기생성병은 기주특이성이 낮으며, 모든 생육단계에서 발생할 수 있고 병원체가 존재하지 않는다.

특 징	비기생성 병원	기생성 병원
발병부위	식물체 전부	식물체 일부
병의 심각성	대개 비슷한 수준	발병정도 다양
발병지역	넓 음	좁 음
초기증상진전율	빠 름	느 림
중기증상진전율	느 림	빠 름
종특이성	낮 음	높 음
병원체 확인	확인 불가능	병환부에 존재

18

단순격벽공을 가지고 있으며, 분생포자를 생성하므로 자낭균에 대한 수목병을 찾아야 하며 사과나무 흰날개무늬병은 자낭균에 의해 발병한다. 철쭉 떡병과 느티나무 줄기밑둥썩음병, 오리나무 잎녹병은 담자균에 의한 병이다.

19

Ophiostoma 속 곰팡이는 천공성 해충에 의해 전반되는 것으로 알려져 있으며 우리나라에서는 소나무좀과 소나무줄나무좀이 가장 흔한 매개충이다. 멜라닌 색소에 의해서 목질부의 색깔이 청변하고 나빠지는데 이를 목질청변(Bluestain, Sapstain)이라고 하며 주로 방사유조직에 감염이 된다.

20

안노섬뿌리썩음병균은 말굽버섯을 형성하며, 리지나뿌리썩음병은 파상땅해파리버섯을 형성한다. 모잘록병은 병원균우점병이며 뿌리혹선충은 고착형 내부기생선충이다.

21

소나무 가지끝마름병의 병원균은 *Sphaeropsis Sapinea*이다.

22

물관 내에 전충체를 형성하여 물관폐색이 진행된다.

23

진정겨우살이는 참나무에 가장 큰 피해를 주며 팽나무, 물오리나무, 자작나무, 밤나무 등 활엽수에 피해를 주고, 구실잣밤나무, 동백나무, 후박나무 등 상록활엽수에 피해를 준다. 전나무, 가문비나무, 소나무 등 구과류에는 아르큐토비움속(Arceuthobium)의 겨우살이가 발생할 수 있으나 잎과 줄기가 퇴화되어 있으므로 수분과 양분을 전적으로 기주식물에 의존한다.

24

벚나무 번개무늬병은 번개무늬 모양의 선명한 황백색 줄무늬 병반이 나타나며, 봄에 자라나온 잎에서만 병징이 나타나고 매년 발생하더라도 수세에는 큰 영향이 없다.

25

버즘나무 탄저병은 잎맥과 주변에는 작은 점이 무수히 나타나는데 이것은 병원균의 분생포자반이다. 우리나라에서 유성세대는 발견되지 않았으며 병든 낙엽이나 가지에서 균사 또는 분생포자반으로 월동하여 이듬해 1차 전염원이 된다.

26

⑤ 세대 간의 간격이 짧으면 돌연변이가 자주 발생하여 종 다양성이 증가한다.

구 분	내 용
외부 골격	• 골격이 몸의 외부에 있는 **외골격(키틴)**으로 되어 있음 • 외골격이 건조를 방지하는 왁스층으로 되어 있음 • 체벽에 부착된 근육을 지렛대처럼 이용하여 **체중의 50배**까지 들어 올림
작은 몸집	• 생존과 생식에 필요한 최소한의 자원으로 유지됨 • 포식자로부터 피할 수 있는 크기
비행 능력	• **3.5억년 전(석탄기)**에 비행능력을 습득하였음 • 포식자로부터 피할 수 있으며 개체군이 새로운 서식지로 빠르게 확장 • 외골격의 굴근(Flexor Muscle)에 의해 흡수된 위치에너지를 운동에너지로 전환
번식 능력	• 대부분의 **암컷은 저장낭에 수개월 또는 수년 동안 정자를 저장**할 수 있음 • 수컷이 전혀 없는 종도 있으며 무성생식의 과정으로 자손을 생산함
변태 유형	• 완전변태는 곤충강 27개목 중 9개목이지만 모든 **곤충의 약 86%를 차지**함 • 유충과 성충이 다른 유형의 환경, 먹이, 서식지를 점유할 수 있음
적응 능력	• 다양한 개체군, 높은 생식능력, 짧은 생활사로 **유전자 변이**를 발생 • **짧은 세대의 교번**으로 살충제에 대한 저항성 발현 등

27

데본기에는 무시충, 석탄기에 유시충이 출현하였다. 삼첩기에 대부분의 목이 출현하였다. 다리가 6개인 절지동물 중 입틀이 머리덮개 안으로 함몰되어 있으며 낫발이목, 좀붙이목, 톡토기목이 이에 포함되며 내구강에 속한다.

28

겹눈이 낱눈 여러 개로 채워져 있다.

29

메뚜기류의 고막은 가슴에 있으며 귀뚜라미는 종아리마디에 있다. 순환계는 곤충의 등쪽에 위치하고 있으며 심장과 대동맥으로 연결되어 있다.

현음기관	내 용
무릎아래기관	• 대부분 다리에 위치함 • 매질을 통해 전달되는 진동을 들을 수 있음
고막기관	• 소리 진동에 반응하는 고막아래에 있음 • **가슴(노린재 일부), 복부(메뚜기, 매미류, 일부 나방), 앞다리 종아리마디(귀뚜라미, 여치)** 등에 있음
존스턴기관	• 더듬이 흔들마디 안에 있음(위치나 방향에 대한 정보) • 모기와 깔따구는 더듬이의 털이 공명성 진동을 감지함

30

과일 경우에는 -idea, 아과에서는 -inae로 기재한다.

31

② 단위생식을 하며 알을 한 개씩 지면으로 떨어뜨리는 특성을 가진 해충은 대벌레이다.

해충명	발생/월동	특 징
대벌레 *Ramulus irregulariter dentatus*	1회/알 –	• **1990년 이후 자주 발생**하며 대발생하기도 함 • **수컷은 5회, 암컷은 6회** 탈피 후 6월 중하순에 성충이 됨 • **활엽수**를 가해하며 암컷은 느리나 수컷은 민첩함 • **무시형**이며, 집단으로 대이동하면서 잎 식해

32

로지스틱곡선은 개체수가 환경수용력 내에서 개체수가 수렴함으로써 실제 생장곡선이 s형태로 나타나는 것을 의미한다.

개체군의 생존곡선

• 제1형 : 연령이 어린 개체들의 사망률이 낮은 경우(인간, 대형동물 등)
• 제2형 : 사망률이 연령에 관계없이 일정
• 제3형 : 어린 연령의 개체 수들의 사망률이 매우 높은 경우(곤충 등)

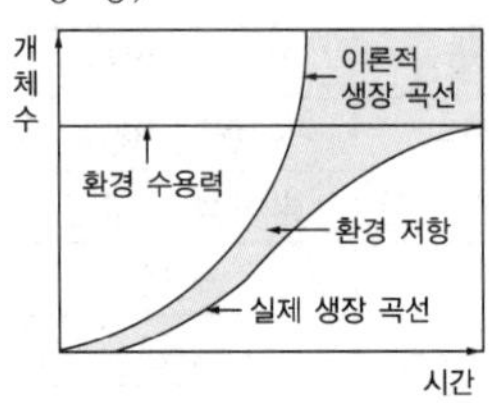

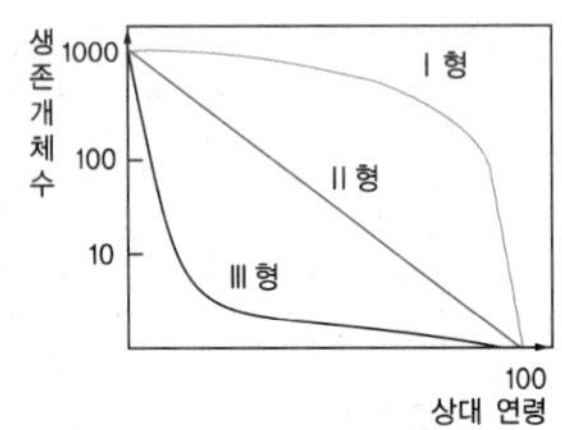

33

일반적으로 중앙신경계(중추신경계)에서는 신경절이 몸의 각 마디에 1쌍이 가까이 붙어 있고 그 사이를 1쌍의 신경색(신경줄)이 연결하고 있으며 이는 머리에서 배 끝까지 이어진다. 머리에는 신경절이 모여 뇌를 형성하는데 뇌는 3개의 신경절이 연합된 것으로 전대뇌, 중대뇌, 후대뇌로 구분된다.

34

앞가슴샘(전흉선)은 유충 시에 탈피호르몬을 분비하지만 성충이 되었을 경우에는 탈피호르몬을 분비하지 않는다.

35

곤충은 60~66℃의 온도에서 단백질이 응고되고 효소작용이 저해되어 죽게 되며 저온의 경우 곤충은 5~15℃에서 활동이 느려지고 -27~0℃에서는 생존이 어렵다. 유효적산온도는 [(평균온도-발육영점온도)×발육기간(일)]으로 계산한다.

36

딱정벌레목은 식육아목(Adephaga), 원시딱정벌레아목(Archostemata), 식균아목(Myxophaga), 풍뎅이아목(Polyphaga)으로 구분되며, 다식아목은 풍뎅이아목을 의미한다.

37

주성은 자극을 향하거나(양성) 멀어지는(음성) 운동으로 식물체를 기어 올라가는 특성은 땅으로부터 멀어지기 때문에 음성주지성이라고 한다.

38

유효적산온도는 발육영점온도를 뺀 값을 누적시킨 온도를 의미하며 발육이 시작되는 온도를 합산한 것이다. 휴면기간은 최소한의 대사율과 호흡을 하여 발육에는 영향을 미치지 않는다.

39

내분비샘에서 페르몬이 생성되며 순환계로 방출되며, 신경혈액기관은 샘과 유사하지만 신경계의 신호에 의해 방출하도록 자극될 때까지 특별한 방에 분비물을 저장하는 기관이다.

40

천공성해충은 박쥐나방, 알락하늘소, 광릉긴나무좀, 복숭아유리나방, 솔수염하늘소, 벚나무사향하늘소, 소나무좀이며, 충영형성 해충은 외발톱면충, 외줄면충, 큰팽나무이, 때죽납작진딧물 등이 있다.

41

⑤ 벚나무모시나방은 연 1회 유충으로 월동하며 검은 세로줄이 있으며 가는 털이 있다.

벚나무모시나방의 특징

- 1년에 1회 발생하며 어린 유충으로 지피물이나 낙엽에서 집단으로 월동
- 6월 중하순에 노숙유충은 잎을 뒷면으로 말고 단단한 고치를 만듦
- 성충은 9~10월에 우화하여 수피나 잎 뒷면에 수 개~20여 개씩의 알을 낳음
- 불빛에도 모여들며 교미 전 이른 아침에 떼를 지어 날아다님

42

① 매미나방은 한국, 일본, 중국, 유럽 등이 원산지이며 특히, 북미와 유럽의 경우 아시아매미나방의 피해가 우려됨에 따라 AGM에 대한 검역을 철저히 시행하고 있다.

학 명	원산지	피해수종	가해습성
솔잎혹파리	일본(1929)	소나무, 곰솔	충영형성
미국흰불나방	북미(1958)	버즘나무, 벚나무 등 활엽수 160여 종	식엽성
솔껍질깍지벌레	일본(1963)	곰솔, 소나무	흡즙성
소나무재선충	일본(1988)	소나무, 곰솔, 잣나무	-
버즘나무방패벌레	북미(1995)	버즘나무, 물푸레	흡즙성
아까시잎혹파리	북미(2001)	아까시나무	충영형성
꽃매미	중국(2006)	대부분 활엽수	흡즙성
미국선녀벌레	미국(2009)	대부분 활엽수	흡즙성
갈색날개매미충	중국(2009)	대부분 활엽수	흡즙성

43

사사키잎혹진딧물은 벚나무 새눈에 기생하는 진딧물로 잎의 뒤쪽에서 잎맥을 따라서 주머니모양의 벌레혹을 형성한다.

44

루비깍지벌레는 밀깍지벌레과에 속한다.

45

소나무좀은 3월 하순에 월동처로 나와 허약한 소나무에 암컷 성충이 구멍을 뚫고 들어가면 뒤따라 수컷이 들어가 교미한다. 광릉긴나무좀의 경우에는 수컷이 구멍을 뚫고 성페르몬을 분비하여 암컷을 불러들이는 것이 소나무좀과 상반된다.

46

① 뽕나무이는 새순이나 잎 뒷면에 200~300개의 알을 낳는다.
② 벚나무응애는 수피틈에서 암컷성충으로 월동한다.
③ 사철나무혹파리는 사철나무 잎 뒷면에 울퉁불퉁하게 부풀어 오르는 벌레혹을 형성한다.
④ 뽕나무이는 아까시잎혹파리는 잎 뒷면 가장자리에 알을 낳는다.

47

⑤ 경제적 피해 허용수준에 도달 후에는 방제수단을 써야 한다.

해충밀도	내 용
경제적 피해수준 (EIL)	• 경제적 피해가 나타나는 최저밀도 • 해충의 피해액과 방제비가 같은 수준
경제적 피해 허용수준 (ET)	경제적 피해수준에 도달 억제를 위하여 방제수단을 써야 하는 밀도
일반평행밀도 (GEP)	환경조건 하에서의 평균밀도

48

황색수반트랩은 황색수반에 물을 담고 계면활성제를 섞어 곤충이 물속에 가라앉게 하여 채집하는 것으로 총채벌레나 진딧물을 유인하여 포획하는 방법이다.

49

남색긴꼬리좀벌은 밤나무혹벌의 유충을 공격하는 외부기생성 천적이다.

50

솔잎혹파리의 예찰은 우화상을 설치하여 확인하며, 광릉긴나무좀은 끈끈이트랩을 이용한다.

51

식물의 분열조직
• 1차 분열조직 : 원표피, 기본분열조직, 전형성층
• 2차 분열조직 : 코르크형성층, 유관속형성층

52

분열조직과 생성되는 조직
• 1차 : 원표피 → 표피, 기본분열조직 → 피층, 내초, 수, 엽육조직, 전형성층 → 1기 물관부, 1기 체관부
• 2차 : 피층, 내초 → 코르크형성층 → 주피, 전형성층 → 유관속형성층 → 2차 물관부, 2차 체관부

53

광호흡
• 잎의 광조건에서만 일어나는 호흡작용이다.
• C3 식물은 광합성으로 고정한 이산화탄소의 20~40%를 광호흡으로 방출한다.
• 광호흡을 일으키는 효소와 이산화탄소를 고정하는 효소가 같다. → RuBP 카르복실라아제
• 햇빛으로 잎의 온도가 올라가면 증가하고, 산소농도를 낮춰주면 감소시킬 수 있다.

54

외생균근을 형성한 뿌리에는 뿌리털이 발달하지 않는다.

55

고정생장의 특성
• 전년도 형성된 동아로부터 봄에만 키가 큰다.
• 일반적으로 직경생장은 봄에 줄기생장이 시작될 때 함께 시작하여 여름에 줄기생장이 정지한 다음에도 더 지속되는 경향이 있다.
• 소나무, 잣나무, 가문비나무, 솔송나무, 너도밤나무, 참나무류, 동백나무

56

광합성 기작
• 명반응 : 엽록소가 햇빛을 받아 물 분자를 분해시켜 나오는 에너지를 전자전달계를 통해 NADPH와 ATP를 생산하며, 이때 산소도 발생한다. 엽록체의 그라늄에서 일어난다.
• 음반응 : 명반응에서 만들어진 NADPH와 ATP에 저장된 에너지를 이용해 이산화탄소를 탄수화물로 고정한다. 엽록체의 스트로마에서 일어난다.

57

자유생장 수종은 겨울눈이 봄에 성장한 직후 다시 여름눈을 형성하여 여름 내내 하엽을 생산한다.

58

음수는 어릴 때에만 그늘을 선호하며, 유묘시기를 지나면 햇빛에 더 잘 자란다.

59

호흡작용의 기작

- 해당작용 : 포도당이 피루빈산으로 분해되는 과정이며, 세포기질에서 일어난다. 산소를 요구하지 않는 단계이며, 환원적 인산화를 통해 ATP를 생산한다.
- TCA 회로 : C2 화합물인 아세틸 CoA가 C4 화합물과 반응하여 CO_2를 발생시키고 NADH를 생산하는 단계이다. 크렙스 회로 또는 CAC라고도 부르며, 미토콘드리아에서 일어난다.
- 전자전달계 : NADH로 전달된 전자(e^-)와 수소(H^+)가 최종적으로 산소에 전달되어 물로 환원되면서 ATP를 생산하는 과정으로 미토콘드리아에서 일어난다.

60

자당(설탕)의 합성은 세포질에서 이루어지며, 전분은 잎에서는 엽록체에 직접 축적되고, 저장조직에서는 전분체에 축적된다.

61

① 가을철 잎의 질소는 사부를 통하여 회수된다.
② 질소의 계절적 변화량은 목부보다 사부에서 크다.
④ 봄에 저장단백질이 분해되어 아미노산(특히 아르기닌) 형태로 사부를 통해 이동한다.
⑤ 저장조직의 연중 질소함량은 봄철 줄기 생장이 왕성하게 이루어질 때 가장 낮다.

62

타닌(Tannin)

- 폴리페놀 중합체로 특히 참나무류와 유칼리의 수피에 다량 함유되어 있다.
- 곰팡이나 박테리아의 침입을 막아준다고 추측되며, 떫은맛을 나게 해 초식동물의 가해를 막아주는 역할을 하며, 식물 생장을 억제하는 타감물질로 작용한다.

63

지방은 분해된 후 말산염 형태로 세포기질로 이동되어 역해당작용에 의해 자당(설탕)으로 합성된다.

64

알칼로이드 화합물은 주로 쌍자엽 초본식물에서 발견되며, 나자식물에서는 거의 발견되지 않는다.

65

눈의 호흡

- 계절적으로 변동이 심하다.
- 휴면기간 최저수준, 봄철 개엽 시기 급격히 증가, 가을 생장이 정지할 때까지 왕성하게 유지한다.
- 아린은 산소를 차단하여 겨울철 눈의 호흡을 억제한다.

66

질산환원 과정

- 루핀형 : 뿌리에서 일어나며, 목본식물 중 나자식물, 진달래류, 프로테아과 수목이 여기에 속한다.
- 도꼬마리형 : 잎에서 일어나며, 나머지 수목이 여기에 속한다. 아질산환원효소 단계는 엽록체에서 일어난다.

67

① 철은 산성토양에서 결핍되기 쉽다.
② 미량원소(8종)에는 철, 염소, 구리, 니켈, 몰리브덴, 아연, 붕소, 망간 등이 포함된다.
③ 질소, 인, 칼륨, 마그네슘의 결핍증상은 오래된 잎에서 먼저 나타난다.
④ 식물 건중량의 0.1%(=1,000ppm) 이상인 대량원소와 그 미만인 미량원소로 나눈다.

68

외생균근은 세포의 내부에 하티그 망(Hartig Net)을 형성한다.

69

① 교목에서의 수액 상승은 수분퍼텐셜에 차이와 모세관 현상에 의한 기작이기 때문에 수액 상승에 에너지를 거의 소비하지 않는다.
② 목부의 수액 상승은 응집력설로 설명한다.
④ 직경이 큰 환공재가 직경이 작은 산공재에 비해 기포에 의한 도관폐쇄 위험성이 더 크다.
⑤ 수액이 나선 방향으로 돌면서 올라가는 경향은 가도관재에서 더 뚜렷하다.

70

수령이 증가할수록 삽목이 어려워진다.

71

온대지방 목본식물의 화아원기 형성, 개화, 수정 및 종자 성숙까지 걸리는 시간

- 1년형 : 장미, 배롱나무, 무궁화
- 2년형 : 회양목, 배나무, 갈참나무, 신갈나무, 보리장나무, 비파나무, 상동나무, 팔손이, 까마귀쪽나무, 가문비나무, 개잎갈나무, 연필향나무, 서양향나무
- 3년형 : 소나무류, 상수리나무, 굴참나무, 향나무
- 4년형 : 두송

72

출제오류로 인한 "모두정답" 처리

73

① 옥신 : 최초로 발견된 호르몬으로 세포신장, 정아우세에 관여한다.
② 에틸렌 : 탄소 2개가 이중결합으로 연결된 기체이며 과실 성숙을 촉진한다.
④ 시토키닌 : 담배의 유상조직 배양연구에서 밝혀졌으며, 세포분열을 촉진하고 잎의 노쇠를 지연시킨다.
⑤ 지베렐린 : 벼의 키다리병을 일으킨 곰팡이에서 발견되었으며, 줄기생장을 촉진한다.

74

ㄷ. 배 혹은 배 주변의 조직이 생장억제제를 분비하여 발아를 억제하는 것은 생리적 휴면에 해당한다.
ㄹ. 콩과식물의 휴면타파를 위한 열탕처리는 뜨거운 물(75~100℃)에 잠깐 담근 후 점진적으로 온도를 낮추어 진행한다.

75

잎이 초식동물과 곤충의 공격을 받으면 자스몬산이 대량으로 만들어지면서 휘발성 유기물로 바뀌어 이웃 식물에 경고하는 역할을 한다.

76

8면체층
- 깁사이트형(Gibbsite-like) : 중심이온이 Al^{3+}이고, 음이온이 수산기인 광물, $Al(OH)_3$
- 브루사이트형(Brucite-like) : 중심이온이 Mg^{2+}이고, 음이온이 수산기인 광물, $Mg(OH)_2$

77

ㄱ. 산림토양은 수관 아래 놓여 있기 때문에 토양온도 변화가 작다.
ㄴ. 산림토양은 낙엽의 공급량이 많아 O층이 형성된다.

78

③ Entisols → Alfisols → Ultisols → Oxisols
- Entisols(엔티졸) : 미숙토
- Inceptisols(인셉티졸) : 반숙토
- Alfisols(알피졸) : 성숙토
- Ultisols(울티졸) : 과숙토
- Oxisols(옥시졸) : 과산화토

79

- 토양의 부피 = 면적 × 깊이 = $10,000m^2 \times 0.1m = 1,000m^3$ (※ $1ha = 10,000m^2$)
- 토양의 무게 = 부피 × 용적밀도 = $1,000m^3 \times 1.0Mg/m^3 = 1,000Mg$ (※ $1g/cm^3 = 1Mg/m^3$)
- 탄소저장량 = 토양의 무게 × 탄소농도 = 1,000Mg × 0.03 = 30Mg

80

토양 표면이 식생으로 피복되면 토양 구조가 발달하고 강우의 타격으로부터 보호되기 때문에 수분 침투율이 증가하게 된다.

81

Na^+은 응집현상을 방해하는 대표적인 양이온이다.

82

토양입자는 입경에 따라서 광물학적, 물리적 및 화학적 성질이 다르므로 토양분류, 토지이용 및 토지를 평가함에 있어 토성은 매우 중요한 기본적 성질이 된다.

83

5개 공원의 유효수분함량(포장용수량과 위조점의 차이)

	포장용수량	위조점	유효수분함량
공원 1	50	40	10
공원 2	45	30	15
공원 3	40	20	20
공원 4	25	10	15
공원 5	10	5	5

84

Fe^{3+}는 환원되면 Fe^{2+}로 된다(산화수가 감소하면 환원, 증가하면 산화).

85

비료 포장지에 적힌 숫자의 의미
- 질소, 인, 칼륨 성분의 순서로 함유율을 %로 나타냄
- 주의할 점 : 질소 = N, 인 = P_2O_5, 칼륨 = K_2O
- $N-P_2O_5-K_2O$ = 20-10-10
  → 칼륨 성분은 비료 100kg 중 10%인 10kg이 된다.
  K_2O의 분자량 = 94, 이 중 K이 차지하는 양은 78
  K_2O가 10kg이므로 K의 무게는 10kg × 78(칼륨의 무게)/94(K_2O의 분자량) = 8.298 = 8.3kg이 된다.

86

산성화는 수소이온의 농도를 증가시키는 반응으로 진행된다.

87

토양에 있는 주요 광물의 풍화에 대한 저항성 비교

석영 〉 백운모 〉 장석류 〉 각섬석류 〉 휘석류·흑운모 〉 감람석류

88

알로판(Allophane)

- 화산재의 풍화로 생성되며 화산지대 토양의 주요 구성물질이지만, 일반 토양의 점토에도 흔히 존재한다.
- 많은 pH 의존적인 음전하를 가지고 있어 150cmolc/kg 정도의 큰 양이온교환용량을 갖는다.

89

비료의 반응

- 화학적 반응 : 비료 자체가 가지는 반응(pH)
  - 예 산성 : 과인산석회, 중성 : 질산암모늄, 요소, 알칼리성 : 생석회, 소석회
- 생리적 반응 : 비료 사용 후 잔류성분에 의한 토양반응(pH)
  - 예 산성 : 황산암모늄, 중성 : 질산암모늄, 요소, 알칼리성 : 질산나트륨, 질산칼슘

90

ㄱ. 유기물 분해는 미생물에 의한 반응이기 때문에 미생물의 활성에 영향을 주는 인자에 의해 분해속도가 변화된다.

ㄴ. 미생물 활성에 유리한 환경 즉, 적당한 pH, 수분함량, 온도, 산소농도가 주어지면 유기물 분해 속도가 빨라진다.

91

소성지수 = 액성한계 − 소성한계

92

상수리나무와 공생하는 균근균은 외생균근균이기 때문에 수지상체를 형성하지 않는다. 수지상체의 형성은 내생균근균의 특징이다.

93

ㄷ. 탄소 외 양분의 용탈 없이 유기물을 좁은 공간에서 안전하게 보관할 수 있다.

ㄹ. 퇴비화 과정에서 방출된 CO_2 때문에 탄질비가 낮아져 토양에서 질소기아가 일어나지 않는다.

94

Mo : 질소환원효소인 Nitrate Reductase의 보조인자이다.

95

토양복원기술 중 안정화 및 고형화처리기술

- 시멘트화에 의한 안정화 및 고형화처리기술
- 유리화에 의한 안정화 및 고형화처리기술

96

석고의 Ca는 서서히 용출되면서 토양의 교환성 나트륨을 교환한다. 교환된 나트륨은 용해도가 높은 황산나트륨으로 되어 용탈되고 토양은 Na형 토양에서 Ca형 토양으로 변하여 물리성이 개량된다.

97

산불은 토양의 발수성을 증가시키고 공극을 막아 수분 침투율과 투수능을 감소시킨다.

98

- 필수적 중금속 : 하위한계농도와 상위한계농도를 가짐(Cu, Fe, Zn, Mn, Mo)
- 비필수적 중금속 : 상위한계농도만 가짐(Cd, Pb, As, Hg, Cr)

99

철은 토양오염물질에 해당하지 않는다.

100

간이산림토양조사 항목

토심, 지형, 건습도, 경사, 퇴적양식, 침식, 견밀도, 토성

101

내수피는 형성층을 보호하는 층이기도 하며 내수피와 형성층은 맞붙어 있어 유합조직을 형성하기 위해서는 내수피가 보존되어야 한다. 수피조직은 건조할 경우 상처치유가 되지 않으며, 들뜬 수피는 이미 형성층이 고사하였음을 의미한다.

102

중장비가 이동할 경우 토양의 답압이 심해지므로 이를 보호하기 위해 철판을 깔기도 하나 이를 제거하면 답압에 의한 피해가 심해진다.

103
줄기의 한곳에 가지가 밀생할 경우, 시간이 지남에 따라 가지가 부피생장을 하게 되면 수피가 목질부 내에 파묻히게 되는 경우가 발생한다.

104
음수와 양수에 대한 수목의 구분

분 류	전광량	침엽수	활엽수
극음수	1~3%	개비자나무, 금송, 나한송, 주목	굴거리나무, 백량금, 사철나무, 식나무, 자금우, 호랑가시나무, 회양목
음 수	3~10%	가문비나무, 비자나무, 전나무류	녹나무, 단풍나무류, 서어나무류, 송악, 칠엽수, 함박꽃나무
중성수	10~30%	잣나무, 편백, 화백	개나리, 노각나무, 느릅나무, 때죽나무, 동백나무, 마가목, 목련, 물푸레나무, 산사나무, 산초나무, 산딸나무, 생강나무, 수국, 은단풍, 참나무류, 채진목, 철쭉류, 피나무, 회화나무
양 수	30~60%	낙우송, 메타세쿼이어, 삼나무, 소나무, 은행나무, 측백나무, 향나무류, 히말라야시다	가죽나무, 느티나무, 등나무, 라일락, 모감주나무, 무궁화, 밤나무, 벚나무류, 배롱나무, 산수유, 오동나무, 오리나무, 위성류, 이팝나무, 자귀나무, 주엽나무, 층층나무, 튤립나무, 플라타너스
극양수	60% 이상	낙엽송, 대왕송, 방크스소나무, 연필향나무	두릅나무, 버드나무, 붉나무, 자작나무, 포플러류

105
느티나무 가지를 분지되는 지점이 아닌 두목전정을 하였다고 할 수 있으며, 이로 인해 상처부위는 유합되지 않게 되며, 부후가 진행될 수 있다.

106
백목련의 개화기는 3~4월이며, 꽃이 진 직후인 5월(등나무의 개화기)에 전정을 하면 다음해에 꽃을 볼 수 있다.

107
이식은 수목이 어리고 뿌리절단이 적을수록 이식성공률이 높으며, 이식 시 상처발생과 환경피해를 막기 위해 수간감기 등의 조치를 취할 수 있다.

108
과습에 대한 정항성 수목

저항성	침엽수	활엽수
높 음	낙우송	단풍나무류(은단풍, 네군도, 루부르), 미류나무, 물푸레나무, 버드나무류, 버즘나무류, 주엽나무, 오리나무 등
낮 음	가문비나무, 서양측백나무, 주목, 소나무	벚나무류, 아까시나무, 자작나무류, 층층나무

109
철, 칼슘, 붕소는 체내에 이동성이 낮아 어린잎에 결핍증상이 먼저 나타난다.

110
PAN은 질소산화물과 탄화수소의 광화학적 반응으로 발생하며, 오존은 책상조직을 PAN은 해면조직에 가시적인 피해를 발생시킨다. 또한, 오존은 성숙잎에 PAN은 어린잎에 피해가 크다.

오존에 강한 수종

침엽수	삼나무, 해송, 편백, 화백, 서양측백, 은행나무
활엽수	버즘나무, 굴참나무, 졸참나무, 누리 장나무, 개나리, 사스레피나무, 금목서, 녹나무, 광나무, 돈나무, 협죽도, 태산목

111
증산억제제를 뿌릴 경우, 탈수를 방지할 수 있으며, 제설염의 피해는 수분의 흡수를 막기 때문에 증산억제제를 뿌림으로써 단기간의 피해를 막을 수 있다.

112
① 산불의 3요소는 연료, 공기, 열이다.
② 산불의 확산은 평지보다 바람이 형성되는 계곡부에서 더 빨리 확산이 된다.
④ 산불은 지표화, 지중화, 수간화, 수관화로 구분된다.
⑤ 산불로 인한 재는 칼륨, 마그네슘 등이 많아 교환성 양이온이 증가하고, 산림이 척박해진다.

113
토양경화로 인한 피해는 공극이 적어짐으로써 가스 교환 방해, 뿌리 생장 감소, 수분침투율 감소 등이 발생한다. 일정 부피 내에 고체의 질량이 높아지는 것은 용적밀도가 커지는 것이다. 따라서 용적밀도가 증가한다는 것은 토양경화가 심화된다는 것을 의미한다.

114

수목 생장에 필요한 질소, 인산, 칼륨, 칼슘, 마그네슘, 황은 다량원소이며, 철, 망간, 구리, 아연, 붕소, 염소, 몰리브덴, 니켈은 미량원소이다. 이를 나누는 기준은 수목생체량의 0.1% 이상인 경우에는 다량원소, 0.1% 이하일 경우에는 미량원소로 구분된다.

115

디플루벤주론

살충제(분류기호 : 15, 작용기작 : 키틴합성저해제)

116

농약의 과다 사용은 약해와 환경오염을 유발한다.

117

수용제는 수용성 고체 원제와 유안이나 망초, 설탕과 같이 수용성인 증량제를 혼합한 후 분쇄하여 만든 분말제제이다.

118

용어정리

- 최대무독성용량(NOEL) : 실험동물을 대상으로 바람직하지 않은 영향을 나타내지 않는 최대 투여량
- 1일 섭취허용량(ADI) : NOEL을 사람에 적용하기 위해 안전계수(보통 100)로 나누어서 산출한 용량
- 농약잔류허용기준(MRL) : ADI 값을 근거로 설정
- 농약안전사용기준(PHI) 및 생산단계농약 잔류허용기준(PHRL) : MRL 값을 근거로 설정

119

피라클로스트로빈(Pyraclostrobin) : 다. 호흡 저해(에너지 생성 저해) 〉〉 다3. 복합체Ⅲ: 퀴논 외측에서 시토크롬 bc1 기능 저해

120

설폭사플로르(Sulfoxaflor) : 미국선녀벌레 방제

121

- 글루타민 합성효소 저해(H10) 농약 : 글루포시네이트암모늄, 글루포시네이트-피
- 엽록소 생합성 저해(H14) 농약 : 뷰타페나실, 비페녹스, 사플루페나실, 설펜트라존, 옥사디아길, 옥사디아존, 옥시플루오르펜, 카펜트라존에틸, 클로르니트로펜, 클로메톡시펜, 트리플루디목사진, 티아페나실, 펜톡사존, 플루미옥사진, 플루티아셋메틸, 피라클로닐, 피라플루펜에틸

122

니트로기의 아민 변환은 환원 반응이다.

123

국립공원 내 소나무림은 법적 보호지역의 가치와 건강성 증진을 위해 보호가 필요한 경우에 해당한다.

124

나무병원의 등록증을 다른 자에게 빌려준 경우 1차 위반 시 영업정지 12개월 2차 위반 시 등록이 취소된다.

125

진료부에 기재해야 할 사항

- 진료일자
- 수목의 소유자 또는 관리자의 성명・전화번호
- 수목의 소재지, 수목의 종류, 본수 또는 식재면적, 식재연도 또는 수목의 나이 등 수목의 표시에 관한 사항
- 수목의 상태 및 진단

  처방・처치 등 치료방법(농약을 사용하거나 처방한 경우에는 농약의 명칭・용법・용량 및 처방일수를 포함한다)

무언가를 위해 목숨을 버릴 각오가 되어 있지 않는 한
그것이 삶의 목표라는 어떤 확신도 가질 수 없다.

– 체 게바라 –

2025 시대에듀 나무의사 필기 기출문제해설 한권으로 끝내기

개정2판2쇄 발행	2024년 06월 20일 (인쇄 2024년 10월 08일)
초 판 발 행	2023년 02월 06일 (인쇄 2022년 12월 29일)
발 행 인	박영일
책 임 편 집	이해욱
저 자	김동욱 · 정규종
편 집 진 행	노윤재 · 최은서
표지디자인	김도연
편집디자인	장성복 · 김기화
발 행 처	(주)시대고시기획
출 판 등 록	제10-1521호
주 소	서울시 마포구 큰우물로 75 [도화동 538 성지 B/D] 9F
전 화	1600-3600
팩 스	02-701-8823
홈 페 이 지	www.sdedu.co.kr
I S B N	979-11-383-7060-8 (13520)
정 가	30,000원

나는 이렇게 합격했다

자격명: 위험물산업기사
구분: 합격수기
작성자: 배*상

나는할수있다 69년생50중반직장인 입니다. 요즘 자격증을2개정도는가지고 입사하는젊은친구들에게 일을시키고 지시하는 역할이지만 정작 제자신에게 부족한점이많다는것을느꼈기 때문에자격증을따야겠다고 결심했습니다.처음 시작할때는과연되겠냐?하는의문과걱정이한가득이었지만 시대에듀인강을우연히접하게 되었고잘차려진밥상과같은커리큘럼은뒤늦게시작한늦깍이수험생이었던저를 합격의길로인도해주었습니다.직장생활을 하면서취득했기에더욱기뻤습니다.

감사합니다!

합격은 시대에듀

당신의 합격 스토리를 들려주세요.
추첨을 통해 선물을 드립니다.

산림 · 조경 국가자격 시리즈

산림기능사 필기 한권으로 끝내기

최근 기출복원문제 및 해설 수록

- 빨리보는 간단한 키워드 : 시험 전 필수 핵심 키워드
- 최고의 산림전문가가 되기 위한 필수 핵심이론
- 적중예상문제와 기출복원문제를 자세한 해설과 함께 수록
- 4×6배판 / 592p / 28,000원

산림기사 · 산업기사 필기 한권으로 끝내기

최근 기출복원문제 및 해설 수록

- 한권으로 산림기사 · 산업기사 대비
- 〈핵심이론 + 적중예상문제 + 과년도, 최근 기출복원문제〉의 이상적인 구성
- 농업직 · 환경직 · 임업직 공무원 특채 응시자격 및 공채시험 가산점 인정
- 기사 20학점, 산업기사 16학점 인정
- 4×6배판 / 1,172p / 45,000원

식물보호기사 · 산업기사 필기+실기 한권으로 끝내기

필기와 실기를 한권으로 끝내기

- 한권으로 필기, 실기시험 대비
- 〈핵심이론 + 적중예상문제 + 과년도, 최근 기출복원문제 + 실기 대비〉의 최적화 구성
- 농업직 · 환경직 · 임업직 공무원 특채 응시자격 및 공채시험 가산점 인정
- 기사 20학점, 산업기사 16학점 인정
- 4×6배판 / 1,188p / 40,000원